U0272487

中国石油地质志

第二版·卷六

冀东油气区

冀东油气区编纂委员会　编

石油工业出版社

图书在版编目（CIP）数据

中国石油地质志. 卷六，冀东油气区 / 冀东油气区编纂委员会编. —北京：石油工业出版社，2022.6
ISBN 978-7-5183-5178-7

Ⅰ. ①中… Ⅱ. ①冀… Ⅲ. ①石油天然气地质－概况－中国 ②油气田开发－概况－河北 Ⅳ. ① P618.13 ② TE3

中国版本图书馆 CIP 数据核字（2021）第 275097 号

责任编辑：金平阳　王长会
责任校对：罗彩霞
封面设计：周　彦

审图号：GS 京（2022）0422 号

出版发行：石油工业出版社
（北京安定门外安华里 2 区 1 号　100011）
网　址：www. petropub. com
编辑部：（010）64523736　图书营销中心：（010）64523633
经　　销：全国新华书店
印　　刷：北京中石油彩色印刷有限责任公司

2022 年 6 月第 1 版　2022 年 6 月第 1 次印刷
787 × 1092 毫米　开本：1/16　印张：22
字数：530 千字

定价：375.00 元

《中国石油地质志》

（第二版）

总编纂委员会

《中国石油地质志》

第二版·卷六

冀东油气区编纂委员会

主　任：董月霞　刘国勇

副主任：杜志强

委　员：鄂俊杰　刘艳明　马　乾　周凤鸣　刘　晓　赵忠新
黄红祥　王旭东　李文华　岳文珍　陈　蕾　徐小峰

编 写 组

组　长：杜志强

成　员：黄红祥　王旭东　邹　娟　雷　闯　王政军　成锁银
刘　建　赵迎冬　陈　刚　赵晓东　赵莉莉　翟瑞国
吴吉忠　徐小峰　周　岩　陈金霞　卢军凯　于友元
徐　风　林发武　梁忠奎　庄东志　关宝文　张红臣

序

三十多年前，在广大石油地质工作者艰苦奋战、共同努力下，从中华人民共和国成立之前的“贫油国”，发展到可以生产超过 1 亿吨原油和几十亿立方米天然气的产油气大国，可以说是打了一个大大的“翻身仗”，获得丰硕成果，对我国油气资源有了更深的认识，广大石油职工充满无限信心、继续昂首前进。

在 1983 年全国油气勘探工作会议上，我和一些同志建议把过去三十年的勘探经历和成果做一系统总结，既可作为前一阶段勘探的历史记载，又可作为以后勘探工作的指引或经验借鉴。1985 年我到石油勘探开发科学研究院工作后，便开始组织编写《中国石油地质志》，当时材料分散、人员不足、资金缺乏，在这种困难的条件下，石油系统的很多勘探工作者投入了极大的热情，先后有五百余名油气勘探专家学者参与编写工作，历经十余年，陆续出版齐全，共十六卷 20 册。这是首次对中华人民共和国成立后石油勘探历程、勘探成果和实践经验的全面总结，也是重要的基础性史料和科技著作，得到业界广大读者的认可和引用，在油气地质勘探开发领域发挥了巨大的作用。我在油田现场调研过程中遇到很多青年同志，了解到他们在刚走出校门进入油田现场、研究部门或管理岗位时，都会有摸不着头脑的感觉，他们说《中国石油地质志》给予了很大的启迪和帮助，经常翻阅和参考。

又一个三十年过去了，面对国内极其复杂的地质条件，这三十年可以说是在过去的基础上，勘探工作又有了巨大的进步，相继开展的几轮油气资源评价，对中国油气资源实情有了更深刻的认识。无论是在烃源岩、油气储层、沉积岩序列、构造演化以及一系列随着时间推移的各种演化作用带来的复杂地质问题，还是在石油地质理论、勘探领域、勘探认识、勘探技术等方面都取得了许多新进展，不断发现新的油气区，探明的油气田数量逐渐增多、油气储量大幅增加，油气产量提升到一个新台阶。截至 2020 年底（与 1988 年相比），发现的油田由 332 个增至 773 个，气田由 102 个增至 286 个；30 年来累计探明石油地质储量增加 284 亿吨、天然气地质储量增加 17.73 万亿立方米；原油年产量由 1.37 亿吨增至 1.95 亿吨，天然气年产量由 139 亿立方米增至 1888 亿立方米。

油气勘探发现的过程既有成功时的喜悦，更有勘探失利带来的煎熬，其间积累的经验和教训是宝贵的、值得借鉴的。《中国石油地质志》不仅仅是一套学术著作，它既有对中国各大区地质史、构造史、油气发生史等方面的详尽阐述，又有对油气田发现历程的客观分析和判断；它既是各探区勘探理论、勘探经验、勘探技术的又一次系统回顾和总结，又是各探区下一步勘探领域和方向的指引。因此，本次修编的《中国石油地质志》对今后的油气勘探工作具有新的启迪和指导。

在编写首版《中国石油地质志》过程中，经过对各盆地、各地区勘探现状、潜力和领域的系统梳理，催生了“科学探索井”的想法，并在原石油工业部有关领导的支持下实施，取得了一批勘探新突破和成果。本次修编，其指导思想就是通过总结中国油气勘探的“第二个三十年”，全面梳理现阶段中国各油气区的现状和前景，旨在提出一批新的勘探领域和突破方向。所以，在 2016 年初本版编委会尚未完全成立之时，我就在中国工程院能源与矿业工程学部申请设立了 “中国大型油气田勘探的有利领域和方向” 咨询研究项目，全国有 32 个地区石油公司参与了研究实施，该项目引领各油气区在编写《中国石油地质志》过程中突出未来勘探潜力分析，指引了勘探方向，因此，在本次修编章节安排上，专门增加了“资源潜力与勘探方向”一章内容的编写。

本次修编本着实事求是的原则，在继承原版经典的基础上，基本框架延续原版章节脉络，体现学术性、承续性、创新性和指导性，着重充实近三十年来的勘探发展成果。《中国石油地质志》修编版分卷设置，较前一版进行了拆分和扩充，共 25 卷 32 册。补充了冀东油气区、华北油气区（下册 · 二连盆地）两个新卷，将原卷二“大庆、吉林油田”拆分为大庆油气区和吉林油气区两卷；将原卷七“中原、南阳油田”拆分为中原油气区和南阳油气区两卷；将原卷十四“青藏油气区”拆分为柴达木油气区和西藏探区两卷；将原卷十五“新疆油气区”拆分为塔里木油气区、准噶尔油气区和吐哈油气区三卷；将原卷十六“沿海大陆架及毗邻海域油气区”拆分为渤海油气区、东海—黄海探区、南海油气区三卷。另外，由于中国台湾地区资料有限，故本次修编不单独设卷，望以后修编再行补充和完善。

此外，自 1998 年原中国石油天然气总公司改组为中国石油天然气集团公司、中国石油化工集团公司和中国海洋石油总公司后，上游勘探部署明确以矿权为界，工作范围和内容发生了很大变化，尤其是陆上塔里木、准噶尔、四川、鄂尔多斯等四大盆地以及滇黔桂探区均呈现中国石油、中国石化在各自矿权同时开展勘探研究的情形，所处地质构造区带、勘探程度、理论认识和勘探进展等难免存在差异，为尊重各探区勘探研究实际，便于总结分析，因此在上述探区又酌情设置分册加以处理。各分卷和分册按以下顺序排列：

卷次	卷名
卷一	总论
卷二	大庆油气区
卷三	吉林油气区
卷四	辽河油气区
卷五	大港油气区
卷六	冀东油气区
卷七	华北油气区（上册）
	华北油气区（下册）
卷八	胜利油气区
卷九	中原油气区
卷十	南阳油气区
卷十一	苏浙皖闽探区
卷十二	江汉油气区
卷十三	四川油气区（中国石油）
	四川油气区（中国石化）
卷十四	滇黔桂探区（中国石油）
卷十四	滇黔桂探区（中国石化）
卷十五	鄂尔多斯油气区（中国石油）
	鄂尔多斯油气区（中国石化）
卷十六	延长油气区
卷十七	玉门油气区
卷十八	柴达木油气区
卷十九	西藏探区
卷二十	塔里木油气区（中国石油）
	塔里木油气区（中国石化）
卷二十一	准噶尔油气区（中国石油）
	准噶尔油气区（中国石化）
卷二十二	吐哈油气区
卷二十三	渤海油气区
卷二十四	东海—黄海探区
卷二十五	南海油气区（上册）
	南海油气区（下册）

《中国石油地质志》是我国广大石油地质勘探工作者集体智慧的结晶。此次修编工作得到中国石油、中国石化、中国海油、延长石油等油公司领导的大力支持，是在相关油田公司及勘探开发研究院 1000 余名专家学者积极参与下完成的，得到一大批审稿专家的悉心指导，还得到石油工业出版社的鼎力相助。在此，谨向有关单位和专家表示衷心的感谢。

中国工程院院士 翟光明

2022 年 1 月　北京

FOREWORD

Some 30 years ago, under the unremitting joint efforts of numerous petroleum geologists, China became a major oil and gas producing country with crude oil and gas producing capacity of over 100 million tons and billions of cubic meters respectively from an 'oil-poor country' before the founding of the People's Republic of China. It's indeed a big 'turnaround' which yielded substantial results, allowed us to have a better understanding of oil and gas resources in China, and gave great confidence and impetus to numerous petroleum workers.

At the National Oil and Gas Exploration Work Conference held in 1983, some of my comrades and I proposed to systematically summarize exploration experiences and results of the last three decades, which could serve as both historical records of previous explorations and guidance or references for future explorations. I organized the compilation of *Petroleum Geology of China* right after joining the Research Institute of Petroleum Exploration and Development (RIPED) in 1985. Though faced with the difficulties including scattered information, personnel shortage and insufficient funds, a great number of explorers in the petroleum industry showed overwhelming enthusiasm. Over five hundred experts and scholars in oil and gas exploration engaged in the compilation successively, and 16-volume set of 20 books were published in succession after over 10 years of efforts. It's not only the first comprehensive summary of the oil exploration journey, achievements and practical experiences after the founding of the People's Republic of China, but also a fundamental historical material and scientific work of great importance. Recognized and referred to by numerous readers in the industry, it has played an enormous role in geological exploration and development of oil and gas. I met many young men in the course of oilfield investigations, and learned their feeling of being lost during transition from school to oilfields, research departments or management positions. They all said they were greatly inspired and benefited from *Petroleum Geology of China* by often referring to it.

Another three decades have passed, and it can be said that though faced with extremely complicated geological conditions, we have made tremendous progress in exploration over the years based on previous works and acquisition of more profound knowledge on China's oil and gas resources after several rounds of successive evaluations. New achievements have been made in not only source rock, oil and gas reservoir, sedimentary development, tectonic evolution and a series of complicated geological issues caused by different evolutions over time, but also petroleum geology theories, exploration areas, exploration knowledge, exploration techniques and other aspects. New oil and gas provinces were found one after another, and with gradual increase in the number of proven oil and gas fields, oil and gas reserves grew significantly, and production was brought to a new level. By the end of 2022 (compared with 1988), the number of oilfields and gas fields had increased from 332 and 102 to 773 and 286 respectively, cumulative proved oil in place and gas in place had grown by 28.4 billion tons and 17.73 trillion cubic meters over the 30 years, and the annual output of crude oil and gas had increased from 137 million tons and 13. 9 billion cubic meters to 195 million tons and 188.8 billion cubic meters respectively.

Oil and gas exploration process comes with both the joy of successful discoveries and the pain of failures, and experiences and lessons accumulated are both precious and worth learning. *Petroleum Geology of China*'s more than a set of academic works. It not only contains geologic history, tectonic history and oil and gas formation history of different major regions in China, but also covers objective analyses and judgments on discovery process of oil and gas fields, which serves as another systematic review and summary of exploration theories, experiences and techniques as well as guidance on future exploration areas and directions of different exploratory areas. Therefore, this revised edition of *Petroleum Geology of China* plays a new role of inspiring and guiding future oil and gas exploration works.

Systematic sorting of exploration statuses, potentials and domains of different basins and regions conducted during compilation of the first edition of *Petroleum Geology of China* gave rise to the idea of 'Scientific Exploration Well', which was implemented with supports from related leaders of the former Ministry of Petroleum Industry, and led to a batch of breakthroughs and results in exploration works. The guiding idea of this revision is to propose a batch of new exploration areas and breakthrough directions by summarizing 'the second 30 years' of China's oil and gas exploration works and comprehensively sorting out current statuses and prospects of different exploratory areas in China at the current stage. Therefore, before the editorial team was fully formed at the beginning of 2016, I applied to the Division of Energy and Mining Engineering, Chinese Academy of Engineering for the establishment of a consulting research project on 'Favorable Exploration Areas and Directions of Major Oil and Gas Fields in China'. A total of 32 regional oil companies throughout the country participated in the research project, which guided different exploratory areas in giving prominence to analysis on future exploration potentials in the course of compilation of *Petroleum Geology of China*, and pointed out exploration directions. Hence a new dedicated chapter of 'Exploration Potentials and Directions of Oil and Gas Resources' has been added in terms of chapter arrangement of this revised edition.

Based on the principles of seeking truth from facts and inheriting essence of original works, the basic framework of this revised edition has inherited the chapters and context of the original edition, reflected its academics, continuity, innovativeness and guiding function, and focused on supplementation of exploration and development related achievements made in the recent 30 years. This revised edition of *Petroleum Geology of China*, which consists of sub-volumes, has divided and supplemented the previous edition into 25-volume set of 32 books. Two new volumes of Jidong Oil and Gas Province and Huabei Oil and Gas Province (The Second Volume ·Erlian Basin) have been added, and the original Volume 2 of 'Daqing and Jilin Oilfield' has been divided into two volumes of Daqing Oil and Gas Province and Jilin Oil and Gas Province. The original Volume 7 of 'Zhongyuan and Nanyang Oilfield' has been divided into two volumes of Zhongyuan Oil and Gas Province and Nanyang Oil and Gas Province. The original Volume 14 of 'Qinghai-Tibet Oil and Gas Province' has been divided into two volumes of Qaidam Oil and Gas Province and Tibet Exploratory Area. The original volume 15 of 'Xinjiang Oil and Gas Province' has been divided into three volumes of Tarim Oil and Gas Province, Junggar Oil and Gas Province and Turpan-Hami Oil and Gas Province. The original Volume 16 of 'Oil and Gas Province of Coastal Continental Shelf and Adjacent Sea Areas' has been divided into three volumes of Bohai Oil and Gas Province, East China Sea-Yellow Sea Exploratory Area and South China Sea Oil and Gas Province.

Besides, since the former China National Petroleum Company was reorganized into CNPC, SINOPEC and CNOOC in 1998, upstream explorations and deployments have been classified based on the scope of mining rights, which led to substantial changes in working range and contents. In particular, CNPC and SINOPEC conducted explorations and researches under their own mining rights simultaneously in the four major onshore basins of Tarim, Junggar, Sichuan and Erdos as well as Yunnan-Guizhou-Guangxi Exploratory Area, so differences in structural provinces of their locations, degree of exploration, theoretical knowledge and exploration progress were inevitable. To respect the realities of explorations and researches of different exploratory areas and facilitate summarization and analysis, fascicules have been added for aforesaid exploratory areas as appropriate. The sequence of sub-volumes and fascicules is as follows:

Volume	Volume name	Volume	Volume name
Volume 1	Overview	Volume 14	Yunnan-Guizhou-Guangxi Exploratory Area (SINOPEC)
Volume 2	Daqing Oil and Gas Province	Volume 15	Erdos Oil and Gas Province (CNPC)
Volume 3	Jilin Oil and Gas Province		Erdos Oil and Gas Province (SINOPEC)
Volume 4	Liaohe Oil and Gas Province	Volume 16	Yanchang Oil and Gas Province
Volume 5	Dagang Oil and Gas Province	Volume 17	Yumen Oil and Gas Province
Volume 6	Jidong Oil and Gas Province	Volume 18	Qaidam Oil and Gas Province
Volume 7	Huabei Oil and Gas Province (The First Volume)	Volume 19	Tibet Exploratory Area
	Huabei Oil and Gas Province (The Second Volume)	Volume 20	Tarim Oil and Gas Province (CNPC)
Volume 8	Shengli Oil and Gas Province		Tarim Oil and Gas Province (SINOPEC)
Volume 9	Zhongyuan Oil and Gas Province	Volume 21	Junggar Oil and Gas Province (CNPC)
Volume 10	Nanyang Oil and Gas Province		Junggar Oil and Gas Province (SINOPEC)
Volume 11	Jiangsu-Zhejiang-Anhui-Fujian Exploratory Area	Volume 22	Turpan-Hami Oil and Gas Province
Volume 12	Jianghan Oil and Gas Province	Volume 23	Bohai Oil and Gas Province
Volume 13	Sichuan Oil and Gas Province (CNPC)	Volume 24	East China Sea-Yellow Sea Exploratory Area
	Sichuan Oil and Gas Province (SINOPEC)	Volume 25	South China Sea Oil and Gas Province (The First Volume)
Volume 14	Yunnan-Guizhou-Guangxi Exploratory Area (CNPC)		South China Sea Oil and Gas Province (The Second Volume)

Petroleum Geology of China is the essence of collective intelligence of numerous petroleum geologists in China. The revision received vigorous supports from leaders of CNPC, SINOPEC, CNOOC, Yanchang Petroleum and other oil companies, and it was finished with active engagement of over 1,000 experts and scholars from related oilfield companies and RIPED, thoughtful guidance of a great number of reviewers as well as generous assistance from Petroleum Industry Press. I would like to express my sincere gratitude to relevant organizations and experts.

Zhai Guangming, Academician of Chinese Academy of Engineering

Jan. 2022, Beijing

前言

1987 年首版《中国石油地质志》系列丛书，冀东油气区所属南堡凹陷及周边地区为中国石油大港油田管辖，内容列入《中国石油地质志 · 卷四 大港油田》之中；所属秦皇岛海域部分为中国海油天津分公司管辖，内容列入《中国石油地质志 · 卷十六 沿海大陆架及毗邻海域油气区（上册）》之中。本次修编《中国石油地质志（第二版）》，编委会根据目前全国油田分布实际情况，将冀东油气区单独成卷——《中国石油地质志（第二版）· 卷六 冀东油气区》，本卷修编时间自 2016 年 2 月始，2021 年 5 月成书，历时 5 年。

冀东油气区的地理位置处于河北省东部的唐山市、秦皇岛市及其东南部毗邻海域，构造上属于渤海湾盆地黄骅坳陷东北部、埕宁隆起北部及辽东湾坳陷西南部的结合部。冀东油气区西南部南堡凹陷及周边地区由十二个近东西向展布的构造单元，即南堡、涧河、乐亭、石臼坨（秦南凹陷）、昌黎、北戴河、北塘七个凹陷和西河、老王庄、西南庄—柏各庄、马头营、姜各庄五个凸起组成。冀东油气区东北部秦皇岛海域包括姜各庄凸起（局部）、留守营凸起、辽西南凸起（局部）、辽西低凸起南段和昌黎凹陷、秦南凹陷、辽西凹陷南洼、辽中凹陷的部分区域。

自 1964 年起，石油工业部六四一厂（大港油田前身）开始在南堡凹陷及周边地区开展地震勘探，之后陆续开展钻探和原油试采。1982 年为加快本区勘探和原油生产，大港石油管理局组建了试采处，1983 年成立北部勘探开发公司。1988 年 1 月，石油工业部为落实我国石油工业“稳定东部、发展西部”的战略部署，加快石油系统科技体制改革，经与国家科委、天津市政府、河北省政府协商，将大港油田北部地区的石油勘探开发区域单独划出，于同年 4 月 15 日成立冀东石油勘探开发公司（简称冀东油田）。冀东油田早期由中国石油天然气总公司石油勘探开发科学研究院实行总承包，组建科研生产联合体。1991 年 1 月承包期满，中国石油天然气总公司把冀东油田作为独立的法人企业，归属为直属企业。冀东油田目前是中国石油天然气集团有限公司下属油气田企业的地区公司，总部机关坐落在唐山市。自 1979 年南 27 井获得工业油气流发现高尚堡油田，之后陆续发现了柳赞油田、老爷庙油田、唐海油田和南堡油田，原油年产量从成立之初的 18×10^4t 最高于 2007 年上升到 213×10^4t。

本书系统梳理了冀东油气区近60年来油气勘探成果，特别是冀东油田成立以来30多年石油地质理论认识、勘探成果、勘探技术进展及勘探经验，为业界提供全面、系统、完整的油气勘探实践史料，为广大油气勘探工作者提供一本参考书。全书主要反映了冀东油气区的油气勘探历程及发展状况，总结了本区石油地质条件、油气藏形成和分布、油气富集规律等，分析探讨剩余资源分布及下一步勘探方向；记录了在高勘探程度下，如何通过拓展思路、解放思想、转变观念，采取进攻性措施精雕细刻开展工作，总结出了以“精细实施二次三维地震勘探、精细开展区域地质研究、精细开展油田地质研究、精细选择钻探井方式、精细测井解释技术攻关、精细组织和现场管理”为核心的老区精细勘探方法，推动了冀东油田优质储量快速增长，效益产量稳步上升，勘探开发成本持续降低；展现了面对勘探低潮，勘探工作者的决策思路及技术对策，以及支撑油气勘探发现先进适用的地震、井筒等工程技术，以供今后工作借鉴。本书使用的资料截至2018年底。

本书由本书编委会负责组织编写。全书共分十三章，各章编写人员如下：第一章、第二章由成锁银、王旭东编写，第三章由刘建、王旭东编写，第四章由邹娟编写，第五章由王政军、赵迎冬、陈蕾编写，第六章由赵晓东、赵莉莉、刘建编写，第七章由王政军、张红臣、关宝文编写，第八章由雷闯编写，第九章由邹娟、成锁银、雷闯、黄红祥、赵迎冬编写，第十章由雷闯、邹娟、赵迎冬、刘建、王旭东编写，第十一章由赵迎冬、陈蕾编写，第十二章由翟瑞国、吴吉忠、徐小峰、周岩、陈金霞、卢军凯、于友元、徐风、林发武、梁忠奎、庄东志编写，第十三章由陈刚、黄红祥编写。

在本卷的编写过程中，得到了中国石油勘探开发研究院的指导，得到冀东油田科技信息处、党群工作处、勘探开发部、勘探开发研究院、钻采工艺研究院、勘探开发建设工程事业部等单位和部门的大力支持与帮助。冀东油田公司原总经理齐振林，原执行董事、党委书记杨盛杰，现执行董事、党委书记汤林自始至终对本书的编写给予亲切关怀和具体指导，在此谨致深切谢意。

冀东油气区地质条件复杂，勘探历程艰难曲折，加之编者水平有限，疏漏在所难免，敬请批评指正。

PREFACE

According to the first edition of the series of *Petroleum Geology of China* in 1987, the Nanpu Sag and neighbouring regions, which belong to Jidong oil and gas province, were under the jurisdiction of PetroChina Dagang Oilfield, and the contents were included in *Petroleum Geology of China* (Volume 4, Dagang Oilfield); The Qinhuangdao sea area, was under the jurisdiction of CNOOC Tianjin Branch, which was included in *Petroleum Geology of China* (Volume 16, Oil and Gas Province on the Coastal Continental Shelf and Adjacent Sea Areas, Part Ⅰ). In this new edition, the editorial committee, according to the actual situation of the distribution of National oil fields, has compiled the content of Jidong oil and gas province into a separate volume–*Petroleum Geology of China* (Volume 6, Jidong Oil and Gas Province). This volume has been revised since February 2016 and completed in May 2021, which lasted nearly five years.

Jidong oil and gas province is located in Tangshan City, Hebei province, includes the areas of Tangshan City, Qinhuangdao City and the adjacent sea areas of Qinhuangdao eastern. Structurally, it belongs to the junction of the northeast of Huanghua Depression, the northern of Chengning uplift and the southwest of Liaodongwan Depression in Bohai Bay basin. Jidong oil and gas provice contains two main parts, the southeast part and the northeast part. The southeast part, Nanpu sag and neighbouring regions, are composed of 12 structural units distributed in the near east–west direction, named Nanpu Sag, Jianhe Sag, Laoting Sag, Shijiutuo Sag (Qinnan Sag), Changli Sag, Beidaihe Sag, Beitang Sag and five bulges, named Xihe bulge, Laowangzhuang bulge, Xinanzhuang–Baigezhuang bulge, Matouying bulge and Jianggezhuang bulge. The northeast part of Jidong oil and gas province, Qinghuangdao sea area, includes Jianggezhuang uplift (part), Liushouying uplift, southwest Liaoning uplift (part), the southern section of Liaoxi low uplift and Changli sag, Qinnan sag, South depression of Liaoxi sag and part area of Liaozhong sag.

Since 1964, plant 641 of the Ministry of Petroleum Industry (the predecessor of Dagang Oilfield) began to carry out seismic exploration in Nanpu Sag and its surrounding areas, and then successively carried out drilling and pilot production. In 1982, in order to accelerate exploration and production in this area, Dagang Petroleum Administration established the "pilot production department" . Then the Northern Exploration and Development Company was established in 1983. In January 1988, the Ministry of Petroleum Industry accelerated the reform of the scientific and technological system of the petroleum industry in order to implement the strategic deployment of "Stabilizing the Eastern and Developing the western" . The exploration and development area in the north part of Dagang Oilfield was separated out by the former Ministry of Petroleum Industry, after consultation with the State Science and Technology Commission, Tianjin city and Hebei Provincial Government. It means Jidong petroleum exploration and development company (abbreviation Jidong Oilfield) was established on April 15, 1988. In the early stage, the Research Institute of Petroleum Exploration and Development of China National Petroleum Corporation took overall responsibility on Jidong Oilfield and established a scientific research and production consortium. In January 1991 at the expiration of the contract, Jidong Oilfield, regarded as an independent legal corporate enterprise by China National Petroleum Corporation, belonged to a directly affiliated enterprises. Now Jidong Oilfield company is currently a regional oil and gas field enterprises subordinate to CNPC, and its headquarters is located in Tangshan. Since the industrial oil and gas flow obtained from well Nan 27 in 1979 and the Gaoshangpu oil field was discovered, then Liuzan oil field, Laoyemiao oil field, Tanghai oil field and Nanpu oil field have been discovered successively, and the annual output of crude oil increased from 18×10^4t at the beginning of its establishment to The maximum of 213×10^4t in 2007.

The book systematically combs Jidong oil and gas province achievements of the past 60 years in this area, especially the understanding of petroleum geology theory, exploration achievements, exploration technology progress and exploration experience in the past 30 years since the establishment of Jidong Oilfield. The book, as a reference book for the majority of oil and gas exploration, can provide comprehensive, systematic and complete historical materials with oil and gas exploration practice for petroleum industry. The book mainly introduces the process and development of oil and gas exploration and production in Jidong oil and gas province, and summarizes the petroleum geological conditions, the formation and distribution of oil and gas reservoirs, the oil and gas enrichment law, meanwhile analyzes and discusses the distribution of remaining resources and the next exploration direction ; It is recorded how to develop ideas, emancipate the mind, change ideas, take offensive measures and carry out work meticulously under the high maturity exploration situation. It is summarized that a good exploration method is used in maturing oilfield in the book. And the method is composed of "meticulous secondary 3D seismic exploration, fine regional geological research, fine geological research, fine selection method of drilling well, fine logging interpretation research, fine organization and field management", which promoted the rapid growth of high-quality reserves and steady increase of benefit and output in Jidong Oilfield. And the cost of exploration and development continued to decrease ; And it shows the train of thought to make a strategic and technical countermeasures, facing the low ebb situation of exploration, as well as the advanced and applicable engineering technologies such as earthquake and wellbore which support oil and gas exploration, and it could provide reference for future work. The book used in this journal is up to the end of 2018.

The book is organized and compiled by the Editorial Committee of the book. The book is divided into 13 chapters. The book was written by the following groups of scholars : Chapter 1 and 2 by Cheng Suoyin, Wang Xudong ; Chapter 3 by Liu Jian, Wang Xudong ; Chapter 4 by Zou Juan ; Chapter 5 by Wang Zhengjun, Zhao Yingdong, Chen Lei ; Chapter 6 by Zhao Xiaodong, Zhao Lili, Liu Jian ; Chapter 7 by Wang Zhengjun, Zhang Hongchen, Guan Baowen ; Chapter 8 by Lei Chuang ; Chapter 9 by Zou Juan, Cheng Suoyin, Lei Chuang, Huang Hongxiang, Zhao Yingdong ; Chapter 10 by Lei Chuang, Zou Juan, Zhao Yingdong, Liu Jian, Wang Xudong ; Chapter 11 by Zhao Yingdong, Chen Lei ; Chapter 12 by Zhai ruiguo, Wu Jizhong, Xu Xiaofeng, Zhou Yan, Chen Jinxia, Lu Junkai, Yu Youyuan, Xu Feng, Lin Fawu, Liang Zhongkui, Zhuang Dongzhi ; Chapter 13 by Chen Gang, Huang Hongxiang.

During the process of compiling this volume, we received the guidance of China Petroleum Exploration and Development Research Institute. And it gained strong support and helps from some units and departments, such as Jidong Oilfield Science and Technology Information Office, Party and mass work office, Exploration and Development Department, Exploration and Development Research Institute, Drilling and Production Technology Research Institute, Exploration and Development Construction Engineering division, etc. Qi Zhenlin , The former general manager of Jidong Oilfield company, Yang Shengjie, The former executive Director and Secretary of the party committee, Tang Lin, The current executive Director and Secretary of the party committee, has gaven cordial care and specific guidance to the preparation of this book from beginning to end. I would like to express my deep appreciation here.

Due to the geological conditions of Jidong oil and gas province are complex, the exploration process is hard and tortuous, and limited by the editors' academic, there might be some mistakes and insufficient. Your suggestions and corrections would be appreciated.

目录

CONTENTS

第一章 概　　况

中国石油冀东油田公司（以下简称冀东油田）是中国石油天然气股份有限公司（以下简称中国石油）所属地区公司，成立于1988年4月，总部设在河北省唐山市。冀东油田矿权区域地理位置位于河北省唐山市和秦皇岛市辖区，即E117°57′45″～E120°30′00″，N38°57′00″～N39°49′45″范围。构造位置位于渤海湾盆地黄骅坳陷的东北部（唐山市辖区）及辽东湾坳陷的西南部（秦皇岛市辖区）。截至2020年底，冀东油田探矿权登记面积6290km^2（图1-1）。其中陆地面积3241km^2，海域面积3049km^2。

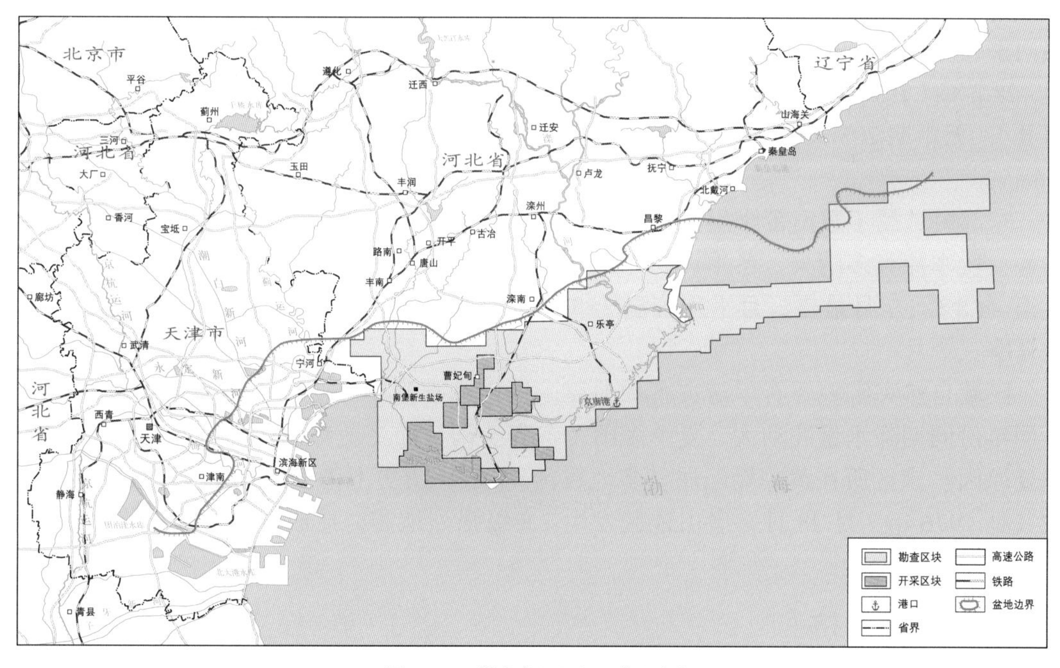

图1-1　冀东探区地理位置图

第一节　自然地理

冀东探区整体沿渤海海岸展布。西部自然地理条件相对复杂，有陆地、滩海滩涂及海域；东部整体位于辽东湾海域，自然地理条件单一。

一、地表地貌

西部唐山辖区地貌由冲积平原、滨海平原及滩海组成，地势平坦，平均地面坡度1/25000～1/5000。区内主要发育滦河水系和冀东沿海水系，地面河流、排水沟渠纵横交错，农田、鱼塘、苇荡、虾池、盐池等星罗棋布。唐山沿海海岸线总长 229.7km（2008 年 12 月），东起乐亭、昌黎县际界线，西至涧河口西侧津冀省际界线。此外，唐山滦河口外、曹妃甸海域共有大小岛屿 100 多个，著名的有祥云岛、月坨岛、菩提岛、龙岛等。

东部秦皇岛辖区地处渤海辽东湾海域，平均水深 22m，最深处约 32m，海浪以风浪为主，平均波高约 0.6m，最大波高 4～5m。潮汐属正规和不正规半日潮，平均潮差 2～3m，大潮潮差为 4m 左右。区内有秦皇岛港、军事禁航区、渔业养殖区、沉船、航标灯等；探区周边分布多个中国海洋石油集团有限公司（以下简称中国海油）的油田开发平台。

渤海海域海冰每年都有出现，盛冰期在 1 月上旬至 2 月中旬，固定冰宽度一般为 3～4km，冰厚 20～30cm，冰情严重期厚度可达 50cm，冰的堆积高度为 2～4m。

二、气候条件

西部属于近海大陆性季风气候，四季分明。夏雨集中，年平均降水量 575.9mm；雨热同季，年平均气温 11.8℃，1 月平均气温 -6.4℃，7 月平均气温 25.2℃，历史最低气温 -28.2℃（1978 年 12 月 29 日，迁安县），最高气温 40.4℃（1972 年 6 月 10 日，玉田县），无霜期 205 天；年日照 2700.8 小时，平均相对湿度为 66%；多风，年平均风速 2.6m/s。

东部海域属于暖温带半湿润季风气候，气候比较温和，春季少雨干燥，夏季温热无酷暑，秋季凉爽多晴天，冬季漫长无严寒。年平均气温在 11℃左右，1 月最冷，月平均气温 -4.8℃；7 月最热，月平均气温 25℃。全年降雨量在 630mm 左右，雨量 70% 集中在夏季三个月。

区域自然灾害主要有旱涝灾害和地震。区内降水量年际变化较大（300～1000mm），不同年份同期降水量波动大，夏季多雨，冬春少雨，加之地势低洼，是形成旱涝灾害的主要原因。该区所在黄骅坳陷属“多地震活动区”，历史上曾多次发生 4.8 级以上地震，尤其是 1976 年 7 月 28 日，唐山地区发生 7.8 级强烈地震，造成重大的人员伤亡和财产损失。

三、交通经济

冀东探区地处交通要塞，铁路、高速公路、国道、省道等纵横交错，交通四通八达；海空交通发达，有秦皇岛港、京唐港、曹妃甸港等港口，唐山机场已开通广州、上海、西安、哈尔滨等国内航线。

唐山是一座具有百年历史的沿海重工业城市，被誉为“中国近代工业的摇篮”和“北方瓷都”。这里诞生了中国第一座现代化煤井、第一条标准轨距铁路、第一台蒸汽机车、第一件卫生瓷、第一袋水泥等。唐山的钢铁、煤炭、电力、机械、建材等产业十分发达。唐山地区土质肥沃，气候温和，适合多种农作物种植。唐山地区的海洋资源丰富，拥有良好的滩涂和深水港口。2018 年，唐山市地区生产总值为 6300.03 亿元（唐山市统计局等，2020），在河北省排名首位。

秦皇岛是中国重要的港口城市，是华北、东北、西北地区重要的出海口。2018 年，秦皇岛市地区生产总值为1635.56亿元[1]。

四、人口分布

截至2018年底，唐山市下辖3个县级市、4个县、7个区、4个开发区，常住人口793.58万人（唐山市统计局等，2020），有满族、回族、壮族、蒙古族等50个少数民族；秦皇岛市下辖3个县、4个区、2个开发区，常住人口313.42万人[1]，有满族、回族、朝鲜族、蒙古族、壮族等42个少数民族。

第二节 区域地质

冀东探区位于渤海湾盆地，是在华北克拉通基础上，历经多期次、多旋回构造运动后形成现今的凸凹相间的构造格局。探区地质条件复杂，油气资源丰富。自下而上发育太古宇、元古宇、古生界、中生界、新生界等五套地层，不同构造单元地层分布差异较大。新生界古近系发育的多套湖相暗色泥岩为主要烃源岩，每套地层均发育有不同类型、不同储集性能的储层，存在类型多样、空间分布各不相同的多种油气成藏组合。

一、区域构造概况

冀东探区位于华北克拉通（Ⅰ级）东部陆块（华北断坳，Ⅱ级）渤海湾盆地（Ⅲ级）的中北部，黄骅坳陷、燕山隆起、埕宁隆起、辽河坳陷（Ⅳ级）的交汇部位（图1-2）。渤海湾盆地是华北克拉通东部陆块的重要组成部分，是在华北克拉通东部大陆边缘弧后扩张背景下，俯冲板片下沉与海沟后退等深部结构与属性变化的浅层地质响应。渤海湾盆地作为在克拉通基础上形成与发展的新生代裂谷盆地，它既表现对稳定克拉通的耦合性继承，又凸显了受控于克拉通破坏形成中—新生代裂陷（裂谷）盆地的解耦性叠合与新的盆岭耦合的重构。所以，渤海湾盆地的形成演化过程清晰地记录了华北克拉通的形成及其东部陆块中—新生代去克拉通化的地质构造演化过程。

冀东探区包括渤海湾盆地黄骅坳陷东北部和辽河坳陷西南部各一部分。前古近系基底结构和演化大致经历了3个地质时代，即太古宙—早元古代基底形成阶段，中—新元古代—古生代克拉通盆地演化阶段，中生代克拉通解体断陷湖盆发育阶段。期间经历了五台运动、吕梁运动、蓟县运动、加里东运动、海西运动和燕山运动等多期构造运动，使该区发生了沧海桑田的地质演变。进入新生代，喜马拉雅运动在我国东部主要表现为断块差异升降活动。在中生代断块构造的基础上，前古近系基底再次发生断裂解体形成掀斜断块。在块断体上升翘起部位形成凸起（隆起），在块断体下降一侧形成凹陷（坳陷）。期间，渤海湾盆地形成并随着断裂活动的持续，盆地及内部不同级别的构造单元持续发育演化，最终形成现今的地质结构。

[1] 数据来自秦皇岛市人民政府网。

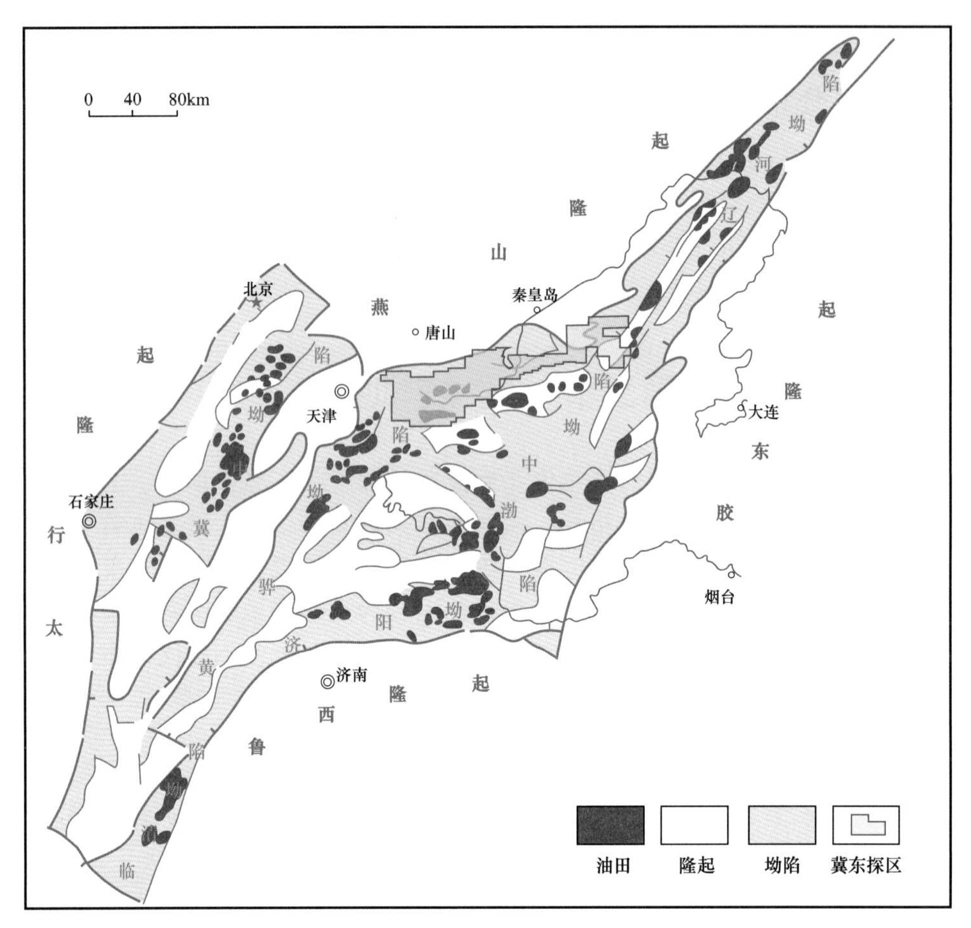

图 1–2 冀东探区在渤海湾盆地构造位置图

二、基本石油地质特征

1. 断裂及构造

冀东探区历经多旋回、多期次构造运动，发育数量众多、规模不同的断层，且以张性正断层为主。断层在平面上纵横交错，在剖面上互相切割。冀东探区断裂可分为三类：一类为切割基底、长期继承性发育的控凹、控凸断裂，即凹陷或凸起的边界断裂；二类为凹陷或凸起内部控制构造带形成和展布的断裂，即控带断裂；三类为控带断裂以下受主干断裂活动和控制沉积作用而形成的次级断裂。受各级断裂活动的影响，冀东探区各构造单元呈现凸凹相间的排列形态。如西部唐山地区表现为七凹五凸的构造格局，即南堡、涧河、乐亭、石臼坨、昌黎、北戴河、北塘（部分）7 个凹陷和姜各庄、马头营、西南庄—柏各庄、老王庄、西河 5 个凸起[1]。东部海域包括辽西低凸起、辽西南凸起、留守营凸起、辽西凹陷、辽中凹陷、秦南凹陷（图 1–3）。

2. 地层及沉积

冀东探区太古宇花岗岩结晶基底之上发育四套沉积盖层，分别为新元古界、古生界、中生界和新生界，构造运动的强度和特点控制了构造单元的形成和演化，不同构造单元地层分布及厚度差异较大（表 1–1 和图 1–4）。

[1] 谯汉生，等，1991，冀东石油地质与勘探方向，内部资料。

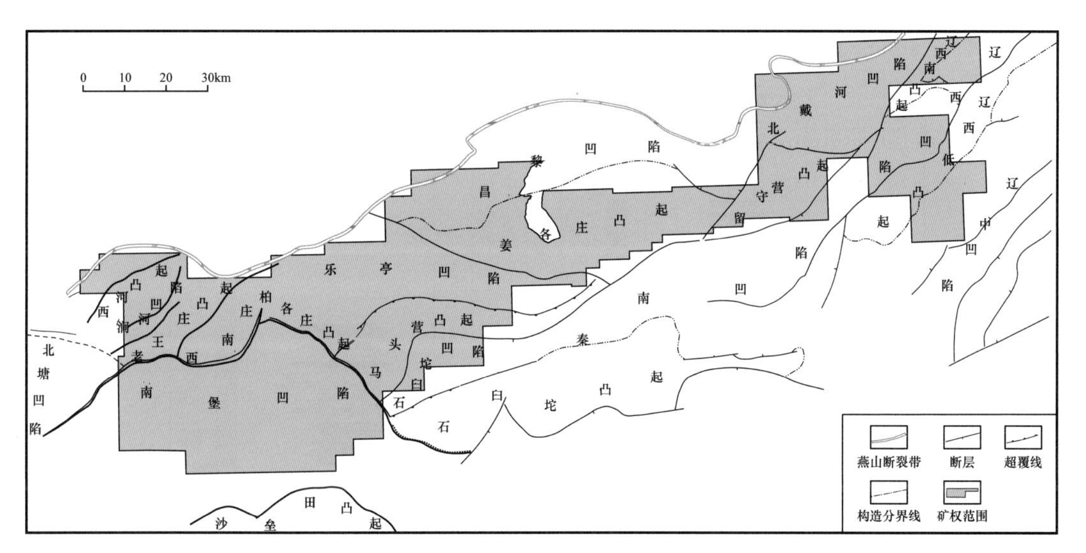

图 1-3 冀东探区构造单元分布图

表 1-1 冀东探区地层分布表

单位：m

层位	古近纪凹陷							古近纪凸起						
	南堡	乐亭西洼	乐亭东洼	昌黎	涧河	石臼坨	辽中	石臼坨	姜各庄	马头营	柏各庄	西南庄	老王庄	西河
N	N_1g	N_1g	N_1g	N_1g	N_1g	N_1g	N_1g	N_1g	N_1g	N_1g	N_1g	N_1g	N_1g	N_1g
E_3d	955～2103	26～173	0～525	332	100～149	0～36	1126	<150						
E_2s_1	52～855	1342～2538	0～450			464～476	0～170							
E_2s_{2+3}	140～1547					186～521	0～1680				350～700			
$E_1k—E_2s_4$							193							
K_1	0～1847	71～780	0～970	360	52～419	496～1354	597	0～200	0～1000		291～817			
J_{1-2}	0～295	0～600			337～696			300～500			53～362	106～403		
C—P					431～900		180							319
∈—O	33～314		∈ >100		>167			700～800		∈ 0～542	∈ 14～228	713～1133	873～981	>2000
Qb	0～55									0～38	24～47	<100	<100	
Ar	Ar	Ar	Ar	Ar	Ar	Ar	Ar	Ar	Ar	Ar	Ar	Ar	Ar	Ar

新元古界、古生界、中生界在冀东探区分布范围局限，厚度变化大。新元古界仅分布于南堡凹陷局部及周边凸起，且厚度小于100m。古生界寒武系、奥陶系分布范围较广，厚度较大，其中奥陶系下马家沟组及寒武系府君山组分别为南堡油田和周边凸起主要油气勘探目的层系之一；石炭系、二叠系在凹陷和凸起局部分布，且厚度及范围较小。中生界在冀东探区各凹陷均有分布，周边凸起局部经钻探证实存在中生界，如柏各庄凸起中生界侏罗系已发现油气藏。新生界分布范围广，古近系主要分布于凹陷内且厚度大，新近系遍布整个探区，古近系沙河街组、东营组及新近系馆陶组、明化镇组为冀东探区油气勘探主要目的层系。

古近系厚度和岩性特征主要受凹陷所处构造位置、凹陷沉降速度和沉积速度影响。凡在古近纪持续稳定下沉、离物源区（燕山褶皱带）较远的凹陷，沉降速度大于沉积速度，使凹陷在半深湖—深湖环境下形成非补偿性沉积，有利于生储盖组合的形成，如南

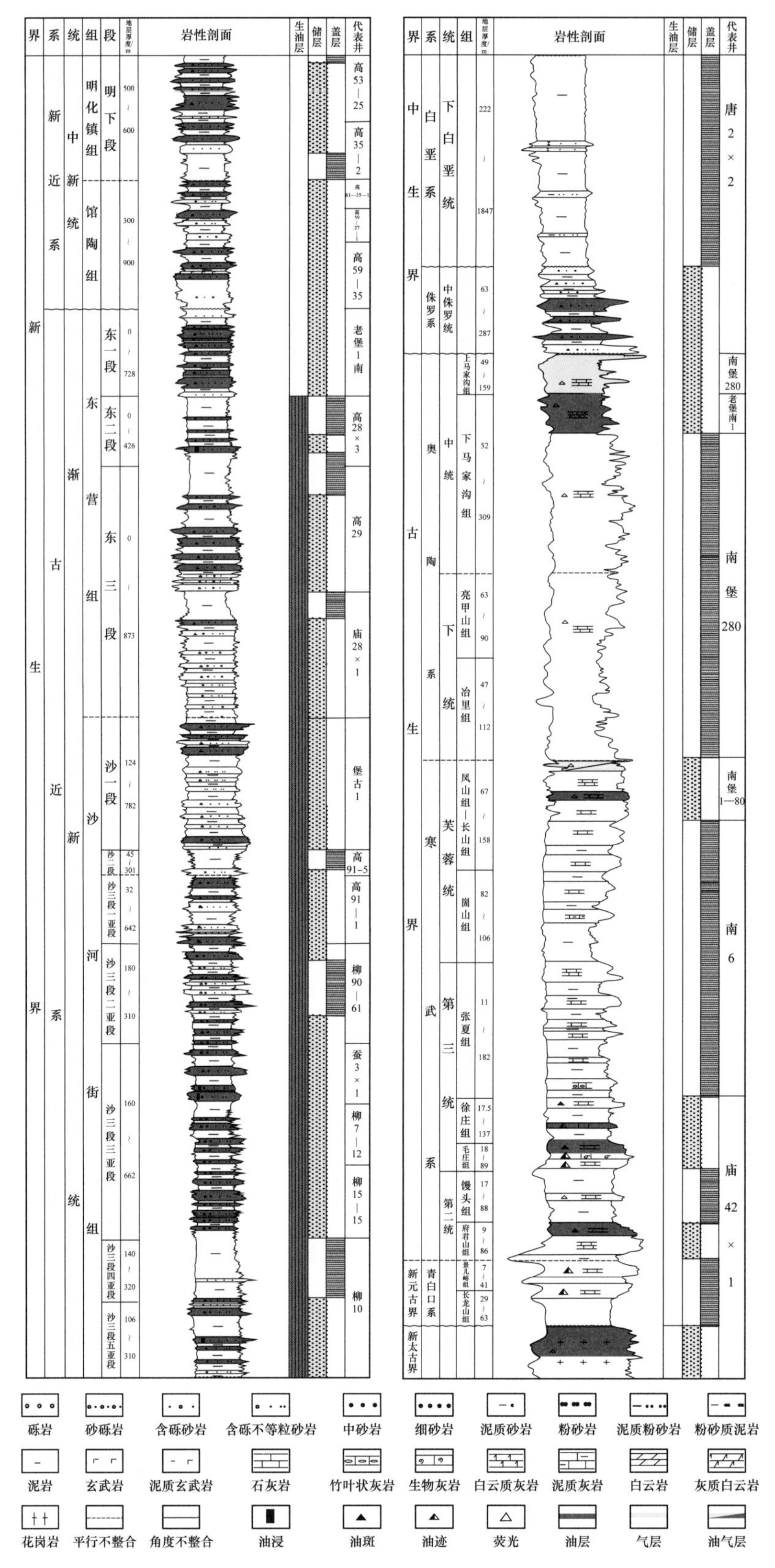

图 1–4　冀东探区综合柱状图

堡凹陷渐新世沉积的沙河街组和东营组、乐亭东洼的沙河街组、石臼坨凹陷的下白垩统等。凡紧邻燕山褶皱带的凹陷，均具有物源充足、快速沉降、快速补偿充填式的沉积特点，如昌黎凹陷和乐亭凹陷西洼的古近系。

自新近纪中新世开始，渤海湾湖盆整体下沉，形成了一个统一的大型坳陷盆地，沉积和充填馆陶组、明化镇组和第四系，新近系和古近系之间存在一个全区性的不整合面。古近纪形成的凸起和凹陷全部沉没于坳陷中，接受了新近纪沉积。从沉积厚度和新近系发育的完整性可明显看出，古近纪的凸起和凹陷控制了新近纪沉积厚度。除老王庄凸起上缺失馆陶组外，其余均有分布，厚度变化不大，在凸起部位厚100～200m，如姜各庄凸起厚度小于150m，马头营凸起厚度小于200m，西南庄凸起厚度小于200m，柏各庄凸起厚度一般为200m左右；在南堡、涧河、乐亭、石臼坨、昌黎等凹陷部位厚度一般都大于300m，沉积中心向南迁移至渤海海域，最厚可达500m。明化镇组全区均有分布，厚度一般可达1000～2000m。

随着新近纪断层活动的加剧，一方面使早期断层继续活动，同时还产生了一系列北东向延伸、断距较小的3～4级断层。它们不断对早期构造进行改造，使之更加复杂化，同时伴有火山岩喷发。中新世馆陶组沉积时期的火山活动较渐新世晚期（E_2s_1—E_3d沉积时期）强烈，玄武岩广泛分布于南堡凹陷西部、北部、南部等地区；另一方面表现为在主要断层下降盘形成了一系列浅层（N_2m—N_1g）逆牵引构造，有利于“下生上储”成油组合的形成。新近纪末期，地壳上升，接受第四纪河流平原相沉积，沉积中心继续向东部转移。

3. 烃源岩

冀东探区烃源岩发育在新生界古近系，发育三套生油层系，分别为古近系沙河街组沙三段、沙一段和东营组东三段。三套生油层系有机质丰度、类型等各项烃源岩指标达到好及较好标准。其中，沙三段为主力烃源岩，岩性以深灰色钙质泥岩和灰黑色、深灰色泥岩及油页岩为主。

冀东探区西部以南堡凹陷为主力生油凹陷，沙三段烃源岩分布面积1200km^2，最大厚度超过700m。冀东探区东部横跨三大生烃凹陷，即辽中凹陷、辽西凹陷和秦南凹陷且各占其一部分，沙三段主力烃源岩分布面积广、厚度大，供烃条件优越。

4. 储层

冀东探区储层包括碎屑岩（砂岩）储层、碳酸盐岩储层和火山岩储层三种类型，并以砂岩储层为主。其中古近系—新近系及侏罗系砂岩储层储集空间主要为孔隙，寒武系—奥陶系碳酸盐岩储层储集空间主要为裂缝，火山岩储层储集空间以孔隙（孔洞）、裂缝等组合为主。

5. 生储盖组合

根据纵向各层系油气成藏特征和成藏主控要素，将纵向成藏组合体划分为三类，即源上成藏组合、源内成藏组合和源下成藏组合。

源上成藏组合，是位于烃源岩层之上、且被区域性泥质岩封盖层分隔的油气藏和圈闭组合。其主要特征是缺乏有效烃源岩，油气来自区域性盖层之下的烃源岩层系，断层和不整合面在油气成藏过程中起关键作用。南堡凹陷源上成藏组合位于烃源岩层（东三段—沙河街组）之上、且被区域性泥岩盖层（东二段稳定分布的泥岩）所分隔，包括东一段、馆陶组和明化镇组等含油气层，其特征是油气藏主干运移通道为断裂，油气藏沿断裂展布。

源内成藏组合，是发育在烃源岩层内或者紧邻烃源岩层的含油气层组合，包括东三段、沙河街组等含油气层，其特征是油气藏分布受砂体分布、断裂和层序界面联合组成的输导体系控制，属于自生自储油气藏类型。由于与烃源岩互层或相近，油源供应充分，具备满凹含油的有利条件，该成藏组合是岩性油气藏、构造油气藏及复合油气藏发育的主要层段。

源下成藏组合，是位于烃源岩层之下的油气藏和远景圈闭组合。南堡凹陷源下成藏组合主要指发育在烃源岩层之下的以古潜山为目的层的含油气层组合，包括古生界和中生界等含油气层，其特征是油气藏分布受油源断裂、大型层序界面或区域不整合面控制，属于上生下储油气藏类型，油气藏主要分布于油源断裂和区域不整合面附近。目前源下成藏组合的勘探主要以奥陶系古潜山为目标。由于烃源岩在上、储层在下，断层及裂缝发育程度是成藏组合评价的关键。

第三节　油气勘探

冀东探区油气勘探工作始于1955年（翟光明等，1991），钻探工作始于1964年。2013年以前，勘探工作主要集中在西部地区，2013年矿权变更后，油气勘探工作在全区展开。

一、南堡凹陷及周边地区

1. 完成的工作量

南堡凹陷及周边地区截至1965年基本完成了重力、磁力普查，并开展了少量五一型仪器地震勘探，依据重力、磁力普查和少量模拟地震资料，以及南1井、南2井两口井的钻探，完成了区域侦察和选凹定带，初步查明七凹五凸的构造格局，同时，基本了解南堡凹陷基本构造格局及主要生烃层系。

地震勘探工作从1971年开始，到1978年，完成二维模拟地震单次覆盖2062.5km，六次覆盖1493.5km。1979年开始实施二维数字地震勘探，1985年在南堡凹陷高尚堡构造第一次实施三维地震勘探。截至2018年底，累计完成二维地震测线采集11308km，完成三维地震采集4021km^2（表1–2、表1–3）。

工区各构造带地震勘探程度不均衡，南堡凹陷勘探程度最高，已实现了三维地震满覆盖，主要构造带已经完成二次三维地震勘探（图1–5）。

自1964年第一口探井南1井钻探以来，截至2018年底，南堡凹陷及周边地区累计完钻探井（包括预探井和油藏评价井，下同）932口，进尺324.2×10^{4}m，获工业油气流井461口，探井成功率49.46%。其中，钻井取心432口，岩心长8010m，收获率87.23%。（表1–3）

由于受地面条件限制，完钻探井、开发井以定向斜井（包括普通定向井、多目标定向井、水平井、分支井等，下同）居多，而且随着勘探程度的逐年提高，斜井及深井（垂直井深不小于4000m，下同）逐年增多。

表 1-2　南堡凹陷及周边地区不同年度勘探开发工作量与成效表

年度	地震勘探		探井				开发井		石油探明地质储量			原油产量 / 10^4t/a
	二维 / km	三维 / km^2	井数 / 口	进尺 / m	工业油气流井 / 口	探井成功率 / %	井数 / 口	进尺 / m	新增 / 10^4t	复算（套改）/ 10^4t	累计 / 10^4t	
1964			1	3333								
1965			1	3401								
1973			1	1112								
1974			3	8132								
1975			1	2867								
1976			1	3392								
1977			2	4641	1	50.0						
1978			8	17452	2	25.0						
1979	4840.37		3	9584	1	33.3						
1980			9	33821	7	77.8			360.00		360.00	
1981			8	29183	6	75.0			850.00		1210.00	
1982			13	49980	9	69.2			902.00		2112.00	
1983			16	56037	7	43.8			761.00		2873.00	
1984			26	84515	13	50.0			955.00		3828.00	
1985		64.00	24	71341	8	33.3			3546.00		7374.00	
1986			24	70954	8	33.3			652.00		8026.00	
1987			17	59472	11	64.7			385.00		8411.00	

续表

年度	地震勘探		探井				开发井		石油探明地质储量			原油产量 / 10^4t/a
	二维 / km	三维 / km^2	井数 / 口	进尺 / m	工业油气流井 / 口	探井成功率 / %	井数 / 口	进尺 / m	新增 / 10^4t	复算（套改）/ 10^4t	累计 / 10^4t	
1988	849.30	107.70	12	38685	5	41.7	12	23688			8411.00	18.3
1989	678.00	155.60	19	62484	7	36.8	39	156666	1034.00		9445.00	30.3
1990	137.30	130.55	18	52162	11	61.1	60	194172	728.00		10173.00	35.0
1991	432.00	68.68	16	45594	6	37.5	30	77882	791.00		10964.00	37.0
1992	679.40	159.56	17	54069	9	52.9	34	102391	811.00		11775.00	39.5
1993	1279.85	43.00	13	38818	5	38.5	23	67792	204.00		11979.00	42.7
1994		774.80	12	36003	6	50.0	42	106887	617.00	−1070	11526.00	46.0
1995	427.50		10	23234	2	20.0	29	86537	254.00	−4030	7750.00	51.0
1996	901.75		10	32828	4	40.0	25	86210	354.00		8104.00	57.0
1997	898.58	190.56	12	36810	5	41.7	41	133215	567.00		8671.00	61.1
1998	138.80	56.00	8	26208	5	62.5	47	146036	582.00		9253.00	63.8
1999		129.55	11	37669	5	45.5	30	89851	486.00		9739.00	63.2
2000		90.00	10	35934	2	20.0	51	120615	702.00	−150	10291.00	62.1
2001		76.80	9	31965	3	33.3	33	89289	459.00		10750.00	62.5
2002		172.80	5	19964	3	60.0	39	109286	529.00		11279.00	65.3
2003		506.78	12	42613	6	50.0	47	123991	1711.00		12990.00	74.8
2004		440.50	26	87209	19	73.1	133	379141	1588.00		14578.00	100.3

续表

年度	地震勘探		探井				开发井		石油探明地质储量			原油产量 / 10^4t/a
	二维 / km	三维 / km^2	井数 / 口	进尺 / m	工业油气流井 / 口	探井成功率 / %	井数 / 口	进尺 / m	新增 / 10^4t	复算（套改）/ 10^4t	累计 / 10^4t	
2005		608.00	59	189267	32	54.2	107	278462	3083.99	14587.68	17671.67	125.0
2006			58	188934	38	66.1	167	421894	6256.10		23927.77	170.7
2007		486.00	91	298788	52	56.0	160	420646	44510.17		68437.94	213.0
2008			53	188907	22	37.7	305	877531				200.3
2009			15	58229	7	46.7	215	671071				173.0
2010			29	103995	22	75.9	172	546103	2622.20*			173.0
2011		67.70	42	157888	18	40.0	186	601538	2057.71*			165.1
2012			42	170114	19	45.2	148	509122	2082.93*			165.0
2013			29	128459	17	55.2	140	470383	1506.54*			170.0
2014		131.00	21	80663	12	52.2	150	544443	828.75*			170.0
2015		100.00	29	114913	15	51.7	126	461510	1003.03*			160.0
2016		131.00	40	154622	12	30.0	96	381063	1556.14		69994.08	135.0
									1107.86*			
2017			29	123798	10	34.5	113	406255	1403.02*			136.0
2018			17	72008	9	52.9	111	344816	1227.90*			130.0
合计	11307.85	4020.58	932	3242051	461	49.5						

注：探明储量数据不带 * 为原国土资源部国家储委批准数据，带 * 为冀东油田公司内部数据。

表 1–3　南堡凹陷及周边地区各构造带勘探程度统计表

勘探项目		南堡凹陷	乐亭凹陷	石臼坨凹陷	涧河凹陷	昌黎凹陷	北戴河凹陷	北塘凹陷	姜各庄凸起	马头营凸起	西南庄柏各庄凸起	老王庄凸起	西河凸起	合计
勘探面积 /km^2		1570	950	440	270	680	440	130	510	530	390	140	120	6170
地震采集	二维地震 / km	4107	1639		1441				1048	1165	1202	332	373	11308
	三维地震 / km^2	2979								167	874			4021
探井钻探	井数 / 口	845	9	3	3	1				18	40	12	1	932
	进尺 /m	3036467	23164	9582	8160	2468				37011	97495	25854	1850	3242051
	工业油流井 / 口	436								8	14	3		461
	探井成功率 /%	51.60								44.44	35.00	25.00		49.46
	探井密度 / 口 /km^2	0.530	0.010	0.010	0.010	0.001				0.030	0.100	0.090	0.0080	
探井取心	井数 / 口	383	5	1	1	1				6	27	7	1	432
	进尺 /m	8484	137	9	54	71				92	223	100	13	9183
	心长 /m	7427	125	9	46	49				73	186	83	12	8010
	收获率 /%	87.54	91.21	99.36	85.83	68.27				79.37	83.43	83.51	98.26	87.23
发现油气田数 / 个		5								1（油藏）	2（油藏）			5

自 1980 年第一口深探井（≥4000m）高 1 井（4041.25m）钻探以来，累计完钻深探井 236 口，进尺 107.3×10^4m，其中工业油气流井 108 口，深探井成功率 45.8%。最深的探井是 2012 年钻探于南堡 3 号构造的南堡 3-81 井，完钻垂深 5606.75m，完钻层位太古宇。

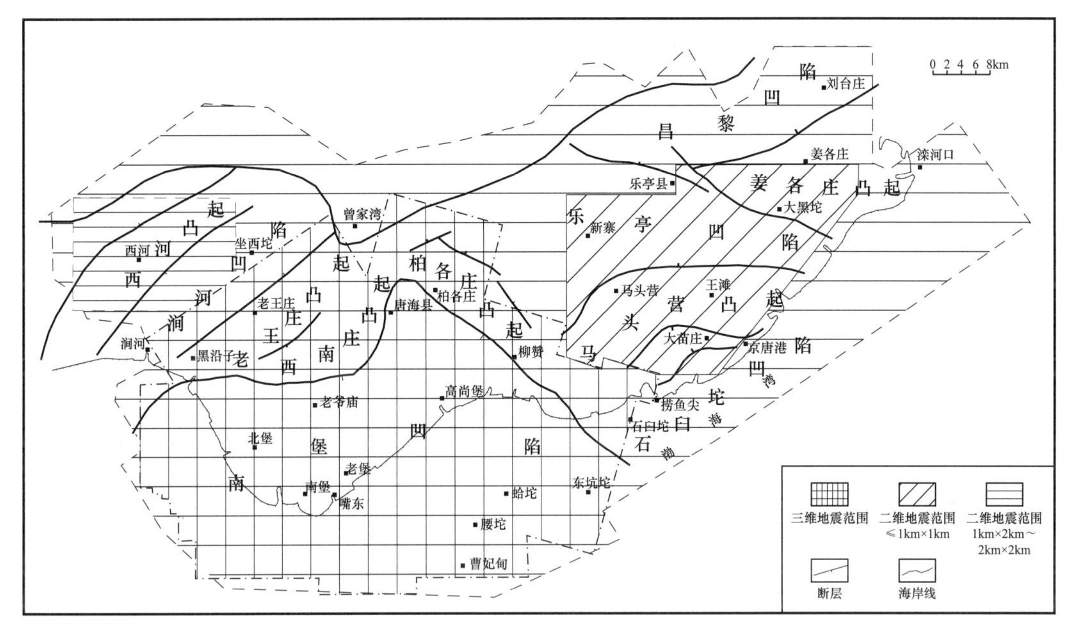

图 1-5 南堡凹陷及周边地区地震勘探程度图

自 1985 年第一口定向斜井庙 8×1 井（最大井斜 32.25°）钻探以来，累计完钻定向斜井（探井）308 口，进尺 227.3×10^4m，斜井占探井总数的 34.8%。其中斜度最大的探井是 2016 年钻探于南堡 5 号构造的南堡 5-85 井，最大斜度 82.25°。

2. 主要勘探成果

经过六十余年的勘探工作，基本明确了探区的地质结构、含油气层系、油气规模等；特别是南堡凹陷陆地实施二次三维地震勘探及精细勘探以来，不仅加快了南堡油田的发现，而且随着地质认识的持续深化及工程技术的不断进步，在寒武系、奥陶系潜山油气藏及古近系岩性油气藏等勘探领域不断有新突破和新发现，开拓了一个又一个新的找油领域。

（1）发育 4 个具备生烃能力的凹陷。

勘探开发实践证实，具备油气生成条件的凹陷有四个：南堡凹陷、石臼坨凹陷、涧河凹陷和乐亭凹陷，其中南堡凹陷为主力生油凹陷。生烃层系主要为古近系沙河街组和东营组。2015 年，第四次全国油气资源评价结果为南堡凹陷石油地质资源量 12.19×10^8t，石臼坨凹陷石油地质资源量 815.3×10^4t，乐亭凹陷石油地质资源量 609×10^4t，涧河凹陷天然气地质资源量 $25.81\times10^8m^3$。

（2）发现 10 套含油气层系和 5 个油田。

含油气层系分别为新近系明化镇组、馆陶组，古近系东营组东一段、东二段、东三段，古近系沙河街组沙一段、沙三段，中生界侏罗系，古生界奥陶系和寒武系。

按照油藏埋深及勘探开发惯例，本书将冀东探区已发现油藏划分为浅层（N_2m、

N_2g）油藏、中深层（E_3d_1、E_3d_2、E_3d_3、E_2s_1、$E_2s_3{}^1$）油藏、深层（$E_2s_3{}^3$）油藏和古潜山（J、O、€）油藏。

在南堡凹陷及周边地区共发现南堡、高尚堡、柳赞、老爷庙、唐海5个油田。累计上报探明含油面积159.77km^2，探明石油地质储量69994.08×10^{4}t（表1–4）。

表1–4　南堡凹陷及周边地区各油田探明储量表

层位	南堡油田		高尚堡油田		柳赞油田		老爷庙油田		唐海油田		合计	
	含油面积/km^2	石油地质储量/10^{4}t	含油面积/km^2	石油地质储量/10^{4}t	含油面积/km^2	石油地质储量/10^{4}t	含油面积/km^2	石油地质储量/10^{4}t	含油面积/km^2	石油地质储量/10^{4}t	含油面积/km^2	石油地质储量/10^{4}t
N_2m	6.07	1430.29	6.46	2749.97	1.92	608.72	3.93	787.61	1.20	110.41	19.58	5687.00
N_2g	43.39	10367.76	12.30	2949.76	2.71	404.50	10.12	1524.48	1.12	239.60	69.64	15486.10
E_3d_1	62.59	33213.18	8.35	1149.88			5.09	762.15			76.03	35125.21
E_3d_2	6.69	474.07					3.36	409.30			10.05	883.37
E_3d_3	2.80	233.72	3.88	378.69			1.20	80.19			7.88	692.60
E_2s_1	9.12	976.21	4.56	306.19	1.55	157.00					15.23	1439.40
$E_2s_3{}^1$			5.91	815.24							5.91	815.24
$E_2s_3{}^2$			8.29	470.33	1.64	107.20					9.93	577.53
$E_2s_3{}^3$			25.17	6097.54	9.02	2688.64					34.19	8786.18
$E_2s_3{}^4$					0.80	61.14					0.80	61.14
$E_2s_3{}^5$					3.86	293.86					3.86	293.86
J									1.44	77.24	1.44	77.24
€									1.30	69.21	1.30	69.21
合计	92.80	46695.23	34.76	14917.60	16.40	4321.06	12.71	3563.73	3.10	496.46	159.77	69994.08

（3）建成了200×10^{4}t/a原油生产区，最高年产原油213.0×10^{4}t。

截至2018年底，投入开发的5个油田累计完钻各类井2601口。采油井2032口，开井数1578口，平均单井日产油2.2t，累计生产原油3206×10^{4}t，其中2007年最高原油产量213.0×10^{4}t、天然气产量1.5×10^{8}m^3。

3. 主要地质认识

（1）区内地质结构复杂。

前古近纪属于华北克拉通的一部分，从太古宙开始，历经多期、多次、多旋回的构造运动的破坏与重建，从而形成现今渤海湾盆地黄骅坳陷北部一系列凸凹相间排列的构造单元。不同构造单元构造发育、地层分布及含油气性各不相同。

（2）南堡凹陷是一个小而肥的富油气凹陷。

①南堡凹陷周边地区各构造单元中，南堡凹陷油气最富集，勘探工作量最多，勘探程度最高。截至2018年底，南堡凹陷累计完钻探井845口，完成进尺303.6×10^{4}m，其

中，取心探井383口，岩心长7427m，岩心收获率87.54%。探井获工业油流井436口，探井成功率51.6%。

② 南堡凹陷古近系发育三套油页岩、暗色泥岩组成的烃源岩：沙河街组沙三段、沙一段和东营组东三段；发育多套储盖组合和多种圈闭类型；发育浅层、中深层、深层和古潜山四套含油气层系。

③ 南堡凹陷已发现9个含油气构造带：高尚堡构造带、柳赞构造带、老爷庙构造带、唐海构造带、南堡1号构造带、南堡2号构造带、南堡3号构造带、南堡4号构造带和南堡5号构造带。

④ 南堡凹陷含油气井段长：油层最浅埋深1319m（庙19-18井，新近系明化镇组），最深埋深5130m（南堡3-80井，寒武系毛庄组），单井含油气井段200～1500m，最长达2000m。

（3）南堡凹陷具备持续深化勘探的潜力。

第四次全国油气资源评价南堡凹陷总生烃量为114×10^8t，总资源量为12.19×10^8t，资源丰度63.1×10^4t/km^2。截至2018年底，油气探明程度为57%。剩余油气资源主要分布在浅层已发现含油构造间与油源断裂沟通的低幅度构造、中深层受控于南北物源的构造—岩性油气藏和深层碳酸盐岩潜山之中。近年来的一些勘探苗头显示，深层的致密砂岩气、火山岩气藏、致密油等也将成为未来勘探可有作为的新领域。

（4）先进适用的勘探技术是油田发现的重要保障。

“九五”期间，冀东油田首次提出二次三维地震勘探技术、2003年以来应用的大连片叠前时间偏移处理技术及层序地层三维体解释与工业化应用等新技术，这些技术的成功应用及在此基础上形成的精细勘探的主要做法（周海民等，2004），为冀东油田“九五”以来取得的勘探成果提供了重要的技术保障，也是对成熟探区如何进一步深化勘探、寻找更多油气发现的尝试与探索。这些技术与做法在“十五”“十一·五”期间被中国石油广泛推广应用。对于渤海湾盆地其他探区乃至全国的油气勘探工作具有十分重要的指导意义（周海民，2007）。

二、秦皇岛海域

区域构造位于渤海湾盆地辽东湾坳陷西南部。从2013年7月到2018年底，区内累计完成二维地震采集1312km、三维地震采集1375km^2，完钻探井4口。其中，东升4井在东营组试油获得工业油气流；东升1井在馆陶组、东一段和东二段录井钻遇良好的油气显示，证实辽西凹陷南洼具备生烃能力。

第二章 勘探历程

冀东探区的勘探历程亦即南堡凹陷的探索与发现、勘探与开发过程。最早的油气勘探工作始于1955年，从1964年第一口探井南1井在古近系发现油气显示开始，经历了两次勘探战略转移，第一次是由凸起向凹陷的转移，第二次是由陆地向滩海的转移。六十多年来，先后发现了高尚堡、柳赞、老爷庙、唐海和南堡5个油田。伴随着勘探思路的不断创新，勘探新理论、新技术和新方法的不断发展与应用，勘探领域得到不断延伸与拓展，储量规模和原油产量逐年增加，冀东石油人谱写了一曲顽强拼搏、不断进取的光辉乐章。回顾六十余年的勘探过程，大致经历了4个发展阶段（图2-1）。

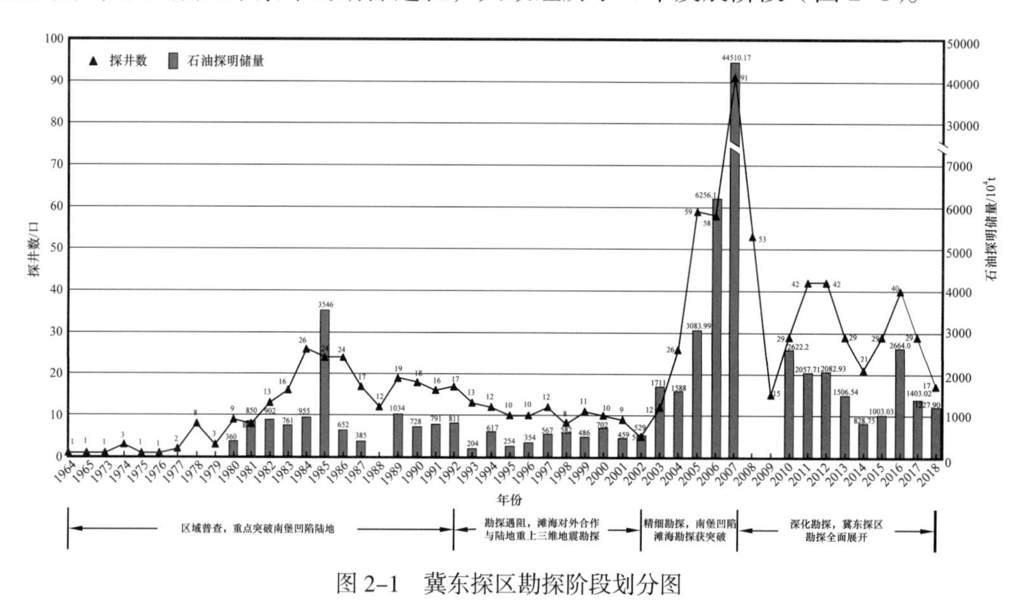

图2-1 冀东探区勘探阶段划分图

第一节 区域普查，重点突破南堡凹陷陆地

1955年1月，燃料工业部石油管理总局（石油工业部前身）在全国第六次石油勘探会议上，决定在华北地区开展地球物理勘探。同年2月，地质部（国土资源部前身）召开石油普查工作会议，确定在华北平原全面开展石油普查（翟光明等，1991），揭开了渤海湾盆地勘探工作序幕。在经历了区域侦查，早期圈闭预探后，受华北油田古潜山勘探发现的影响，勘探工作重点一度放在南堡凹陷周边凸起古潜山。历经挫折后，第一次进行了勘探战略转移，首次在南堡凹陷陆地勘探获得突破，并先后发现了高尚堡、柳赞、北堡、唐海和老爷庙5个含油构造带，并在高尚堡构造带、柳赞构造带实施滚动勘探开发，取得良好效果。

一、区域侦查，早期圈闭预探（1955—1978 年）

1. 区域普查，明确了冀东探区的构造轮廓

1955—1960 年，石油工业部六四一厂在南堡凹陷完成 1∶100 万重力测量、1∶100 万航空磁测、1∶20 万航空磁测。

1962—1965 年，利用五一型仪器开展了少量地震勘探工作。在上述区域普查基础上，勾画了南堡凹陷的构造轮廓（图 2–2）。

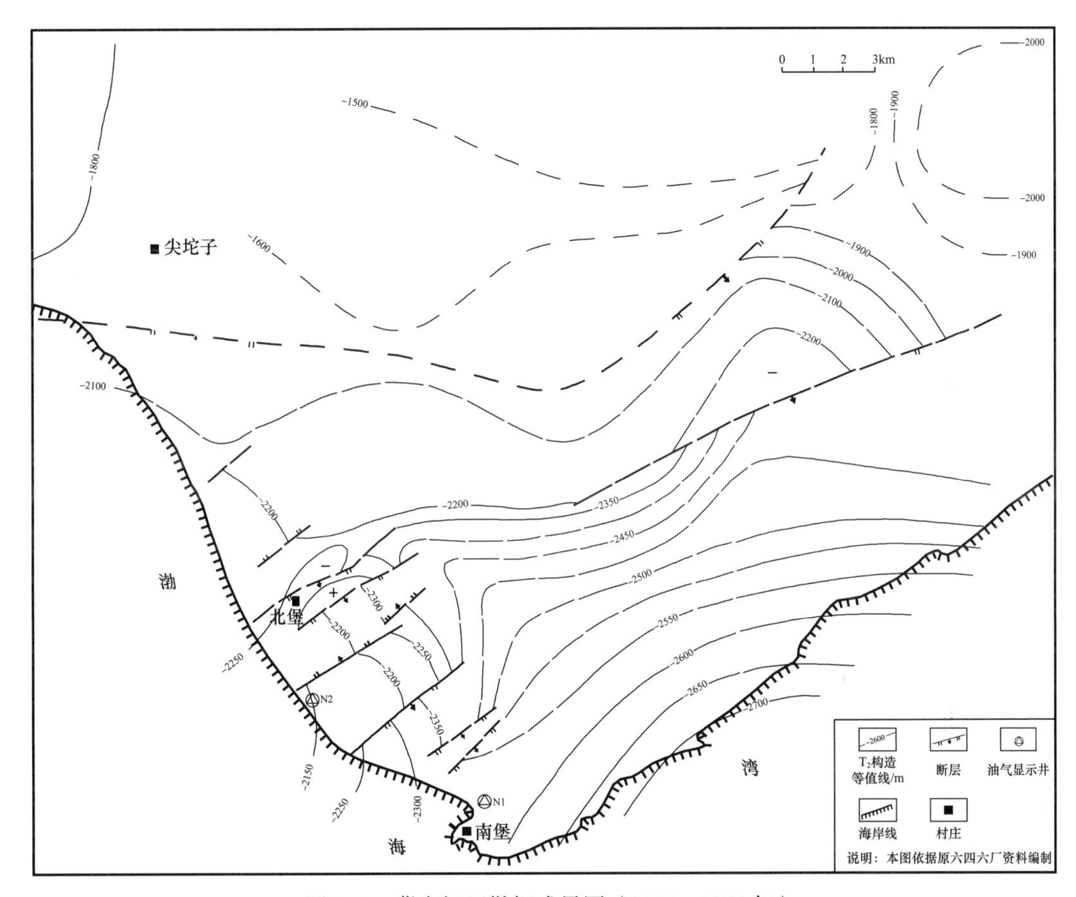

图 2–2　冀东探区勘探成果图（1964—1965 年）

在南堡凹陷西部的滨海地区完钻了两口超过 3000m 的深探井南 1 井和南 2 井，在古近系东营组钻探发现暗色泥岩地层和油气显示，证实南堡凹陷具备生油能力。南 1 井、南 2 井是 20 世纪 60 年代石油人发扬“革命加拼命”精神，在冀东地区最早钻探的两口探井。这两口井的钻探取得了大量第一手地质资料，为后期该区的勘探开发提供了基础。因此，南 1 井、南 2 井成为冀东地区石油勘探开发的前奏。

1966—1970 年，区域勘探工作减少，会战队伍调动转移，主要集中力量选择北大港油田港东、港西开发区及王徐庄油田进行详探，本区的勘探工作暂缓。

2. 圈闭预探，重点勘探南堡凹陷周边凸起

1971—1977 年，冀东探区完成二维模拟地震单次覆盖 2062.5km、六次覆盖 1493.5km，测网密度达到 1km×2km。

完钻探井 7 口：南堡凹陷 2 口（南 4 井、南 5 井），乐亭凹陷 3 口（乐 1 井、乐 2 井、乐 3 井），石臼坨凹陷 1 口（乐 4 井），老王庄凸起 1 口（南 3 井）。其中，1974 年在乐亭凹陷钻探的乐 1 井馆陶组岩屑录井发现油浸、油斑砂岩；1975 年在南堡凹陷老爷庙构造钻探的南 4 井东营组岩屑录井发现油气显示 11 层共 50m，东三段抽汲试油累计产油 0.352t、产水 52.5m^3；1976 年在南堡凹陷北堡构造钻探的南 5 井沙一段试油日产原油 0.2m^3。通过上述地震、钻探与地质评价，初步明确了冀东探区的构造区划和南堡凹陷的构造概貌（图 2–3），认识到南堡凹陷是本区的生油凹陷，老爷庙构造和北堡构造是含油构造。

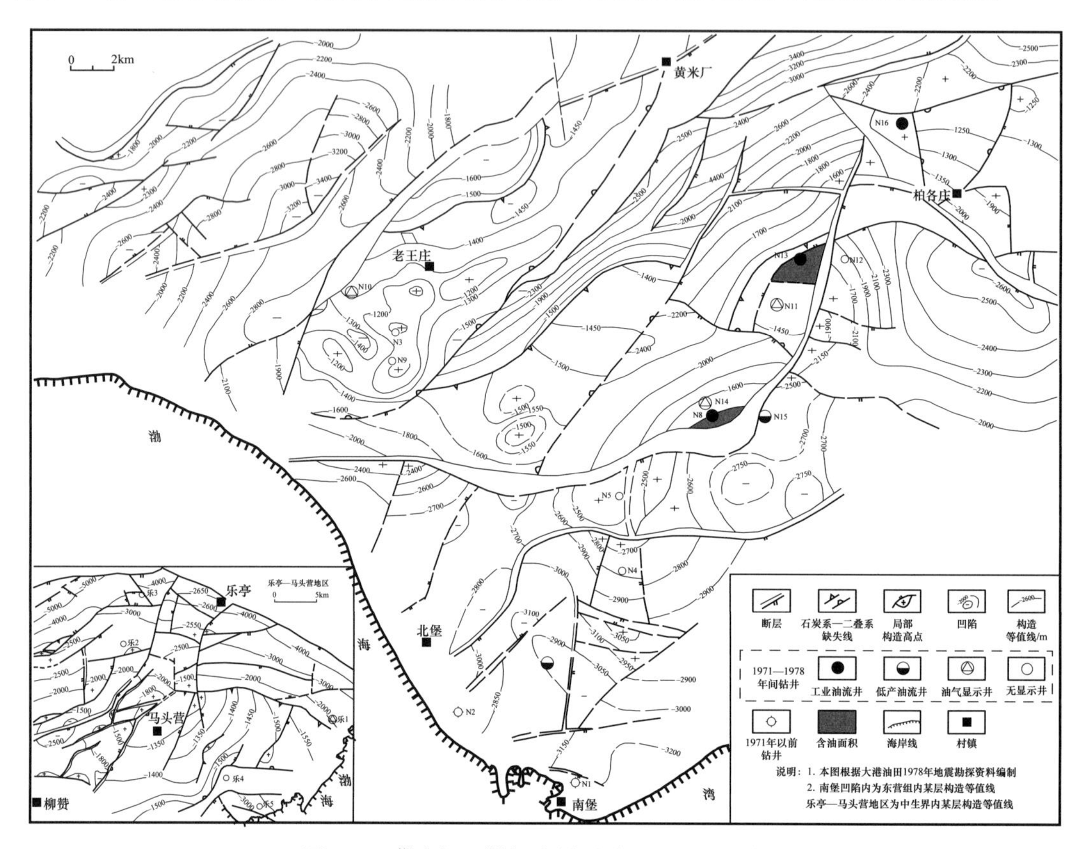

图 2–3　冀东探区勘探成果图（1971—1978 年）

1977 年下半年到 1978 年，受华北油田任丘古潜山发现的影响，冀东探区的勘探工作重心转向南堡凹陷周边古潜山。在老王庄—西南庄凸起及西南庄断裂带上，以古潜山为主要目的层部署钻探了 10 口探井。其中，南 13 井在古生界（寒武系）见到低产油流，南 8 井、南 16 井在中生界（侏罗系）见到低产油流（南 16 井于 1999 年重新试油在侏罗系获工业油流），其余井全部落空。潜山勘探未获发现，延迟了对南堡凹陷内主要构造带的钻探、评估与主要油气田的发现。

这一时期取得的主要地质成果与认识如下。

（1）完成了区域侦察和选凹定带，初步明确了冀东探区凸凹相间的构造区划。

（2）初步认识到南堡凹陷基本构造格局及主要生烃层系，南堡凹陷是本区主要生油凹陷，乐亭凹陷、石臼坨凹陷次之。

（3）南堡凹陷周边凸起潜山带规模大、埋藏浅、发育古生界碳酸盐岩储层，在中生界、古生界钻探过程中发现了低产油流，但无重大突破。

（4）在南堡凹陷北堡、老爷庙、杜林等地区发现了古近系的构造圈闭，经钻探发现了油气显示，受构造落实程度和试油工艺影响，没有获得突破。

（5）对高尚堡地区开展了三维地震勘探，对主要目的层进行了构造解释，为后期高尚堡地区的勘探突破奠定了基础。

二、战略转移，南堡陆地勘探获得突破（1979—1987 年）

1979 年是一个载入冀东油田勘探史册的年份。通过勘探方向从周边凸起潜山向南堡凹陷的战略性转移，实现了油气勘探的突破（图 2–4）。南堡凹陷高尚堡构造带南 27 井于古近系沙河街组沙三段获得工业油流，首先在南堡陆地发现了高尚堡油田，随后通过柳 1 井、北 2 井等井的钻探，相继发现了柳赞油田、北堡油田、老爷庙油田和唐海油田（表 2–1）。

1982 年 1 月，为加快南堡凹陷的勘探开发进程，石油工业部将南堡凹陷列为全国重点勘探地区之一，大港石油管理局（大港油田前身）成立北部试采处（大港油田北部公司前身），负责南堡凹陷油气资源的勘探开发工作。

1979—1987 年，在南堡陆地累计完成二维模拟地震 2431.9km、二维数字地震 4840km；在南堡陆地高尚堡地区完成三维地震采集 64km^2；累计完钻探井 140 口，钻探成功率 50%。累计探明石油地质储量 8411×10^4t，建成原油生产能力 11×10^4t/a，拉开了在南堡凹陷甩开勘探与开发的大幕。

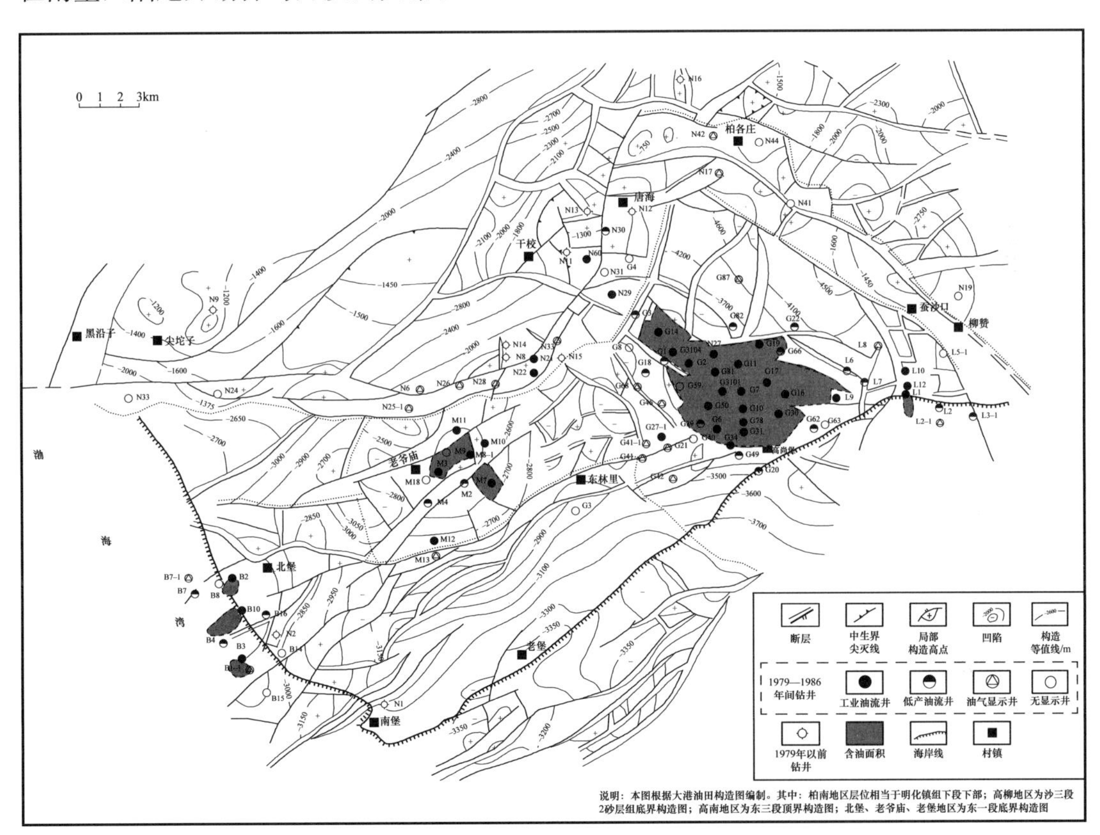

图 2–4　冀东探区勘探成果图（1979—1986 年）

表 2-1　1979—1987 年油气勘探成果一览表

油田	发现井及井钻、完钻时间	井深及完钻层位	测井解释	试油层段及效果	勘探成果
高尚堡油田	南 27 井 1979 年 2 月 17 日—7 月 17 日	3341.64m 沙三段	油层： 4 层 29.4m	沙三段 3234.0～3272.2m 油：28.5m^3/d 气：586m^3/d 水：118m^3/d 累计产油：105m^3 累计产水：333m^3	1980—1987 年，完钻探井 64 口，获工业油流井 38 口，成功率 59.4%，发现沙三段、沙一段、东营组、馆陶组和明化镇组等含油层系，探明含油面积 33km^2，探明石油地质储量 7117×10^4t
柳赞油田	柳 1 井 1979 年 12 月 28 日—1980 年 4 月 6 日	3194.98m 沙三段	油层： 4 层 13m 油水同层： 5 层 13m	沙三段三亚段 3234.0～3272.2m 油：24.2t/d 无水	柳 10 井沙三段五亚段发现厚油层，试油：日产油 113t，日产气 13243m^3，完钻 15 口，获工业油流井 9 口，成功率 60%，探明含油面积 4.7km^2，探明石油地质储量 729×10^4t
北堡油田	北 2 井 1980 年 3 月 16 日—7 月 10 日	4203.42m 沙一段	可能油层： 2 层 41.8m	东营组 3551.6～3572m 气：7196m^3/d 采取压裂措施后 油：20.4m^3/d 气：27953m^3/d 水：1.82m^3/d	1982—1983 年完钻的北 3 井和北 10 井分别在馆陶组和东营组获工业油流。这期间，累计完钻探井 14 口，获工业油气流井 5 口，探井成功率 35.7%，探明含油面积 3km^2，探明石油地质储量 180×10^4t
唐海油田	南 21 井 1984 年 5 月 27 日—7 月 31 日	2050m 太古宇	油层： 1 层 6.6m	寒武系 1659～1665m 气举 6MPa 油：9.7t/d 水：7.52m^3/d	1984—1987 年，在西南庄断层的两侧完钻探井 11 口，6 口井获得了工业油流，探井成功率 54.5%，探明含油面积 0.8km^2，探明石油地质储量 76×10^4t
	南 22 井 1984 年 10 月 21 日—11 月 12 日	2157.1m 太古宇	油层： 10 层 53.3m 油水同层： 2 层 6.6m 可能油层： 3 层 50.9m	明化镇组 1742.0～1826.2m 油：6.41t/d	
老爷庙油田	庙 3 井 1985 年 3 月 8 日—25 日	2418.35m 东一段	无	东一段 2288.4～2293m 油：25.4t/d 气：651m^3/d 馆陶组 2085～2092m 油：20.8t/d 气：1752m^3/d 水：4.4m^3/d	累计完钻探井 20 口，11 口井获工业油气流，探井成功率 55%，探明含油面积 2.8km^2，探明石油地质储量 309×10^4t

注：北堡油田现为南堡 5 号构造的陆地部分。

1982 年 4 月，大港石油管理局北部试采处对高尚堡油田、柳赞油田、老爷庙油田进行试采。至 1985 年底，南堡凹陷陆地 4 个构造带均有探井获工业油气流。截至 1987 年底，大港油田北部公司在南堡凹陷完钻探井 158 口，完成进尺 51×10^4m，完钻生产井 70 余口，进尺 25×10^4m；此间，在南堡凹陷周边外围凹陷及凸起的勘探虽在持续，但无新发现。

三、滚动勘探，高柳地区储量持续增长（1988—1992 年）

1988 年 4 月 15 日，为加快冀东探区油气勘探开发进程，原石油工业部党组决定，将大港石油管理局北部石油勘探开发公司分离出来，成立冀东石油勘探开发公司（冀东油田前身），由石油勘探开发科学研究院（中国石油勘探开发研究院前身）实施 3 年总承包，实行油公司和科研生产联合体新体制。

这期间，以高尚堡、柳赞、老爷庙和北堡复式油气聚集带勘探为重点，加强地质综合研究，重新评价老区、老井和老资料；评价勘探与滚动勘探相结合，积极探索新地区、新层系，努力开辟新的找油领域，相继发现了 3 个相对整装富集油藏（表 2–2）。

表 2–2　3 个相对整装富集油藏一览表

油藏名称及发现时间	构造背景和油藏类型	储层	勘探成果
柳赞油田柳南地区明化镇组、馆陶组油藏（图 2–5），1991 年	高柳断层下降盘逆牵引构造背景 构造层状油藏	高孔高渗透河流相砂岩	1990—1992 年，该区块累计完钻探井 12 口，探明石油地质储量 695×10^4t
柳北地区柳 13×1 区块沙三段油藏（图 2–6），1991 年	鼻状构造背景 复杂断块油藏	近岸水下扇扇中砂砾岩	1990—1992 年，该区块累计完钻探井 4 口，探明石油地质储量 427×10^4t
高尚堡油田高北地区高 104–5 区块馆陶组油藏（图 2–7），1991 年	高柳断层上升盘断背斜构造背景 构造层状油藏	高孔高渗透河流相砂岩	到 1992 年底，该区块累计探明石油地质储量 372×10^4t

除发现上述 3 个整装富集油藏外，在南堡凹陷其他构造带的油气勘探也取得新发现：

（1）北堡油田北 12×1 井在沙一段试油获工业油气流；

（2）高尚堡油田高南明化镇组、馆陶组（高 63×1 井）、东营组（高 25×1 井）相继突破出油关；

（3）老爷庙油田庙 24 井、庙 24×1 井、庙 16×1 井发现新含油层系和出油点；

（4）唐海油田南 38 井区发现明化镇组、馆陶组断鼻油藏（1990 年上报储量 140×10^4t）；

（5）柏各庄凸起唐 2×1 井寒武系、侏罗系获得工业油气流（1992 年上报储量 70×10^4t）。

冀东石油勘探开发公司的成立和油公司新体制的激励，以及二维、三维数字地震等新的勘探技术的运用，地震资料品质得到改善，构造解释的精度和圈闭识别的可靠程度得到进一步提高，推动了冀东油田勘探开发进程，勘探全面提速，开发快速跟进（图 2–8）。

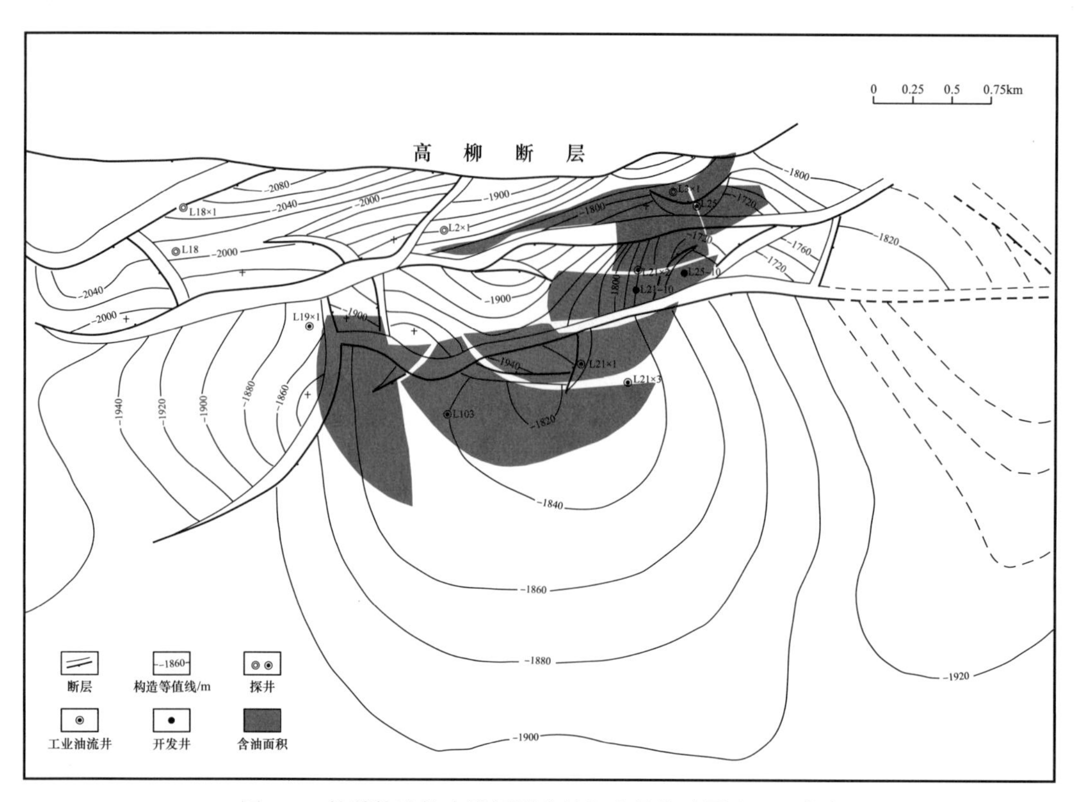

图 2-5 柳赞构造柳南浅层明化镇组底界构造图（1991 年）

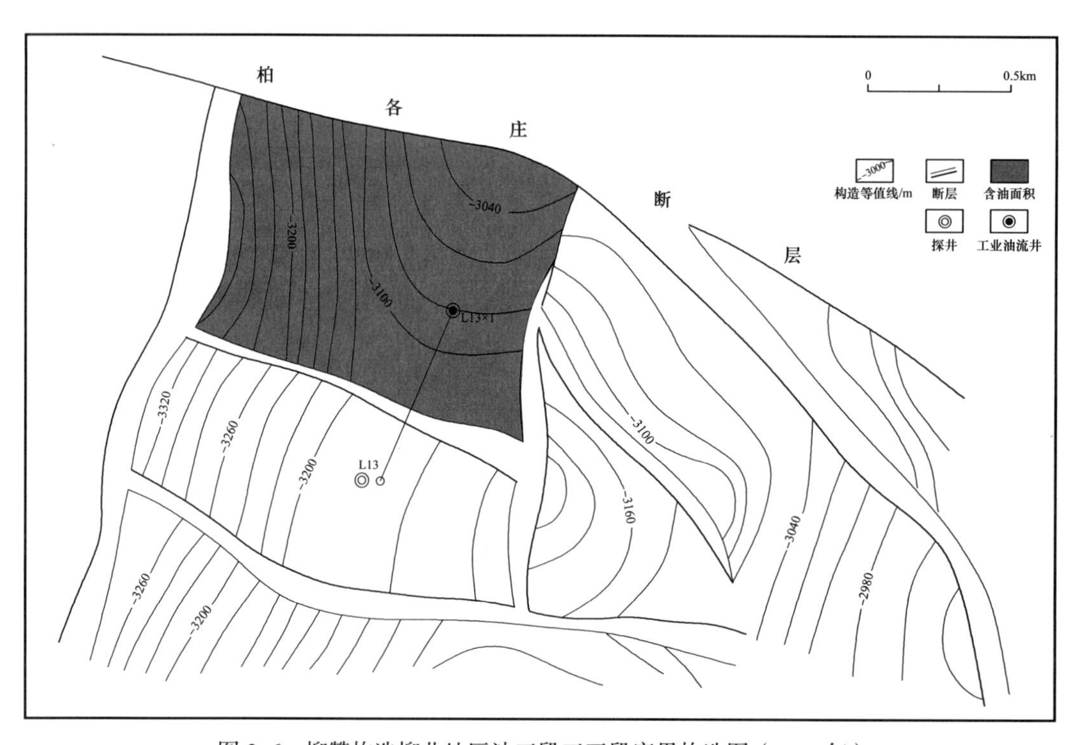

图 2-6 柳赞构造柳北地区沙三段三亚段底界构造图（1991 年）

1988—1992 年间，在南堡凹陷累计完成二维地震 2776km、三维地震 622km^2；累计完钻探井 82 口，获工业油气流井 38 口，探井成功率 47%；累计探明石油地质储量 3364×10^4t；累计完钻开发井 175 口，进尺 55.48×10^4m，1992 年生产原油 39.5×10^4t。

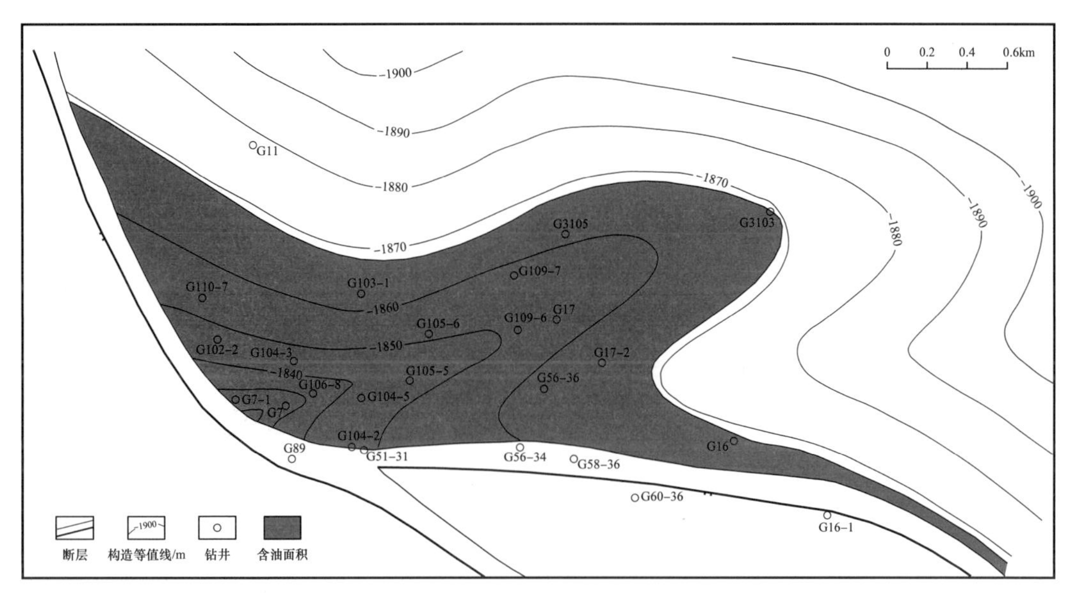

图 2-7　高尚堡构造高 104-5 断块馆陶组油藏构造图（1991 年）

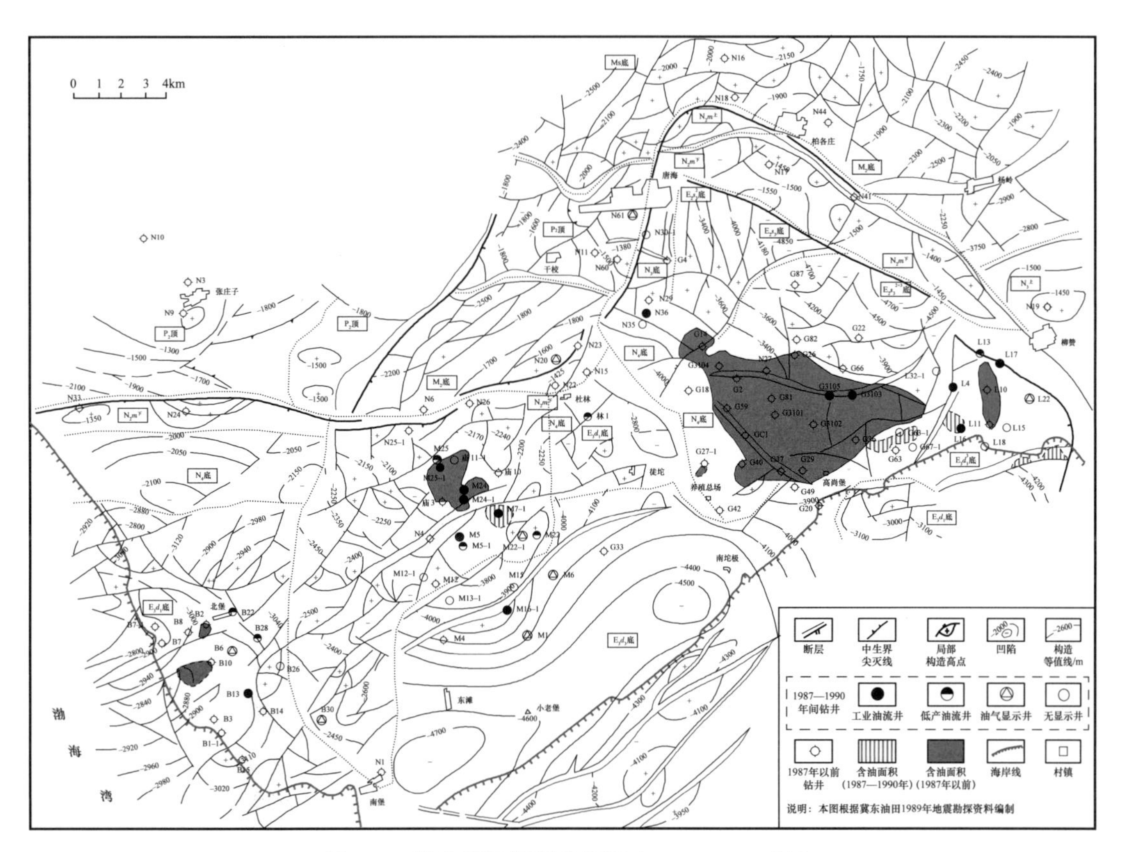

图 2-8　冀东探区勘探成果图（1988—1992 年）

第二节　勘探遇阻，滩海对外合作与陆地重上三维地震勘探

1993 年以来，随着勘探力度的不断加大，由于地震资料品质的制约，圈闭准备不足，构造落实程度低，因而圈闭钻探成效差，勘探成功率低。勘探工作"山重水复疑无路"，连续 3 年没有大的发现。分析认为，老的三维地震资料已经不能满足持续勘探的需要，急需针对制约勘探发现的瓶颈技术开展攻关。

一、勘探徘徊与战略准备（1993—1995 年）

1. 圈闭钻探成效差，勘探准备相对不充分

1993—1995 年，按照 3 个层次开展勘探工作。一是在南堡凹陷高尚堡构造带、柳赞构造带、老爷庙构造带、北堡构造带和唐海构造带实施滚动勘探，累计完钻探井 23 口，10 口井获得工业油流；二是在南堡凹陷周边柏各庄凸起、老王庄凸起、马头营凸起开展圈闭预探，累计完钻探井 10 口，3 口井获得工业油流；三是在南堡凹陷外围地区乐亭凹陷和涧河凹陷甩开勘探，完钻探井 2 口，未发现油气显示。3 年共完钻探井 35 口，13 口井获工业油气流，勘探成功率 37%，钻探成效差。

这一阶段，新发现油藏规模小、储量少且可动用程度低。通过南堡凹陷已发现油藏滚动扩边、储量复算和老井复查地质再认识增加了少许储量，除此之外新发现 3 个规模较小的油藏：南堡凹陷周边柏各庄凸起发现唐 9×1 和唐 2×3 两个断块油藏（图 2-9），马头营凸起发现南 70×1 断块油藏（图 2-10）。3 年时间新区新块累计新增探明石油地质储量仅 273×10^4t，分布于 7 个断块。其中最大的一块为南 70×1 断块，1996 年上报探明含油面积 0.8km^2，石油地质储量 112×10^4t；最小的断块探明含油面积仅 0.2km^2，石油

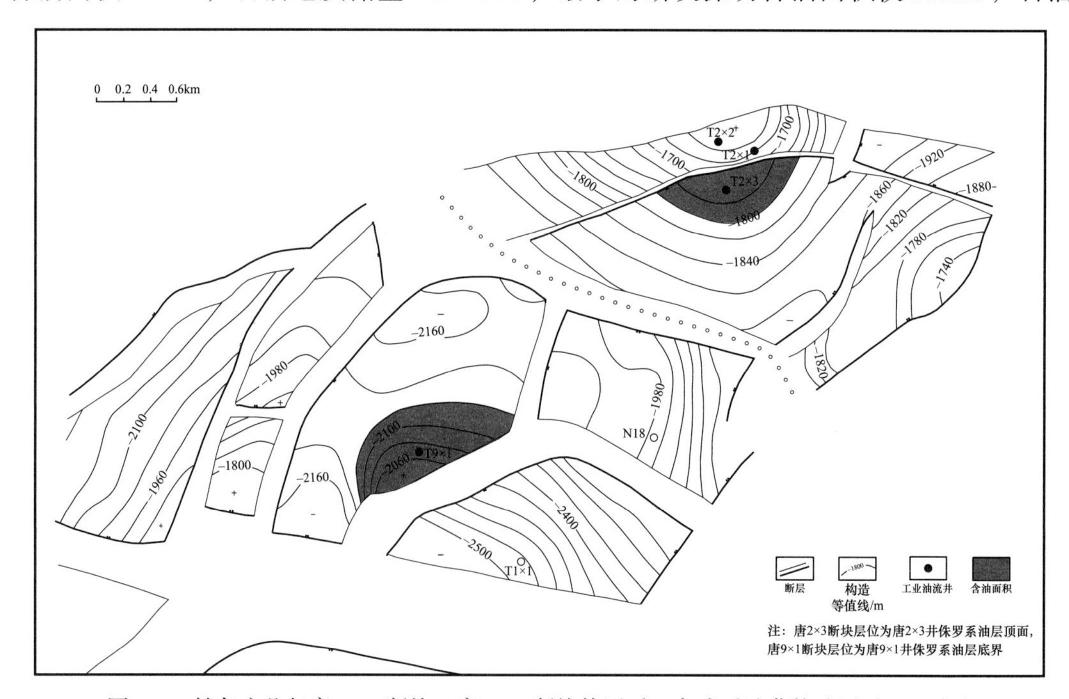

图 2-9　柏各庄凸起唐 2×3 断块、唐 9×1 断块侏罗系、寒武系油藏构造图（1994 年）

地质储量 18×10^4t。由于新发现区块规模较小，储量较少，距离主力开发区较远，当年发现后均未投入动用。

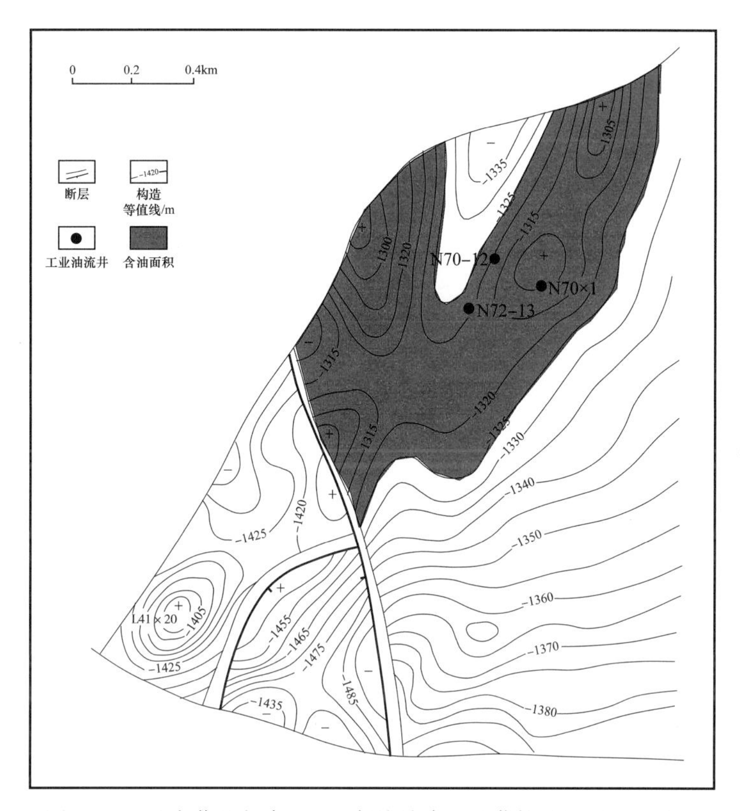

图 2-10　马头营凸起南 70×1 断块馆陶组油藏构造图（1995 年）

2. 二维地震勘探攻关试验，为重上三维地震勘探做准备

1）南堡凹陷三维地震连片处理解释

1993 年末，为提高地震资料品质，针对南堡陆地高尚堡地区、柳赞地区、老爷庙地区及北堡地区历年采集完成的三维地震资料开展连片处理解释，由中国石油天然气总公司（以下简称总公司，中国石油天然气集团有限公司前身）新区勘探事业部投资完成了 $550km^2$ 地震资料处理解释任务。由于受当时地震资料采集条件本身的制约及处理技术水平的限制，被寄予厚望的 $550km^2$ 三维地震资料连片处理项目，仍无法解决上覆馆陶组火山岩对下部地层地震资料的屏蔽影响，处理后的三维地震资料品质仍然不能满足馆陶组以下圈闭识别和构造落实的需求，地质研究工作很难深入，勘探目标难以确定。而此时，南堡滩海的勘探归属总公司新区勘探事业部统一管理，冀东油田的勘探工作局限在 $570km^2$ 的南堡陆地范围内。冀东油田勘探工作者意识到，要想走出困境，必须解放思想，坚定找油信念，抓住制约勘探发展的关键问题和瓶颈技术，大力开展攻关，努力提高地震资料品质。

2）老爷庙构造带二次三维地震勘探可行性论证

从 1994 年开始，经过勘探资源潜力分析及钻井、录井等综合地质研究，最终确定在老爷庙地区开展地震攻关试验。为此，冀东油田组织了几次大型的地震勘探方法攻关论证会，邀请了物探局（中国石油集团东方地球物理勘探有限责任公司前身）及国内知名专家，对以往的二维、三维地震资料从采集参数、资料处理方法、资料处理流程等方面进行了认真分析研究，同时对老爷庙地区部分探井的声波时差、密度、录井等资料进行了研究，对影响地震资料品质的根本原因有了统一的认识，提出了新一轮三维地震勘探技术方案。

3）开展老爷庙构造带二次三维地震勘探先导攻关试验

1995年初，在可行性论证基础上，在原三维工区以新一轮三维地震勘探技术方案为指导，先行布设了两条二维地震测线作为先导攻关试验线，主要目的是验证新的三维地震采集参数的可行性，攻关线的采集参数为道距25m，240道仪器双线接收，最小炮检距1000～1400m，最大炮检距3975～4375m，双炮点井中激发，攻关试验线经采集处理解释，取得良好效果。

3. 南堡凹陷滩海地区早期勘探见曙光

1993年，南堡凹陷滩海地区完成二维地震1285.75km。其中，总公司新区勘探事业部在北堡西地区完成二维地震408.85km，冀东油田在老堡地区和蛤坨地区完成二维地震876.9km。完钻探井2口（老2×1井、冀海1×1井），进尺8446.34m。这两口井在东营组试油均获低产油流，证实南堡滩海老堡—蛤坨构造带是滩海地区有利构造带之一，具备进一步勘探的潜力。

二、南堡凹陷滩海地区对外合作勘探（1995—2001年）

为更好地利用外资，加快南堡滩海的勘探进程，从1995年开始，冀东油田先后将老堡、蛤坨和北堡西3个区块共995km^{2}矿区开展对外合作。1995年7月与美国科麦奇公司签订老堡区块、蛤坨区块风险勘探合同，同年10月生效；1997年11月与意大利埃尼集团阿吉普公司签订北堡西风险勘探合同，1998年1月生效。

在与美国科麦奇公司合作的6年时间里，老堡区块、蛤坨区块累计完成二维地震资料采集703.88km，完成二维地震资料的重新处理解释900km，完成二维地震攻关试验测线12km。完钻探井2口，进尺7450m。其中，在老堡区块完钻老海1井，进尺4450m。老海1井钻探的主要目标是深层潜山构造，由于火山岩地层认识和潜山界面识别失误，将东营组火山岩认为是潜山界面，导致该井未达到预期目的。在蛤坨区块完钻坨海1井，进尺3000m，主要钻探目标为馆陶组和东营组构造油藏，完钻层位东一段，未发现油气层。

阿吉普公司在完成北堡西区块资料购买和基础地质研究工作后，完成了三维地震资料采集处理解释76km^2，三维老资料重新处理120km^2；2000年底完钻探井北堡西1井，进尺3885m。该井在东营组测井解释油（气）层2层10.2m，油水同层1层8.5m，针对东一段2388.8m油层进行模块式地层测试器（MDT）测试，证实为油气层。科麦奇公司和阿吉普公司分别于2001年6月30日和2001年8月30日退出，合同终止。

三、南堡凹陷陆地二次三维地震勘探（1996—2002年）

面对严峻的勘探形势和复杂的勘探对象，冀东油田勘探工作者逐渐探索出一整套适合冀东探区特色的勘探思路和技术方法，重点开展了两项工程。一是解放思想、鼓舞斗志的思想工程。二是二次三维地震工程。制约油田发展的核心是地质认识问题，深化地质认识的关键是地震资料品质问题。能否实现地震资料品质明显改善，实现勘探新突破，是油田二次创业成败的关键。

通过 1996 年的二维攻关试验，1997 年老爷庙地区二次三维地震勘探最终付诸实施，新采集的地震资料品质得到提高。老爷庙地区及高柳地区二次三维地震勘探的成功扭转了冀东油田勘探多年徘徊不前的局面，坚定了广大干部职工立足南堡陆地开展二次创业、实现油田持续发展的信心。

1. 老爷庙地区实施二次三维地震勘探

1996 年，以老爷庙地区二维地震勘探攻关试验线确定的老爷庙构造带构造样式为指导，对原三维地震资料重新开展处理解释，认为老爷庙地区主体构造是一个依附于西南庄断层下降盘的大型滚动背斜（图 2–11）。在新的地质模式指导下，利用新处理解释成果确定了 2 口预探井庙 11×8 井和庙 28×1 井，钻井过程中岩屑录井均见到了良好的油气显示，完井测井解释有油层，试油均获得了工业油流，证明这一地质认识的正确性。这不仅有力地提振了勘探信心，开启了老爷庙地区的勘探新局面，而且由此得到两点新认识，一是老爷庙构造带油气资源丰富，但资储转化率低，说明勘探潜力还很大；二是以改进采集方法来提高资料品质的思路是正确的，采取的一些处理技术手段也是有效的。因此，为彻底改变老爷庙地区勘探的被动局面，冀东油田决定在老爷庙地区率先实施二次三维地震勘探。

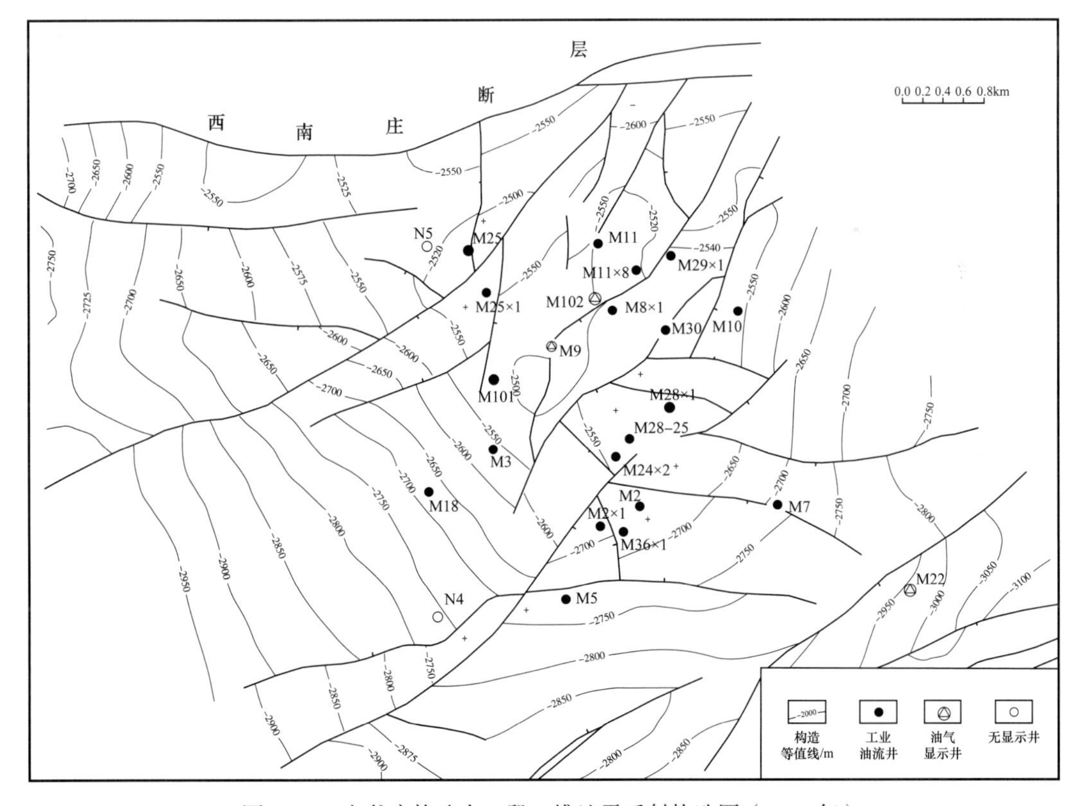

图 2–11　老爷庙构造东一段三维地震反射构造图（1997 年）

1997 年初，老爷庙地区二次三维地震资料采集最终付诸实施，完成采集面积 64.14km^2。采集参数与老的三维地震资料相比有很大变化：采集面元由原来的 25m×50m

缩小到 25m×25m，覆盖次数由 20 次增加到 60～120 次，最大炮检距由 3200m 加大到 4100m。加之激发、接收因素的优化和严格的野外施工，新采集的地震资料品质有了很大改善，主要目的层东营组的地震反射从无到有，能够满足开展初步构造解释的需求。利用新的地震资料解释成果，1996—2000 年在老爷庙地区相继钻探了 20 口探井，成功 15 口，钻探成功率 75%，新增探明石油地质储量 1360×10^4t，结束了老爷庙地区“有油无田”的历史。

2. 高柳地区实施二次三维地震勘探

勘探实践和地质研究证实，高柳地区是南堡凹陷油气成藏最为有利的区带。一是资源基础雄厚，北侧为深达 8000m 的拾场生油次凹，拥有南堡陆地 60% 以上的资源量；二是基本石油地质条件优越，存在多套有利生储盖组合；三是油气成藏条件良好，已发现明化镇组、馆陶组、东营组、沙河街组等多套含油气层系。截至 1998 年底，高尚堡地区、柳赞地区探明石油地质储量分别仅有 4661×10^4t 和 1794×10^4t。同时，以往勘探开发中已经暴露出诸多问题：如资源评价潜力很大但勘探开发无从下手，整体构造格局尚不十分清楚，油气富集规律还不十分明确，油藏地质特征认识不清，表现为开发动、静态矛盾大，主力油藏开发效果差等。这些现象恰好反映了高柳地区的勘探潜力。

因此，在老爷庙地区二次三维地震勘探取得明显成效的基础上，2000—2001 年，在高柳地区整体部署分批实施了二次三维地震勘探，完成采集面积 173.55km^2（高尚堡地区 83.55km^2、柳赞地区 90km^2）。

随后开展了高柳地区二次三维地震资料连片处理解释。与老资料相比，资料品质得到明显改善，连片处理后的地震资料具有较高信噪比和分辨率（图 2-12）。通过构造解释和综合研究，对高柳地区的地质认识发生了很大变化。

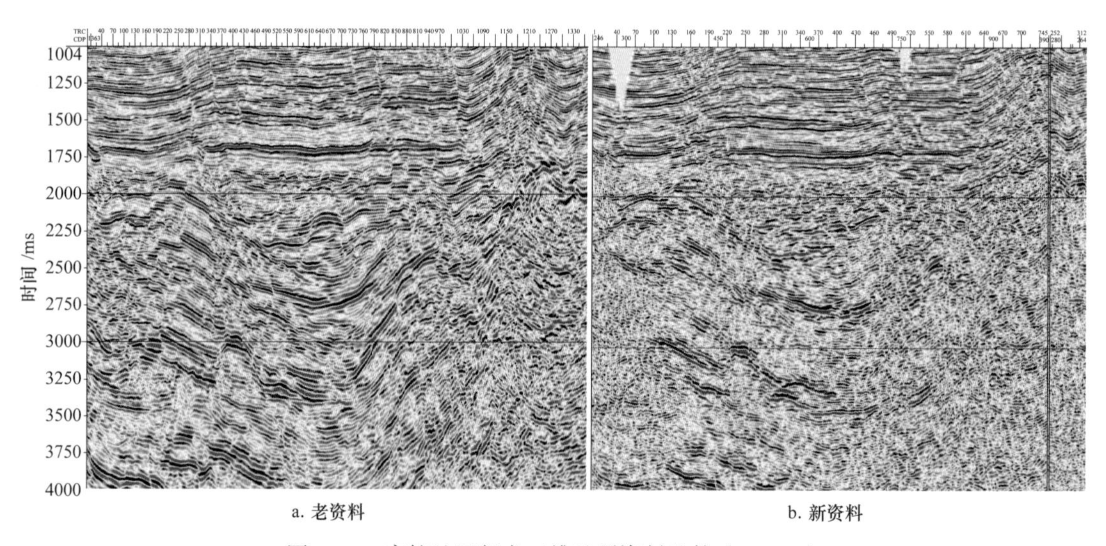

图 2-12　高柳地区新老三维地震资料比较（cr1363）

（1）高柳地区整体构造更加完整，具有统一的断裂系统（图 2-13）。高柳地区发育一系列东西走向、北东东走向的断层，其中以高柳断层及高北断层为典型代表，这些断层平面上延伸的长度、纵向上切割的层位各有不同，在这些断层的共同作用下，高柳构造成为一个整体构造。

（2）控制油气分布的三级、四级断层得到了准确识别，局部构造细节发生了较大变化。

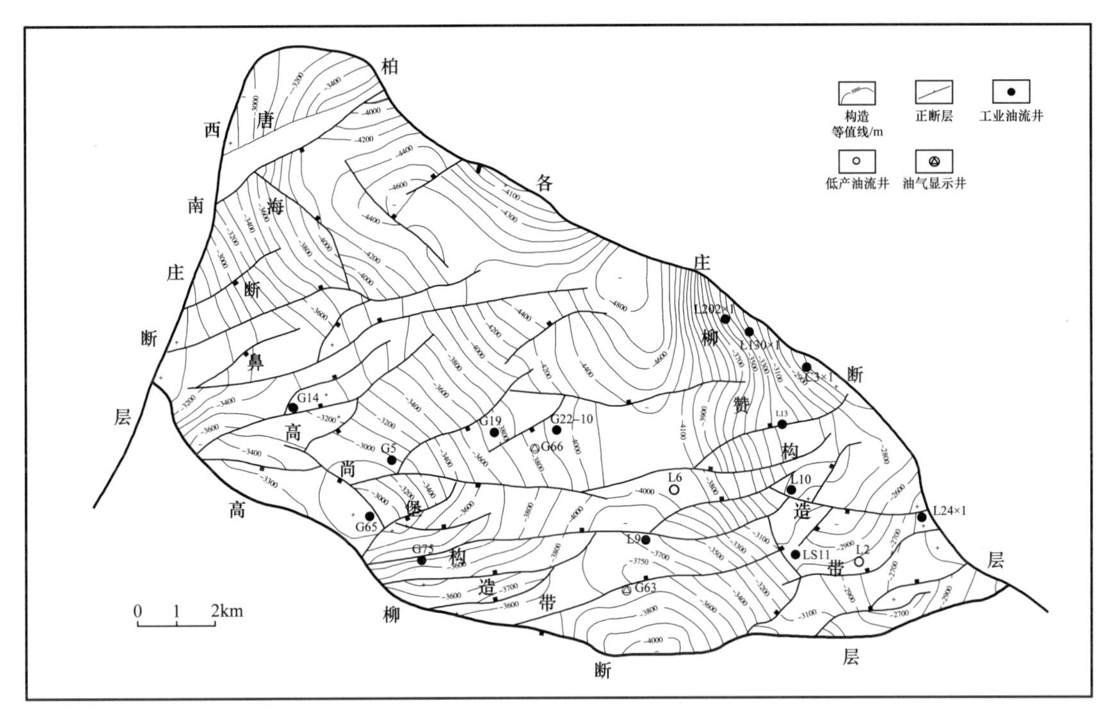

图 2–13　高柳地区 $E_2s_3^2$ 底界连片构造解释成果图（2002 年）

（3）利用新三维连片构造解释成果，结合钻井认识，在高尚堡地区、柳赞地区开展以地质重建为主的地质综合研究，在已发现油藏的上下及周边发现了一批可供钻探的目标。

高柳地区通过二次三维地震和少量探井、评价井的钻探，新增控制石油地质储量超亿吨，且新增储量以东一段及浅层优质储量为主。高柳地区规模储量的发现，扭转了“八五”末冀东油田勘探的被动局面，形成了增储上产的良好勘探开发形势：平均每年上交 110×10^4t 左右的新增探明可采储量，储量替换率达到 2.3，至 2003 年达到 3.1。油田发展的后劲日渐充足，至 2003 年油田实有储采比达 22。实现了优质储量快速增长、资源接替良性循环的良好勘探开发局面。

老爷庙地区二次三维地震勘探开创了中国石油工业二次三维地震之先河，在部署思路和技术方法上积累了可供借鉴的经验。通过地震资料连片处理解释、目标精细解释、层序地层学研究与应用等，带动了老爷庙地区、高柳地区地质重建，促进了成熟探区勘探潜力的新发现。

这一阶段取得的主要地质成果与认识：

（1）南堡陆地全面实施二次三维地震勘探并取得良好效果；

（2）南堡滩海对外合作勘探完成合同工作量但未取得突破，合同终止，冀东油田收回矿权；

（3）这期间累计完钻探井 100 口，进尺 31.95×10^4m，开发井 360 口，进尺 103.57×10^4m，2002 年生产原油 65.3×10^4t。

第三节　精细勘探，南堡凹陷滩海勘探获突破

南堡凹陷三维地震资料采集完成后，如何在有限的勘探范围内获得更多的、更大的发现，取得最大的经济效益成为冀东油田勘探工作者必须思考的问题。为此，首先从地震资料处理入手，从单井出发，多学科多专业联合协作，开展了连片资料处理和精细的地质研究和工程技术攻关，注重老区反复认识，从整体上认识、评价南堡凹陷，取得了一系列成果，形成了精细勘探的思路和做法，促进了南堡油田的发现。

一、南堡陆地精细勘探（2003—2007 年）

1. 精细勘探的资料基础与主要做法

1）精细勘探的资料基础

高品质的地震资料是勘探获得发现的基础。在南堡凹陷不同年度采集的二次三维地震资料完成后，为进一步改善地震资料品质，开展南堡凹陷整体认识与评价，于 2003 年 10 月启动了被誉为冀东油田“基因工程”的“南堡凹陷 2400km^2 大连片三维叠前时间偏移处理”项目，这是大连片叠前时间偏移处理技术在国内的首例应用。主要目的是立足南堡凹陷整体，充分利用叠前连片时间偏移处理成果，开展了南堡凹陷三级层序地层解释和岩性地层圈闭识别工作，实现了层序地层学的工业化应用；同时，处理解释成果及时紧随冀东油田勘探节奏，陆续应用到生产实践中，对深化南堡陆地精细勘探、推动南堡凹陷岩性油气藏勘探和快速发现南堡油田起到了至关重要的作用，为南堡凹陷立体勘探和冀东油田的可持续发展奠定了坚实基础。该项目的开展及其取得的丰硕研究成果，得到中国石油天然气股份有限公司领导和专家的高度评价，成为中国石油的示范工程（周海民，2007）。

多专业多学科的研究攻关团队及严细认真的工作作风是精细勘探取得成功的关键。

2）精细勘探的主要做法

南堡凹陷二次三维地震的成功，找到了油田发展的出路，随后开展的一系列勘探工作做法也取得了很大的成功。归纳总结精细勘探的主要做法主要有六点：精细实施二次三维地震勘探，奠定精细勘探基础；精细开展区域地质研究，重新认识勘探开发潜力；精细开展油田地质研究（精细油藏描述），重新认识油藏特征；精细组织定向井与水平井，提高探井成功率和效益，提高开发水平；精细开展测井解释技术攻关，重新认识油气水层；实施一体化精细组织与管理，提高了勘探成效。

2. 南堡陆地精细勘探成果

1）高尚堡油田高南浅层勘探

2003 年，利用高柳连片高分辨率处理成果，对高南地区新近系明化镇组、馆陶组（以下简称高南浅层）和古近系东营组开展精细构造研究，取得了 3 个方面的新认识。

（1）高南浅层构造位于高柳断层下降盘，是发育在高尚堡深层潜山披覆背斜构造之上被断层复杂化的断背斜，包括高 29 断背斜、高 63 断背斜、高 36 断背斜 3 个局部构造（图 2–14）。

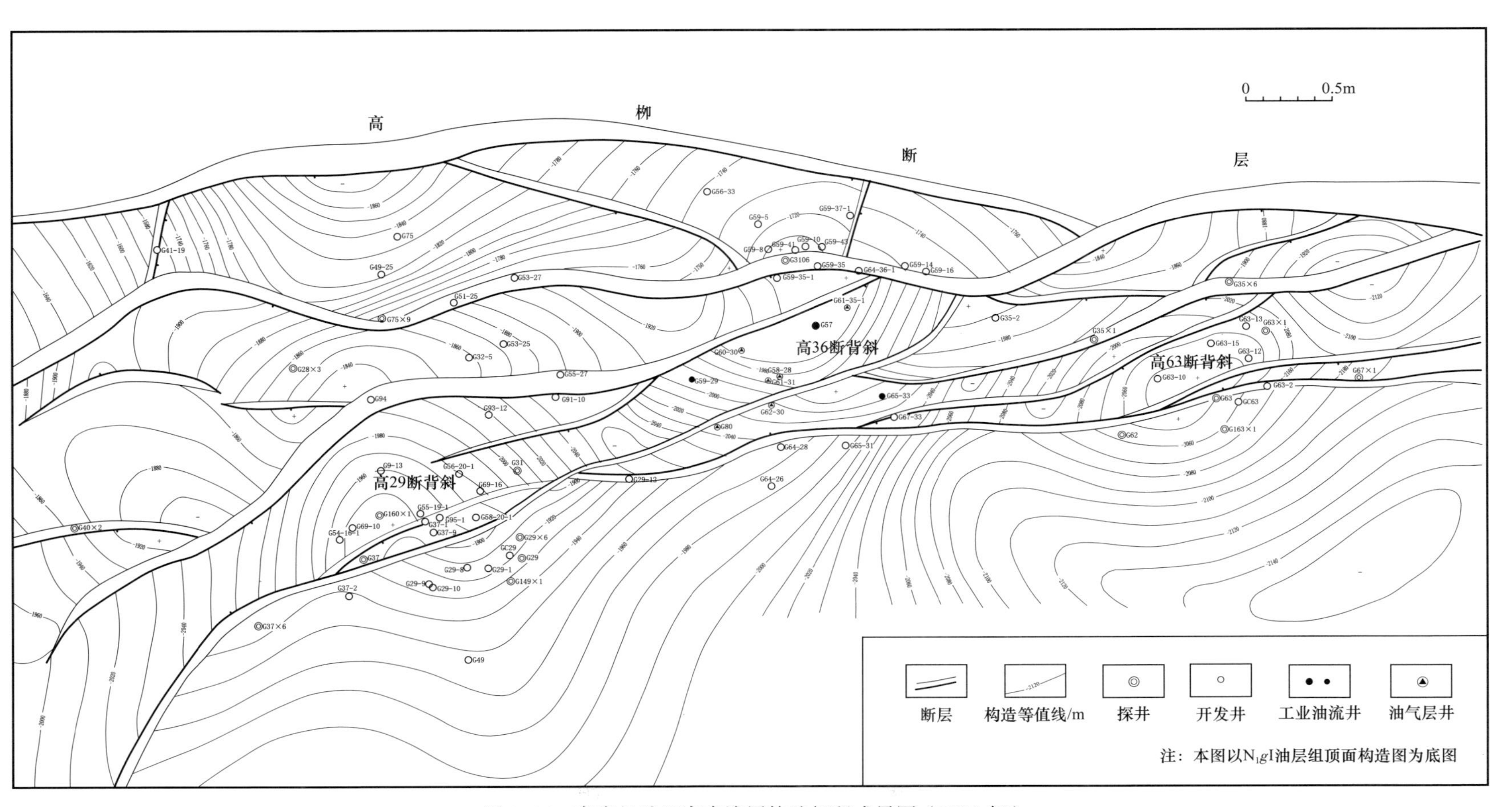

图 2-14 高尚堡油田高南浅层构造解释成果图（2003 年）

（2）高南浅层油藏与高柳断层上升盘高104-5区块馆陶组油藏一起形成了高尚堡地区浅层完整的断背斜含油构造；油藏受构造控制，富集于油源断层两侧的构造高部位。

（3）高南浅层东营组构造为发育在高柳断层下降盘的大型整装断鼻构造，油藏受岩性和构造双重因素控制，富集于油源断层附近储层发育的断鼻构造高部位。

在新的地质认识指导下，通过对老井的综合复查及整体研究、整体部署，新井钻探取得良好效果，试油获得工业油流。钻探于高29断背斜西断块较高部位的高28×3井，完井测井解释油层及差油层39层116.6m，射开3185.6～3232.8m层段试油，使用3mm油嘴求产，日产油17.82m^3，少量气。钻探于高29断背斜高部位的高29×6井，完井测井解释油层及差油层59层321.4m，射开东三段3286.0～3318.0m，压裂后日产油8m^3。钻探于高36断背斜高部位的高75×9井，完井测井解释油层及差油层15层63m，射开3018.4～3024.6m层段，使用6mm油嘴自喷，日产油50m^3，日产气3536m^3，无水。高63断背斜北翼，为评价并开发该区块明化镇组、馆陶组油藏，部署钻探了3口开发井，钻探也取得良好效果。高63-10井测井解释油（气）层24层144.6m，高63-11井测井解释油（气）层12层73.6m，高63-12井测井解释油（气）层16层168.6m，三口井平均单井钻遇油层厚度119.6m。

根据高南浅层勘探开发成果，地质、物探、测井、油藏等科研人员组成多学科、多专业联合攻关团队，开展了新一轮地质综合研究、油层重新认识和老井试油工作。以高53-25井为例，该井于1986年完钻，完钻井深3130.5m，完钻层位东营组，在明化镇组、馆陶组综合复查解释油层12层79.2m，对1740～1742m层段试油，日产油25m^3，获工业油流，发现了新的含油断块和油层。新的发现推动了对高南浅层的重新评价与认识，这期间累计复查老井53口，新增油层2767m。

通过预探评价和勘探开发一体化研究，高南地区明化镇组、馆陶组、东营组新增三级储量规模超亿吨（周海民等，2004）。

2）高柳地区古近系岩性油藏勘探

在高柳地区二次三维地震勘探基础上，结合钻井、测井等地质资料，建立了高柳地区古近系高精度层序地层格架，高柳地区古近系存在断裂坡折带、弯折带及缓断带类型，断裂坡折层序—弯折型层序—缓坡型层序纵向叠置，构成了南堡凹陷高柳地区层序充填序列，此模型即成高柳地区构造—岩性油藏勘探之理论依据（周海民等，2005）。

通过对古近系沙三段、沙一段及东营组部分岩性圈闭进行识别、追踪，在高柳地区发现多个扇三角洲岩性圈闭。其中，高尚堡地区沙三段高22扇三角洲岩性圈闭面积36km^2，高点埋深3050～3700m，闭合高度700m。位于圈闭西部的老井高19井、高22井及高66井钻遇到该圈闭并测井解释有油层，其中高19井试油获工业油流，高22井及高66井试油获低产油流，且该区沙三段油气显示井段长，砂体分布面积大，具有较大的勘探潜力。

为进一步验证高柳地区二次三维处理解释及层序地层研究成果，了解该岩性圈闭规模、储层岩性、物性、含油性，追踪评价邻井油层在该岩性圈闭的分布情况，2002年5月，在高22扇三角洲岩性圈闭西侧较高部位钻探了高22-10井，该井完钻井深4585m，完钻层位沙三段，完井测井解释油层19层85.1m，油水同层2层5.8m；对沙三段三亚段4468.0～4509.8m压裂试油，使用5mm油嘴自喷，日产油14.8m^3，不含水。根据该井试油成果，对高 19 井、高 22 井和高 66 井进行了综合复查，增加油层 33 层 201.9m。

2003 年，在柳赞地区应用高柳地区二次三维地震资料开展精细勘探，通过预探井（柳 202×1 井、柳 13×2 井）的钻探及老井（蚕 3×1 井）试油与综合复查，柳北沙三段三亚段发现了新的含油层系，新增探明石油地质储量 1711×10^4t。

3）唐海地区古近系岩性油藏勘探

2003 年，利用唐海地区新采集的 145km^2 二次三维地震资料开展连片处理与精细地质研究。2004 年，在唐海断鼻钻探预探井唐 30×1 井，沙三段测井解释油层 4 层 69.5m。对沙三段 4352.2～4364.4m 试油，抽汲排液，日产油 21.67m^3；对沙三段 4234～4364.4m 试油，酸压后放喷求产，初期日产油 27.57m^3，累计产油 78.44m^3。

4）西南庄断裂带两侧构造圈闭勘探

2004 年，通过对西南庄断层两侧开展三维地震资料处理、解释和综合地质研究，在断层两侧分别发现并落实了一系列断块构造和鼻状构造。其中，在西南庄断层下降盘浅层的庙西断鼻和唐西断鼻分别钻探了庙 19×2 井和南 38×1 井两口预探井，试油均获工业油流。在断层上升盘的西南庄、老王庄凸起分别钻探了唐 29×1 井和庙 42×1 井两口井，经试油均获得工业油流。其中，唐 29×1 井侏罗系试油，抽汲日产油 2.76m^3；庙 42×1 井寒武系裸眼段试油，水力泵排液日产油 8.64m^3，在老王庄凸起落潮湾潜山寒武系也有新发现。

5）原油年产量突破百万吨

通过精细勘探，开拓了岩性油气藏勘探领域，发现了优质储量区块，资源接替实现了良性循环。通过精细油藏描述，提高了开发水平，降低了操作成本，形成勘探开发的良性循环。原油年产量突破百万吨。2004 年底，冀东几代石油人的“原油年产百万吨”之梦想终于实现，当年原油产量 100.32×10^4t、天然气产量 5544×10^4m^3、油气当量 104.7×10^4t。

二、南堡凹陷滩海地区勘探突破（2004—2007 年）

1. 前期准备

南堡凹陷滩海地区的勘探工作最早可追溯到 1964 年和 1965 年钻探的南 1 井和南 2 井，1993 年由总公司新区勘探事业部管理时期开展了二维地震勘探和钻井工作，1995 年对外合作勘探期间完成了二维地震、三维地震和钻探工作，均未获得勘探突破。

2002 年收回南堡凹陷滩海地区探矿权后，在南堡陆地精细勘探成功经验指导下，先期立足于已有地震资料，在南堡凹陷滩海地区开展二维和三维地震连片构造解释、综合地质研究和勘探目标优选评价，认为南堡凹陷滩海地区前古近系以发育 5 个潜山构造为特征，进一步被北东向和北西向两组断层切割成多个断块山。古近系是继承性发育在潜山背景上且被断层复杂化的断背斜构造，其凹中隆构造位置是油气运移的有利指向区；进一步细分并落实了南堡凹陷滩海地区 5 个有利构造带，其中南堡 2 号构造和南堡 1 号构造为勘探重点目标区带，明化镇组、馆陶组、东一段和古潜山为主要勘探目标层系。

南堡凹陷滩海地区潜山整体构造面积 160km^2，潜山顶面埋深 4000～6000m，潜山与上覆沙河街组烃源岩直接接触，潜山自身裂缝发育，碳酸盐岩储层储集条件良好，油气运移与保存条件匹配较好，油气成藏条件优越。

2. 老堡南1井奥陶系潜山获高产油气流，发现南堡油田

经前期详细论证和各项准备，2004年2月确定了老堡南1井井位并着手实施钻探。

老堡南1井位于南堡2号构造西南部断背斜构造高部位，钻探目的是了解该区明化镇组、馆陶组、东营组、沙河街组和奥陶系潜山含油气情况。2004年5月23日开钻（胜利6号钻井船），9月6日完钻，完钻井深4215.1m，完钻层位古生界奥陶系下马家沟组。该井于4012m钻遇奥陶系潜山，揭露潜山地层203.1m。在奥陶系下马家沟组4176～4180.68m钻井取心见泥晶灰岩4.58m，裂缝含油。在奥陶系石灰岩段，完井测井解释Ⅰ级裂缝段64m、Ⅱ级裂缝段36m、Ⅲ级裂缝段103.1m。对奥陶系4035.19～4215.10m裸眼井段测试（胜利6号、大港测试），使用25.4mm油嘴自喷，折日产油700m^3，日产气$16\times10^4m^3$；对馆陶组、东一段2216.8～2508.2m井段，5层20.4m测井解释含油气层射孔试油，使用19.05mm油嘴自喷，日产油260.91m^3，日产气15600～17500m^3，该井在潜山、古近系和新近系试油均获高产油气流，南堡滩海勘探获得突破。

以老堡南1井获高产工业油流，发现南堡油田为标志，冀东油田完成了从陆地向滩海的战略转移。

3. 中浅层勘探发现富集高产区带

包括老堡南1井在内，2004年首批部署实施的3口预探井在中浅层（指明化镇组、馆陶组和东一段，下同）勘探均获成功（表2-3）。其中，老堡南1井位于南堡2号构造高部位，老堡1井位于南堡2号构造东段，南堡1井位于南堡1号构造高部位。

表2-3 南堡滩海浅层勘探成果表

构造	浅层发现井	测井解释	试油成果	浅层其他井及勘探成果
南堡1号构造	南堡1井（胜利5号钻井船） 开钻时间：2004年8月7日 完钻时间：2005年6月26日 完钻井深：5118m 完钻层位：沙三段	油层： 22层146.4m （N_2m、N_1g、E_3d_1、E_3d_2）	MDT测试13层见油： 1819.88m、1825.0m、1828.2m、2382.45m、2396.0m、2406.33m、2416.0m、2495.7m、2544.0m、2559.6m、2574.0m、2630.0m、2857.2m	南堡1-2井：东一段试油获得日产百吨以上工业油流，馆陶组试油获得工业油流，进一步证实南堡1号构造古近系和新近系存在高产富集油气藏
南堡2号构造	老堡南1井（胜利6号钻井船） 开钻时间：2004年5月23日 完钻时间：2004年9月6日 完钻井深：4215.1m 完钻层位：奥陶系	油层差油层： 34层154.4m	馆陶组、东一段2216.8～2508.2m井段，5层20.4m，使用19.05mm油嘴求产，日产油260.91m^3，日产气15600～17500m^3	南堡2-1井和南堡2-3井：分别在馆陶组和东一段试油获得工业油流；进一步扩大了南堡2号构造的含油气范围；南堡2号构造浅层明化镇组、馆陶组及东一段储量规模得到初步控制
	老堡1井（胜利3号钻井船） 开钻时间：2004年8月21日 完钻时间：2004年9月29日 完钻井深：3650m 完钻层位：东二段	油层差油层： 10层41.8m 油水同层： 3层11.2m	东一段、东二段2879.2～3462m井段，8层61.8m，套畅，日产油79.6m^3，日产水2.18m^3	

续表

构造	浅层发现井	测井解释	试油成果	浅层其他井及勘探成果
南堡4号构造	南堡4–1井（胜利4号钻井船） 开钻时间：2006年2月24日 完钻时间：2006年4月24日 完钻井深：3226m 完钻层位：东一段	油层： 14层62.8m	馆陶组 2347.6～2415.0m试油，射流泵排液，日产油$109m^3$，累计产油$194.4m^3$	南堡4–1井、南堡4–2井、南堡4–3井：分别在馆陶组、东营组和明化镇组钻遇厚油层，试油获工业油流，南堡4号构造浅层明化镇组、馆陶组及东营组具有进一步深化勘探的潜力

2004—2007年，在三维地震资料构造精细解释和综合地质研究基础上，南堡油田相继部署和实施了67口预探井和评价井，其中62口井测井解释有油层，32口井试油，28口获得工业油气流。

4. 第一口千吨井诞生，原油年产量突破$200×10^4t$

2006年下半年，在南堡1号构造南堡1–1区利用水平井开展开发先导试验。完钻水平井3口，均获高产。其中，南堡1–平4井完井后，使用25.4mm油嘴自喷，日产油1058t，为冀东油田第一口千吨井。开发先导试验井组的实施，为南堡油田正式投入开发积累了经验。

2007年8月，南堡油田上报探明石油地质储量$4.45×10^8t$。

2004年到2007年4年时间，原油产量翻了一番，一举突破$200×10^4t/a$大关，2007年原油产量$213×10^4t$、天然气产量$1.5×10^8m^3$、油气当量$225×10^4t$。

这一阶段取得的主要地质成果与认识：

（1）总结形成了一套适合冀东复杂断块油田精细勘探开发的思路和做法；

（2）精细勘探给冀东油田各方面的工作带来了很大的变化，增强了在南堡凹陷高勘探程度地区开展精细勘探增储增产的信心，扩展了冀东油田生存与发展的空间，提高了企业的抗风险能力；

（3）精细勘探取得多项成果，勘探获得多项发现，特别是加快了南堡油田的发现进程并在南堡油田5个构造带浅层、中深层和潜山勘探均获得突破，这期间诞生了多个第一，第一口古潜山探井获高产，第一口千吨井诞生，原油产量连续突破$100×10^4t/a$和$200×10^4t/a$大关，储量和原油产量逐年创新高。

第四节　深化勘探，冀东探区勘探全面展开

南堡油田发现后，随着勘探的持续深化，南堡凹陷陆地和滩海主体构造部位的勘探难度越来越大，主要构造带中浅层均发现油田并已实现整体探明，寻找新的勘探接替领域成为关键，深化地质研究，开展精细勘探成为必然。这一时期，在主体构造低部位、相邻构造带的结合部、东营组—沙河街组岩性圈闭、深层潜山、天然气，以及南堡凹陷周边凸起新生界、古生界潜山等精细勘探过程中，相继发现一系列高产富集油气藏，为冀东油田持续发展提供了保障。

一、南堡油田勘探全面展开（2008—2018年）

1. 南堡油田中浅层勘探

自2008年开始，重点对南堡油田中浅层油藏开展预探、评价及老井试油工作。特别是针对南堡1号构造馆陶组断层发育、火山岩发育和储层变化大的特点，利用高分辨率三维地震资料，井震结合，精细标定层位，加强火山岩识别和储层预测工作，精心优选评价井位。在南堡1号构造、南堡2号构造低部位、南堡3号构造、南堡4号构造及其结合部展开勘探，相继发现馆陶组、东一段等构造油藏。扩大了南堡油田浅层含油气范围，落实了储量规模。

1）南堡1号构造中浅层勘探

2012年，针对南堡1号构造中浅层，精细落实火成岩分布和低幅度构造，重点开展了三项工作：（1）地震资料逆时偏移处理，提高火山岩和低级序断层识别精度；（2）开展精细地层对比，深化油藏特征分析，明确成藏主控因素；（3）整体研究，精细论证，精心设计，整体部署5口评价井，钻探取得良好效果。

其中，部署在南堡1号构造1–1区西侧的评价井南堡101×20井，完井测井解释油气层3层17m，油层11层74.4m，油水同层9层54m。完井后对3558.0～3584.8m井段，2层16.8m试油，酸化后射流泵排液，日产油31m^3，试油期间累计产油39.86m^3。投产初期日产油15.95t，日产气2607m^3，日产水17.9m^3。该井的成功钻探落实了含油面积，提供了产能建设新目标，完善了火山岩预测方法。

2）南堡2号构造中浅层勘探

南堡2号构造2–3区（南堡2–3区）为被断层复杂化的背斜构造，背斜主体是主力的开发区，开发效果较好，油藏主要受构造控制，构造高部位油层厚度大。馆陶组馆二段油藏受低幅度构造和砂体的双重控制，东一段构造翼部发育斜坡背景的构造—岩性油藏，是南堡2–3区滚动扩边的主要评价对象。

2015—2017年，针对南堡2–3区翼部馆二段的低幅度构造和东一段岩性油藏开展了精细地质研究并部署实施评价井。其中的南堡203×16井、南堡203×20井均钻遇厚油层，试油获得工业油流。南堡203×16井测井解释油层26层113m，差油层11层26.4m，油水同层7层44.4m。东一段试油三层均获工业油流，38mm泵排液投产，初期日产油10t。南堡203×20井测井解释油层30层114m，油水同层8层42.2m。对东一段2998.4～3004m试油，使用3mm油嘴自喷，日产油21.4m^3，试油期间累计产油63.96m^3。投产后初期使用3mm油嘴自喷，日产油23.1t。

钻探成功后，对南堡203×16井邻近断块23口老井开展综合复查，新升级油气层22层129.2m，升级油层42层167.4m，升级油水同层16层63.6m，升级可能油气层11层100.4m。南堡203×20井钻探成功，扩大了南堡2–3区块中浅层含油面积，落实优质探明储量74×10^4t。

3）南堡4号构造中浅层勘探

南堡4号构造中浅层表现为北西走向的潜山披覆背斜构造，被北西走向的南堡4号断层分割为两部分。在四级层序格架约束下，开展了精细构造解释，明确南堡4号构造上升盘为一低缓斜坡带，下降盘被多条北东向转北西向的帚状断层切割，发育阶梯状断鼻、断块构造。通过典型油藏的精细解剖，明确南堡4号断层为沟通深部烃源岩的油源断层，油气富集受构造和优势储集砂体控制，发育低幅度构造油藏和岩性油藏，纵向上N_2mⅢ、N_1gⅠ、E_3d_1中上段为油层有利发育层段，平面上紧邻南堡4号断层断阶带，成藏条件更为有利。

2016年，在中浅层整体部署评价井5口。其中，南堡401×13井完井测井解释油层7层18.4m，油水同层4层19.3m，对东一段3286.8～3290.8m试油，使用5mm油嘴自喷，日产油21.64m^3，日产气5302m^3，试油期间累计产油111.4m^3，累计产气42621m^3；投产初期使用4mm油嘴自喷，日产油12.8t，日产气4900m^3。

2. 南堡油田中深层岩性油藏勘探

通过对南堡凹陷剩余资源潜力分析和整体评价认为，南堡凹陷具备岩性油藏形成的地质背景及资源潜力，岩性油气藏成为重要的勘探接替领域。

1）南堡油田古近系东营组东二段突破出油关

2008年，针对南堡2号构造东营组开展了构造精细落实和有利储层整体评价与预测，部署钻探的南堡2-52井在东二段试油获得突破。

南堡2-52井完钻井深3795m（垂深3603m），完钻层位东二段，完井测井解释油层4层32m，可能油气层1层6.2m，油水同层1层6m。完井后先对东营组东二段3506.8～3511.5m界限层进行试油，酸化后日产油3.65m^3，日产水12.76m^3，累计产油24.26m^3，累计产水82m^3。后对东二段3422.2～3432.4m油层段试油，使用8mm油嘴控制放喷，折日产油54.8m^3，少量气，试油期间累计产油115.79m^3。该井是南堡油田东二段未经措施改造获得高产油流的第一口预探井，展示了南堡油田东营组岩性油藏的勘探潜力。

2）南堡油田古近系沙河街组沙一段勘探获突破

2009年，利用中国石油天然气股份有限公司风险勘探投资，在南堡4号构造针对古潜山和古近系为目的钻探了一口风险探井堡古1井，沙一段勘探获得突破。

堡古1井于2009年12月29日开钻，2010年5月29日完钻，完钻井深5210m（垂深5038m），潜山顶面埋深4776m，揭露花岗岩地层300m。完井测井解释油层4层14.6m，差油层1层4.2m，油水同层4层16.6m，油层段分布集中。对沙一段3332.2～3339.2m试油，使用5mm油嘴放喷，日产油75.88m^3，日产气10345m^3，油藏类型为南堡4号断层上升盘的构造—岩性油气藏，沙一段储层分布范围较大，导流能力较好，地层供液能力充足，压力保持较好，是增储上产的主要目标层系。

3）南堡油田古近系发现南部物源油气藏，首次在寒武系毛庄组获得工业油流

继风险探井堡古1井沙一段获得突破后，2011年风险探井堡古2井在南堡3号构造沙一段获得工业油流，掀起了南堡凹陷岩性油气藏勘探的高潮。其后钻探的南堡306×1井等评价井进一步扩大该区油藏范围，堡古2区块成为岩性油藏勘探发现的整装优质储量区块，成为这一阶段增储上产的主力区块。后续研究证实，古近系存在南部物源。同时，寒武系毛庄组试油获得工业油流，发现新的勘探层系。

堡古2井于2011年3月14日开钻，11月7日完钻，完钻井深5518m，完钻层位太古宇，潜山顶面深度为5113m，揭示潜山地层405m。该井寒武系毛庄组钻遇良好油气显示，测井解释有油（气）层。对寒武系毛庄组5165.2～5192m层段中途测试，使用

8.731mm 油嘴自喷，日产油 27.8m^3，日产气 $18\times10^4m^3$，表明寒武系毛庄组储层物性较好，地层能量充足。

堡古 2 井在古近系亦钻遇良好油气显示。东三段及沙一段测井解释有油层，对沙一段 4248.0～4257.4m 试油，使用 8mm 油嘴自喷，折日产油 110m^3，日产气 $8.3\times10^4m^3$。2012 年 7 月 6 日试采，初期使用 9mm 油嘴自喷，日产油 118.3t，日产气 $11\times10^4m^3$，产量高且压力保持稳定。

堡古 2 井寒武系毛庄组、古近系沙河街组获高产油气流，发现了新的勘探层系和勘探区带，实现了南堡 3 号构造寒武系潜山和古近系岩性油藏勘探的突破。堡古 2 井沙一段获高产油气流之后，油藏评价快速跟上，在构造低部位部署的评价井南堡 306×1 井沙一段再获高产油气流，含油面积进一步扩大。沙一段油层厚度大，单井产量高，表明南部物源区东营组、沙河街组具有良好勘探前景。

3. 南堡油田潜山勘探

自 2008 年以来，在浅层构造油气藏、中深层岩性油气藏勘探取得成果的同时，逐步加大对南堡油田潜山的勘探力度。截至 2017 年底，在南堡 1 号构造、南堡 2 号构造累计完钻潜山探井 11 口，7 口井分别在寒武系、奥陶系潜山获得工业油气流，南堡油田潜山具有较好的成藏条件和勘探潜力。

1）南堡 1 号构造潜山突破出油关

南堡油田发育多个断块型潜山，每个断块潜山具有各自独立的油气水系统。南堡油田潜山油气成藏条件优越，通过欠平衡钻井和中途测试可以很好地保护和快速发现油气层。从 2009 年开始，针对南堡 1 号构造潜山累计完钻潜山探井 7 口，3 口井获得工业油气流。其中，南堡 1–80 井首次在南堡 1 号构造潜山突破出油关。

南堡 1–80 井位于南堡 1 号构造潜山中断块构造较高部位，钻遇潜山顶面 3728m（垂深 3664m），钻遇寒武系潜山地层 64m，测井解释Ⅱ类储层 2 层 13m，Ⅲ类储层 3 层 40m，油气层 4 层 19.8m，油层 1 层 8m。对 3730～3792m 井段酸化试油，使用 16mm 油嘴求产，最高折日产油 41.5m^3，折日产气 55090m^3。

2）南堡 2 号构造潜山进一步扩大含油范围

自 2004 年老堡南 1 井奥陶系获得工业油气流以来，2008—2010 年，在南堡 2 号构造潜山针对古生界奥陶系目的层累计完钻探井 4 口，潜山试油均获工业油气流，扩大了南堡 2 号构造潜山的含油气范围。

其中，南堡 2–82 井位于南堡 2 号构造潜山南断块较高部位，潜山顶面 4878m（垂深 4143m），钻遇奥陶系潜山 82m（垂厚 75m），对奥陶系裸眼井段 4876.21～4960.0m 进行测试，使用 8mm 油嘴自喷，累计产油 48m^3，累计产气 $29\times10^4m^3$，折日产油 86.8t，日产气 $32\times10^4m^3$。

4. 南堡油田天然气勘探

南堡 5 号构造天然气勘探始于 1991 年（南堡油田发现之前，南堡 5 号构造陆地部分称作北堡油田或北堡构造带），北 12×1 井在沙一段首获高产油气流，使用 10mm 油嘴自喷，日产油 242m^3，日产气 127292m^3。1992—1993 年，整体部署钻探了 4 口井（北 5 井、北深 28 井、北 22×1 井、北 2×1 井）未成功。1994 年，仅北 12×1 断块沙一段提交了探明石油地质储量 62×10^4t。

2007 年，在南堡 5 号构造部署钻探了南堡 5-10 井，欠平衡钻探完井后对筛管完井段 4676.6～4764.2m 进行整体试气，酸化后使用 5.56mm 油嘴自喷，折日产气达 $14\times10^4m^3$，沙三段试气获得高产气流。之后整体部署预探井 7 口（南堡 5-80 井、南堡 5-81 井、南堡 5-82 井、南堡 5-85 井、南堡 5-86 井、南堡 5-96 井、南堡 5-98 井），仅南堡 5-85 井 4792～4798m 火山岩井段试气获得日产 $1.8\times10^4m^3$ 的低产气流，未获得规模储量发现，说明该区天然气聚集规律较为复杂。

2016 年，针对南堡 5-10 断鼻构造东三段和沙三段含油气情况部署钻探了南堡 5-29 井，在沙三段火山岩、火山碎屑岩和上覆砂岩中，测井解释气层 6 层 40m，可能气层 3 层 21.6m；对 4768.4～4781.6m 玄武岩井段试气，压裂后使用 7.94mm 油嘴放喷，折日产气 $15.8\times10^4m^3$。

二、南堡凹陷周边凸起深化勘探（2009—2014 年）

1. 西南庄凸起发现古生界寒武系油藏

2009—2011 年，在南堡凹陷周边西南庄凸起发现唐 180×2 井和唐 120×1 井古生界寒武系油藏。其中，唐 180×2 井位于西南庄断层上升盘潜山高部位，完钻层位为寒武系馒头组。对该井 1681.00～1888.00m 井段中途测试，折日产油 $248.4m^3$。投产初期日产油 61.29t，日产气 $3452m^3$。唐 120×1 井完钻层位太古宇。对寒武系毛庄组 2097～2115.8m 层段酸化试油，使用 10mm 油嘴自喷，日产油 $19.4m^3$，日产水 $96.15m^3$。研究认为，南堡凹陷周边凸起发育多套含油层系，包括中生界侏罗系，古生界寒武系毛庄组、馒头组及府君山组等，具有良好的油气成藏条件，成为这一时期冀东探区陆地的主要勘探目标区。

2. 马头营凸起发现低幅度构造油藏

2013—2014 年，在南堡凹陷周边马头营凸起发现馆陶组低幅度构造油藏。马头营凸起紧邻南堡凹陷和石臼坨凹陷，勘探面积约 $100km^2$，新近系明化镇组、馆陶组直接披覆在太古宇花岗岩之上。2014 年 3 月，钻探唐 71×2 井，完钻井深 1910m，完钻层位太古宇。对馆陶组 1656.2～1660.2m 层段试油，螺杆泵排液，日产油 $7.6m^3$，使用 3mm 油嘴自喷投产，日产油 12.34t，日产水 0.16t。

三、秦皇岛新区勘探（2013—2018 年）

2013 年 4 月 7 日，通过对冀东探矿权面积优化，东扩变更获得秦皇岛地区探矿权，勘探面积 $2380.101km^2$。

秦皇岛地区位于渤海湾盆地北部，辽东湾、渤中及黄骅坳陷交汇处，区域上受控于北北东向郯庐断裂构造体系、北西西向张家口—蓬莱断裂体系的双重控制，呈现为隆坳相间的构造格局，勘探程度及认识程度均较低。地质评价认为，秦皇岛工区接受来自辽中凹陷、辽西凹陷和秦南凹陷 3 个已被证实的生烃凹陷的供烃，油气资源丰富。从油气聚集规律、可能的含油层系、油气藏类型及控藏要素上，其与南堡凹陷相近或相当。应用成熟适用的勘探技术，在秦皇岛工区油气勘探再获新发现。

2014 年 7 月，为探索该区辽中凹陷走滑断裂带东升 4 号构造含油气情况，钻探了该区第一口探井东升 4 井，该井完井测井解释油层 6 层 17.2m，差油层 3 层 3.2m，油水同层5层16.6m。对东三段3582.8～3593.2m井段试油，射开2层6.4m，水力泵排液（泵压23MPa，使用3mm喷嘴、5mm喉管），日产油37.61m^3，无水；对东二段2908.8～2945.2m井段试油，射开3层13.6m，使用12mm油嘴自喷，折日产油190.8m^3，折日产气70302m^3。东升4井在东营组获得高产油气流，预示该区具有进一步的勘探潜力。

这一阶段取得的主要地质成果与认识如下。

（1）在南堡油田发现后及主要构造带已基本探明的情况下，能够持续不断取得勘探成果和勘探突破，主要得益于勘探思路的创新和地质认识的不断深化，勘探技术的进步也起到了保障作用。

（2）南堡油田岩性油气藏和潜山油气藏成为增储上产的主要目标和重点勘探领域。

（3）南堡油田发现沙一段整装富集油气藏。同时，南堡凹陷存在南部物源的地质新认识得到进一步确认。

（4）南堡油田古生界寒武系毛庄组勘探获得突破。

（5）秦皇岛地区勘探获得突破。

（6）这一期间累计完钻探井346口，进尺135.36×10^4m，开发井1762口，进尺581.38×10^4m，累计生产原油1777.44×10^4t，其中2018年原油产量130×10^4t、天然气产量$2.75\times10^8m^3$、油气当量151.9×10^4t。

第三章　地　　层

冀东油田矿权范围包括南堡凹陷及周边地区，以及秦皇岛海域（图 1-1），但勘探开发工作主要集中在南堡凹陷及周边地区，本章主要介绍南堡凹陷及周边地层地层特征（表 3-1），秦皇岛海域的地层特征详见第十三章。

表 3-1　南堡凹陷及周边地区地层岩性综合表

地层					接触关系	地层厚度/m	钻遇地区	主要岩性	生油层和储层及油藏类型	沉积环境
新生界	第四系	平原组			角度不整合	214.5～378	全区	土黄色、灰黄色砂泥岩		
新生界	新近系	明化镇组	上段			1000～2000	全区	红色粗碎屑砂砾岩		曲流河
新生界	新近系	明化镇组	下段		平行不整合	1000～2000	全区	红色砂泥岩互层	盖层　次生油气藏	曲流河
新生界	新近系	馆陶组			角度不整合	300～900	全区	砂砾岩夹泥岩和灰色玄武岩	次生油气藏	辫状河
新生界	古近系	东营组	东一段			0～728	全区	砂岩、泥岩频繁交互，泥岩性软、造浆	次生油气藏	曲流河、辫状河与河控湖泊三角洲
新生界	古近系	东营组	东二段			0～426	全区	灰色泥岩为主	盖层	曲流河、辫状河与河控湖泊三角洲
新生界	古近系	东营组	东三段	上亚段		0～448	全区	灰色砂泥岩互层	中等生油岩，又为储层	曲流河、辫状河与河控湖泊三角洲
新生界	古近系	东营组	东三段	下亚段	- - - - -	20～425	全区	灰色中—细粒砂岩，含砾砂岩，灰色泥岩	中等生油岩，又为储层	曲流河、辫状河与河控湖泊三角洲
新生界	古近系	沙河街组	沙一段	上亚段		17～394	全区	灰色、深灰色砂岩、泥岩互层	披覆背斜、断块油气藏	闭塞湖滩、湖湾的滨浅湖
新生界	古近系	沙河街组	沙一段	下亚段		107～388	全区	顶部以砂岩为主，中部以泥岩为主	披覆背斜、断块油气藏	闭塞湖滩、湖湾的滨浅湖
新生界	古近系	沙河街组	沙二段		平行不整合	45～301	高尚堡、柳赞、南堡5号构造	棕红色泥岩夹砂岩	盖层	
新生界	古近系	沙河街组	沙三段	一亚段		32～642	高尚堡、柳赞、南堡	粗碎屑为主，顶部为造浆泥岩	断块、岩性油气藏	河流或浅湖
新生界	古近系	沙河街组	沙三段	二亚段		180～310	高尚堡、柳赞、南堡	深灰色泥岩夹薄层灰色砂岩	主要生油层	半深湖、深湖
新生界	古近系	沙河街组	沙三段	三亚段		160～662	高尚堡、柳赞、南堡	以砂岩为主的砂泥互层	披覆背斜、断块油气藏	水下扇
新生界	古近系	沙河街组	沙三段	四亚段		140～320	高尚堡、柳赞、南堡	暗色泥岩、油页岩	主要生油层	半深湖、深湖
新生界	古近系	沙河街组	沙三段	五亚段	角度不整合	106～310	高尚堡、柳赞	粗碎屑砂砾岩	沉积背斜、岩性油气藏	近源冲积、水下扇
中生界	白垩系	下白垩统			角度不整合	222～1847	西南庄、柏各庄、马头营、石臼坨、乐亭	砂泥岩中夹层状玄武岩		河流、湖泊
中生界	侏罗系	中—下侏罗统			角度不整合	63～287	西南庄、柏各庄、马头营、石臼坨、乐亭	砂砾岩夹煤层和碳质泥岩	不整合油气藏	河流、湖泊
古生界	二叠系	中统	下石盒子组			128～263	涧河、西河	灰色、深灰色泥岩，碳质泥岩与灰白色中—细砂岩及煤层互层	煤成气 煤层气	沼泽成煤
古生界	二叠系	中统	山西组			96～113	涧河、西河	灰色、深灰色泥岩，碳质泥岩与灰白色中—细砂岩及煤层互层	煤成气 煤层气	沼泽成煤
古生界	二叠系	下统	太原组			40～44	涧河、西河	灰色砂砾岩夹碳质泥岩及煤层	煤成气 煤层气	沼泽成煤
古生界	石炭系	上统	晋祠组			41～52	涧河、西河	浅灰色细砂岩，夹灰黑色碳质泥岩和煤层	煤成气 煤层气	陆相含煤碎屑岩
古生界	石炭系	上统	本溪组		平行不整合	94～99	涧河、西河	上部为灰黑色碳质泥岩、深灰色泥岩，夹灰色中砂岩；下部为铝土质泥岩	煤成气 煤层气	陆相含煤碎屑岩
古生界	奥陶系	中统	上马家沟组			49～159	老王庄、落潮湾、西南庄、南堡	石灰岩、白云岩、角砾状灰岩	潜山内幕油气藏 或不整合油气藏	以碳酸盐沉积为主的稳定型
古生界	奥陶系	中统	下马家沟组		平行不整合	52～309	老王庄、落潮湾、西南庄、南堡	花斑状灰岩、白云岩、泥灰岩	潜山内幕油气藏 或不整合油气藏	以碳酸盐沉积为主的稳定型
古生界	奥陶系	下统	亮甲山组			63～90	老王庄、落潮湾、西南庄、南堡	深灰色白云岩，上部夹石灰岩，下部夹泥灰岩	潜山内幕油气藏 或不整合油气藏	以碳酸盐沉积为主的稳定型
古生界	奥陶系	下统	冶里组		平行不整合	47～112	老王庄、落潮湾、西南庄、南堡	深灰色白云岩，竹叶状灰岩，泥质条带灰岩	潜山内幕油气藏 或不整合油气藏	以碳酸盐沉积为主的稳定型
古生界	寒武系	芙蓉统	凤山组			67～158	西南庄、柏各庄、老王庄、落潮湾、马头营、南堡	泥晶灰岩 竹叶状灰岩 石灰岩与泥页岩互层		高能潮间带—潮上带
古生界	寒武系	芙蓉统	长山组				西南庄、柏各庄、老王庄、落潮湾、马头营、南堡	泥晶灰岩 竹叶状灰岩 石灰岩与泥页岩互层		高能潮间带—潮上带
古生界	寒武系	芙蓉统	崮山组			82～106	西南庄、柏各庄、老王庄、落潮湾、马头营、南堡	泥晶灰岩 竹叶状灰岩 石灰岩与泥页岩互层		滨浅海
古生界	寒武系	苗岭统	张夏组			11～182	西南庄、柏各庄、老王庄、落潮湾、马头营、南堡	鲕状灰岩		高能潮间带生物碎屑
古生界	寒武系	苗岭统	徐庄组			17.5～137	西南庄、柏各庄、老王庄、落潮湾、马头营、南堡	灰褐色鲕状灰岩夹泥页岩		高能潮间带生物碎屑
古生界	寒武系	苗岭统	毛庄组			18～89	西南庄、柏各庄、老王庄、落潮湾、马头营、南堡	灰色白云岩	潜山内幕油气藏 或不整合油气藏	滨浅海低能条件下泥质沉积及碳酸盐岩台地
古生界	寒武系	第二统	馒头组			17～88	西南庄、柏各庄、老王庄、落潮湾、马头营、南堡	紫红色、深灰色泥页岩夹石灰岩	潜山内幕油气藏 或不整合油气藏	滨浅海低能条件下泥质沉积及碳酸盐岩台地
古生界	寒武系	第二统	府君山组		平行不整合	9～86	西南庄、柏各庄、老王庄、落潮湾、马头营、南堡	深灰色白云岩夹泥灰岩	潜山内幕油气藏 或不整合油气藏	滨浅海低能条件下泥质沉积及碳酸盐岩台地
新元古界	青白口系	景儿峪组				7～41	西南庄、柏各庄、老王庄、落潮湾、马头营、南堡	泥灰岩	裂缝油气藏	滨浅海海滩及亚浅海
新元古界	青白口系	长龙山组			角度不整合	29～63	西南庄、柏各庄、老王庄、落潮湾、马头营、南堡	页岩夹石英砂岩，含海绿石砂岩	裂缝油气藏	滨浅海海滩及亚浅海
太古宇							西南庄、柏各庄、老王庄、落潮湾、马头营、南堡	肉红色花岗岩	裂缝油气藏	

南堡凹陷及周边地区发育太古宇、新元古界、古生界、中生界和新生界，不同构造单元地层分布及厚度差异较大。已钻遇各套地层均见到了不同程度的油气显示或获得工业油气流，主要含油气层位是古近系沙河街组、东营组和新近系馆陶组、明化镇组，其次是寒武系、奥陶系和侏罗系。

第一节　前古近系

本区前古近系包括太古宇、新元古界、古生界及中生界。新太古界—中元古界由各种变质岩系构成，新元古界—下古生界由碳酸盐岩及碎屑岩层系构成，晚古生代晚期为海陆过渡相沉积，中生代为陆相沉积。

一、太古宇（Ar）

太古宇在本区广泛分布，岩性主要为花岗岩。截至 2018 年底，南堡凹陷及周边地区有 67 口井钻遇花岗岩，其中南堡凹陷 5 口（高参 1 井、高深 1 井、堡古 1 井、堡古 2 井、南堡 3-81 井），其余分布于南堡凹陷周边凸起。高参 1 井 5158m 岩性为浅灰色片麻状混合花岗岩，同位素年龄 2891Ma，时代属新太古代。

二、元古宇（Pt）

华北地区元古宙地层年代归属近年来有许多重要变化，主要集中在以下 3 个方面。第一，大红峪组同位素年龄值 1625Ma，串岭沟组同位素年龄值 1628Ma，二者均属古元古界范畴，故将华北地区常州沟组、串岭沟组、团山子组，以及大红峪组组合为新的长城系，地质年代归属于古元古代晚期。第二，高于庄组底部获得 1560Ma 的同位素年龄值，属中元古代早期时代范畴内，故将高于庄组归于蓟组系。第三，下马岭组同位素年龄值 1320～1370Ma，处于中元古代晚期范畴内，而其上的长龙山组底界同位素年龄值下限为 1000Ma，二者之间存在大于 3 亿年的沉积间断，据此将长龙山组与景儿峪组构成新的青白口系，属晚元古代早期沉积层系，而下马岭组归入中元古代晚期，对应于国际年代地层表中的延展系。

据高参 1 井钻探结果，该井 4900.5m 进入花岗岩，钻厚 259.32m，据岩性和结构构造可分为三段：顶部 20m 风化壳特征，为灰白色蚀变花岗岩或花岗岩，变质程度较浅；中部 50m 为肉红、灰白色花岗岩夹两层深灰色片岩；下部 100 余米花岗岩蚀变现象较强，斜长石具绢云母化，并具环带结构，黑云母全部或部分变成绿泥石。同位素年龄测定发现各样品年龄跨度较大，为古—中元古代入侵的产物（表 3-2）。

新元古代，工区位于蓟县沉降中心与渤鲁隆起的交界处（图 3-1）。蓟县海岸线附近，沉积了新元古界青白口系长龙山组与景儿峪组（图 3-2）。地层以海相沉积为主，主要分布在南堡凹陷及其周边马头营凸起、柏各庄凸起、西南庄凸起、老王庄凸起。截至 2018 年底，南堡凹陷及周边地区有 37 口井钻遇该套地层，其中南堡凹陷有 3 口井（堡古 2 井、南堡 3-81 井、南堡 3-82 井）。

1. 青白口系长龙山组（Qb*c*）

该组为棕红色、紫红色页岩夹灰白色、灰绿色石英砂岩、海绿石砂岩。自然伽马曲线呈掌状高峰，厚 29～63m，与下伏地层角度不整合接触。

表 3–2　高参 1 井花岗岩同位素年龄表

岩石名称	取样井段 /m	测定方法	年龄全值 /Ma
灰白色花岗岩	4894～4896	K—Ar（全岩）	1261.0±22.7
		K—Ar（钾长石）	993.3±22.7
浅红色混合花岗岩	4957～4960	K—Ar（全岩）	1212.4±30.0
		K—Ar（全岩）	1372.4
		K—Ar（黑云母）	1618.7±36.3
		K—Ar（黑云母）	1537.1±27.7
		K—Ar（钾长石）	1632.9±29.4
黑云母角闪片岩包裹体		K—Ar（黑云母）	1658.6±29.9
		K—Ar（黑云母）	1786.9±40.8
		K—Ar（角闪石）	2140.1±38.6
浅红色混合花岗岩	4957～5029	Rb—Sr（6 个全岩）	2232.6±69.6
		Rb—Sr（6 个全岩）	2439.8±100.0
浅灰色片麻状混合花岗岩	5158	Sm—Nd（全岩模式年龄）	2891.0

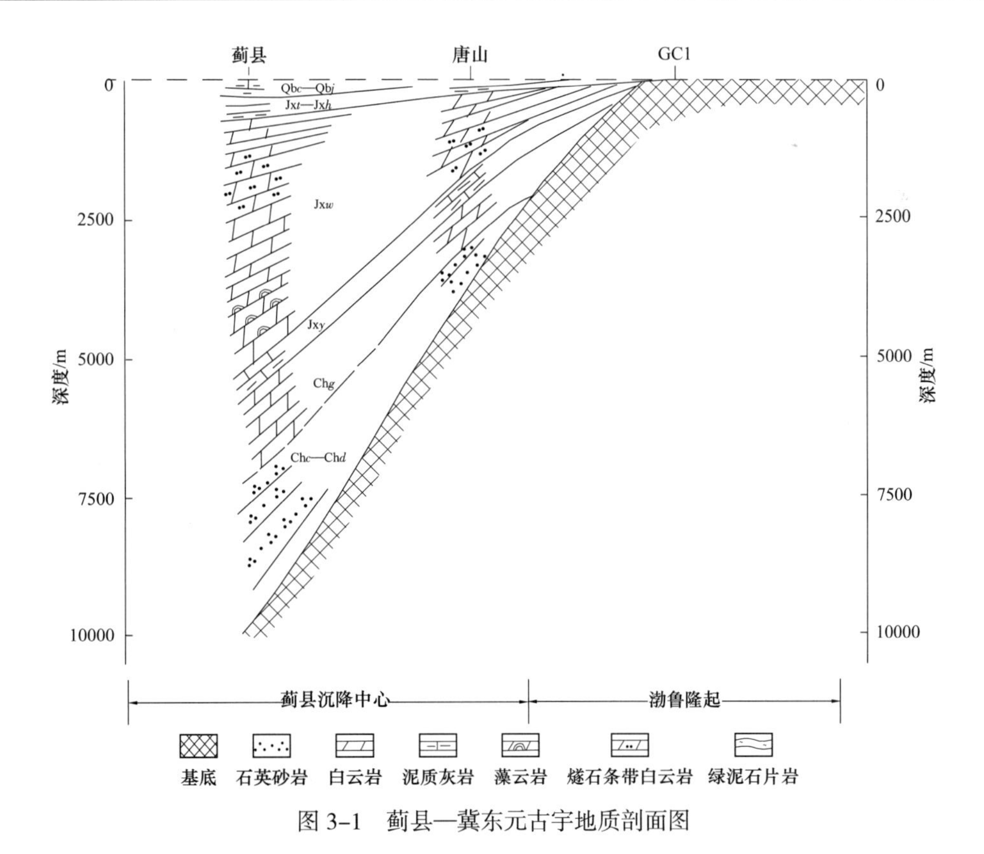

图 3–1　蓟县—冀东元古宇地质剖面图

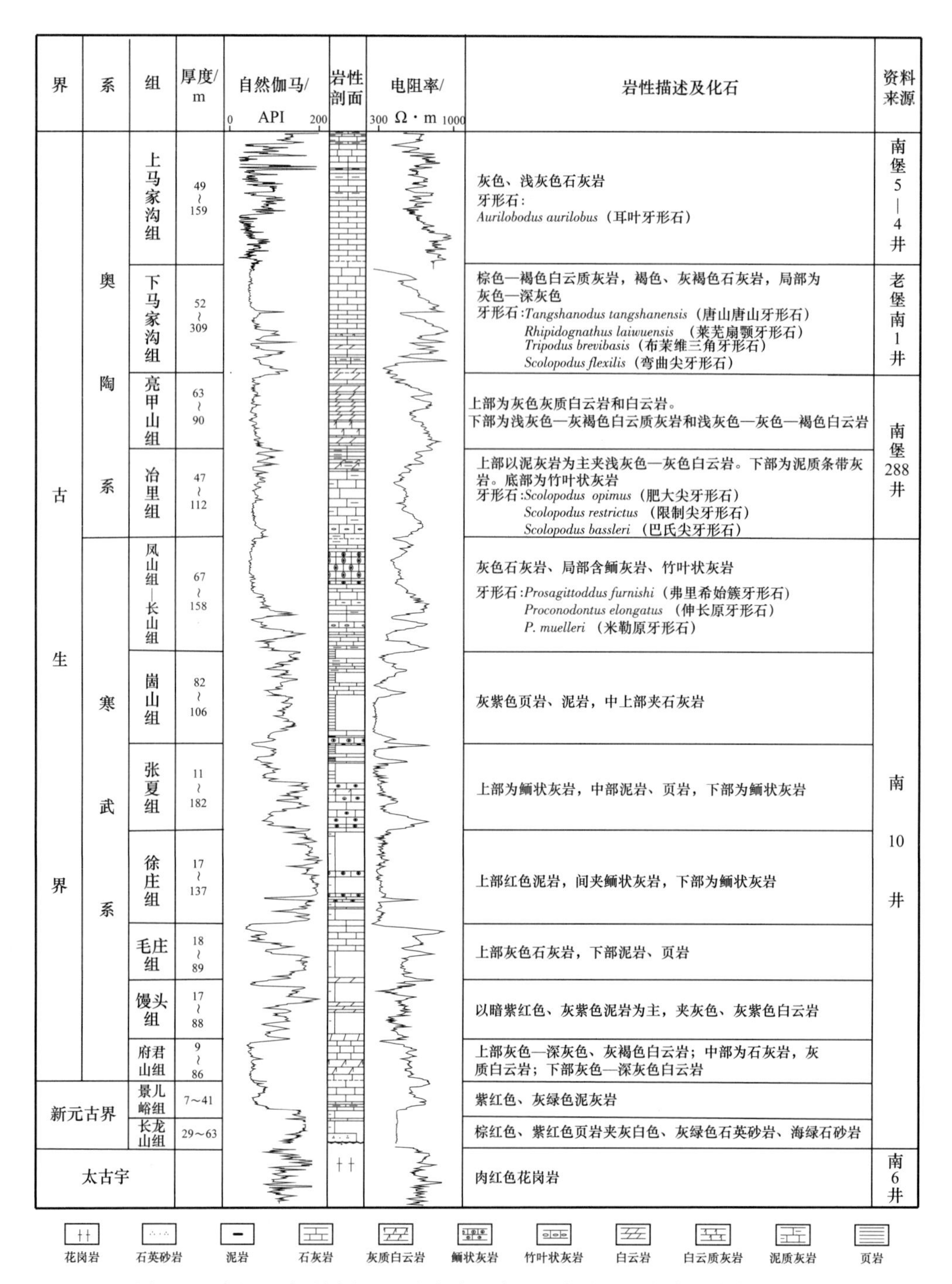

图 3-2　南堡凹陷及周边地区太古宇—古生界寒武系—奥陶系综合柱状图

2. 青白口系景儿峪组（Qb*j*）

该组为紫红色、灰绿色、玫瑰色、蛋青色泥灰岩。自然伽马曲线呈高平犬牙状—块状高峰，厚 7～41m，与下伏地层整合接触。

三、古生界（Pz）

唐山探区古生界自下而上包括寒武系、奥陶系、石炭系和二叠系，共 16 个组级岩石地层单位。

古生代早期为克拉通盆地发育阶段，接受了寒武纪第二世—中奥陶世的浅海相沉积。在晚奥陶世到早石炭世长达1.3亿年的地史阶段，大面积抬升广遭剥蚀，在隆起的高部位下寒武统—中奥陶统被剥蚀殆尽，在隆起的围斜部位残留了250～1133m厚的寒武系—奥陶系。如位于古隆起上的高参1井（南堡凹陷）、昌参1井（昌黎凹陷）等及乐亭—姜各庄地区均无古生界分布；在古隆起两侧围斜部位的堼参1井（涧河凹陷）、南10井（老王庄凸起）等分别钻遇数十米到近千米厚的寒武系第二统和中奥陶统；在该隆起东侧围斜部位的王滩1井（乐亭凹陷）、乐1井（乐亭凹陷）分别钻遇568m和67m的寒武系。

晚古生代为海陆交互沉积，尽管整个华北地台均接受了1000余米厚的沉积，但本区除西北缘的涧河凹陷及西河凸起保留了数百米厚的石炭系—二叠系外，全区抬升广遭剥蚀，无晚古生代地层。

1. 寒武系（ϵ）

在中国地层表（2016版）中，寒武系年代地层系统以四统十阶方案取代三统九阶方案。本书采用最新的地层系统，并将凤山组与长山组合为一个组，变为7个组。

寒武系在冀东探区广泛分布。其中，老王庄凸起、西南庄凸起寒武系发育较全，厚度617～640m，南10井为本区标准剖面，钻遇寒武系总厚656.5m。南堡凹陷南堡3号构造及柏各庄凸起，寒武系剥失严重，如柏各庄凸起唐2×1井仅揭示寒武系第二统府君山组，厚度14m（表3-3）。截至2018年底，已发现寒武系府君山组、馒头组和毛庄组三套含油气层位。

1）寒武系第二统（ϵ_2）

府君山组（$\epsilon_2 f$）：下部为较纯的灰色、深灰色、灰褐色白云岩，中部为灰色石灰岩、灰质白云岩，上部为灰色、深灰色白云岩，自然伽马曲线为两低夹一高。厚9～86m，与下伏新元古界假整合接触。该组地层裂缝发育，顶面普遍存在风化壳，为广泛海侵时期沉积，是唐海油田主要勘探目的层之一。

馒头组（$\epsilon_2 m$）：以暗紫红色、灰紫色泥页岩为主，夹灰色、灰紫色白云岩，为干旱气候条件下潮间带沉积。自然伽马曲线呈块状—掌状高峰，厚17～88m，与下伏地层整合接触。馒头组也是唐海油田主要勘探目的层之一。

2）寒武系苗岭统（ϵ_3）

毛庄组（$\epsilon_3 ma$）：为较纯的灰色石灰岩和白云质灰岩，藻类繁盛，石灰岩中见膏岩假晶，为偏干旱气候的滨浅海、潮间沉积。自然伽马曲线相对上下层为一“低凹”。厚18～89m，与下伏地层整合接触。南堡凹陷堡古2井于2011年首次在毛庄组获得工业油流，该井岩性为白云质灰岩，发育裂缝—孔洞型储层，连通程度好，试油产量高，毛庄组成为该区主要勘探目的层之一。

徐庄组（$\epsilon_3 x$）：下部为质地较纯的灰褐色鲕状灰岩，间夹泥页岩；上部为棕红色泥页岩间夹薄层鲕灰岩，为干旱气候条件下潮间带沉积。自然伽马曲线上部低平呈犬牙状，下部呈块状高峰，间夹低谷，厚17.5～137m，与下伏地层整合接触。

张夏组（$\epsilon_3 z$）：下部为鲕状灰岩，中部为泥岩、页岩，上部为鲕状灰岩，为水动力较强的滨浅海沉积。自然伽马曲线下部呈弧形掌状高峰，上部呈低平的锯齿状。厚11～182m，与下伏地层整合接触。

表 3-3　南堡凹陷周边凸起寒武系代表井残厚表

地区			老王庄凸起		西南庄凸起				柏各庄凸起	
代表井			南 10 井		南 6 井		南 23 井		唐 2×1 井	
层位			底深 / m	视厚度 / m	垂深 / m	视厚度 /m	垂深 / m	视厚度 / m	垂深 / m	视厚度 / m
中生界		侏罗系	—		1999	399	—		1749	86
古生界	奥陶系	下马家沟组	1388	132.0	2308	309	—		—	
		亮甲山组	1478	90.0	2375	67	—		—	
		冶里组	1580	102.0	2466	91	—		—	
	寒武系	长山组—凤山组	1711	131.0	2575	109	—		—	
		崮山组	1806	95.0	2672	97	—		—	
		张夏组	1924	118.0	2820	148	1674.0	11.0	—	
		徐庄组	2027	103.0	2931	111	1796.5	122.5	—	
		毛庄组	2092	65.0	2992	61	1865.0	68.5	—	
		馒头组	2160	68.0	3043	52	1935.0	70.0	—	
		府君山组	2239	79.0	3121	77	1988.0	53.0	1763	14
元古宇			未穿	10.8	3206	86	2046.0	58.0	未穿	14
太古宇					未穿	7	未穿	56.0		

3）寒武系芙蓉统（ϵ_4）

崮山组（$\epsilon_4 g$）：为灰紫色页岩、泥质条带灰岩，中上部夹石灰岩，局部地区发育鲕状灰岩及竹叶状灰岩互层。自然伽马曲线呈指状高峰。厚 82～106m，与下伏地层整合接触。

长山组—凤山组（$\epsilon_4 c$—$\epsilon_4 f$）：为灰色、紫灰色鲕状灰岩，灰褐色、褐色泥质条带灰岩和竹叶状灰岩，自然伽马曲线低平，呈犬牙状。厚 67～158m，与下伏地层整合接触。南 10 井 1690.55～1693.30m 井段，发现牙形石有 *Prosagittodontus furnishi*（弗里希始簇牙形石）、*Proconodontus elongatus*（伸长原牙形石）、*P. muelleri*（米勒原牙形石）、*P. transmutatus*（变异原牙形石）、*Proneotodus rotundatus*（圆原沃尼昂塔牙形石）、*P. gallatini*（加勒廷原沃尼昂塔牙形石）、*P. tenuis*（细瘦原沃尼昂塔牙形石）、*Hirsutodontus* aff. *primitivus*（原始刺瘤牙形石亲近种）等；三叶虫化石有 *Ptychaspis subglobosa*（亚球形褶盾三叶虫）。

2. 奥陶系（O）

奥陶系（中统、下统）分布在南堡凹陷（图 3-3）、涧河凹陷及其周边的西河凸起、老王庄凸起、西南庄凸起和石臼坨凸起。晚奥陶世本地区随华北地台一起抬升遭受剥蚀，缺失上奥陶统。奥陶系是本区潜山勘探主要目的层系之一，钻遇地层厚度 0～493m。

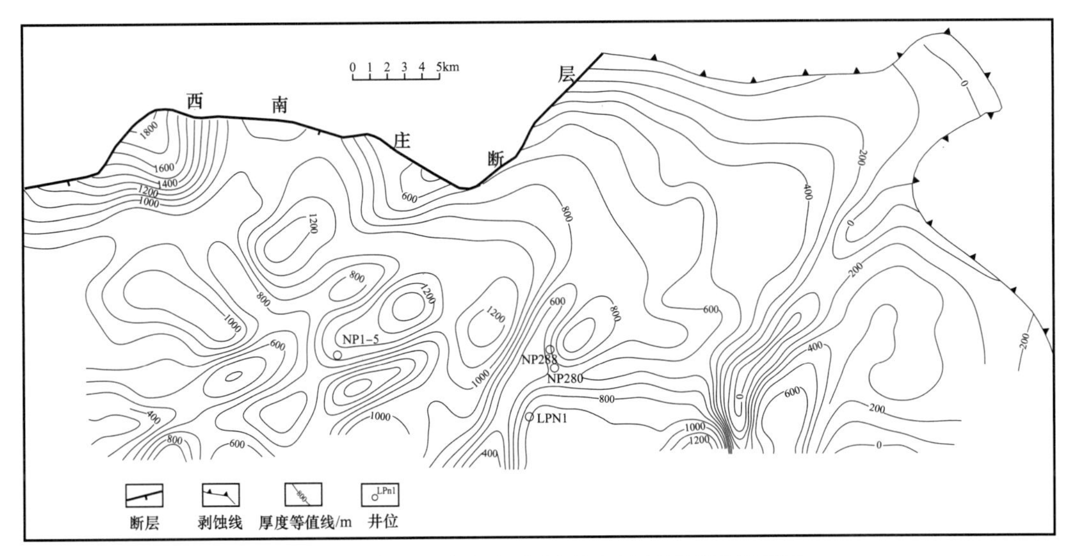

图 3-3　南堡凹陷奥陶系残厚图（据地震资料预测）

本区奥陶系残留两统四组。2004 年，南堡凹陷南堡 2 号构造老堡南 1 井首次在中奥陶统下马家沟组获得勘探突破。截至 2018 年底，多口井在下马家沟组获得工业油气流，下马家沟组已成为南堡凹陷潜山主要勘探目的层系之一（图 3-4）。

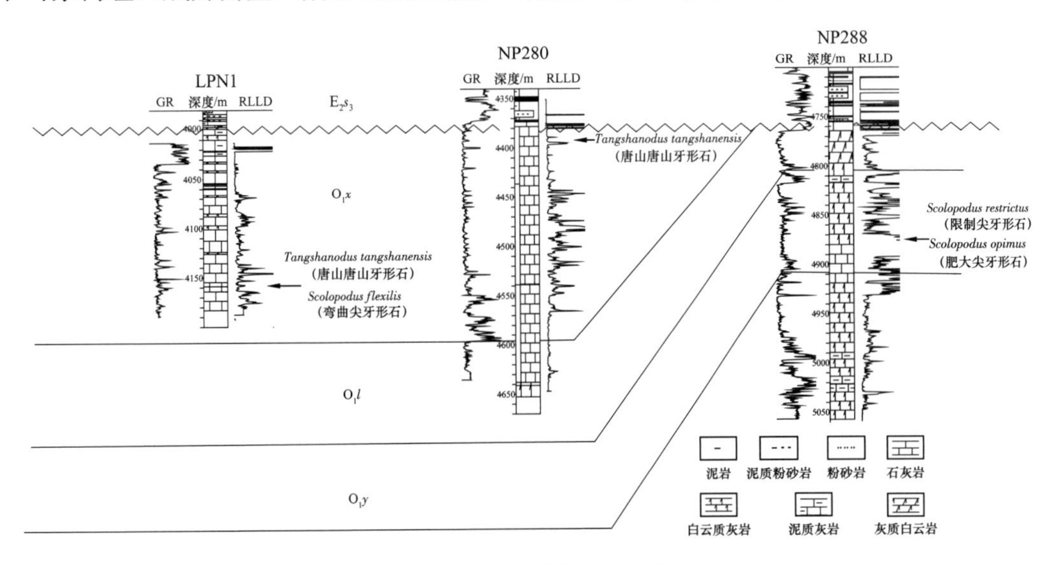

图 3-4　南堡凹陷奥陶系对比图

1）下奥陶统（O_1）

冶里组（O_1y）：底部为竹叶状灰岩，下部为泥质条带灰岩，上部为深灰色、灰色含白云质泥灰岩，自然伽马曲线高平，呈犬牙状—块状高峰。厚度 47～112m，与下伏地层整合接触。南堡 288 井 4910～4945m 井段发现牙形石：*Scolopodus opimus*（肥大尖牙形石）、*Scolopodus restrictus*（限制尖牙形石）、*Scolopodus bassleri*（巴氏尖牙形石）。

亮甲山组（O_1l）：以白云岩为主。下部为浅灰色、灰褐色白云质灰岩和浅灰色、灰色、褐色白云岩，上部为灰色灰质白云岩，自然伽马曲线呈犬牙状。厚 63～90m，与下伏地层整合接触。

2）中奥陶统（O_2）

下马家沟组（O_2x）：为褐灰色白云质灰岩，褐色、灰褐色石灰岩及泥灰岩，自然伽马曲线呈刺刀状—掌状高峰。厚52～309m，与下伏地层整合接触。老堡南1井4176～4180m井段发现牙形石：*Tangshanodus tangshanensis*（唐山唐山牙形石）、*Tripodus brevibasis*（布莱维三角牙形石）、*Scolopodus flexilis*（弯曲尖牙形石）、*Rhipidognathus laiwuensis*（莱芜扇颚牙形石）。

上马家沟组（O_2s）：为灰色、浅灰色石灰岩，自然伽马曲线高平，呈锯齿状，底部为掌状高峰，厚49～159m，与下伏地层整合接触。南堡5-4井5490～5500m井段发现牙形石：*Aurilobodus aurilobus*（耳叶牙形石）。

3. 石炭系—二叠系（C—P）

石炭系、二叠系分布于南堡凹陷周边的涧河凹陷西河凸起（表3-1），推测南堡凹陷内部西侧存在石炭系—二叠系（图3-5）。

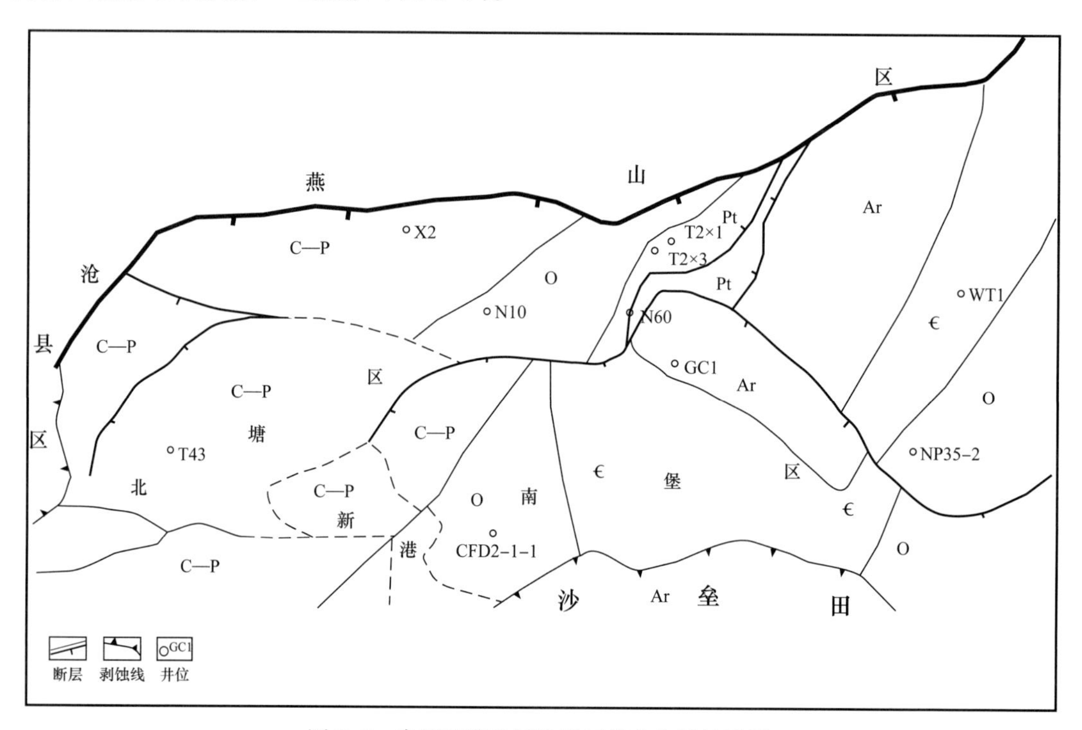

图3-5　南堡凹陷及周边地区前中生界地质图

华北地台自晚奥陶世—早石炭世，地壳抬升广遭剥蚀，直至晚石炭世末开始接受沉积。本区石炭系—二叠系保留不全，钻井揭示残留上石炭统本溪组和晋祠组，下二叠统太原组，中二叠统山西组、下石盒子组［中国地层表（2016年版）］，如图3-6所示。石炭系—二叠系以海陆交互相含煤碎屑岩沉积为主，是中国北方重要含煤地层，也是冀东油田煤层气勘探的有利区带。有4口井（丰1井、埝参1井、西2井和涧1井）钻遇，其中埝参1井钻遇地层较全，厚度303m。

截至2018年底，南堡凹陷及周边地区石炭系—二叠系钻探没有发现油气藏。

1）石炭系（C）

主要依据钻探结果及孢粉化石组合特征确定上石炭统本溪组和晋祠组。

上石炭统本溪组（C_2b）：下部为铝土质泥岩，上部为灰黑色碳质泥岩、深灰色泥岩夹灰色中砂岩，含煤层，厚94～99m，与下伏地层不整合接触。发现有孢粉化石组合 *Leiotriletes–Stenozonotriletes*（光面三缝孢—窄环三缝孢属）。

上石炭统晋祠组（C_2j）：为浅灰色细砂岩，夹灰黑色碳质泥岩和煤层。晋祠组原属太原组下部的砂岩集中段，为近年来拆离出来并升级为组的地层单位，厚41～52m，与下伏地层整合接触。

2）二叠系（P）

下二叠统太原组（P_1t）：为灰色砂砾岩夹碳质泥岩及煤层，厚40～44m，与下伏地层整合接触。发现有孢粉化石组合 *Kaipingispora–Densosporites–Crassispora*（开平孢属—套环孢属—厚环孢属）。太原组为海陆交互相含煤沉积，是中国北方重要含煤地层。

中二叠统山西组（P_2s）：为灰色、深灰色泥岩，碳质泥岩与灰白色中、细砂岩及煤层间互沉积，底部以块状中粗砂岩与太原组分界，厚96～113m，与下伏地层整合接触。发现有孢粉化石组合 *Laevigatosporites–Perocanoidospora*（光面单缝孢属—焦叶孢属）。

中二叠统下石盒子组（P_2x）：为灰绿色砂质泥岩、灰色泥岩及黄绿色砂砾岩互层，厚128～263m，与下伏地层整合接触。发现孢粉化石组合 *Gulisporites–Florinites*（匙唇孢属—弗氏粉属）。

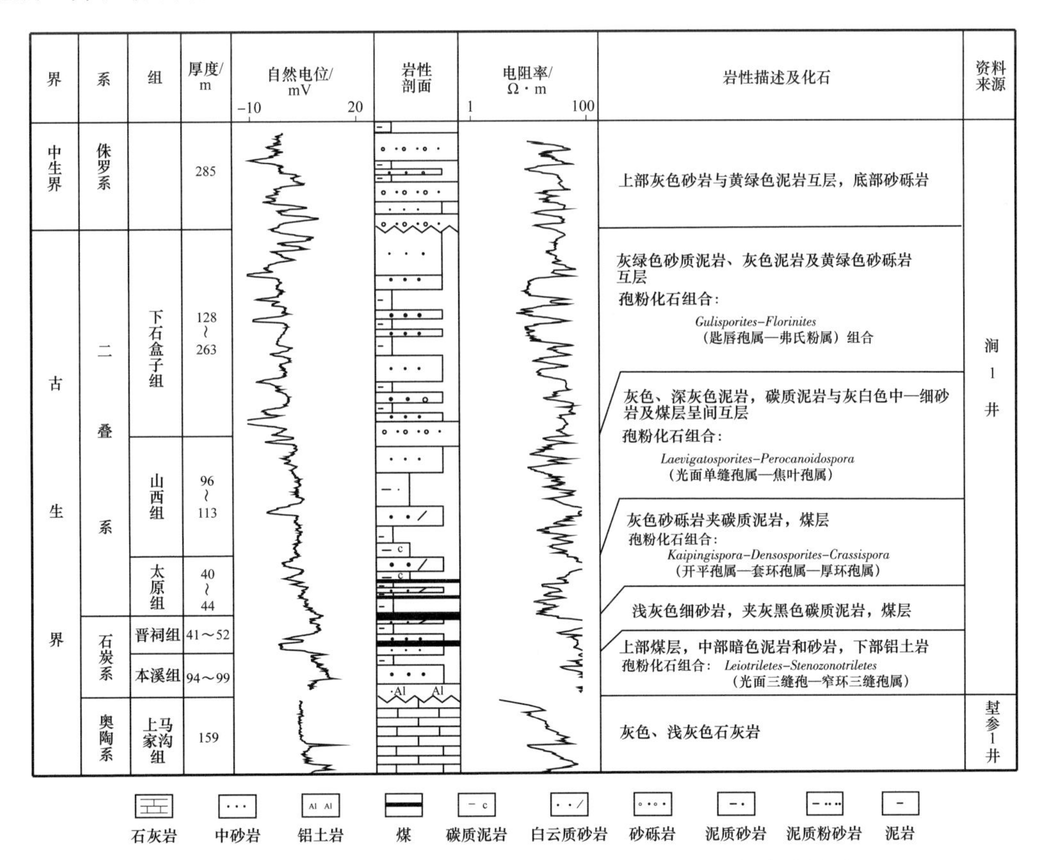

图3-6　南堡凹陷及周边地区古生界石炭系—二叠系综合柱状图

四、中生界（Mz）

中生代三叠纪的印支运动，导致华北地台发生了以拱升为主的褶皱运动，形成了一系列大型宽缓的复背斜和复向斜。南堡凹陷及周边地区继续处于拱升阶段，除上古生界大面积剥蚀殆尽外，三叠系大面积缺失，中—下侏罗统（J_{1-2}）不整合于前中生代地层之上。

自早侏罗世开始的燕山运动，使中国东部构造运动进入了一个全新阶段。由于太平洋板块向亚洲板块俯冲加剧，导致中国东部的结晶基底和中元古代、新元古代及古生代沉积层产生了强烈的块断运动，使地台解体并伴有多期火山熔岩的喷溢。此期由于郯庐断裂带、沧州—东明断裂带、北塘—乐亭断裂带和齐河—广饶断裂带的形成和发育，渤海湾盆地开始形成，沉积范围限于沧州—东明断裂带以东地区，以西的冀中地区仍处于隆起带上，仅在武清、北京、保定、石家庄、临清等地有小型的山间盆地发育，较古近纪—新近纪的湖盆面积小。

南堡凹陷及周边地区位于燕山褶皱带的前缘，受北塘—乐亭断裂带控制，中生界分布很广（图 3-7），北起昌黎、乐亭、涧河，南到海中隆起以北的范围内呈北东向叠置在前中生界之上，构成了 4 个凸起（西河、老王庄、马头营、姜各庄）和 4 个凹陷（昌黎、乐亭、南堡、石臼坨）。隆起上缺失中生界，凹陷内分布中—下侏罗统和下白垩统（K_1）（图 3-8）。中—下侏罗统的含煤碎屑岩分布较广，夹中基性火山岩建造，除昌黎凹陷外，其余凹陷均有分布。下白垩统的湖相地层主要分布在石臼坨凹陷及乐亭凹陷西部，上白垩统在昌参 1 井钻遇，为凝灰岩和蚀变粗面岩夹紫红色泥岩，同位素年龄为

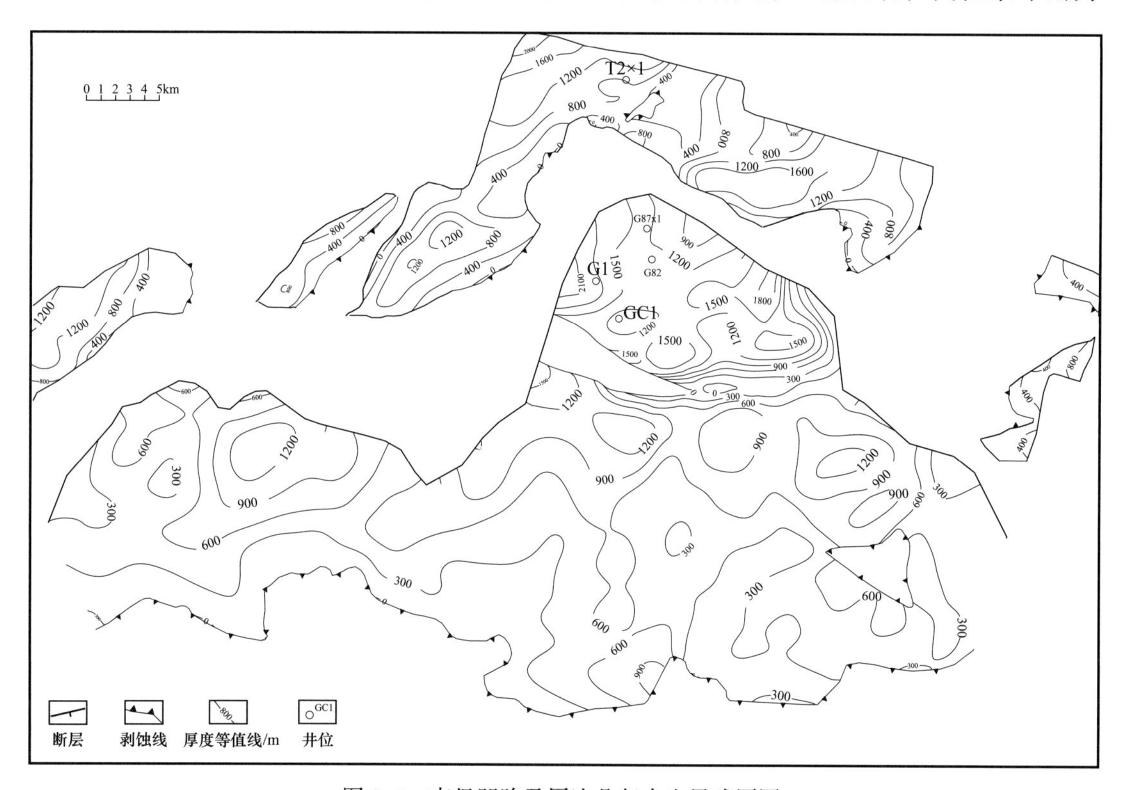

图 3-7　南堡凹陷及周边凸起中生界残厚图

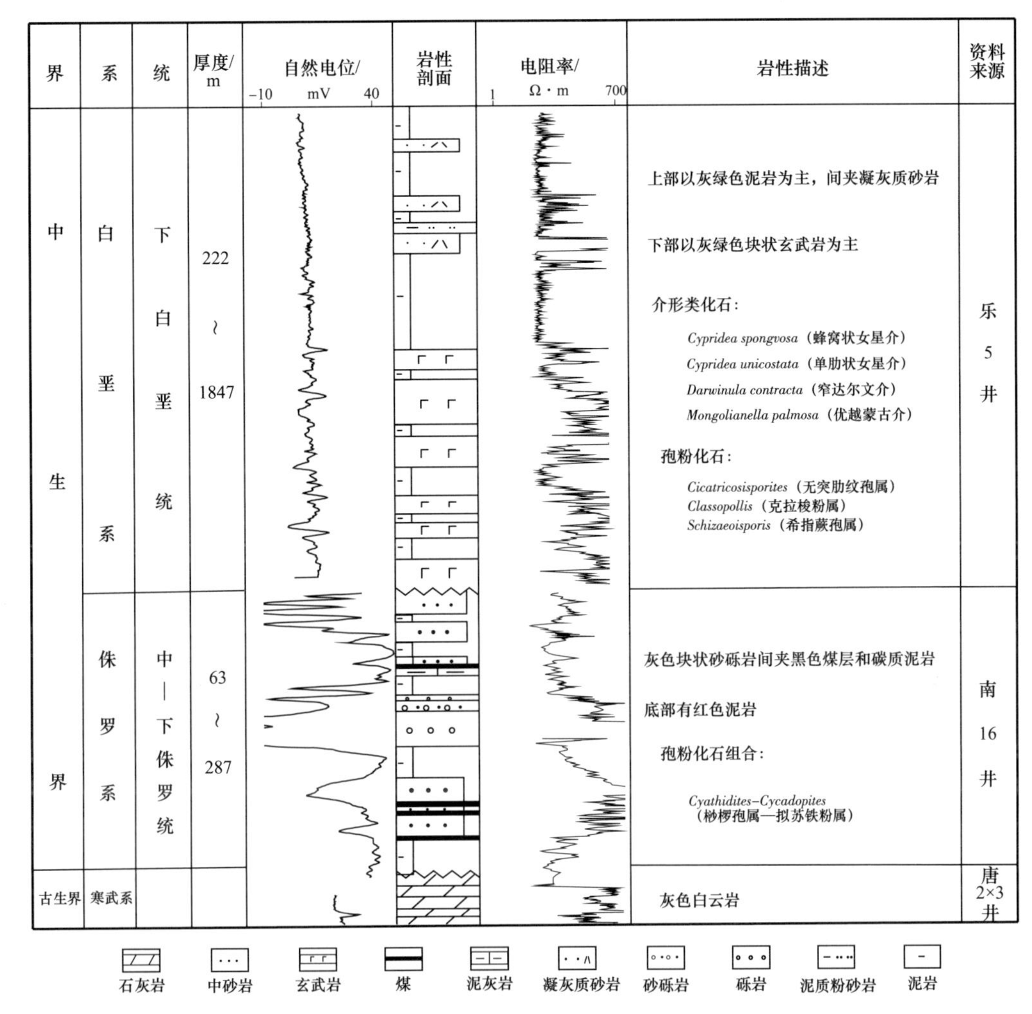

图 3-8　南堡凹陷及周边地区中生界综合柱状图

0.93 亿年，属晚白垩世。以上说明，中生代时期各凹陷的形成时代从南到北、自西到东由老变新。即涧河凹陷、南堡凹陷、石臼坨凹陷发育于早—中侏罗世；乐亭凹陷、石臼坨凹陷主要发育于晚侏罗世—早白垩世；昌黎凹陷发育于晚白垩世。伴随凹陷的形成，有频繁而强烈的岩浆活动。昌黎凹陷以燕山末期的中酸性喷发岩为主；乐亭凹陷和石臼坨凹陷以燕山中期的中性和基性安山岩、安山质玄武岩及玄武岩为主，并伴有中酸性侵入体。

截至 2018 年，南堡凹陷及周边地区有 16 口井钻遇中生界。

1. 侏罗系（J）

侏罗系（中—下侏罗统）分布在南堡凹陷、涧河凹陷、乐亭西洼和西南庄凸起、柏各庄凸起、石臼坨凸起。以滨浅湖相、沼泽相含煤碎屑岩沉积为主，为一套灰色块状砂砾岩夹黑色煤层和碳质泥岩，间夹中基性火山岩，底部常夹有红色泥岩。电阻率曲线呈锯齿状夹指状高峰的高阻形态。地层厚 63～287m，与下伏地层角度不整合接触。发现有孢粉化石组合 *Cyathidites-Cycadopites*（桫椤孢属—拟苏铁粉属）。

截至 2018 年底，在南堡凹陷周边柏各庄凸起唐 2×1 区块发现侏罗系油藏（归属唐海油田）并投入开发。

2. 白垩系（K）

白垩系（下白垩统）主要分布在古近系凹陷、柏各庄凸起、石臼坨凸起和姜各庄凸起。以湖相碎屑岩间夹中基性火山岩为主，下部以灰绿色块状—层状玄武岩为主，电阻率曲线为指状高阻；上部以灰绿色泥岩为主，间夹凝灰质砂岩，电阻率曲线呈小锯齿状。厚 222～1847m，与下伏地层角度不整合接触。

乐 5 井 2933.8～3142m 井段发现有介形类化石：*Cypridea spongvosa*（蜂窝状女星介）、*Cypridea unicostata*（单肋状女星介）、*Cypridea* sp.（女星介未定种）、*Lycoptercypris infantilis*（小狼星介）、*Darwinuls contracta*（窄达尔文介）、*Mongolianella palmosa*（优越蒙古介）。南堡 5–4 井发现有孢粉化石：*Cicatricosisporites*（无突肋纹孢属）、*Classopollis*（克拉梭粉属）、*Schizaeoisporis*（希指蕨孢属）。

截至 2018 年底，本区白垩系钻探未发现油气藏。

第二节　古近系

进入新生代，受喜马拉雅运动的影响，渤海湾盆地前古近纪基底再次发生裂陷作用。在块断体上升翘起部位形成凸起，缺失古近系，新近系直接不整合于前古近系之上；在块断体下降一侧形成凹陷，沉积了厚度不等的古近系。南堡凹陷及周边地区发育古近系渐新统沙河街组和东营组；古新统、始新统（孔店组和沙四段）由于没有特殊岩性组合及特征化石组合，本书没有单独建组叙述。南堡凹陷古近系以湖相和湖盆扇三角洲沉积为主，划分为沙河街组、东营组 2 个组和 6 个段，沙河街组、东营组也是南堡凹陷主要勘探开发目的层之一。

一、沙河街组（E_2s）

根据微古生物化石组合（表 3–4）、标志层特征（表 3–5）及沉积旋回，将沙河街组划分为沙三段、沙二段和沙一段（图 3–9 和图 3–10）。其中沙三段和沙一段为南堡凹陷主要含油气层系及主要勘探开发目的层系之一。

表 3–4　南堡凹陷古近系沙河街组古生物化石分布表

地区	柳赞地区		高尚堡地区		南堡油田	
含古生物化石	介形虫	孢粉、藻类	介形虫	孢粉、藻类	介形虫	孢粉、藻类
沙一段	20	6	26	16	20	15
沙二段	7	1	8		2	
沙三段	17	20	32	22	9	13

注：表中数据为对应层位包对应古生物的井数。

表 3–5 南堡凹陷古近系沙河街组标志层特征表

标志层名称	厚度 /m	层位	分布地区	岩性及电性特征
特殊岩性集中段	150～250	沙一段	高尚堡、柳赞	生物灰岩、鲕状灰岩、油页岩、泥灰岩等，自然电位曲线正负异常明显，电阻率曲线为高低阻交互状
红色造浆泥岩	80～302	沙二段	高尚堡、柳赞	以棕红色、紫红色造浆泥岩为主，电阻率曲线为低阻
油页岩发育段	80～302	沙三段四亚段	高尚堡、柳赞	深褐色油页岩，电阻率曲线呈鼓包状、刺刀状尖峰，称鼓包状油页岩标准层

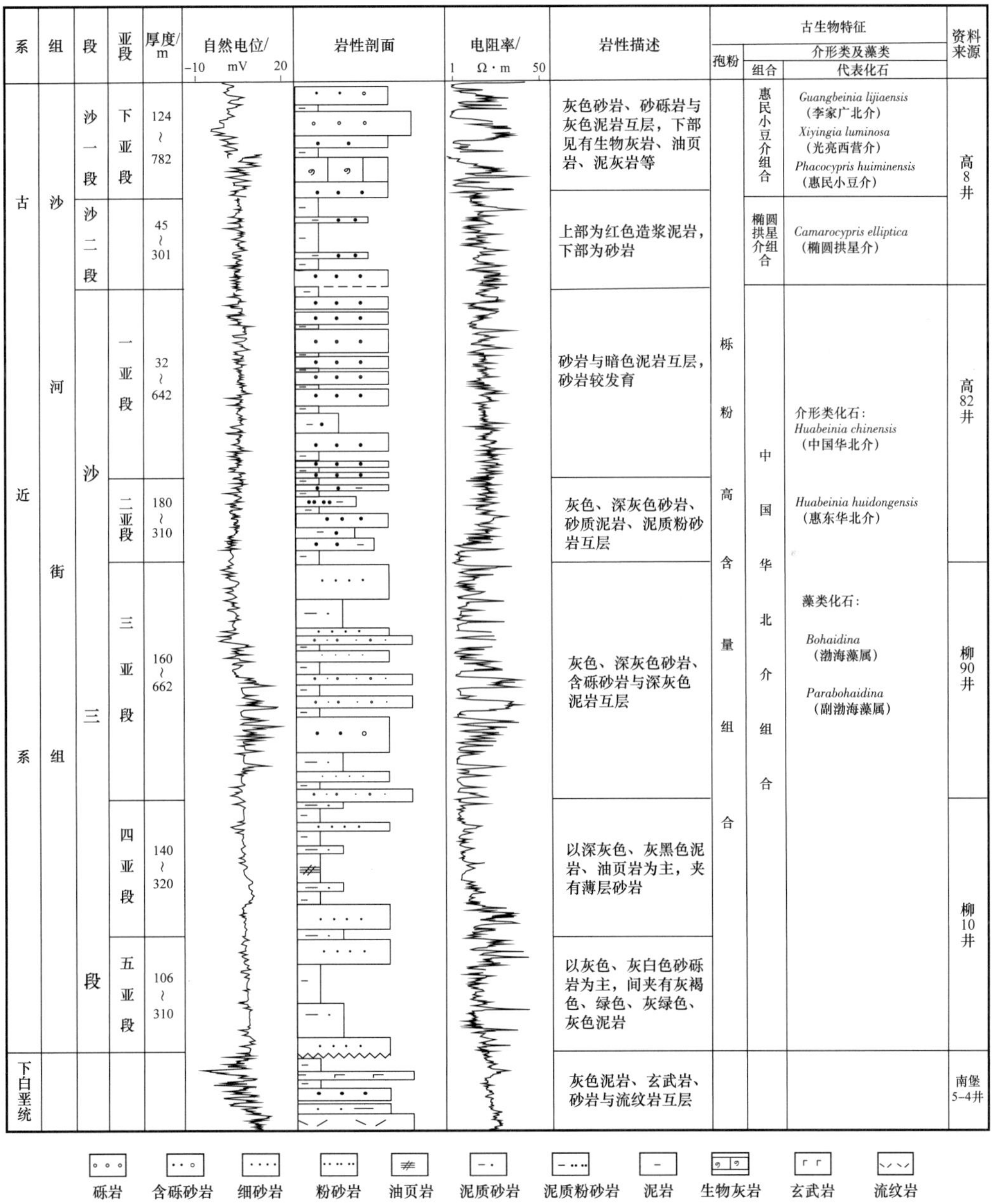

图 3–9 南堡凹陷古近系沙河街组综合柱状图

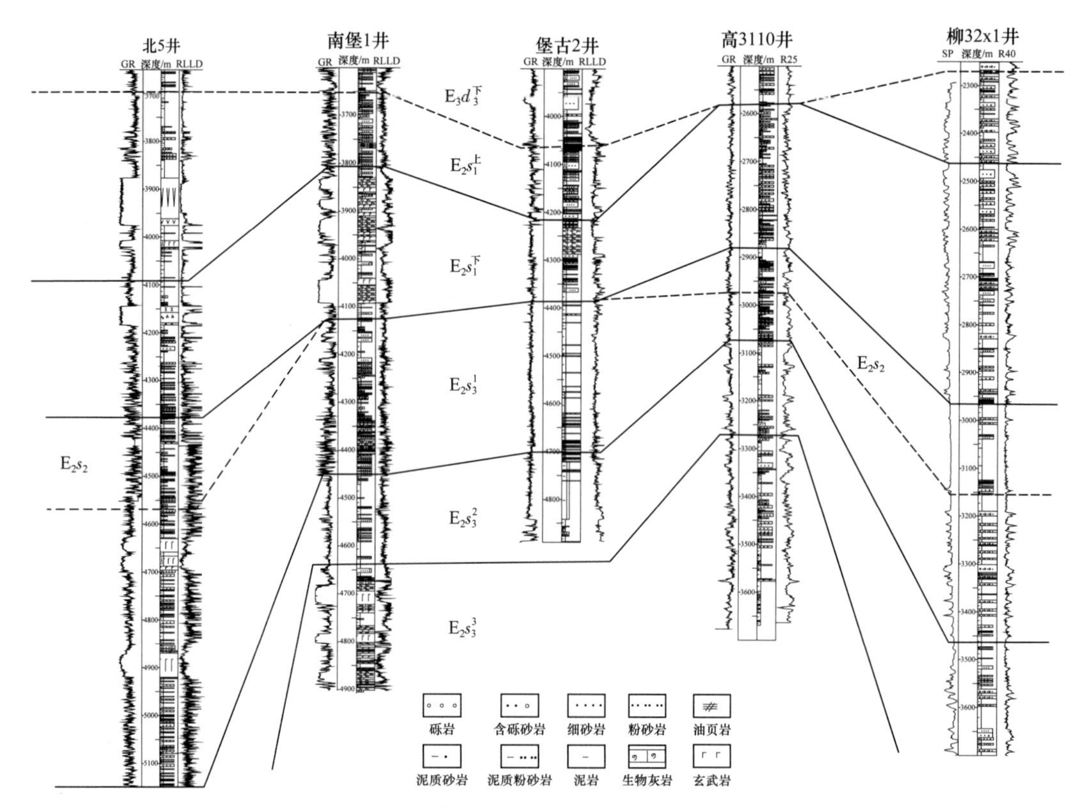

图 3-10 南堡凹陷古近系沙河街组对比图

1. 沙三段（E_2s_3）

沙三段位于古近系一级沉积旋回的下部，总厚600～2000m，与下伏地层角度不整合接触。沙三段发现的化石有介形类 *Huabeinia chinensis–Huabeinia huidongensis*（中国华北介—惠东华北介）组合；孢粉类 *Quercoidites microhenrici–Ulmipollenites minor–Alnipollenites*（小亨氏栎粉—小榆粉属—桤木粉属）亚组合；藻类 *Bohaidina–Parabohaidina*（渤海藻属—副渤海藻属）组合，时代属始新世晚期—渐新世早期。

根据岩性、电性特征，沙河街组沙三段细分为“三粗两细”5个岩性亚段，自下而上为沙三段五亚段、沙三段四亚段、沙三段三亚段、沙三段二亚段、沙三段一亚段。其中，沙三段四亚段、沙三段二亚段为细段。沙三段四亚段油页岩段及沙三段二亚段上部低阻泥岩集中段是本区划分对比主要标志层，沙三段四亚段油页岩也是南堡凹陷最主要的生油层，沙三段二亚段上部低阻泥岩集中段是本区较好盖层，沙三段五亚段、沙三段三亚段及沙三段一亚段与沙三段四亚段、沙三段二亚段共同构成自生自储型成藏组合。

1）沙三段五亚段（$E_2s_3^5$）

岩性以砂岩、砂砾岩为主；电性特征呈现一组高泥岩基值与长刺刀状高峰电阻率曲线，自然电位曲线幅度差异较明显。厚106～310m，与下伏地层角度不整合接触。

2）沙三段四亚段（$E_2s_3^4$）

岩性以深灰色、灰黑色泥岩、油页岩为主，夹有薄层砂岩，是湖泊扩张体系域产物，属稳定的深湖相沉积环境。电性特征十分明显，下部为尖峰状、刺刀状高阻，中部为高基值电阻率曲线，上部为齿化低阻段，形成明显的3个台阶状对比标准层。高尚堡地区油页岩发育，但缺少下部的砂砾岩，鼓包状油页岩是标志层。厚140～320m，与下伏地层整合接触。

3）沙三段三亚段（$E_2s_3^3$）

岩性为一套粗碎屑砂岩、含砾砂岩与深灰色泥岩互层，属湖泊萎缩体系域扇三角洲沉积产物。电性特征表现出尖峰状高电阻率曲线，自然电位曲线幅度差异明显，电阻率曲线基值向下逐渐抬升，至底部又开始逐渐下降，反映了细、粗、细的变化特征。厚160～662m，与下伏地层整合接触。

4）沙三段二亚段（$E_2s_3^2$）

岩性下部为砂岩集中段，电性特征为高电阻率曲线，自然电位曲线幅度差异较大；上部为暗色泥岩发育段，属深湖相—半深湖相沉积，电性特征表现为自然电位曲线平直，电阻率曲线呈低阻宽缓的丘状形态。厚180～310m，与下伏地层整合接触。

5）沙三段一亚段（$E_2s_3^1$）

岩性为砂岩与暗色泥岩互层。自然电位幅度差异明显，电阻率曲线多为多级齿化的中等电阻率。厚32～642m（图3-11），与下伏地层整合接触。

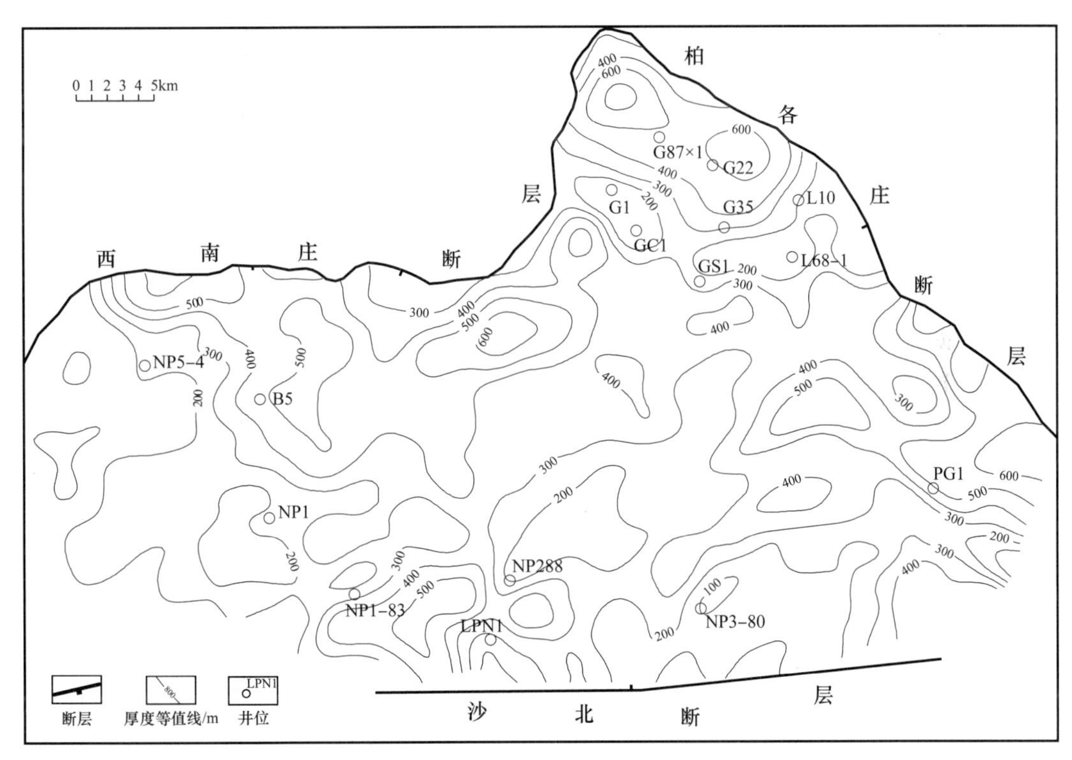

图3-11　南堡凹陷古近系沙河街组沙三段一亚段厚度图

2. 沙二段（E_2s_2）

岩性下部为砂岩、砂砾岩集中段，电阻率曲线为底突变、顶渐变的尖锋状高阻；上部为红色造浆泥岩，电性特征表现为低阻、自然电位曲线平直，岩电特征明显，代表性强，为南堡凹陷二级对比标志层。沙二段为一套滨湖—浅湖沉积，厚45～301m，与下伏地层平行不整合接触。沙二段发现的古生物化石有介形类 *Camarocypris elliptica*（椭圆拱星介）组合。

3. 沙一段（E_2s_1）

在南堡凹陷分布广泛，属于裂后充填阶段的浅水湖泊及湖泊三角洲沉积，是南堡3号构造、南堡4号构造主要生产层位。岩性为一套砂岩、砂砾岩与灰色泥岩互层，高柳地区下部见有生物灰岩、油页岩、泥灰岩等。厚度124～782m，与下伏地层整合接触。厚度变化大，从高尚堡北部及柳北地区，向高65井区和柳赞地区主体部位厚度变薄，顶部有明显的剥蚀现象；至老爷庙油田、南堡油田沙一段底层相变为半深湖相地层，仍具下粗上细正旋回沉积特征，下部以中—细粒砂岩为主，上部为细锯齿状泥岩。

发现的化石有介形类 *Phacocypris huiminensis*（惠民小豆介）化石组合、*Guangbeinia lijiaensis–Xiyingia luminosa*（李家广北介—光亮西营介）化石组合、孢粉类 *Quercoidites-Labitricolpites*（栎粉属—唇形三沟粉属）亚组合；藻类 *Tenua*（薄球藻属）组合，时代属渐新世中期。依据岩性、电性特征，本区沙一段可进一步分为沙一段上亚段和沙一段下亚段两套地层。

1）沙一段下亚段（$E_2s_1^{下}$）

岩性为一套湖相砂砾岩与泥岩互层，含特殊岩性，如生物灰岩、油页岩、泥灰岩、钙质砂岩等，为一级区域对比标准层。电性特征为自然电位正负异常明显，电阻率曲线呈大锯齿状，多有高阻刺刀状密集尖峰。厚107～388m，与下伏地层整合接触。

2）沙一段上亚段（$E_2s_1^{上}$）

岩性在高尚堡地区以湖泊相灰色泥岩为主，夹砂砾岩层；柳赞地区砂砾岩层增多，为砂、泥交互沉积；老爷庙油田、南堡油田以半深湖相泥岩为主，夹粉细砂岩。电性特征为自然电位幅度不明显；电阻率曲线呈小锯齿状，见刺刀状尖峰。厚17～394m，与下伏地层整合接触。

二、东营组（E_3d）

东营组位于古近系沉积旋回上部。岩性为一套砂岩、含砾砂岩与灰色泥岩互层，岩性组合特征为底粗中细上粗。根据微古生物化石组合（表3–6）、标志层特征（表3–7）及沉积旋回，将东营组划分为东三段、东二段和东一段（图3–12）。东营组为南堡凹陷主要含油气层系，东三段、东二段、东一段均有探明储量和已投入开发油田。特别是东一段，为冀东油田主要含油气层系与主要生产层系，已上报探明石油地质储量占冀东油田总探明石油地质储量的50%，占南堡油田总探明石油地质储量的70%。

表3–6　南堡凹陷古近系东营组古生物化石分布表

地区	柳赞地区		高尚堡地区		老爷庙地区		南堡油田	
含古生物化石	介形虫	孢粉、藻类	介形虫	孢粉、藻类	介形虫	孢粉、藻类	介形虫	孢粉、藻类
东营组	10	6	29	17	11	8	9	5

注：表中数据为对应层位包括对应古生物的井数。

表 3-7 南堡凹陷古近系东营组标志层特征表

标志层名称	厚度 /m	层位	分布范围	岩性及电阻率、自然电位曲线形态
“鼓包”泥岩层	100～150	东二段	全区	浅灰色泥岩夹一些薄层粉细砂岩，电阻率较高，呈一“鼓包”状，故称“鼓包”泥岩
底部深灰色低阻凹兜泥岩	25～48	东三段下亚段	高南地区、柳南地区、老爷庙油田、南堡油田	深灰色泥岩，电阻率曲线为低阻、呈凹兜状，自然电位曲线平直

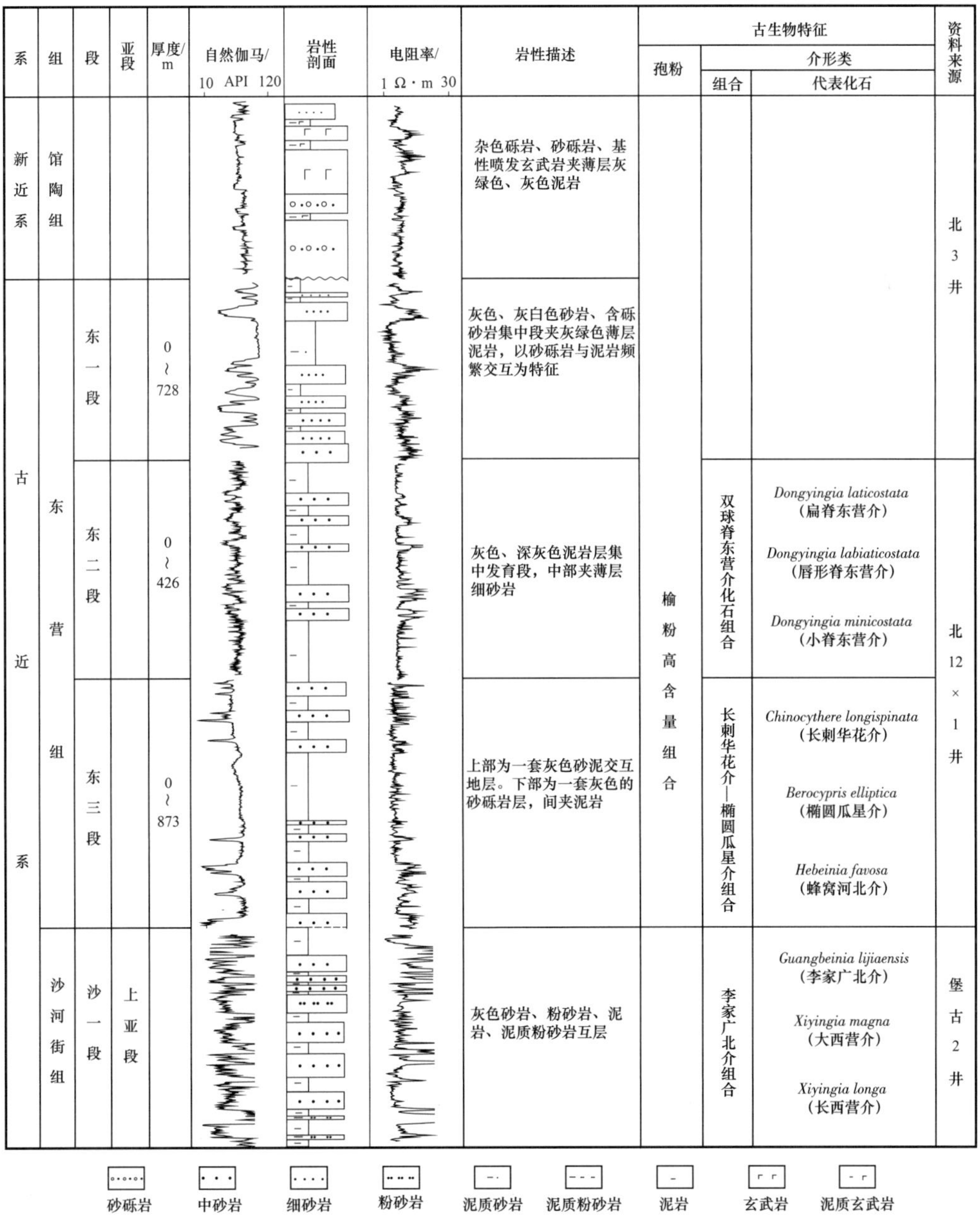

系	组	段	亚段	厚度/m	自然伽马/ 10 API 120	岩性剖面	电阻率/ 1 Ω·m 30	岩性描述	古生物特征：孢粉	古生物特征：介形类：组合	古生物特征：介形类：代表化石	资料来源
新近系	馆陶组							杂色砾岩、砂砾岩、基性喷发玄武岩夹薄层灰绿色、灰色泥岩				北3井
古近系	东营组	东一段		0～728				灰色、灰白色砂岩、含砾砂岩集中段夹灰绿色薄层泥岩，以砂砾岩与泥岩频繁交互为特征	榆粉高含量组合			北3井
		东二段		0～426				灰色、深灰色泥岩层集中发育段，中部夹薄层细砂岩		双球脊东营介化石组合	*Dongyingia laticostata*（扁脊东营介） *Dongyingia labiaticostata*（唇形脊东营介） *Dongyingia minicostata*（小脊东营介）	北12×1井
		东三段		0～873				上部为一套灰色砂泥交互地层。下部为一套灰色的砂砾岩层，间夹泥岩		长刺华花介—椭圆瓜星介组合	*Chinocythere longispinata*（长刺华花介） *Berocypris elliptica*（椭圆瓜星介） *Hebeinia favosa*（蜂窝河北介）	北12×1井
	沙河街组	沙一段	上亚段					灰色砂岩、粉砂岩、泥岩、泥质粉砂岩互层		李家广北介组合	*Guangbeinia lijiaensis*（李家广北介） *Xiyingia magna*（大西营介） *Xiyingia longa*（长西营介）	堡古2井

图例：砂砾岩　中砂岩　细砂岩　粉砂岩　泥质砂岩　泥质粉砂岩　泥岩　玄武岩　泥质玄武岩

图 3-12 南堡凹陷古近系东营组综合柱状图

1. 东三段（E_3d_3）

高柳地区岩性为灰色砂岩、含砾砂岩、砂砾岩发育段，夹薄层泥岩，厚0～270m。其中，柳赞地区主体部位全部剥蚀，主体构造以西和高柳断层以北，电性特征表现为电阻率曲线呈高基值高阻尖峰，自然电位幅度明显，与下伏沙一段为微角度不整合接触。发现的化石主要有介形类 *Dongyingia laticostata*（扁脊东营介）组合，孢粉类 *Ulmipollenites undulosus-Piceapollenite*（波形榆粉—云杉粉属）亚组合。

老爷庙地区和南堡滩海地区东三段发育全，可分为东三段上亚段和东三段下亚段两套地层，与下伏沙一段整合接触。发现的化石主要有介形类 *Chinocythere longispinata*（长刺华花介）组合、孢粉类 *Ulmipollenites undulosus-Piceapollenite*（波形榆粉—云杉粉属）亚组合。

1）东三段下亚段（$E_3d_3^{下}$）

岩性为一套灰色的砂砾岩层，间夹泥岩，电阻率曲线呈大锯齿状高阻尖峰，为电阻率基值最高的一套地层，厚20～425m。

2）东三段上亚段（$E_3d_3^{上}$）

该段为一套灰色砂泥岩交互地层，电阻率曲线基值比东二段高，厚0～448m，与东三段下亚段整合接触。

2. 东二段（E_3d_2）

岩性为灰色、深灰色泥岩，属湖泊扩张体系域沉积，电性特征表现为低阻、自然电位曲线平直，中部夹薄层细砂岩，使电阻率曲线基值升高呈鼓包状，分布稳定，岩性特征明显，是全区地层对比二级标志层。厚0～426m，与下伏东三段上亚段整合接触。发现的化石主要有介形类 *Dongyingia florinodosa*（花瘤东营介）组合与 *Dongyingia inflexicostata*（弯脊东营介）组合。

3. 东一段（E_3d_1）

岩性以砂砾岩与泥岩频繁交互为特征，总体呈向上粒度变粗的特点，属湖泊萎缩体系域沉积。电性特征呈高阻锯齿状、高自然电位。厚0～728m，与下伏东二段整合接触。勘探开发过程中东一段进一步细分为3个油层组，从上到下依次为Ⅰ油层组、Ⅱ油层组、Ⅲ油层组。

第三节　新近系和第四系

新近系馆陶组沉积时期，渤海湾湖盆整体下沉进入坳陷期，沉积了新近系馆陶组（N_1g）和明化镇组（N_2m），古近纪的凸起和凹陷控制了后期地层的沉积厚度。馆陶组除老王庄凸起缺失外，其余地区均有分布，厚300～900m；明化镇组全区均有分布，厚1000～2000m。新近纪中新世馆陶组沉积时期火山活动强烈，玄武岩广布整个南堡凹陷。新近纪末期，地壳上升结束了坳陷的演化历史，使渤海湾盆地大部分地区进入准平原化阶段，接受了第四纪冲积平原沉积，沉积中心继续向东部转移到渤海海域中的渤中坳陷。

新近系馆陶组和明化镇组为南堡凹陷主要含油气层系和主要生产层（图3-13）。

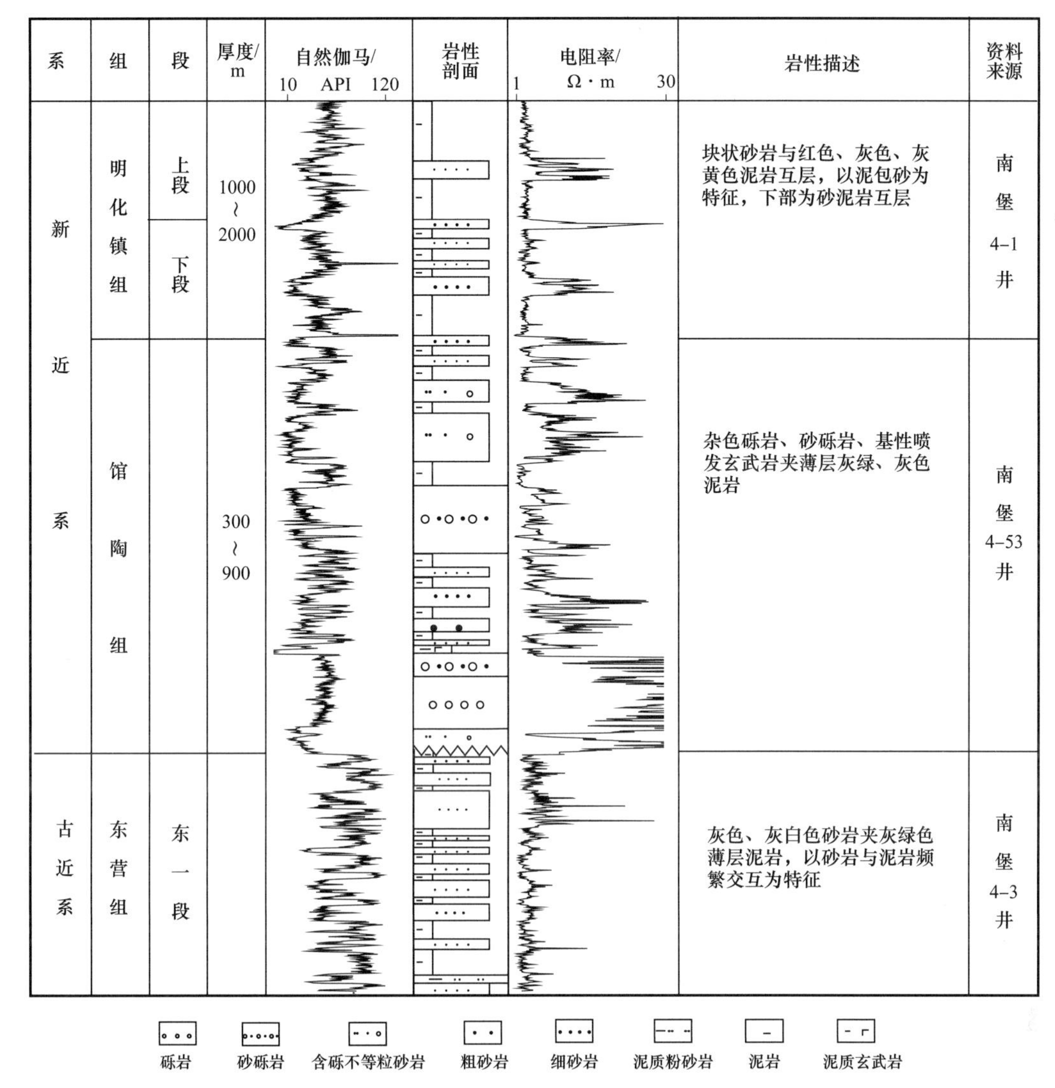

图 3-13　南堡凹陷新近系综合柱状图

一、馆陶组（N_1g）

岩性由砾岩、砂砾岩、玄武岩、基性凝灰岩夹薄层灰绿色、灰色泥岩组成，以砂包泥岩为特征，电性特征为块状高阻，自然电位曲线幅度差异明显。勘探开发过程中进一步细分为4个油层组，从上到下依次为Ⅰ油层组、Ⅱ油层组、Ⅲ油层组、Ⅳ油层组。其中底部Ⅳ油层组以块状高阻玄武岩与燧石砾岩发育为特征，为一级区域对比标准层（表3-8）。馆陶组厚300～900m，与下伏东营组角度不整合接触。

表 3-8　南堡凹陷新近系馆陶组标志层特征表

标志层名称	厚度 /m	层位	分布地区	岩性及电性特征
石英燧石砾岩层	120～250	新近系底部	全区	燧石砾岩，自然电位曲线正负异常明显，电阻率曲线为块状高阻，并呈尖峰刺刀状

二、明化镇组（N_2m）

岩性为块状砂岩与灰绿色、灰黄色、棕红色泥岩互层段，向凹陷南部增厚。电性为高阻块状电阻率曲线形态，自然电位幅度差异明显。厚1000～2000m，与下伏馆陶组整合接触。根据岩电特征，明化镇组可分为明化镇组上段（以下简称明上段）和明化镇组下段（以下简称明下段）。

1. 明化镇组下段（$N_2m^{下}$）

块状砂岩与红色、灰色、灰黄色泥岩互层段，以泥包砂为特征。下部为砂泥岩互层段，砂泥岩分异明显。电性特征为低阻细锯齿与中等尖锋状电阻率间互，自然电位曲线幅度差异明显。勘探开发过程中进一步细分为Ⅰ油层组、Ⅱ油层组、Ⅲ油层组。上部为块状砂岩集中段，电性为高阻密集尖峰状电阻率曲线，电位幅度差异十分明显。

2. 明化镇组上段（$N_2m^{上}$）

块状砂岩集中发育段，以砂包泥为特征。电性特征为电阻率曲线呈高阻密集尖峰状，自然电位幅度异常明显（图3-14）。

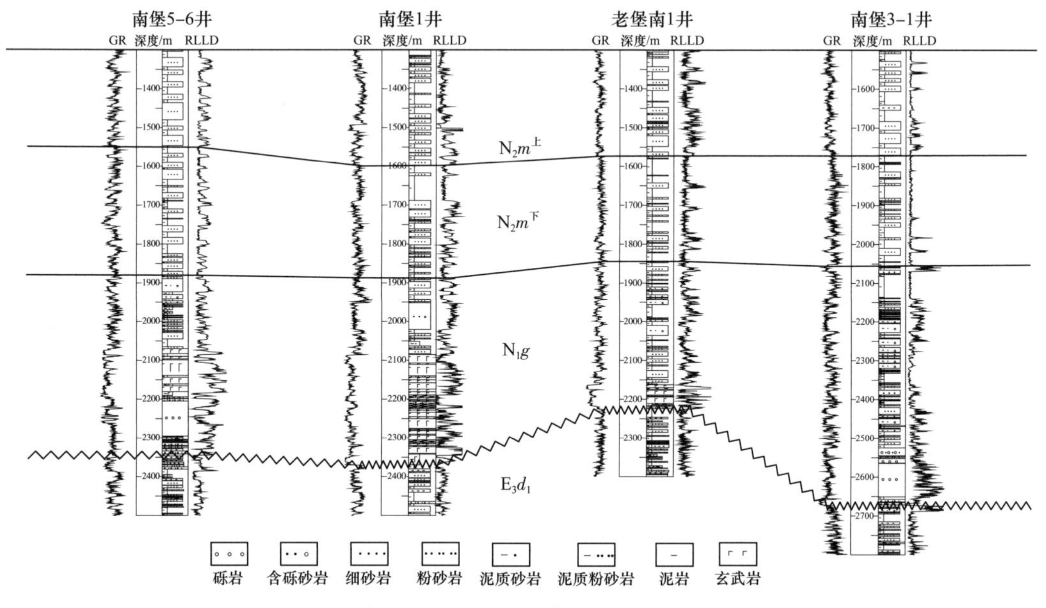

图3-14　南堡凹陷新近系馆陶组、明化镇组对比图

三、第四系（Q）

本区第四系为一套未成岩的土黄色砂砾与黏土互层，底部有冲积、洪积砂砾层。自然电位曲线正负异常明显，电阻率曲线为指状高阻，自上而下层层抬高，呈台阶状。属更新世—全新世地层，与下伏明化镇组角度不整合接触。

第四章 构　　造

冀东探区隶属于渤海湾盆地，渤海湾盆地南北为鲁西隆起和燕山褶皱带所夹，东西两侧为胶辽隆起和太行山隆起所限，是岩石圈伸展作用形成的新生代裂陷—裂谷 / 走滑拉分盆地，可分为 3 个坳陷构造区：（1）东部走滑构造带，位于郯庐断裂带营维段，包括辽东湾坳陷、渤中坳陷、昌淮凹陷，构造线和油气田分布以北北东向为主，构造性质为剪性兼张性；（2）中部拉分构造区，位于渤海湾盆地中部，包括黄骅坳陷和济阳坳陷，构造线和油气田分布以北东向、近东西向及北西向为主，构造应力以拉张为主兼剪切；（3）西部走滑构造带，位于太行山山前断裂与沧东断裂之间，包括冀中坳陷和临清坳陷，构造线和油气田分布为北北东向，构造性质为张剪性。冀东探区位于以伸展为主的黄骅坳陷东北部、埕宁隆起北部及以走滑为主的辽东湾坳陷西南部的结合部，处于构造转折处。整体呈近东西向，北依燕山褶皱带，南至渤海海域，探矿权面积 6429km^2，其中陆地面积 3241km^2，海域面积 3188km^2，由一系列近东西向展布的凹陷、凸起相间排列。南堡凹陷是冀东探区勘探开发的主要凹陷，是在华北克拉通基底上发育起来的中生代、新生代复杂断陷盆地（图 4–1）。

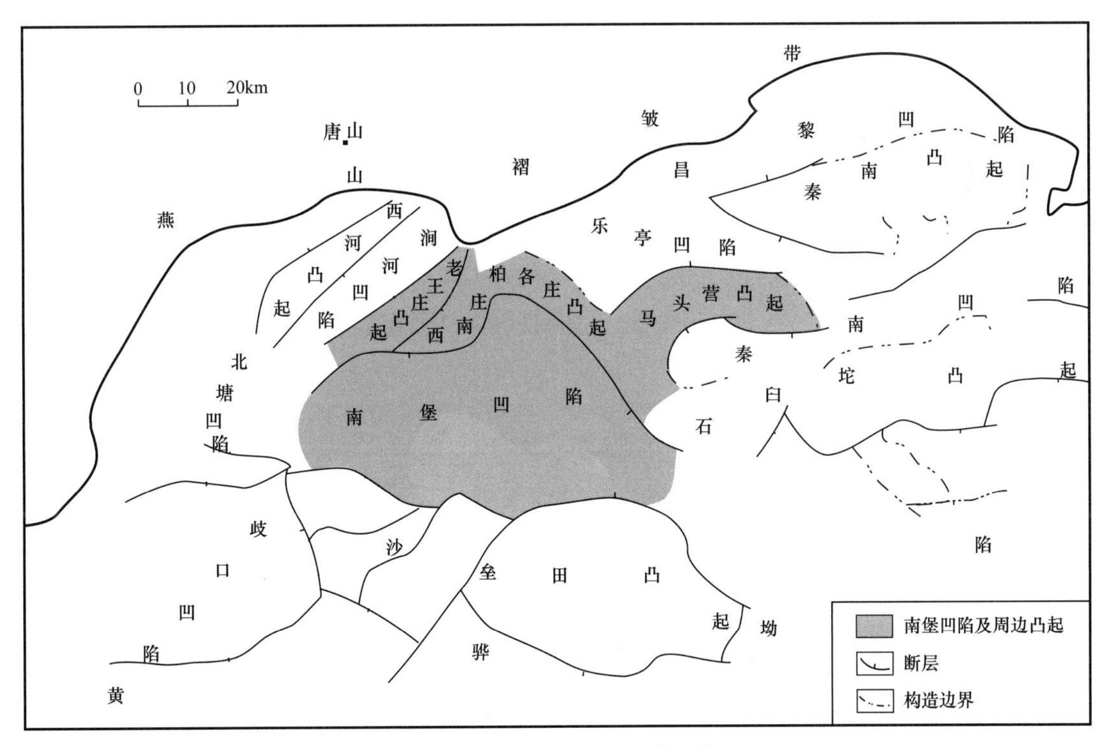

图 4–1　南堡凹陷及周边凸起构造位置图

第一节 构造演化

南堡凹陷及周边凸起的形成和演化经历了太古宙—古元古代的基底形成阶段，克拉通盆地演化期，中生代的地台解体阶段和新生代的强烈断陷阶段、区域坳陷阶段。

一、构造演化阶段

1. 基底形成阶段（Ar—Pt_1）

华北克拉通结晶基底形成于太古宙—古元古代，区域上可进一步划分为桑干期、五台期、吕梁期。南堡凹陷内高参1井揭示的花岗岩最底部5159.8m花岗片麻岩同位素年龄最老2.891Ga，是桑干期的产物；4957～5029m混合花岗岩年龄2.232～2.439Ga，是五台期侵入岩，之上发育1.8～2Ga吕梁期形成的基岩。推测南堡凹陷及周边地区经历了上述三期区域构造运动，变质程度有较大差异，其绝对年龄为1.8～3Ga。

2. 克拉通盆地演化阶段（Pt_{2+3}—Pz）

中—新元古代地壳活动性加剧，华北地区古地貌复杂，整体呈三隆（北部为内蒙古陆、西部为五台古陆、东南部为渤鲁古陆）两坳（西部为燕辽沉降中心、东部为辽东湾沉降中心）的构造格局。南堡凹陷及周边地区位于燕辽沉降中心与渤鲁隆起的交界处，西北部位于蓟县海岸线附近，西南庄—柏各庄凸起、老王庄凸起残留几十米厚的新元古界青白口系龙山组及景儿峪组建造，岩性以海相砂岩及碳酸盐岩为主，其绝对年龄为0.57～1Ga。

华北地区经过中—新元古代升降运动和沉积作用后，太古宙—古元古代高差悬殊的古陆和古海盆地地貌逐渐变得开阔和平缓，华北地区进入了稳定地台发育阶段，接受了早寒武世—中奥陶世的浅海相沉积；晚奥陶世到中石炭世，华北克拉通大面积抬升广遭剥蚀，处于渤鲁古隆起围斜部位的老王庄凸起—西南庄—南堡凹陷西侧，残留了数十米到近千米厚的寒武系和中奥陶统；位于渤鲁古隆起边缘的马头营凸起—柏各庄凸起—南堡凹陷东侧，仅残留了几十米到几百米厚的下寒武统。晚古生代为海陆交互沉积，南堡凹陷及周边凸起广遭剥蚀，在南堡凹陷—涧河凹陷—西河凸起地区残留部分石炭系—二叠系，其绝对年龄为0.19～0.57Ga。

3. 中生代断陷盆地演化阶段（Mz）

早侏罗世开始的燕山运动，使中国东部的结晶基底和中—新元古代及古生代沉积层产生了强烈的块断运动，导致地台解体并伴有多期火山熔岩的喷溢，该时期渤海湾盆地开始形成。南堡凹陷及周边地区位于燕山褶皱带前缘，受北塘—乐亭断裂带控制，中生界分布很广。北起昌黎、乐亭、涧河，南到海中隆起以北的范围内，呈北东向叠置在前中生界之上，构成了4个凸起（西河、老王庄、马头营、姜各庄）、4个凹陷（昌黎、乐亭、南堡、石臼坨），隆起区缺失中生界，凹陷内分布着中—下侏罗统（J_{1+2}）和下白垩统（K_1）等，伴随凹陷的形成有频繁而强烈的岩浆活动。南堡凹陷内J_{1+2}的含煤碎屑岩分布较广，并夹有燕山中期的中基性火山岩建造，地层向南超覆于南堡古生界潜山之上，厚0～800m。位于乐亭凹陷及南堡凹陷结合部西南庄—柏各庄凸起残留300m左右的中生界。其绝对年龄为67～190Ma（李三忠等，2010；朱光等，2016）。

4. 新生代断陷盆地演化阶段（E）

1）强烈裂陷幕（E_2s_3—E_2s_2）

进入新生代，受喜马拉雅造山运动影响，南堡凹陷进入断陷期，即强烈裂陷幕，包括裂陷Ⅰ幕、裂陷Ⅱ幕。古近纪始新世早期，南堡凹陷以伸展为主，区域伸展方向为北北西—南南东（北西—南东）向，同时受东侧郯庐断裂系与西侧兰聊断裂系大型先存断裂的影响，凹陷北侧的西南庄断层及南侧的沙北断层强烈活动，控制了中部双断、东西两侧"北断南超"型半地堑式盆地发育特征。此时，湖盆沉降中心位于西南庄断层下降盘，沙三段厚度大，整体向南、向西变薄；同时凹陷内部发育一系列北东走向的同沉积断层（南堡1号断层、南堡2号断层、南堡4号断层等），控制了凹陷内各构造带雏形的形成。

沙二段沉积时期为沙三段断陷期的伸展间歇期，进入短暂而快速的隆升阶段，沉积厚度较薄，以水上的沉积为主，局部地区形成一些反转构造，剥蚀现象明显，最大厚度位于南堡5号构造陆地及南堡3号构造、南堡4号构造结合部。

2）减弱裂陷幕（E_2s_1）

沙一段沉积时期，区域应力场发生变化，伸展作用方向转变为近南北向，进入裂陷Ⅲ幕，即减弱裂陷幕。该时期郯庐断裂系（北东向的先存断裂）表现为右旋走滑作用，兰聊断裂系（北西向的先存断裂）表现左旋走滑作用，使南堡凹陷边界西南庄断层、柏各庄断层活动加剧，高柳断层两侧开始活动，凹陷沉降中心分割成三部分：林雀次凹、曹妃甸次凹及拾场次凹。该时期南部滩海地区各构造带及北部高柳构造带持续发育，老爷庙构造带见雏形。

3）活化裂陷幕（E_3d）

东营组沉积时期为南堡凹陷强烈断坳期，湖盆沉降作用受断陷和热沉降共同控制，为裂陷Ⅳ幕。受南北向伸展应力控制，盆地南北向伸展—走滑变形强烈，西南庄断层西段—高柳断层—柏各庄断层南段、沙北断层强烈活动，在高南地区、柳南地区、老爷庙地区、北堡陆地及滩海地区发育巨厚的东营组，而高柳断层上升盘相对隆升，沉积地层薄，局部遭受剥蚀。该时期凹陷内部沙河街组沉积时期发育的南堡1号断层、南堡2号断层、南堡4号断层持续发育，并在南堡凹陷南部滩海地区发育一组近东西向展布的北倾断层，在南堡凹陷北部发育近东西向展布的南倾断层，东营组沉积时期断层的发育使得各构造带持续发育并进一步复杂化（图4-2）。

4）区域坳陷阶段（N—Q）

自新近纪中新世开始，渤海湾湖盆整体下沉，形成了一个统一的大型坳陷盆地，使新近系和古近系之间存在一个区域性的不整合面。南堡凹陷及周边凸起也不例外，馆陶组沉积时期为热沉降阶段，该阶段变形很弱，区域应力场进入调整性活动期，几乎所有的断层停止活动，断陷期间的水平伸展作用力不再占主导地位，取而代之的是热沉降控制的区域构造变形，在馆陶组沉积早期南堡凹陷南部滩海地区发育巨厚的火山岩及砾岩，北部陆地地区地层较薄，晚期全区地层厚度变化较小。

明化镇组沉积时期至第四纪为加速沉降阶段，断层数量多、规模小，常与控凹断层、控带断层相伴生。断层的走向和断坳期有很好的继承性，断层走向以北东向、北东东向为主，还发育近东西向和北西向断层，多呈雁行排列，断层的活动强度相对比较均衡，地层沉积厚度较馆陶组沉积时期明显增厚（图 4–2）。南堡凹陷内部断层活动集中发育在两个区域，南侧在南堡 1 号断层—南堡 2–3 北断层—南堡 4 号断层一带，使得南堡 1–3 区—南堡 2 号构造东段—南堡 4 号构造进一步复杂化；在凹陷北部，晚期断层集中发育在南堡 5 号构造—老爷庙构造—高南柳南地区，晚期断层活动之后，南堡凹陷主要构造带基本定型（周天伟等，2009）。

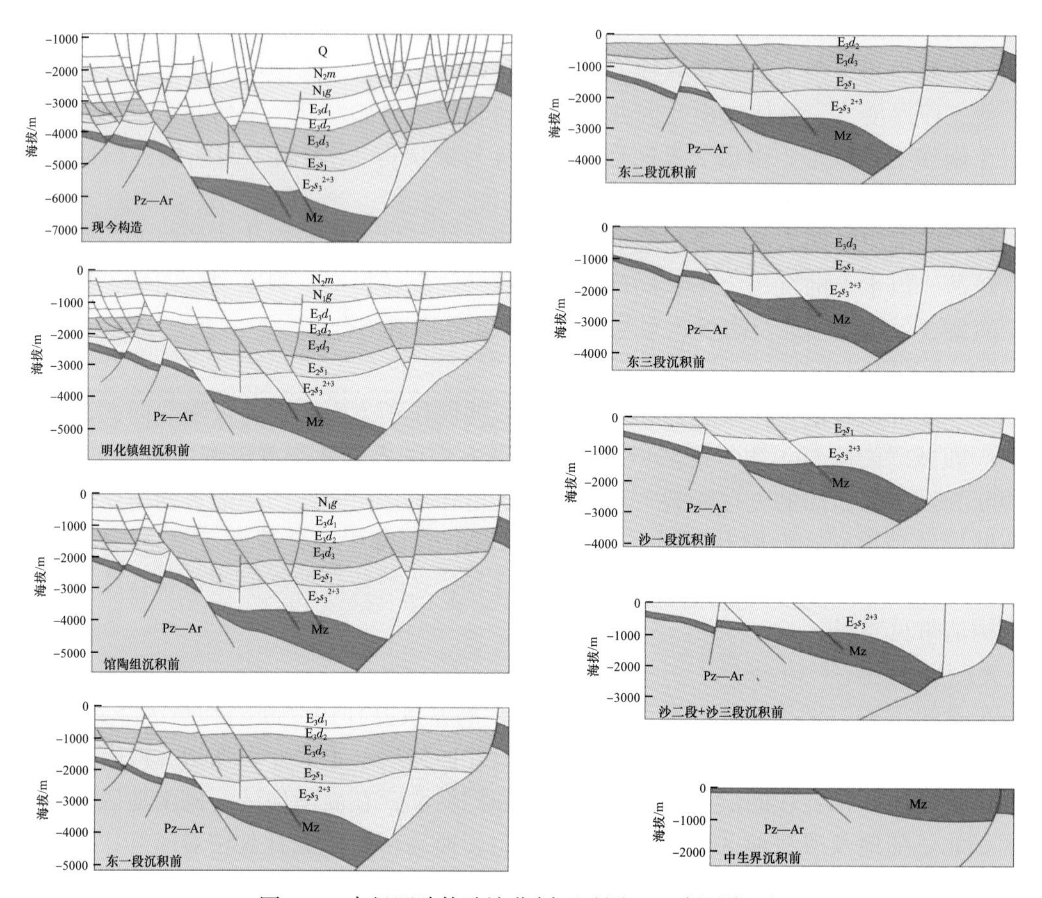

图 4–2　南堡凹陷构造演化剖面（图 4–3 中测线 1）

二、新生代断陷盆地构造变形机制

南堡凹陷及周边凸起位于黄骅凹陷北部，燕山晚期—喜马拉雅早期，太平洋北部库拉板块俯冲于亚洲东部边缘岛弧下，使中国东部构造应力场由北西向的挤压变为北西—南东向的伸展；同时，受郯庐断裂构造带和塘沽—蓬莱构造带等先存构造的多重影响，形成一系列的断陷，南堡凹陷就是塘沽—蓬莱断裂构造带内的一个断陷。

古近纪南堡凹陷经历两期伸展变形，早期伸展作用发生在沙三段沉积时期（E_2s_3），动力来源于太平洋板块向欧亚大陆板块俯冲后撤产生的弧后北西西—南东东向伸展作用，晚期伸展作用发生在沙一段—东营组沉积时期（E_2s_3—E_3d），动力来源于日本海打开形成的近南北向伸展作用（童亨茂等，2013）。

新近纪明化镇组沉积时期以来，郯庐断裂系表现为强烈的右行走滑活动，是渤海湾盆地新生代走滑构造形成的关键时期（肖尚斌等，2000）。南堡凹陷也受其影响，形成了多组北东向走滑断裂带，且延伸规模较大。在南北向的伸展作用下，北西向的断裂表现为左旋走滑作用，控制南堡凹陷北西向褶皱带的形成。

第二节　断裂分布及特征

断裂是裂陷盆地形成和演化、沉积物充填和油气成藏的重要控制因素。南堡凹陷及周边凸起主要发育控凹、控凸断层，控带断层，以及凹陷内部次级控藏断层（图 4-3）。

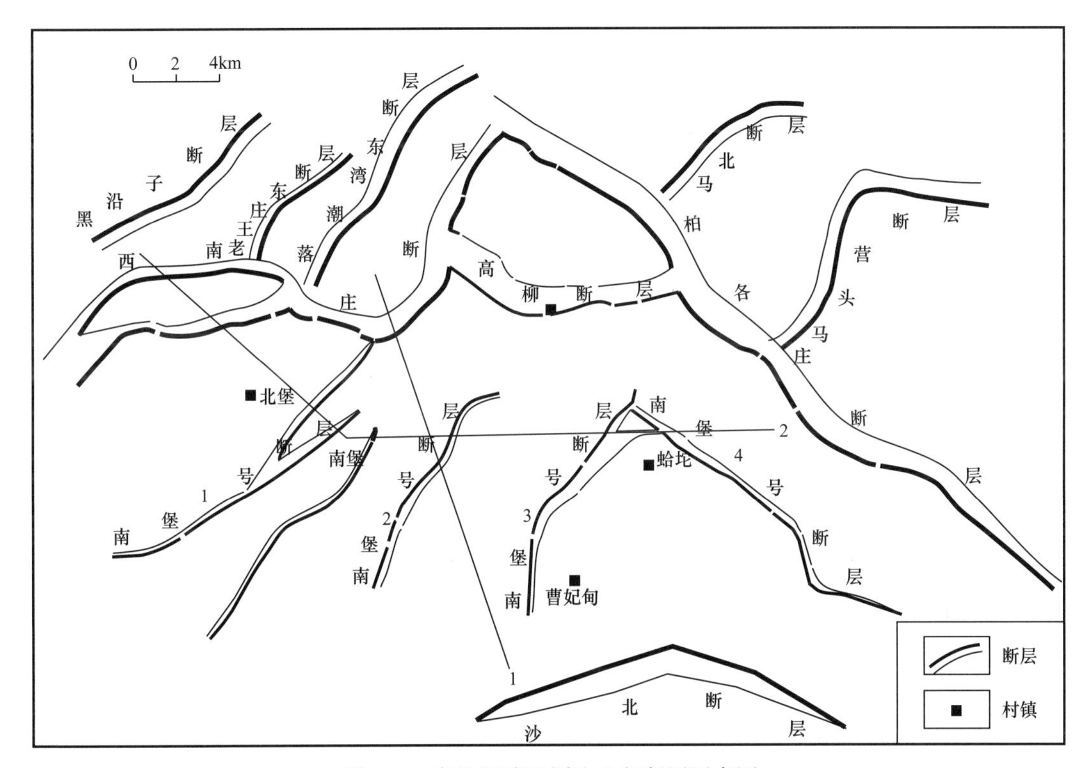

图 4-3　南堡凹陷及周边凸起断层展布图

一、主要断裂特征

1. 控凹、控凸断裂

南堡凹陷及周边凸起发育一系列控凹、控凸断裂，主要包括柏各庄断层、西南庄断层、沙北断层、落潮湾东断层、老王庄东断层、马北断层、马头营断层等，均为张家口—蓬莱断裂带的组成部分，控制了南堡凹陷及周边凸起的发育。

1）柏各庄断层

柏各庄断层为南堡凹陷北—东北—东南部边界断层，也是南堡凹陷与柏各庄—马头营—石臼坨凸起的分界断层，北西走向，断层延伸约 60km，剖面形态主要表现为平板式和铲式。燕山期柏各庄断层的强烈活动，控制了柏各庄潜山的形成及演化；喜马拉雅期柏各庄断层的活动控制了南堡凹陷古近系、新近系的分布。以柏各庄断层与高柳断层交点为界，柏各庄断层可以划分为西北段和东南段，两段活动性存在很大的差异：西北段沙三段沉积时期、沙一段沉积时期活动性强，东营组沉积时期之后活动减弱；东南段长期继承性活动，活动强度较大。

2）西南庄断层

西南庄断层为南堡凹陷西—北部边界断层，也是南堡凹陷与涧南潜山、老王庄凸起、西南庄凸起的分界断层，断层延伸约68km，剖面形态表现为铲式或坡坪式。西南庄断层是在燕山期深大断裂基础上发育的长期活动的生长正断层。西南庄断层以与高柳断层交点为界，划分为北段和南段。北段为北北东走向，燕山期的强烈活动，控制了西南庄潜山的形成；沙河街组沉积时期的强烈活动，控制了南堡凹陷内部沙河街组的沉积充填及唐海断鼻的形成和演化。南段为近东西走向，断层长期继承性活动，控制了沙河街组及东营组的沉积充填，同时控制了唐南断鼻、老爷庙、南堡5号等构造带的形成及演化。

3）沙北断层

沙北断层为南堡凹陷南侧与沙垒田凸起的分隔性断层，总体为北东东走向，延伸约43km，断面北倾，倾角60°～80°，中部断距最大，倾角最陡，向东西两侧倾角变缓，转为斜坡边界。该断层主要活动期为沙一段沉积时期之后，对南堡凹陷南部曹妃甸次凹的形成、演化有一定的控制作用。

4）落潮湾东断层

落潮湾东断层是落潮湾潜山与西南庄凸起的分界断层，形成于中生界沉积前，控制了中生界的沉积，对新近系影响微弱。其延伸方向为北东向，倾向为南东向，工区内延伸长度为17km，最大垂直断距为1.5km。

5）老王庄东断层

老王庄东断层是老王庄凸起与落潮湾潜山的分界断层，形成于燕山期，控制着老王庄凸起的形成及演化，其延伸方向为北东向，倾向南东向，断层延伸为13km，最大垂直断距为1.8km，断面较陡。

6）马北断层

马北断层是马头营凸起与柏各庄凸起的分界断层，形成于燕山期，控制了柏各庄凸起杨岭次凹中生界的沉积充填及演化。断层为北东走向，倾向为北西向，延伸约11km。

2. 控带断裂

南堡凹陷内部发育一系列控带断层，高柳断层、南堡1号断层、南堡2号断层、南堡3号断层、南堡4号断层等，控制着南堡凹陷内各构造带的发育。

1）高柳断层

高柳断层是南堡凹陷内连接西南庄断层和柏各庄断层的一条大型生长正断层，剖面形态为坡坪式或铲式。根据断层的走向和活动性，高柳断层可以划分为西段和东段，西段呈北西西走向，与西南庄断层相交，东段呈近东西走向，与柏各庄断层相交，断层活动强度总体呈西强东弱的特征。高柳断层长期继承性发育，整体控制了沙一段及东营组的沉积充填及油气成藏，是高柳构造带的主控断层。

2）南堡1号断层

南堡1号断层北东走向，延伸21.8km，南东倾向，倾角70°～80°，断层断至前古生界基底，形成南堡1号断块山。该断层沙河街组沉积时期强烈活动，控制了沙河街组的沉积充填；东营组沉积时期、馆陶组—明化镇组沉积时期继承性活动，控制了南堡1号构造带的形成、演化及油气成藏。

3）南堡2号断层

南堡2号断层是南堡2号构造主体的控带断层，断层呈北东走向、西倾，延伸17km。断层断至前古生界基底，形成南堡2号断块山。该断层沙河街组沉积时期强烈活动，东营组沉积时期持续活动，但活动强度减弱，馆陶组—明化镇组沉积晚期活动更弱。该断层控制了南堡2号构造主体沙河街组、东营组的沉积充填、构造演化及油气成藏。

4）南堡3号断层

南堡3号断层为北东向走向，倾向北西向。断层断至前古生界基底，形成南堡3号断块山。该断层沙河街组沉积时期强烈活动，控制了南堡3号构造沙河街组的沉积充填、构造演化及油气成藏，晚期活动性变弱。

5）南堡4号断层

南堡4号断层为北西走向，与柏各庄断层平行，是在燕山期先存断裂的基础上、在盆地不协调伸展过程中发育和演化形成的断层，具有显著的左旋活动分量，是典型的扭张性断层，剖面上与分支断层构成复式“Y”字形组合样式，平面上呈帚状组合样式。南堡4号断层沙河街组沉积晚期开始活动、东营组沉积时期活动加强，馆陶组沉积时期活动基本停止，明化镇组沉积时期以来再次强烈活动，对南堡4号构造的沉积、充填、构造演化及油气成藏具有重要的控制作用。

二、断层活动期次

南堡凹陷新生代断陷活动强烈、复杂，不同方向伸展应力控制不同期次断层发育（童亨茂等，2009）。

1. 沙三段沉积时期

在北西—南东向伸展应力作用下，先存北东、北东东走向的南堡1号断层、南堡2号断层、南堡3号断层和西南庄断层发生张性活动，形成控陷边界断层和控带断层，沙河街组沉积主要受这四条断层控制（图4–4）。此时南堡4号断层和柏各庄断层发生走滑活动，控制沉积盆地的边界或分割沉积充填空间，对沉积厚度的控制作用不显著。在高柳构造带发育的北东东向断层是主边界断层的派生断层，与主边界断层斜交，与北西—南东向伸展应力垂直。

2. 东营组—明化镇组沉积时期

在近南北向伸展应力作用下，先存的北东向南堡1号断层和北西向南堡4号断层发生张扭作用，形成右旋和左旋正—走滑断层（图4–5）。北东东走向的南堡2号断层和南堡3号断层主要发生张性活动，形成大量平行排列的正断层组合。此时的高柳断层与伸展应力方向近垂直，发生强烈的断陷活动，与西南庄断层连为一体，控制东营组沉积充填过程。馆陶组沉积时期，盆地伸展速率十分缓慢，断层断距小幅增加。进入明化镇组沉积时期，近南北向应力再次活动，断层对沉积不具有控制作用。

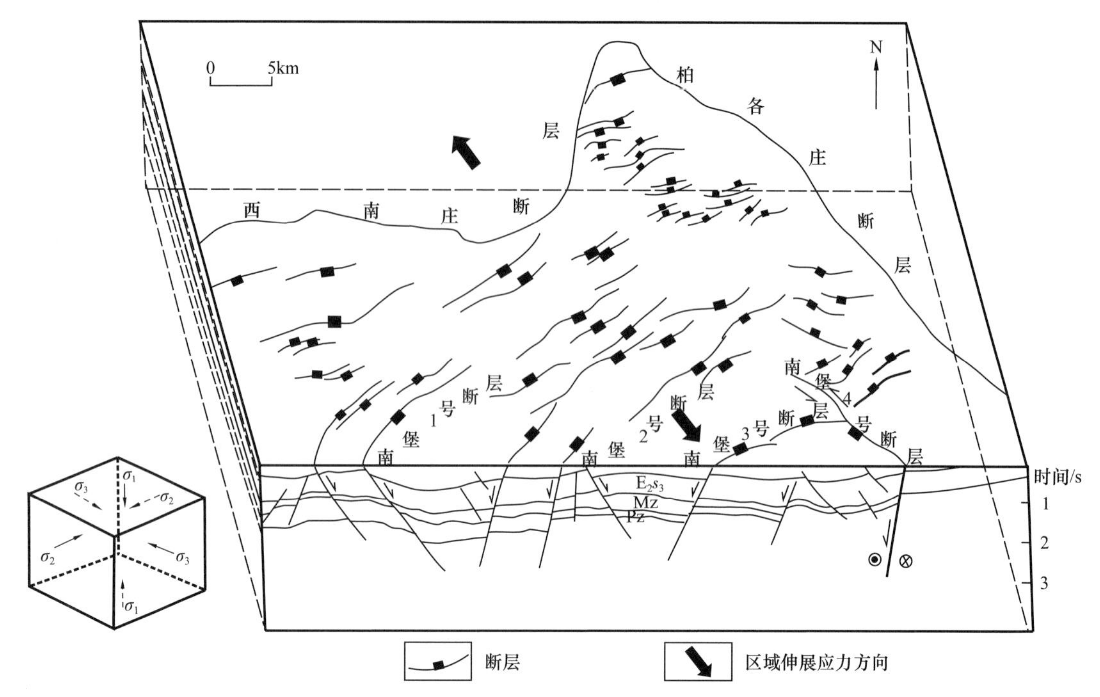

图 4-4　南堡凹陷沙河街组沉积时期伸展变形模式

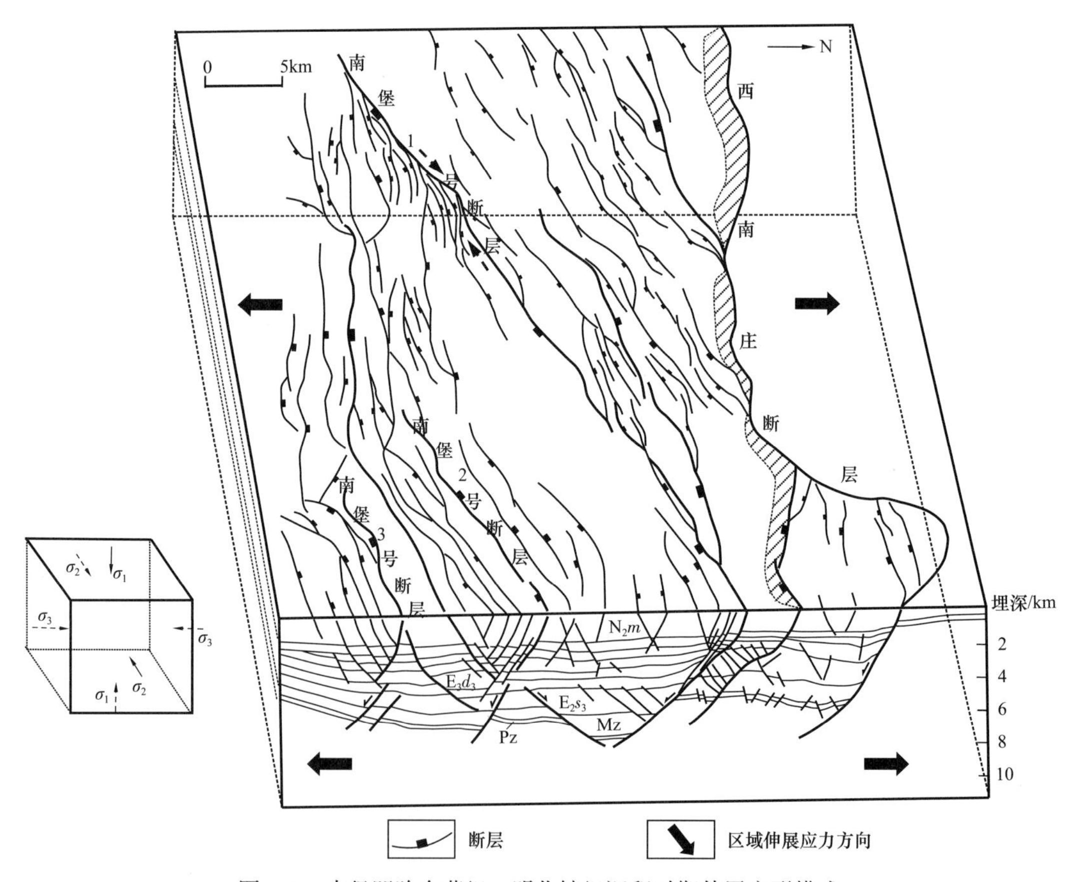

图 4-5　南堡凹陷东营组—明化镇组沉积时期伸展变形模式

第三节　岩 浆 活 动

南堡凹陷发育有早白垩世至新近纪的多期火山岩，具有多期、多次、间歇性等特点，主要分布在南堡地区、北堡地区、老爷庙地区、高尚堡地区（董月霞等，2000）。岩浆活动方式表现为中心式喷发、裂隙式喷发和沿断裂的溢出。根据岩石成分、结构、构造等特征，可分为熔岩、火山碎屑岩和次火山岩三种类型。除中生界下白垩统中发育有中酸性—中基性喷出岩外，其余主要是玄武岩，以基性岩为主。

一、岩浆活动期次

南堡凹陷岩浆作用主要分为侵入作用和喷发作用。与构造运动对应，南堡凹陷岩浆作用主要发生在早白垩世、沙河街组沉积时期、东营组沉积时期、馆陶组沉积时期，纵向上划分出6套具有区域性分布的火山岩组合，即下白垩统火山岩、沙三段火山岩、沙一段火山岩、东三段火山岩、东一段火山岩和馆陶组火山岩，各期火山岩均沿断裂有规律地分布。

1. 早白垩世

早白垩世为南堡凹陷的早期裂谷演化阶段，此阶段构造作用和火山活动都很强烈，火山岩以点状喷发或上侵为主，主要位于基底大断裂和边界断裂附近。下白垩统火山岩仅在邻近凹陷的少量探井中有所钻遇（肖军等，2004）。

2. 沙河街组沉积时期

沙河街组沉积时期，广泛发育火山岩，主要为火山碎屑岩和玄武岩，具有分布面积广、厚度大、类型复杂的特点，可进一步划分为沙三段沉积时期、沙一段沉积时期。沙三段沉积时期岩浆活动范围较广，南堡1号构造带、南堡5号构造带与高尚堡构造带、柳赞构造带均有分布，其中南堡5-4井区、北12×1井区火山岩厚度较大，最大钻遇厚度为110m。沙三段火山岩在海域和陆上差异较大，海域部分以酸性火山岩为主，而陆上部分以中基性火山岩为主。沙一段沉积时期火山岩主要分布于南堡1号构造带、南堡5号构造带及高尚堡构造带，其中以北堡西1井区、北5井区附近火山岩最为发育，最大钻遇厚度为578.5m，北12×1井钻遇了沙一段高产工业油气层。

3. 东营组沉积时期

东营组沉积时期岩浆活动强度较沙河街组沉积时期相对减弱，加之后期剥蚀作用等因素影响，东营组火山岩平面上分布较零散、连通性差。南堡5号构造仅南堡5-3井—北堡西1井一线相对较厚；南堡1号构造带存在两个厚度较大的地带，分别为南堡116-1井—南堡1-4井和南堡207井—南堡208井区附近；高尚堡构造带的高21井区附近，火山岩厚度也较大。东营组火山岩岩性主要为流纹凝灰岩，产状上主要为角砾熔岩。东营组沉积时期岩浆活动进一步划分为东三段沉积时期、东一段沉积时期，其中东三段火山岩以基性熔岩为主，双峰式组合，最大钻遇厚度120m；东一段火山岩主要为基性玄武岩，喷发中心位于凹陷中部滩海地区，最大钻遇厚度600m。

4. 馆陶组沉积时期

南堡凹陷馆陶组沉积时期火山活动模式以裂隙式喷发为主，中心式喷发为辅。其中裂隙式喷发具有多期次、溢流为主、爆发较少的特点，火山通道为一组近于平行的断裂（如南堡1号断裂及其次级断裂）。由于玄武质岩浆黏度小、流动性强，其分布、厚度与火山口距离、火山喷发时古地貌的高低有关。中心式喷发具有多期次、小规模、溢流为主、丘状火山机构平缓的特点。这种模式火山通道根部依附于深大断裂，新生界开始出现独立的火山通道，喷发产物主要为基性玄武岩和凝灰岩，火山活动早期有爆发相产物，晚期以溢流相为主。

馆陶组沉积时期火山喷发集中于馆陶组沉积早期，分布范围较广，呈现东北薄、西南厚，北部薄、南部厚的特点。有3个喷发中心，即北堡地区北7×1井—北141井区、老爷庙地区庙16×2井区和高尚堡地区高27井区，最大单井钻遇喷发中心的厚度为200m，喷发次数达15次以上。自下而上玄武岩占火山岩的百分含量有先增加后减少的趋势，相反，凝灰岩则先减少后增加。

二、岩浆活动与构造运动

岩浆活动与盆地的形成演化是一个统一的岩石圈动力学过程。岩浆活动与构造运动关系密切，二者相互影响（韩晋阳等，2003）。

构造运动控制岩浆活动。南堡凹陷岩浆活动的期次性与盆地幕式裂陷的期次、阶段性是相对应的。南堡凹陷古近纪总体上可划分3个大的裂陷期，每个裂陷期基本分为初始裂陷→热扩张→冷扩张→充填4个阶段。沙河街组沉积时期为地幔底辟产生的主动裂陷，沙河街组的沉积物较粗，火山喷发强度相对较弱，火山岩多为碱性系列和钾质类型，总体上相当于盆地演化史的初始裂陷期。东营组—明化镇组沉积时期为区域应力场导致的被动裂陷，东营组上部的沉积物最细，水体最深，火山喷发强度最强，火山岩系列从碱性到拉斑、类型从钾质到钠质发育最全，是盆地发育史的裂陷鼎盛期。馆陶组沉积时期的火山活动剧烈，火山岩分布范围也很大；但到明化镇组沉积时期的沉积物迅速变粗，水体变浅、火山活动终止，是一个未发育完全的裂陷期。盆地运动控制着岩浆活动的类型与规模，深大断裂控制着火成岩的分布，岩浆作用事件成为地壳深部活动与盆地演化的重要标志。

岩浆活动也反作用于断裂活动，诱发低序级断裂，与构造运动一起控制着断裂的组合样式。新近纪早期，盆地运动诱发岩浆活动，岩浆沿断裂上涌，在地势低洼的负花状构造地堑区，火山岩迅速堆积，使得地层增厚，同时岩浆上涌过程改变了周围地层的应力，形成了断裂内倾、地层外倾的背形花状构造（高斌等，2016），在岩浆活动强烈地区的馆陶组、明化镇组较为典型。

三、岩浆活动与油气藏形成

岩浆活动能够影响断陷盆地的局部构造作用与沉积作用，进而影响盆地的沉积充填序列，对沉积盆地的油气成藏条件和含油气性有较大的影响作用。一方面岩浆活动对烃源岩成熟有促进作用，另一方面火山喷发形成构造局部高点的继承性发育可形成有利圈闭，再者火山岩本身也可以作为良好的盖层，物性较好的火山岩可作为储层。

1. 对烃源岩的影响

岩浆的活动和大地热流值的变化是控制油气生成聚集的关键因素，岩浆活动有利于生油层的熟化。南堡凹陷发育多期岩浆活动，其热演化一方面受埋藏深度的影响，另一方面与火山岩的喷溢和次火山岩的侵入等热活动事件有关，导致局部区域和层段的古地温出现高值，镜质组反射率增大。北堡地区北 5 井在馆陶组沉积时期、沙一段沉积早期、沙三段沉积晚期的岩浆活动都造成了火山岩层下部地层的镜质组反射率急剧增大，显示出明显的热效应（肖军等，2004）。

2. 对圈闭的影响

南堡凹陷火山岩分布最厚的区域基本上与构造位置较高的地区相匹配，如北堡地区沙一段。多数火山岩分布在盆地的火山喷发沉积期就已经形成了局部的相对较高的点，后经发展而成为继承性的背斜构造，构造圈闭发育，有利于油气的聚集和保存。

3. 对储层的影响

熔岩相、枕状角砾岩相及砾屑、砂屑结构的火山岩相一般均具有良好的储集物性。在风化剥蚀带及构造破碎带，次生孔隙、溶洞和裂缝发育，往往具有更好的储集物性。南堡凹陷火山岩的储集构造主要有熔岩层顶、底部的气孔带，水下喷发熔岩表壳的自碎裂隙，成岩时期形成的柱状、板状、齿状节理，结晶疏松堆积形成的微孔隙等。火山岩的储集空间主要为裂缝、微裂缝和粒间溶蚀孔隙等，如北 12×1 井含油火山岩段的孔隙度和渗透率都较高，储集物性很好；同时，该区不少火山岩分布在盆缘断裂附近或断裂交会处，构造活动所造成的次生孔隙和裂缝相对发育（肖军等，2004）。如果火山岩规模大，下伏岩系或围岩为具有一定规模的生油岩系，且顶部为良好的隔油层（如泥质岩），则火山岩有可能成为良好的储层。

第四节　构造单元划分

含油气盆地内部是不均一的，通常断陷盆地划分为 4 个级别：一级构造单元（隆起、坳陷、斜坡）、二级构造单元（凸起、凹陷）、亚二级构造单元（断裂构造带、背斜构造带等）、三级构造单元（背斜构造、断鼻构造、断块构造等）。根据构造单元划分原则，南堡凹陷及周边凸起位于一级构造单元——黄骅坳陷内，划分为 4 个二级构造单元（图 4–6 和表 4–1）。

一、二级构造单元

南堡凹陷及周边凸起可进一步划分为西南庄—柏各庄凸起、马头营凸起、老王庄凸起 3 个正向二级构造单元和南堡凹陷 1 个负向二级构造单元（表 4–1）。

1. 南堡凹陷

南堡凹陷为黄骅坳陷北部北断南超的箕状凹陷，为典型的含油构造单元，北部、东部以西南庄—柏各庄断层为界，与周边凸起相接，东南与沙北断层相连，西南部与沙垒田凸起呈超覆接触。南堡凹陷内部又可进一步划分为 8 个亚二级构造单元（表 4–1）。

2. 西南庄—柏各庄凸起

西南庄—柏各庄凸起位于西南庄—柏各庄断层上升盘，西以落潮湾东断层为界与老王庄凸起相邻，东以马北断层与马头营凸起相接，北与乐亭凹陷以断层相隔。整个凸起

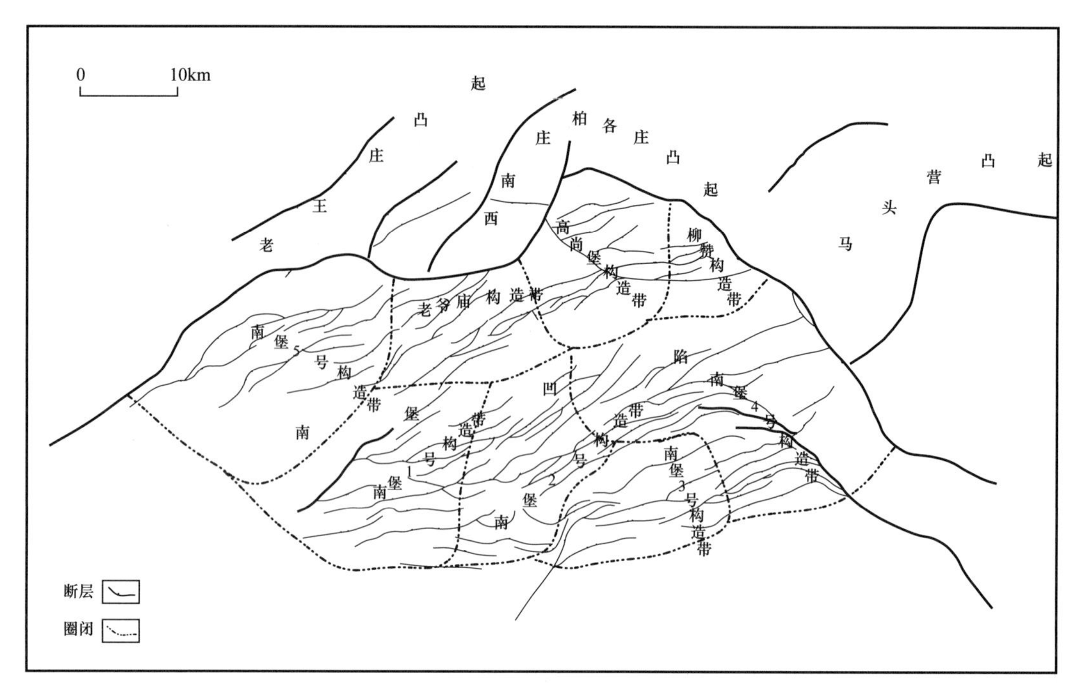

图 4-6　南堡凹陷及周边地区构造单元分布图

表 4-1　南堡凹陷及周边凸起构造单元划分表

一级 构造单元	二级 构造单元	亚二级 构造单元	类型	面积 /km^2	主要含油层系
黄骅坳陷	南堡凹陷	高尚堡构造带	潜山披覆背斜	210	N_2m，N_1g，E_3d，E_2s_1，E_2s_3
		柳赞构造带	背斜构造	70	N_2m，N_1g，E_2s_3
		老爷庙构造带	滚动背斜	150	N_2m，N_1g，E_3d
		南堡 1 号构造带	潜山披覆背斜	200	N_2m，N_1g，E_3d，O，€
		南堡 2 号构造带	潜山披覆背斜	150	N_2m，N_1g，E_3d，O
		南堡 3 号构造带	潜山披覆背斜	110	N_1g，E_3d，E_2s_1，E_2s_3
		南堡 4 号构造带	潜山披覆背斜	330	N_2m，N_1g，E_3d，E_2s_1
		南堡 5 号构造带	潜山披覆背斜	360	N_1g，E_3d，E_2s_1，E_2s_3
	西南庄—柏 各庄凸起			390	N_1g，J，O，€
	马头营凸起			530	N_1g
	老王庄凸起			140	

长约 43km，宽 3～8km，面积约 300km^2。自下而上发育太古宇，元古宇青白口系，古生界寒武系和奥陶系，中生界侏罗系和白垩系，新生界古近系和新近系。按照潜山残余地层的组合特征分为 3 个构造带：西段为落潮湾—西南庄潜山，地层保留相对较全，构造整体表现为向北西倾的断鼻构造，潜山构造高点紧邻南堡凹陷边界西南庄断层上升盘，

主要勘探目的层系为新近系、侏罗系、奥陶系及寒武系；中段为唐 2×1 潜山带，构造高点位于西南庄北断层上升盘南 13 井区，缺失中生界、古生界，表现为新近系馆陶组直接覆盖在太古宇之上，潜山围斜部位残存中生界及古生界府君山组，潜山带被一系列北北东走向的断层分割成多个断块山，主要勘探目的层为馆陶组、侏罗系、府君山组等；东段为柏各庄潜山，发育太古宇、中生界、古近系、新近系，构造特征表现为燕山期以来被一系列北东东或近东西走向断层复杂化的断块山，主要勘探目的层为中生界。

3. 马头营凸起

马头营凸起位于南堡凹陷东侧柏各庄断层上升盘，北与柏各庄潜山以断层相接，南与石臼坨凹陷相连，以太古宇花岗岩为基底，上覆奥陶系、中生界及新近系。其中潜山构造高部位位于凸起西侧，紧邻南堡生油凹陷，新近系馆陶组直接覆盖在花岗岩之上，为主要勘探目的层系；中段花岗岩之上残存部分奥陶系，东段在奥陶系之上残存中生界。

4. 老王庄凸起

老王庄凸起位于南堡凹陷北部西南庄断层西段上升盘，东以老王庄东断层与西南庄凸起相接，西以断层与涧河凹陷相连，北邻燕山南麓，潜山带为北东走向，长 20km，宽 7.5～10km，面积约 150km^2。潜山地层主要由奥陶系、寒武系、青白口系组成，上覆新近系及第四系。构造特征整体表现为发育在老王庄东断层上升盘的半背斜构造，被一系列北东、近东西向断层切割成多个断块，构造高点位于庄 6×1 井区附近，主要勘探目的层为新近系馆陶组和奥陶系。

二、亚二级构造单元

南堡凹陷可细分为高尚堡构造带、柳赞构造带、老爷庙构造带、南堡 1 号构造带、南堡 2 号构造带、南堡 3 号构造带、南堡 4 号构造带、南堡 5 号构造带共 8 个亚二级构造单元（表 4–1）。

1. 高尚堡构造带

高尚堡构造带位于南堡凹陷北部，为中生界潜山背景上发育的披覆背斜构造带，勘探面积 210km^2。该构造被沙一段沉积时期以来发育的高北断层、高柳断层所分割，划分为高南断鼻、高尚堡断背斜和高北断鼻 3 个局部构造（图 4–7）。

高南断鼻构造位于高柳断层以南，沙河街组及东营组沉积时期为发育在高柳断层下降盘的大型断鼻构造，晚期被断层复杂化，表现为断背斜构造特征，主要勘探目的层为沙一段、东营组、馆陶组及明化镇组。

高尚堡断背斜位于高柳断层与高北断层之间，主体为披覆背斜构造，受沙河街组沉积早期及沙一段—东营组沉积时期两期构造活动影响，一系列北东向及近东西向断层，将背斜构造分割成多个断块。主要勘探目的层为沙河街组。

高北断鼻构造带包括高北断鼻和唐海断鼻，为夹持于高北断层上升盘和西南庄断层下降盘之间的 2 个大型断鼻构造。其中高北断鼻构造以沙河街组沉积时期发育的北东向断层为主，将断鼻构造分割成多个断块，晚期仅高北断层持续活动，在馆陶组—明化镇组浅层形成完整的断鼻构造，主要勘探目的层段为沙三段、馆陶组。唐海断鼻构造，受沙一段沉积末期南北向伸展应力影响，沙一段沉积晚期发育一系列近东西向南倾断层，将断鼻构造分割成多个断块；馆陶组—明化镇组沉积晚期，断层活动变弱，主要勘探目的层为沙河街组、东营组及馆陶组。

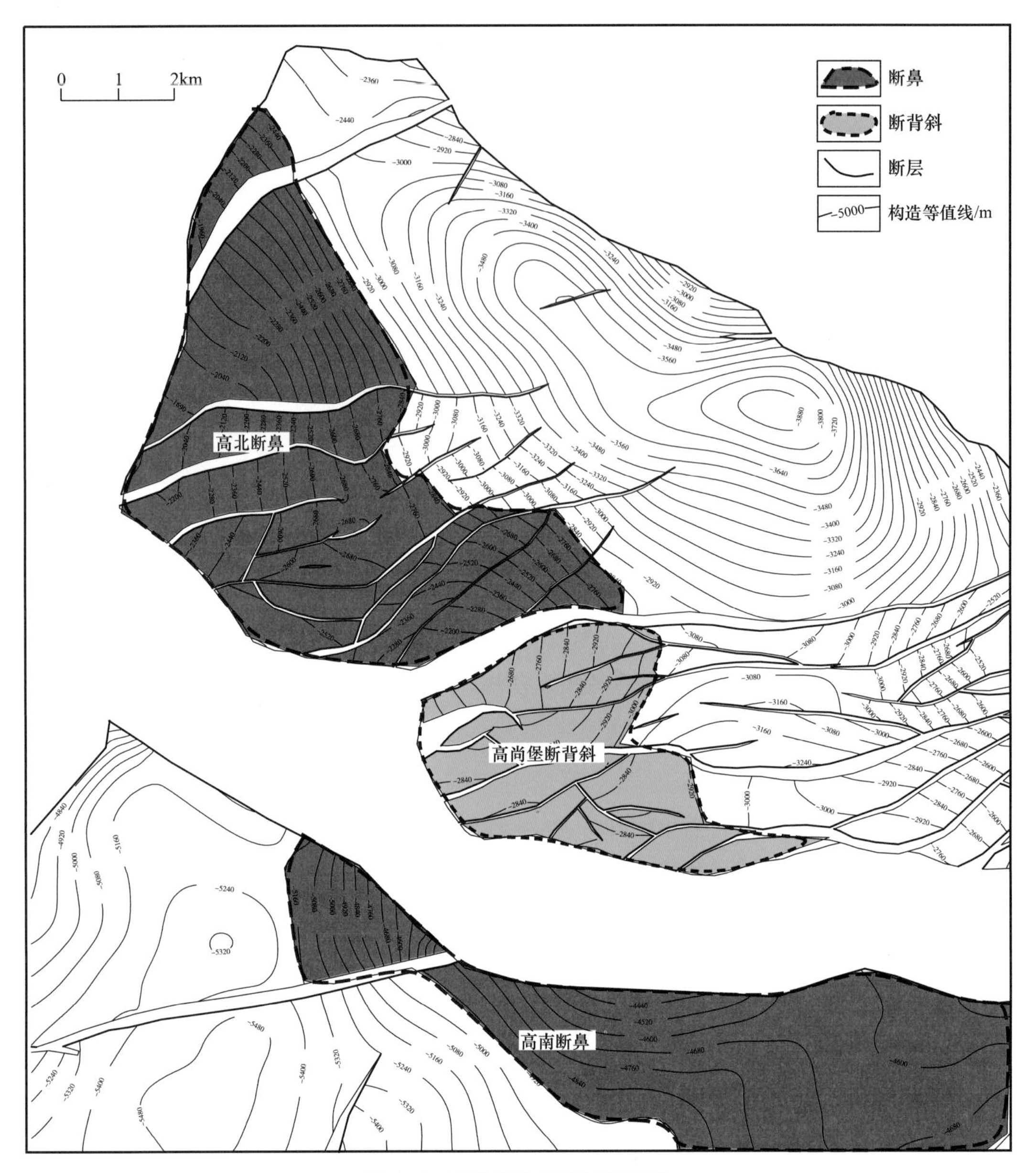

图 4–7　高尚堡构造带构造划分

2. 柳赞构造带

柳赞构造带位于高尚堡构造带东侧，柏各庄断层下降盘，为中生界隆起背景上发育的背斜构造带，勘探面积 70km^2。以高柳断层和柏各庄断层为界划分为柳赞主体构造带和柳南断背斜 2 个局部构造（图 4–8）。

柳赞主体构造带位于高柳断层以北、柏各庄断层下降盘，划分为柳北断鼻、柳东断鼻及柳中断背斜 3 个局部构造。其中柳北断鼻、柳中断背斜构造相对完整；柳中断背斜东侧发育一系列近东西走向、南倾正断层，西侧发育一系列北东走向、北倾正断层，将柳中断背斜分割成多个断块。该区主要勘探目的层为沙三段。

柳南断背斜位于高柳断层下降盘，沙河街组沉积时期及东营组沉积时期表现为完整的断鼻构造；明化镇组—馆陶组沉积晚期整体表现为逆牵引背斜构造，被高柳及派生断层分割成多个断鼻、断块。该区主要勘探目的层系为明化镇组、馆陶组及东营组。

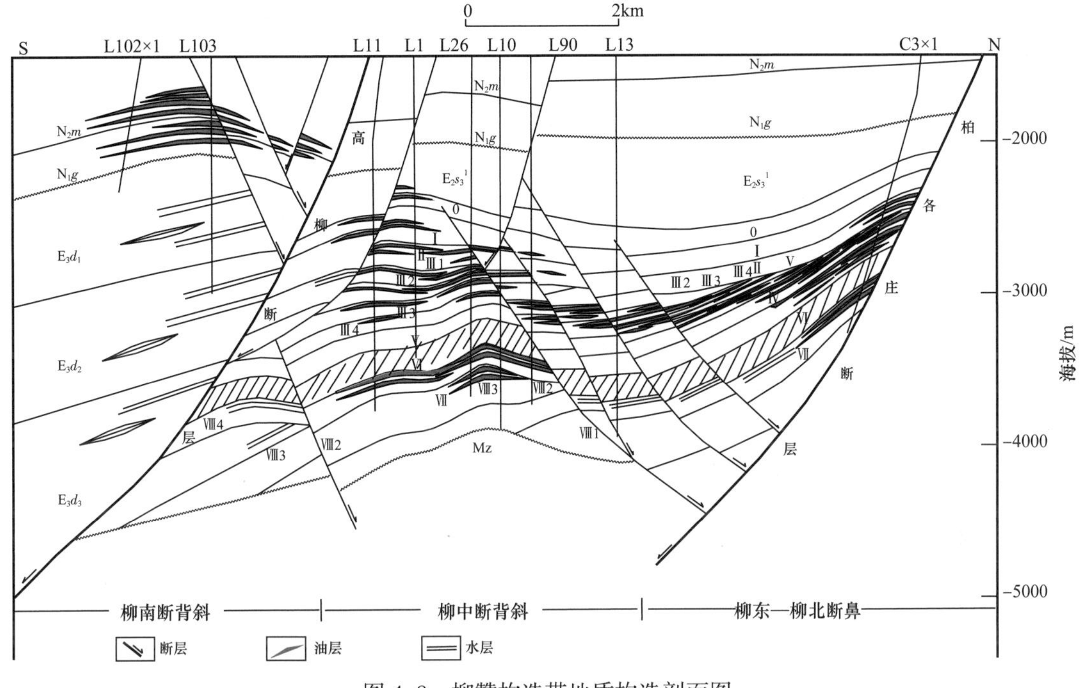

图 4–8 柳赞构造带地质构造剖面图

3. 老爷庙构造带

老爷庙构造带位于南堡凹陷北部，为西南庄断层下降盘被断层复杂化的滚动背斜构造，勘探面积 150km^2，进一步划分为庙北背斜构造带及庙南断鼻构造带。其中，庙北背斜构造从沙河街组到明化镇组沉积时期构造继承性发育，被一系列晚期北东东向断层分割成多个断鼻、断块；庙南断鼻构造被北东东走向、雁列式排列的北倾断层复杂化，鼻状构造呈狭长状，东西向展布。老爷庙构造带主要勘探目的层为沙河街组、东营组、馆陶组和明化镇组下段。

4. 南堡 1 号构造带

南堡 1 号构造带位于南堡凹陷西南部，是在南部低潜山背景上发育起来的古近系披覆背斜构造带，勘探面积 200km^2。根据基底形态、构造背景及断裂发育特征，南堡 1 号构造带可进一步划分为 3 个局部构造（图 4–9）：南堡 1–1 区断鼻构造、南堡 1–3 区复杂断裂带、南堡 1–5 区断背斜构造。

南堡 1–1 区为南堡 1 号潜山背景上，发育在南堡 1 号断层上升盘的断鼻构造，以东营组沉积时期发育的近东西向及北东向断层为主，断层活动较弱，晚期断层不发育。从东营组沉积末期到馆陶组沉积早期，发育巨厚的火山岩地层，勘探面积 100km^2，主要勘探目的层为馆陶组、东营组、沙河街组、奥陶系及寒武系。

南堡 1–3 区位于南堡 1 号断层下降盘，是被晚期北东向断层复杂化的断鼻构造带，勘探面积 50km^2，主要勘探目的层为明化镇组、馆陶组及东营组。

南堡 1–5 区为发育在南堡 1–5 潜山背景上的断背斜构造，被东营组沉积时期近东西向北倾断层分割成多个断块，勘探面积 50km²，主要含油层段为馆陶组、东营组、奥陶系、寒武系。

5. 南堡 2 号构造带

南堡 2 号构造带位于南堡凹陷南部，为南堡 2 号潜山背景之上发育的披覆背斜，勘探面积 150km²（图 4–9）。根据潜山背景、断裂发育特征，将南堡 2 号构造划分为南堡 2–1 区断鼻构造、南堡 2–3 区断背斜构造。

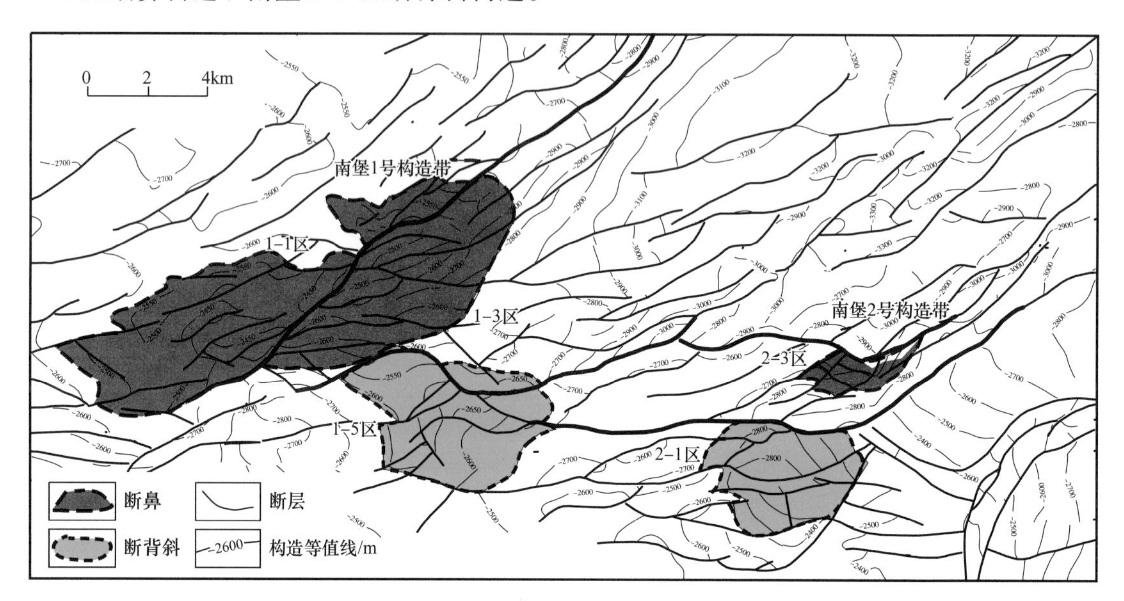

图 4–9 南堡 1 号构造、南堡 2 号构造图

南堡 2–1 区断鼻构造位于南堡 2 号断层上升盘，整体为潜山背景上发育的断鼻构造，以东营组沉积时期断层作用为主，明化镇组沉积晚期断层活动较弱，勘探面积 50km²，主要勘探目的层为东营组、沙河街组、奥陶系。

南堡 2–3 区断背斜构造位于南堡 2 号断层下降盘、南堡 2–3 断层上升盘，发育东营组沉积时期及明化镇组沉积晚期两期断层，以晚期断层为主，将断背斜构造分割成多个断块，勘探面积 100km²，主要含油层段为明化镇组、馆陶组、东营组。

6. 南堡 3 号构造带

南堡 3 号构造带位于南堡凹陷南部，以沙北断层为界与沙垒田凸起相邻，为南堡 3 号潜山背景上发育的披覆构造，勘探面积 110km²。沙河街组沉积时期受南堡 3 号断层控制，整体呈断背斜构造形态；东营组沉积时期南堡 3 号断层活动强度变弱，同时受近东西向断层活动控制，整体发育断鼻构造；明化镇组沉积晚期，构造进一步复杂化，受北东东向断层控制，发育一系列断鼻构造。主要勘探目的层为馆陶组、东营组、沙河街组及寒武系毛庄组。

7. 南堡 4 号构造带

南堡 4 号构造带位于南堡凹陷东南部柏各庄断层下降盘，是一个北西向展布的潜山披覆背斜构造带，勘探面积 330km²。根据潜山背景及断裂发育特征，南堡 4 号构造带进一步划分为南堡 4–1 区断鼻构造、南堡 4–2 区断阶带和南堡 4–3 区断鼻构造。

南堡 4–1 区断鼻构造位于南堡 4 号断层上升盘，整体为太古宇潜山之上继承性的斜坡背景，在南堡 4 号断层上升盘继承性发育东顷的断鼻构造，勘探面积 100km²，主要勘探目的层为馆陶组、沙河街组。

南堡4-2区断阶构造位于南堡4号断层下降盘复杂断块区，受北西走向的帚状断层控制形成节节南掉的断阶，勘探面积30km^2，主要勘探目的层包括馆陶组、东营组。

南堡4-3区断鼻构造位于南堡4号构造带北部，受东营组沉积时期近东西向断层及晚期断层控制，形成“负花状”断裂构造带，勘探面积200km^2，主要勘探目的层为明化镇组、馆陶组、东营组及沙一段。

8. 南堡5号构造带

南堡5号构造带位于南堡凹陷西南庄断层下降盘，是受西南庄断层控制，发育在基岩鼻状构造背景上的背斜构造，勘探面积360km^2。中生界沉积时，该构造一直处于隆起状态，后在挤压应力作用下形成北北西走向背斜潜山；沙三段沉积时期，火山活动剧烈，与潜山一起控制了南堡5号构造的背斜形态；晚期一系列北东向断层将该构造进一步切割复杂化。构造带东西具有差异性，构造西部为北西走向的倾伏背斜，东部为近南北向的穹隆状。主要勘探目的层为馆陶组、东营组、沙河街组及奥陶系。

三、南堡凹陷构造样式

1. 构造样式类型

构造样式指在同一应力场持续作用下所形成的一组彼此有成生联系的构造组合。南堡凹陷构造样式多样，主要发育伸展构造样式，包括复式“Y”字形、翘倾断块、潜山披覆构造样式等，局部地区可见走滑构造样式。不同构造样式控制发育不同类型圈闭。

1）复式“Y”字形构造样式

复式“Y”字形构造广泛分布在南堡凹陷老爷庙构造带、南堡1号构造、南堡2号构造、南堡3号构造、南堡4号构造中（图4-10），其主要特征是：（1）分支断层向下逐级搭接收敛到主断层上，剖面上构成复杂的“Y”字形；（2）在复式“Y”字形构造样式发育的范围内，伸展量从上到下不断减小；（3）随着反倾断层的搭接，主断层位移可以表现为上大下小（向下位移甚至可能消失，如南堡断层）的特征；（4）容易形成复式断背斜构造，对圈闭的形成比较有利。

2）翘倾断块构造样式

该构造样式指在区域伸展作用下断块沿断面旋转而形成的断块翘倾形态。根据断层与断块的组合关系又可分为反向翘倾断块、顺向翘倾断块、堑垒断块构造样式。

（1）反向翘倾断块构造样式。

该构造样式是在盆地发育过程中发生掀斜运动，断块的转动方向与断层的倾向相反而形成。主要形成于断陷期沙河街组沉积阶段，多发育在南堡1号构造、南堡2号构造，可形成断块、断鼻等有利圈闭，是油气聚集的有利场所。

（2）顺向翘倾断块构造样式。

在不对称箕状断陷斜坡部位经常发育顺向同生正断层，这是由于在持续翘倾伸展过程中，斜坡部位碎屑岩向沉积中心滑动，其后的沉积体撕裂产生节节下滑的顺向正断层，一般伴生顺向鼻状构造。该构造样式在南堡凹陷南堡1号构造、南堡2号构造的交会部位及南堡4号构造上升盘发育较多（图4-11）。顺向翘倾断块可与各类岩性体结合，组成构造—岩性圈闭。

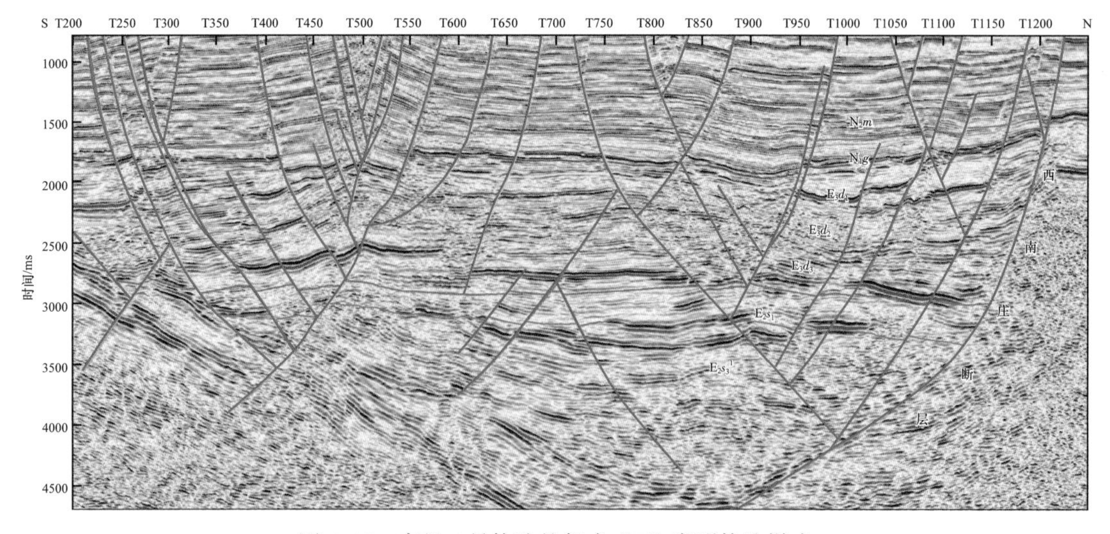

图 4–10 南堡 1 号构造的复式“Y”字形构造样式

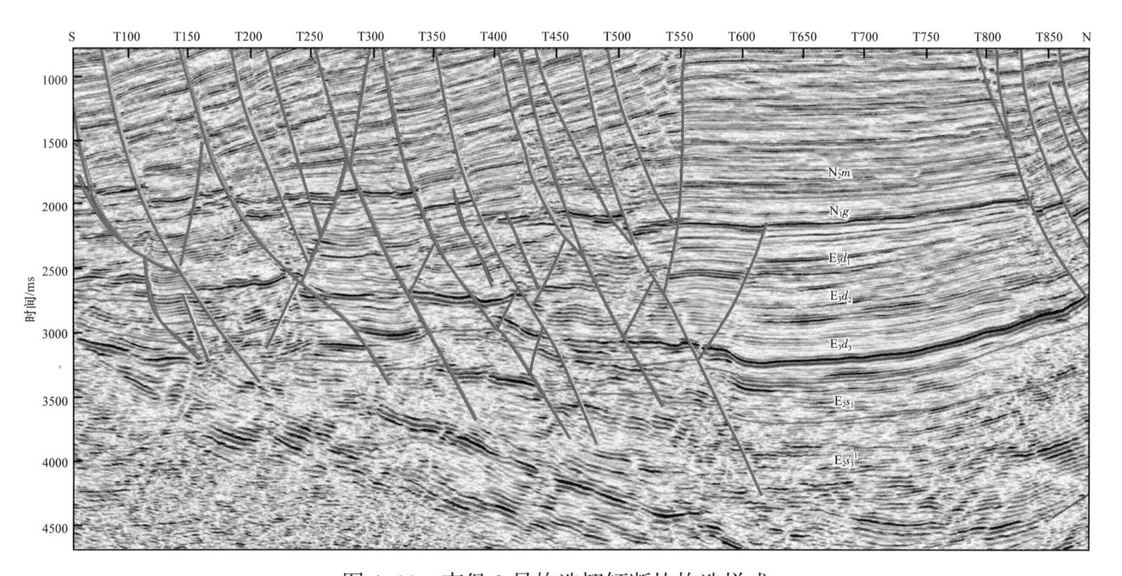

图 4–11 南堡 2 号构造翘倾断块构造样式

（3）堑垒断块构造样式。

该样式是地壳在双向引张动力作用下均匀剪切差异沉降的结果，以断层相背出现为特征，形成堑垒相间的构造格架，此类样式在南堡 1 号构造、南堡 2 号构造较发育。此外，南堡 2 号构造带向盆内延伸的低隆起在沙河街组表现为堑垒断块构造，在其下倾部位发育扇体，无论垒块还是扇体都是油气运移、聚集的指向，易形成大规模的油气聚集。

3）潜山披覆构造样式

潜山披覆构造样式既包括不整合面之下的潜山构造，又包括上部的披盖构造，以潜山特征作为分类依据，可分为背斜披覆、堑背形披覆和翘倾断块披覆。

背斜披覆构造是在基底边隆起、边沉积、边压实情况下形成的顶薄翼厚的披覆构造样式。南堡 5 号构造即为背斜潜山披覆构造样式，它是在早期潜山形成的基础上，在古近系—新近系沉积过程中形成的顶薄翼厚的披覆构造。

堑背形披覆构造指在基岩隆起不断上隆和侧向重力滑动作用下，基底形成了垒块构造，上部地层受到拉张陷落而形成堑式同生正断层组成的背形构造样式，可形成断鼻、背斜和断块圈闭。南堡 1 号构造、南堡 2 号构造就为此种类型。

翘倾断块披覆构造是在基岩翘倾断块单面山之上的沉积层经后期压实形成的披覆构造。南堡凹陷周边凸起及南堡 3 号构造等为此种类型，南堡 3 号构造基底表现为断鼻，上覆沙河街组和东营组，浅层断层少，地层平缓。

2. 构造样式展布特征

由于受早期形成且长期活动的控带断层的控制，在南堡凹陷深层、中深层主要发育潜山披覆背斜构造，在控凹断层下降盘多发育断鼻、断块构造。在中浅层主要呈复式“Y”字形构造样式、翘倾断块构造样式。

不同的构造样式伴生发育不同类型圈闭，复式“Y”字形构造样式、翘倾断块构造样式常伴生发育断背斜、断块、断鼻等构造圈闭。其中，陡坡带主要发育断鼻、滚动背斜等构造圈闭，如西南庄断层和柏各庄断层下降盘的裙边带大多为鼻状构造、近边滚动背斜；在中央构造带上主要发育与潜山披覆有关的断背斜、断块、断鼻构造；在中央低隆起部位主要发育以低幅度潜山为背景的断块、断鼻圈闭；在洼陷带发育一些重力滑动成因的断鼻、断块构造（图 4–12）。

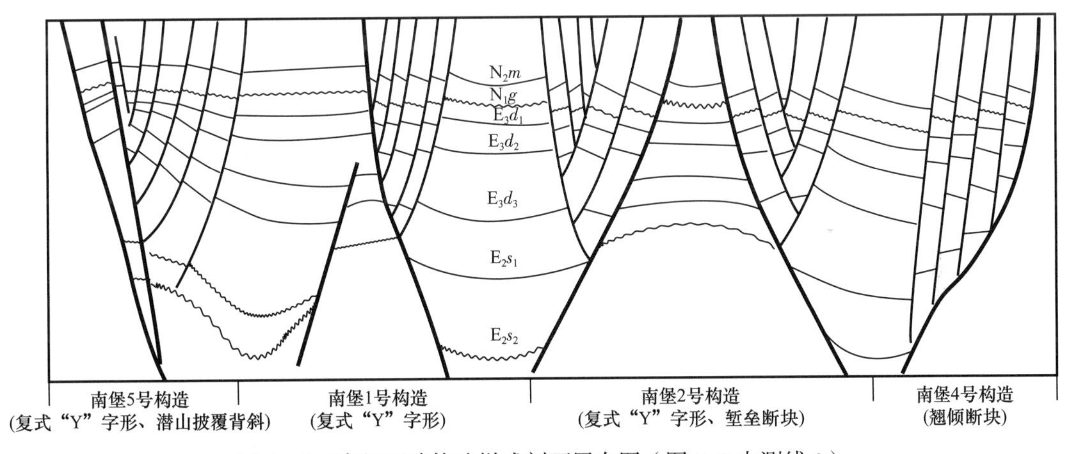

图 4–12　南堡凹陷构造样式剖面展布图（图 4–3 中测线 2）

第五节　构造对成藏的控制作用

构造控制着烃源岩、沉积储层及圈闭的发育，控制着油气的运移和聚集。油气藏形成之后，构造还影响着油气藏的保存。构造在整个油气成藏过程中都起着重要作用。

一、构造对烃源岩的控制

烃源岩的生烃过程取决于它所经历的埋藏史和温度史。而埋藏史和温度史受盆地的构造演化所控制。首先，构造控制烃源岩发育，在断陷盆地，大型的控盆断层控制着盆地的物源、水体深度，以至于控制了盆地的沉积环境，从而影响了烃源岩的分布，另外构造活动促进有机质演化，快速的断层活动使得盆地沉降较快，埋深较大，有利于烃源岩的成熟。

南堡凹陷发育三套烃源岩层系，分别为沙三段、沙一段和东三段，其中沙三段为其主力烃源岩。烃源岩形成于裂陷旋回阶段。沙三段五亚段沉积时期，是盆地裂陷的初期，主要控凹边界断层如柏各庄断层、西南庄断层开始活动，盆地发育成浅的箕状凹陷，以拾场洼陷为主，并向南西方向超覆，发育了一套较干旱气候条件下的以红色泥岩、灰绿色泥岩和粗碎屑岩为主的冲积扇沉积，深洼区发育深灰色泥岩。有效烃源岩分布范围比较有限，厚度也不大。沙三段四亚段—沙二段沉积时期，沉积中心在高尚堡构造带以北和柳赞构造带以西地区。和整个渤海湾盆地一样，上地幔强烈隆起，盆地断陷强烈，气候潮湿，发育了以砾岩、含砾砂岩、灰色和灰绿色泥岩为主的地层，是南堡凹陷古近系最重要的生油和储油层系。其中沙三段沉积时期，在基底热隆张裂基础上，南堡凹陷伸展扩张，湖水扩大，形成沙三段辫状河三角洲—湖泊相沉积体系，洼陷部位发育厚层泥岩，是南堡凹陷烃源岩形成的最重要时期，也是渤海湾盆地其他凹陷烃源岩形成的重要时期。到沙二段沉积时期，盆地趋于填平，发育了沙二段以含砾砂岩、红色泥岩、灰绿色泥岩为主的冲积扇沉积，沙二段沉积中后期在低洼部位沉积形成了一套河流冲积体系；沙二段沉积晚期，由于区域构造应力场受挤压应力场控制，构造隆升，沙二段遭受剥蚀，残留地层主要由粗碎屑的冲积体系和红色泥岩组成，大部分地区厚度不到 100m，该段烃源岩不发育。沙一段沉积时期，该期盆地由沙二段沉积末期的隆升状态开始断陷，沉积了沙一段以灰色泥岩、砂岩和生物灰岩为主的沉积，而且沉积中心逐步向南迁移，其沉积环境以浅湖和扇三角洲为主，发育一定厚度的烃源岩。东营组沉积时期，边界断层活动减弱，高柳断裂活动加强。发生在沙一段沉积末期的构造反转，造成了东三段区域微角度不整合于沙一段之上。沉积中心转移到高柳断层的下降盘。发育扇三角洲和湖泊体系，沉积了以砂泥岩为主的地层，厚度巨大，其中泥岩厚度大，有一定的生烃潜量。东营组沉积末期，该区整体抬升受到剥蚀，结束了古近系大规模的裂陷发育阶段，进入了新近系坳陷阶段；同时在沉积上发生了巨大变化，结束了湖相沉积，进入河流相沉积，因此新近系不发育烃源岩。

总之，断陷早期往往伴随有相对短期的隆升活动，反映为多旋回的特点，大规模断陷活动主要发生在沙河街组沉积时期，因此为沙河街组烃源岩这一主力生烃层系准备了丰厚的物质基础，盆地发育的深陷期为烃源岩发育时期。沙二段—沙一段沉积时期构造活动相对减弱，沉降幅度变小，到东营组沉积时期趋于衰减，因此尽管烃源岩面积较大，但厚度变小。

二、构造对沉积储层的控制

构造运动控制盆地的形成、发展和演化，控制着盆地的充填过程和充填样式，同时还控制着盆地内各种沉积体系的发育和空间展布。南堡凹陷古近纪经历了四幕构造旋回，不同的构造幕在沉降速率、同沉积断裂活动特征、构造格局等方面存在明显差异，从而控制着不同的沉积体系。裂陷Ⅰ幕，即沙三段四 + 五亚段沉积时期，构造活动较强，发育中深湖为背景，扇三角洲和辫状河三角洲为主体的沉积体系；裂陷Ⅱ幕，即沙三段三亚段—沙二段沉积时期，为主裂陷幕，其中沙三段一亚段至三亚段沉积时期，断陷强烈，发育以砾岩、含砾砂岩、灰色和灰绿色泥岩为主的地层，形成南堡凹陷古近系最为主要的含油和储油层系；裂陷Ⅲ幕，即沙一段沉积时期，为裂陷衰减幕，该时期高柳断层活动，凹陷的沉降中心向南迁移，在陡坡带以断阶坡折控制扇三角洲和近岸水下扇的发育，在缓坡带辫状河三角洲发育规模较大；裂陷Ⅳ幕，即东营组沉积时期，为裂陷再活化幕，沉降速率增强，发育的扇三角洲、辫状河三角洲的规模都比较大，裂陷Ⅳ幕末期湖泊开始萎缩，形成以粗碎屑为主的扇三角洲体系（图 4–13）（姜华等，2009；王华等，2011）。

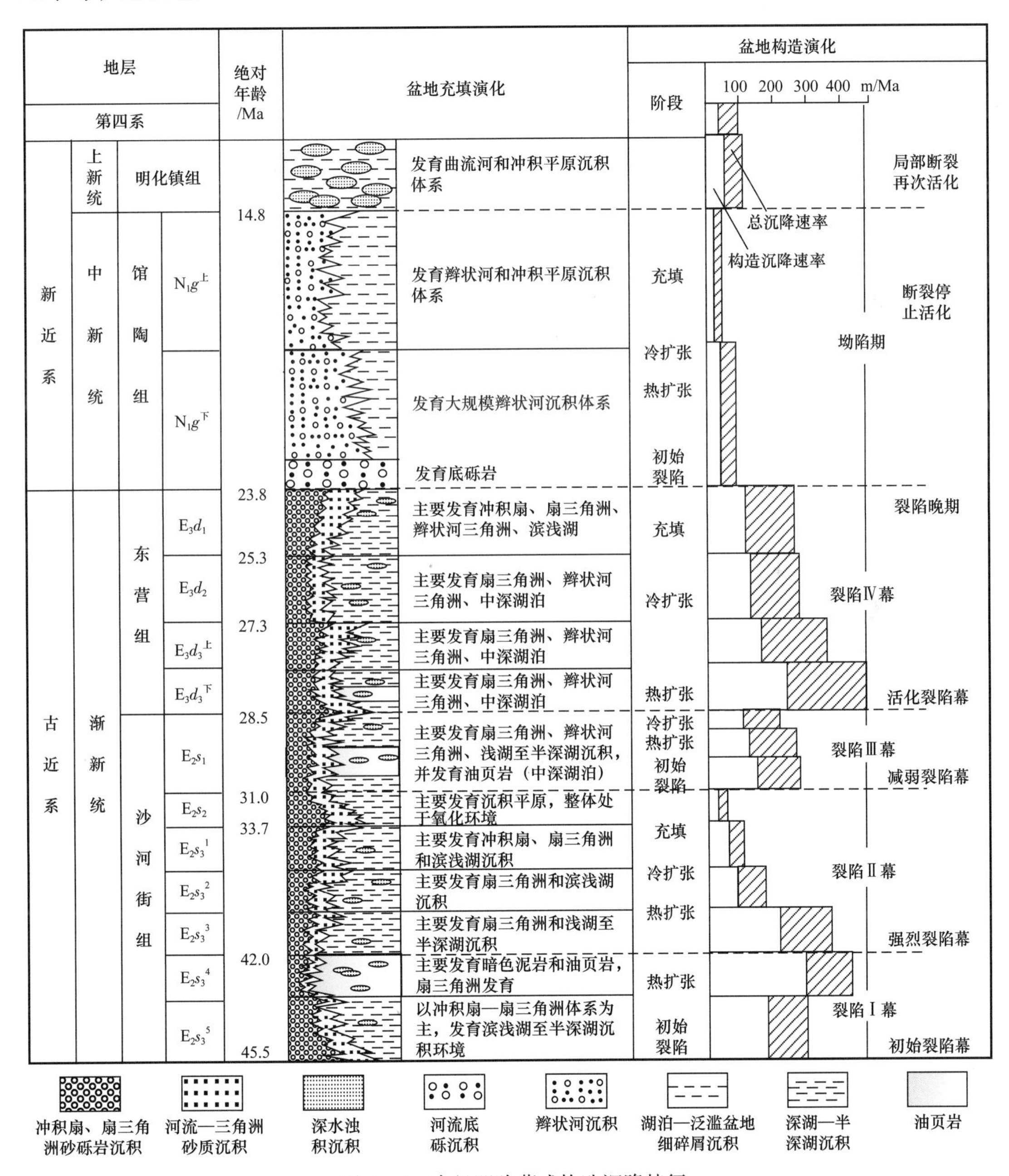

图 4–13　南堡凹陷幕式构造沉降特征

断层活动对沉积的控制作用显著。一方面断层剖面形态造成可容纳空间的局部变化，对沉积的影响是最直接的；另一方面断层的分段活动性对物源通道和砂体展布样式也具有重要的控制作用。南堡凹陷断层剖面上主要呈断崖型、断坡型、同向断阶型、反向断阶型，形成特定的古地貌，控制着可容纳空间的变化，影响着局部碎屑体系的推进方向和砂体的展布样式。西南庄断层西段为断崖型组合样式，西部物源体系沿断层形成的沟槽迅速堆积扩展，直至断层附近可容纳空间基本充填，再向盆地深部扩展，具有水系分散、沉积体规模小、沉积相带窄等特点。柏各庄断层下降盘为断坡型组合，沉积体系展布范围较广，以扇三角洲沉积体系发育为主，水体较深情况下可能发育近岸水下扇，并在斜坡下方形成盆底扇或滑塌浊积扇等重力流沉积体系。南堡凹陷南部的缓坡带或者北部陡坡带局部部位发育同向断阶带，控制着扇三角洲和辫状河三角洲的发育。老爷庙构造带和南部缓坡带则发育反向断阶带，控制的沉积厚度带更集中于主干断层下降盘，粒度由盆缘粗碎屑沉积向盆地中心细粒碎屑沉积变化（图 4–14）。

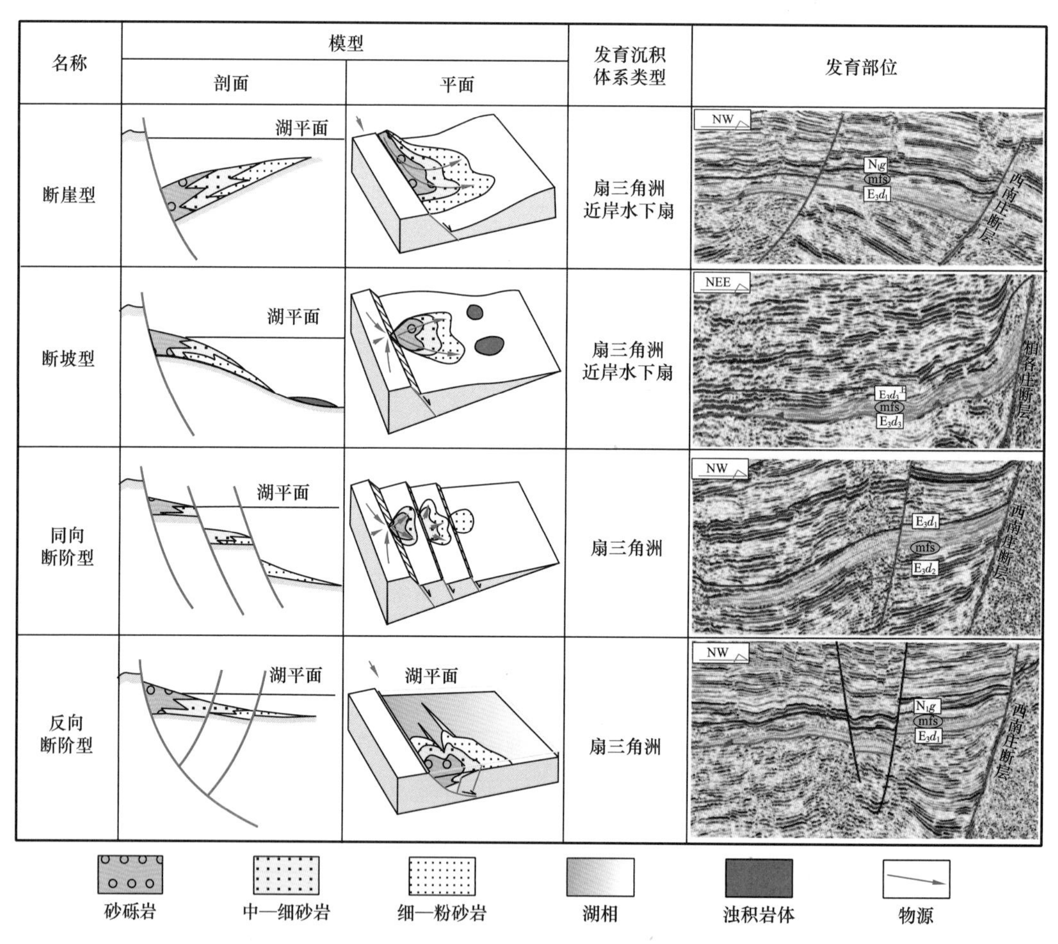

图 4–14　南堡凹陷构造坡折类型划分

同沉积断层的分段活动形成的调节带或连接带对物源通道和砂体展布样式也具有重要的控制作用。西南庄断层是由 3 个主要断层段连接而成，在分段活动断层未连接前，发育调节带，为砂体进入凹陷的主要通道；随着断层的发育，断层连接在一起，共同活动，在连接部位由于物源体系的继承性发育，继续作为凹陷的主要物源入口

（图 4–15a）。老爷庙构造带为横向背斜控砂，该部位对应着西南庄断层中段和东段的连接部位，是继承性的物源通道，砂体发育（图 4–15b）。南堡 4 号构造带发育帚状断层，来自东部柏各庄断层的物源沿着帚状断裂体系进入深凹区（图 4–15c）。柏各庄断层下降盘呈现典型的梳状断层控砂，沿柏各庄断层进入南堡凹陷的砂体分散体系，沿次级断层形成的通道向凹陷深处延伸，在断坡低部位多发育较厚的砂体（图 4–15d）（姜华等，2010）。

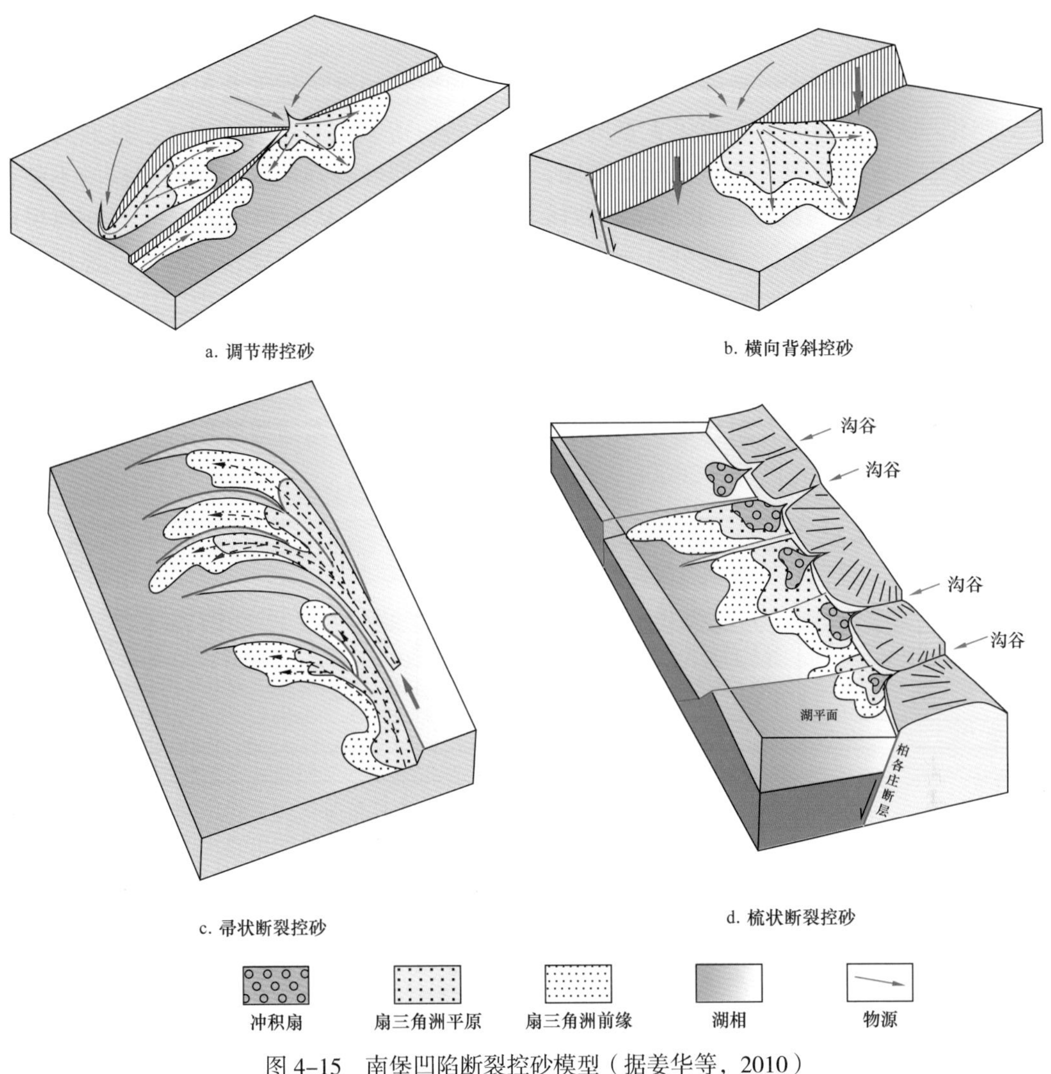

图 4–15　南堡凹陷断裂控砂模型（据姜华等，2010）

三、构造对油气运移的控制

构造对油气运移的控制主要依靠断层、不整合面等，使油气由高势区向低势区运移。断层的每一次活动都伴随应力的释放，在断裂带附近形成低压区，油源区具有高压性质的流体势必向断裂带汇聚，顺着主断裂的薄弱带向上“冒出”。长期继承性强烈活动的断层，一方面为油气运移提供动力，另一方面能够与南堡凹陷东营组沉积末期和明化镇组沉积末期 2 个排烃高峰期较好地匹配，并连接烃源岩层与储层，成为油源断层，利于油气运移（李宏义等，2010）。

南堡凹陷发育以断层和不整合面为主的多种输导体系，空间组合形式以“T”形输导体系为主，同时发育网毯式输导体系。源内成藏组合，油气主要沿断层、储层、不整合面运移，发育网毯式和“T”形输导体系；源上成藏组合，油气主要沿断层向上运移；源下成藏组合，油气主要沿断层和不整合面运移，发育“T”形输导体系。断层对油气运移的控制具有双重性，一方面断层可以作为油气通道，另一方面断层又可以遮挡油气。

四、构造对油气聚集的控制

南堡凹陷是新生代继承性发育的断陷，构造和沉积的继承性发育形成了多种类型的油气圈闭。在基底凸起上发育了大量的继承性背斜构造，在断层的作用下，这些背斜构造进一步分隔成断背斜、断鼻、断块圈闭。盆地的周期性升降造成了盆地规模的不整合出现，旋回性发展的沉积层序也导致砂体尖灭点的变迁，从而形成大量的岩性地层圈闭。这些圈闭平面上成排、成带分布，垂向上往往具有较强的继承性，为油气提供了有利的聚集场所。南堡凹陷发育构造、地层、岩性等多种类型圈闭。其中，构造圈闭包括断块圈闭、断鼻圈闭、披覆背斜圈闭、滚动背斜圈闭；地层圈闭包括不整合圈闭、潜山圈闭；岩性圈闭包括上倾砂体和砂岩透镜体（图 4-16）。南堡凹陷各构造带均为基底潜山披覆背斜构造和生长背斜构造，纵向上有很好的继承性，在通源断层的连通下形成多层位的油气富集（周海民等，2000b；范柏江等，2011）。

①断块	②断鼻	③披覆背斜	④滚动背斜	⑤不整合	⑥潜山	⑦上倾砂体	⑧透镜体
高尚堡（E_2s）	北5（E_3d）	南堡1（E_3d）	老爷庙（E_3d）	柳13（E_2s）	南堡2（O）	高5（E_2s）	高20（E_3d）

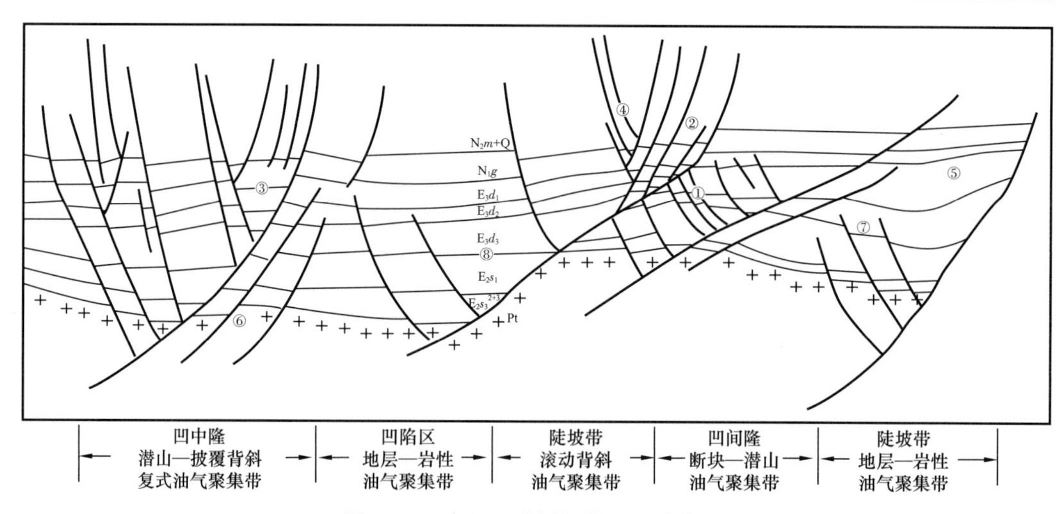

图 4-16　南堡凹陷圈闭类型及分布图

南堡凹陷油气主要分布在深大油源断裂附近，随着距断裂距离的增大，油气藏数量和储量均呈减小趋势。受多期断层活动控制，不同性质、不同规模的断层在空间上以断阶型、“Y”字形组合样式为主，不同类型的构造样式具有不同的油气富集特征，控制了油气有利聚集部位。同向旋转“Y”字形组合，油气多呈发散状向“Y”字形组合外侧的上升盘运移，在断层上升盘反向断鼻聚集，如南堡凹陷高南、柳南地区；反向旋转“Y”字形组合，油气多呈汇聚状向“Y”字形组合内侧的下降盘运移，在“屋脊”状主断层两侧、调节断层上升盘聚集，如南堡 1 号构造；同向断阶，油气向凹陷边缘运移，在断层下降盘聚集，如庙北地区；反向断阶，油气向凹陷方向运移，在断层上升盘聚集，如南堡 1–5 区（表 4–2）。

表 4–2 南堡凹陷不同断层组合样式与油气运聚关系表

构造样式	剖面特征	油气运移方式	有利部位	构造样式	典型构造
同向旋转“Y”字形组合	活动中心向反向调节断层部位移动；形成一系列同向旋转的向心断阶组合	油气多呈发散状向“Y”字形组合外侧的上升盘运移	断层上升盘反向断鼻	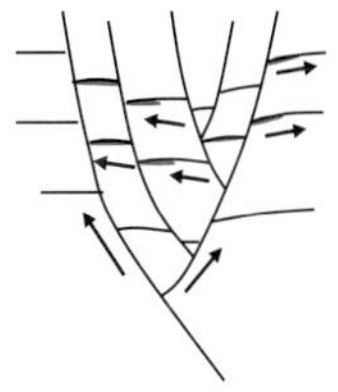	高南、柳南中浅层
反向旋转“Y”字形组合	活动中心向主断层部位移动；形成一系列反向旋转的离心断阶组合	油气多呈汇聚状向“Y”字形组合内侧的下降盘运移	调节断层上升盘；主断层形成“屋脊”状，上、下盘均有利	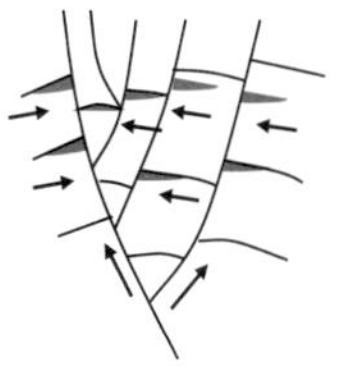	南堡 1 号构造、老爷庙构造
同向阶梯形组合	断层倾向与地层倾向一致，沿地层下倾方向逐阶下掉	油气向凹陷边缘的上升盘运移	断层下降盘		庙北中浅层
反向阶梯形组合	断层倾向与地层倾向相反，沿地层上倾方向平行排列	油气向凹陷方向的下降盘运移	断层上升盘	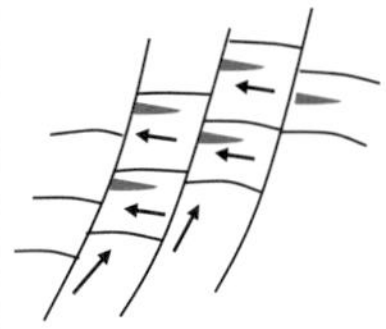	南堡 1–5 区、南堡 2 号构造

五、构造对油气成藏过程的控制

强烈构造活动可导致大规模油气运移，进而控制油气成藏时间。南堡凹陷油气成藏主要发生在明化镇组沉积时期，明化镇组沉积末期强烈的断层活动，促使深部烃源岩生成的油气及早期聚集的油气通过断层向上运移，得以在浅层聚集成藏。

由于南堡凹陷具有“沉降—抬升—沉降”的沉降演化和“强—弱—强”的断层活动强度变化特征，早期形成的油气藏受后期断层活动、构造变动和剥蚀作用等影响，还会发生调整、改造和破坏。油气藏的破坏程度取决于构造活动的强弱，若断层活动强烈，断层断穿油气藏的盖层和储层，圈闭中的油气沿开启的断层向上运移到圈闭外，使原来的油气藏遭到破坏。南堡凹陷明化镇组沉积时期强烈的断层活动可导致深层油气藏调整破坏，油气向浅层运移、聚集，浅层油气分布与深部油气分布具有较好的对应性。

第五章 烃源岩

南堡凹陷为冀东探区主力生油凹陷，共发育三套生油层系，分别为古近系沙河街组沙三段、沙一段和东营组东三段，其中沙三段为主力生烃层系，沙一段次之，东三段烃源岩成熟度较低，生烃能力不足。高柳地区及周边凸起油气来自拾场次凹沙三段烃源岩，南堡3号构造至南堡5号构造以及老爷庙构造沙一段以浅油藏油气来自沙一段烃源岩，南堡油田古潜山及南堡5号构造沙三段油藏油气来自沙三段烃源岩，南堡1号构造和南堡2号构造东一段以浅油藏油气来自沙一段、沙三段烃源岩。

第一节 烃源岩分布及地球化学特征

烃源岩分布及地球化学特征包括烃源岩厚度与分布、有机质丰度、有机质类型研究。

一、烃源岩分布

南堡凹陷为长期发育的生油凹陷，古近系沉积时期，南堡凹陷先后经历了多幕裂陷活动，形成了三套主要烃源岩层系，即沙河街组沙三段、沙一段和东营组东三段。沙河街组是南堡凹陷最重要的生油层系，生油量占南堡凹陷的80%左右。从南堡凹陷沉积演化过程来看，裂陷Ⅱ幕的沙三段沉积时期，湖盆范围广，水体深，湖相泥岩最发育，是南堡凹陷优质烃源岩形成的最重要时期。其次是沙一段，发育湖相沉积，具备形成烃源岩的地质背景。另外，东营组沉积发育厚层泥岩，是潜在的烃源岩。由多套烃源层系构成的复合生烃系统，是南堡凹陷油气富集的基础。

沙三段沉积时期，南堡凹陷湖盆伸展扩张，沉积中心位于拾场次凹—林雀次凹一带，围绕中心发育半深湖—深湖厚层深灰色钙质泥岩和灰黑色、深灰色泥岩及油页岩。分布面积约1200km^2，最大厚度超过700m（图5-1a）。

沙一段沉积时期，南堡凹陷经历了整体抬升后的再次沉降过程，暗色泥岩主要分布在沙一段中下部，主要为浅湖—半深湖相泥岩，分布面积约1400km^2，最大厚度超过600m，平面上主要分布在林雀次凹—曹妃甸次凹一带（图5-1b）。

东三段沉积中心位于林雀次凹西部和曹妃甸次凹，烃源岩主要形成于浅湖相及半深湖相，分布面积约1850km^2，厚度一般为300～600m，最大厚度超过700m。高柳断层以北地区因后期抬升遭受剥蚀，暗色泥岩不发育（图5-1c）。

二、有机质丰度

利用烃源岩总有机碳含量（TOC）和岩石热解生烃潜量（S_1+S_2），研究南堡凹陷3个层段有机质丰度。其中沙三段烃源岩有机质丰度最高，其次是东三段和沙一段。

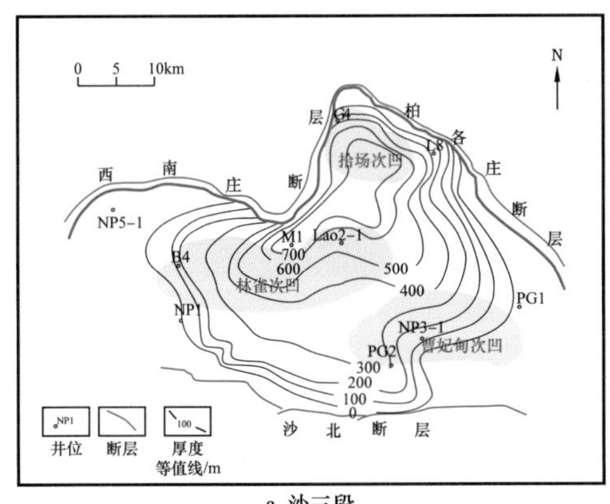

a. 沙三段

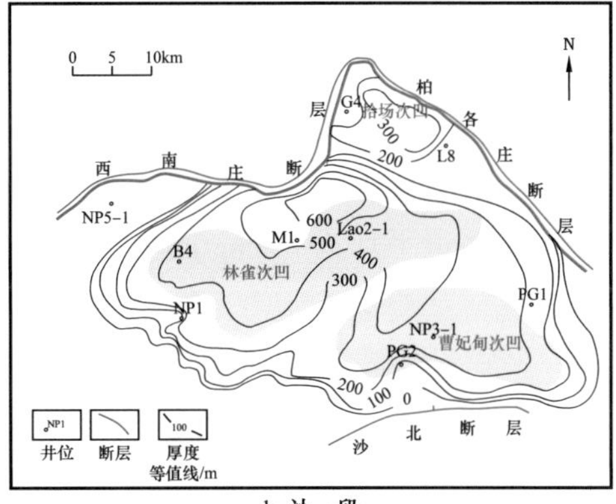

b. 沙一段

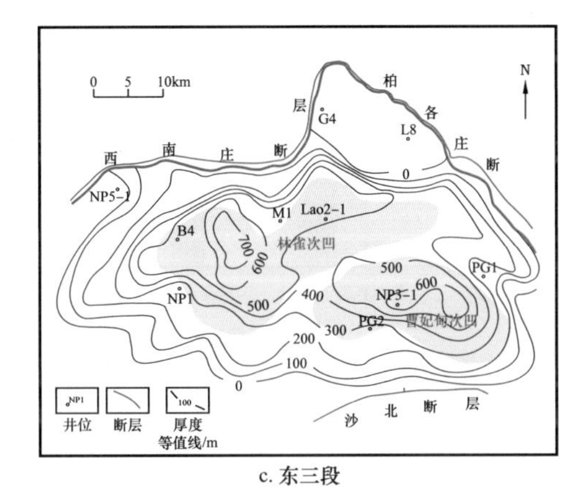

c. 东三段

图 5-1 南堡凹陷暗色泥岩厚度等值线图

1. 总有机碳含量

南堡凹陷主要烃源岩层系总有机碳含量测试数据（图 5-2）对比表明，沙三段泥岩样品的总有机碳含量平均为 1.77%，其中大于 2% 的样品占 38%，证明在沙三段内存在高含总有机碳的优质烃源岩层段；沙一段泥岩样品的总有机碳含量平均为 1.24%，总有机碳含量均大于 0.5%，其中大于 1% 的样品占 70%，大于 2% 的样品占 21% ；东三段泥岩样品总有机碳含量平均为 1.11%，其中大于 1% 的样品占 68%，大于 2% 的样品占 10%。

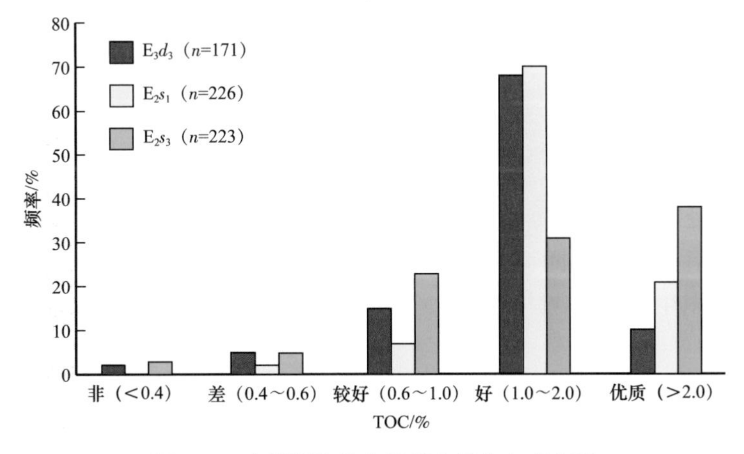

图 5-2 南堡凹陷总有机碳含量分布直方图

2. 生烃潜量（S_1+S_2）

沙三段暗色泥岩岩石热解分析样品共264个，生烃潜量平均为7.4mg/g，其中大于6mg/g的样品占23%，大于2mg/g的样品占46%。沙一段分析样品共142个，岩石热解生烃潜量平均为2.6mg/g，其中大于2.0mg/g的样品占60%。东三段分析样品为10个，生烃潜量平均为5.2mg/g，全部样品均大于2.0mg/g（图5-3）。

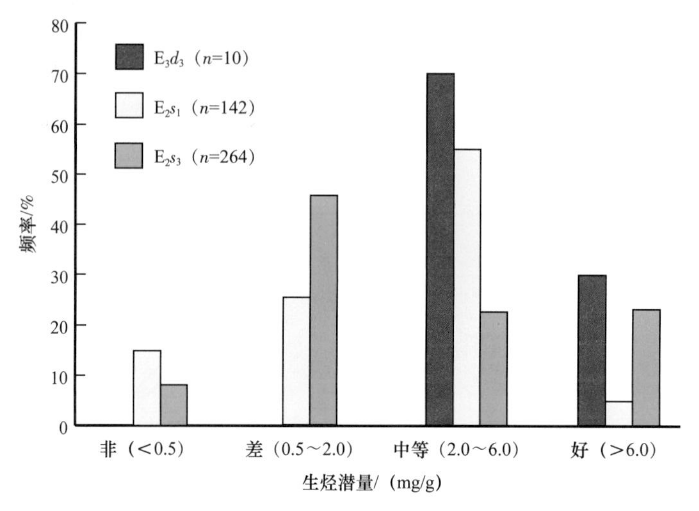

图5-3　南堡凹陷岩石热解生烃潜量分布直方图

按照中华人民共和国石油天然气行业标准SY/T 5735—2019《陆相烃源岩地球化学评价方法》中陆相烃源岩有机质丰度评价标准，沙三段有机质丰度最高，其次为东三段和沙一段，均为好—中等烃源岩。

以总有机碳测试数据为基础，综合考虑沉积相展布、地层厚度分布及测井预测总有机碳含量，对三套烃源岩层系的总有机碳分布进行了预测。平面上，沙三段总有机碳含量高值区主要在拾场次凹，总有机碳含量大于2.0%的面积约632km^2；沙一段总有机碳含量高值区位于林雀次凹—曹妃甸次凹，总有机碳含量大于2.0%的面积约563km^2；东三段总有机碳含量分布存在2个高值区，分别为林雀次凹和曹妃甸次凹，其中林雀次凹高值区分布范围更为广泛（图5-4）。

三、有机质类型

根据干酪根显微组分组成和干酪根元素比值综合划分南堡凹陷烃源岩的有机质类型。

1. 显微组分特征

烃源岩的生烃特征本质上是由显微组分的组成特征决定的，依据不同显微组分的生烃特征，将显微组分划分为四类：镜质组、惰质组、壳质组和腐泥组。其中腐泥组利于生油，壳质组可以生油，也可以生气。镜质组和惰质组主要生少量气（金强等，2008；郑红菊等，2007）。

据烃源岩干酪根显微组分分析，南堡凹陷东三段烃源岩干酪根类型以Ⅱ$_2$型、Ⅱ$_1$型为主，含有少量Ⅲ型；沙一段烃源岩干酪根类型以Ⅱ$_1$型为主，含有少量Ⅱ$_2$型和Ⅰ型；沙三段烃源岩干酪根类型以Ⅱ$_1$型为主，含有较高的Ⅰ型，少量Ⅱ$_2$型和Ⅲ型（图5-5）。

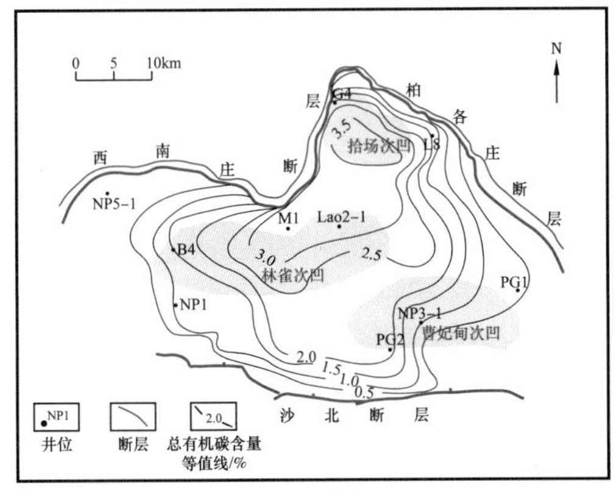

a. 沙三段

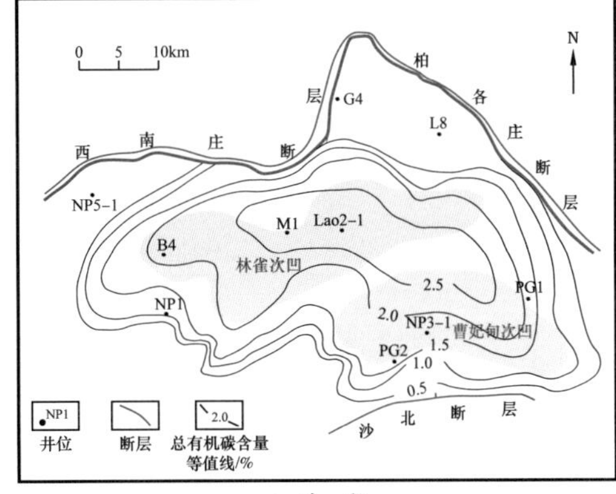

b. 沙一段

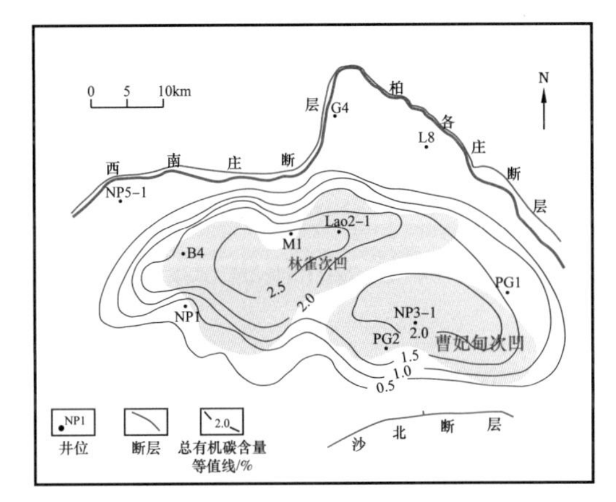

c. 东三段

图 5-4 南堡凹陷总有机碳含量平面分布图

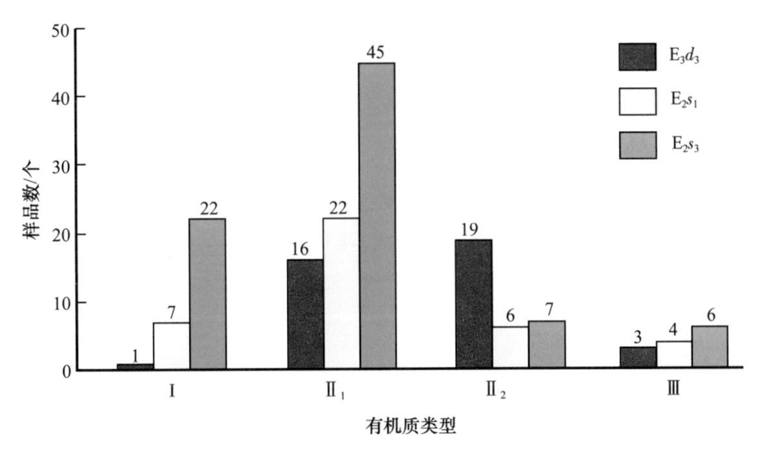

图 5-5 烃源岩有机质类型直方图

2. 干酪根元素组成特征

干酪根主要由 C、H 及可变数量的 O、S、N 等元素组成，在未熟干酪根中这些元素的分布主要取决于有机质的生物来源及有机质的沉积环境。不同生物来源的有机质，由于其原始生物体的化学组成不同，其氢碳原子比（H/C）和氧碳原子比（O/C）也不同，因而，干酪根有机元素的 H/C 和 O/C 常用来研究有机质的类型，是干酪根类型评价最为有效的指标，也是与其他有机质类型指标进行对比的标准。东三段烃源岩的 H/C 主要分布区间为 0.8～1.5，O/C 主要分布区间为 0.05～0.15，样品点主要分布在Ⅱ$_1$型区间，少量分布于Ⅱ$_2$型区间，个别在Ⅲ型区间。沙一段烃源岩 H/C 和 O/C 值都低于东三段烃源岩，这与各个层段烃源岩的热演化程度有关。沙一段样品点主要分布在Ⅱ$_1$型区间，少量分布在Ⅱ$_2$型区间。沙三段烃源岩 H/C 和 O/C 相对最低，热演化程度最高，样品分布点集中在Ⅱ$_1$型区间，少量分布在Ⅱ$_2$型区间（图 5-6）。

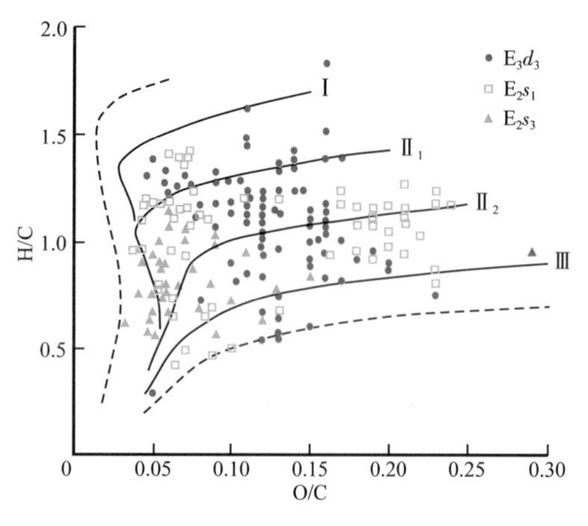

图 5-6 南堡凹陷烃源岩干酪根 O/C 与 H/C 关系图

综合显微组分与干酪根元素分析，南堡凹陷沙三段烃源岩有机质类型以Ⅱ$_1$型为主；沙一段烃源岩有机质类型以Ⅱ$_1$型为主，部分为Ⅱ$_2$型；东三段烃源岩有机质类型以Ⅱ$_1$型和Ⅱ$_2$型为主。

根据钻井和沉积相预测结果确定了南堡凹陷各层段有机质类型的分布（图 5-7），Ⅰ型干酪根主要分布在生烃洼槽中心，Ⅱ$_1$型干酪根分布范围较广，Ⅱ$_2$型与Ⅲ型干酪根分布在凹陷边缘。

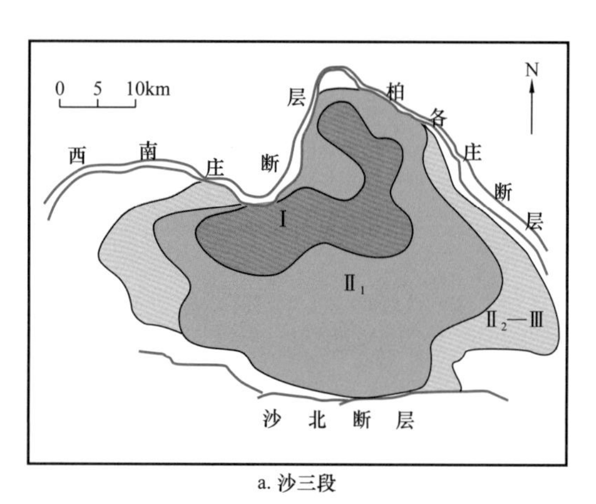

a. 沙三段

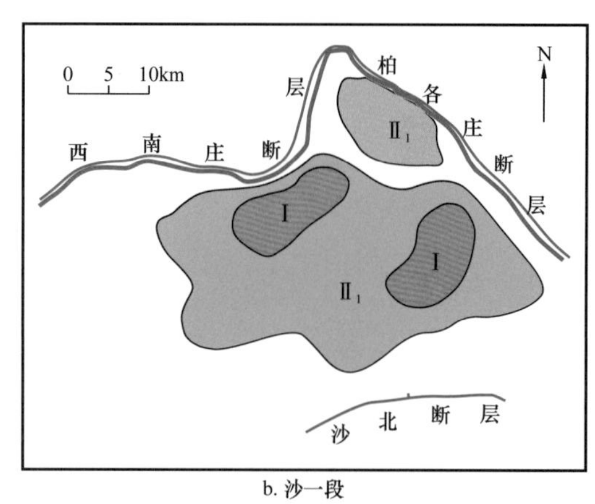

b. 沙一段

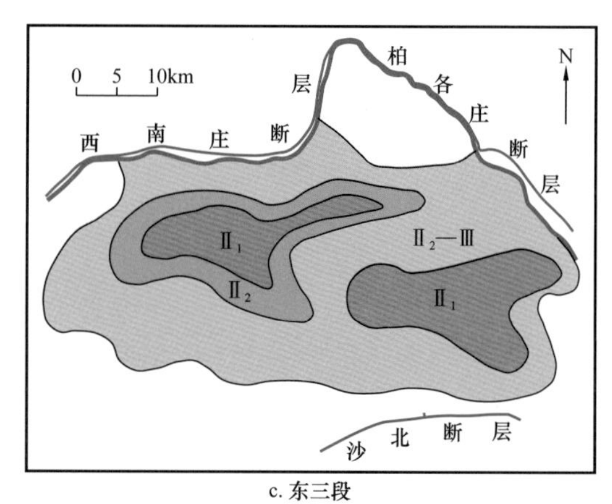

c. 东三段

图 5-7 南堡凹陷有机质类型平面分布图

第二节　有机质热演化

研究有机质的热演化特征，对于认识油气形成机理、油气分布规律，进行资源定量计算及确定找油方向具有重要意义。

一、纵向演化特征

1. 镜质组反射率（R_o）演化特征

从南堡凹陷不同生烃次凹烃源岩镜质组反射率与地层埋深关系图（图 5-8）可以看出，R_o 实测值主要分布区间为 0.4%～1.83%，深度范围为 2300～5300m，R_o 随深度的增加呈近似线性增大，当深度大于 3000m，这种趋势更加明显。不同构造带 R_o 随地层埋深增加而增大的速率存在一定的差别（图 5-8）。曹妃甸次凹（南堡 2 号构造、南堡 3 号构造、南堡 4 号构造）烃源岩 3500m 时 R_o 达到 0.6%，3500～4300m 为 0.6%～1.0%，4700m 为 1.3%；林雀次凹（南堡 1 号构造、南堡 5 号构造、老爷庙构造）烃源岩在 3400m 时 R_o 达到 0.6%，3400～4700m 为 0.6%～1.0%，5000m 为 1.3%；拾场次凹（高柳地区）沙一段烃源岩埋藏较浅，R_o 基本上在 0.5% 以下，沙三段烃源岩 R_o 在 3100m 时达 0.6%，受取样深度限制，拾场次凹烃源岩样品所测 R_o 最高只达到 0.9%，预测在 4200m 处进入生烃高峰，拾场次凹烃源岩埋深最大可达 4400m，R_o 为 1.1%。

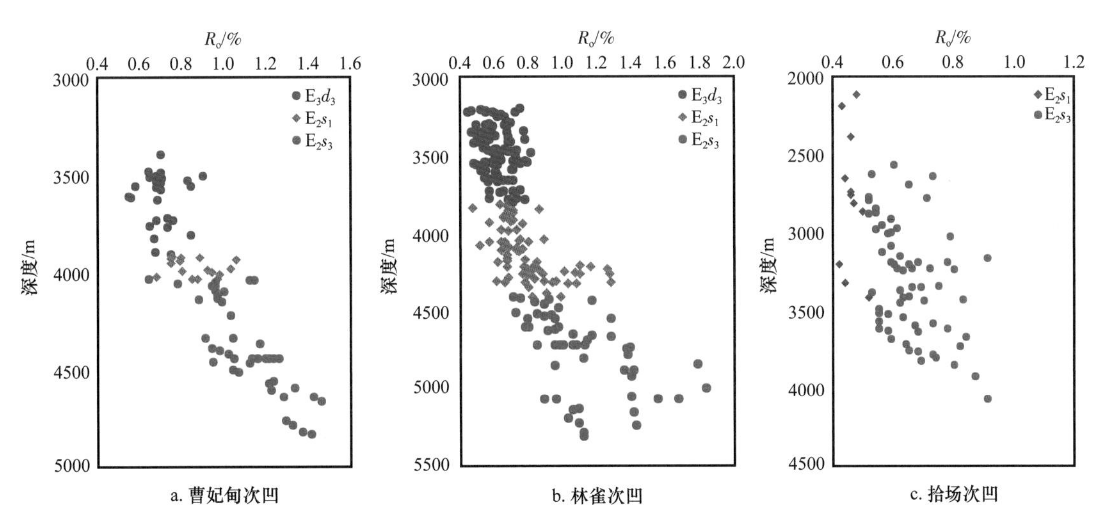

图 5-8　南堡凹陷不同次凹烃源岩镜质组反射率与深度关系图

2. 生烃门限与排烃门限的确定

生烃门限指油气开始大量生成的深度、温度或时间。该参数决定了对油气大规模成藏时间和规模的认识，一般根据反映生烃量指标的参数值与深度的变化关系进行求取，通过寻找变化曲线的拐点得到一个固定深度，即为门限深度。南堡凹陷生烃门限为 3100～3500m，对应镜质组反射率为 0.6%。

排烃门限指烃源岩在埋藏演化过程中，由于生烃量满足了自身吸附、孔隙水溶、油溶（气）和毛细管饱和等多种形式的残留需要并开始以游离相大量排出的临界点，该点亦是烃源岩在演化过程中从欠饱和烃到过饱和烃，从只能以水溶、扩散相排烃到能以游离相等多种形式排烃，从少量排烃到大量排烃的转折点（庞雄奇等，1997，2004）。研究表明，烃源岩进入排烃门限后，其反映生烃潜能的指标（S_1+S_2）/TOC、氢指数及反映烃源岩残留烃量的指标氯仿沥青“A”含量，都开始明显降低。烃源岩中可溶有机质的化学成分、生物标志物的含量与分布特征也都发生明显的变化，没有进入排烃门限的烃源岩可溶有机质与原油差别大，进入门限后的烃源岩可溶有机质开始与原油层组分较为一致。

本书应用氯仿沥青“A”含量/TOC与R_o、S_1/TOC与深度确定南堡凹陷烃源岩的排烃门限深度和成熟度。如图5-9所示，南堡凹陷排烃门限约为3800m，对应R_o为0.85%。

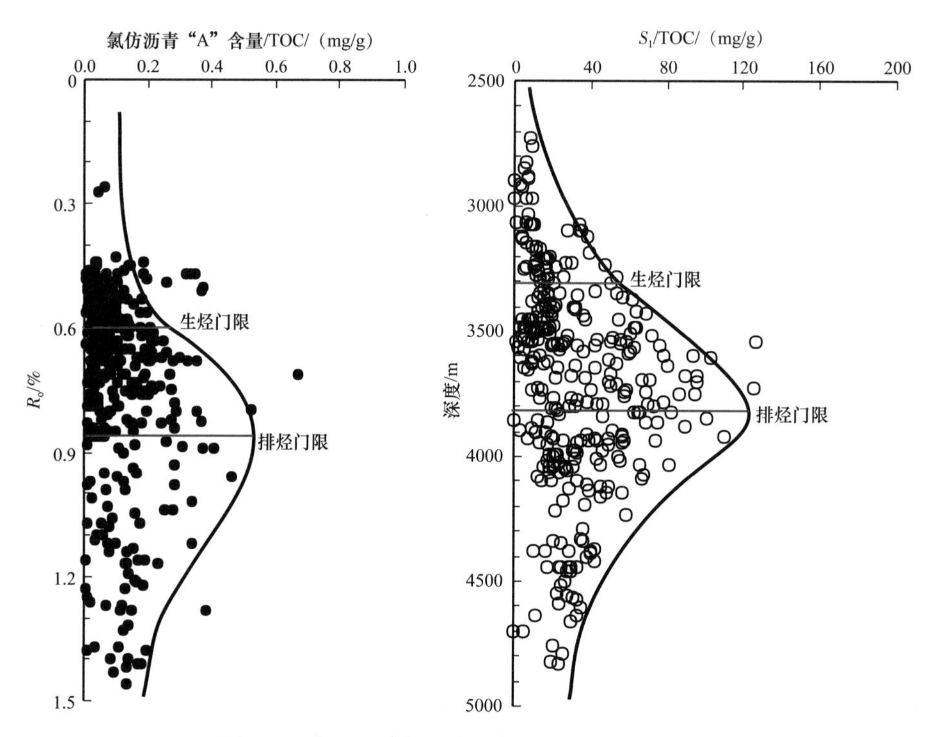

图5-9　南堡凹陷烃源岩生烃门限和排烃门限图

3. 主要演化阶段的确定

依据R_o，将南堡凹陷的烃源岩热演化划分为3个阶段（表5-1和图5-10）。

表5-1　南堡凹陷区带烃源岩演化阶段特征表

有机质演化阶段	镜质组反射率/%	埋深/m		
		曹妃甸次凹	林雀次凹	拾场次凹
未成熟	＜0.6	＜3500	＜3400	＜3100
成熟	0.6～1.3	3500～4700	3400～5000	3100～4400
生烃高峰	1.0	4300	4700	4200
高成熟	＞1.3	＞4700	＞5000	

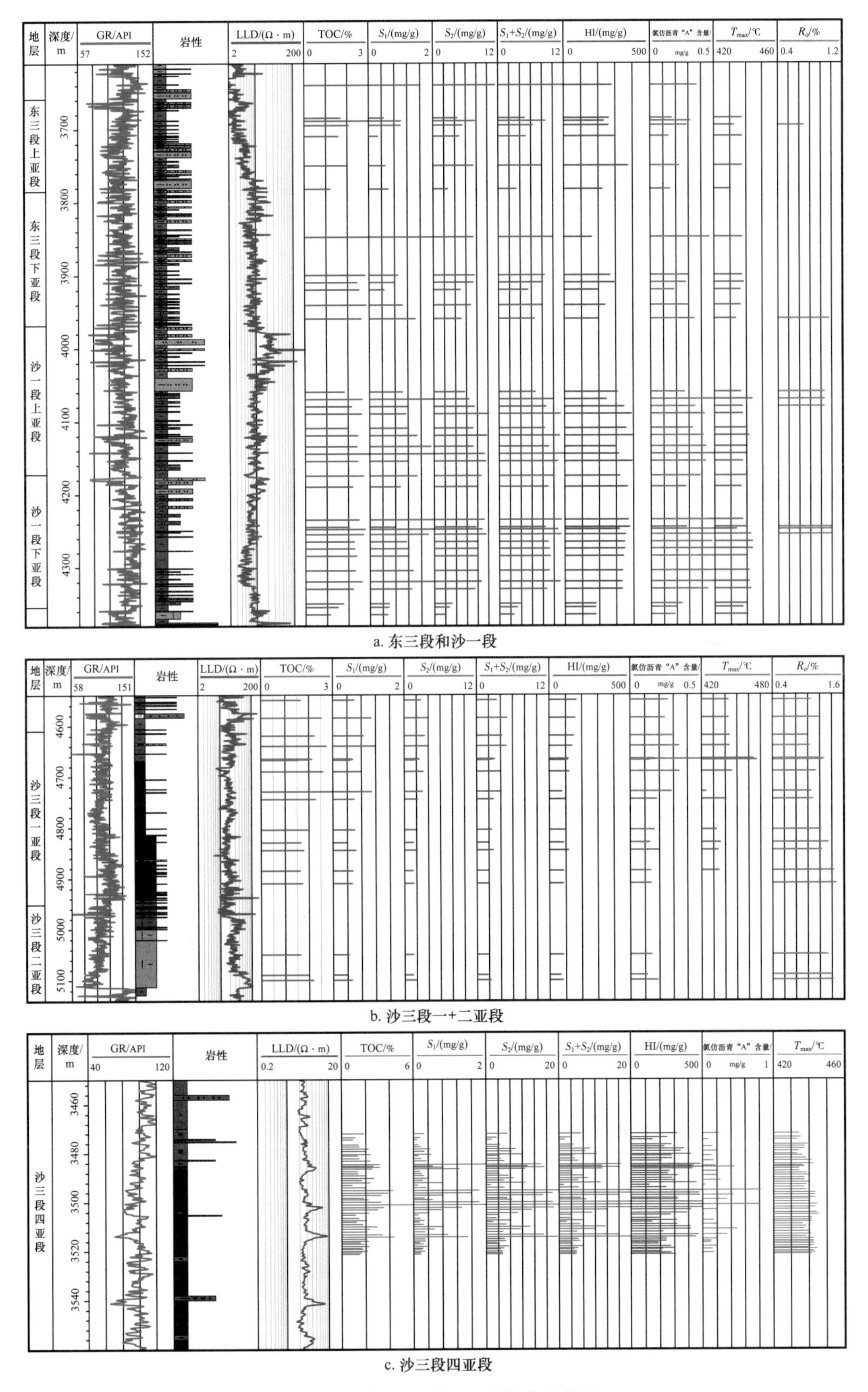

a. 东三段和沙一段

b. 沙三段一+二亚段

c. 沙三段四亚段

图 5-10　南堡凹陷烃源岩综合柱状图

未成熟阶段：R_o 小于 0.6%。

成熟阶段：R_o 为 0.6%～1.3%，主要生成物为原油，其中 R_o 等于 1.0% 达到生烃高峰。

高成熟阶段：R_o 大于 1.3%，主要生成物为凝析气—湿气。

二、平面演化特征

沙三段烃源岩在馆陶组沉积时期开始进入成熟门限（R_o>0.6%），高柳断层以北拾场次凹地区烃源岩埋深较浅，处于成熟阶段，成熟度可达 0.8% 以上，处于快速生油阶段。高柳断层以南烃源岩埋深较大，整体成熟度较高，至今大部分地区都处于生油高峰阶段（1.3%>R_o>0.7%）（图 5-11a），生烃中心已处于生湿气阶段（1.6%>R_o>1.3%）。

沙一段烃源岩在馆陶组沉积末期开始进入成熟门限（R_o>0.6%），高柳断层以南烃源岩整体成熟度较高，至今大部分地区都处于成熟阶段（1.3%>R_o>0.7%）（图 5-11b），生烃中心成熟度 R_o 最大可达 1.2%。

东三段烃源岩在明化镇组沉积时期开始进入成熟门限（R_o>0.6%），整体成熟度不高，只有林雀次凹和曹妃甸次凹的中心地区达到低成熟（图 5-11c）。

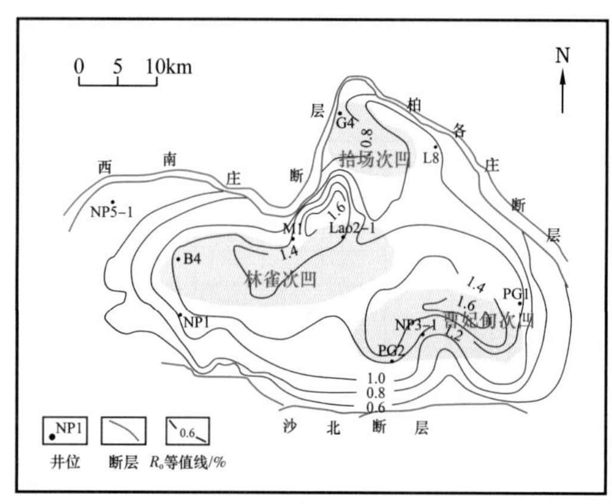

a. 沙三段

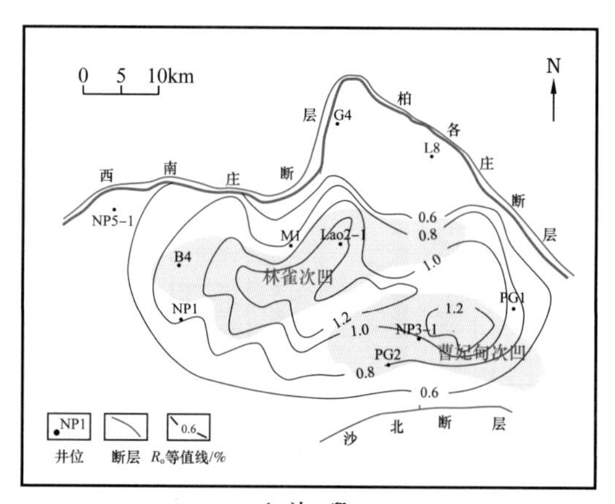

b. 沙一段

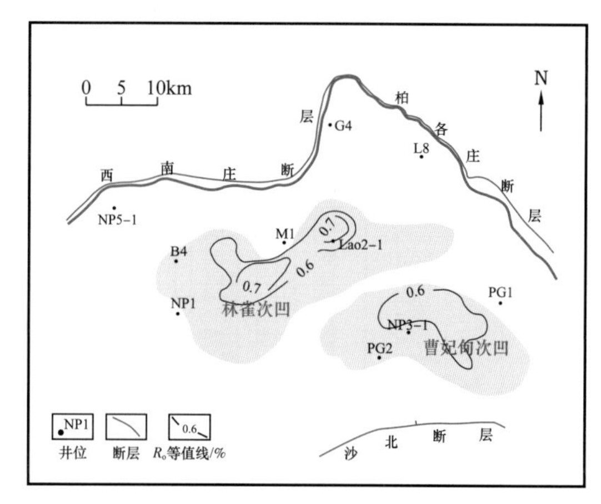

c. 东三段

图 5-11 南堡凹陷烃源岩成熟度平面分布图

第三节 烃源岩综合评价

依据南堡凹陷三套烃源岩层系暗色泥岩空间展布、有机质丰度及生烃门限研究结果，确定有效烃源岩的标准：总有机碳含量大于 0.8%，R_o 大于 0.6%，厘定了南堡凹陷沙三段、沙一段、东三段有效烃源岩的平面展布范围（图 5-12）。沙三段有效烃源岩面积 1136km^2，其中厚度大于 200m 的面积有 870km^2，厚度最大达 700m，厚度中心位于拾场次凹；沙一段有效烃源岩面积 1223km^2，其中厚度大于 200m 的面积有 1088km^2，最大厚度达 400m，厚度中心位于林雀次凹；东三段因烃源岩成熟度不足，只有林雀次凹和曹妃甸次凹中心有效烃源岩厚度超过 100m。

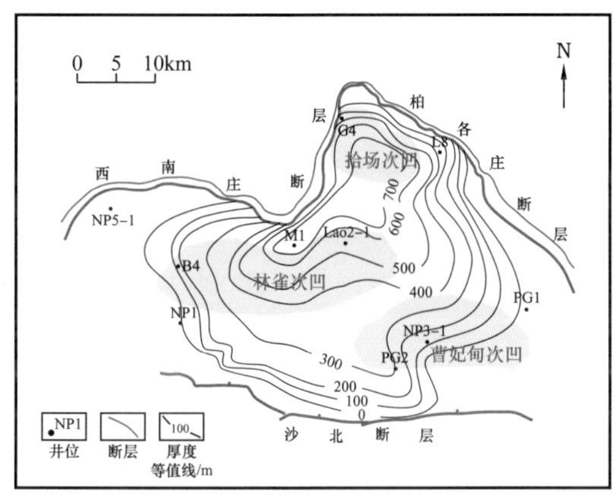

a. 沙三段

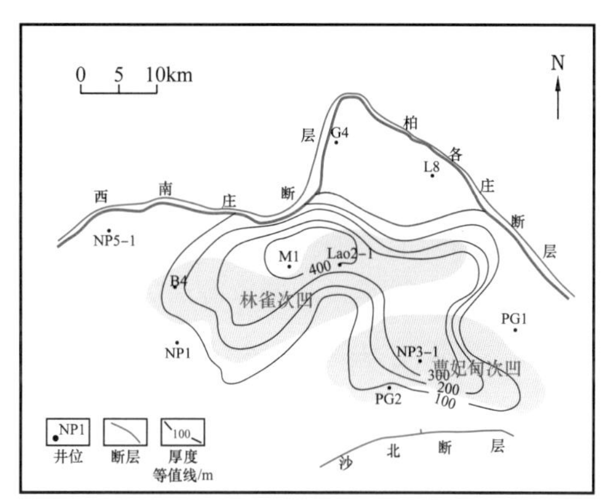

b. 沙一段

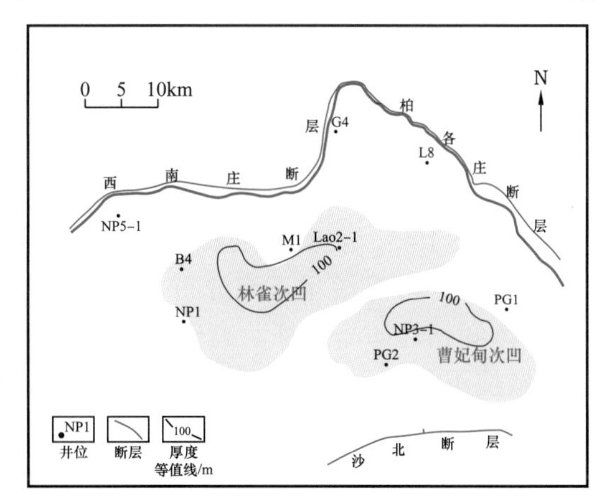

c. 东三段

图 5-12 南堡凹陷有效烃源岩厚度等值线图

对比南堡凹陷三套烃源岩的暗色泥岩分布特征、地球化学特征及成熟度等指标（表 5-2），南堡凹陷沙三段有机质丰度最高，凹陷主体沙三段生油岩的 R_o 均在 1.0% 以上，现今处于高成熟—过成熟阶段，以生高气油比轻质油、凝析油气为主，为南堡凹陷主力生烃层系；沙一段烃源岩生烃能力次之，现今处于成熟—高成熟阶段，以生成熟油—高成熟凝析油气为主；而东三段烃源岩因其成熟度较低，生烃能力不足。

表 5-2　南堡凹陷主要生油层段参数对比表

<table>
<tr><th>层位</th><th>埋藏深度 / m</th><th>钻遇暗色泥岩最大厚度 / m</th><th>有效烃源岩分布面积 / km²</th><th>有机质沉积环境</th><th>TOC/ %</th><th>有机质类型</th><th>R_o/%</th><th>岩性</th></tr>
<tr><td rowspan="3">E_2s_3</td><td rowspan="3">3545～5557</td><td rowspan="3">609.5</td><td rowspan="3">1136</td><td rowspan="3">淡水—半咸水湖泊</td><td rowspan="3">0.72～8.78</td><td rowspan="3">Ⅰ—Ⅱ$_1$</td><td rowspan="3">0.67～1.55</td><td>深灰色泥岩</td></tr>
<tr><td>灰黑色泥岩</td></tr>
<tr><td>灰褐色油页岩</td></tr>
<tr><td>E_2s_1</td><td>3271～5135</td><td>525.5</td><td>1223</td><td>淡水湖泊</td><td>0.52～2.69</td><td>Ⅱ$_1$—Ⅰ</td><td>0.64～1.13</td><td>深灰色泥岩</td></tr>
<tr><td>E_3d_3</td><td>3000～4176</td><td>511.0</td><td>143</td><td>淡水湖泊</td><td>0.75～2.93</td><td>Ⅱ$_2$—Ⅲ</td><td>0.49～0.68</td><td>深灰色泥岩</td></tr>
</table>

第四节　油 源 对 比

石油和天然气在烃源岩中生成后，通常需要经过一定距离的运移才能聚集成藏，因此，通过油—油、油—源对比，明确南堡凹陷及周边凸起油源，对研究油气运移方向、方式及油气分布规律，开展资源潜力评价，具有重要的意义（周海民等，2000b）。

一、烃源岩生物标志化合物特征

通过分析南堡凹陷三套主要烃源岩生物标志化合物特征，建立识别标志和判识标准，为油源对比奠定基础。

1. 沙三段烃源岩

沙三段烃源岩根据甾烷和萜烷类生物标志化合物特征可以分为三类：高柳断层以北拾场次凹沙三段四亚段烃源岩、沙三段三亚段烃源岩和高柳断层以南沙三段烃源岩。

1）拾场次凹沙三段四亚段烃源岩

拾场次凹沙三段四亚段油页岩正构烷烃碳数呈双峰分布，高碳数部分具有奇偶优势，姥植比（Pr/Ph）介于 0.88～1.45，表明其主要形成于还原环境。不含 β- 胡萝卜烷；萜烷中三环萜烷含量低，低碳数三环萜烷呈正态分布，以 C_{21} 或 C_{23} 为主峰，C_{26}/C_{25} 三环萜烷大多在 1.0 以上，为典型湖相烃源岩特征。高碳数三环萜烷仅能检测到 C_{28} 和 C_{29} 三环萜烷，且含量低，伽马蜡烷不发育，伽马蜡烷指数小于 0.1，表明烃源岩形成于淡水环境。Ts/Tm 在 1.0 左右；C_{29}Ts、C_{30} 重排藿烷及降莫烷相对含量低；奥利烷丰度更低，甚至无法检测出来；规则甾烷呈不对称“V”字形分布，重排甾烷相对不发育，重排甾烷 / 规则甾烷在 0.2 左右；C_{30} 甲基甾烷非常发育，与 C_{29} 甾烷含量相当，表明烃源岩有机质含有大量淡水藻类，形成于半深湖—深湖淡水环境。高丰度 4- 甲基甾烷是沙三段四亚段烃源岩与其他烃源岩层区别的重要标志（图 5-13）。

2）拾场次凹沙三段三亚段烃源岩

这类烃源岩正构烷烃碳数呈单峰态前峰型分布，高碳数部分具有奇偶优势，姥植比（Pr/Ph）介于 1.32～1.74，β- 胡萝卜烷含量较高，表明其主要形成于湖相还原环境。萜烷中三环萜烷含量高，低碳数三环萜烷大多呈正态分布，以 C_{20} 或 C_{23} 三环萜烷为主峰，

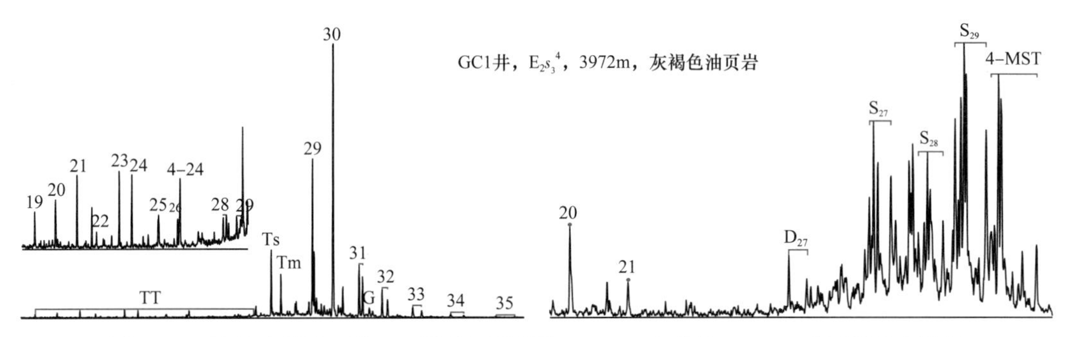

图 5-13 拾场次凹沙三段四亚段油页岩甾烷 m/z 217 和萜烷 m/z 191 典型质量色谱图

TT—三环萜烷（C_{19}–C_{29}）；Ts—18α，-22，29，30- 三降藿烷；Tm—17α，-22，29，30- 三降藿烷；29—17α，21β-30- 降藿烷；30—17α（H），21β（H）- 藿烷；31～35—C_{31}—C_{35}17α（H），21β（H）- 藿烷；G—伽马蜡烷；20—孕甾烷；21—升孕甾烷；D_{27}—C_{27} 重排甾烷；S_{27}—C_{27} 规则甾烷，S_{28}—C_{28} 规则甾烷，S_{29}—C_{29} 规则甾烷；4-MST—4- 甲基甾烷

C_{24}- 四环萜烷含量相对 C_{26} 三环萜烷含量高，表明湖盆水体变浅，更多陆源有机质输入。C_{26}/C_{25} 三环萜烷大多在 1.0 以上，为典型湖相烃源岩特征，高碳数三环萜烷仅能检测到 C_{28} 和 C_{29} 三环萜烷，且含量低，伽马蜡烷含量较高，伽马蜡烷指数多大于 0.2，表明烃源岩形成于微咸水—半咸水环境。规则甾烷 C_{27}、C_{28}、C_{29} 呈“V”字形分布，且 C_{27} 规则甾烷与 C_{29} 规则甾烷含量相当，$\alpha\alpha\alpha 20R$ 甾烷 C_{27}/C_{29} 介于 0.69～1.17，（孕甾烷 + 升孕甾烷）/$\alpha\alpha\alpha 20RC_{29}$ 甾烷介于 0.09～0.43，4- 甲基甾烷含量较低（图 5-14）。

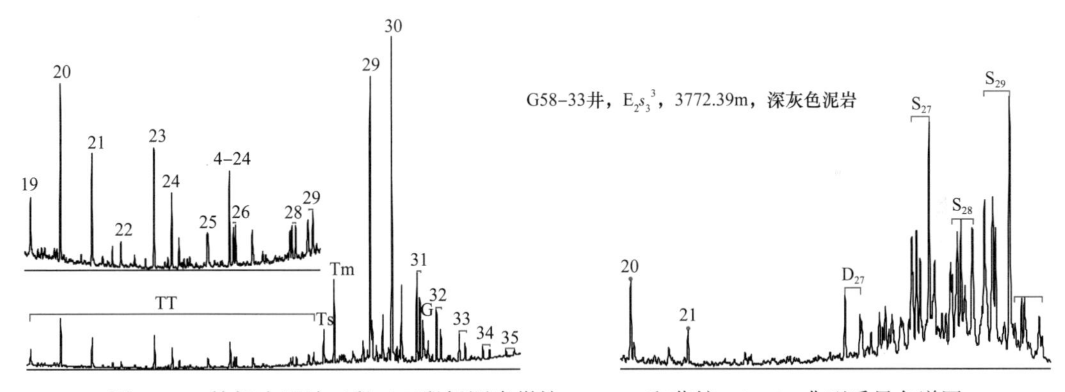

图 5-14 拾场次凹沙三段三亚段烃源岩甾烷 m/z 217 和萜烷 m/z 191 典型质量色谱图

3）高柳断层以南沙三段烃源岩

高柳断层以南沙三段烃源岩主峰碳数为 C_{16}—C_{23}，主要为 C_{16} 和 C_{18}，表明烃源岩有机质来源以低等水生生物为主，姥植比（Pr/Ph）分布在 0.93～1.38 之间，表明其主要形成于还原环境。Pr/nC_{17} 主要分布在 0.23～0.45 之间，Ph/nC_{18} 主要分布在 0.11～0.7 之间，奇偶优势（OEP）主要分布在 1.01～1.15 之间，奇偶优势不明显，碳优势指数（CPI）主要分布在 1.10～1.30 之间，略呈奇碳数优势。在萜烷质量色谱图中，三环萜烷含量高，烃源岩有机质含有较多藻类，$\alpha\alpha\alpha C_{29}S/(S+R)$ 值为 0.33～0.41，$C_{29}\beta\beta/(\alpha\alpha+\beta\beta)$ 值为 0.37～0.42，表明为成熟—高成熟烃源岩。伽马蜡烷含量较高，伽马蜡烷 /C_{31} 藿烷主要分布在 0.33～0.54 之间，表明烃源岩沉积环境盐度较高；升藿烷指数大多在 0.51～0.61，烃源岩主要形成于淡水—微咸水半深湖—深湖环境。在甾烷质量色谱图中，

孕甾烷、升孕甾烷含量较高，（孕甾烷＋升孕甾烷）/$\alpha\alpha\alpha 20RC_{29}$ 为 0.38～0.85，重排甾烷含量中等，C_{30} 重排藿烷 /C_{29}Ts 主要分布在 0.38～0.46，规则甾烷呈不对称“V”字形，一般具有 C_{27}＜C_{29}，4- 甲基甾烷含量较低（图 5-15）。

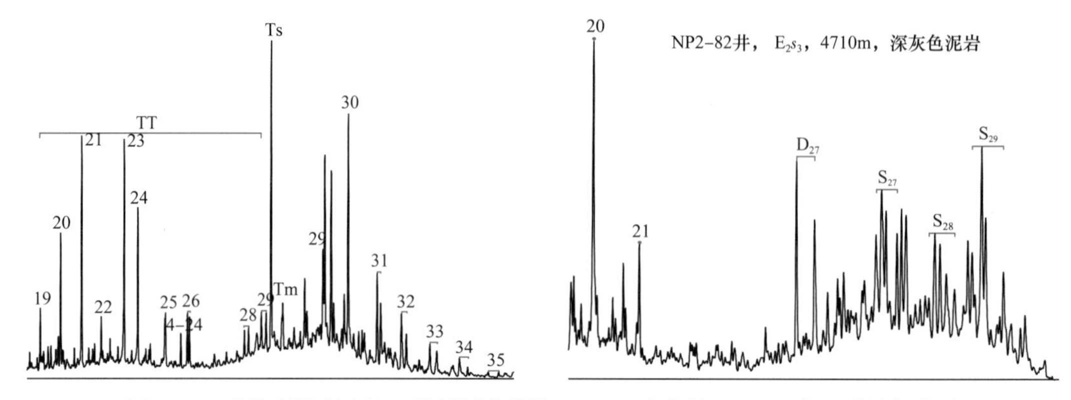

图 5-15　高柳断层以南沙三段烃源岩甾烷 m/z 217 和萜烷 m/z 191 典型质量色谱图

2. 沙一段烃源岩

沙一段烃源岩主要分布在高柳断层以南林雀次凹和曹妃甸次凹，拾场次凹沙一段烃源岩埋藏浅，均为未成熟烃源岩，因此，本节只讨论高柳断层以南沙一段烃源岩生物标志物特征。

沙一段烃源岩饱和烃主峰碳数主要分布区间为 C_{15}—C_{23}，以 C_{21} 和 C_{23} 为主，表明烃源岩有机质来源以水生生物为主，姥植比（Pr/Ph）分布在 1.17～1.6 之间，表明烃源岩形成于弱还原环境。Pr/nC_{17} 主要分布在 0.41～0.73 之间，Ph/nC_{18} 主要分布在 0.19～0.43，奇偶优势主要分布在 1.06～1.16 之间，奇偶优势不明显，碳优势指数主要分布在 1.14～1.24 之间，略呈奇碳数优势。在萜烷质量色谱图中，三环萜烷含量低，低碳数三环萜烷呈正态分布，C_{24}- 四环萜烷含量较高，2×C_{24}- 四环萜烷 /C_{26}- 三环萜烷大于 2，三降藿烷 Ts/（Ts+Tm）值分布在 0.51～0.83 之间，$\alpha\alpha\alpha C_{29}S/(S+R)$ 分布在 0.44～0.51 之间，$C_{29}\beta\beta/(\alpha\alpha+\beta\beta)$ 分布在 0.38～0.49 之间，为成熟烃源岩。伽马蜡烷含量较低，伽马蜡烷 /C_{31} 藿烷分布在 0.15～0.29 之间，烃源岩形成于淡水沉积环境；升藿烷指数大多为 0.36～0.59。在甾烷质量色谱图中，孕甾烷、升孕甾烷含量中等，（孕甾烷＋升孕甾烷）/$\alpha\alpha\alpha 20RC_{29}$ 为 0.45～0.57，重排甾烷含量较高，C_{27} 重排藿烷 / 规则甾烷主要分布在 0.23～0.34，规则甾烷呈“L”字形，一般具有 C_{27}＞C_{29}，进一步表明烃源岩主要形成于浅湖淡水环境，含有较高的陆源有机质来源（图 5-16）。

3. 东三段烃源岩

东三段烃源岩主要分布在高柳断层以南林雀和曹妃甸次凹，该套烃源岩主峰碳分布区间为 C_{15}—C_{23}，多数以 C_{21} 或 C_{23} 为主峰碳，表明烃源岩有机质来源以水生生物为主。姥植比（Pr/Ph）分布在 1.58～2.33 之间，表明烃源岩形成于弱氧化—弱还原沉积环境。奇偶优势主要分布在 0.96～1.24 之间，奇偶优势较明显，碳优势指数为 1.29～2.24，呈奇碳数优势，表明该烃源岩成熟度较低。在萜烷质量色谱图中，三环萜烷含量低，三降藿烷 Ts/（Ts+Tm）值分布在 0.32～0.59 之间，$\alpha\alpha\alpha C_{29}S/(S+R)$ 分布在 0.29～0.41 之间，$C_{29}\beta\beta/(\alpha\alpha+\beta\beta)$ 分布在 0.22～0.42 之间，以低成熟—成熟烃源岩为主。伽马蜡烷含量较低，伽马蜡烷 /C_{31} 藿烷分布在 0.10～0.25 之间，表明烃源岩形成于淡水环境。甾烷中孕甾烷、升孕甾烷含量低，（孕甾烷 + 升孕甾烷）/$\alpha\alpha\alpha 20RC_{29}$ 为 0.04～0.12，重排甾烷含量中等，C_{30} 重排藿烷 /C_{29}Ts 主要分布在 0.11～0.32 之间，规则甾烷呈不对称“V”字形，一般具有 $C_{27}<C_{29}$，且规则甾烷异构化程度低，表明烃源岩的成熟度较低。烃源岩主要沉积于浅湖淡水环境，有大量陆源有机质来源（图 5-17）。

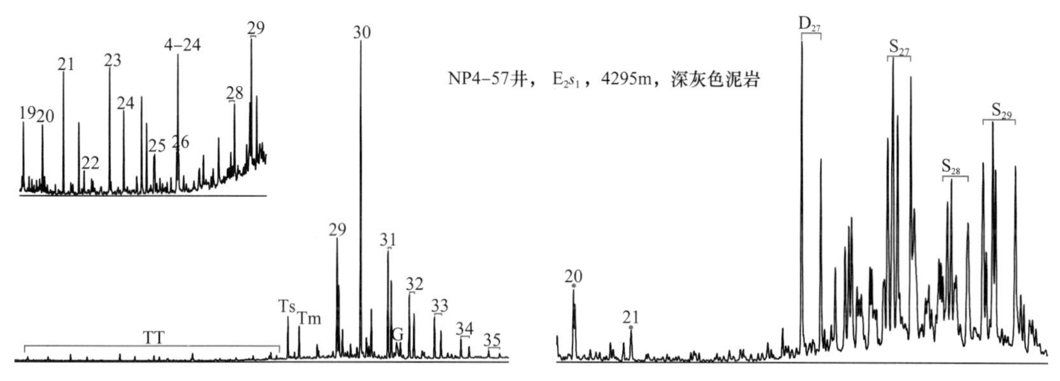

图 5-16　沙一段烃源岩甾烷 m/z 217 和萜烷 m/z 191 典型质量色谱图

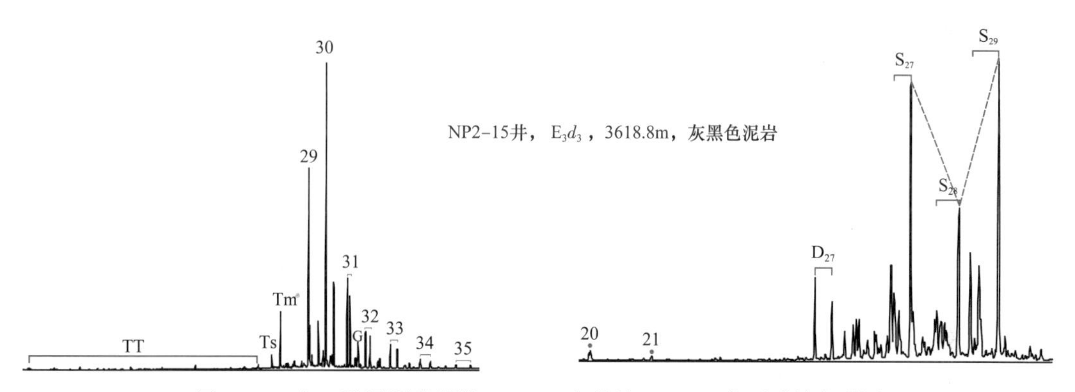

图 5-17　东三段烃源岩甾烷 m/z 217 和萜烷 m/z 191 典型质量色谱图

综上所述，沙三段四亚段烃源岩主要生物标志化合物特征为高丰度 4- 甲基萜烷；高柳以南沙三段烃源岩主要生物标志化合的特征为高丰度三环萜烷、孕甾烷和升孕甾烷，低丰度重排甾烷；沙一段烃源岩主要生物标志化合物特征为低丰度三环萜烷，高丰度重排甾烷；东三段烃源岩主要生物标志化合物特征为低丰度三环萜烷，中低丰度重排甾烷和规则甾烷以 C_{29} 规则甾烷占优势的偏“V”字形。

二、原油生物标志化合物特征与油源对比

南堡凹陷及周边凸起从新近系明化镇组到古生界寒武系均有油气分布，共发育 13 套含油层系，油气层埋深最深 5130m，最浅 1319m。

原油物性是原油化学组成的综合反应，在一定程度上有助于对油的成因进行判断。南堡凹陷不同地区、不同层位，甚至同一层位不同构造部位的原油，其物理性质均有较明显的差异。其中，滩海地区的原油密度相对陆上来说较小，基本分布在 0.82g/cm^3 以下，黏度也较小，分布范围很窄。高尚堡地区馆陶组、明化镇组原油密度多数分布在 0.9g/cm^3 左右，而东营组和沙河街组原油密度较小，小于 0.85g/cm^3 居多，其中，东营

组分布的原油密度最小，一般为 0.83g/cm^3，沙河街组原油密度一般介于二者之间，主要分布在 0.83～0.85g/cm^3 之间；高尚堡地区的馆陶组和明化镇组的原油黏度较大，而东营组和沙河街组原油黏度较小。北堡地区大部分原油密度均小于 0.82g/cm^3，黏度小于 20mPa・s，分布较集中。柳赞地区馆陶组、明化镇组平均原油密度比东营组和沙河街组高，柳南地区馆陶组和明化镇组原油、柳中地区 $E_2s_3^3$ 和 $E_2s_3^2$ 密度较高，主要分布在 0.85g/cm^3 以上。老爷庙地区馆陶组、明化镇组原油密度明显高于东营组原油密度，前者主要分布在 0.79～0.93g/cm^3 之间，后者主要分布在 0.76～0.87g/cm^3 之间，原油黏度的分布特征与密度相类似。

根据生物标志化合物特征（梅玲等，2008；王政军等，2012；Zhu G Y 等，2013a，2013b，2014a，2014b），可将南堡凹陷原油划分为 4 种类型（表 5-3）。

表 5-3 南堡凹陷原油类型与生物标志化合物参数表

原油分类	主要分布地区	伽马蜡烷	重排甾烷	C_{30}4- 甲基甾烷含量	C_{24} 四环萜烷 / C_{26} 三环萜烷	Ts/Tm	规则甾烷构型	烃源岩
A1 类	高柳及周边凸起地区油藏	低	低	高	>1.0	1.1～1.6	“V”字形	高柳断层以北拾场次凹沙三段四亚段
A2 类	高柳地区油藏	较高	中—低	中—低	<0.6	1.1～1.6	偏“V”字形	高柳断层以北拾场次凹沙三段三亚段
B 类	南堡 3 号构造、南堡 4 号、南堡 5 号构造、老爷庙构造沙一段及以浅油藏	低	高	低	>1.0	1.0～1.2	“L”字形	高柳断层以南沙一段
C 类	南堡 5 号构造沙三段、南堡构造古潜山油藏	较高	中—低	中—低	<0.5	>2.0	“V”字形	高柳断层以南沙三段
D 类	南堡 1 号构造、南堡 2 号构造古近系和新近系油藏	较高	中—高	中—低	<0.8	1.0～1.5	反“L”字形	高柳断层以南沙一段与沙三段混源

A 类原油分布于高柳及周边凸起，根据生物标志化合物特征又可以分为两类。A1 类原油三环萜烷含量低，低碳数三环萜烷呈正态分布，以 C_{21} 或 C_{23} 为主峰，C_{26}/C_{25} 三环萜烷大多在 1.0 以上，为典型湖相烃源岩特征，高碳数三环萜烷 C_{28} 或 C_{29} 含量相对较高，形态上与拾场次凹沙三段四亚段烃源岩相似；伽马蜡烷不发育，伽马蜡烷 /C_{30}H 值小于 0.04；Ts/Tm 为 1.0 左右；C_{29}Ts、C_{30} 重排藿烷及降莫烷相对含量低；奥利烷丰度更低，甚至无法检测出来；规则甾烷分布以 $\alpha\alpha\alpha 20R$ 构型的 C_{27} 和 C_{29} 规则甾烷为主，C_{28} 规则甾烷含量相对较低；3 个碳数的甾烷呈不对称“V”字形分布，C_{27} 含量略大于 C_{29} 甾烷，重排甾烷 / 规则甾烷在 0.2 左右；C_{30}-4 甲基甾烷非常发育，与 C_{29} 甾烷含量相当（图 5-18）；从生物标志化合物特征上看与沙三段四亚段烃源岩亲缘关系较好，与其他

烃源岩区别较大。A2 类原油在高 81、高 104-5 等区块发现 C_{30} 甲基甾烷含量低，伽马蜡烷含量相对较高原油，伽马蜡烷 /$C_{30}H$ 值分布在 0.2～0.4 区间，这类原油与沙三段三亚段烃源岩具有更好亲缘关系。因此该类原油主要来自拾场次凹沙三段四亚段油页岩，部分区块来自沙三段三亚段烃源岩。

B 类原油主要分布于南堡 3 号构造、南堡 4 号构造、南堡 5 号构造与老爷庙构造的沙一段及以上地层油藏中。原油生物标志化合物特征为：萜烷中三环萜烷含量低，且 C_{19}—C_{26} 低碳数三环萜烷含量低于 C_{28}—C_{29} 高碳数三环萜烷，高碳数三环萜烷只检测出 C_{28}—C_{29} 三环萜烷，C_{29} 三环萜烷含量相对高，形态上与沙一段烃源岩相似；伽马蜡烷含量较低；甾烷中，孕甾烷、升孕甾烷含量中等—低，重排甾烷含量高；规则甾烷呈“V”字形或反“L”字形，规则甾烷 $C_{27}>C_{29}$，部分规则甾烷 $C_{27}<C_{29}$；生物标志化合物指数表明其与沙一段烃源岩具有较好的亲缘关系（图 5-19、表 5-4）。

C 类原油主要分布于南堡古潜山、南堡 5 号构造沙三段油藏中（李素梅等，2014；Wang Z J 等，2013）。原油以凝析油为主，生物标志化合物特征是：萜烷中三环萜烷含量较高，形态上与沙三段烃源岩相似；伽马蜡烷含量较高；甾烷中，孕甾烷、升孕甾烷含量高，重排甾烷含量低—中等；规则甾烷呈偏“V”字形，规则甾烷 $C_{27}>C_{29}$，C_{29} 甾烷 $\alpha\alpha\alpha 20S/(S+R)$ 大于 0.55，甾烷 / 藿烷主要分布在 0.36～0.44 之间，$2\times C_{24}$- 四环萜 / C_{26}- 三环萜分布在 1.11～1.27 之间，大多小于 1.2，三环萜 / 五环萜大于 0.1，伽马蜡烷 / C_{30} 藿烷大多在 0.3 以上；生物标志化合物指数表明其与沙三段烃源岩具有较好的亲缘关系（图 5-20）。

D 类原油主要分布于南堡 1 号构造、南堡 2 号构造古近系东一段和新近系明化镇组—馆陶组油藏中。原油生物标志化合物特征为：三环萜烷含量低，且 C_{19-26} 低碳数三环萜烷含量高于 C_{28-29} 高碳数三环萜烷；甾烷中，孕甾烷、升孕甾烷含量中等—低，重排甾烷含量高；规则甾烷呈“V”字形或反“L”字形，规则甾烷 $C_{27}>C_{29}$，部分规则甾烷 $C_{27}<C_{29}$（图 5-21）；甾烷 / 藿烷在 0.20 左右，生物标志化合物指数表现为沙一段和沙三段烃源岩均有贡献的混源油。用 C_{24}- 四环萜 /C_{26}- 三环萜也能很好区分原油是否为混源油，沙三段原油 C_{24}- 四环萜 /C_{26}- 三环萜小于 0.70，沙一段原油 C_{24}- 四环萜 /C_{26}- 三环萜大于 1.00，混合原油 C_{24}- 四环萜 /C_{26}- 三环萜分布在 0.83～0.97 之间（表 5-4）。另外，通过原油族组分碳同位素也可以得到相同结论，即来自沙三段原油族组分同位素明显偏重，芳香烃碳同位素在 -26‰左右，而来自沙一段烃源岩原油碳同位素较全，芳香烃碳同位素一般小于 -27‰，混合原油芳香烃碳同位素介于 -27‰～-26‰（表 5-4）。

综合以上原油分类与对比，A 类原油主要分布在高柳构造及周边凸起，来源于拾场次凹沙三段烃源岩；B 类原油主要分布在南堡 3 号构造、南堡 4 号构造、南堡 5 号构造及老爷庙构造的明化镇组—沙一段，来源于高柳断层以南的沙一段烃源岩；C 类原油分布在南堡古潜山与南堡 5 号构造深层沙三段，来源于高柳断层以南沙三段烃源岩；高柳断层以南沙一段与沙三段烃源岩混源生成 D 类原油，分布在南堡 1 号构造、南堡 2 号构造古近系和新近系。因此，南堡凹陷及周边凸起的原油主要来自沙三段烃源岩，沙一段烃源岩也有较大贡献，而东三段烃源岩由于大多处于低成熟阶段，对油气贡献很小。

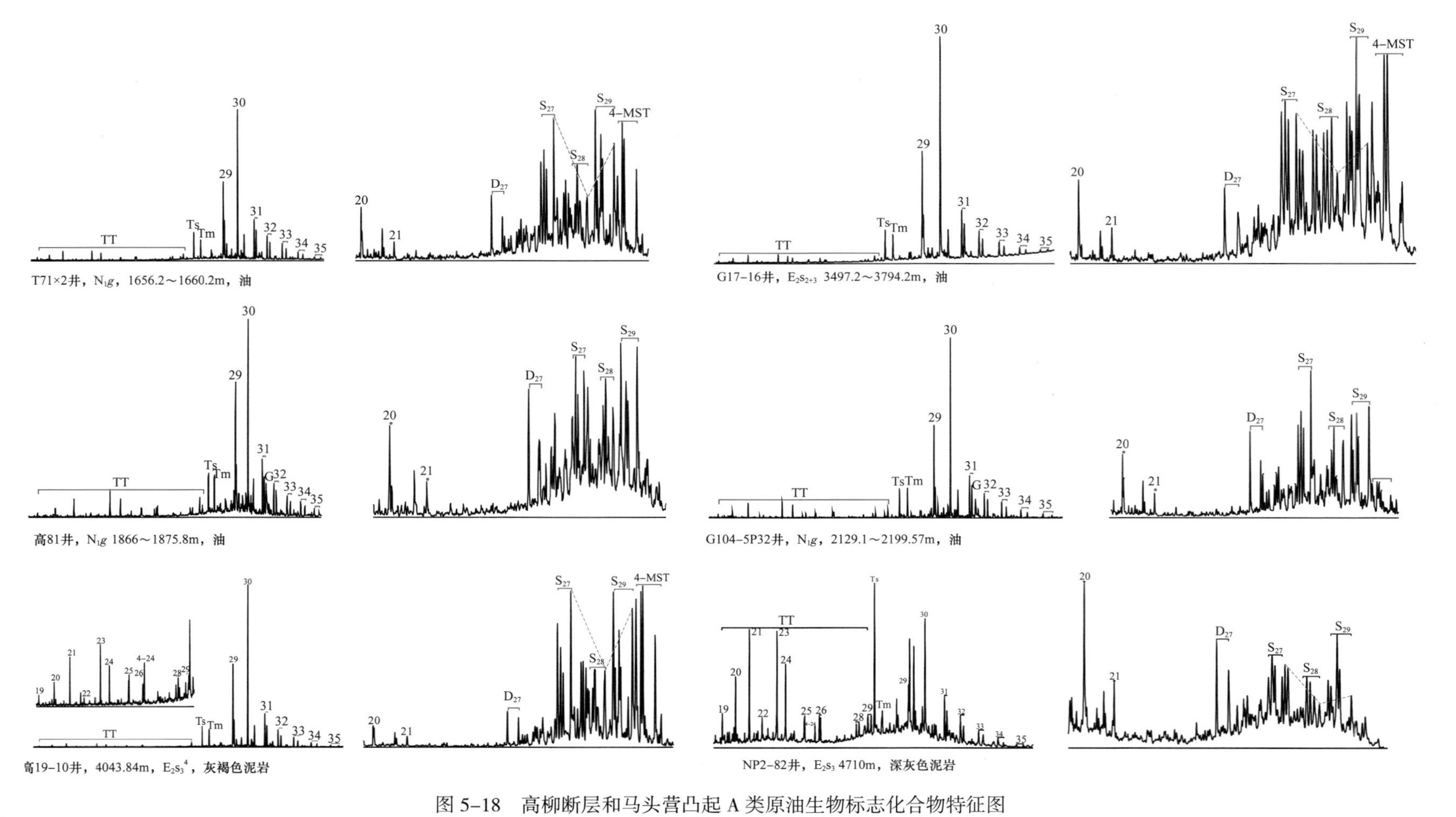

图 5-18　高柳断层和马头营凸起 A 类原油生物标志化合物特征图

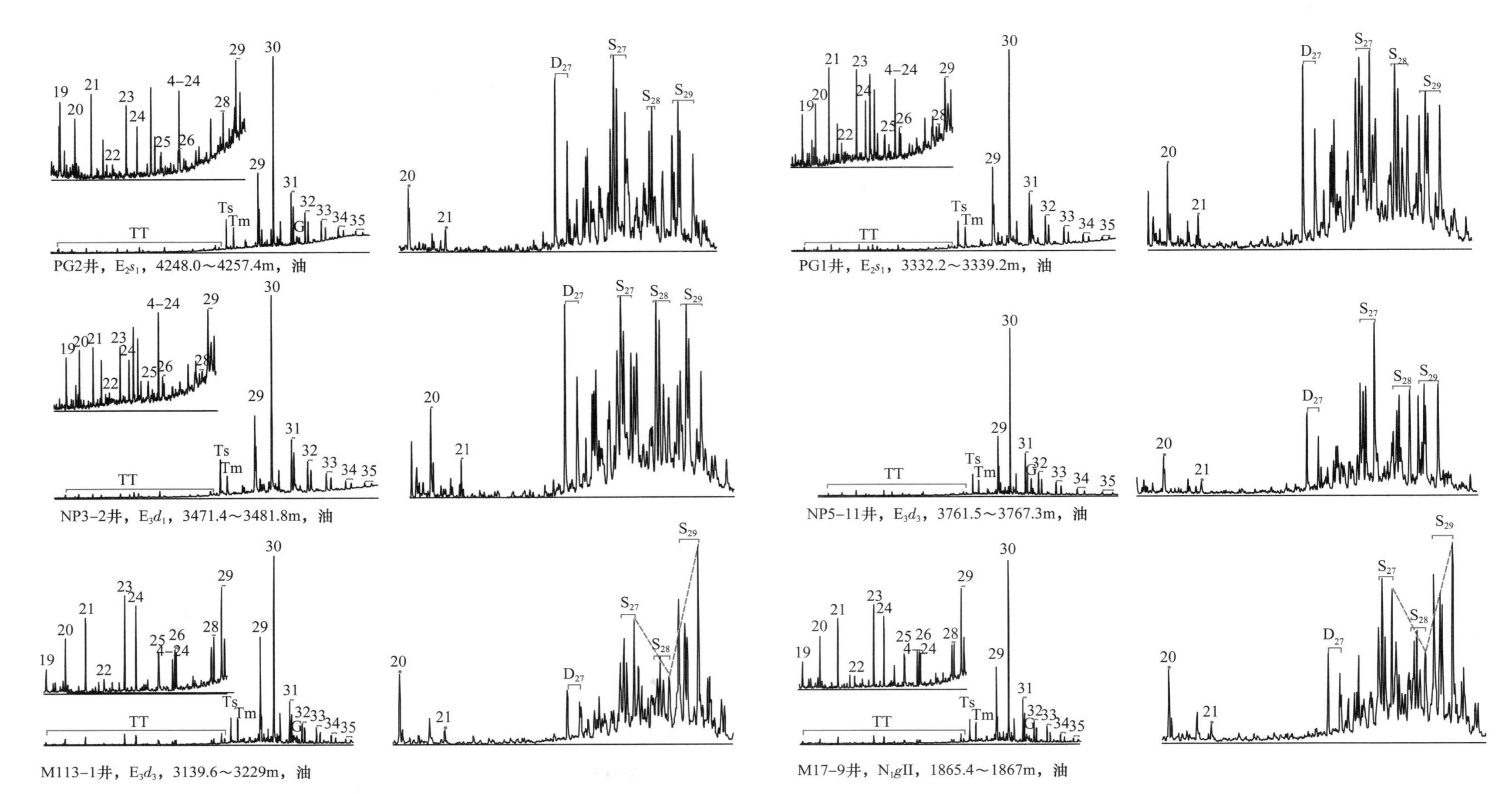

图 5-19　南堡 3 号构造、南堡 4 号构造、南堡 5 号构造、老爷庙构造沙一段及以上 B 类原油生物标志化合物特征图

表 5-4　南堡凹陷滩海地区新生界天然气伴生凝析油 / 原油生物标志化合物参数与原油族组分碳同位素

井号	井段 / m	样品类型	层位	生物标志化合物参数														碳同位素 /‰			烃源岩
				TT/Hop	C_{24}TeT/（C_{24}TeT+C_{26}TT）	C_{24}TeT/C_{26}TT	（C_{19}+C_{20}）TT/Hop	$\alpha\alpha\alpha C_{29}$ $S/(S+R)$	$C_{29}\beta\beta/(\alpha\alpha+\beta\beta)$	（孕甾烷+升孕甾烷）/C_{29}	主峰碳	Pr/Ph	C_{24}TeT/（C_{24}TeT+C_{23}TT）	C_{23}TT/C_{30}–Hop	C_{24}TeT/C_{30}–Hop	C_{28}TT/C_{30}–Hop	甾烷 / 藿烷	油	饱和烃	芳香烃	
NP2–60	3741.0～3748.6	油	E_2s_1	0.029	0.670	2.031	0.004	0.371	0.314	0.050	C_{21}	1.166	0.540	0.012	0.013	0.011	0.198	−28.6	−29.4	−27.7	来自沙一段烃源岩
NP2–60	3748.16	岩	E_2s_1	0.020	0.732	2.727	0.002	0.368	0.304	0.036	C_{23}	0.909	0.656	0.006	0.012	0.007	0.174		−30.1	−26.8	
NP3–2	3471.4～3482.0	油	E_3d_1	0.043	0.655	1.899	0.007	0.436	0.602	0.165	C_{23}	1.231	0.621	0.014	0.023	0.014	0.142	−28.2	−28.6	−27.4	
PG2	4248.0～4257.4	油	E_2s_1	0.053	0.707	2.411	0.013	0.484	0.473	0.147	C_{21}	1.326	0.548	0.021	0.025	0.018	0.205	−27.5	−28.3	−26.7	
PG1	3332.2～3339.2	油	E_2s_1	0.050	0.765	3.254	0.010	0.395	0.424	0.119	C_{21}	1.091	0.532	0.025	0.028	0.016	0.243	−27.4	−27.8	−26.7	
NP4–19	1877.0～1879.0	油	N_1g	0.055	0.574	1.346	0.011	0.416	0.542	0.176	C_{23}	1.136	0.484	0.023	0.021	0.012	0.211	−27.6	−28.8	−26.8	
NP4–52	1839.6～1841.6	油	N_1g	0.062	0.546	1.204	0.012	0.458	0.540	0.161			0.526	0.023	0.026	0.017	0.217	−27.7	−28.0	−26.7	
NP4–12	3128.0～3131.8	油	E_3d_1	0.041	0.615	1.595	0.006	0.384	0.458	0.107	C_{23}	1.131	0.586	0.015	0.021	0.010	0.222	−28.3	−28.5	−27.7	
NP23–X2212	3211.0～3304.8	油	E_3d_1	0.046	0.529	1.123	0.007	0.552	0.438	0.402	C_{21}	1.141	0.480	0.016	0.015	0.011	0.180	−27.6			
NP23–P2201	2924.4～3020.0	油	N_1g	0.050	0.503	1.014	0.007	0.529	0.439	0.398	C_{21}	1.158	0.447	0.019	0.015	0.012	0.202	−27.2	−28.0	−26.7	
NP118–X2	2812.6～2828.0	油	N_1g	0.080	0.480	0.924	0.013	0.405	0.509	0.194	C_{20}	1.135	0.376	0.037	0.022	0.019	0.202	−27.2	−28.0	−26.7	沙一段和沙三段烃源岩
NP1–4A4–X501	2632.6～2658.0	油	E_3d_1	0.078	0.471	0.889	0.013	0.422	0.527	0.214	C_{21}	1.176	0.423	0.033	0.024	0.017	0.186	−27.5	−28.6	−26.8	
NP1–32C	2800.4～3108	油	E_3d_1	0.064	0.472	0.895	0.011	0.408	0.516	0.171	C_{21}	1.168	0.440	0.025	0.019	0.014	0.174	−27.8	−27.3	−27.0	
NP101–15	2823～2833.4	油	E_3d_1	0.084	0.460	0.853	0.014	0.394	0.512	0.210	C_{21}	1.154	0.362	0.039	0.022	0.021	0.216	−27.2	−27.9	−27.4	
NP1–32	3261.6～3267	油	E_3d_1	0.066	0.491	0.965	0.011	0.384	0.513	0.210	C_{21}	1.129	0.410	0.029	0.020	0.015	0.196	−27.3	−28.5	−26.8	
NP1–P4	2660～3460	油	N_1g	0.077	0.452	0.825	0.013	0.387	0.513	0.196	C_{21}	1.129	0.382	0.036	0.022	0.017	0.207	−27.5	−27.8	−26.5	

续表

井号	井段 / m	样品类型	层位	生物标志化合物参数														碳同位素 /‰			烃源岩
				TT/Hop	C_{24}TeT/（C_{24}TeT+C_{26}TT）	C_{24}TeT/C_{26}TT	（C_{19}+C_{20}）TT/Hop	$\alpha\alpha\alpha C_{29}$ $S/(S+R)$	$C_{29}\beta\beta/(\alpha\alpha+\beta\beta)$	（孕甾烷 + 升孕甾烷）/ C_{29}	主峰碳	Pr/Ph	C_{24}TeT/（C_{24}TeT+C_{23}TT）	C_{23} TT/C_{30}-Hop	C_{24} TeT/C_{30}-Hop	C_{28}TT/C_{30}-Hop	甾烷 / 藿烷	油	饱和烃	芳香烃	
NP11-B45-X503	2632.6～2658.0	油	E_3d_1	0.103	0.408	0.691	0.017	0.403	0.517	0.230	C_{20}	1.096	0.324	0.051	0.024	0.028	0.245	-26.6	-27.7	-26.3	来自沙三段烃源岩
NP208	2447.2～2548	油	E_3d_1	0.111	0.409	0.692	0.016	0.403	0.536	0.204	C_{19}	1.097	0.346	0.049	0.026	0.026	0.224	-27.2	-27.4	-26.2	
NP2-3	2480.4～2847.4	油	E_3d_1	0.107	0.383	0.621	0.014	0.559	0.456	0.403	C_{21}	1.030	0.306	0.030	0.017	0.026	0.256	-27.2			
NP23-X2407	3100.0～3138.4	油	E_3d_1	0.122	0.334	0.501	0.014	0.579	0.423	0.357	C_{15}	0.930	0.276	0.051	0.019	0.034	0.290	-27.2			
NP13-X1004	2870～2920	油	E_3d_1	0.125	0.378	0.607	0.017	0.406	0.547	0.224	C_{21}	0.857	0.301	0.059	0.025	0.034	0.285	-26.9	-27.3	-26.0	
NP13-X1078	2773.2～2829.4	油	E_3d_1	0.108	0.424	0.735	0.018	0.416	0.570	0.238	C_{19}	1.018	0.342	0.047	0.025	0.024	0.233	-26.8	-27.4	-26.2	
NP13-P1656	3435.0～3620.0	油	E_3d_1	0.108	0.404	0.678	0.015	0.417	0.551	0.221	C_{21}	0.881	0.317	0.054	0.025	0.033	0.264	-26.9	-27.3	-26.1	
NP280	4025.0～4220.0	油	E_2s_3	0.423	0.274	0.378	0.088	0.504	0.589	0.246	C_{21}	1.036	0.243	0.218	0.070	0.144	0.487	-28.7	-28.5	-26.7	
NP280	4246	岩	E_2s_3	0.462	0.239	0.314	0.099	0.421	0.695	0.359	C_{23}	0.903	0.194	0.330	0.079	0.165	0.500	-25.9	-28.2	-26.5	

注：TT/Hop—C_{19}–C_{29} 三环萜烷 / 藿烷；C_{24}TeT/（C_{24}TeT+C_{26}TT）—C_{24}- 四环萜烷 /（C_{24}- 四环萜烷 +C_{26} 三环萜烷）；C_{24}TeT/C_{26}TT—C_{24}- 四环萜烷 /C_{26} 四环萜烷；（C_{19}+C_{20}）TT/Hop—（C_{19} 三环萜烷 +C_{20} 三环萜烷）/ 藿烷；$\alpha\alpha\alpha C_{29}S/(S+R)$—$C_{29}$ 规则甾烷 $\alpha\alpha\alpha S/(S+R)$；$C_{29}\beta\beta(\alpha\alpha+\beta\beta)$—$C_{29}$ 规则甾烷 $\beta\beta/(\alpha\alpha+\beta\beta)$；（孕甾烷 + 升孕甾烷）/$C_{29}$—（孕甾烷 + 升孕甾烷）/$C_{29}$ 藿烷；Pr/Ph—姥胶烷 / 植烷；C_{24}TeT/（C_{24}TeT+C_{23}TT）—C_{24} 四环萜烷 /（C_{24}- 四环萜烷 +C_{23} 三环萜烷）；C_{23}TT/C_{30}-Hop—C_{23} 三环萜烷 /C_{30}-$\alpha\beta$ 藿烷；C_{24}TeT/C_{30}-Hop—C_{24} 三环萜烷 /C_{30}-$\alpha\beta$ 藿烷；C_{28}TT/C_{30}-Hop—C_{28} 三环萜烷 /C_{30}-$\alpha\beta$ 藿烷。

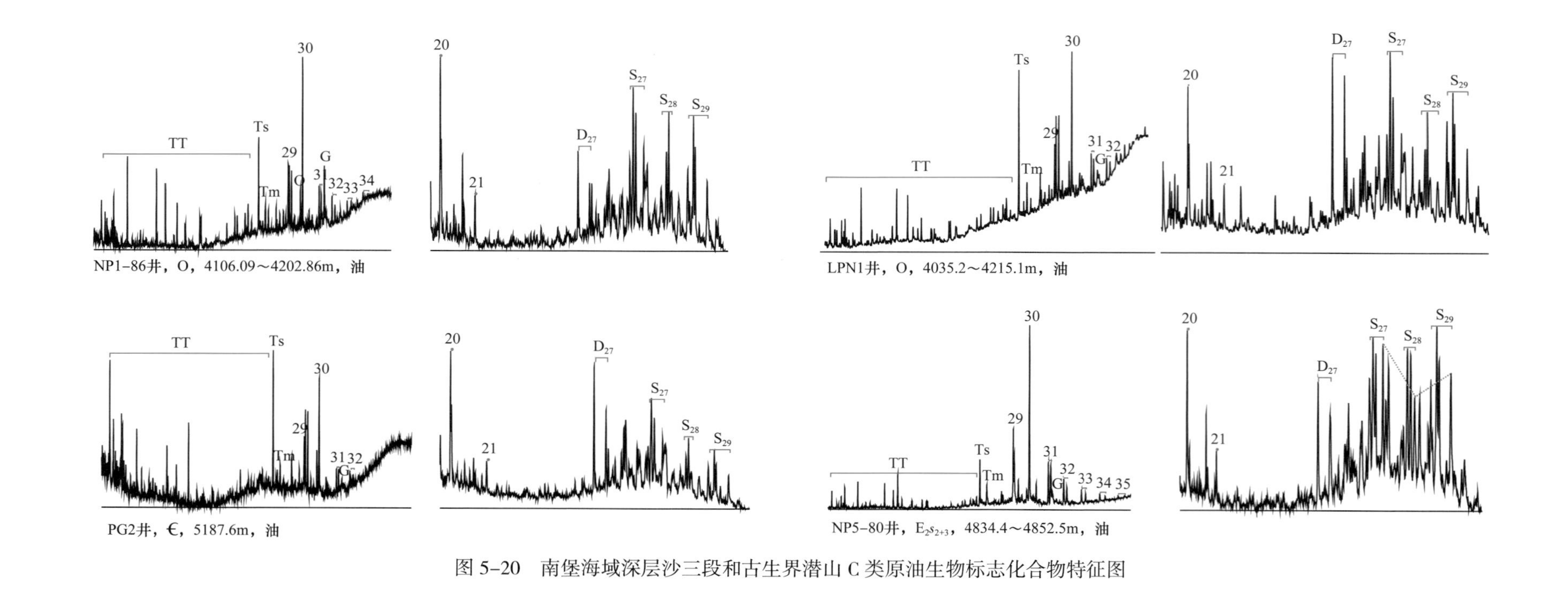

图 5-20　南堡海域深层沙三段和古生界潜山 C 类原油生物标志化合物特征图

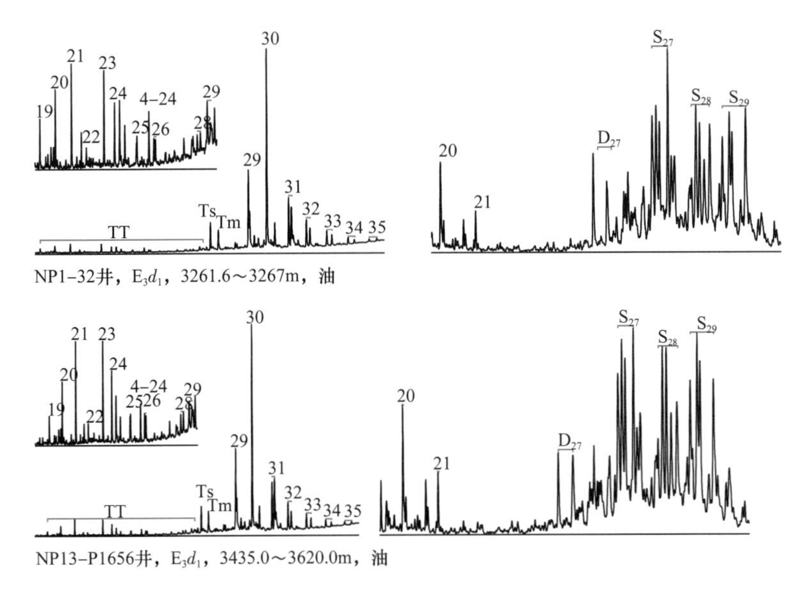

图 5-21 南堡 1 号构造、南堡 2 号构造浅层混源 D 类原油生物标志化合物特征图

第六章　沉积与储层

南堡凹陷及周边凸起已发现的含油气层系有古生界、中生界、新生界。古生界寒武系—奥陶系储层广泛分布于南堡1号构造、南堡2号构造、南堡3号构造潜山和周边凸起潜山；中生界侏罗系储层集中分布于南堡凹陷周边的西南庄、柏各庄凸起，主要为扇三角洲沉积体系；新生界古近系和新近系是最重要的含油气层系，古近系主要发育辫状河三角洲、扇三角洲、滨浅湖滩坝和浊流沉积4种沉积相类型，新近系主要发育辫状河、曲流河两种沉积相类型。

第一节　古近系—新近系层序地层与沉积体系

南堡凹陷古近系—新近系主要发育5种沉积体系、7种沉积相类型。层序控制下的沉积体系在不同地区的展布特征具有一定的差异性。

一、沉积相与沉积体系

南堡凹陷古近系—新近系主要发育冲积扇沉积体系、三角洲沉积体系、重力流沉积体系、河流沉积体系和湖泊沉积体系，以及冲积扇、扇三角洲、辫状河三角洲、重力流、曲流河、辫状河和滨浅湖滩坝等沉积相类型。

1. 冲积扇沉积体系

冲积扇是河流出山口处的扇形堆积体，在南堡凹陷分布范围较小，主要分布在柏各庄断层下降盘柳赞地区和大10×1井区，沿柏各庄凸起剥蚀区边缘呈裙边状分布，岩性主要为红色泥岩和砂砾岩（图6-1），砂砾岩厚度占剖面厚度的70%～80%。大10×1井以杂色砾岩为主，混杂块状，砾径2～5mm，砾石无定向。

a. 柳202×3井，2401.74～2402m，冲积扇沉积岩心

b. 柳202×3井，3889.42m，冲积扇沉积岩心

图6-1　南堡凹陷冲积扇沉积岩心

2. 三角洲沉积体系

南堡凹陷已经发现的三角洲主要有扇三角洲、辫状河三角洲。扇三角洲沉积体系主要发育在南堡凹陷北部，辫状河三角洲沉积体系主要发育在南堡凹陷南部。

1）扇三角洲沉积体系

扇三角洲沉积体系广泛发育于构造活动性较强的陡坡带，在西南庄断层和柏各庄断层下降盘连片分布（刘延莉等，2008），较大的扇三角洲发育在南堡 4 号构造带。主要沉积亚相为扇三角洲平原和扇三角洲前缘，沉积微相包括分流河道、水下分流河道、河口坝和水下分流间湾。在南堡 4 号构造带，扇三角洲平原分布在柏各庄断层下降盘的根部，面积较小（乔海波等，2016）；岩性为红色砂泥岩，常夹碳质泥岩，含植物茎和炭屑，砂层具有较好的渗透性。扇三角洲前缘岩性为灰绿色、灰色泥岩与砂岩互层，砂层主要为含砾砂岩、细砂岩、粉细砂岩，自然电位曲线形态呈箱形、钟形、漏斗形和指状。沉积微相水下分流河道主要岩性为砂砾岩、不等粒砂岩、中砂岩和细砂岩等，成熟度较低；沉积构造丰富，见典型正粒序层理、平行层理、槽状交错层理和斜层理等；水动力强，具有牵引流和重力流双重水动力特征（图 6–2）。

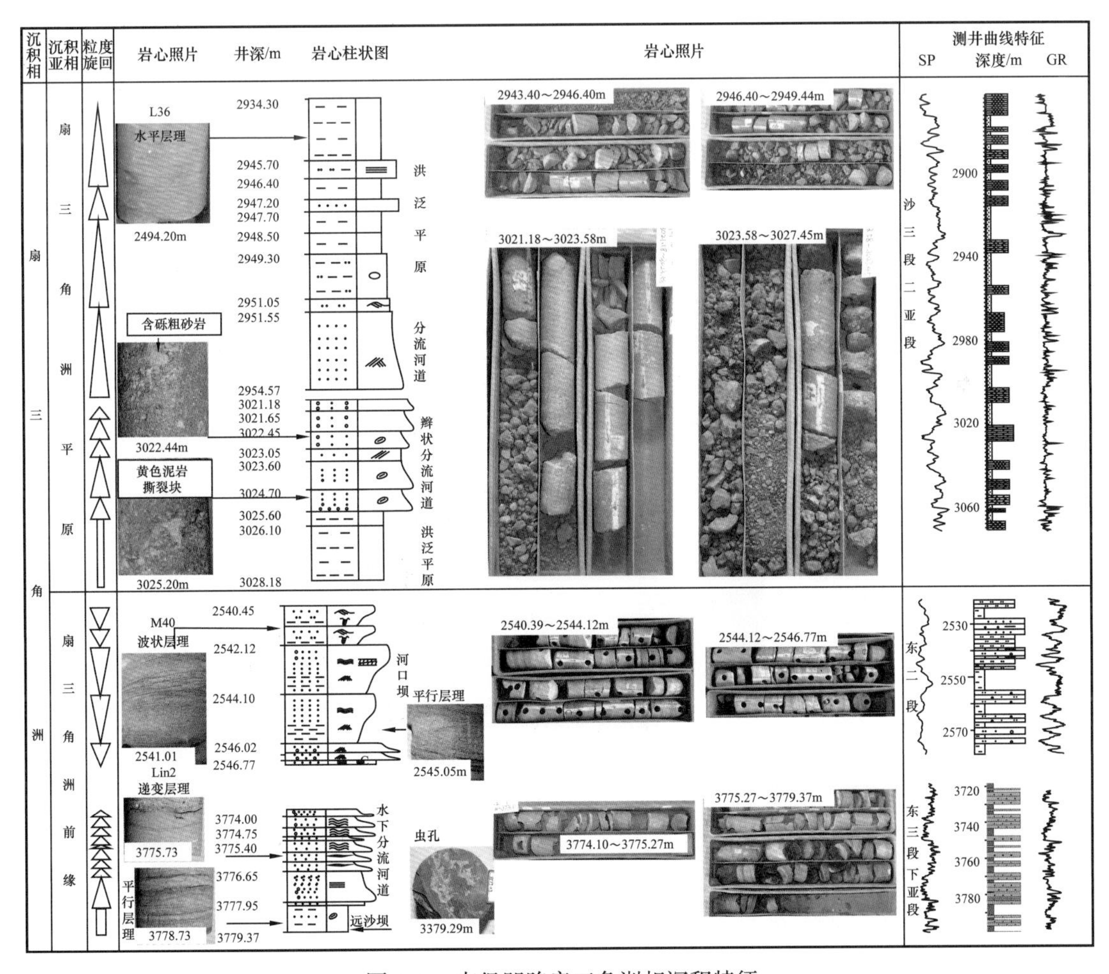

图 6–2　南堡凹陷扇三角洲相沉积特征

2）辫状河三角洲沉积体系

辫状河三角洲沉积体系主要发育在南堡1号构造带南部、南堡2号构造带南部和南堡3号构造带，主要沉积亚相为辫状河三角洲前缘，沉积微相包括水下分流河道、河口坝、水下分流间湾等（董月霞等，2014）。在南堡3号构造带，辫状河三角洲前缘为厚层砂岩沉积。砂层的自然电位曲线呈箱形、齿化钟形，粒度概率图为两段式，以跳跃总体为主，占60%～80%，悬浮总体含量中等，表现出较高能量的水动力环境，偶见宽缓上拱式和多段式特征。沉积微相水下分流河道主要岩性为含砾砂岩，垂向上呈多套正韵律，具底冲刷、斜层理等沉积构造；测井响应特征为中—高幅度，自然伽马曲线呈齿化箱形。河口坝岩性为中—细粒砂岩，成分及结构成熟度较高；发育块状层理、小型交错层理和平行层理；位于水下分流河道的前方，并继续顺其方向向湖盆中央延伸，垂向上常表现为反粒序特征，自然伽马曲线呈漏斗形（图6-3）。

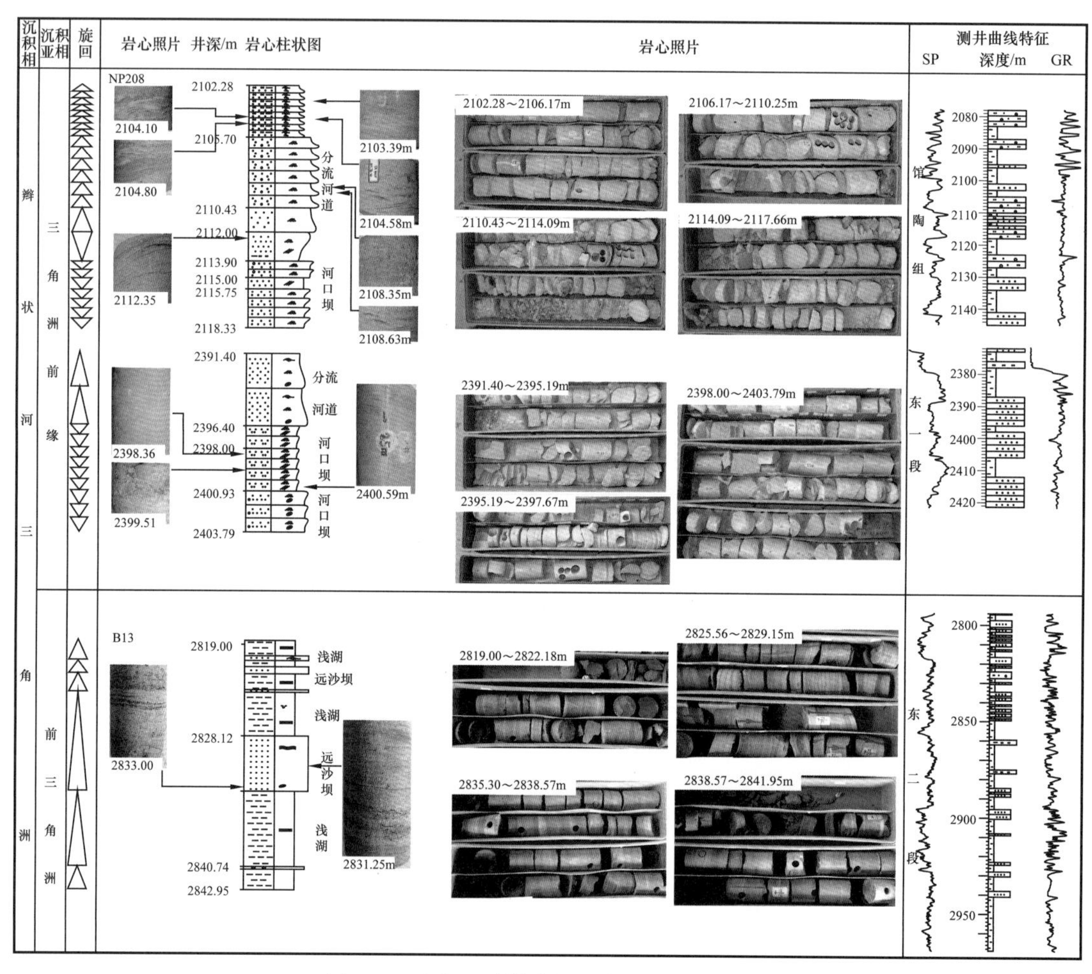

图6-3 南堡凹陷辫状河三角洲相沉积特征

3. 重力流沉积体系

重力流沉积体系主要发育于半深湖—深湖沉积环境中，沉积微相为浊积岩，岩性为灰色—灰黑色泥岩夹薄层钙质粉砂岩，生物稀少，自然电位曲线平直。发育变形构造，包括沉积层在重力作用下发生运动位移产生的液化砂岩脉，重力作用或强水动力搅动形成的泥质碎片，在砂岩中沉积所产生的泥岩撕裂屑，外界环境不稳定而向下挤压入塑性泥岩中形成的砂岩球枕等。南堡3号构造带东侧南堡3–20井区古近系钻遇重力流沉积体系。

4. 河流沉积体系

1）辫状河沉积

辫状河沉积主要发育在馆陶组沉积时期，形成于气候半干旱—干旱条件、构造相对平缓、地形具一定坡降、河流水动力较强、搬运量大、沉积物较粗、河道迁移快的地区，由辫状河道沉积和河道间沉积组成。总体看，辫状河沉积砂多泥少，砂泥比值大，测井曲线呈高幅齿化箱形或钟形，并以箱形为主。辫状河道沉积由多期粒度向上变细的灰白色或灰色砂砾岩、含砾砂岩、粗粒砂岩叠置组成，块状层理、大型交错层理发育，自然电位和自然伽马曲线常呈多个箱形曲线叠置；河道间沉积由紫灰色、褐灰色等杂色泥岩和粉砂岩组成，泥岩呈团块状或鳞片状，含较多菱铁质结核和少量植物碎屑化石。

2）曲流河沉积

曲流河沉积主要发育在明化镇组沉积时期，形成于气候半干旱—干旱条件、构造和地形平缓、河流水动力较弱、搬运能力弱、沉积物相对较细、河道相对固定的地区。一般砂体呈条带状延伸，发育大面积泛滥沉积，由河道、边滩、溢岸和河道间泛滥沉积组成。总体看，曲流河沉积砂泥比值适中，测井曲线呈齿化箱形，纵向上具有大段泥夹厚层砂的特征。明化镇组下段整体发育三套反旋回曲流河沉积。

5. 湖泊沉积体系

滨浅湖滩坝沉积主要分布在南堡凹陷中部，岩性为深灰绿色泥岩与浅灰色砂岩、粉砂岩互层，自然电位曲线平直到呈小锯齿状。砂层底部见虫穴，具波状层理，生物繁盛，波浪作用较强。滩坝沉积构造中以浪成沙纹交错层理最为常见，也可见较强水动力条件下形成的平行层理，具有丰富的生物钻孔和生物扰动构造，局部发育鲕粒、生物碎屑等。粒度概率图以三段式和两段式为主，主要发育跳跃和悬浮总体。

二、层序地层格架

1. 古近系层序地层格架

南堡凹陷古近系可划分出2个二级层序、12个三级层序，分别为$SQE_2s_3^5$、$SQE_2s_3^4$、$SQE_2s_3^3$、$SQE_2s_3^2$、$SQE_2s_3^1$、SQE_2s_2、$SQE_2s_1^{下}$、$SQE_2s_1^{上}$、$SQE_3d_3^{下}$、$SQE_3d_3^{上}$、SQE_3d_2、SQE_3d_1（图6–4）。

（1）$SQE_2s_3^5$层序相当于沙三段五亚段。在南堡凹陷大部分地区均有分布，东部地区较厚，向西部地区逐渐变薄并超覆于前古近纪地层上。在南北向上，近盆地边缘的北部层序较为发育，南部层序大部分缺失。

（2）$SQE_2s_3^4$层序相当于沙三段四亚段。在南堡凹陷东部，层序界面上下的地层与层序底界面基本平行，在南堡凹陷西部和边部，此界面上超到基底之上，在盆地的西南和西北可见到削蚀和上超现象，其他地区不整合均为平超型。层序发育早中期，内部基准面旋回为水体向上变深的正旋回；层序发育晚期，内部基准面旋回为水体向上变浅的反旋回。

（3）$SQE_2s_3^3$层序相当于沙三段三亚段。从西北向东南逐渐减薄，顺层超覆于下伏地层之上，在南堡凹陷西部地层为平行不整合，靠近南堡1号构造带、南堡2号构造带见

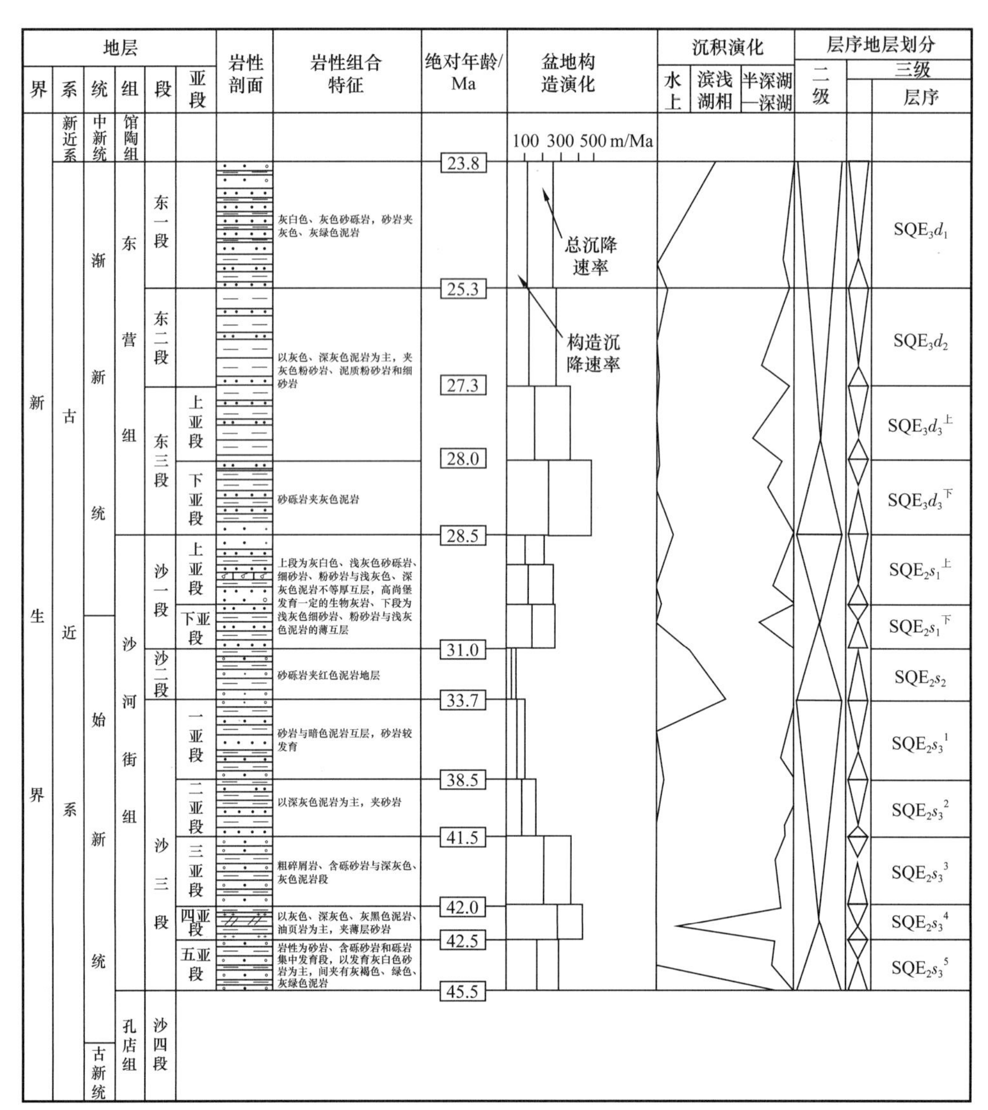

图 6-4　南堡凹陷古近系层序综合柱状图

超覆现象，南堡凹陷东北部沉积厚度较厚，靠近东南部较薄。

（4）$SQE_2s_3^2$ 层序相当于沙三段二亚段。在南堡凹陷东部和北部为平超型不整合，在西部和南部为截超型不整合。

（5）$SQE_2s_3^1$ 层序相当于沙三段一亚段。层序界面进一步向盆地边缘延伸，在盆地边缘超覆于下部地层之上，在盆地西部整体超覆于前古近纪地层，在盆地北部和东部为平超型不整合，在盆地西南部为截超型不整合。层序发育早期，沉积物以退积为主，中后期为明显的进积式和加积式。

（6）SQE_2s_2 层序相当于沙二段。层序界面在南堡凹陷区域性存在，层序发育早期，沉积物厚度为向上变薄的退积式组合，层序发育中后期，基准面旋回以上升为主。

（7）$SQE_2s_1^{下}$层序相当于沙一段下亚段。层序界面为沙一段下亚段和沙二段的不整合面，此界面在南堡凹陷区域性存在，在盆地北部和东部以平超不整合为主，在盆地西南部为超覆。该地层除了柳赞地区部分不发育外，其他地区均有发育。

（8）SQE_2s_1上层序相当于沙一段上亚段。层序界面是沙一段下亚段和沙一段上亚段的不整合面，此界面在南堡凹陷区域性存在，以平超不整合为主。该地层除了柳赞地区部分不发育外，其他地区均有发育。层序发育早期，沉积物以退积为主，中后期为明显的进积式和加积式。

（9）SQE_3d_3下相当于东三段下亚段。层序界面在南堡凹陷区域性存在，在盆地边缘存在明显的削截和上超现象，在凹陷中以平超不整合为主，该地层除了高柳断层上升盘部分地区不发育外，其他地区均有发育。

（10）SQE_3d_3上层序相当于东三段上亚段。层序界面是东三段下亚段和东三段上亚段的不整合面，此界面为在南堡凹陷区域性存在的不整合面，在凹陷中以平超不整合为主。该地层除了高柳断层上升盘部分地区不发育外，其他地区均有发育。层序发育早期，沉积物以退积为主，中后期为明显的进积式和加积式。

（11）SQE_3d_2 层序相当于东二段。层序界面是东三段上亚段和东二段的不整合面，此界面为在南堡凹陷中区域性存在的不整合面，在凹陷中以平超不整合为主，该地层除了高柳断层上升盘不发育外，其他地区均有发育，层序发育早中期，基准面旋回以上升为主，中后期以下降、稳定为主。

（12）SQE_3d_1 层序相当于东一段。层序界面是东二段和东一段的不整合面，此界面在南堡凹陷中为区域性存在的不整合面，在凹陷中以平超不整合为主，该地层除了高柳断层上升盘不发育外，其他地区均有发育，层序发育早期，沉积物以退积为主，中后期为明显的进积式和加积式，层序发育早期基准面旋回以上升为主，中后期以下降为主（图 6–5）。

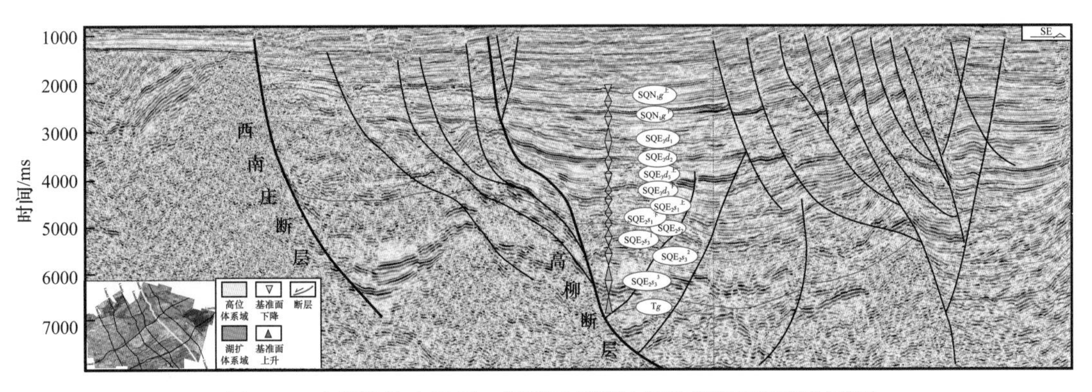

图 6–5　南堡凹陷古近系—新近系层序地层地震资料解释剖面图

2. 新近系层序地层格架

南堡凹陷新近系自下而上包括馆陶组和明化镇组两个层序单元。馆陶组及明化镇组形成于盆地的坳陷期，该构造层底界为区域不整合面，内部是一套反射层次丰富、频率较高、连续性好、近于平行的波组。

（1）馆陶组层序为氧化—弱氧化环境下的辫状河沉积，平均厚度 300～500m，其岩性特征总体可分为三段：底部为 50～100m 厚的砂砾岩，自南堡 1 号构造带西南部向东北部增厚，地震反射为 1～2 个强波峰，与下伏东一段为不整合接触；中部为一套玄武岩，自海3井向北、向东逐渐减薄，南堡3号构造带、南堡4号构造带缺失，地震反射为一套强反射、可连续追踪；上部为一套砂砾岩与泥岩互层沉积，地震连续性变差、振幅变弱。

（2）明化镇组层序为块状砂岩与灰绿色、灰黄色、棕红色泥岩互层段，厚1400～1900m，底部发育一套可全区横向对比的泥岩。在地震剖面上为一套密集反射，频率较高，连续性好，明化镇组底界标定为密集反射段底部的波谷。

三、层序控制下的沉积体系展布

1. 古近系沉积体系展布

南堡凹陷古近系在不同地区不同层序发育不同的沉积体系，展布特征也具有一定差异（图6-6）。总体上，南堡凹陷古近系具有多相共生、满盆富砂、继承迁移的特点（袁选俊等，1994；周海民等，2000a，2000b）。

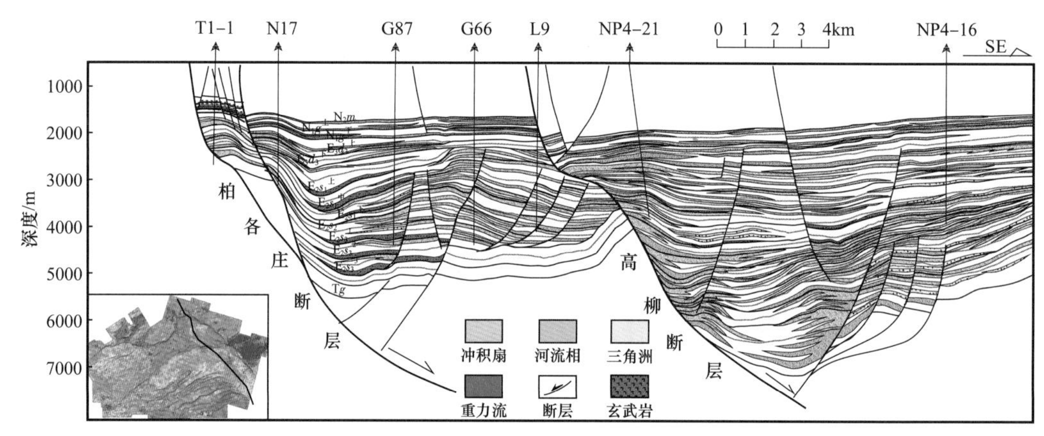

图6-6 南堡凹陷高柳构造带至南堡构造带沉积剖面图

1）SQE_2s_3层序沉积体系展布

$SQE_2s_3^5$沉积时期，湖盆水体较浅，沉积沉降中心位于高柳地区，岩性以浅灰白色含砾细—中砂岩为主，砂岩厚度自下而上逐渐变薄，沉积地层单元垂向上表现为明显的退积式叠加。$SQE_2s_3^4$层序发育时期，湖盆水域急剧扩大，林雀次凹发育浅湖—半深湖沉积，岩性以灰色、深灰色、灰黑色泥岩或油页岩为主，夹有薄层砂岩，高柳地区、老爷庙地区、柏各庄南部地区继承性发育扇三角洲。$SQE_2s_3^3$层序沉积时期，湖盆水体进一步扩张，并保持相对稳定；沉积厚度较大，部分地区可达600m以上；该时期沉积沉降中心仍然位于高柳地区，在拾场次凹发育厚层深灰色泥岩；柳南次凹及林雀次凹发育浅湖—半深湖沉积，沿柏各庄断层下降盘发育连片的扇三角洲。$SQE_2s_3^2$层序沉积时期，西南庄断层和柏各庄断层仍然为控盆断层，在断层下降盘继续发育扇三角洲沉积。$SQE_2s_3^1$沉积前期，湖平面较为稳定，湖盆范围继续扩大，在高柳地区继续发育连片的扇三角洲沉积体系。南部斜坡带受南部物源影响，发育辫状河三角洲、浅湖—半深湖相沉积，在辫状河三角洲前部发育规模的浊积体。受沙河街组沉积时期古地貌控制，砂体在斜坡区向凹陷内延伸，同时受火山喷发影响，岩性以浅灰色—灰色细—粉砂岩、泥质粉砂岩、沉凝灰岩及凝灰质砂岩为主，局部见灰褐色含砾不等粒砂岩（图6-7）。

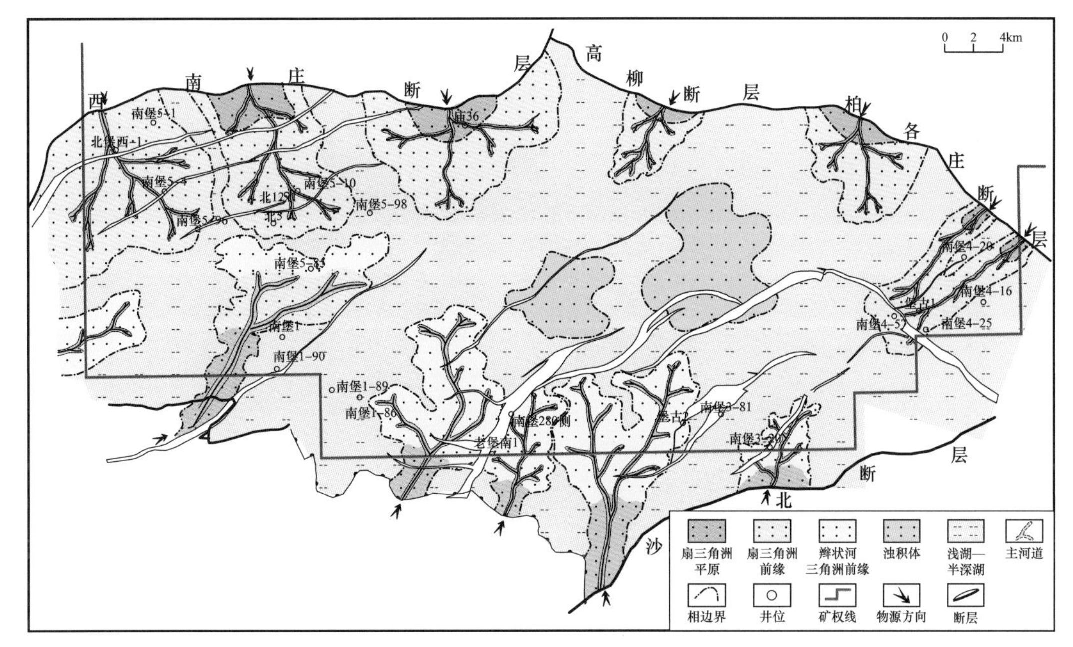

图 6-7 南堡凹陷 SQE_2s_3 沉积体系图

2）SQE_2s_2 层序沉积体系展布

SQE_2s_2 层序发育时期，气候由湿润转为干旱—半干旱，湖盆水体变浅，发育滨湖—浅湖沉积。此时沉积物供给充足，高尚堡地区、柳赞地区和南堡 4 号构造带发育一套由粗碎屑及红色泥岩组成的冲积扇沉积体系，底部以灰白色、杂色含砾砂岩或砾岩为主，上部发育红色、杂色泥岩；南堡 5 号构造带发育小规模的滩坝沉积，岩性以细砂岩、粉砂岩、含砾砂岩和杂色泥岩为主，老爷庙地区和南堡 5 号构造带部分地区发育扇三角洲沉积体系。

3）$SQE_2s_1{}^{下}$层序沉积体系展布

$SQE_2s_1{}^{下}$层序总体形成于湖水较浅、构造活动性弱的沉积环境之中，此时沉积物供给充足，发育大规模的扇三角洲和辫状河三角洲沉积。其中，高柳地区、南堡 4 号构造带、老爷庙构造带和南堡 5 号构造带部分地区主要发育扇三角洲沉积体系，岩性以细砂岩、中砂岩、粉砂岩和含砾岩为主，泥岩颜色主要为杂色。南堡 1 号构造带、南堡 2 号构造带和南堡 3 号构造带部分地区发育源自南部的辫状河三角洲沉积体系，在辫状河三角洲前部发育小规模的浊积体（图 6-8）。

4）$SQE_2s_1{}^{上}$层序沉积体系展布

$SQE_2s_1{}^{上}$沉积时期陆源碎屑供应部均衡，发育多种沉积相类型，在高柳地区发育一套生物灰岩。层序发育初期，湖盆水体深、范围广，半深湖和深湖广泛发育。盆地的西部、东部及南部缓坡地区发育了规模较小的滨浅湖沉积，西南庄断层和柏各庄断层下降盘发育了较大规模的扇三角洲沉积，在南部缓坡带发育辫状河三角洲沉积体系，辫状河三角洲沉积前部发育小规模的滑塌浊积岩；随着高柳断层的活动，在高柳断层下降盘发育较小规模的湖底扇沉积。层序发育晚期，湖盆水体变浅，滨浅湖面积变大，沉积物供给充足，南部三角洲向湖盆中心推进，扇三角洲沉积规模扩大，在南堡 5 号构造带部分地区发育小规模滩坝沉积，南堡 3 号构造带部分地区发育辫状河三角洲沉积。

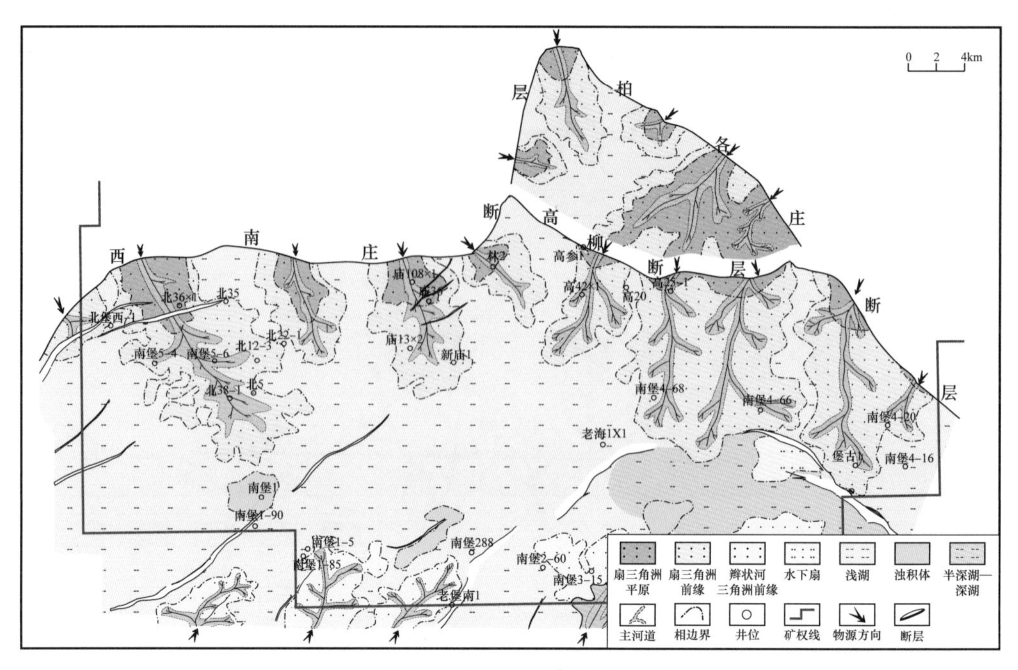

图 6-8　南堡凹陷 SQE_2s_1下层序沉积体系图

5）SQE_3d_3下层序沉积体系展布

东营组沉积时期，受高柳断层活动的影响，沉积中心发生了迁移，盆地的构造格局和沉积格局发生了明显的变化，高柳断层上升盘沉积范围缩小，滩海地区沉积持续发育。层序发育早期，高柳断层上升盘湖盆水体较浅，整体表现为滨浅湖沉积，此时沉积物供应相对充足，在湖盆周围发育了较大规模的扇三角洲沉积体系；在高柳断层下降盘水体较深，发育了规模相对较大的半深湖—深湖沉积，并且发育湖底扇沉积；沿西南庄断层和柏各庄断层下降盘、南堡 5 号构造带、老爷庙构造带和南堡 4 号构造带部分地区发育一定规模的扇三角洲沉积体系。层序发育中晚期，湖盆水体扩张，沉积物供给量不足，广泛发育半深湖—深湖沉积（图 6-9）。

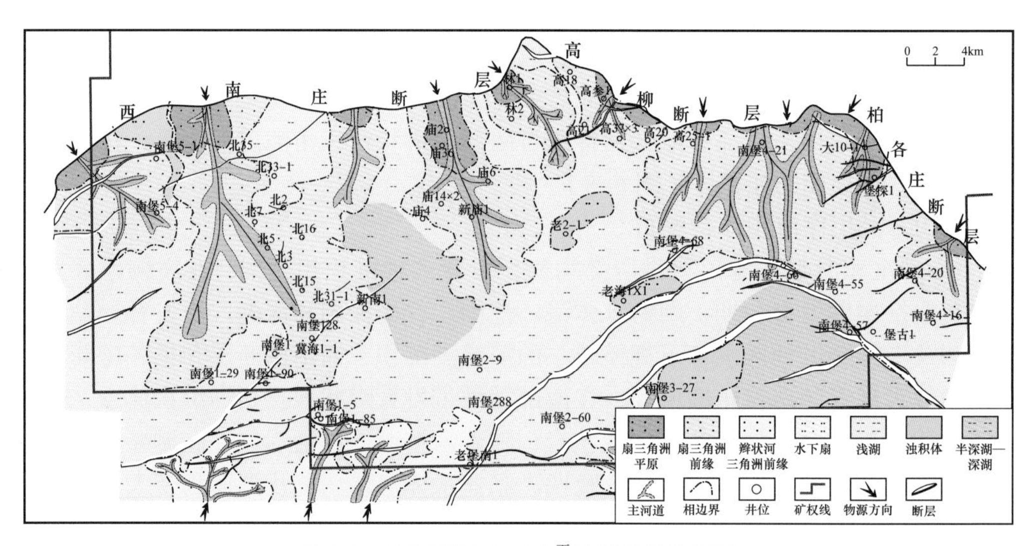

图 6-9　南堡凹陷 SQE_3d_3下层序沉积体系图

6）SQE$_3d_3$上层序沉积体系展布

SQE$_3d_3$上层序发育早期，湖盆水体深、范围广，发育半深湖和深湖沉积体系。盆地的西部、东部、南部斜坡及高柳断层上升盘发育规模较小的滨浅湖沉积；西南庄断层下降盘、柏各庄断层下降盘、老爷庙构造和南堡4号构造带发育小规模扇三角洲沉积；高柳断层上升盘主要发育滨浅湖沉积和扇三角洲沉积；高柳断层下降盘，发育大规模湖底扇沉积；南部斜坡发育辫状河三角洲沉积。层序发育晚期，湖盆水体变浅，滨浅湖面积增大，南部斜坡辫状河三角洲沉积规模扩大，向湖盆中心推进，沉积物供给充足。

7）SQE$_3d_2$层序沉积体系展布

SQE$_3d_2$层序发育早期，整个盆地主要为滨湖—浅湖沉积环境，仅在曹妃甸次凹发育半深湖和深湖沉积。此时沉积物供给充足，南堡5号构造带、老爷庙地区、南堡4号构造带及高柳断层下降盘发育一定规模的扇三角洲沉积体系，南堡1号构造带、南堡2号构造带和南堡3号构造带发育大规模的辫状河三角洲沉积体系，在南堡5号构造带前部发育了规模较大的滩坝沉积。岩性以细砂岩、中砂岩、粉砂岩、含砾砂岩和杂色泥岩为主。层序发育中期，湖盆水体面积扩大，深湖—半深湖沉积范围扩大，沉积物以厚层灰色、深灰色泥岩为主，为退积式沉积组合，沉积扇体前端发育一定规模的浊积岩（图6–10）。

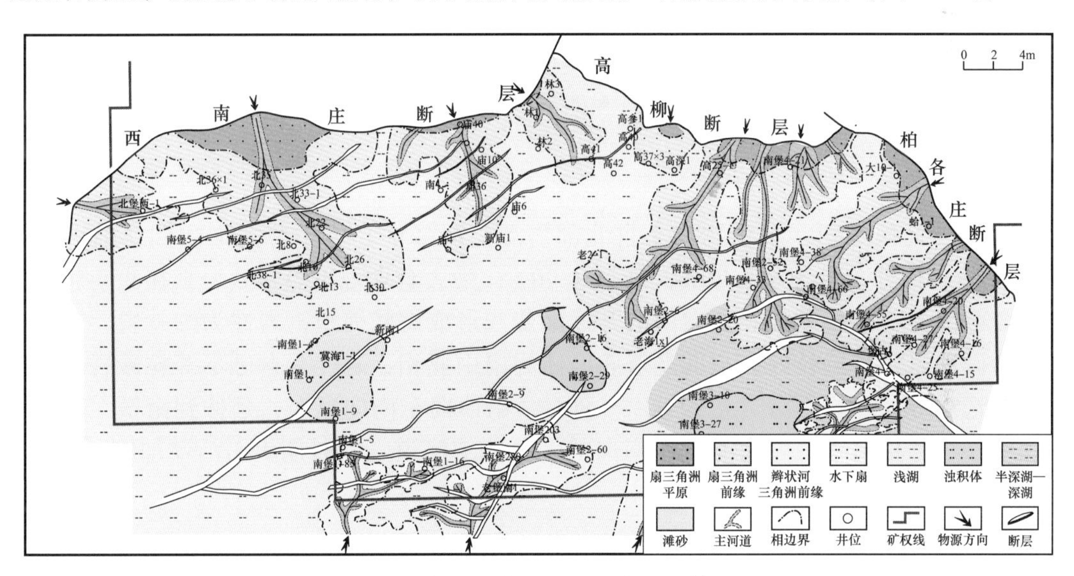

图6–10　南堡凹陷SQE$_3d_2$层序沉积体系图

8）SQE$_3d_1$层序沉积体系展布

SQE$_3d_1$层序发育早期，湖盆继承了SQE$_3d_2$的构造格局，湖盆范围稳定，滨湖和浅湖广泛发育，沿西南庄断层、高柳断层下降盘发育辫状河三角洲沉积体系。柏各庄断层下降盘发育扇三角洲沉积体系。层序发育中后期，湖盆萎缩，水体变浅，沉积逐渐向盆地中央推进。由于沉积物供给充足，在盆地南部缓坡带的南堡1号构造带、南堡2号构造带、南堡3号构造带均发育辫状河三角洲沉积体系，辫状河三角洲前端发育较大规模的浊积岩（图6–11）。

2. 新近系沉积体系展布

南堡凹陷及周边凸起新近系馆陶组以辫状河沉积为主，明化镇组以曲流河沉积为主。根据地层发育特点，馆陶组划分为四段，由下至上分别为馆四段、馆三段、馆二段

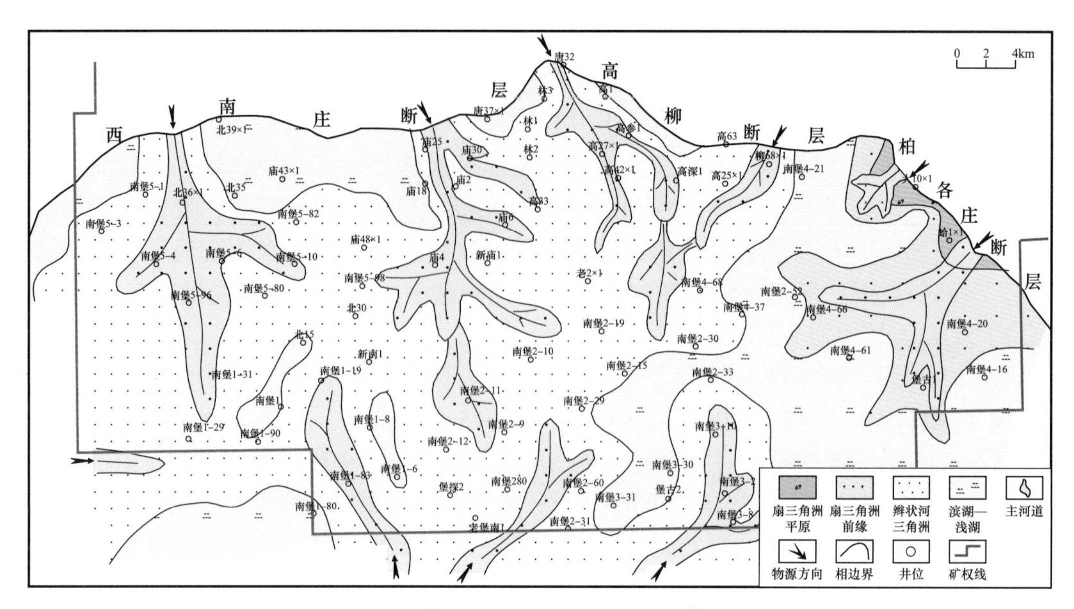

图 6-11 南堡凹陷 SQE_3d_1 层序沉积体系图

和馆一段；明化镇组划分为两段，由下至上分别为明下段和明上段，而明下段进一步可划分为明三段油层组、明二段油层组和明一段油层组。以馆四段和明三段油层组为例，阐述沉积体系展布特征。

1）馆四段

馆四段沉积时期，沉积物均来自北部物源，沉降中心位于曹妃甸次凹，最大厚度400m。砂岩百分含量 50%～70%，最高达 90%，为大套含砾不等粒砂岩。在西南庄断层下降盘西部主要是扇端亚相，向南散开逐渐变浅形成辫状河道，岩性为细砂岩、泥质砂岩、含砾砂岩，分选较好；东部老爷庙扇体为扇中亚相，岩性为含砾不等粒砂岩、砂砾岩，分选中等，砂岩百分含量为 60%～80%，扇体向东南向展布，延伸到南堡 2 号构造带和南堡 3 号构造带，发育有偏东南向的多条分支河道。该时期火山活动加剧，南堡 1 号构造带发育玄武岩。

2）明三段油层组

明三段油层组沉积时期，坡度较平缓，整体西北高东南低，沉积中心位于林雀次凹，最大厚度达 300m，砂岩百分含量 30%～50%，最高为 80%。西南庄断层上升盘注入的曲流河道呈东南向，岩性以中砂岩和细砂岩为主，分选好。柏各庄断层上升盘注入的曲流河道呈西南向，河道从曲流河沉积逐渐向湖盆中心形成多条分支河道，岩性为泥岩和细粉砂岩薄互层。

第二节 中生界—古生界沉积特征

南堡凹陷及周边凸起的中生界储层为侏罗系储层，侏罗系为陆相沉积，表现为坡降大、近物源、高能快速的沉积特点。古生界储层为寒武系—奥陶系储层，是以潮间带—潮上带、潮间带—潮下带沉积组合为主的海相沉积。

一、侏罗系沉积特征

侏罗系主要分布在南堡凹陷周边的西南庄凸起及柏各庄凸起。沉积环境总体属于冲积扇—辫状河三角洲沉积体系，进一步划分为辫状河三角洲平原亚相和辫状河三角洲前缘亚相（图 6–12）。

1. 辫状河三角洲平原亚相

辫状河三角洲平原主要由辫状河道和冲积平原组成，在侏罗纪潮湿气候条件下发育河漫沼泽沉积。

辫状河道：辫状河道由厚层砂砾岩、含砾砂岩及中—细砂岩组成，剖面上为下粗上细正韵律特征，底部有冲刷现象，见泥砾。电测曲线多为箱形、钟形。钻井揭示东部的岩性比西部粗，北部比南部粗，指示物源方向为北物源或北东向物源。如唐 7×1 井和唐 10×1 井下部以砾岩、砂砾岩和含砾不等粒砂岩沉积为主，自然电位曲线呈高幅箱形，而南 16 井以砾岩、砂砾岩和砂岩沉积为主，自然电位曲线为齿化钟形，说明水流强度向上减弱。

冲积平原：由紫红色、深灰色及绿灰色泥岩、砂质泥岩组成，以小型正韵律层为主，自然电位曲线较平直。

河漫沼泽：分布在辫状河三角洲平原的低洼地区，主要由黑色碳质泥岩、煤层组成。

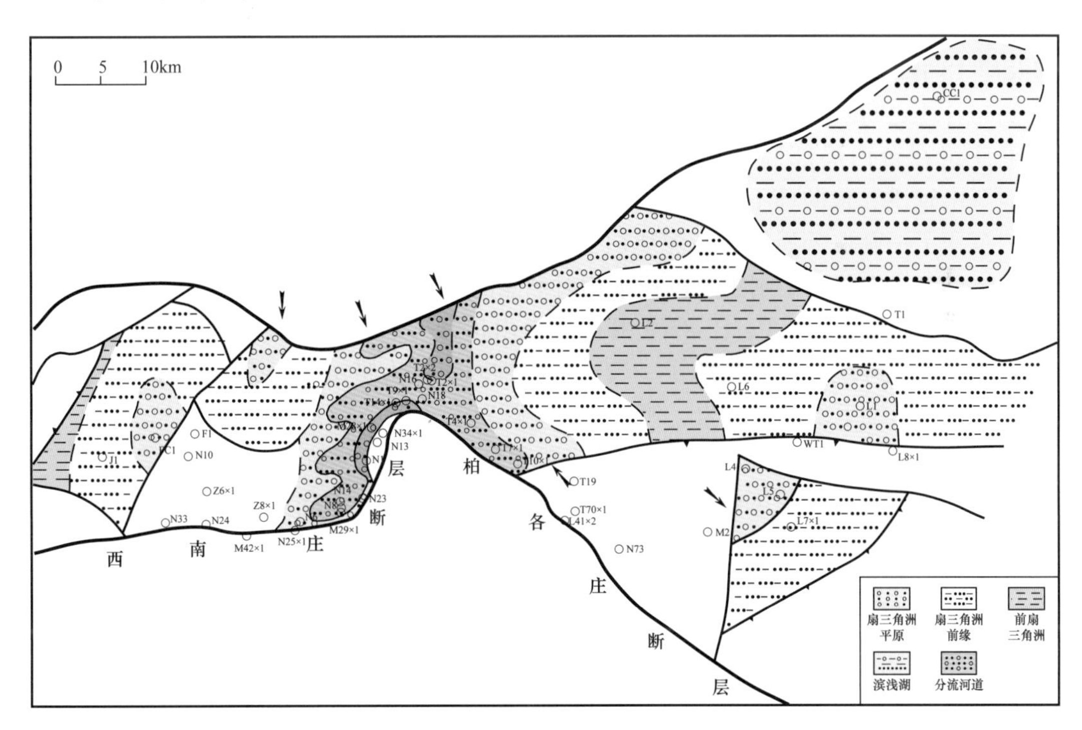

图 6–12　南堡凹陷周边侏罗系沉积相图

2. 辫状河三角洲前缘亚相

辫状河三角洲前缘可分为水下分流河道、河口坝等微相。整体上电测曲线呈漏斗形。

水下分流河道：水下分流河道是平原辫状河道在水下的延伸部分，主要由含砾不等粒砂岩及砂岩组成下粗上细的正韵律层，电测曲线以钟形为主。

河口坝：平原辫状河道入水后，携带的砂质由于流速降低，湖水顶托而在河口处沉积下来形成河口坝。岩性主要为细砂岩，自然电位曲线为漏斗形。

由于辫状河三角洲砂砾岩的侧向连续性和连通性较好，因而具有良好的油气储集性能。辫状河道的砂砾岩与辫状河三角洲平原亚相的冲积平原或河漫沼泽在垂向上可构成良好的储盖组合。

二、寒武系—奥陶系沉积特征

1. 寒武系沉积特征

本区寒武系为台地沉积模式（图 6–13）。府君山组仅在局部台内高地如南 10 井区、南 16 井区、庄 8×1 井区、南 13 井区等发育相对局限的环境，并使已沉积的藻席藻黏结灰岩发生白云石化。在纵向沉积序列上，府君山组作为一个完整的由下向上浅—深—浅的三级层序，在其下部及顶部因沉积水体较浅，多形成相对局限环境并发生白云石化，而在层序中部及上部的大部分层段则主要表现为开阔环境并沉积了石灰岩。其南侧相对深水沉积区的台内凹地，主要沉积了一套泥质泥晶灰岩并多发育弱变形层理。

馒头组在台地内部局部高地如南 6 井区、南 13 井区、南 10 井区等，因沉积水体较浅造成海水循环不畅及蒸发作用更强，形成了更为局限的沉积环境并主要表现为潮间带—潮上带沉积组合。受现今南堡凹陷北缘断裂及南堡 3 号构造区北东向断裂的正断裂活动影响，控制形成了典型的崩塌型斜坡相及台内较深水盆地相，在南堡 3–81 井、南 8 井及唐 18 井的馒头组中下部取心显示为典型的崩塌斜坡砾屑灰岩堆积。在该台内盆地的南侧与台地之间因缺乏断裂活动，则主要表现为由北向南逐渐变浅。

毛庄组在台内局部高地如南 10 井区、庄 6×1 井区、庄 8×1 井区、唐 180×3 井区，因海水较浅导致循环不畅及蒸发作用较强，形成相对局限环境，白云石化作用普遍发生，沉积了一套白云质泥岩与泥质白云岩交互的潮间—潮下带沉积组合，仅顶部主要为白云岩。在台内凹地中则主要沉积了相对低能的潮下低能带—潮间混积坪沉积组合。

徐庄组在庄 6×1 井区、庄 8×1 井区等台内相对高地，因沉积水体相对变浅，造成相对局限的沉积环境，主要沉积了一套半局限潮间—潮上带沉积组合。在台内洼地中则主要沉积了一套潮下低能带泥岩、钙质泥岩夹泥灰岩、泥晶灰岩沉积组合。

张夏组在台内局部高地则形成以滩相颗粒灰岩特别是鲕粒灰岩为主的台内滩沉积物。在台内洼地中，主要沉积了潮下低能带泥岩、泥灰岩、泥晶灰岩，夹风暴成因的透镜状、薄层状泥晶生屑灰岩、泥晶鲕粒灰岩及潮下藻席藻黏结岩等。

崮山组—长山组在局部相对高地如南 10 井区、南 6 井—唐 29×1 井—唐 23×1 井区等，沉积了一套潮下带泥岩、泥灰岩夹潮间带鲕粒灰岩、生屑灰岩、有氧化边竹叶状砾屑灰岩。由于受南堡凹陷北缘断裂及过南堡 3–82 井区北东向断裂再次同生活动控制，沿断裂带形成了崩塌型斜坡相。对于南堡凹陷南侧斜坡区，由于受南堡凹陷北缘断裂向南正断活动所造成的翘倾活动控制，使得其基底上升及沉积水体变浅，主要沉积了一套潮下藻席藻黏结岩夹滩相颗粒灰岩岩性组合，而泥质等细粒沉积物因在该区水体较浅、动荡的环境下不易沉积下来，故以南堡 1–90 井为代表的崮山组及长山组均以石灰岩为主，而缺乏泥岩及泥灰岩沉积。

凤山组沉积时期是华北台地北部相对海平面最高时期，该期沉积古水深是寒武纪以

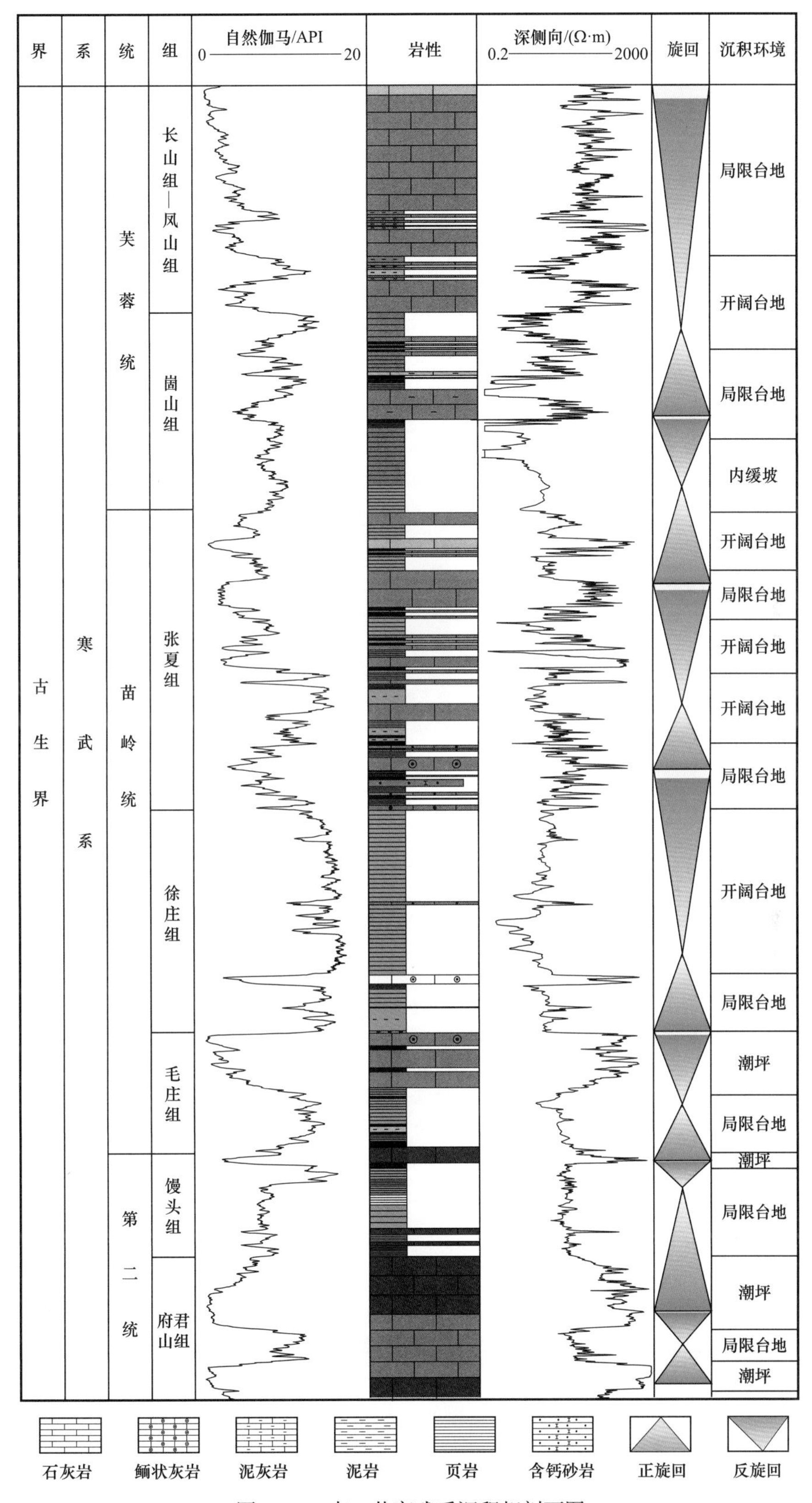

图 6–13　南 6 井寒武系沉积相剖面图

来最大的，造成了台地大部分地区被淹没并形成了台盆相沉积环境，仅在局部相对高地沉积了孤立台地。在孤立台地上，主要沉积了潮下藻席夹滩相如鲕粒灰岩、砂砾屑灰岩等颗粒灰岩沉积。从孤立台地向台盆相过渡区发育了相当于崩塌斜坡沉积，在唐18井区—南11井区特征明显。

2. 奥陶系沉积特征

本区奥陶系为镶边台地模式（图6-14）。冶里组在局部低洼区沉积了潮下低能带夹潮下藻席沉积组合，主要表现为潮下低能带薄层状泥晶灰岩与泥灰岩互层，夹潮下藻席中厚层状藻黏结泥晶灰岩。发育藻黏结泥晶灰岩夹中厚层状鲕粒灰岩等台内滩丘沉积组合。

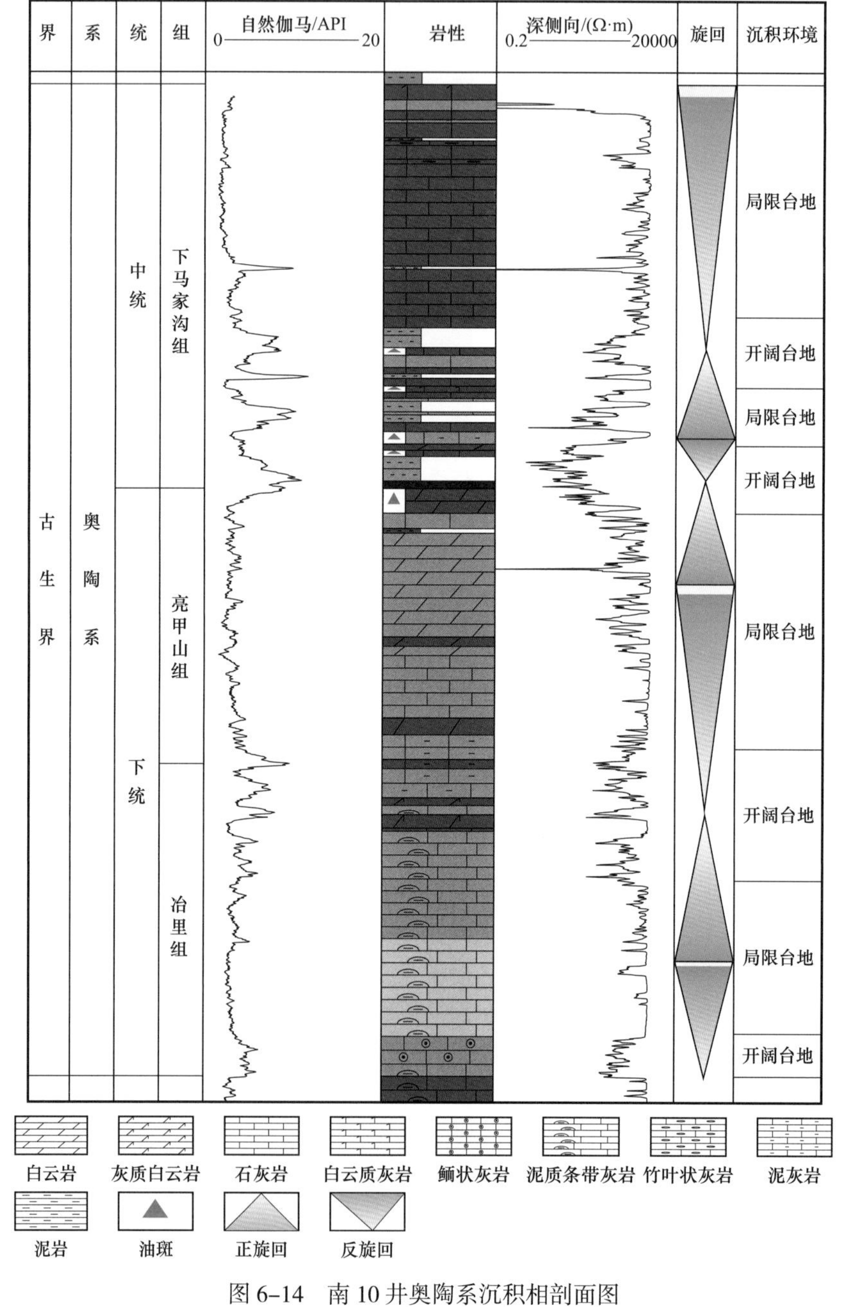

图6-14　南10井奥陶系沉积相剖面图

亮甲山组沉积时期总体继承了冶里组沉积时期的岩相古地理格局，仍然以开阔台地潮下藻席沉积组合为主。在台内局部高地，则形成了半局限环境下的潮下藻席藻黏结泥晶灰岩夹潮下—潮间滩相颗粒灰岩，并常常发生白云石化。

马家沟组也主要沉积了潮下藻席藻黏结泥晶灰岩，只是其沉积环境更为局限一些。在局部相对高地，则形成更为局限的环境，沉积了局限潮下藻席藻黏结泥晶灰岩夹潮下—潮间滩相颗粒灰岩，但多发生白云石化。

第三节 储层特征

南堡凹陷及周边凸起的储层按照岩性可以划分为碎屑岩储层、碳酸盐岩储层及火山岩储层。不同层系发育不同岩性的储层，具有各自的储层特征。

一、古近系—新近系砂岩储层

1. 岩石学特征

南堡凹陷碎屑岩石英含量平均26.5%，长石含量平均38.85%，岩屑含量平均34.65%（王思琦等，2015）。碎屑岩岩屑和长石含量较高，总体成分成熟度较低。古近系 $SQE_2s_3^2$ 和 $SQE_2s_3^3$ 层序为主要产层发育段，岩屑长石砂岩、长石岩屑砂岩和混合砂岩均较发育，沙三段砂岩的碎屑颗粒中岩屑含量相对较高，一般为 30%～50%，石英含量25%～45%；岩屑中以中基性火成岩占优势，多为 50%～80%。纵向上，从 $SQE_2s_3^1$ 到 $SQE_2s_3^5$ 层序，具有石英含量总体变化不大、长石含量略有减少和岩屑含量略有增加的特征。沙一段储集岩类型以岩屑长石砂岩和混合砂岩为主，其中，北堡地区以岩屑长石砂岩为主，老爷庙地区多为混合砂岩。岩屑成分有中基性火成岩岩屑、变质岩岩屑和硅质岩岩屑。东营组储集岩以长石岩屑砂岩为主，次为混合砂岩，岩屑砂岩极少。岩屑成分一般为酸性喷出岩岩屑，部分为硅质岩岩屑。胶结物成分主要为泥质和含铁碳酸岩，多为孔隙式胶结。泥质含量一般为 10%～15%。碳酸盐矿物在东一段以泥晶为主，根据 B7 井分析，砂岩孔隙度 8.5%～19.2%，渗透率 0.4～38mD。

不同构造带储层岩石学特征具有一定差异，其中，南堡 1 号构造带储层岩石类型为长石质岩屑砂岩；南堡 2 号构造带储层岩石类型以长石质岩屑砂岩为主，含有少量岩屑砂岩；南堡 3 号构造带、南堡 4 号构造带储层岩石类型均以岩屑质长石砂岩为主，含有少量的长石质岩屑砂岩（赵晓东等，2015）；南堡 5 号构造带储层岩石类型以岩屑质长石砂岩为主，长石质岩屑砂岩和长石砂岩次之；老爷庙构造带储层岩石类型以岩屑质长石砂岩为主，长石质岩屑砂岩次之；高尚堡构造带与柳赞构造带储层岩石类型均以岩屑质砂岩为主，长石质岩屑砂岩与长石砂岩次之。

新近系馆陶组储集岩主要为长石岩屑砂岩，岩石较疏松，泥质含量一般为5%～30%，胶结类型为基底式或孔隙式，岩屑成分主要为酸性喷出岩岩屑，部分为沉积岩岩屑。新近系明化镇组埋深一般在 2000m 以上，岩石疏松，胶结物很少，颗粒间不接触或点接触，石英碎屑含量达 60%。岩屑成分为变质岩和硅质岩。

以高尚堡构造高北斜坡古近系沙三段为例，阐述扇三角洲岩石学特征。高北斜坡带沙三段以陆源碎屑岩为主，碎屑组分为石英、长石和岩屑，岩石类型主要为岩屑长石砂岩、长石岩屑砂岩，岩屑类型主要以岩浆岩岩屑和变质岩岩屑为主，沉积岩岩屑含量低，填隙物主要以杂基为主，偶含方解石胶结物，杂基主要为泥质和泥微晶碳酸盐。可见典型的长石晶体、石英晶体、岩浆岩岩屑，泥质胶结明显，颗粒之间以点—线接触为主，孔隙式胶结，颗粒支撑，分选中等—差，磨圆度以次棱状—次圆状为主（图 6-15）。碎屑组分石英含量 20%～52%，平均含量 37.42%；长石含量 9%～51%，平均含量 25.72%；岩屑含量 20%～50%，平均含量 28.5%。本区岩屑含量高，类型较丰富，长石含量分布广，不稳定组分长石和岩屑含量占 50% 以上，成分成熟度低，只有 0.69，为近源的快速沉积。

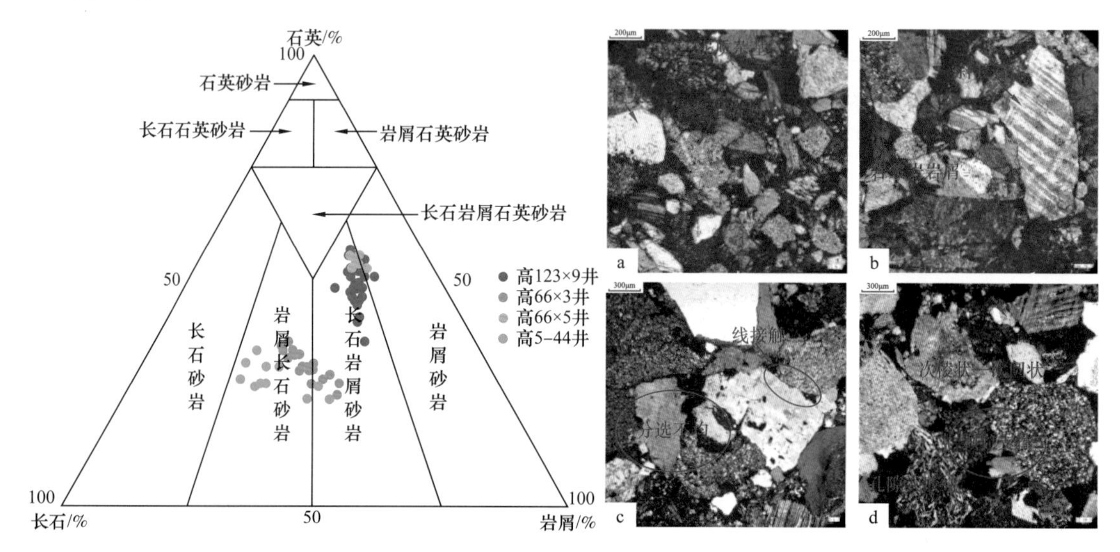

图 6-15　高尚堡构造带高北斜坡古近系沙三段岩石组分三角图及显微镜下特征

a. 高 123×9 井，3637.36m，单偏光 10（+），沙三段，中粒砂状结构，碎屑成分以石英、岩屑为主，少量长石。岩屑为中、酸性喷出岩，花岗质岩，硅质岩，动力变质岩，石英次生加大普遍，泥质以黏土矿物为主，泥微晶碳酸盐呈星点状分布。b. 高 123×9 井，3659.07m，单偏光 10（+），沙三段，砂状结构，碎屑成分以石英、岩屑为主，少量长石，砾以岩屑砾为主，少量石英及长石砾，岩屑为中、酸性喷出岩，花岗质岩，硅质岩，动力变质岩，泥质以黏土矿物为主，岩石局部碳酸盐岩化。c. 高 66×5 井，4285.26m，单偏光 5（+），沙三段，砂状结构，碎屑成分以石英、岩屑为主，少量长石，岩屑为中、酸性喷出岩，花岗质岩，石英岩，硅质岩，动力变质岩，云母片，泥质以黏土矿物为主，局部泥微晶碳酸盐呈斑点状分布。d. 高 66×5 井，4520.45m，单偏光 5（+），沙三段，砂状结构，碎屑成分以石英、岩屑为主，少量长石，岩屑为中、酸性喷出岩，花岗质岩，硅质岩，动力变质岩，部分石英次生加大，泥质以黏土矿物为主

以南部斜坡古近系沙一段和东三段为例，阐述辫状河三角洲岩石学特征。南堡凹陷南部斜坡沙一段石英平均含量为 40.7%，成熟度为 0.8，东三段石英含量平均为 43.4%，成熟度为 0.92，东三段组分较沙一段成熟。相同层位不同区域岩石组分存在差异，在东三段，南堡 1 号构造主要为岩屑砂岩，南堡 2 号构造主要为岩屑长石砂岩、长石岩屑石英砂岩，南堡 3 号构造主要为岩屑长石砂岩（图 6-16a）；在沙一段，南堡 3 号构造主要为岩屑长石砂岩、长石砂岩和长石岩屑砂岩（图 6-16b），仅在南堡 3 号构造有沙一段岩心资料。

南部斜坡古近系填隙物成分主要以杂基为主，含方解石胶结物和少量白云石。杂基的成分主要为黏土矿物（图 6-17a）和泥微晶碳酸盐。东三段杂基含量平均为 5.0%，沙

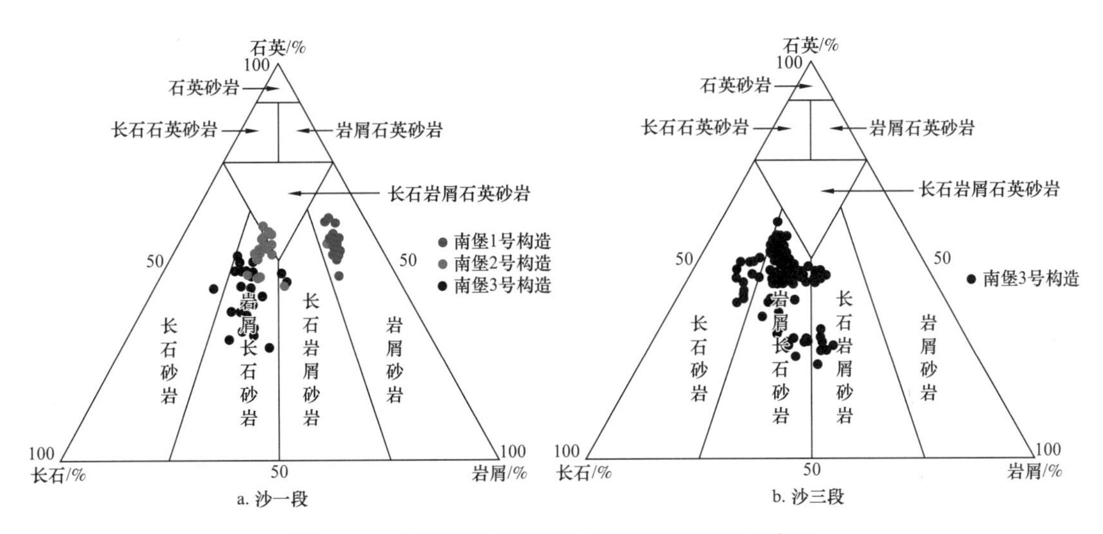

图 6-16　南堡凹陷南部斜坡中深层岩石组分三角图

图 6-17　南堡凹陷南部斜坡古近系碎屑岩储层特征

a. 堡古 2 井，4253.65m，沙一段，黏土矿物，“蜂窝状”伊 / 蒙混层，V 电镜 ×2000；b. 南堡 3-15 井，4645.5m，沙一段，长石绢云母化，单偏光 5×10，(+)；c. 南堡 3-82 井，4339.51m，沙一段，压弯的云母条带，正交偏光 10×20，(+)；d. 南堡 3-26 井，4212.50m，沙一段，缝合线接触，单偏光 10×20，(+)；e. 堡探 3 井，东三段，泥质胶结，正交偏光 10×5，(+)；f. 南堡 3-82 井，4345.28m，沙一段，方解石胶结，单偏光 10×10，(-)；g. 堡古 2 井，4254.60m，沙一段，石英次生加大边被溶蚀，正交偏光 10×10，(+)；h. 堡探 3 井，3839.00m，东三段，长石淋滤溶蚀，V 电镜 ×600；i. 南堡 3-82 井，4339.5m，沙一段，长石颗粒溶蚀，单偏光 10×20，(-)

一段杂基含量平均为5.2%，二者差异不大，含量都比较小，砂质较纯。东三段分选中等—好，沙一段分选中等—差，东三段风化蚀变程度中等，沙一段风化蚀变程度深（图6–17b），磨圆度、胶结类型、支撑类型和颗粒接触方式均较为相似。南部斜坡储层成岩作用主要包括压实作用、胶结作用、溶解作用及溶蚀作用。成岩现象主要有石英次生加大、泥质胶结、石英溶蚀等。南堡凹陷南部斜坡古近系压实作用总体较强，压实程度与埋深、岩石颗粒组分、杂基、胶结物有关，主要表现为刚性颗粒压裂纹、塑性颗粒挠曲变形（图6–17c），颗粒间常呈线接触、凹凸接触、缝合线接触（图6–17d）等，东三段和沙一段压实作用均较强。胶结作用东三段主要以泥质胶结为主（图6–17e），而沙一段主要以泥质、泥质—钙质混合胶结为主（图6–17f），在东三段和沙一段胶结作用具有差异性，胶结作用对储层孔喉结构具有破坏性，并且钙质胶结远远大于泥质胶结。溶蚀、溶解作用主要在沙一段较为发育，主要为石英次生加大边被溶蚀（图6–17g）、长石淋滤溶蚀（图6–17h）、长石沿节理缝被溶蚀（图6–17i）、长石颗粒溶蚀等，形成了有利的储集空间，溶蚀、溶解作用对储层孔喉结构具有建设性。

2. 储集空间类型

古近系不同层系储集空间类型多样，发育有原生孔隙、次生孔隙、混合孔隙及少量微裂缝（图6–18）。SQE_3d_1、SQE_3d_2 主要发育原生孔隙，SQE_3d_3、SQE_2s_1 主要发育次生孔隙，但在南堡3号构造带 SQE_2s_1、高尚堡构造带及柳赞构造带主体 SQE_3d_3—$SQE_2s_3{}^1$ 以原生孔隙为主。SQE_2s_3 储集空间类型具有多样性，以高尚堡构造带及柳赞构造带主体为例，$SQE_2s_3{}^2$ 发育混合孔隙，$SQE_2s_3{}^3$ 发育原生孔隙、次生孔隙及混合孔隙，$SQE_2s_3{}^4$、$SQE_2s_3{}^5$ 主要发育次生孔隙（张文才等，2008）。

以高尚堡构造高北斜坡沙三段为例，阐述储集空间类型。高北斜坡沙三段发育多种不同成因孔隙组成的孔隙体系，主要有成岩过程中逐渐被压实或充填的原生孔和沉积颗粒被溶解而产生的次生孔。不同岩石类型孔隙发育程度差异较大，大多数砂岩和中粗砂岩发育缩小的原生粒间孔和骨架颗粒溶孔，而粉砂岩、粉细砂岩储层孔隙发育较差，仅见粒间微孔隙。高北斜坡共发育4种孔隙。（1）原生残余粒间孔：一般以规则三角形或多边形出现（图6–18a），边缘较清晰，但由于胶结成岩作用的影响，使得该类孔隙中部分充填胶结物，原生孔隙被破坏，该类孔隙分布较为均匀，单独个体较大，孔隙连通性好，此外，在扫描电镜下可观察到该类孔隙中还充填有以薄膜式和孔隙衬里式自生黏土矿物，但其对原生孔隙的影响较小，由于工区埋深3500～4000m，压实作用较强，使得该类孔隙大多消失，该类孔隙一般较小，分布不均。（2）次生粒间溶蚀孔：主要为粒间溶蚀孔，主要包括长石溶孔，也可见部分岩屑和云母溶孔，该类孔隙受控于沉积微相。由于工区存在多条不整合面，酸性流体更容易进入储层发生溶蚀作用，使得颗粒边缘、胶结物等被溶蚀而形成，该类孔隙边缘模糊，形状多样不规则（图6–18b）。在工区，粒内溶蚀孔隙主要是长石颗粒沿解理缝溶解形成，长石含量较高，长石的溶蚀现象普遍存在。（3）次生粒内溶蚀孔：根据溶蚀程度，可分为粒内部分溶蚀孔和粒内全部溶蚀孔，工区主要存在长石粒内部分溶蚀孔和长石粒内全部溶蚀孔（图6–18c），长石全部溶蚀孔即是铸模孔，在工区铸模孔保持着完整的粒内外形，并常被绿泥石交代，工区铸模孔含量较高，次生粒内溶蚀孔一般需要与原生孔隙或溶蚀粒间孔隙连接才能具有较好的渗流能力。（4）微裂隙：在工区微裂隙主要有两种，一种为砂岩在成岩过程中受到压实作用发生破裂从而形成的压裂缝孔隙（图 6-18d），另一种为长石颗粒的解理缝，二者在本区都比较发育，并以压裂缝孔隙为主，微裂隙的存在可以大大提高储层的物性。喉道是决定储层渗流能力的主要影响因素，通过铸体薄片图像对比及观察，高北斜坡沙三段储层喉道类型主要发育片状或弯片状喉道（图 6-18e、f）、缩颈型喉道（图 6-18g）及管束状喉道（图 6-18h），极少见孔隙缩小型连通性好的喉道。

根据储层孔喉组合类型划分为Ⅰ类—中孔细喉型孔隙结构、Ⅱ类—小孔细喉型孔隙结构、Ⅲ类—紧密胶结微孔型孔隙结构等 3 类，其中Ⅰ类和Ⅱ类为高北斜坡带优势储层。Ⅰ类中孔细喉型储层颗粒间多为点—线接触，以粒间溶蚀孔隙和残余粒间孔隙为主，喉道以缩颈型喉道为主，孔喉连通性好到中等，分选中等，孔隙度中等，渗透率一般，对应较好储层（图 6-18i、j）。Ⅱ类小孔细喉型颗粒间多为线—凹凸接触，以残余粒间孔隙为主，喉道以片状弯片状喉道为主，孔喉连通性中等，分选中等，主要因为杂基含量高堵塞了部分喉道和孔隙，孔隙度较小，渗透率低，对应中等储层（图 6-18k）；Ⅲ类紧密胶结微孔型储层砂岩中填隙物含量高，胶结非常致密，只有少量溶蚀作用形成的微孔隙，对应差储层（图 6-18l）。

图 6-18　高北斜坡带沙三段孔隙、喉道及孔喉组合类型

a. 高 123×9 井，3625.07m，单偏光 5（-），沙三段，原生残余粒间孔；b. 高 66×3 井，4074.67m，单偏光 5（-），沙三段，次生粒间溶蚀孔；c. 高 66×3 井，4077.82m，单偏光 5（-），沙三段，次生粒内溶蚀孔；d. 高 123×9 井，3655.59m，单偏光 5（-），沙三段，微裂隙；e. 高 66×5 井，4285.43m，单偏光 2.5（-），沙三段，片状或弯片状喉道；f. 高 66×3 井，4077.5m，单偏光 5（-），沙三段，片状或弯片状喉道；g. 高 66×3 井，4077.82m，单偏光 2.5（-），沙三段，缩颈型喉道；h. 高 123×9 井，3625.07m，单偏光 5（-），沙三段，管束状喉道；i. 高 66×3 井，4076.15m，单偏光 5（-），沙三段，Ⅰ类；j. 高 66×3 井，4077.5m，单偏光 5（-），沙三段，Ⅰ类；k. 高 123×9 井，3637.79m，正交偏光 5（-），沙三段，Ⅱ类；l. 高 66×5 井，4287.91m，正交偏光 2.5（+），沙三段，Ⅲ类

高北斜坡带沙三段优势储层总体表现为“孔隙中等、喉道细”的特点。同时，通过压汞曲线特征（图 6-19），发现Ⅰ类和Ⅱ类储层不见明显的平缓段且位置较高，表明储层分选较差，喉道分布不集中且喉道半径较小，储层孔隙结构特征总体表现为中孔细

喉型、孔喉分选性差、均质程度低的特点，但压汞曲线较长，表明储层具有一定的改造空间。

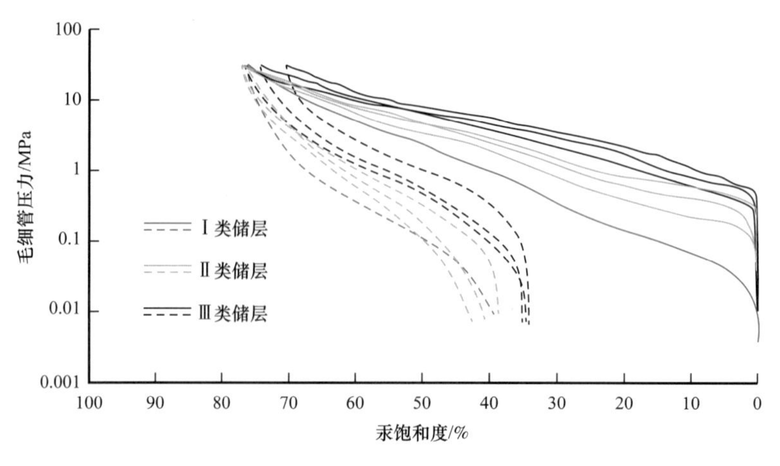

图 6-19　高 123×9 井压汞曲线特征

新近系明化镇组和馆陶组储层孔隙类型主要是原生粒间孔，但局部井段发育粒间溶孔、粒内溶孔等孔隙类型，孔隙结构主要为特大孔中喉型和特大—大孔较细喉型两种。

3. 物性特征

古近系储层孔隙度分布在 8%～25% 区间，平均为 16%；渗透率分布在 0.1～50mD 区间，平均 119mD。按渗透率大小将古近系储层划分为中—高渗透储层、低渗透储层、特低渗透储层和超低渗透储层，其中，中—高渗透储层占 28%，低渗透储层占 14%，特低渗透储层占 24%，超低渗透储层占 34%，以低渗透、特低渗透和超低渗透储层为主。中—高渗透储层主要分布在南堡 1 号构造带、南堡 2 号构造带和南堡 3 号构造带；低渗透、特低渗透和超低渗透储层分布在南堡 4 号构造带、南堡 5 号构造带、老爷庙构造带及高柳构造带，尤其是拾场次凹沙三段，低渗透、特低渗透、超低渗透储层约占 80%。新近系馆陶组储层物性普遍表现为高孔特高渗透特点，个别为高孔中渗透，如南堡 1 井馆陶组平均孔隙度为 25.2%，平均渗透率为 371.3mD，属于高孔中渗透储层。明化镇组储层物性普遍表现为高孔特高渗透特点，如南堡 1 井明化镇组平均孔隙度为 28.9%，平均渗透率为 2563.1mD。南堡凹陷不同地区同一层位由于埋深不同物性有所差异，滩海地区孔隙度略低于陆地地区 2%～4%。

1）东营组物性特征

东营组储层以中—低孔、低—特低渗透储层为主，物性在空间上的变化主要受沉积原始组构和成岩作用的影响，纵向上物性变化主要受成岩作用影响，平面上物性变化主要受原始沉积组构的影响。纵向上随着储层埋藏深度的增加，原生孔隙逐渐减少，储层物性总体表现为从东一段到东三段明显变差（图 6-20 和图 6-21）。东一段物性以中—高孔、中—高渗透为主，中—高孔含量达 96.7%，中—高渗透含量达 54.6%；东二段物性明显比东一段差，以中孔、低—特低渗透为主，中孔占 63.37%，低—特低渗透占 85.9%；东三段物性最差，以中—低孔、特低渗透为主，中—低孔占 52%，特低渗透占 90.6%。

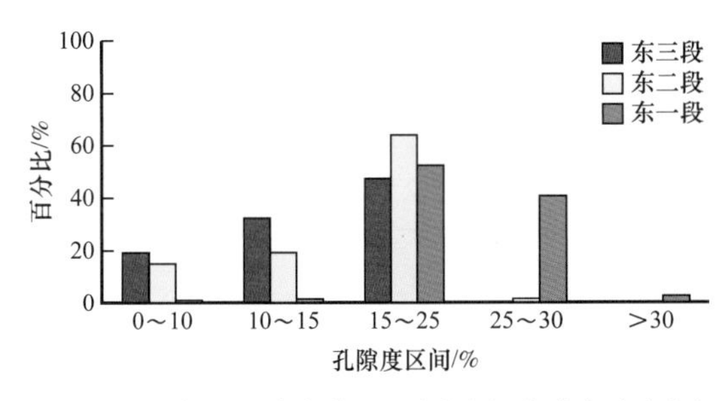

图 6-20 南堡凹陷东营组不同层段孔隙度直方图

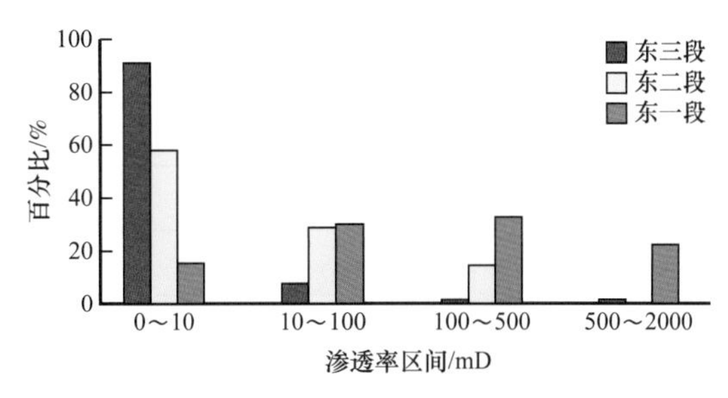

图 6-21 南堡凹陷东营组不同层段渗透率直方图

总体上，东营组孔隙度和渗透率呈正相关关系（图 6-22），当孔隙度为低孔时（ϕ<15%），渗透率以特低渗透（K<10mD）为主。

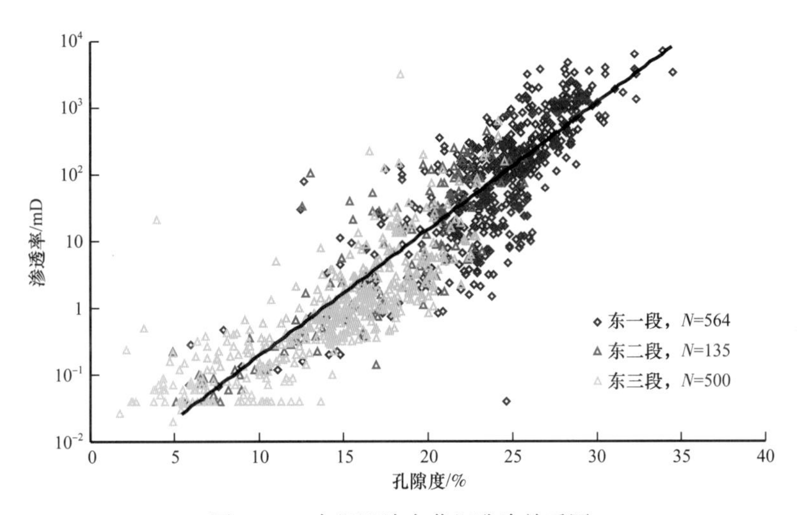

图 6-22 南堡凹陷东营组孔渗关系图

2）沙河街组物性特征

以拾场次凹为例，沙三段储层孔隙度一般在 10%～24% 之间，最大孔隙度 47.54%，最小孔隙度 2.9%，平均孔隙度 16.27%（图 6-23）。沙三段储层渗透率一般为 4～160mD，最大渗透率 1496mD，最小渗透率 0.1mD，平均渗透率 47.82mD。按常规评价标准为中孔中渗透到低孔、低—特低渗透储层（图 6-24）。

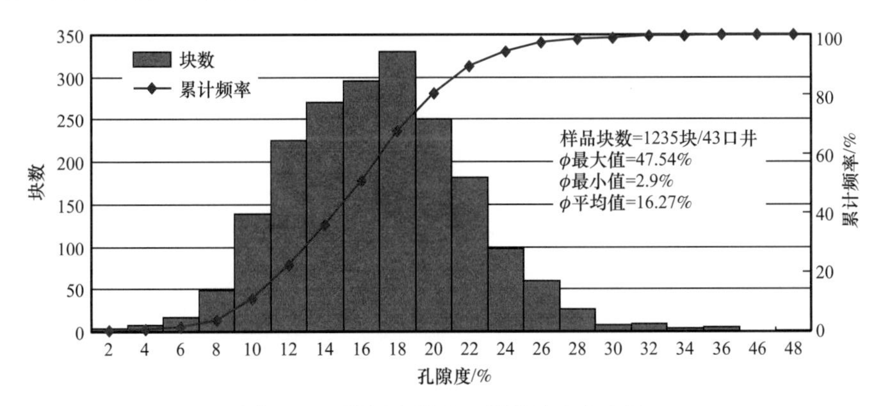

图 6-23 拾场次凹沙三段孔隙度直方图

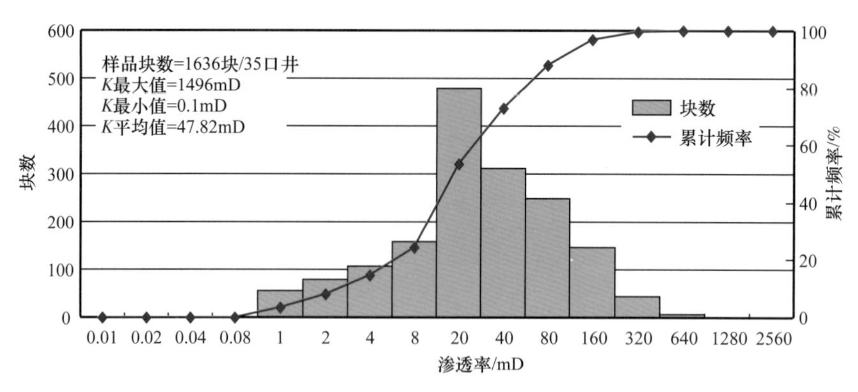

图 6-24　拾场次凹沙三段渗透率直方图

总体上，拾场次凹随着深度的增加，储层孔隙度、渗透率明显变小（图 6-25），压实作用是影响储层物性变差的关键因素。

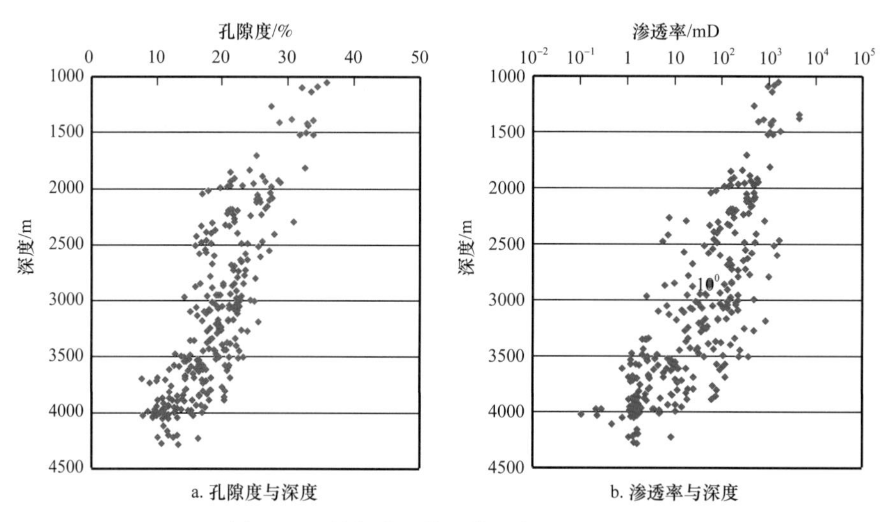

图 6-25　拾场次凹储层物性与深度关系图

4. 成岩演化

1）成岩事件类型及特征

南堡凹陷古近系砂岩储层经历了复杂的成岩作用改造，主要成岩作用有压实作用、胶结作用、交代作用和溶解作用。压实作用包括机械压实作用与化学压溶作用；胶结作用包含碳酸盐胶结作用、硅质胶结作用、黏土胶结作用及铁质胶结作用；溶解作用包含硅酸盐颗粒溶解作用及碳酸盐矿物溶解作用；交代作用包含碳酸盐矿物交代作用及黄铁矿矿物交代作用。不同构造带间成岩事件类型相似，但成岩作用程度差异显著；而同一构造带不同层位间则表现出成岩事件类型相似，成岩程度继承渐变发育的特点。同时，在成岩过程中，南堡凹陷古近系—新近系储层经历了多期烃类充注事件。

（1）压实作用。

压实作用贯穿于储层成岩作用始终，为主要的破坏性成岩作用之一。随着埋深增大，上覆压力不断增加，岩石压实程度不断增强，颗粒紧密堆积，孔隙空间逐渐减少。压实作用的表现形式主要有：颗粒之间以点线接触—凹凸接触为主，云母等塑性颗粒的挠曲变形，长石等脆性颗粒压实破碎及现象（图 6-26）。在南堡滩海地区，SQE_3d_3

至 $SQE_2s_3{}^5$ 层序，由上到下，压实强度逐渐增大，其中东三段至沙二段，压实较弱—中等，颗粒之间以点、线—点接触为主；SQE_2s_1 到 $SQE_2s_3{}^3$ 层序，压实中等，颗粒之间以点—线、线接触为主；$SQE_2s_3{}^4$ 到 $SQE_2s_3{}^5$ 层序，压实较强，颗粒之间以线—凹凸接触为主。在拾场次凹，SQE_3d_3 至 SQE_2s_5 层序，由上到下，压实强度逐渐增大，其中 SQE_3d_3 至 SQE_2s_2 层序，压实较弱—中等，颗粒之间以点、线—点接触为主；$SQE_2s_3{}^1$ 到 $SQE_2s_3{}^3$ 层序，压实中等，颗粒之间以点—线、线接触为主；$SQE_2s_3{}^4$ 到 $SQE_2s_3{}^5$ 层序，压实较强，颗粒之间以线、线—凹凸接触为主。

（2）胶结作用。

南堡凹陷古近系储层胶结作用普遍，胶结物类型多样（图 6–26）。主要发育的胶结作用有：碳酸盐胶结作用，硅质胶结作用，黏土矿物充填作用及黄铁矿胶结作用等。其中，以碳酸盐胶结作用为主，硅质、高岭石 / 伊利石 / 绿泥石、黄铁矿胶结作用次之。碳酸盐胶结物主要以方解石、白云石为主，各构造带发育较普遍。硅质胶结作用普遍，主要以石英次生加大边的形式出现，石英次生加大可见两期，石英次生加大边的发育有两方面的影响。一方面，石英次生加大的发育充填部分孔隙，缩小喉道空间，使储层孔隙度减小，渗透率降低；另一方面，颗粒边缘形成的早期石英加次生加大能够很好地增强岩石的抗压能力，抑制压实作用，保留一定量的原生孔隙，能够为中深层储层提供良好的储集空间。黏土矿物胶结物包含高岭石、伊利石和绿帘石等，其中主要为高岭石。自生高岭石主要是在酸性环境下，伴随着长石溶蚀作用而形成。储层中自生高岭石的含量与长石的溶蚀孔隙含量具有较好的正相关关系，并且随着埋藏深度的增加，储层中高岭石逐渐向伊利石转化。自生高岭石的充填作用可以将部分原生孔隙转化成晶间微孔，并且黏土矿物附着可以使颗粒的比表面增加，吸附性增强，因而使岩石的孔隙度、渗透率降低。南堡凹陷各构造带古近系储层中黄铁矿胶结物普遍发育，但含量较低，黄铁矿胶结物的出现表明储层经历了较封闭还原的成岩环境。

（3）交代作用。

自生矿物之间的交代作用通常作为判断成岩作用发生先后顺序的主要依据。南堡凹陷交代作用十分发育，既有自生矿物对岩石颗粒的交代，还有自生矿物之间的交代。主要可见碳酸盐矿物等沿着长石的解理缝、晶间缝等对长石颗粒进行交代，碳酸盐矿物对石英颗粒及加大边及岩屑的交代，碳酸盐矿物之间的交代、碳酸盐矿物对黏土矿物的交代及黏土矿物对长石的交代等（图 6–26）。

（4）溶解作用。

南堡凹陷古近系储层溶解作用在各构造带也普遍发育，颗粒、颗粒加大边及胶结物等都可发生不同程度的溶解，整体表现出以酸溶为主、碱溶为辅的特征（图 6–26）。岩屑颗粒溶解和长石溶解十分发育，可见岩屑及长石颗粒边缘溶蚀、粒内溶解，甚至可见长石铸模孔隙，碳酸盐岩屑颗粒和胶结物溶蚀常见，石英颗粒和加大边溶蚀作用偶见，溶解后的石英呈现不规则边缘。

（5）烃类充注及油气裂解。

油气充注影响成岩作用，从而影响储层物性演化，可以改善储层的物性。油气充注能抑制石英胶结作用，尤其是早期快速的油气充注对石英胶结有明显的抑制作用；能促进深部溶蚀改造，烃类充注携带的有机酸改造原生孔隙，形成较好的次生孔隙；能抑制压实作用，烃类充注增加孔隙流体压力，从而增加了岩石对压实作用的抵抗能力。薄片中可见粒间孔和包裹体中发亮黄色至浅褐色的荧光，表明南堡凹陷古近系中深层储层发生烃类充注（图 6–26）。

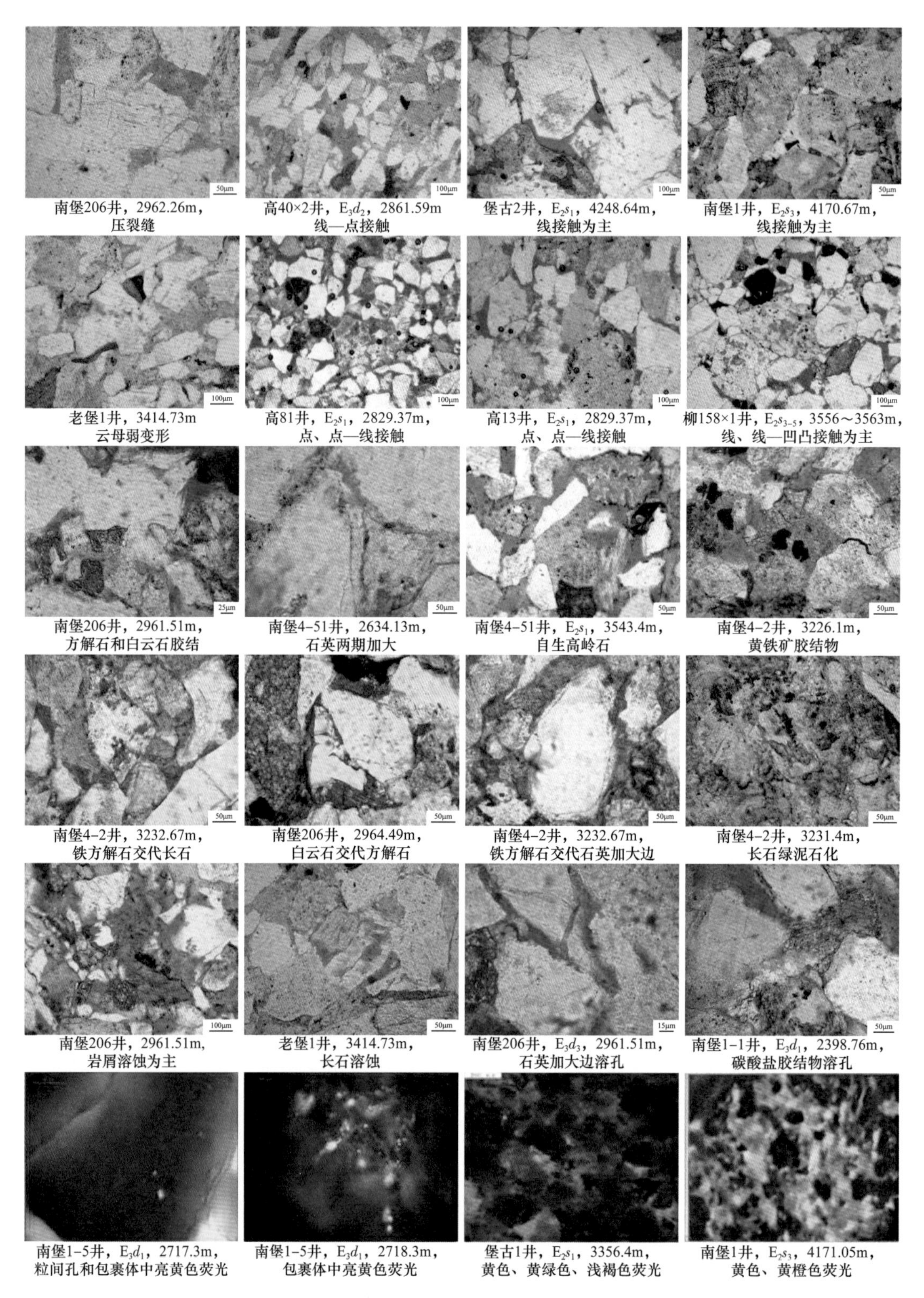

图 6–26　南堡凹陷古近系储层成岩作用特征

2）成岩演化阶段划分

依据《碎屑岩成岩阶段划分》（SY/T 5477—2003），南堡凹陷储层成岩作用阶段分为早成岩 B 期、中成岩 A_1 期、中成岩 A_2 期、中成岩 B 期 4 个阶段。（1）早成岩 B 期：古地温小于 85℃，镜质组反射率小于 0.5%，最大热解峰温小于 435℃，泥岩中混层矿物为无序混层，伊 / 蒙混层中蒙皂石的质量分数在 50% 以上。在此期内发生的成岩作用主要为压实作用及少量的早期黄铁矿胶结。（2）中成岩期 A_1 亚期：古地温为 85～120℃，镜质组反射率为 0.5～0.7，最大热解峰温为 435～440℃，泥岩中混层矿物为有序混层，伊 / 蒙混层中蒙皂石的质量分数为 20%～50%。此期内发生的成岩作用主要是压实作用和溶蚀作用。溶蚀作用与有机质大量转化时释放出来的大量有机酸、二氧化碳有关，在此温度范围内有机酸稳定保存，使长石、岩屑等颗粒发生溶蚀，并且石英加大和自生高岭石普遍出现。（3）中成岩期 A_2 亚期：古地温为 120～140℃，镜质组反射率为 0.7%～1.3%，最大热解峰温为 440～460℃，泥岩中混层矿物为有序混层，伊 / 蒙混层中蒙皂石的质量分数为 20%～50%。此期内主要发生方解石、白云石、铁方解石、铁白云石等的胶结作用。（4）中成岩期 B 期：古地温大于 140℃，镜质组反射率大于 1.3%，最大热解峰温大于 460℃，泥岩中混层矿物为超点阵有序混层，伊 / 蒙混层中蒙皂石的质量分数小于 20%，压实作用继续发育。

总体来看，不同构造带同一成岩阶段门限深度有所不同（表 6–1 和图 6–27），但差异不太大，以南堡 3 号构造为例，储层埋深 2840m 以上处于早成岩 B 期，2840～3900m 处于中成岩 A_1 亚期，3900～4590m 处于中成岩 A_2 亚期，4590m 以下处于中成岩 B 期。

表 6–1　南堡凹陷主要地区成岩阶段划分表

构造带	早成岩 B 期	中成岩 A_1 亚期	中成岩 A_2 亚期	中成岩 B 期
南堡 1 号	2620m 以浅	2620～3600m	3600～4900m	4900m 以深
南堡 2 号	2800m 以浅	2800～3800m	3800～4640m	4640m 以深
南堡 3 号	2840m 以浅	2840～3900m	3900～4590m	4590m 以深
南堡 4 号	3120m 以浅	3120～3910m	3910～4640m	4640m 以深
南堡 5 号	2700m 以浅	2700～4040m	4040m～4640m	4640m 以深
老爷庙	2930m 以浅	2930～3820m	3820m 以深	
高柳断层下降盘	2920m 以浅	2920～4200m	4200m 以深	
高柳断层上升盘	2550m 以浅	2550～3750m	3750m 以深	

二、侏罗系碎屑岩储层

侏罗系碎屑岩储层以细砂岩为主，岩石成分变化较大，分选以中等为主，磨圆度以次棱状—次圆状为主。碎屑成分中，石英含量较低，长石含量较高，且以正长石为主（图 6–28）。岩屑中以酸性喷发岩和石英岩为主。原生填隙物较多，成分以泥质为主。

储层物性变化很大，孔隙度集中分布在 4%～6% 及 14%～16% 区间，平均为 9.8%；渗透率集中分布在 1～10mD 区间，平均为 2.67mD。

成岩阶段 | 古地温/℃ | 埋深/m | 有机质 | 泥岩 | 储层黏土矿物演化 | 压实作用 | 石英加大 | 长石加大 | 黄铁矿 | 方解石 | 白云石 | 溶解作用 | 孔隙度演化剖面

期 | 亚期 | R_o/% | 有机质深部热演化 | 阶段 | T_{max}/℃ | I/S比中的S/% | I/S混层分带 | 高岭石 | 绿泥石 | 伊利石 | I/S混层 | 石英 | 长石 | 岩屑 | 碳酸盐 | 孔隙度/%

早成岩 B；中成岩 A_1、A_2、B

85—2840；120—3910；140—4640

0.5　0.7　1.3　435　460

未成熟—半成熟；低成熟；成熟；高成熟

>50　无序混层；50～20　有序混层；<20　有序混层超点阵

— 有机酸　-- 生油窗　— CO_2

图 6-27　南堡 1 号构造至南堡 5 号构造不同构造带储层成岩阶段划分图

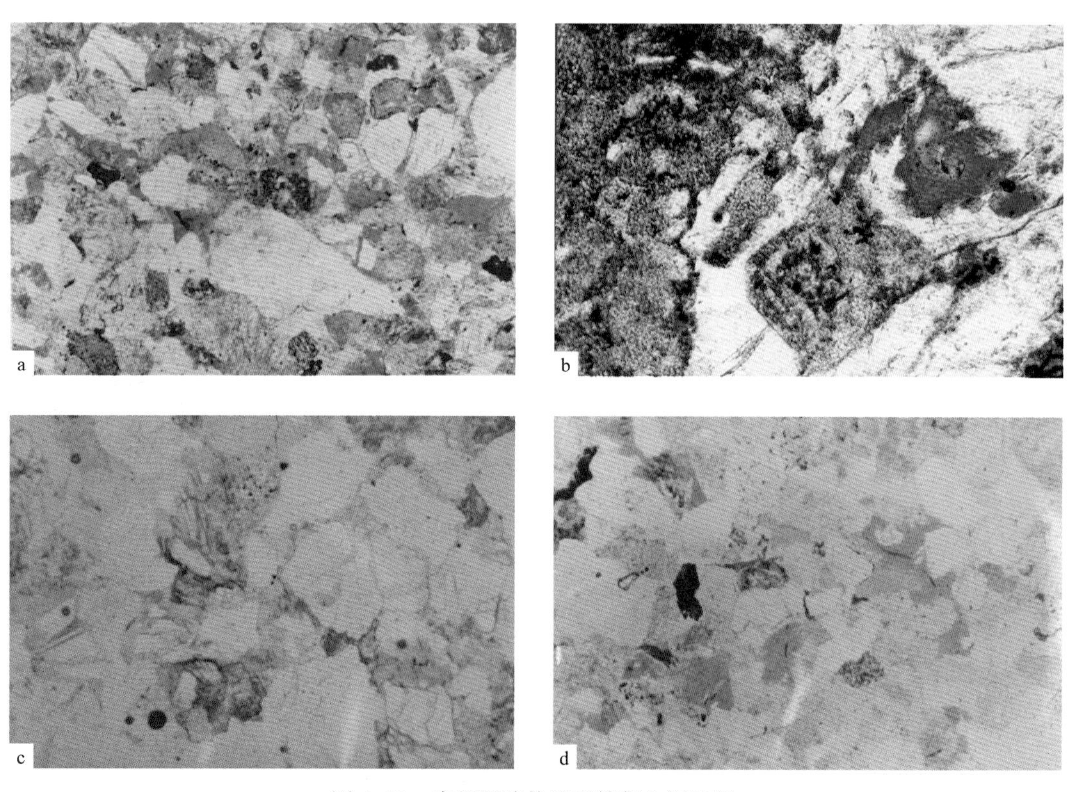

图 6-28　南堡凹陷侏罗系储集空间特征

a. 唐 18 井，1662.0m，侏罗系，粗砂质中粒长石岩屑砂岩，孔隙较发育，连通性较差，单偏光 ×40；b. 唐 2×1 井，1696.02m，侏罗系，长石溶蚀孔，高岭石交代长石颗粒，单偏光 ×120；c. 唐 7×1 井，3067.69m，侏罗系，含云质岩屑长石石英粗—中砂岩，粒间溶孔，单偏光 ×55；d. 唐 29×1 井，1625.83m，侏罗系，细砂质中粒岩屑砂岩，孔隙较发育，连通性较好，以粒间溶孔为主，少量粒内溶孔，单偏光 ×37

储集空间分为孔隙型和裂缝型。孔隙型储集空间类型以粒间溶孔、粒间孔、粒内溶孔为主，其次为晶间溶孔、晶内溶孔及铸模孔等；孔径和喉径的基本特征是孔隙半径一般分布在10～40μm之间，最大为125μm；喉道半径较小，不大于1μm的喉道半径占76%，连通性差。裂缝型储层主要为构造缝和溶蚀缝两种类型。裂缝宽度一般为0.5～2mm，属于中—宽缝；裂缝长度10～20cm，少量为20～40cm。如柏各庄凸起唐2-18井侏罗系92.22m岩心，有59m岩心发育不同程度的裂缝。

三、寒武系—奥陶系碳酸盐岩储层

寒武系—奥陶系碳酸盐岩储层岩石类型主要是泥晶灰岩、白云质灰岩、白云岩及在溶洞中充填的溶积砂岩、砂砾岩。

储集空间类型包括裂缝和孔隙两种类型。裂缝类型主要为构造缝和构造—溶蚀缝；孔隙类型主要为晶间微孔、粒屑间溶孔和粒屑内溶孔等（图6-29）。

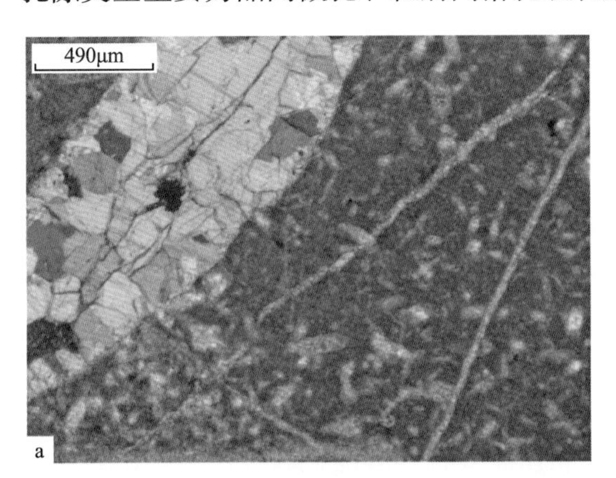

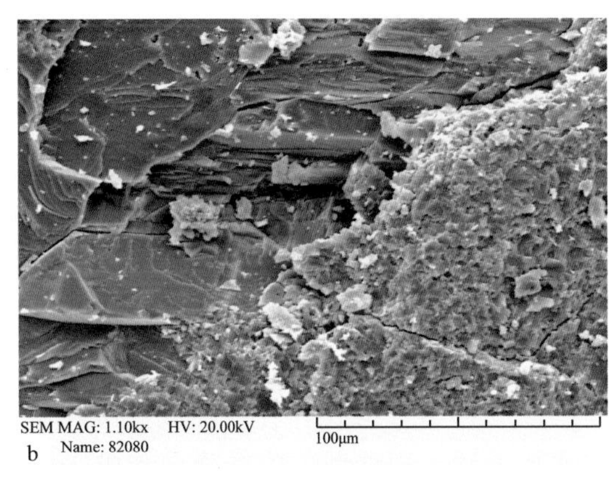

图6-29 南堡凹陷碳酸盐岩储集空间特征

a.南堡1-85井，4078.50m，下马家沟组，构造缝呈不规则网状，被方解石、硅质充填，正交偏光 ×100；b.南堡280井，4496.89m，下马家沟组，粒屑泥晶间微孔隙2～7μm，V电镜 ×1100；c.南堡3-80井，5681.53m，毛庄组，灰质云岩中发育的溶孔、溶洞被方解石充填、半充填；d.南堡1-80井，3740.01m，凤山组，构造缝呈不规则网状交叉，被方解石全充填和泥铁质全充填，正交偏光 ×120

寒武系碳酸盐岩储层储集空间包括基质孔隙、溶蚀孔洞和裂缝三类。基质孔隙形式多样，尤以粒间溶孔、粒内溶孔、晶间孔最为常见。粒间溶孔、粒内溶孔、晶间孔分布在白云岩中，孔径大小不一，大部分未充填；溶蚀孔洞呈孤立状或沿裂缝分布，形状各异，有的直径能达到 20mm，大部分半充填或未充填；裂缝主要是构造缝，其次为溶蚀缝和缝合线。构造缝倾角一般大于 60°，缝宽大小不一，延伸较短，裂缝相互交织，呈网状分布，大多被方解石、泥铁质等充填或半充填；溶蚀缝和缝合线的缝宽较窄，呈脉状分布，被泥质或方解石半充填，部分未充填。有效孔隙度平均为 5.5%～8.3%，渗透率集中分布在 2.7～29.7mD 之间。

奥陶系碳酸盐岩储层储集空间以裂缝和孔隙为主。裂缝分布在泥晶灰岩、粒屑灰岩、粉晶灰岩、泥晶白云岩和硅化岩中，宽窄不一，镜下见到最宽裂缝 1.5cm，被方解石、泥（铁）质、硅质、白云石、黄铁矿、有机质和石膏全充填或半充填，有效孔缝率不大于 1%；孔隙为晶间微孔、粒屑间溶孔和粒屑内溶孔，孔径 1～100μm，孔缝率不大于 3%。有效孔隙度相对较低，最大为 10.3%，最小仅为 0.4%，集中分布在 1.3%～8.2% 区间；水平渗透率和垂直渗透率变化较大，水平渗透率最大为 66.40mD，集中分布在 11.73～15.70mD 之间；垂直渗透率最大为 12.60mD，平均为 4.90mD。

四、火山岩储层

本区火山岩储层主要发育基性玄武质与酸性流纹质火山岩。其中，玄武质火山岩主要为玄武岩、玄武质火山碎屑岩，见少量玄武质火山角砾岩；流纹质火山岩主要为流纹岩及流纹质火山碎屑岩，见少量流纹质凝灰岩。

储集空间分为原生孔隙与次生孔隙（表 6–2），其中，凝灰岩的粒间孔和角砾化熔岩的砾间孔洞的储层物性相对均质，特别是角砾化熔岩的砾间孔洞，由于孔洞较大，次生矿物往往不能完全充填（图 6–30 和图 6–31），能够保存有效的连通空间。各种储集空间经常以某种组合形式存在：粒间孔 + 构造缝型、砾间孔洞 + 裂缝型、气孔 + 缝 + 洞型、溶蚀孔 + 洞 + 裂缝型。构造缝合和成岩缝主要起连通气孔、溶蚀孔洞等作用，是油气运移的通道。

表 6–2　南堡 5 号构造带火山岩储层储集空间类型分布特征表

孔隙类型		对应岩类	成因推断	充填情况及含油性	组合特征
原生	粒间孔	凝灰岩、沉凝灰岩、角砾熔岩	胶结残余、沿裂缝溶蚀	部分或大部分被充填，含油性好	多与构造缝连通
	砾间孔洞	自碎角砾熔岩、角砾熔岩	胶结物或自身矿物量不足	边缘多充填，中间留有孔缝，含油性好	多与构造缝连通
	气孔	气孔、杏仁状熔岩、角砾熔岩、凝灰熔岩	气体膨胀溢出	少—半充填，与缝洞相连者含油性较好	与溶缝、洞相连
次生	溶蚀孔缝洞	蚀变杏仁状玄武岩、自碎角砾岩、角砾熔岩、构造角砾岩带	淋滤、溶蚀、风化	未充填—半充填，含油性好	溶蚀—构造复合缝与孔洞、缝相连
	构造缝	各类岩石均可，但以致密玄武岩为主	构造应力作用	开启—半充填，含油性好	溶蚀—构造复合缝

图 6-30　北 12-1 井岩心薄片

4087m，玄武质岩屑凝灰岩，岩屑内气孔发育，其中充填绿泥石，部分气孔呈假流纹状构造，正交光 ×51

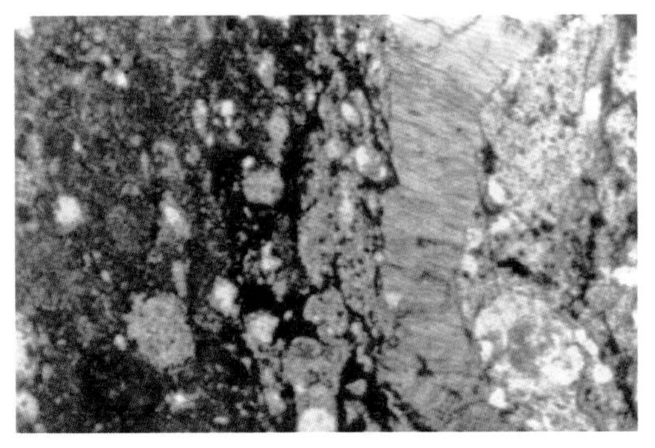

图 6-31　北深 28 井岩心薄片

4417m，凝灰岩，主要成分为火山灰，少量长石石英岩屑及部分陆源碎屑。成岩缝发育，充填物主要为方解石，岩石泥化和碳酸盐化强，单偏光 ×128

火山岩储层多数非均质性强，以低孔低渗透储层为主。基质孔隙度 2.1%～10.6%，渗透率 0.04～4.11mD，仅个别火山岩储层物性较好，如北 12×1 井钻遇火山岩碎屑岩储层，测井孔隙度 20.4%，渗透率 55.4mD。

第四节　储层分布与综合评价

在储层的分析研究中，对不同类型储层的主控因素进行系统分析归纳，并对古近系—新近系储层、侏罗系储层进行分类综合评价，明确了优势储层的分布。

一、储层分布的主控因素

1. 碎屑岩储层

碎屑岩储层主要发育在南堡凹陷古近系—新近系中，幕式构造活动、沉积作用、成岩作用、同沉积断层活动、断层差异性活动是储层分布的主控因素。

1）幕式构造活动

由于区域应力强度和方向的变化，不同的构造幕在沉降速率、同沉积断裂活动的强度与展布方向、构造格局等方面存在明显差异，从而控制着不同的沉积储层的分布发育。裂陷Ⅰ幕：对应 $E_2s_3^{4+5}$ 层序，南堡凹陷北部控凹边界断层柏各庄断层、西南庄断层开始活动，盆地发育成浅的北断南超的箕状凹陷，高柳地区的拾场洼陷是该时期的沉降和沉积中心，地层向南向西方向超覆。$E_2s_3^4$ 沉积时期控边断裂活动加强，箕状结构更加明显，形成了扇三角洲相沉积和深—半深湖相沉积。裂陷Ⅱ幕：对应 E_2s_2 至 $E_2s_3^3$ 层序，由于西南庄断层在该时期的剧烈活动，除了在高尚堡构造带以北的拾场次凹是继承性的沉积中心，在柳赞构造带以西形成了受西南庄断层控制的林雀次凹，受西南庄断裂和柏各庄断裂的强烈控制，北部沿控凹边界断裂发育众多扇三角洲沉积体系，南部缓坡带有来自沙垒田隆起的辫状河三角洲沉积体系。E_2s_2 沉积时期，盆地趋于填平，主要发育氧化环境下的河流冲积体系，形成主体正旋回的沉积地层。E_2s_2 沉积晚期，南堡凹陷整体发生构造隆升，E_2s_2 遭受剥蚀，残留地层主要由粗碎屑的冲积扇体系、扇三角洲体系和滨浅湖体系组成。裂陷Ⅲ幕：对应 E_2s_1 层序，该时期高柳断层开始发育，沉积中心逐步向南迁移，陡坡带整体构成断阶坡折带控制沉积体系的发育，裂陷作用较强，以半深湖—深湖相沉积为主，陡坡带以扇三角洲沉积为主，且在高柳断层下形成砂体堆积中心，在缓坡带发育辫状河三角洲体系。裂陷Ⅳ幕：对应 E_3d 层序，是南堡凹陷的裂陷晚期，该时期高柳断裂活动加强，沉积中心转移到高柳断层的下降盘，柳南次凹和林雀次凹成为新的沉积和沉降中心，东二段沉积时期为最大水侵期，沉积了厚达 200～400m 的加积型泥岩段；东一段沉积时期湖泊开始萎缩，形成了一套以粗碎屑为主的扇三角洲体系。新近系馆陶组代表南堡凹陷裂后坳陷早期的盆地充填，底界面的区域性不整合面代表一次较强的构造隆升作用。明化镇组后期发生构造活化，出现一次快速沉降，在南堡凹陷平均厚度约 1500m，由块状砂岩与灰绿色、灰黄色、棕红色泥岩互层组成，为曲流河沉积（图 6-32）。

2）沉积作用

南堡凹陷古近系—新近系主要发育 7 种沉积相类型：冲积扇、扇三角洲、辫状河三角洲、重力流、曲流河、辫状河和滨浅湖滩坝。南堡陆地古近系主要发育扇三角洲和冲积扇沉积体系，来自柏各庄凸起和西南庄凸起物源的扇三角洲沉积大面积分布在高柳地区，主要储层沿扇三角洲相水下分流河道分布。南堡滩海古近系主要发育辫状河三角洲、扇三角洲、重力流和湖泊沉积体系，来自南部沙垒田凸起物源的辫状河三角洲沉积分布在南堡 1 号构造、南堡 2 号构造的南部和南堡 3 号构造，北部凸起物源的扇三角洲主要分布在南堡 4 号构造、南堡 5 号构造和南堡 1 号构造、南堡 2 号构造的北部，凹陷中心发育小型湖泊相沉积和重力流沉积。主要储层沿辫状河三角洲水下分流河道、扇三角洲水下分流河道、重力流浊积和滨浅湖滩坝分布。南堡凹陷新近系主要为曲流河和辫状河沉积，储层主要分布在曲流河的边滩和辫状河心滩中。

3）成岩作用

成岩作用控制优质储层分布，南堡凹陷经历了复杂的成岩作用改造，主要的成岩作用有压实作用、胶结作用、交代作用和溶解作用，压实作用和胶结作用是南堡凹陷储层破坏的主要成岩作用，溶解作用为改善储层物性的成岩作用。在南堡凹陷，压实作用使砂岩碎屑颗粒间原生孔隙大幅度减小，同时使储层的喉道半径急剧变小，是储层物性变差的主要因素之一，南堡 1 号构造、南堡 2 号构造储层压实作用弱—中等，使粒间原生孔隙得以保存。砂岩成岩过程中生成的胶结物会充填储层的粒间孔隙和堵塞细小喉道，对孔隙度和渗透率造成破坏性作用，因此胶结物的含量和分布对砂岩储层的质量具有控制作用，南堡凹陷的胶结物主要以碳酸盐为主，硅质、高岭石 / 伊利石 / 绿泥石、黄铁矿胶结作用次之。在成岩过程中，含有 CO_2 和有机酸的酸性水可以对碳酸盐胶结物和长石等铝硅酸盐矿物进行溶蚀，南堡凹陷中深层储层溶解作用普遍发育，颗粒、颗粒加大边及胶结物等都可发生不同程度的溶解，呈现以酸溶为主、碱溶为辅的特征，岩屑颗粒溶解和长石溶解十分发育，形成次生溶蚀孔隙，从而对砂岩储层物性起到积极作用。

4）同沉积断层活动

同沉积断层控制着储层的分布，南堡凹陷构造活动强烈，同沉积断层十分发育。根据边界断层、内部结构、平面展布、构造位置、发育演化阶段等特点，可将南堡凹陷的坡折带继续划分为断崖型、断坡型、同向断阶型、反向断阶型四类断裂剖面组合样式

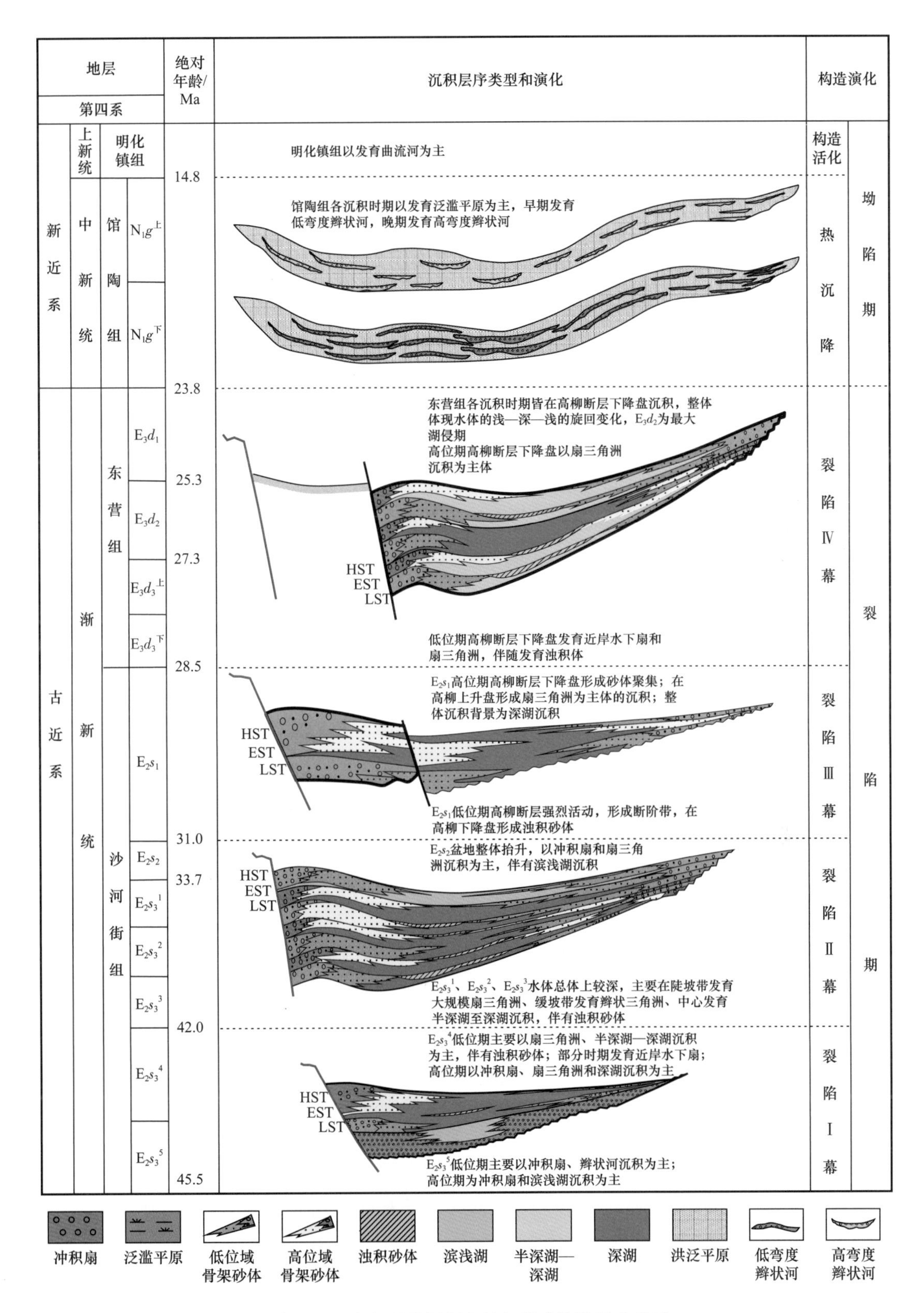

图 6-32 南堡凹陷沉积充填与幕式构造运动关系

（图 4–12）。断裂剖面组合样式形成特定的古地貌，控制着可容纳空间的变化，影响着局部碎屑体系的推进方向和砂体的展布样式。断崖型：南堡凹陷西南庄断层西段在东营组沉积时期活动强烈，断层下降盘发生强烈翘倾，从凹陷西部边缘进入的物源体系沿断裂形成的沟槽沿断裂边缘迅速堆积扩展，直至断裂附近可容纳空间基本充填的情况下，向盆地深部扩展。断坡型：南堡凹陷柏各庄断层下降盘往往形成这样的断裂构造样式，西南庄断层部分位置也表现为这种断裂构造样式。同向断阶带：南堡凹陷南部的缓坡带或者北部陡坡带局部发育这种构造构成样式类型，控制着扇三角洲和辫状河三角洲的发育。反向断阶带：南堡凹陷北部老爷庙构造带和南部缓坡带都发育此类构造构成类型，虽然沉积相变位置仍然向盆地方向变化，粒度由盆缘粗碎屑沉积向盆地中心细粒碎屑沉积变化，但是由于其前缘部位水体较浅，沉积物经过反复淘洗作用，经常表现为较粗和分选较好的砂质沉积。

5）断层分段性活动

以西南庄断层为例，西南庄断层的 3 段活动特征控制着南堡 5 号构造带和老爷庙构造带的形成。西南庄下降盘同时形成了北堡逆牵引褶皱构造样式和老爷庙横向褶皱构造样式，这与西南庄断层分段活动性有着密不可分的关系。西南庄断层主要由 3 条独立的断裂合并成为 1 条，老爷庙构造带发育于中段和东段的结合部位，是物源的输入部位，同时两侧断裂沉降速度快，轴部较慢，逐渐形成枢纽垂直于断裂走向的横向背斜；而北堡构造带主要受到西南庄断层西段的控制，西南庄断层西段断面呈铲状，延展较长，在下降盘形成滚动背斜，长轴方向基本与西南庄断层西段走向平行，物源主要是从西部西南庄断层末端输入凹陷内部（图 6–33）。

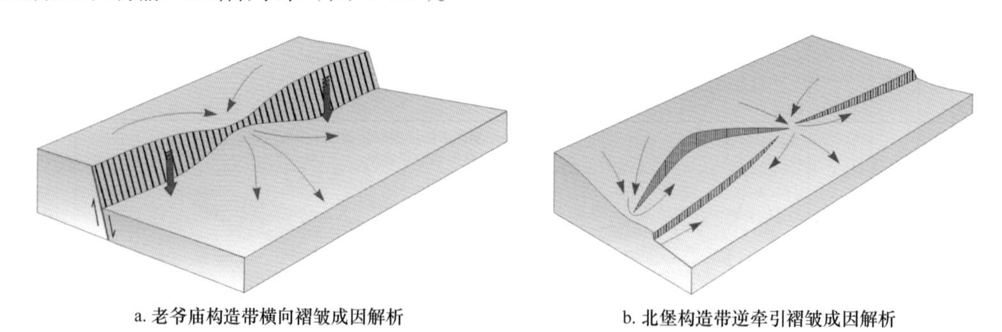

a. 老爷庙构造带横向褶皱成因解析　　b. 北堡构造带逆牵引褶皱成因解析

图 6–33　西南庄断层分段性活动示意图

2. *碳酸盐岩储层*

本区碳酸盐岩储层主要控制因素为岩性、岩溶、古地貌及断裂带发育情况，主要表现为：岩溶斜坡发育上部潜流带大型缝洞储层及渗流带裂缝型储层，是本区古生界潜山的主要储集层段；岩溶斜坡中的次级岩溶台地由于发育风化残积层，常构成地表水下渗屏障，影响岩溶作用的进一步发育，造成下伏潜山储层变差；岩溶洼地储层差（早期形成的缝洞储层多被再次充填、胶结）；断裂—裂缝发育程度是影响潜山岩溶储层发育程度的重要因素，能改善岩溶的溶蚀空间分布范围及储层的发育。

本区碳酸盐岩储层纵向上发育在寒武系馒头组上部、毛庄组顶部及府君山组下部，平面上广泛发育于南堡 1 号潜山、南堡 2 号潜山、南堡 3 号潜山和周边凸起潜山。奥陶系和寒武系碳酸盐岩储层均具有自然产能，但酸化处理后效果更好。如南堡 280 井奥陶系下马家沟组4496.49～4565m井段中途测试，酸后使用10mm油嘴自喷，折日产气$38 \times 10^4 m^3$，日产油$64.75m^3$；堡古2井在寒武系毛庄组5165.5～5192m井段试油，折日产气$17.9 \times 10^4 m^3$，日产油$27.8m^3$。

3. 火山岩储层

火成岩储层受埋深影响小，主要受岩性、岩相控制。爆发相火山碎屑岩物性略好于溢流相流纹岩和玄武岩，流纹岩物性好于玄武岩。厚层的基性火山岩可分为火山碎屑岩带、上部气孔—杏仁状玄武岩带、中部致密玄武岩带及下部扁平气孔玄武岩带。这与火山岩的冷却条件相关，上部和下部的玄武岩带是岩浆快速冷却而成的，故多具隐晶—玻璃质结构，气孔构造及收缩缝较发育，可以形成有效储层；中部火山岩因岩浆冷却速度相对较慢，具结晶相对良好的细晶结构，气孔较少，导致玄武岩致密，在无构造裂缝发育时，很难形成有意义的油气储层（刘金华等，2015）。另外，火山岩脆性较高，受构造作用容易产生裂缝，靠近断裂附近火山岩的储集性能相对较好。

该类储层多数需压裂后方可获工业气流，如南堡5-29井火山岩试气井段4768.4～4781.6m，压裂后折日产气$10.7 \times 10^4 m^3$。仅个别火山岩储层物性较好，如北12×1井钻遇火山岩碎屑岩储层，在4381.6～4405.4m井段常规试油，自喷日产气$12.3 \times 10^4 m^3$，日产油$220.6m^3$，证实本区存在有自然产能的储层“甜点”区。

二、储层综合评价

1. 古近系—新近系储层

1）储层分类评价标准

通过统计南堡凹陷分析化验、毛细管压力曲线参数及铸体薄片鉴定等资料，建立南堡凹陷古近系—新近系储层分类评价标准（表6-3），南堡凹陷古近系—新近系储层主要以Ⅰ类、Ⅱ类储层为主，其次为Ⅲ类储层，Ⅳ类储层少见。

Ⅰ类储层：沉积相类型以曲流河边滩、辫状河心滩、扇三角洲前缘水下分流河道、辫状河三角洲前缘水下分流河道及河口坝为主，颗粒粒度为中—细砂岩，主要的孔隙类型为剩余原生粒间孔或次生的粒间溶蚀孔隙。虽然含有少量的杂基及胶结物，使一部分大孔隙为小孔喉所控制，但是主要的孔喉半径都大于10μm，孔隙度大于20%，各种微裂缝及纹层和层理缝的存在可以进一步改善其渗透率。需要说明的是新近系馆陶组和明化镇组储层由于埋藏浅，压实作用弱，且处于早成岩晚期，多数属于高孔特高渗透和高孔中渗透，原生粒间孔隙为主，多数具有特大孔中喉型孔隙结构，为Ⅰ类储层。Ⅱ类储层：沉积相类型以扇三角洲前缘水下分流河道、辫状河三角洲前缘水下分流河道、河口坝为主，主要的孔隙类型包括剩余原生粒间孔、颗粒内溶孔、杂基内微孔隙及胶结物的晶间孔隙，胶结物未充填满孔隙并具有一定数量的粒间溶蚀孔隙。由于杂基含量增多，部分粒间孔隙或溶蚀孔隙受杂基内微孔隙喉道所控制。最大连通孔喉半径在1～7.5μm之间，孔隙度范围为12%～20%。粒间孔及溶蚀孔含量增多可以改善其储集性，而构造裂缝比较发育可以改善其渗透率。Ⅲ类储层：沉积相类型以扇三角洲前缘水下分流河道、河口坝、席状砂为主，主要孔隙类型为杂基内微孔隙或者是晶体再生长间隙。粒间孔隙或溶蚀孔隙很少。颗粒的粒度为细砂—粉砂，杂基及胶结物含量明显增多，颗粒间几乎全部为杂基及胶结物所充填。孔隙和喉道都很小，在薄片下很难区分。最大连通孔喉半径一般只有 1μm 左右。Ⅳ类储层：主要孔隙类型依然是杂基内微孔或者是晶体再生长晶间隙，裂缝和溶蚀孔隙不发育。颗粒为粉—极细粒，基底式胶结。压实作用或胶结作用强烈，微孔隙十分细小，晶间孔镶嵌得很紧密，在镜下几乎见不到任何孔隙。

表 6-3　南堡凹陷古近系—新近系储层分类评价标准

类别	亚类	孔隙类型		粒度范围	物性		毛细管压力特征			最大连通孔喉半径 / μm
		主要的	次要的		孔隙度 / %	渗透率 / mD	排驱压力 / MPa	饱和度中值毛细管压力 / MPa	最小非饱和孔隙体积百分数 / %	
Ⅰ	a	A 或 E	B，I，C	细、中（粗）	>25	>600.0	<0.2	0.7～2.0	<10	>37.50
	b	A 或 E	B，D，C	中、细	20～30	100.0～600.0	0.2～1.0	2.0～15.0	<20	7.50～37.50
	c	A 或 E，B	C	中、细、极细	20～30	100.0～600.0	0.2～1.0	15.0～30.0	<30	7.50～37.50
Ⅱ	a	B，G	A，E，I	细、极细	13～20	10.0～100.0	1.0～3.0	5.0～15.0	20～35	2.50～7.50
	b	B，G	A，E	细、极细	13～20	5.0～50.0	3.0～5.0	15.0～30.0	20～35	1.50～2.50
	c	B，G	E	细、粉	13～18	1.0～20.0	5.0～7.0	15.0～50.0	25～35	1.07～1.50
Ⅲ	a	B 或 F	D，I	细、极细	9～12	0.2～1.0	7.0～9.0	30.0～60.0	25～45	0.83～1.07
	b	B 或 F	D，H	细、粉	7～9	0.1～0.5	9.0～11.0	60.0～90.0	35～45	0.68～0.83
Ⅳ		B 或 F	H	极细、粉	<6	<0.1	>11.0	>90.0	>45	<0.68

注：A—粒间孔；B—微孔；C—解理缝；D—层间缝；E—溶孔；F—晶间孔；G—剩余粒间孔；H—收缩缝；I—构造缝。

2）主要地区储层特征

（1）南堡滩海地区。东营组发育大面积的三角洲沉积体系，凹陷中心深湖区发育小规模的滑塌浊积扇，砂岩横向变化快、储层非均质性强，砂岩分选性和磨圆度属于中等—好。东一段孔隙度较高，为 20%～30%，渗透率一般大于 50mD，属于Ⅰ类、Ⅱ类储层。东二段储层孔隙度 5%～20% 不等，渗透率平均为 10mD，为Ⅱ类储层。东三段孔隙度 5%～15%，渗透率小于 1mD，为Ⅱ类、Ⅲ类储层。

（2）老爷庙地区。老爷庙地区位于边界断层陡坡带边缘，东营组沉积时期主要发育近岸水下扇沉积体系，前端发育规模较大型滑塌浊积扇、深水浊积扇等重力流沉积，储层主要为中—细砂岩，以长石岩屑砂岩和岩屑长石砂岩为主，孔隙类型包括原生粒间孔、次生溶蚀孔，岩石物性相对较好，东一段孔隙度多为 20%～30%，渗透率变化较大，0.1～1000mD，为Ⅰ类、Ⅱ类储层；东二段孔隙度 15%～25%，渗透率 10～100mD，为Ⅰ类、Ⅱ类储层；东三段孔隙度 10%～20%，渗透率小于 100mD，为Ⅱ类、Ⅲ类储层。

（3）南堡 5 号构造陆地（北堡地区）。北堡地区位于西南庄断层西缘，东营组沉积时期发育扇三角洲沉积体系，储层以扇三角洲前缘的中—细砂岩为主，岩石类型以长石岩屑砂岩和岩屑长石砂岩为主，少量岩屑砂岩，孔隙类型比较多，包括原生粒间孔、次生粒间溶孔、粒内溶孔、铸模孔及黏土矿物晶间孔。东一段物性较好，孔隙度峰值为25%～30%，渗透率峰值大于100mD，为Ⅰ类储层，东二段储层非均质性强，孔隙度5%～25%，渗透率相对较差，且分布不均，一般为0.1～100mD，峰值0.1～1mD，为Ⅱ类、Ⅲ类储层。东三段孔隙度峰值15%～20%，渗透率峰值1～10mD，为Ⅱ类储层。

（4）高尚堡地区。高尚堡地区在高柳断层以北，储层主要为东三段、沙河街组扇三角洲相砂岩，高柳断层以南，包括沙河街组和东营组扇三角洲、近岸水下扇砂体。岩石类型以长石岩屑砂岩、岩屑长石砂岩为主，成分成熟度低，孔隙类型包括原生粒间孔、次生溶孔及黏土矿物中的晶间孔。高尚堡地区东一段孔隙度10%～20%，渗透率0.1～1000mD不等，为Ⅱ类、Ⅲ类储层。东三段孔隙度5%～20%，峰值在10%～15%，渗透率分布范围0.1～100mD，峰值小于1mD，为Ⅱ类、Ⅲ类储层。沙河街组物性较好，尤其是沙一段、沙三段，孔隙度峰值分别为15%～25%、15%～20%，渗透率峰值沙一段1～100mD、沙三段10～100mD，为Ⅰ类、Ⅱ类储层。

（5）柳赞地区。沉积相类型包括扇三角洲、近岸水下扇，储层主要为沙河街组砂岩，以沙三段为主。岩石类型包括长石岩屑砂岩和岩屑长石砂岩，孔隙类型包括原生粒间孔、粒间溶蚀孔、铸模孔及晶间微孔等。柳赞地区沙河街组孔隙度多为10%～15%，渗透率1～1000mD，峰值小于1mD，为Ⅱ类、Ⅲ类储层。

3）储层潜力评价

据南堡凹陷2015—2018年勘探研究发展方向，重点对南部物源辫状河三角洲、高北斜坡扇三角洲和南堡4号构造北部扇三角洲古近系储层进行潜力综合评价。

（1）南部物源辫状河三角洲。

南堡凹陷南部物源辫状河三角洲主要位于南堡1号构造南部、南堡2号构造南部和南堡3号构造，物源来自西南方向，砂体连通性较好，是本区最主要的储层（图6-34）。

在南堡3号构造南部南堡3-26井、南堡36-3618井等区域均钻遇水下河道砂体，在北部边缘的南堡3-27井、南堡306×3井处钻遇河口坝砂体，在中南部南堡3-82井附近钻遇滩坝砂，深水滑塌浊积及滨浅湖滩坝微相分布局限，其中滑塌浊积主要分布于东北部局部区域。南部物源古近系沙一段辫状河三角洲前缘河道主体砂最为发育，为有效储集砂体主体，在其前端发育河口坝沉积，侧缘则发育大套的水下分流间湾泥质沉积，局部零星分布着土豆状的滩坝砂体。河道砂体受沉积条件的控制，在平面上多呈条带状、片状分布；河口沙坝及滨浅湖滩坝在平面上主要呈椭圆状、土豆状分布或是不规则状分布在水下分流河道的末端；水下分流河道侧缘在河道主体边侧呈条带状、席状分布；深水滑塌浊积扇主要呈不规则状分布在边界处或者河道砂体之外，不同时期的分布范围有所不同（图6-35）。

孔隙类型既有原生孔隙又有次生孔隙，并以次生孔隙为主，储集物性以中—低孔、中渗透为主，南部物源辫状河三角洲在东三段和沙一段发育继承性构造—岩性圈闭。在南堡3号构造古近系沙一段发现整装油藏，堡探3井和南堡1-68井相继在构造结合部获得勘探成功，表明南部物源具有重大勘探意义，断裂、古地貌及物源供给方式是影响南堡凹陷南部物源沉积相发育及分布的重要因素，主要表现为物源区古地貌决定了物源通道，同沉积断裂控制了砂体的分布，与控凹断层相交的凹内断层控制了侧向物源体系分布。

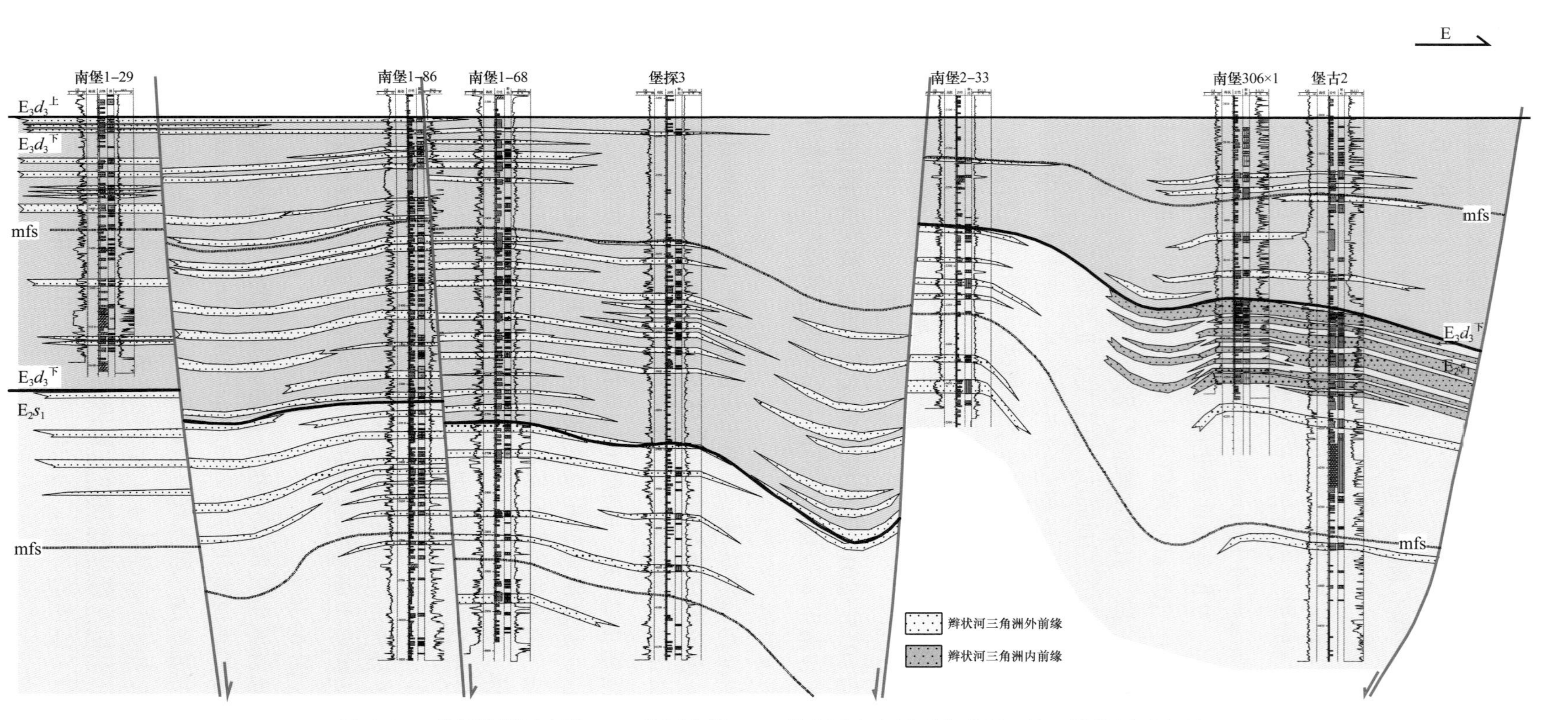

图 6-34 南部物源过南堡 1-86 井至南堡 3-35 井东西向古近系东营组—沙一段储层对比图

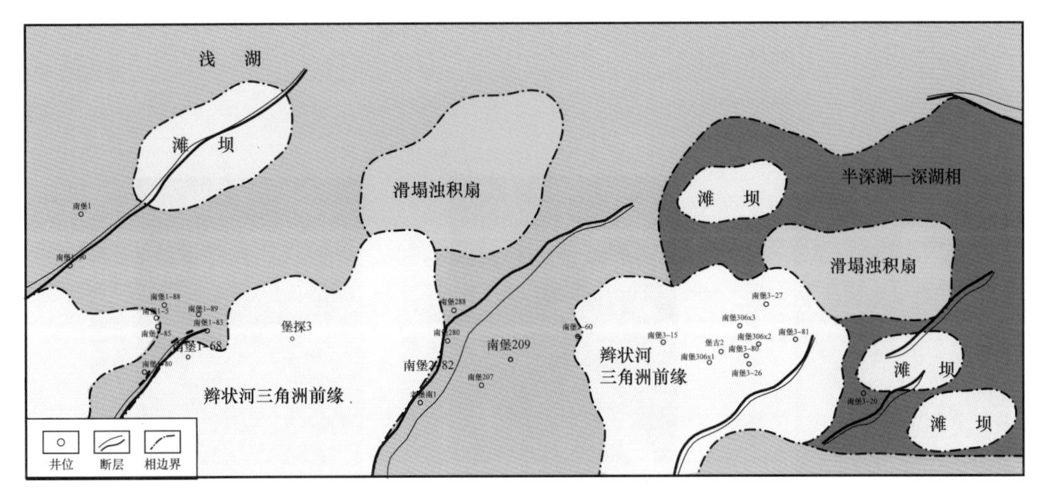

图 6-35　南堡凹陷南部物源沙一段沉积储层分布图

（2）高北斜坡扇三角洲。

高北斜坡主要发育扇三角洲水下分流河道、河口坝及远沙坝等沉积微相。水下分流河道砂体是扇三角洲前缘的主要砂体类型，主要呈条带状展布，剖面上砂体呈顶平底凸的透镜状，河床中心沉积较厚，向两侧或前方减薄，河道间缺少稳定的泥岩沉积，主要是块状或具水平层理的粉砂质泥岩、泥质粉砂岩夹薄层砂岩构成分流河道间沉积。水下分流河道平均孔喉半径为 4.34μm，主要孔喉半径均值为 29.83μm，孔隙度一般为 14.1%～20.0%，平均孔隙度为 15.4%，平均渗透率为 86mD，水下分流河道微相砂体砂质纯净、分选好，垂向上相互叠置，具有良好的储油物性，是有利的储集相带，对应于Ⅰ类储层（图 6-36a）。高北斜坡沙三段由于进积式沉积，在水下分流河道前端形成河口坝砂体，该微相自然伽马曲线、自然电位曲线呈漏斗形，河口坝砂体孔隙度一般为 14.0%～20.0%，平均孔隙度为 13.5%，渗透率平均为 36.5mD，高渗透层段位于储层的中上部。河口坝砂体平均孔喉半径 3.069μm，主要孔喉半径均值为 30.71μm。河口坝砂体岩性较水下分流河道砂体要细，易形成岩性油气藏，河口坝砂体在本区也是主要的储集砂体，其含油性仅次于水下分流河道砂体，也为有利的储集相带，对应于Ⅱ类储层，据统计在高北斜坡有 43.6% 的探明石油地质储量分布于河口坝砂体中（图 6-36b）。远沙坝是河口坝砂体受到改造后，在河口分叉处远端形成远沙坝，高北斜坡远沙坝的孔隙度一般为 13.1%～18%，平均孔隙度 13.8%，渗透率 3.2mD，平均孔喉半径 2.886μm，主要孔喉半径均值 37.74μm，物性较水下分流河道和河口坝要差，对应于Ⅲ类储层，远沙坝砂体的石油地质储量占总数的 8.6%，产量较低（图 6-36c）。

高北斜坡南部高 66 井区、高 5 井区、高 11 井区和高 14 井区为北物源供给的 4 条分支河道对应的主河道区，在分流河道前端为河口坝区，呈土豆状分布。岩石类型主要为岩屑长石砂岩、长石岩屑砂岩，岩屑类型主要以岩浆岩岩屑和变质岩岩屑为主，不稳定组分长石和岩屑含量占 50% 以上，成分成熟低，为近源快速沉积。孔隙类型为原生残余粒间孔隙、次生粒间溶蚀孔、次生粒内溶蚀孔和微裂隙等，喉道类型主要为片状或弯片状喉道，优势储层总体表现为“孔隙中等、喉道细”的特点，具有一定的改造空间，储集物性以中低孔低渗—特低渗为主。高北斜坡扇三角洲储层砂体厚度大、发育稳定、含油气性好，易形成岩性上倾尖灭圈闭（图 6-37）。

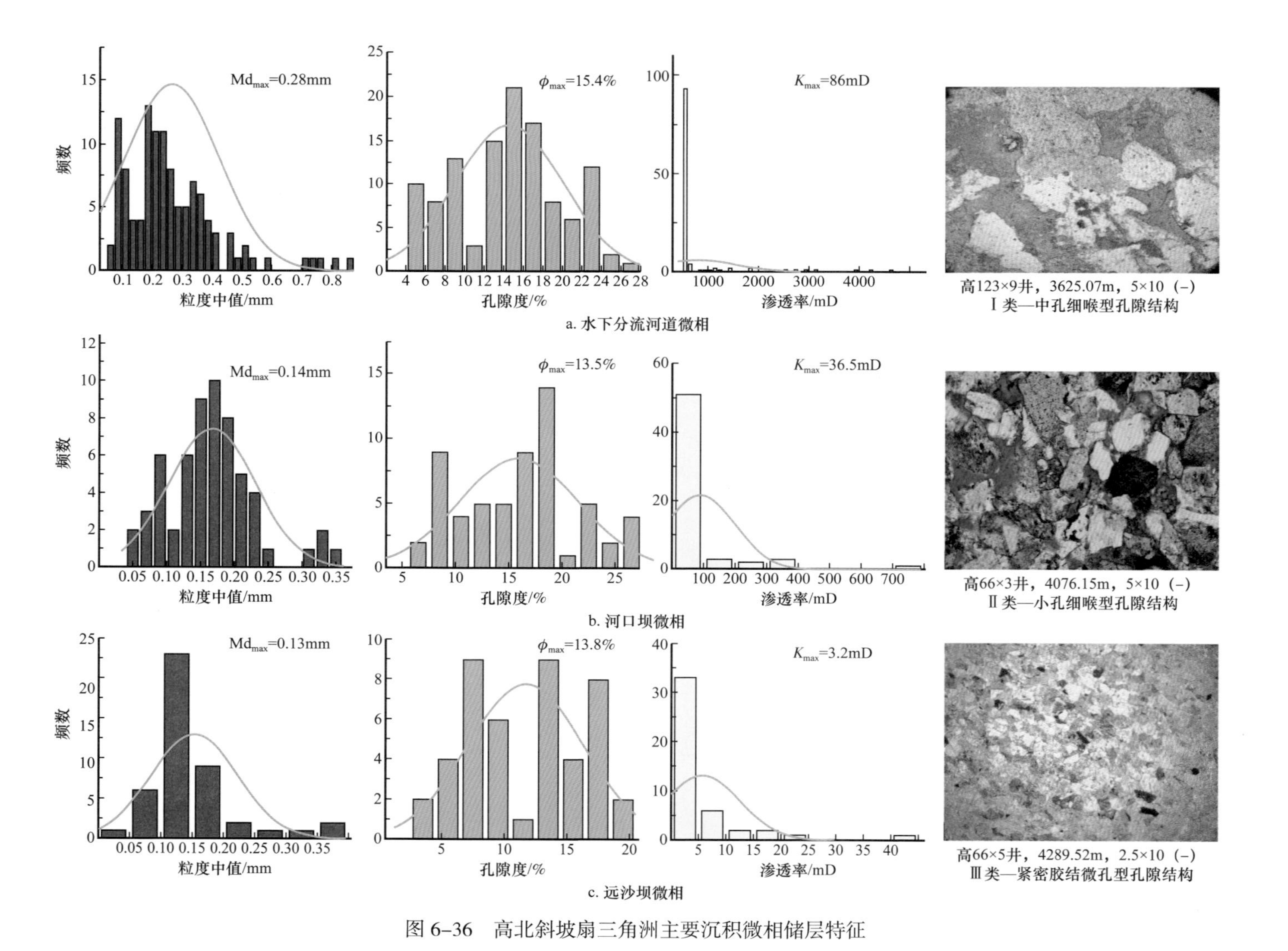

图 6-36　高北斜坡扇三角洲主要沉积微相储层特征

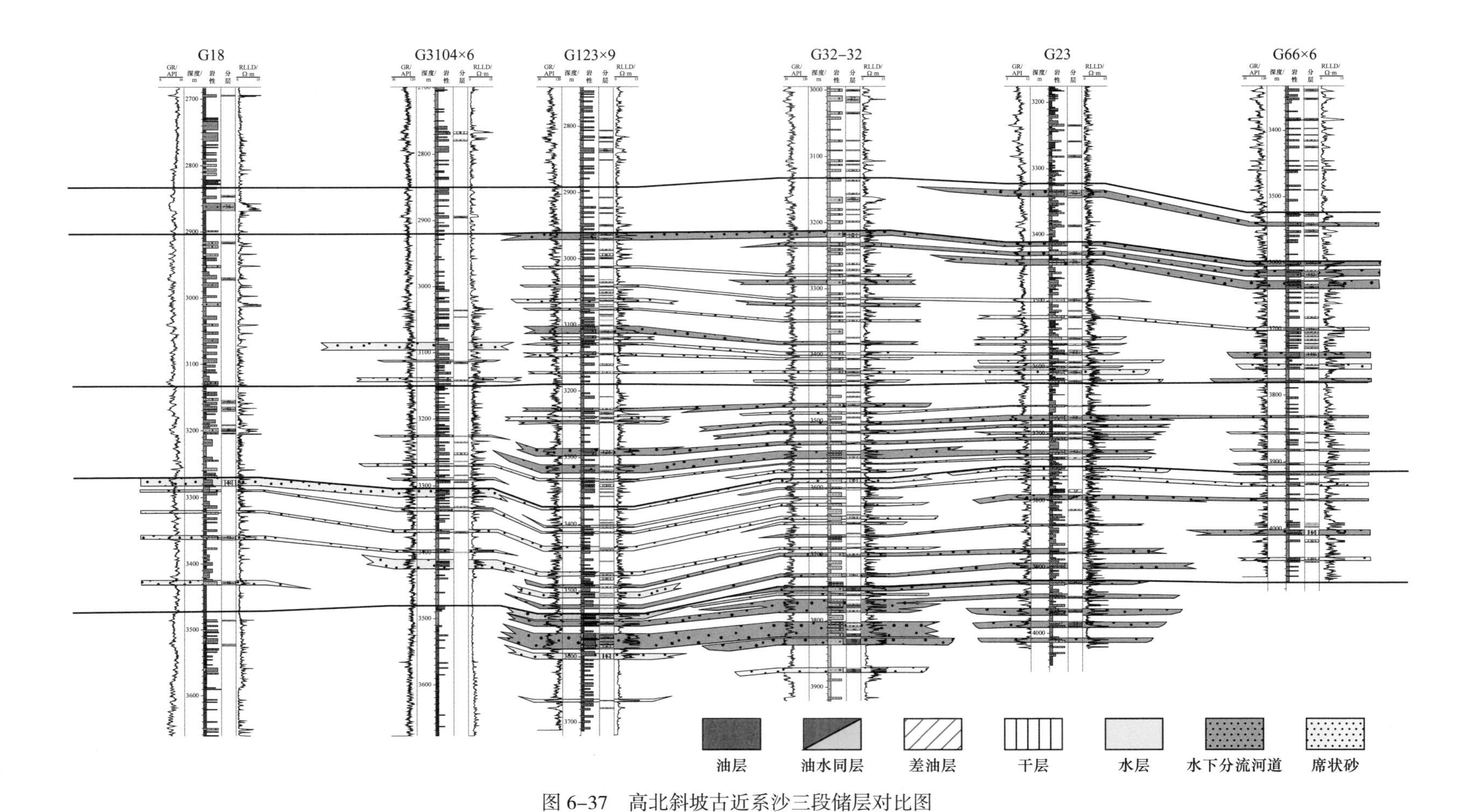

图 6-37 高北斜坡古近系沙三段储层对比图

（3）南堡4号构造北部扇三角洲。

南堡4号构造北部主要发育扇三角洲前缘水下分流河道和河口坝沉积微相，岩石类型主要为岩屑砂岩、岩屑长石砂岩、长石岩屑砂岩和长石岩屑石英砂岩，岩石颗粒粒度较粗，分选中等偏好、杂基含量较少。发育原生孔和次生孔，喉道类型主要发育缩颈型喉道，储层孔隙中等、喉道较细，储集物性以中—低孔、低—特低渗透为主。从剖面上看，东二段西部储层发育且连续性好，而东部储层发育较差；东三段上部发育河口坝相导致储层连续性较差（图6–38）。南堡4号构造北部发育4条以扇三角洲前缘水下分流河道砂体为主体的Ⅰ类储层，方向近南北向，其中西部3条河道具有叠置发育特点，该砂体水动力较强，一直延续到南堡403×1断层下降盘，在断层两盘多口探井及开发井钻遇该砂体，在水下分流河道的前端发育河口坝、席状砂等Ⅱ类、Ⅲ类储层，呈近东西向展布（图6–39），南堡4–89井钻遇到该类储层。南堡4号构造北部扇三角洲储层砂体厚度大、发育稳定、含油气性好，南堡2–52井和南堡4–88井相继在南堡403×1断层两盘获得勘探成功。

2. 侏罗系储层

南堡凹陷周边凸起的侏罗系储层储集性能总体较差，不同的砂体类型、不同的成岩阶段及构造活动强度影响，其储集性能差异也较大。基于侏罗系储层分类标准（表6–4），认为柏各庄凸起唐2×1潜山和西南庄南8潜山主要发育Ⅰ类、Ⅱ类储层，是有利储层发育区。柏各庄凸起唐2×1潜山侏罗系发育辫状河三角洲平原分流河道砂岩，分选磨圆较差且泥质含量偏高，储层物性较差。但由于本区断裂发育，对储层的后期改造作用明显，致使孔渗性能增高。本区已有多口井在侏罗系获工业油流，并在唐2×1断块、唐2×3断块、唐9×1断块分别上报了探明石油地质储量。西南庄凸起南8潜山侏罗系发育辫状河三角洲前缘水下分流河道和河口坝砂岩，分选较好，孔隙度分布在15%～20%之间，渗透率分布在0.1～1mD之间，属中孔特低渗储层。本区已有南8井、南14井、唐29×1井、唐29×2井等多口井见到较好油气显示或获工业油流。

表6–4　侏罗系储层评价分类标准

评价参数		Ⅰ类	Ⅱ类	Ⅲ类
物性	孔隙度/%	＞16	12～16	＜12
	渗透率/mD	＞10.0	1.0～10.0	0.1～1.0
主要孔隙类型		粒间孔、粒间溶孔	粒间孔、粒间溶孔、粒内溶孔	粒间溶孔、粒内溶孔、晶间孔
孔隙结构		特大—大孔、较细喉	大—中孔、较细喉—细喉	中孔、细—微细喉
沉积相带		扇三角洲平原、扇三角洲前缘	扇三角洲前缘、扇三角洲平原	扇三角洲平原、前扇三角洲
砂体类型		分流河道砂、水下分流河道砂	席状砂、辫状河道砂	辫状河道砂、浊积砂、滩坝砂
产能	油/（m^3/d）	＞5	1～5	＜1
	水/（m^3/d）	＞10	5～10	＜5

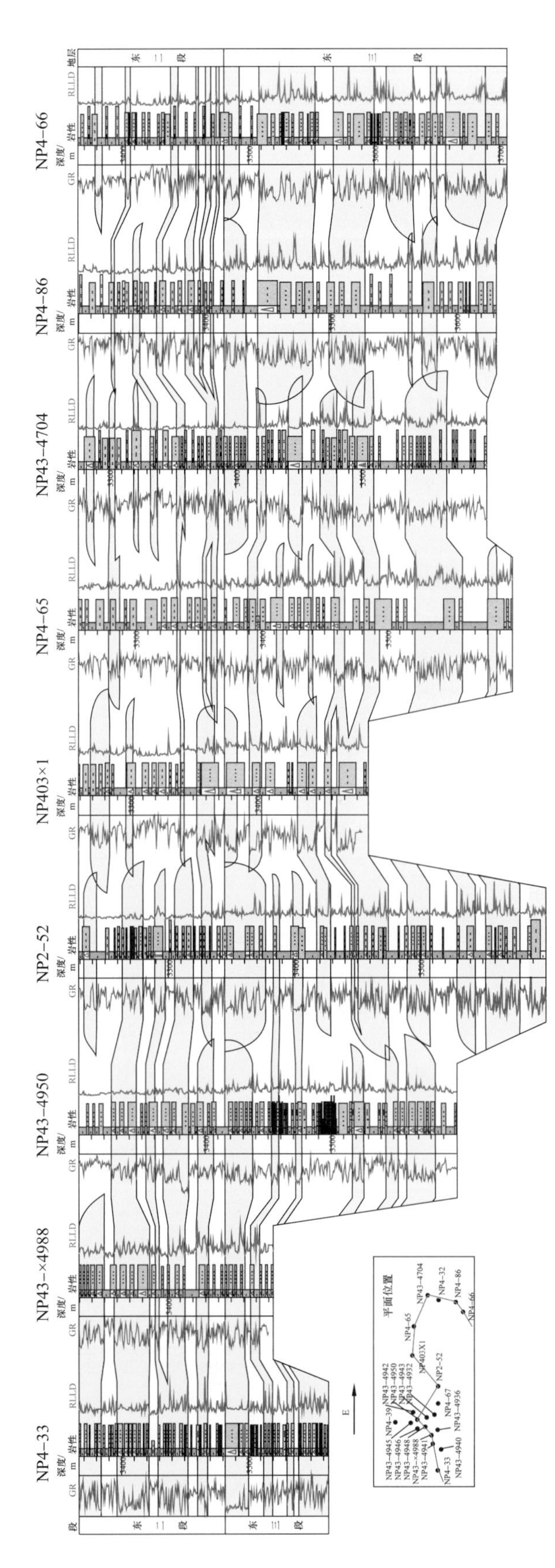

图 6-38　南堡 4 号构造北部过南堡 4-33 井至南堡 4-66 井东西向古近系东二段—东三段储层对比图

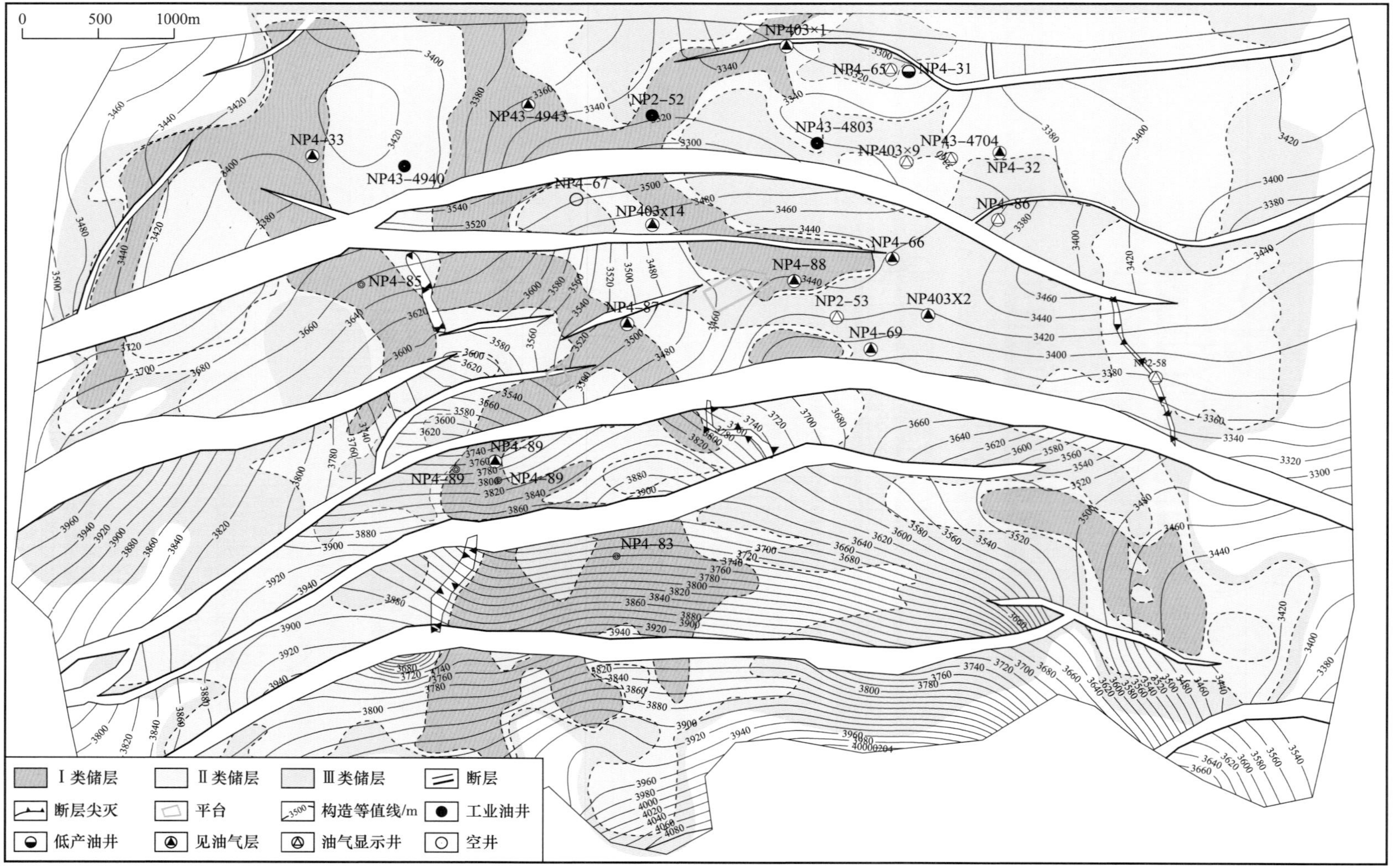

图 6-39　南堡 4 号构造北部东二段储层分布图

第七章　天然气地质

南堡凹陷是渤海湾盆地典型的陆相新生代富油气断陷凹陷（董月霞等，2000，2014）。随着勘探工作的不断深化，相继发现了古生界潜山气藏、深层沙三段火山岩与砂岩气藏，单井天然气日产量超过 $10\times10^4m^3$，揭示了南堡凹陷深层天然气勘探潜力。

与渤海湾盆地其他富油凹陷相比，南堡凹陷更加富集天然气，南堡凹陷天然气年产量高峰 $6.65\times10^8m^3$，当年天然气产量与原油产量比值为 3∶1，气油比为渤海湾盆地各油田最高，表明南堡凹陷天然气在渤海湾盆地中可能具有独特的性质。

第一节　天然气特征

一、分布特征

勘探开发实践证实，南堡凹陷存在多套产气层。其中，古生界寒武系—奥陶系潜山、新生界古近系东一段和新近系馆陶组是主要产气层系，古近系沙三段和沙一段次之。古生界寒武系—奥陶系潜山产气层埋深一般超过 4000m，已发现产气层最大埋深超过 5000m；古近系沙三段和沙一段产气层埋深大多超过 3500m；古近系东营组一段和新近系馆陶组产气层埋深在 2600～3200m 之间；东二段和明化镇组产气量较低。

南堡凹陷天然气的主要赋存方式是原油伴生气和凝析气（图 7–1）。古近系沙三段和古生界潜山以凝析气为主，主要分布在南堡 5 号构造沙三段和古生界潜山；古近系东三段—沙一段（E_3d_3—E_2s_1）、东一段和新近系馆陶组的天然气以原油伴生气为主，主要分布在南堡 3 号构造沙一段、南堡 1 号构造馆陶组—东一段和南堡 2 号构造东一段。

二、天然气地球化学特征

南堡凹陷天然气组分以烃类气体为主，富含重烃气，含有少量非烃气（主要为 CO_2 和 N_2）（表 7–1）。甲烷含量主要分布区间为 73%～91%。天然气组分中重烃（C_{2+}）含量较高，多数含量在 6%～15% 之间。二氧化碳除古生界潜山外，绝大部分含量小于 3%；氮气含量大多分布在 0.5%～1.0% 之间。天然气干燥系数分布在 0.74～0.95 之间，总体显湿气特征（干燥系数小于 0.95）。

南堡凹陷天然气碳同位素普遍较重，分布具有以下特点（图 7–2）：（1）甲烷碳同位素主要分布在 –44‰～–36‰之间，符合有机甲烷气的分布区间（–55‰～–30‰）（戴金星，1992）；（2）乙烷碳同位素大多分布在 –30‰～–24‰之间，多数大于 –26‰，介于油型气和煤型气之间；（3）天然气同位素整体上为正碳同位素系列，总体特征为 $\delta^{13}C_1<\delta^{13}C_2<\delta^{13}C_3<\delta^{13}C_4$，表明南堡凹陷天然气组分中，烷烃气应为有机成因气。

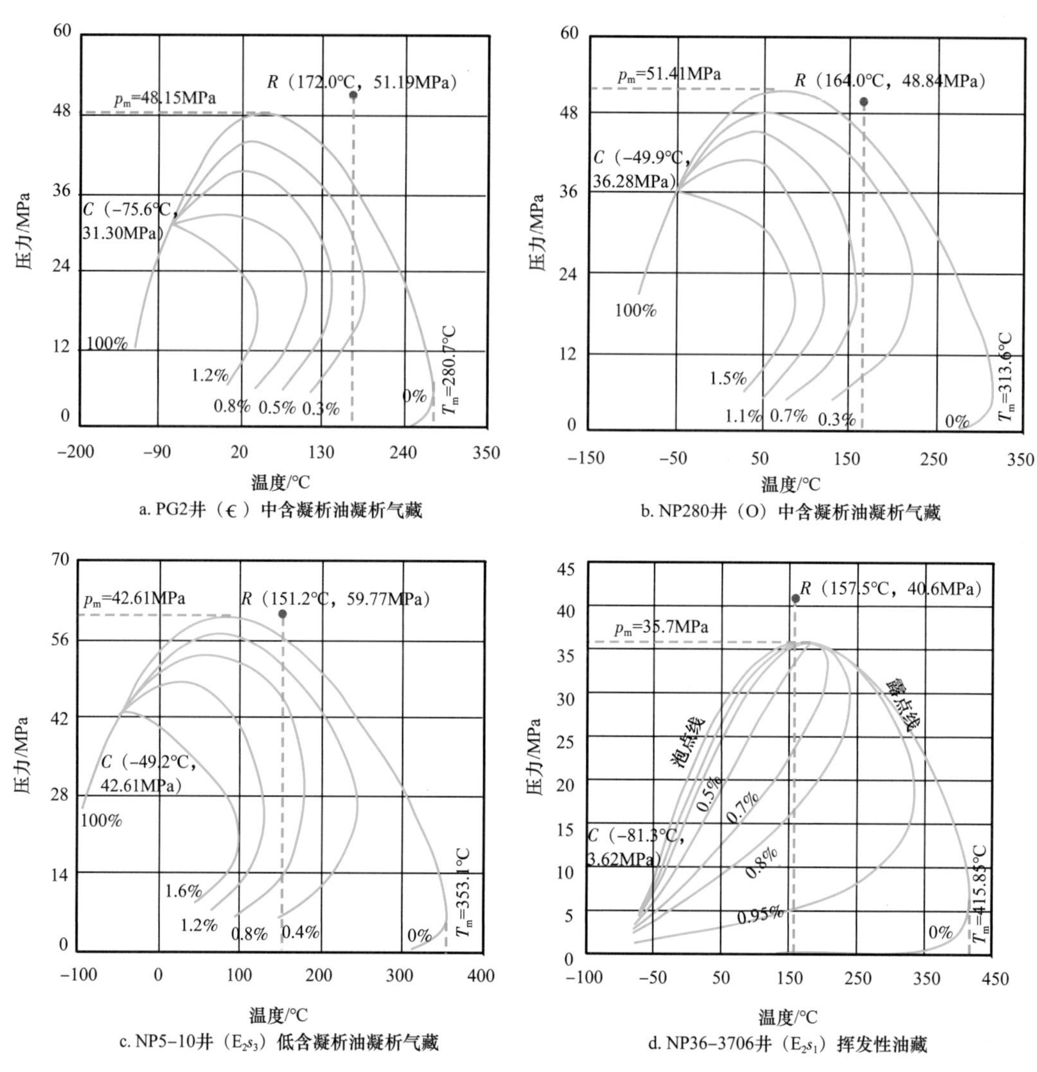

图 7-1　南堡凹陷地层流体相态图

C—临界压力与临界温度；R—地层温度与压力；p_m—临界凝析压力；T_m—临界凝析温度

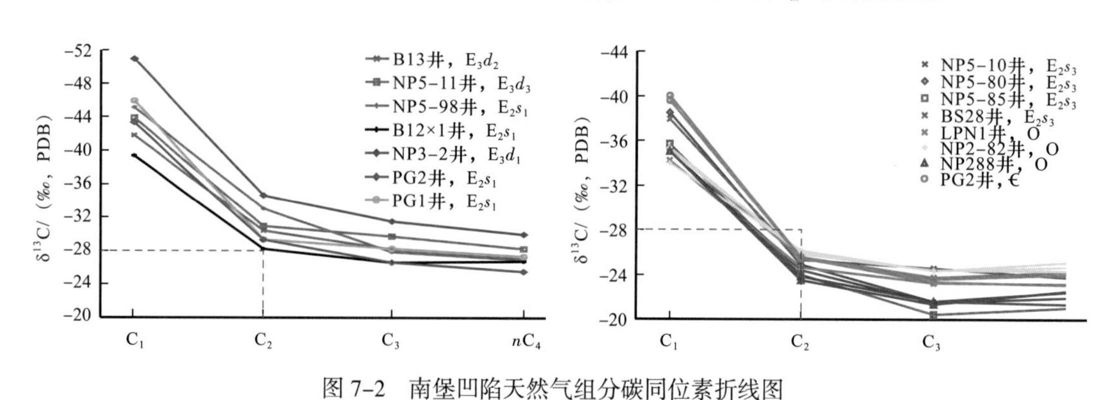

图 7-2　南堡凹陷天然气组分碳同位素折线图

表 7-1　南堡凹陷天然气组成和同位素特征表

井号	井段 / m		层位	日产油 / m^3	日产气 / m^3	气油比 / m^3/m^3	天然气组分含量 /%						组分碳同位素 / (‰，PDB)			
							C_1	C_2	C_3	C_{3+}	N_2	CO_2	$\delta^{13}C_1$	$\delta^{13}C_2$	$\delta^{13}C_3$	$\delta^{13}nC_4$
南堡 306×1	4236.2	4249.0	E_2s_1	33.04	15848	480	73.11	12.12	5.92	3.08	0.10	5.67				
堡古 2	4248.0	4257.4	E_2s_1	111.00	83000	748	77.51	10.75	4.40	2.11	0.10	5.11	−43.8	−29.8	−27.3	−26.3
堡古 1	3332.2	3339.2	E_2s_1	69.64	20960	301	81.86	8.50	2.95	1.54	2.19	2.96	−45.9	−29.3	−28.2	−27.3
北 12×1	4381.6	4405.6	E_2s_3	220.60	123660	561	78.54	8.18	4.24	1.35	5.78	1.69	−39.4	−28.3	−26.6	−26.8
北深 28	4572.0	4579.0	E_2s_3	1.30	2325	1857	71.32	19.55	3.82	2.85	1.66		−37.9	−25.3	−24.5	−23.7
南堡 5-80	4843.4	4852.2	E_2s_3		135058		80.46	9.56	3.55	6.18	0.25		−38.5	−24.9	−21.6	−21.3
南堡 5-10	4676.6	5099.8	E_2s_3	11.80	141714	11989	90.94	5.86	1.42	0.97	0.13	0.67	−35.7	−24.0	−20.4	−21.0
南堡 5-85	4792.0	4798.0	E_2s_3		16791		89.16	6.43	2.28	1.65	0.33	0.13	−35.0	−24.4	−21.5	−21.9
南堡 5-29	4768.4	4781.6	E_2s_3		107000		88.81	6.75	1.69	0.93	1.33	0.07				
南堡 1-89	4770.7	4953.0	O	46.80	108756	2324	77.68	5.26	1.14	0.31	2.19	13.42				
老堡南 1	4035.2	4215.1	O	37.30	24055	644	57.57	18.06	7.84	7.02	0.15	9.27	−35.2	−25.5	−23.7	−24.2
南堡 2-82	4880.0	4955.0	O	74.30	309600	4170	89.68	5.73	1.74	1.18	0.73	0.65	−35.4	−25.8	−24.4	−24.3
南堡 288	4802.6	4862.6	O	3.40	57265	16843	76.98	5.74	1.96	1.80	0.24	13.28	−35.0	−23.8	−21.6	−22.4
堡古 2	5165.2	5185.2	€	27.80	179000	6439	74.82	7.29	1.82	1.27	0.85	9.85	−39.6	−25.4	−23.3	−23.1

第二节　天然气成因及气源分析

天然气根据成因类型可划分为生物成因气、油型气、煤型气和无机成因气。通过天然气组分同位素及轻烃等地球化学特征判别天然气的成因及来源，南堡凹陷沙三段和古生界潜山天然气为有机成因的油型凝析气，天然气来源为古近系沙三段高成熟烃源岩，同时有部分原油裂解气。

一、天然气成因

在天然气地球化学特征分析基础上，明确了南堡凹陷沙三段和古生界潜山天然气的成因主要为高成熟油型凝析气。

1. 同位素特征

天然气碳同位素比其他指标稳定，且其值主要受控于母质来源和热演化程度。其中，天然气中甲烷及同系物的同位素能够有效反映母质类型和成熟度，是划分天然气成因类型的重要依据。天然气 C_1—C_4 碳同位素序列中，甲烷碳同位素易受成熟度影响，高成熟的油型裂解气与煤型热解气的甲烷碳同位素往往会重叠在同一区域内；乙烷碳同位素受母质继承效应明显，且受热演化程度影响小，是划分天然气成因类型最常用、最有效的指标，因此，常常利用乙烷同位素来划分油型气和煤型气（戴金星等，1992，1997；Zhu G Y 等，2013a，2013b，2014a，2014b）。但单纯用乙烷碳同位素判断天然气成因存在很大局限性，需要综合运用天然气组分含量及组分碳同位素、天然气轻烃参数和地层流体相态，结合伴生凝析油姥植比（Pr/Ph）及族组成碳同位素等方法确定天然气成因。

根据天然气成因判别 $\delta^{13}C_1$—C_1/C_{2+3} 图版，南堡凹陷深层沙三段和古生界潜山（∈—O）天然气分布在煤型气和凝析气混合区间，而古近系东三段—沙一段（E_3d_3—E_2s_1）天然气分布在原油伴生气区（图 7–3）。同时，运用 $\delta^{13}C_{CH_4}$—δD_{CH_4} 天然气成因判别图版，沙三段和古生界潜山（∈—O）为凝析气，古近系东三段—沙一段（E_3d_3—E_2s_1）天然气与前述结论一致；另外，根据高压物性资料，古生界潜山地层流体相态为低含或中含凝析油型凝析气藏（图 7–1）。

2. 轻烃组分

轻烃是天然气和原油中非常重要的组分，一般指分子碳数为 C_5—C_{10} 的化合物，蕴含着丰富的地质地球化学信息。可以根据其组分特征进行天然气类型、成熟度特征、油气源对比、烃类运移方向和次生改造等方面研究。

反映天然气成因的轻烃组成指标主要有甲基环己烷指数、C_6—C_7 芳香烃和支链烷烃组合、苯和甲苯含量，以及烷—芳指数、正庚烷和二甲基环己烷、甲基环己烷组合等。在 C_7 轻烃化合物（nC_7、MCH 和 $\sum$DMCP）相对组成中，正庚烷（nC_7）和甲基环己烷受影响因素少，能够较好地反映天然气的成因类型。其中，甲基环己烷分布优势是煤成气轻烃组成的主要特征，当正庚烷相对含量大于 30%，甲基环己烷相对含量小于 70%，为油型气；正庚烷相对含量小于 35%，甲基环己烷相对含量大于 50%，为煤型气（胡国艺等，2007，2010）。从南堡凹陷 C_7 轻烃化合物正庚烷、二甲基环戊烷（$\sum$DMCP）和甲基环己烷相对百分含量组成的三角图（图 7–4）可以看出：南堡凹陷天然气 C_7 系列轻烃中甲基环己烷相对含量较低，主要分布在20%～48%之间，低于50%的煤成气判识界限值；各种结构的二甲基环戊烷相对含量普遍较低，主要分布在18%～27.5%之间；正庚烷相对含量较高，主要分布在18%～43%之间；表明南堡凹陷天然气并没有表现出明显的甲基环己烷优势，与典型的煤型气明显不同，而且根据C_7轻烃化合物组成三角图版，南堡凹陷天然气与该区典型油型气（沙一段原油伴生气）均位于油型气范围，表明南堡凹陷天然气为油型气。

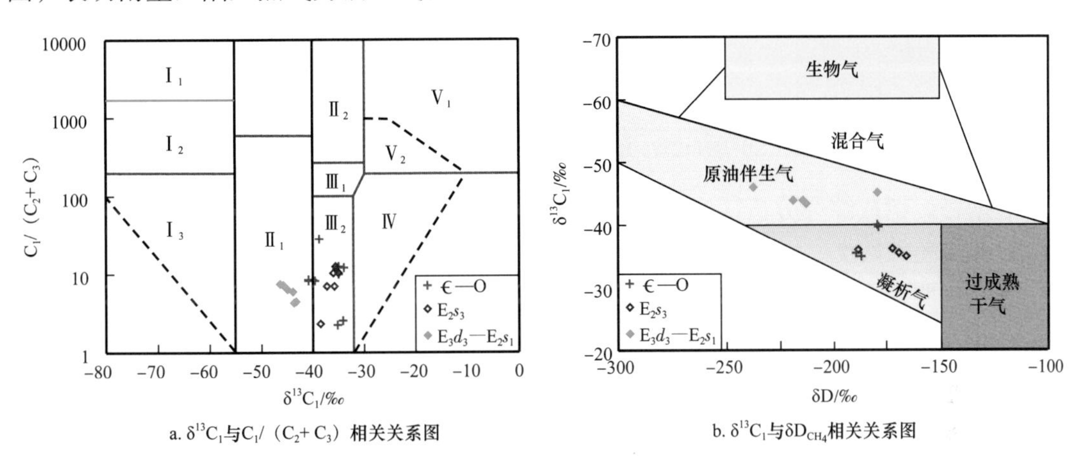

图7-3 南堡凹陷天然气$\delta^{13}C_1$与$C_1/(C_2+C_3)$及$\delta^{13}C_1$与δD_{CH_4}相关关系图版

Ⅰ$_1$—生物气；Ⅰ$_2$—生物气和次生生物气；Ⅰ$_3$—次生生物气；Ⅱ$_1$—原油伴生气；Ⅱ$_2$—油型裂解气和煤型气；Ⅲ$_1$，Ⅲ$_2$—凝析气和煤型气；Ⅳ—煤型气；V$_1$—无机气；V$_2$—无机气和煤型气

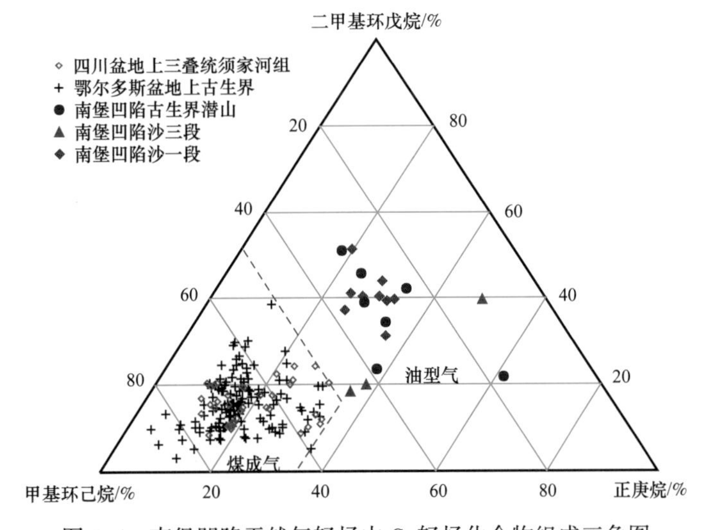

图7-4 南堡凹陷天然气轻烃中C_7轻烃化合物组成三角图

另外，南堡凹陷天然气甲基环己烷指数分布在36%～48%之间，石蜡指数2.40～2.54，甲苯/苯0.30～0.66，庚烷值17.72%～24.46%（表7-2）。甲基环己烷指数小于50%，甲苯/苯小于1为典型油型气特征，表明南堡凹陷天然气为油型气。石蜡指数分布在1～3之间，庚烷值分布在8%～30%之间，为成熟—高成熟天然气。这与根据油型气$\delta^{13}C—R_o$计算天然气成熟度R_o分布在1.3%～1.5%区间较一致，也表明南堡凹陷天然气主要为高成熟阶段生成的油型气。

表 7-2　南堡凹陷天然气轻烃组成参数

井号	层位	石蜡指数	甲基环己烷指数 / %	苯指数	庚烷值 / %	甲苯 / 苯	nC_7/ %	$\sum DMCC_5$/ %	MCC_6/ %
南堡 2-3	E_3d_1	2.40	36	0.31	21.04	0.66	36.32	27.50	36.18
南堡 5-10	E_2s_3	2.54	42	0.49	19.76	0.30	37.80	19.97	42.23
南堡 5-80	E_2s_3	2.48	48	0.70	17.72	0.41	33.69	18.07	48.24
老堡南 1	O	2.44	37	0.21	24.46	0.36	43.10	19.90	37.00

注：nC_7—正庚烷；$\sum DMCC_5$—二甲基环戊烷；MCC_6—甲基环己烷。

依据轻烃组成综合分析认为，南堡凹陷天然气主要为高成熟油型气。

3. 天然气成熟度

研究表明，不论是煤型气还是油型气，随着天然气成熟度增加，天然气中甲烷碳同位素逐渐增加，即烷烃气的碳同位素与相应烃源岩的演化程度有较好的对应关系，因此，国内外学者建立了煤成气和油型气的 $\delta^{13}C_{1-3}$—R_o 关系。根据国内外多位学者建立的 $\delta^{13}C_{1-3}$—R_o 回归方程（戴金星，1992；刘文汇等，2004；徐永昌等，1994；Stahl W J 等，1975；Faber E 等，1988），以煤成气公式计算的南堡凹陷天然气成熟度 R_o 明显偏低，大多小于 1.0%，平均值为 0.75%，与高成熟凝析油伴生相矛盾；而采用油型气公式计算的天然气成熟度 R_o 主要分布在 1.21%～1.45% 之间，平均值为 1.35%；这与南堡凹陷沙三段烃源岩成熟度相一致（图 7-5），也与利用油藏温度计算的成熟度大致相当（表 7-3），表明南堡凹陷天然气主要为来自沙三段烃源岩生成的油型气。

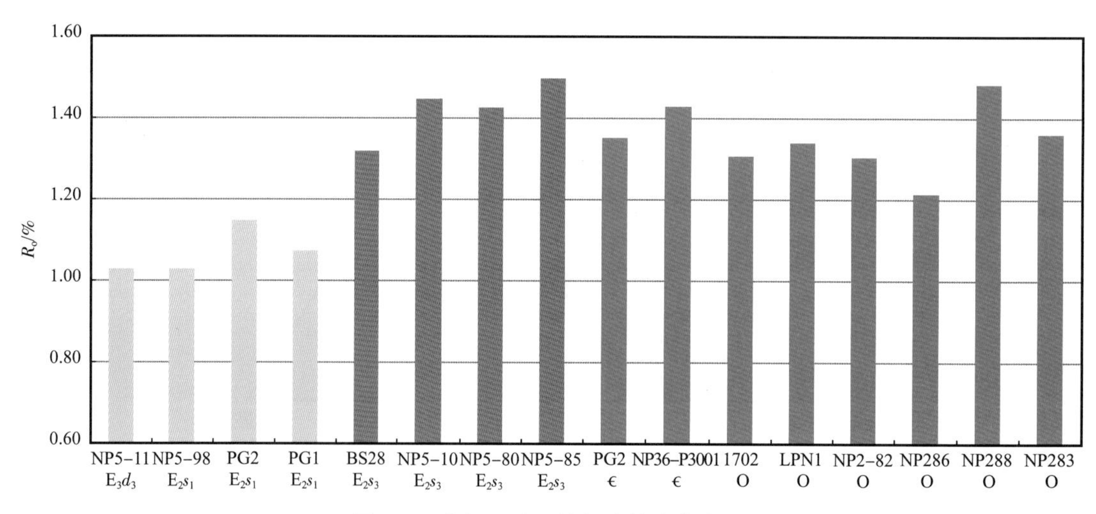

图 7-5　南堡凹陷天然气成熟度直方图

综上所述，运用天然气 $\delta^{13}C_1$—$C_1/(C_2+C_3)$ 和 $\delta^{13}C_{CH_4}$—δD_{CH_4} 图版、$\delta^{13}C_{1-3}$—R_o 方程及轻烃庚烷值，结合气藏温度，综合分析表明，南堡凹陷天然气均为油型气，深层沙三段和古生界潜山为高成熟阶段生成的凝析气（王政军等，2012，2013；Wang Z J 等，2013；陈湘飞等，2014）。

表 7-3　南堡凹陷深层沙河街组三段和古生界潜山油气藏温度统计表

井号	试油井段 / m	层位	20℃ 密度 / g/cm^3	50℃黏度 / mPa·s	凝点 / ℃	初馏点 / ℃	测点深度 / m	测点温度 / ℃	推测 R_o/ %
南堡 1-5	3956.5～4110.0	O	0.8564	11.5	40	132			
南堡 1-80	3730.0～3792.0	O	0.8480	9.12	31	112	3531.90	133.5	1.08
	3730.0～3748.0	O	0.8480	7.66	35	106	3739.25	136.5	1.12
南堡 1-89	4770.7～4953.0	O	0.7863	1.21	18	66			
老堡南 1	4035.2～4215.1	O	0.8522	6.92	37	117	4023.70	156.0	1.34
南堡 2-82	4880.0～4955.0	O	0.7795	0.93	19		4826.97	167.0	1.49
南堡 280	4496.5～4565.0	O	0.7665	0.78	5	45	4252.86	166.0	1.48
堡古 2	5165.0～5205.6	€	0.7946	1.14	17	49	5178.60/4900.00	172.0	1.57
南堡 3-80	5681.0～5712.4	€	0.7861	1.51	23	72	4863.99	204.0	1.96
南堡 3-82	5688.0～5725.0	€					5209.59	185.4	1.71
南堡 5-10	4676.6～5099.8	E_2s_3	0.8054	1.04	13	78		151.2	1.29
南堡 5-85	4792.0～4798.0	E_2s_3						142.0	1.19
南堡 3-20	5548.4～5599.4	E_2s_3	0.7904	1.56	20	95.5	5346.00/4564.50	167.0	1.49
南堡 3-80	5377.4～5396.0	E_2s_3					5162.24	191.0	1.79

4. 原油裂解程度及证据

研究表明，当地层温度超过 160℃时，原油开始裂解生成天然气（赵文智等，2011）。南堡凹陷深层沙三段和古生界潜山储层温度高，储层温度最高可达 204℃，大多在 160℃以上，具备原油裂解生气条件，而且在南堡 3-82 等井发现高成熟焦沥青，测得沥青反射率为 1.60% 以上，类比四川盆地和塔里木盆地，高成熟焦沥青为原油裂解生气残留产物，可以作为南堡凹陷深层发生原油裂解生气的直接证据。

南堡凹陷具有原油裂解气的生成条件。沙三段底部现今地温很高，凹陷内大部分地区地温在 180℃以上，局部地区可达 210℃，处于原油裂解气大量生成阶段。根据南堡凹陷古地温史和甲烷生成动力学参数，对南堡凹陷 1～3 号潜山原油裂解气的生成进行数值模拟，由西向东，从南堡 1 号至南堡 3 号构造带，原油裂解气生成的转化率逐渐增高，另外，南堡 5 号构造带也具有较好的原油裂解生气条件。

3- 甲基金刚烷含量和 4- 甲基双金刚烷含量之和能较好表征原油裂解程度，根据建立的原油裂解程度与金刚烷含量关系图版（赵贤正等，2014），南堡凹陷深层已发现天然气裂解程度为 35%～75%，表明南堡凹陷深层原油裂解气勘探潜力较大（图 7-6）。

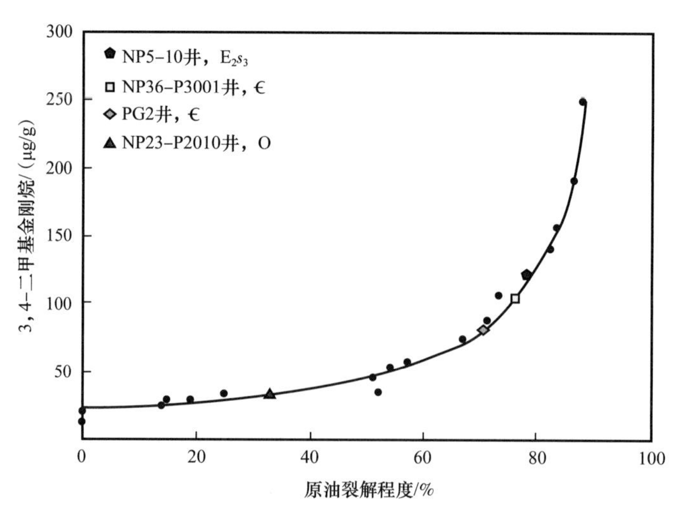

图 7-6　原油裂解程度与金刚烷含量关系图版

二、天然气气源

1. 主力烃源岩吸附气碳同位素及干酪根碳同位素

烃源岩吸附气碳同位素为天然气气源对比提供最直接证据。南堡凹陷沙三段烃源岩吸附气甲烷碳同位素为 –41.7‰～–33.5‰，乙烷碳同位素为 –25.4‰～–23.7‰，沙一段烃源岩吸附气甲烷碳同位素为 –39.6‰～–34.6‰，乙烷碳同位素为 –29.6‰～–28.6‰（表 7–4），通过烃源岩吸附气中的烷烃气碳同位素可以看出：南堡凹陷天然气碳同位素与沙三段烃源岩吸附气碳同位素更接近，而与沙一段烃源岩吸附气碳同位素相差较大，表明南堡凹陷天然气来自沙三段高成熟烃源岩的可能性更高，即南堡凹陷天然气为来自沙三段烃源岩的高成熟油型气。

表 7–4　南堡凹陷主力烃源岩吸附气地球化学特征表

井号	样品类型	岩性	层位	垂深 / m	有机质类型	R_o/ %	δ^{13}C/（‰，PDB）				
							C 干酪根	C_1	C_2	C_3	nC_4
南堡 3–20	岩石	灰黑色泥岩	E_2s_3	4851.00	$Ⅱ_1$	1.15	–25.3	–41.7	–23.7	–17.3	–23.1
南堡 5–81	岩石	深灰色泥岩	E_2s_3	4603.93	$Ⅱ_2$	0.97	–25.9	–33.5	–25.4	–22.8	–21.6
南堡 3–27	岩石	深灰色泥岩	E_2s_1	4488.70	$Ⅱ_1$	1.04	–27.4	–39.6	–28.6	–25.8	–24.6
南堡 5–98	岩石	灰黑色泥岩	E_2s_1	4722.87	$Ⅱ_1$	0.95	–26.8	–34.6	–29.6	–26.3	–25.8

另外，沙三段烃源岩干酪根碳同位素分布在 –25‰左右，而沙一段烃源岩干酪根碳同位素分布在 –27‰左右（表 7–4），也表明南堡凹陷天然气主要来自沙三段烃源岩。

2. 伴生油单体烃及族组成碳同位素组成

单体烃碳同位素组成较全油碳同位素更能反映成油母质的性质及所处的沉积环境，能从分子级别反映单个化合物的来源，为油—源和油—气对比提供更为直观的信息，目前已广泛应用于油气源识别、混源定量等油气勘探实践中。

南堡凹陷古生界奥陶系潜山原油老堡南 1 井、寒武系潜山原油南堡 36–P3001 井、堡古 2 井和沙三段原油南堡 5–10 井原油单体烃碳同位素组成与沙三段烃源岩特征较一致，单体烃碳同位素组成折线图变化平缓（图 7–7），大多随碳数增加，碳同位素逐渐变轻，这类油来自沙三段烃源岩，为微咸水—半咸水湖相沉积。水介质中 HCO_3^- 较富 ^{13}C，所以其形成的干酪根及其产物的 $\delta^{13}C$ 较淡水—微咸水偏大，有机质来源单一；全油碳同位素较重，分布区间为 –26.6‰～–26.1‰，这类原油均为凝析气伴生的凝析油，对应凝析气的乙烷碳同位素在 –26‰左右（Zhu G Y 等，2013a，2013b，2014a，2014b）（表 7–5）。而堡古 1 井、堡古 2 井沙一段原油和沙一段烃源岩南堡 5–98 井、老 2×1 井单体烃碳同位素组成特征更接近，单体烃碳同位素组成折线图呈三段式，分界点在 C_{21} 和 C_{25} 附近，来自沙一段烃源岩，为陆相断陷湖盆淡水—微咸水湖相沉积；单体系列碳同位素值组成和全油碳同位素均富集 ^{12}C，$\delta^{13}C$ 比来自沙三段烃源岩轻，有多种生物来源；全油碳同位素较轻，分布区间为 –28.6‰～–27.4‰（表 7–5），这类原油伴生少量天然气，伴生天然气碳同位素较轻，其中乙烷碳同位素小于 –28‰（Zhu G Y 等，2013a，2013b，2014a，2014b；Wang Z J 等，2013；Chen X F 等，2016）（表 7–5）。

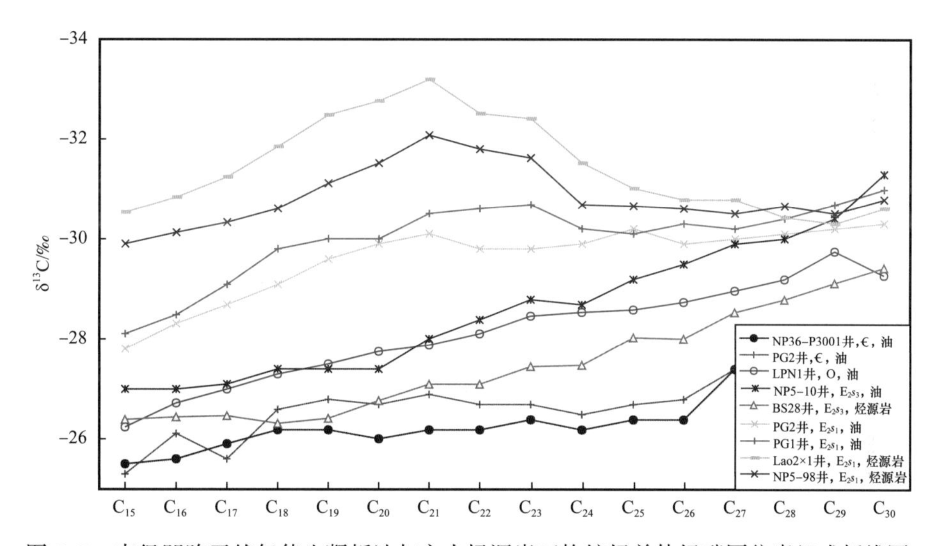

图 7–7　南堡凹陷天然气伴生凝析油与主力烃源岩正构烷烃单体烃碳同位素组成折线图

南堡凹陷沙三段及古生界天然气主要为烃源岩镜质组反射率在 1.3% 及以上阶段形成的凝析气，伴生凝析油，天然气碳同位素较重，乙烷碳同位素大多重于 –27‰，伴生凝析油族组成芳烃碳同位素在 –26‰左右，单体烃碳同位素组成为一段式；而沙一段的伴生气主要为烃源岩镜质组反射率在 1.0% 及以下阶段形成的原油伴生气，天然气碳同位素较轻，乙烷碳同位素大多轻于 –29‰，原油族组成芳烃碳同位素轻于 –27‰，单体烃碳同位素组成为三段式（Zhu G Y 等，2013a，2013b，2014a，2014b；王政军等，2012，2013；李素梅等，2014）。

综上所述，根据天然气碳同位素计算成熟度、伴生凝析油正构烷烃单体烃碳同位素组成和族组成碳同位素，综合分析认为南堡凹陷凝析气藏烃源岩为沙三段烃源岩，是其在高成熟阶段生成的油型凝析气。

南堡凹陷天然气同位素较重除了与天然气成熟度较高有关外，还可能与气源岩有机质类型有较大关系，南堡凹陷沙三段气源岩有机质类型以 $Ⅱ_1$ 型为主，含有较高含量的

表 7–5　南堡凹陷天然气及其伴生油地球化学特征表

井号	层位	垂深 / m	$\delta^{13}C_1$/‰	$\delta^{13}C_2$/‰	$\delta^{13}C_{全油}$/‰	$\delta^{13}C_{饱和烃}$/‰	$\delta^{13}C_{芳烃}$/‰	庚烷值 / %	油藏温度 / ℃	$R_{o\,煤型气}$/%	$R_{o\,油型气}$/%
堡古 2	€	4888.30～4906.20	−39.6	−25.4	−26.2	−26.3		34.88	172.00	0.44	1.35
南堡 3–80	€	5132.10～5162.30	−39.0	−24.2	−26.1				204.00	0.46	1.42
老堡南 1	O	4017.50～4183.20	−35.2	−25.5	−26.6	−27.2	−25.2	24.46	156.00	0.60	1.35
南堡 2–82	O	4145.00～4214.50	−35.0	−26.0	−26.6			24.42	167.00	0.65	1.31
南堡 5–10	E_2s_3	4673.08～5099.73	−35.0	−24.4	−25.1	−26.3	−24.6		151.20	0.61	1.41
南堡 5–80	E_2s_3	4843.40～4852.20	−38.5	−24.9	−25.8	−26.4	−25.3		142.60	0.52	1.38
南堡 2–60	E_2s_1	3741.00～3748.60			−28.6	−29.4	−27.7	19.30	132.00		
堡古 2	E_2s_1	4064.20～4072.60	−43.8	−29.8	−28.3	−28.2	−26.3	25.48	156.99	0.34	1.14
堡古 1	E_2s_1	3332.20～3339.20	−46.4	−30.2	−27.4	−27.8	−26.7		125.00	0.28	1.14
南堡 3–80	E_2s_1	3965.00～3995.00	−45.0	−28.8				19.64	156.00	0.30	1.16
南堡 306×1	E_2s_1	4254.00～4268.80	−44.8	−30.0	−27.3			16.25	159.67	0.30	1.10

陆源有机质，有机质显微组成中腐殖无定型体含量高可能是天然气同位素较高的重要原因；另外，深层碳同位素较重，天然气还可能混有源内滞留烃和源外原油裂解形成天然气，也是天然气碳同位素较重的重要原因。

第三节 气藏类型

南堡凹陷天然气主要勘探层系为沙三段和古生界奥陶系与寒武系。勘探实践表明，沙三段发育砂岩气藏和火山岩气藏。古生界潜山发育风化壳潜山和内幕潜山气藏，分布在南堡1号构造、南堡2号构造和南堡3号构造。

一、碳酸盐岩气藏

南堡凹陷古生界碳酸盐岩潜山发育多种类型气藏，包括潜山风化壳准层状油气藏、风化壳块状气藏和潜山内幕气藏。

1. 南堡2号构造潜山风化壳准层状气藏

该气藏位于南堡2号断层上升盘老堡南1井区和南堡280井区，气藏埋深3300～4800m。其中，老堡南1气藏为带油环凝析气藏、南堡280气藏为中含油凝析气藏（图7-8）。

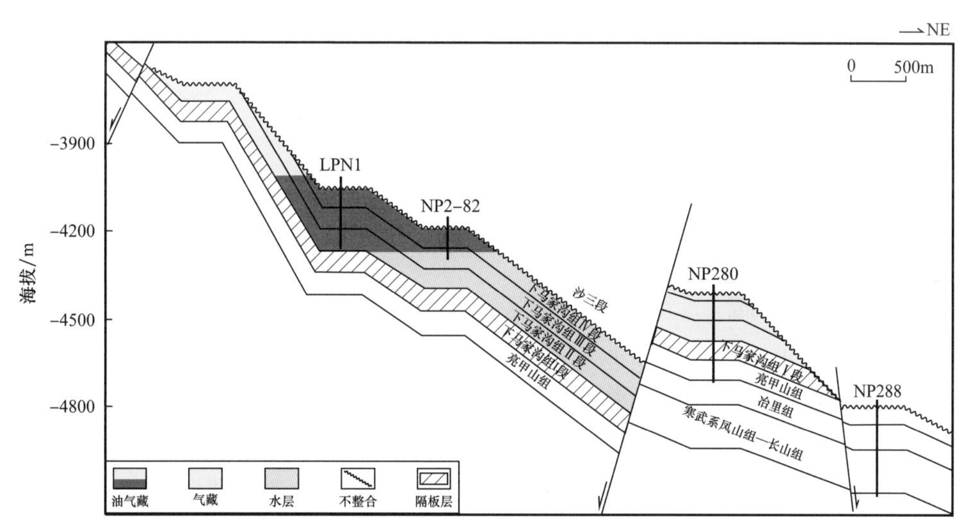

图7-8 南堡2号构造潜山典型气藏剖面图

南堡2号潜山主体地层产状北东东∠22°，构造高点埋深3300m，斜坡背景下分为高、低两个断块，奥陶系向上倾方向削蚀减薄。储气层为下马家沟组石灰岩，储集空间为裂缝和孔洞。老堡南1井奥陶系下马家沟组岩心分析结果表明，有效孔隙度为5%，裂缝较为发育。高断块老堡南1井奥陶系下马家沟组裸眼段未经措施测试获高产油气流，低断块南堡280井气藏奥陶系下马家沟组中途测试，酸化后获高产油气流。

该气藏为发育斜坡背景下受地层控制的准层状气藏。西侧通过南堡2号断层与沙河街组烃源岩侧向接触，同时上覆沙河街组烃源岩，下马家沟组Ⅱ—Ⅳ段为有利含气层段，下马家沟组底部Ⅰ段为主要隔层段，气藏富集程度主要受控于下马家沟组Ⅱ—Ⅳ段优质储层分布。

2. 堡古2潜山内幕气藏

堡古2潜山内幕气藏位于南堡3号断层上升盘，为中含凝析油型凝析气藏，气藏埋深4800～5900m（图7-9）。

南堡3号构造堡古2潜山地层产状南东东∠30°，构造高点埋深4800m。气藏储层为寒武系毛庄组白云质灰岩，储集空间为裂缝、孔洞，南堡3-80井毛庄组岩心孔隙度5.5%～8%，渗透率2.73～29.65mD。堡古2井在毛庄组5165.5～5192m井段试油，折日产气$17.9\times10^4m^3$，日产油$27.8m^3$。

气藏类型为寒武系内幕层状气藏。古生界寒武系通过南堡3号断层与沙河街组烃源岩侧向接触，上覆徐庄组泥岩和沙三段泥岩段为盖层，气藏分布主要受到构造与毛庄组分布控制。

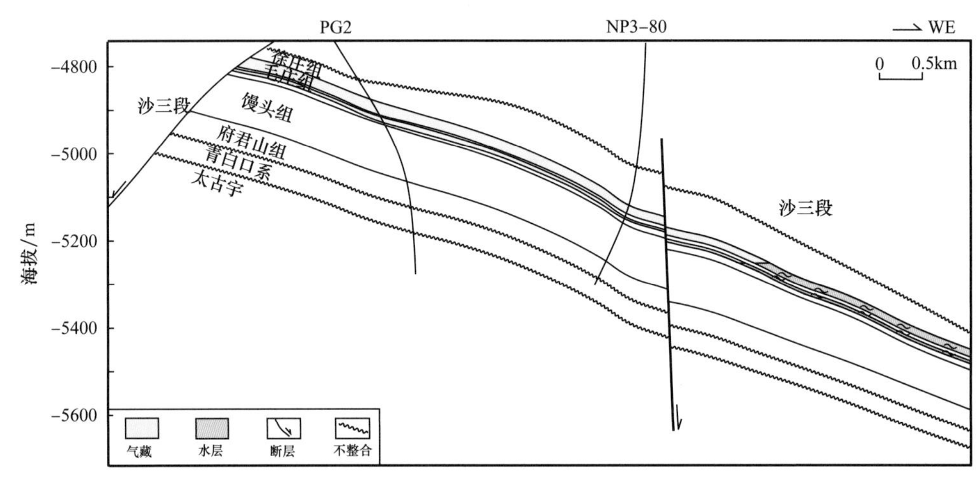

图7-9　南堡3号构造寒武系内幕潜山油藏模式图

二、火山岩气藏

目前已发现的火山岩气藏主要分布在南堡5号构造陆地部分的沙三段，其中，南堡5-29气藏为典型的火山岩气藏（图7-10）。

南堡5-29火山岩气藏构造背景为断背斜构造，发育多期次玄武岩储层，为中含凝析油型凝析气藏（图7-10），气藏埋深4625～4700m。构造高点埋深4625m，火山岩体面积$3.4km^2$，最大厚度75m。气藏储层为沙三段二＋三亚段顶部玄武岩，储集空间以裂缝孔隙型为主，岩心分析孔隙度1%～10.6%，渗透率0.04～4.1mD；南堡5-10井和南堡5-29井沙三段均位于背斜构造较高部位，南堡5-10井试气折日产气$14\times10^4m^3$，南堡5-29井试气折日产气$10.7\times10^4m^3$。南堡5号构造陆地多期次火山岩与沙三段烃源岩穿插分布，上覆沙一段厚层泥岩盖层，成藏条件有利，气藏富集受到火山岩单体与相带控制。

三、砂岩气藏

南堡凹陷深层沙三段砂岩气藏勘探程度低，但深层储层与优质烃源岩叠置分布，沙三段普遍发育超压，深层沙三段成藏条件较好，本节以南堡5-80砂岩气藏为例。

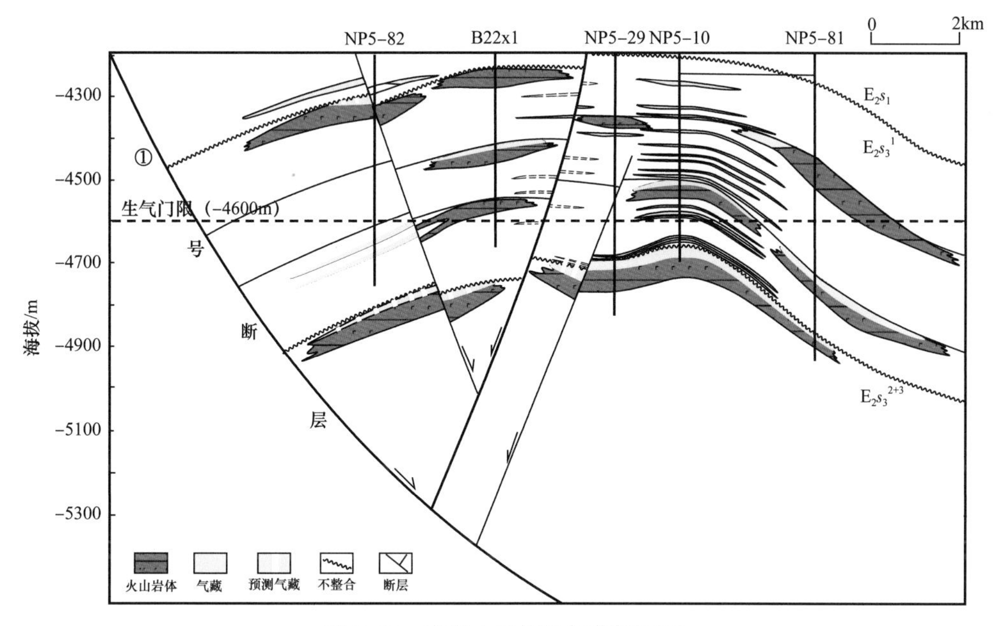

图 7-10 南堡 5 号构造气藏剖面图

南堡 5-80 气藏位于南堡 5 号构造南堡 5-80 井区，为中含凝析油型凝析气藏，埋深 4500～4870m，砂体最大厚度 10.8m，面积 4.1km^2。

南堡 5-80 气藏储层位于沙三段二亚段顶部，岩性以长石砂岩为主，其次为岩屑质长石砂岩；岩心分析孔隙度 5.0%～13.4%，渗透率 0.04～3.4mD，为低孔低渗透储层，非均质性强，需压裂后方可获工业气流，如南堡 5-85 侧井，试油井段 4679.8～4685.5m，1 层 5.7m，压裂后折日产气 1.8×10^{4}m^3；同时相同层段发育“甜点”区，具有自然产能，如南堡 5-80 井，试油井段 4834.4～4852.2m，3 层 10.8m，常规试气最高折日产气 13.5×10^{4}m^3。

气藏类型为岩性地层气藏（图 7-11），气藏分布受构造及有利储集相带控制。

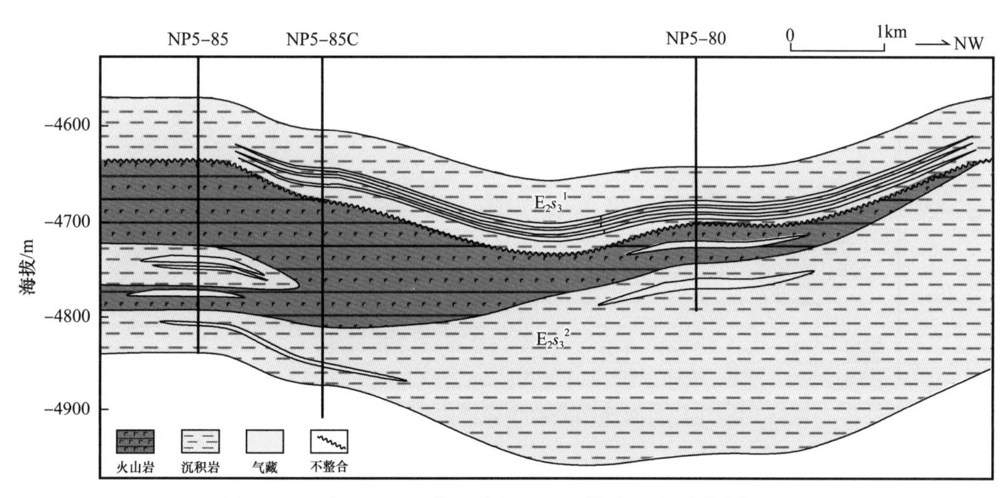

图 7-11 南堡 5-85 井—南堡 5-80 井沙三段油藏剖面图

第四节　天然气勘探领域

南堡凹陷发育两套气源层系，为沙一段与沙三段；存在两种生气方式，为干酪根裂解与原油裂解，气资源丰富。存在三类含气储层，为沙三段砂岩、火山岩与古生界碳酸盐岩；存在三类储集空间，为孔隙型、裂缝—孔隙型与裂缝孔洞型，均发现高产气层；存在四种气藏类型，为古生界风化壳型、内幕型气藏，沙三段砂岩、火山岩构造—岩性气藏，以凝析气藏为主。中国石油第四次油气资源评价及近年地质研究认为南堡凹陷天然气资源丰富且成藏条件优越。

一、南堡 1 号潜山、南堡 2 号潜山碳酸盐岩气藏

截至 2017 年底，南堡凹陷潜山先后发现了南堡 1 号潜山、南堡 2 号潜山奥陶系风化壳油气藏、地层削蚀不整合油气藏及南堡 3 号寒武系潜山内幕气藏。其中，南堡 2 号潜山、南堡 3 号潜山油气藏已经规模开发。

南堡凹陷古生界潜山为新生古储成藏组合。沙三段高—过成熟烃源岩直接覆盖在古生界潜山之上，既是气源岩，也是优质盖层，同时侧向与沙三段烃源岩对接。沙三段烃源岩厚度 400～800m，处于大量生凝析气阶段，烃源岩生烃增压形成超压，南堡古生界潜山上覆沙三段地层压力系数为 1.2～1.8，生烃形成超压使沙三段生成的高成熟油气向潜山运移。

南堡潜山主要含气层段为奥陶系马家沟组和寒武系毛庄组，为凝析气藏和带油环的凝析气藏，气藏埋深 4000～5900m。

钻探证实：南堡油田奥陶系潜山顶部 0～70m 为主要含油气层段，发育风化壳气藏、地层削蚀不整合气藏、潜山内幕气藏等类型，富集程度受构造、地层及岩性多重控制，各断块含油气性差异较大（图 7-12）。

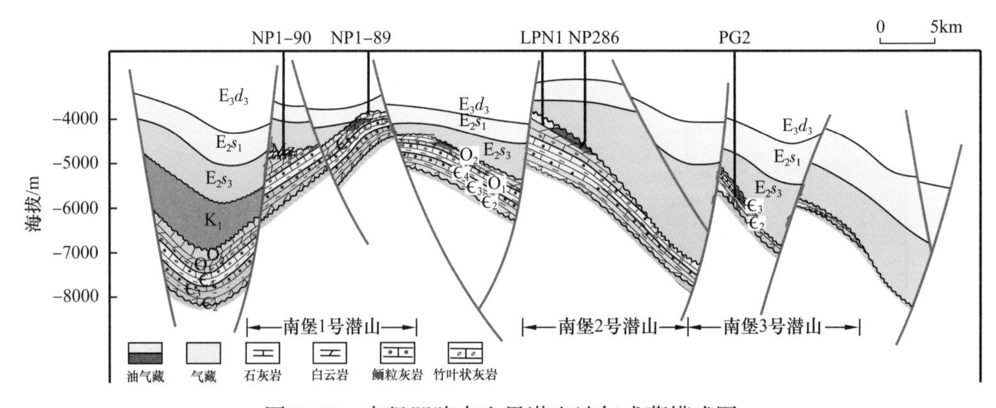

图 7-12　南堡凹陷古生界潜山油气成藏模式图

南堡凹陷潜山以往勘探主要集中在构造主体，以高断块潜山和潜山风化壳气藏为主。奥陶系地层型风化壳（残丘）勘探目标和寒武系潜山内幕勘探目标是主要的潜力目标。通过近年新的三维地震资料解释与综合地质研究的深化，南堡 1 号、南堡 2 号断槽区奥陶系已发现落实了多个奥陶系地层圈闭，成为规模增储的重要目标。

二、南堡 5 号构造火山岩气藏

南堡 5 号构造属于具有潜山背景的断裂背斜构造带，有利勘探面积 300km^2，分为海域主体与陆地斜坡两个部分，陆域部分勘探程度较高，南堡 5 号构造沙三段剩余天然气资源量 253×10^8m^3。南堡 5 号构造 15 口井在火山岩中普遍含气，其中 3 口井获得高产气流，5 口井获得低产气流，气藏埋深 4000～4800m，但尚未形成规模储量。构造主体（海域）发育中酸性火山机构，主要岩性为流纹岩，具有多旋回喷发、复合火山机构的特征；斜坡部位（陆地）发育基性火山机构，玄武岩沿断层具有多期次裂隙式喷发，单体控藏，相带控储，已见高产的特点，玄武岩储层非均质程度高（图 7–13）。

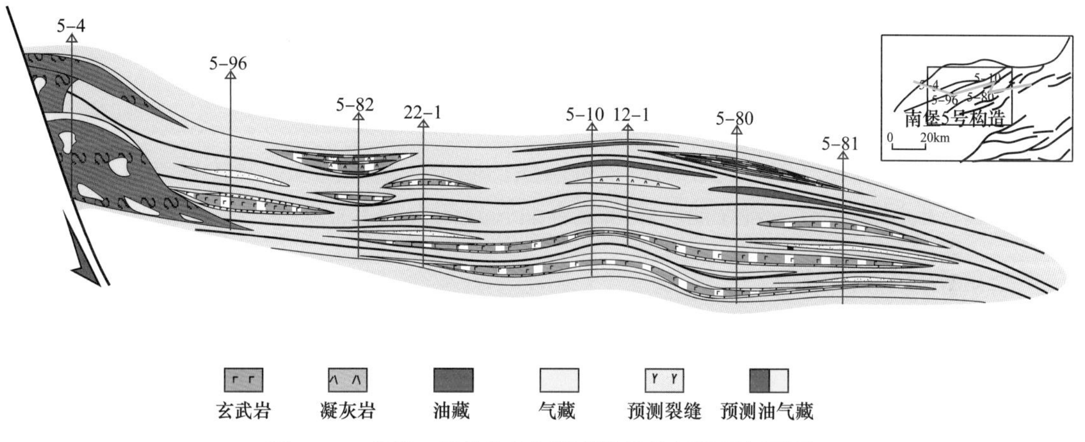

图 7–13　南堡 5 号构造沙河街组构造格架地质剖面图

随着地质认识的不断深化与储层改造技术的不断进步，南堡 5 号构造主体区沙三段中酸性流纹岩火山机构与斜坡区基性火山机构，将成为天然气勘探规模增储的重点领域。

三、南堡凹陷深层砂岩气藏

南堡凹陷深层沙三段是天然气资源赋存的主要层系，资源量 1100×10^8m^3，勘探程度与认识程度很低，目前在凹陷北部南堡 5 号构造陆域部分发现低产气流，同时试气证实深部沙三段存在优质储层，南堡 5–80 井 $E_2s_3^{2+3}$ 储层，未经措施初期日产量达到 13.5×10^4m^3，试气井段埋深大于 4800m。因此深层砂岩气藏是天然气勘探重要领域。

根据目前地质认识，南堡 5 号与老爷庙构造是有利勘探区带，深层圈闭规模大，以断裂背斜为特征；盖层连续性好，沙三段上覆泥岩盖层厚度 110～230m；试气成果表明，南堡 5 号构造深层与老爷庙深层均存在优质储层；同时钻井取心证实，深层砂岩存在微裂缝，且普遍发育超压，压力系数 1.2～1.4。

加强深层构造演化、输砂方式、沉积相带、成岩演化等多因素控储机制等基础地质研究，搞清深层有利储层分布规律，是实现南堡凹陷深层砂岩气藏规模突破的关键。

第八章　油气藏形成与分布

南堡凹陷是一个典型的富油气凹陷，油气资源丰富，多层系含油气，油气藏类型多样，这些油气藏聚集在主要构造带形成典型的富油气聚集区带，目前已发现高尚堡和南堡两个储量规模超亿吨级的油田。

第一节　油气藏类型

按照国内外对油气藏分类原则，结合南堡凹陷油气勘探成果，将本区油气藏分为构造油气藏、地层油气藏、岩性油气藏和复合油气藏四大类七亚类（图 8–1）。

一、构造油气藏

南堡凹陷已发现的这类油气藏可以分为两个亚类，即背斜油气藏和断层油气藏。

1. 背斜油气藏

南堡凹陷主要发育披覆背斜油气藏和滚动背斜油气藏。其中，披覆背斜油气藏在高尚堡构造主体区最为典型，其在基岩凸起上不整合披覆了古近系沉积，由于后期的差异压实作用，形成了背斜构造，具有明显的顶薄翼厚、幅度下大上小的特征。由于后期构造运动的影响，整个背斜被北西向、北东向和北东东向断层切割，形成若干个断块圈闭。高尚堡油田深层已探明的油气藏类型基本都是断块油藏，这些油藏纵向上叠合，横向上连片，叠合含油面积覆盖整个披覆背斜构造。滚动背斜油气藏在老爷庙构造主体庙北地区最为典型，受西南庄断层控制，在断块活动和重力滑脱作用下，边断边沉积，东营组沉积发生逆牵引，形成滚动背斜圈闭。从东营组到明化镇组滚动背斜圈闭继承发育，构造幅度由深到浅逐渐变小，背斜高点由下向上沿断层由南向北迁移。受后期断层切割，在滚动背斜主体发育断块油气藏，在翼部发育断鼻油气藏。

2. 断层油气藏

断层油气藏分为断鼻构造油气藏、弧形断块油气藏、交叉断块油气藏和复杂断块油气藏等类型，其中断鼻构造油气藏和复杂断块油气藏在南堡凹陷普遍分布。前者以庙南地区为例，受一系列北倾断层控制形成断鼻构造，如庙 6×1 井、庙 38×1 井、庙 39×1 井等东一段钻遇的均为反向屋脊断鼻油气藏，但含油条带较窄。后者以老爷庙庙北东营组为例，受北东向断层控制，被北西向断层复杂化，形成若干断鼻、断块圈闭，纵向上油水关系复杂，不具有统一的油水界面，油层主要分布在东一段Ⅱ油层组、Ⅲ油层组。

二、地层油气藏

南堡凹陷地层油气藏有不整合油气藏和潜山油气藏。

大类	亚类	种类	代表性油气藏	平面图	剖面图
构造油气藏	背斜油气藏	披覆背斜油气藏	高尚堡构造主体地区（E_2s_3）	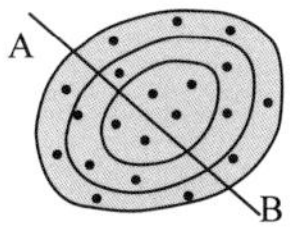	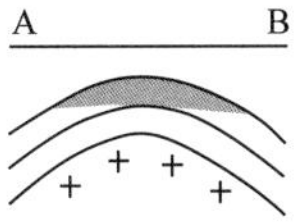
		滚动背斜油气藏	庙北地区（E_3d—N_2m） 柳南地区（N_1g—N_2m）	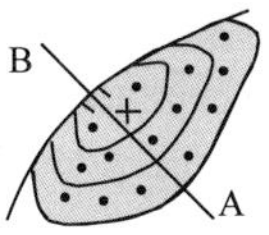	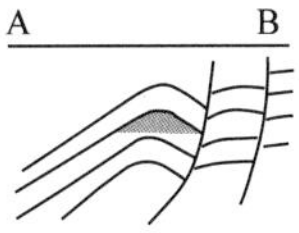
	断层油气藏	断鼻油气藏	庙南地区（E_3d_1） 柳 13 井区（$E_2s_3^{2+3}$）	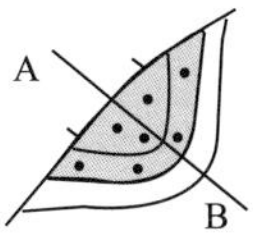	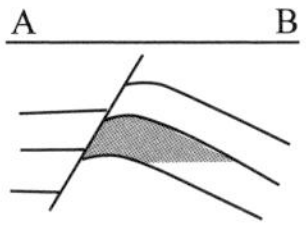
		复杂断块油气藏	南堡 3-2 井区（E_3d_1）	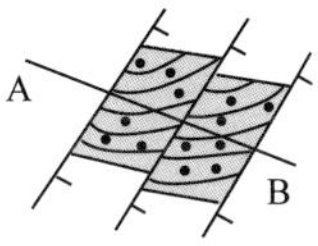	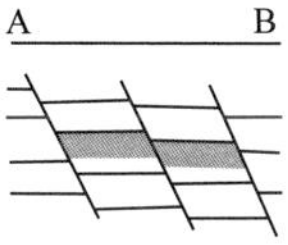
地层油气藏	不整合油气藏	地层超覆油气藏	柳 201 井区（$E_2s_3^3$）	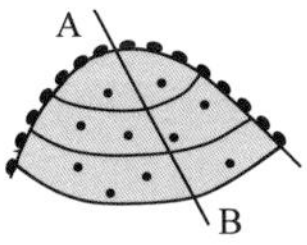	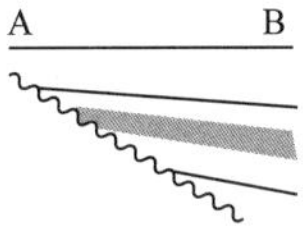
		地层不整合遮挡油气藏	南 8 井区（J）	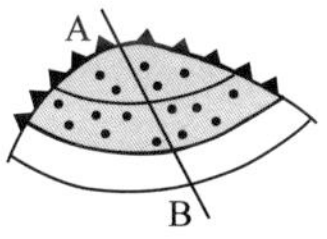	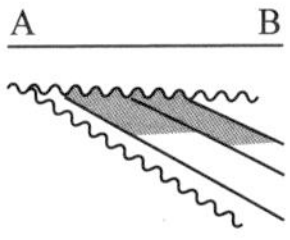
	潜山油气藏	潜山风化壳油气藏	南堡 1号潜山、南堡 2 号潜山（O）	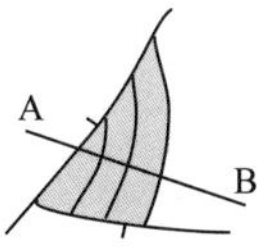	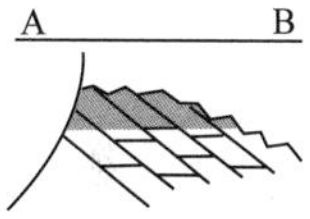
		潜山内幕油气藏	南堡 3 号潜山（€）	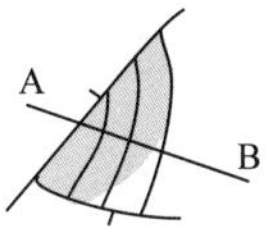	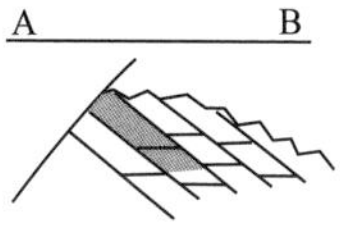
岩性油气藏	砂岩上倾尖灭油气藏		高 66 井区（$E_2s_3^3$） 柳 15-15 井区（$E_2s_3^3$）	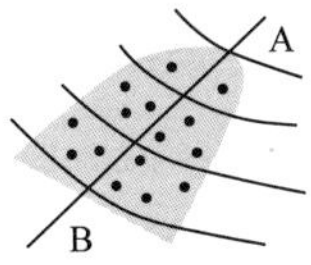	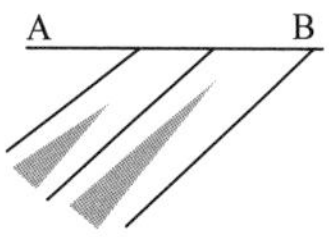
	砂岩透镜体油气藏		高 20 井区（E_3d_3） 老 2×1 井区（E_3d_3）	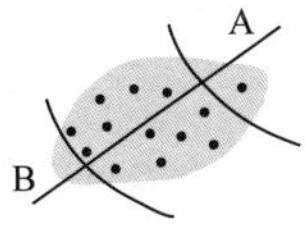	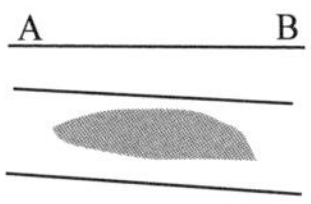
复合油气藏	构造—岩性油气藏		柳 202×1 井区（E_2s_3） 堡古 1 井区（E_2s_1）	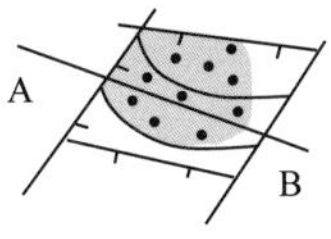	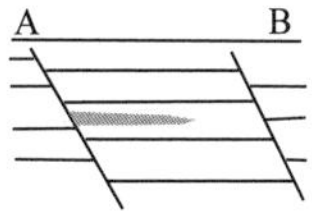

图 8-1　南堡凹陷油气藏类型

1. 不整合油气藏

不整合油气藏受地层不整合圈闭的控制，进一步分为地层超覆油气藏和地层不整合遮挡油气藏。

地层超覆油气藏出现在不整合面之上，油气分布受不整合面的非渗透性控制，主要分布在盆地斜坡边缘、盆地内部古隆起、古凸起的周缘超覆地层之中，多呈舌状、裙边状连续分布。南堡凹陷柳北地区沙三段三亚段超覆现象十分发育，沙三段三亚段Ⅳ油层组、Ⅴ油层组自东南向西北方向依次超覆在沙三段四亚段顶面上，形成一系列地层超覆油气藏，如柳201井区沙三段三亚段Ⅳ油层组、Ⅴ油层组油藏。

地层不整合遮挡油气藏出现在不整合面之下，油气分布受不整合面及之上的非渗透性地层控制，主要发育在削蚀地层之中。周边凸起南8井区侏罗系油气藏即为地层不整合遮挡型。

2. 潜山油气藏

根据圈闭成因、形态及储层和油气分布的部位可以分为潜山风化壳油气藏和潜山内幕油气藏。

潜山风化壳油气藏主要分布在南堡1号潜山构造带、南堡2号潜山构造带，顶部风化壳储层是奥陶系下马家沟组石灰岩，储集空间为裂缝和孔洞，储层物性好；盖层是沙河街组非渗透性泥岩，封闭条件好；油气富集程度受控于地层和储层条件，发育的是准层状油气藏。

潜山内幕油气藏主要分布在南堡3号潜山构造带，内幕储层是寒武系毛庄组石灰岩和白云质灰岩，储集空间为裂缝和孔洞，储层物性较好；盖层是徐庄组泥岩，封闭条件好；油气藏内部具有气在上、油在下的特点，基本没有产水。

三、岩性油气藏

南堡凹陷岩性油气藏有砂岩上倾尖灭油气藏和砂岩透镜体油气藏两种类型。

1. 砂岩上倾尖灭油气藏

南堡凹陷最典型的砂岩上倾尖灭油气藏主要发育于高北地区，如高66×3井区沙三段油藏。拾场次凹在沙河街组沉积早期，物源主要来自洼陷东北部柏各庄断层上升盘凸起区，沿柏各庄断层下降盘发育多个扇三角洲沉积体系，向洼陷内进积较远。到沙河街组沉积后期，柏各庄断层活动加剧，早期沉积的地层产状发生了反转，导致沙河街组早期沉积的砂体转变为上倾尖灭的砂体，形成砂岩上倾尖灭油气藏。

2. 砂岩透镜体油气藏

南堡凹陷已发现的砂岩透镜体油气藏有高20井区东三段油藏和老2×1井区东三段油藏。以高20井区东三段油藏为例，其位于高柳断裂下降盘，储层沉积体为受高柳断裂控制的断裂坡折带上发育的水下扇透镜状砂体。砂体自北向南呈条带状分布，单个砂体厚度薄、面积小，纵向上相互叠置。

四、复合油气藏

构造—岩性圈闭在南堡凹陷比较普遍，尤其是受断层控制的构造—岩性圈闭在中深层不同层系均有发现，如高5井区沙三段油藏、堡古1井区沙一段油藏、南堡

4-65 井区东三段油藏、南堡 2-52 井区东二段油藏等。以南堡 4 号构造北部为例，帚状断裂发育，形成复杂的断块、断鼻构造；同时，沉积相带处于古沟槽带内发育的扇三角洲前缘，储层类型为前缘分流河道砂体，由于岩性体上倾方向受到东西向断层遮挡，侧翼方向为岩性体下倾尖灭，从而形成南堡 4-65 井区断层遮挡型构造—岩性油藏。

第二节　复式油气成藏

一、成藏地质条件

复式油气藏的形成与南堡凹陷构造演化的复杂性、沉积演化的阶段性、压力系统的分带性及运移路径的立体性密切相关。

1. 构造演化的复杂性形成多种构造样式

受前裂陷期构造运动的影响，南堡凹陷潜山构造在古近系沉积前已初步形成（周海民等，1999），古近纪和新近纪进一步发展定型，形成现今洼隆相间的潜山构造格局，为潜山油气藏及披覆背斜复式油气聚集带的形成奠定了基础。断陷期，边界断层控制沉降中心和沉积中心，南堡凹陷不同区域的凹陷结构存在差异，凹陷西部是西南庄断层控制形成的"北断南超"的复式半地堑；凹陷中部是南北两侧边界断层（西南庄断层和沙北断层）形成复式"双断型地堑"；凹陷东部是不对称的双断地堑。受北部边界断层的影响，沿着犁式同沉积断层滑塌，陡坡带往往产生逆牵引背斜或断鼻背斜。坳陷期，受新构造运动的影响，在伸展过程中发育大量的断层，断层发育的数量是各演化阶段中最多的，将早期所形成的构造格局进一步复杂化。

南堡凹陷构造样式具有多样性，其中受铲式和（或）坡坪式边界正断层及盆内基底先存断裂联合控制的复式"Y"字形样式分布最为广泛，其次是复式"X"字形、"多米诺式"断块构造、"阶梯式"断块构造和"铲式扇"断块构造样式。这些构造样式，为复式油气藏的形成提供了多种类型的圈闭。

2. 沉积演化的阶段性形成多套储盖组合

断陷湖盆构造—沉积多阶段的演化特点决定了具有多套储盖组合（董月霞等，2003）。由于南堡凹陷构造运动具有多旋回性的特点，地壳的震荡运动导致湖盆水进水退的叠置出现，形成多套生油层和储层的交互沉积。其中，断陷期（沙河街组沉积时期）发育深湖—半深湖相与辫状河三角洲相沉积背景储盖组合，断—坳转换期（东营组沉积时期）发育冲积扇相、辫状河三角洲相、扇三角洲相沉积背景储盖组合，而坳陷期（馆陶组、明化镇组、第四系沉积时期）发育河流相—滨浅湖相沉积背景储盖组合。南堡凹陷存在多套区域盖层，最重要的是明化镇组上部泛滥平原—河 / 湖沼泽或滨浅湖相泥岩，形成了下伏明化镇组下部和馆陶组储层的区域盖层；以泛滥平原相、中深湖相、深湖相泥岩沉积为主的东二段—东三段、沙三段，构成了另外两套区域盖层。三套区域盖层与下伏储层形成了三套储盖组合，即上部储盖组合、中部储盖组合和下部储盖组合，均具有储集油气的能力。

3. 压力系统的分带性形成多类型油气运移模式

南堡凹陷压力系统具有明显的分带性（汤建荣等，2016），纵向上2900m以浅地层表现为正常压力，2900m以深地层表现为高异常压力，压力系数多在1.2～1.4之间。异常高压是油气运移的主要动力，源内成藏组合为超压系统，源上和源下成藏组合为常压系统，二者之间存在明显的压力差，有利于油气发生大规模穿层运移。横向上，地层压力系数的分布与凹陷形态有关，在生烃洼陷中心处埋藏较深、泥岩厚度较大的地区，压力系数较大；而在构造部位较高的地区，压力系数较小。生烃洼陷所生成油气由异常高压区向低异常压力区近距离运移，形成油气围绕生烃洼陷呈环带状分布的格局，尤其是处于压力过渡带和正常压力带的构造带，是油气最为重要的聚集区。超压的普遍存在和从凹陷到凸起超压幅度的逐渐降低，为油气运聚成藏提供了较好的动力条件。

4. 运移路径的立体性形成立体含油气

南堡凹陷输导介质空间匹配关系决定了运移路径具有立体性，从而形成多系列含油层系。南堡凹陷古近系发育大面积的扇三角洲、辫状河三角洲、水下扇等骨架砂体，发育的区域性不整合面，以及广泛发育的断裂系统构成了油气运移的重要输导体系。从输导体系类型来看，主要有断层—砂体型、砂体连通型、不整合型和断层—砂体—不整合型。其中，中浅层输导体系以断层—砂体型为主，深层输导体系以砂体连通型和不整合型为主。南堡凹陷在渐新世经历了多期构造运动，所形成的不整合面是深层油气往构造高部位侧向运移，尤其是早期油气运移的最主要通道。油气的跨层运移主要是通过断裂输导进行的，南堡凹陷油气大规模运聚成藏时期主要发生在明化镇组沉积末期至今，此时期发育有6种类型断裂（图8-2），分别为早期伸展断裂（Ⅰ型）、中期走滑伸展断裂（Ⅱ型）、晚期张扭断裂（Ⅳ型）、早期伸展—中期走滑伸展断裂（Ⅳ型）、中期走滑伸展—晚期张扭断裂（Ⅴ型）和早期伸展—中期走滑伸展—晚期张扭断裂（Ⅵ型），其中Ⅰ型、Ⅱ型、Ⅳ型不活动，主要对侧向运移的油气起侧向遮挡作用；Ⅴ型和Ⅵ型断裂活动强烈，能够有效沟通油源及断层附近储集砂体，其对垂向运移的油气主要起到输导通道作用，进入中浅层后与高砂地比储层配置使油气发生断储分流运移；Ⅲ型断裂为新构造运动形成的，规模小，向下未沟通油源，对油气主要起到侧向遮挡和局部调整运移的作用。例如南堡凹陷中浅层普遍存在大量断裂和高孔高渗储集砂体构成的输导体系，当深层烃源岩生成的油气在成藏期沿油源断裂向上覆储集砂体运移，遇到区域性盖层垂向阻挡后，油气向储集砂体中侧向运移，使多期多源形成的油气横向上沿构造高部位富集成藏，纵向上沿断裂多层聚集。多期次多类型断裂的存在，是形成南堡凹陷多套含油层系纵向上相互叠置局面的关键，断裂活动的时期和强度控制油气纵向上的分配，而且油气在平面上主要分布在油源断层附近的断鼻、断块圈闭中。

二、主要复式油气聚集带

受区域性断裂带、区域性岩性尖灭带、物性变化带、地层超覆带和地层不整合等多种因素控制，复式油气藏在油气聚集和富集过程中往往是其中某一因素起了主导作用（刘兴材等，2002），其他诸因素处于从属地位。按上述诸因素，南堡凹陷可以分为3种类型的复式油气聚集区带。

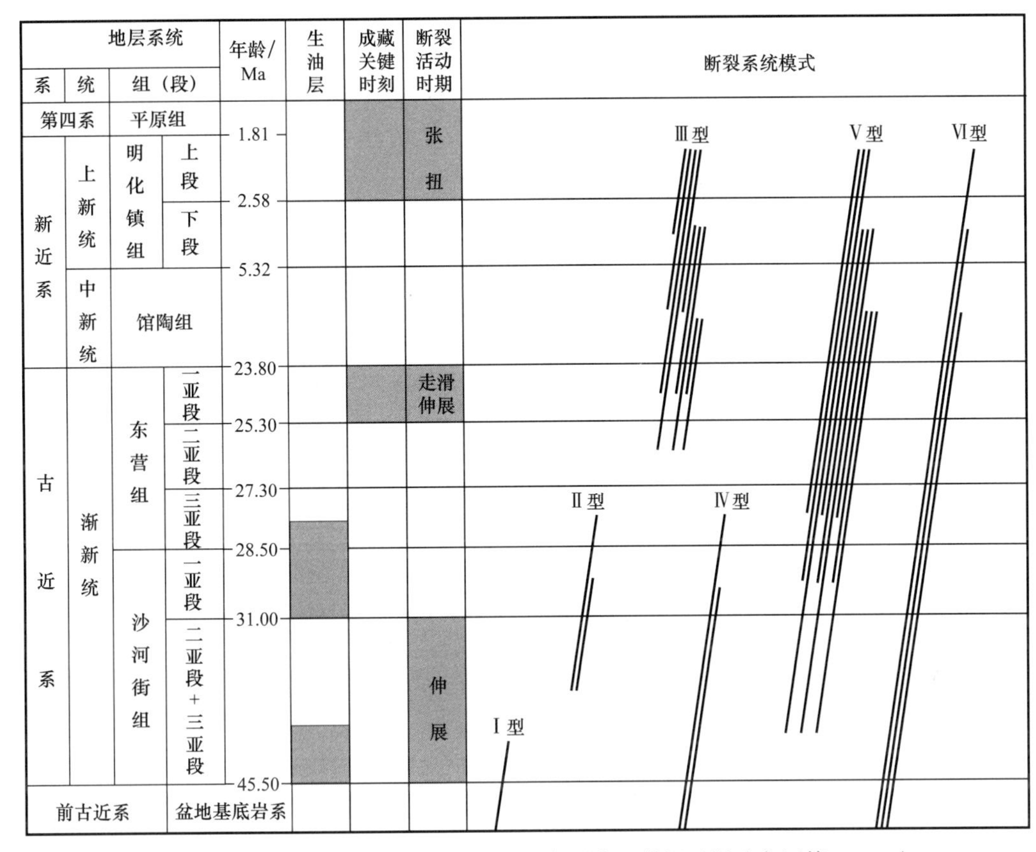

图 8-2　南堡凹陷油气垂向分布规律及断裂类型特征（据孙永河等，2013）

1. 受古潜山控制的复式油气聚集带

古潜山上的披覆构造形成了南堡凹陷最为重要的复式油气聚集区带。高尚堡构造带、南堡 1 号构造带、南堡 2 号构造带、南堡 3 号构造带和南堡 4 号构造带的大型披覆背斜构造都是与潜山基底隆起有关的继承性构造。这些大型披覆构造形成较早，继承性明显，随晚期新构造运动而加剧，多数定型于新近纪晚期，是油气继承性运聚区。

1）高尚堡构造带

发育于西南庄断层和柏各庄断层的下降盘，是在基岩隆起基础上形成的潜山披覆背斜（图 8-3），目前已发现明化镇组、馆陶组、东营组及沙河街组多套含油层系。从构造特征看，披覆背斜构造具有继承性发育的特征。从油气藏类型看，由于断裂发育、构造破碎，可划分出多个潜山披覆背斜油气藏、滚动背斜油气藏、断层油气藏和岩性油气藏，油藏相互叠置，有序分布，而浅层次生油气藏发育是这类复式油气聚集区带的特色。从油藏特征看，由于紧邻生油凹陷，圈闭与生储盖组合同步形成，而构造形成期又早于油气生成期，油气往往以一次近距离运移为主，非常富集，在纵向上油层集中在沙三段三亚段Ⅱ油层组、Ⅲ油层组、Ⅳ油层组、Ⅴ油层组，含油井段长达 1000m；在平面上分布范围广，由于横向上砂体变化快，连通率在 30%～50% 之间。

高尚堡构造带沙三段储层流体包裹体均一温度表现为双峰型，前峰范围 90～100℃，后峰范围 110～140℃，反映存在东营组沉积末期（33—27Ma）和明化镇组沉积时期至

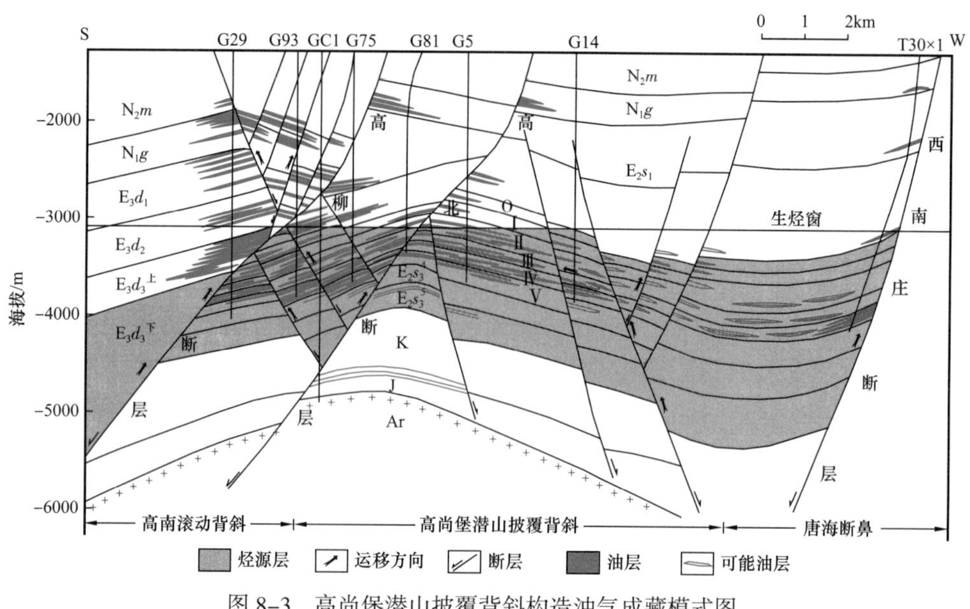

图 8-3　高尚堡潜山披覆背斜构造油气成藏模式图

今（23Ma 至今）两期油气充注，且以晚期为主。沙三段烃源岩在东营组沉积末期开始大量生排烃（图 8-4），此时期古潜山披覆背斜圈闭已定型（定型于沙一段沉积时期），形成的油气藏具有“自生自储”特征；由于东营组沉积末期构造抬升遭受剥蚀，烃源岩生排烃作用明显减弱，直到馆陶组沉积末期才再次开始大量生排烃，该时期油气充注强度较大，既有利于早期所形成的深层潜山披覆背斜圈闭成藏，也有利于晚期所形成的中浅层断鼻、断块圈闭成藏。显然，该构造带烃源岩生排烃史与圈闭形成史良好的时空匹配关系决定了存在两期油气充注过程。

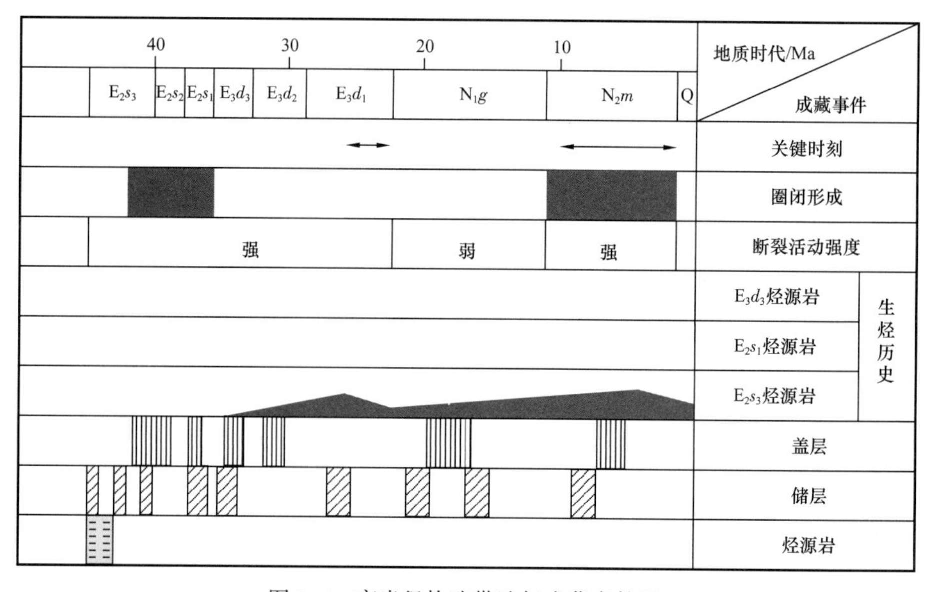

图 8-4　高尚堡构造带油气成藏事件图

2）南堡 1 号构造带

南堡 1 号构造带是发育在古生界奥陶系基底之上的潜山披覆背斜构造（图 8-5），目前已发现新近系（明化镇组、馆陶组）、古近系（东营组）及奥陶系多套含油层系。从构造特征来看，断层发育，东西走向为主、北东走向为次，整体被断层复杂化。从油气藏类型来看，奥陶系发育潜山风化壳油气藏，古近系及新近系发育断背斜、断背、断块油气藏，局部发育岩性油气藏。从油藏特征来看，纵向上油层多且连续分布，含油层段长，储量丰度大，规模大，奥陶系潜山油气藏受储层物性条件控制，古近系及新近系油藏受构造控制，构造高部位砂层普遍含油。

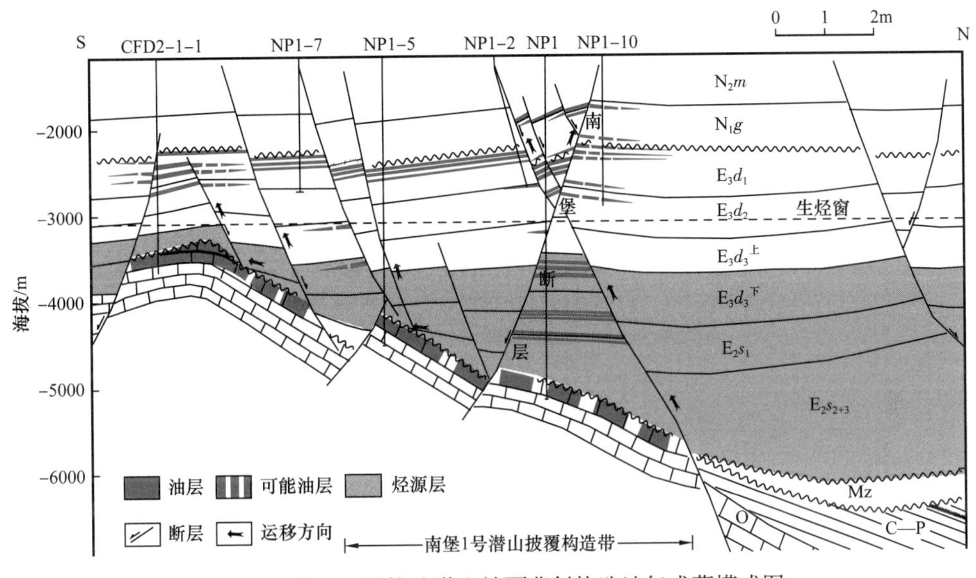

图 8-5 南堡 1 号构造潜山披覆背斜构造油气成藏模式图

南堡 1 号构造带紧邻林雀次凹，发育古近系沙三段、沙一段和东三段 3 套烃源岩，油源充足。该构造带油气充注过程受到烃源岩生排烃史、圈闭形成史及断裂活动史匹配关系控制。沙三段烃源岩在东营组沉积末期开始大量生排烃（图 8-6），与古潜山披覆背斜圈闭定型时期大体一致，发生第一期油气充注，油气以原地成藏或在其附近运移聚集成藏；由于馆陶组沉积时期断裂活动性弱，油气尚未发生向上运移；进入明化镇组沉积时期，沙一段烃源岩也开始大量生排烃，且中浅层构造圈闭也开始定型，重要的是断裂活动强烈，有效沟通深层油气向上运移，发生第二期油气充注，东一段和馆陶组油气富集。南堡 1 井储层流体包裹体均一温度测定结果佐证了上述认识，沙一段流体包裹体均一温度主要为 75～135℃，东一段流体包裹体均一温度为 75～95℃，明化镇组流体包裹体均一温度为 70～85℃，反映沙一段油气在东营组沉积末期就开始充注并持续充注，东一段在明化镇组沉积早期开始充注，而明化镇组油气在第四纪才开始充注。

2. 受边界断层控制的复式油气聚集带

边界断层控圈、控砂、控藏作用明显，南堡凹陷边界西南庄断层和柏各庄断层下降盘形成了一系列复式油气藏，如老爷庙构造滚动背斜油气藏、唐海构造断鼻油气藏及柳赞构造断鼻油气藏。以老爷庙构造为例（图 8-7），它发育在西南庄边界断层下降盘，是被断裂复杂化的滚动背斜，目前已发现明化镇组、馆陶组及东营组多套含油层系。从构造特征来看，老爷庙滚动背斜构造轴向北北东，两翼不对称，北翼陡（倾角 20° 左右），

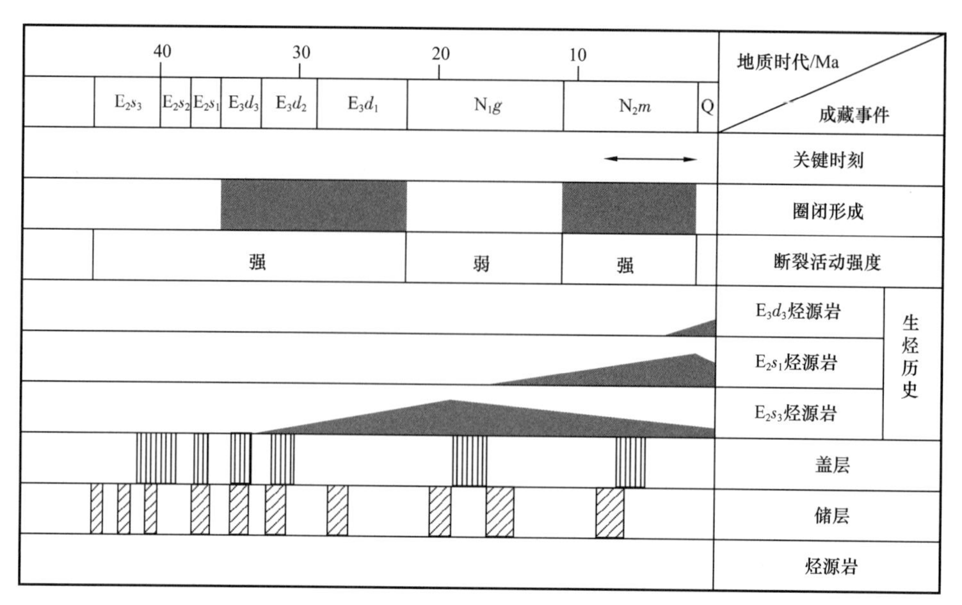

图 8-6　南堡 1 号构造带油气成藏事件图

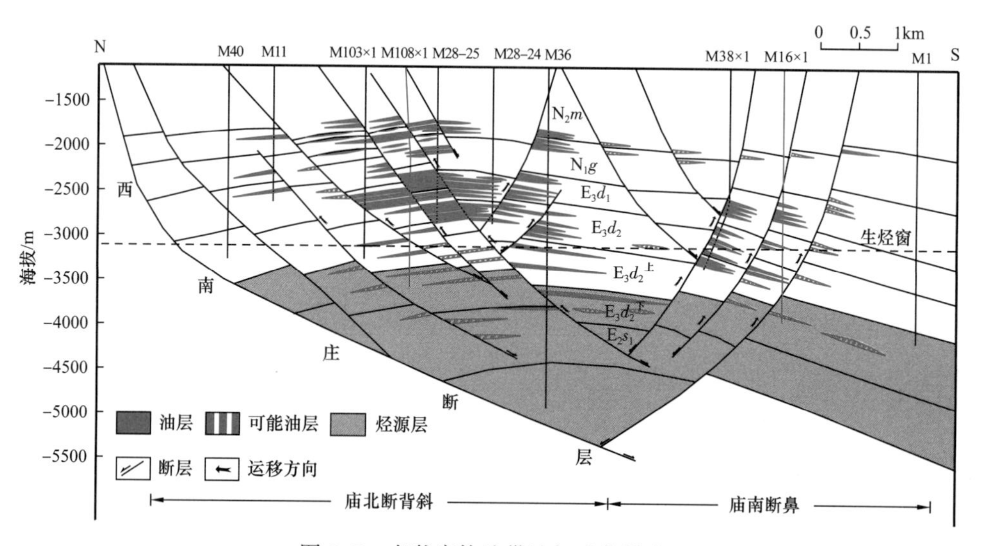

图 8-7　老爷庙构造带油气成藏模式

南翼缓（倾角 10° 左右），北翼窄（2.5km 左右），南翼宽（7km 左右）。构造带的主体位于庙北地区，是一个被多组断层复杂化的背斜构造，庙南斜坡相对简单，断层走向分布单一，规模较大，继承性好。从油气藏类型看，庙北地区主要发育背斜油气藏和断块油气藏，庙南地区主要发育断鼻油气藏。从成藏特征看，宏观上各种类型的油气藏如背斜、断块、断鼻，以及构造—岩性油气藏在平面上与纵向上的错综叠置形成了庙北地区的一个完整的被断层复杂化且多油气水系统的复式油气富集带。

老爷庙构造带油气主要来自紧邻林雀次凹东三段烃源岩，该套烃源岩在馆陶组沉积末期才开始大量生烃，明显晚于滚动背斜定型时期（定型于东一段沉积时期），且此时期断裂活动性弱，生成的油气主要在东三段原地成藏或附近运聚成藏；明化镇组沉积末期断裂活动强烈，同时中浅层构造圈闭已经定型，东三段烃源岩生成的油气及早期聚集的油气通过断裂向上运移，并在东一段、馆陶组和明化镇组的圈闭中聚集成藏。庙 38×1 井储层流体包裹体均一温度测定结果揭示（图 8-8），东三段上亚段流体包裹体均一温度分别为 90～100℃和 105～120℃，反映东三段油气在馆陶组沉积末期就开始发生充注，且以明化镇组沉积末期至今的油气充注为主；东一段流体包裹体均一温度分布介于 85～105℃，反映在明化镇组沉积时期发生充注。

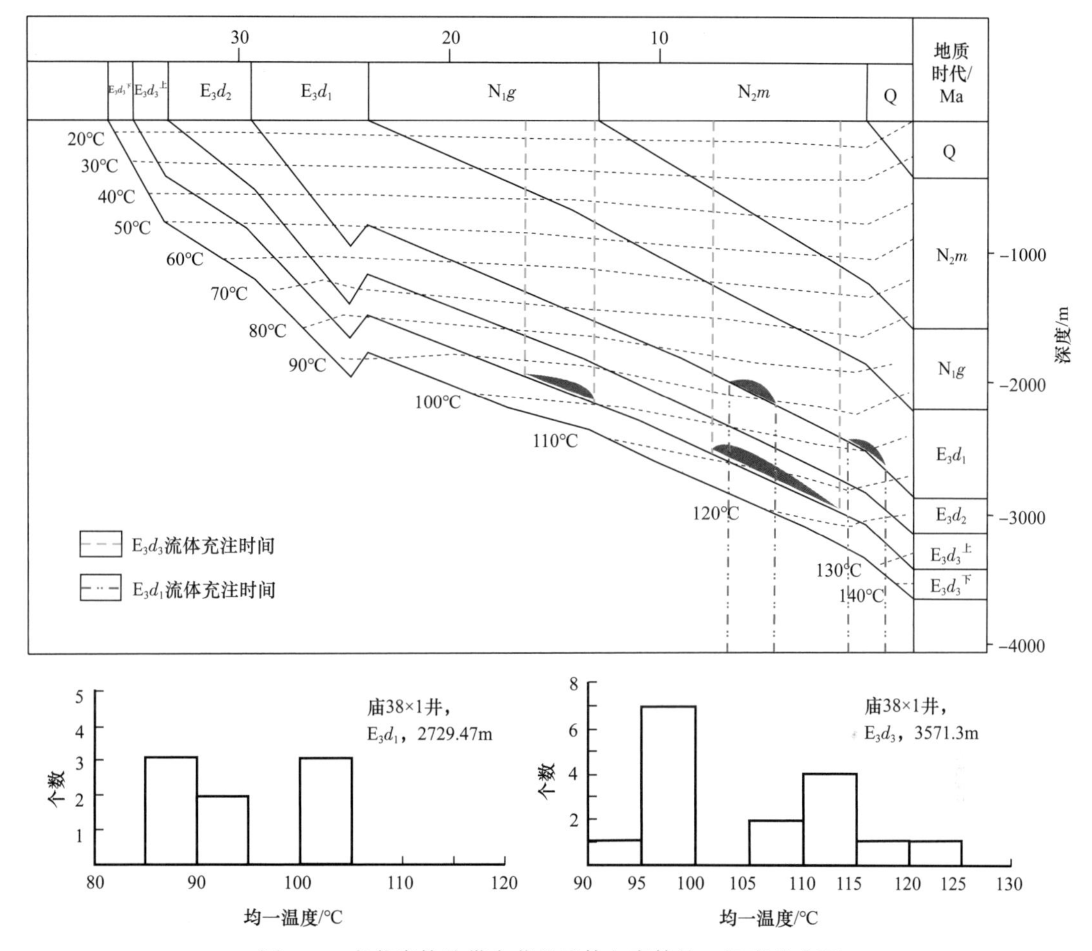

图 8-8　老爷庙构造带东营组流体包裹体均一温度分布图

3. 周边凸起复式油气聚集带

箕状凹陷周边凸起可以形成高产富集的油气藏。南堡凹陷周边凸起不具备生油条件，但凹陷生成的油气可以沿断层和不整合面运移到凸起上形成油气藏。南堡凹陷周边发育有老王庄凸起、落潮湾凸起、西南庄凸起、柏各庄凸起、马头营凸起等，目前已发现新近系馆陶组、中生界侏罗系、古生界奥陶系、寒武系等四套含油层系。在不整合面的上、下可以形成多类型油气藏（图 8-9），如唐 2×1 井区侏罗系断鼻油气藏、唐 180×2 井区寒武系潜山内幕断鼻油气藏、南 13 井区寒武系潜山风化壳断块油气藏、南 8 井区侏罗系不整合遮挡油气藏、唐 9×1 井区侏罗系构造—岩性油气藏、唐 180×2 井区馆陶组构造—地层油气藏；浅层可以形成披覆背斜油气藏，如马头营凸起唐 71×2 井区馆陶组低幅度构造油气藏。

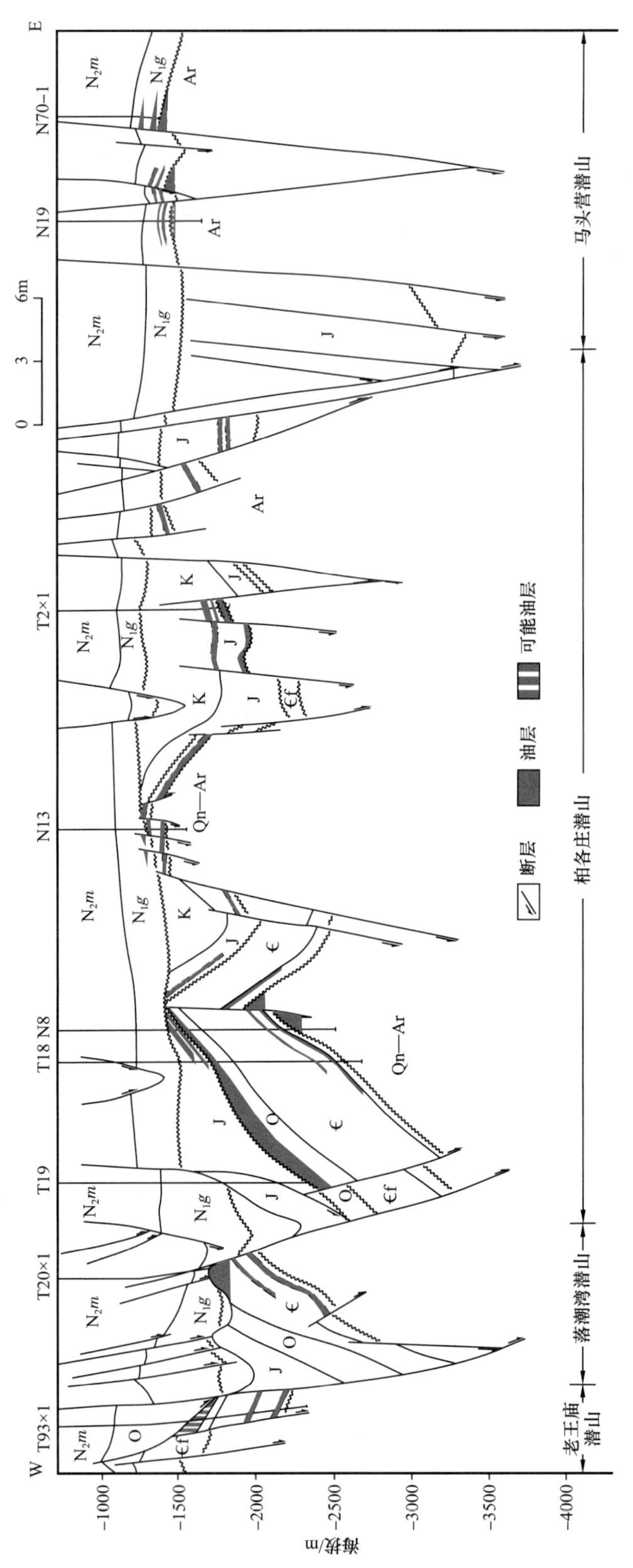

图 8-9 南堡凹陷周边凸起油藏剖面图

三、复式油气聚集成藏模式

根据复式油气聚集区带所处的生烃凹陷位置、油源供给方向、油气运移通道和油气藏分布序列，可以分为三种成藏模式。

1. 双侧双源型油气成藏模式

高尚堡、柳赞构造带属于该成藏模式（图 8-3）。由于处于含油气系统的交接区，高柳断层以北油源主要来自沙三段含油气系统的烃源岩，高柳断层以南油源来自沙三段含油气系统的烃源岩和沙一段 + 东三段含油气系统的烃源岩，油气双侧双源型供给。油气首先在生烃窗内自两侧沿砂岩体向构造带侧向运移，在生烃窗之下（3100m 以深）形成自生自储型超压油气藏，由于自生自储型油气藏的幕式超压释放，油气沿断裂向上呈树枝状运移，在生烃窗之上形成下生上储型常压次生油气藏。不同层位的不同类型油气藏在平面上叠合连片形成复式油气聚集区带。该成藏模式常见于凹陷断阶带及中央构造带。

2. 单侧双源型油气成藏模式

南堡 1 号构造带至南堡 5 号构造带、老爷庙构造带及唐海构造带属于该成藏模式。以老爷庙构造带为例（图 8-5），由于处于西南庄控凹边界断裂下降盘的沙三段与沙一段 + 东三段叠合含油气系统区北缘，单侧双源型供给油气，油源来自沙三段含油气系统的烃源岩和沙一段 + 东三段含油气系统的烃源岩。油气首先在生烃窗内自生烃中心沿砂岩体向构造带侧向运移，在生烃窗之下（3100m 以深）形成自生自储型超压油气藏。由于自生自储型油气藏的幕式超压释放，油气沿滚动背斜轴部的堑式断裂向上呈树枝状运移，在生烃窗之上形成下生上储型常压次生油气藏。不同层位的不同类型油气藏在平面上叠合连片形成复式油气聚集带。该成藏模式常见于凹陷北部陡坡带及凹陷南部潜山披覆构造带。

3. 单侧源外型油气成藏模式

周边凸起油气藏属于该成藏模式（图 8-9）。由于周边凸起缺乏烃源岩，油源来自凹陷内部，生烃窗内的油气首先沿西南庄断裂、柏各庄断裂、高柳断裂向上运移，然后沿新近系底部不整合面侧向运移聚集，形成新近系披覆背斜油藏或前古近系潜山油藏。高柳断裂以北的周边凸起，油源主要来自沙三段含油气系统的烃源岩，如唐海—林地区的南 8 井、南 66 井含油区块、西南庄断裂与柏各庄断裂交汇部位的唐 2×1 含油区块；在高柳断裂以南，既有来自沙三段含油气系统的油气，又有来自沙一段 + 东三段含油气系统的油气，如高柳断裂与柏各庄断裂交汇部位的南 70×1 含油区块。

第三节　油气藏分布

油气藏的分布与含油气盆地构造演化史、沉积演化史和有机质热演化史密切相关。不同含油气盆地，油气藏分布特征和规律不同。

一、油气成藏组合

成藏组合是由一系列在成因上有关联的具有相近或相似成藏条件的已发现油气藏和远景圈闭构成的集合体，具有共同的油气生成和运移史、共同的储层发育史和圈闭结构，构成了局限于油气藏特定地区的自然地质总体。南堡凹陷纵向含油层系多，新生界新近系明化镇组、馆陶组，古近系东营组、沙河街组，中生界侏罗系和古生界寒武系、奥陶系等层系均有油气发现，从成藏组合定义出发，可划分为源上成藏组合、源内成藏组合、源下成藏组合（徐安娜等，2008）。

1. 源上成藏组合

源上成藏组合指位于烃源岩层之上的东一段、馆陶组及明化镇组油气藏组合，这些含油储层与烃源岩之间被东二段区域性泥岩盖层所分隔，油气从沙河街组烃源岩排出后沿以断裂为主的输导体系向浅层圈闭供烃，具有明显的“下生上储”特征，形成与断裂有关的构造油气藏和少量的岩性油气藏，目前已在老爷庙构造带、高南地区、周边凸起及南堡 1 号构造带至南堡 5 号构造带中浅层明化镇组、馆陶组及东一段等发现这类油气藏，其主要特征如下。

（1）圈闭类型多样，但以构造圈闭为主。南堡凹陷浅层构造复杂，整体表现为被断层复杂化的断块构造。如高南浅层处于高柳断层下降盘，总体为被多条断层复杂化的滚动背斜，各地质时期的构造形态既有继承性又有一定差异，由浅至深构造相对简化，圈闭类型主要有断块、断鼻、断背斜、低幅度背斜等。

（2）储层砂体发育，物性好。明化镇组以曲流河沉积为主，孔隙度平均为 28%；馆陶组以辫状河沉积为主，孔隙度平均为 26%；东一段发育三角洲沉积体系，分流河道和河口坝砂体是主要的储集体，孔隙度平均为 24%。

（3）油层单层厚度薄，累计厚度变化较大，平面分布受构造圈闭控制。据统计，高南构造浅层单层厚度小于 5m 的油层占钻遇油层总数的 82.1%，厚 5～10m 的油层占钻遇油层总数的 14.5%，平均单层厚度仅为 4.3m。累计油层厚度在高 63-10 断块可达 110m，多数断块为 60～80m，局部断块只有 10～30m。庙北构造浅层有构造高部位油层厚、低部位油层变薄的特点，如位于庙 101 区块高部位的庙 101 井钻遇油层 10 层 74.5m，而低部位的庙 3 井仅钻遇油层 1 层 7.9m。南堡滩海地区浅层也有类似规律，即油层分布主要受构造控制，同时受岩性影响，构造高部位油层多，油层平面呈带状不均衡分布。

（4）由浅至深，原油密度、黏度、含硫量、胶质沥青质含量减小，含蜡量增大，凝固点增高。地层水为碳酸氢钠型，压力系数为 1.0 左右，地温梯度为 3.5℃ /100m，属于正常温度、正常压力系统。

2. 源内成藏组合

源内成藏组合指与烃源岩层互层发育的东二段、东三段和沙河街组油气藏组合，这些含油储层位于区域性盖层东二段之下，油气藏分布主要受有利砂体、断裂和层序界面等多因素组合的输导体系控制，属于“自生自储”油气藏，发育构造、岩性、地层和构造—岩性复合油气藏，目前已在高尚堡构造带、柳赞构造带、南堡 5 号构造带沙河街组发现油气藏，其主要特征如下。

（1）沉积砂体类型多样，储层物性复杂。东二段、东三段和沙河街组发育有扇三角洲前缘、辫状河三角洲前缘、水下扇和浊积砂，受沉积环境及成岩作用影响，储层物性不均一性特征明显。储层物性越好，油气富集程度越高。

（2）油气藏类型有序分布。高部位发育构造油气藏，斜坡区发育构造—岩性油气藏，低部位发育岩性油气藏，如高尚堡地区高 5 区块。

（3）压力系统以弱超压或超压为主。压力系数多在 1.2～1.4 之间，现今油气发现主体分布于压力过渡区（压力系数等值线在 1.1～1.3 附近）。

3. 源下成藏组合

源下成藏组合指位于烃源岩层之下的中生界和古生界潜山油气藏组合，以断裂和不整合面为输导体系，具有明显的“新生古储”特征，发育潜山风化壳和潜山内幕油气藏，目前已在周边凸起及南堡 1 号构造带至南堡 3 号构造带发现油气藏，其主要特征如下。

（1）储层储集空间类型多样，储集性能良好。前古近系储层经过多期构造运动改造和风化淋滤影响，往往具有较好的储集性能，储集空间有孔隙、裂缝和溶蚀孔洞，尤其是裂缝的存在增加了碳酸盐岩潜山储层的孔渗性与含油气性。

（2）储层以寒武系和奥陶系为主，储盖组合多。纵向上发育七套储盖组合，自下而上依次为府君山组—馒头组、毛庄组上部—徐庄组、张夏组—崮山组、凤山组 / 长山组—冶里组下部、冶里组上部 / 亮甲山组—下马家沟组下部组合、下马家沟组上部—上马家沟组下部 / 新生界、上马家沟组中上部—新生界储盖组合。含油层系多，除寒武系张夏组、奥陶系冶里组外，其他层系均获得工业油气流。

（3）油气性质以凝析气为主，地温梯度为 3.7℃ /100m，压力系数分布在 0.97～1.08 之间，属于高温常压系统。

二、分布规律

断陷盆地中的油气藏分布往往是围绕着生油凹陷呈环状展布，由于沉积体系、输导体系、成藏动力、圈闭类型及其组合的有序演化，决定了断陷盆地不同类型油气藏分布的有序性。

1.“上油下气”的纵向油气分布

纵向上原生性油气藏分布受烃源岩有机质热演化程度控制，主要与“液态窗”分布范围有关。南堡凹陷油气总体呈现为“上油下气”的分布格局（图 8–10），由于沙一段和东三段烃源岩尚未进入生成湿气的高成熟阶段，以此为油源的浅层和中深层油层组为油藏；受地层埋藏深度的控制，拾场次凹沙三段烃源岩处于“液态窗”范围，以此为油源的高尚堡构造带和柳赞构造带沙三段油层组为油藏，不同的是，林雀次凹和曹妃甸次凹沙三段烃源岩已处于“气态窗”范围，以此为油源的南堡 5 号构造沙三段和南堡 1 号构造至南堡 3 号构造古生界潜山油层组为凝析气藏。

2. 围绕生烃凹陷呈环带状的平面油气分布

油气勘探实践表明，盆地内油气藏的分布与烃源岩的分布及其生排烃中心具有密切的联系，主要分布在生油区内部和周围。南堡凹陷油气藏围绕生烃中心呈环带状分布特征明显（图 8–11），统计表明：烃源岩排烃强度越大的地区其油气储量越大，排烃

系	组	段	高尚堡	柳赞	老爷庙	南堡1号	南堡2号	南堡3号	南堡4号	南堡5号
新近系	明化镇组	N_2m	●	●●	●●	●●	●●	●	●	●
	馆陶组	N_1g	●●	●	●●	●●	●●●	●	●	●
古近系	东营组	E_3d_1	●●	●	●●●	●●●	●●●	●●	●●	●
		E_3d_2	●●	●	●●	●	●		●●	●●
		E_3d_3上	●●		●	●			●	●
		E_3d_3下	●●	●		●	●	●	●●	●●
	沙河街组	E_2s_1	○○	○○		●		●●	●●	●
		$E_2s_3^1$	○○	○						
		$E_2s_3^2$	○	○○						
		$E_2s_3^3$	○○○	○○○						○■
		$E_2s_3^4$		○○						
		$E_2s_3^5$	○	○○○						
	前古近系					■	■	■		

●原油　天然气　盖层　E_2s_3油源　$E_2s_3+E_2s_1$油源　$E_2s_1+E_3d_3$油源

图 8-10　南堡凹陷油主要构造带油气分布特征

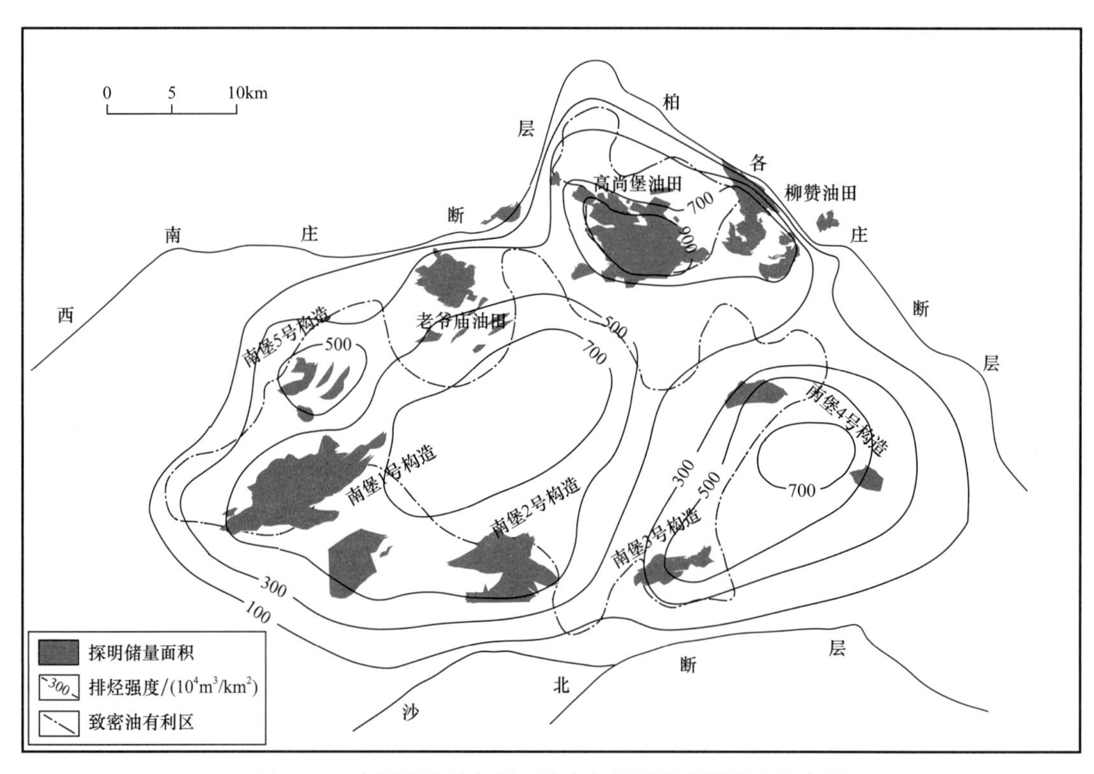

图 8-11　南堡凹陷油气平面分布与烃源岩排烃强度叠合图

强度与油气储量基本上呈正相关关系。凹陷内最大的林雀次凹，其累计排烃强度超过 $750 \times 10^4 t/km^2$，主要向其周边的老爷庙构造带、南堡 1 号构造带、南堡 2 号构造带及南堡 5 号构造带供烃，而这 4 个构造带已发现的油气储量达 $6.65 \times 10^8 t$；其次是拾场次凹，其累积排烃强度在 $350 \times 10^4 t/km^2$，主要向周边的高尚堡构造带、柳赞构造带供烃，而这两个构造带已发现的油气储量达 $2.35 \times 10^8 t$。

南堡凹陷目前已发现的油气藏多为构造类油气藏，这些油气藏的分布格局受次级生烃洼陷控制（庞雄奇等，2014），油气藏的分布与其距排烃中心的距离呈先增大后减小的规律性变化，其中排烃距离包括横向排烃距离和纵向排烃距离。南堡凹陷已发现油气藏主要分布在横向排烃距离为 0～15km 的范围，其中 5～10km 范围内最多，当横向排烃距离超过 10km，油气藏的个数随排烃距离增加呈减小趋势。

3. 不同类型油气藏有序性分布

断陷盆地沉积体系、输导体系、成藏动力、圈闭类型及其组合的有序演化，决定了南堡凹陷不同类型油气藏分布的有序性。

沉积体系分布：由于南堡凹陷“四面环山”的古地理背景，决定了沉积物四面供给。随着盆地断陷不断加剧、湖水加深，南堡凹陷陡坡（岸）和缓坡（岸）分别发育了众多的冲积扇—扇三角洲沉积体系、冲积扇—辫状河三角洲沉积体系及滨浅湖席状砂—沙坝等。洼陷周缘同沉积断层形成的坡折带内侧，发育了大量的低位扇或浊积扇体等；洼陷中部发育了众多的近岸、远岸浊积砂体和三角洲前缘滑塌浊积砂体等。不同沉积体系平面分布组合，从盆地边缘向洼陷中心依次形成了冲积扇—扇三角洲—辫状河三角洲发育环、席状砂—沙坝发育环、低位扇发育环和砂岩透镜体发育区，并呈规律性展布（姜在兴，2003）。

输导体系类型：断陷盆地不同阶段、不同构造部位发育不同类型的输导体系，陡坡带以砂体—断裂输导体系中的“T”字形输导体系为主，缓坡带以砂体—断裂输导体系中的阶梯形输导体系为主，洼陷带以砂体型输导体系为主，盆地边缘地层超剥带则以与不整合相关的输导体系为主。

成藏动力：断陷盆地不同部位成藏动力有所不同，从洼陷带到盆地边缘成藏动力依次为异常高压—毛细管力—浮力—水动力。

圈闭类型：南堡凹陷陡坡带内带发育大型滚动背斜或断鼻圈闭，外带发育地层圈闭、断块潜山或砂砾岩体岩性圈闭；缓坡带内带发育中—大型滚动背斜或断阶圈闭，中带多发育反向断块，外带发育地层圈闭；洼陷带发育岩性圈闭。因此，洼陷中心到盆地边缘依次发育岩性圈闭、构造圈闭和地层圈闭。

油气藏分布：从洼陷中心到盆地边缘，依次发育高压带岩性或构造—岩性油气藏、过渡压力带（或常压带）构造油气藏或构造—岩性油气藏、常压带地层油气藏（图 8-12）。成藏组合：源上成藏组合以常压带构造油气藏为主，其受基底潜山背景控制作用明显，分布在正向构造带主体和周边凸起；源内成藏组合以高压带岩性或构造—岩性油气藏、过渡压力带构造油气藏为主，受控于构造背景与砂体空间展布有效配置，分布在正向构造带主体及其围斜部位和洼陷带；源下成藏组合以常压带地层油气藏为主，分布在正向构造带主体和周边凸起。

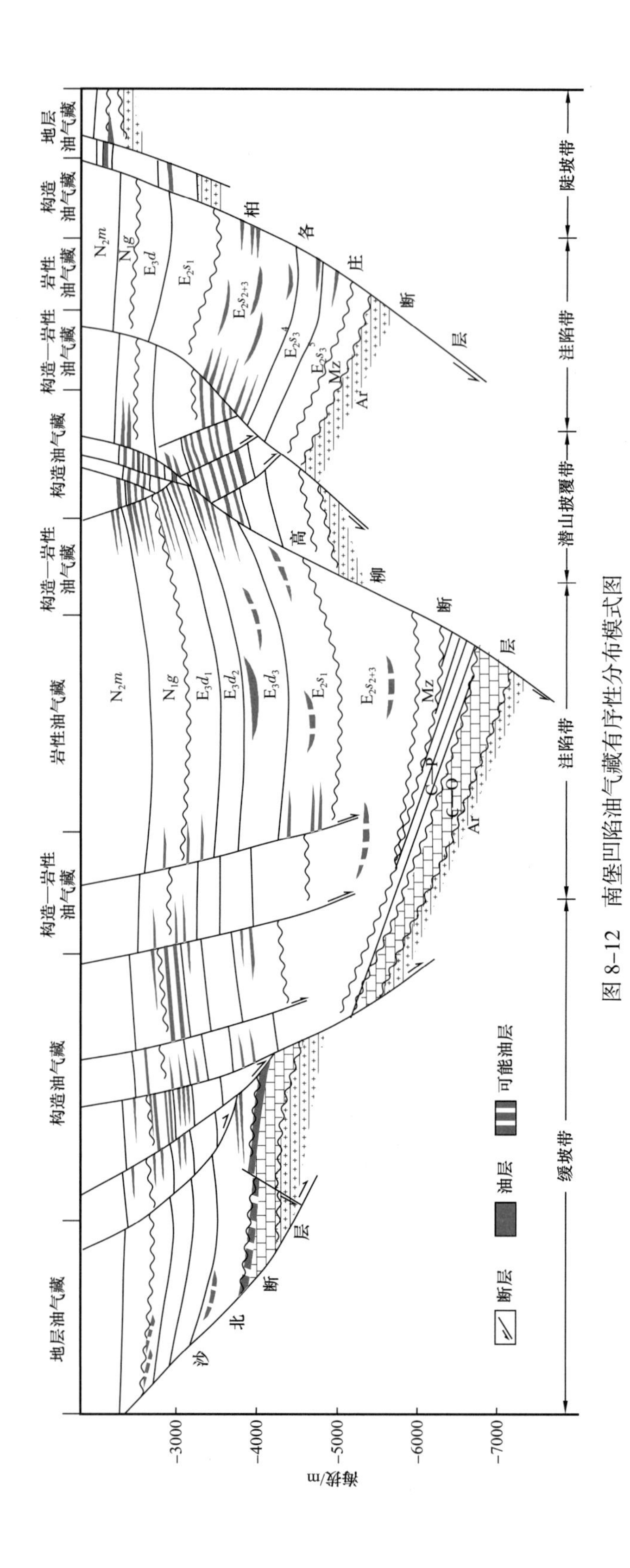

图 8-12 南堡凹陷油气藏有序性分布模式图

第九章 油气田各论

自1979年南27井获得工业油流发现高尚堡油田以来，冀东探区共发现了5个油田，分别为高尚堡油田、柳赞油田、老爷庙油田、唐海油田和南堡油田（图9–1），这5个油田均已投入开发。已发现并开发N_2m、N_1g、E_3d_1、E_3d_{2+3}、E_2s_1、$E_2s_3{}^1$、$E_2s_3{}^{2+3}$、$E_2s_3{}^5$、J、O、€11套含油层系，动用石油地质储量29930.13×10^4t。截至2018年底，累计生产原油3205.76×10^4t，天然气$60.9\times10^8m^3$。

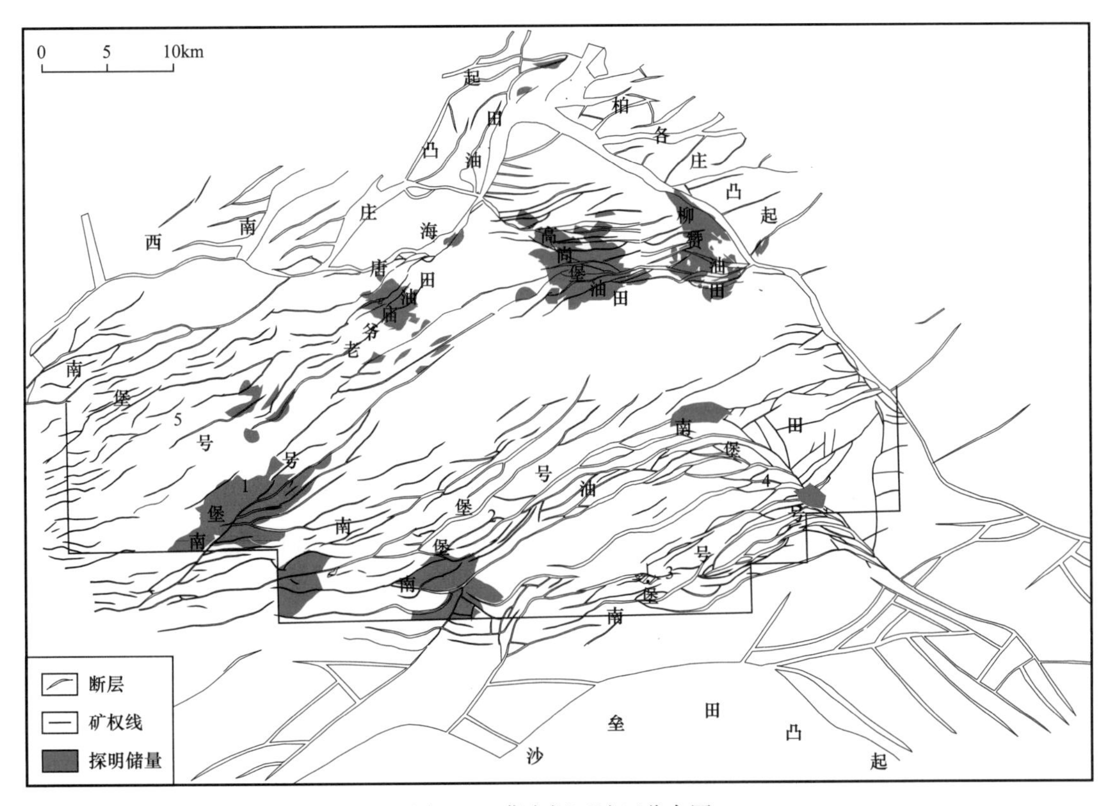

图9–1 冀东探区油田分布图

冀东油田按地区划分，可分为南堡陆地和南堡油田。南堡陆地包括4个油田：高尚堡油田、柳赞油田、老爷庙油田、唐海油田。南堡油田位于渤海0～10m的海域，包括5个构造：南堡1号构造、南堡2号构造、南堡3号构造、南堡4号构造、南堡5号构造。

南堡陆地动用地质储量17035.96×10^4t，可采储量3541.34×10^4t，标定采收率20.8%。依靠天然能量开发储量8447.96×10^4t，可采储量2029.56×10^4t，标定采收率24.0%；注水开发储量8588.00×10^4t，可采储量1511.78×10^4t，标定采收率17.6%。水驱储量控制程度64.6%，水驱储量动用程度39.7%。截至2018年底，累计产油2146.70×10^4t，地质储

量采出程度 12.60%。

南堡油田动用地质储量 12894.17×10^4t，可采储量 2598.50×10^4t，标定采收率 20.2%。依靠天然能量开发储量 2074.57×10^4t，可采储量 464.97×10^4t，标定采收率 22.4%；注水开发储量 10819.6×10^4t，可采储量 2133.53×10^4t，标定采收率 19.72%。水驱储量控制程度 70.0%，水驱储量动用程度 56.7%。截至 2018 年底，累计产油 1059.06×10^4t，地质储量采出程度 8.21%。

开发上将明化镇组、馆陶组油藏称为浅层油藏，东营组、沙一段、沙三段下亚段油藏称为中深层油藏，沙三段二 + 三亚段油藏称为深层油藏。其中浅层油藏动用石油储量 10522.53×10^4t，可采储量 2494.53×10^4t，标定采收率 23.7%；中深层油藏动用石油储量 15804.74×10^4t，可采储量 3232.84×10^4t，标定采收率 20.5%；深层油藏动用石油储量 3602.86×10^4t，可采储量 412.47×10^4t，标定采收率 11.4%。浅层油藏以天然能量开发为主，中深层和深层油藏以注水开发为主。截至 2018 年底，浅层油藏累计产油 1314.85×10^4t，地质储量采出程度 12.50%。中深层油藏累计产油 1549.14×10^4t，地质储量采出程度 9.80%，深层油藏累计产油 341.76×10^4t，地质储量采出程度 9.49%。

根据历年产量变化，将冀东油田开发历程分为 3 个阶段。

（1）南堡陆地试采与滚动开发阶段（1982—2004 年），原油年产量达到 100×10^4t。

（2）南堡油田试采，南堡陆地快速上产阶段（2005—2007 年），油田产量达到 213×10^4t；这一阶段，南堡陆地由于大规模实施水平井开发，快速上产，年产油达到 171×10^4t。

（3）南堡油田开发建设上产，南堡陆地特高含水、产量递减阶段（2008—2018 年），油田年产量由高峰期的 213×10^4t 下降到 2018 年的 130×10^4t（含液化气产量 2.76×10^4t），这一阶段，南堡油田年产油达到 100×10^4t 以上，2018 年下降到 86.1×10^4t（含液化气产量 2.76×10^4t）；南堡陆地年产油由 2007 年的 171×10^4t 下降到 2018 年的 43.9×10^4t。

截至 2018 年底，冀东油田油井总井数 2032 口，开井 1578 口，注水井总井数 552 口，开井 391 口，平均日产液 23585t，平均日产油 3446t，综合含水率 85.2%，累计产油 3205.76×10^4t，地质储量采出程度 10.71%，地质储量采油速度 0.43%；日注水 $17885m^3$，累计注水 $8322.18\times10^4m^3$。

第一节 高尚堡油田

高尚堡油田位于河北省唐山市曹妃甸区和滦南县，南临渤海。截至 2018 年底，油田发现的含油层位有明化镇组、馆陶组、东营组、沙一段、沙三段一亚段和沙三段二 + 三亚段（图 9–2）。探明含油面积 $34.76km^2$，探明石油地质储量 14917.6×10^4t。根据含油层位及构造位置，将油田划分为高浅南区、高浅北区、高中深南区、高中深北区、高深南区、高深北区 6 个开发单元，不同开发单元地质特征和开发特点不同。截至 2018 年底，油田完钻各类井 1234 口，其中取心井 133 口，进尺 5022.77m，岩心长度 4457.39m，收获率 88.7%，其中含油岩心 928.52m。

高尚堡油田于 1979 年开始钻探，同年 8 月钻探的南 27 井在沙三段二 + 三亚段油

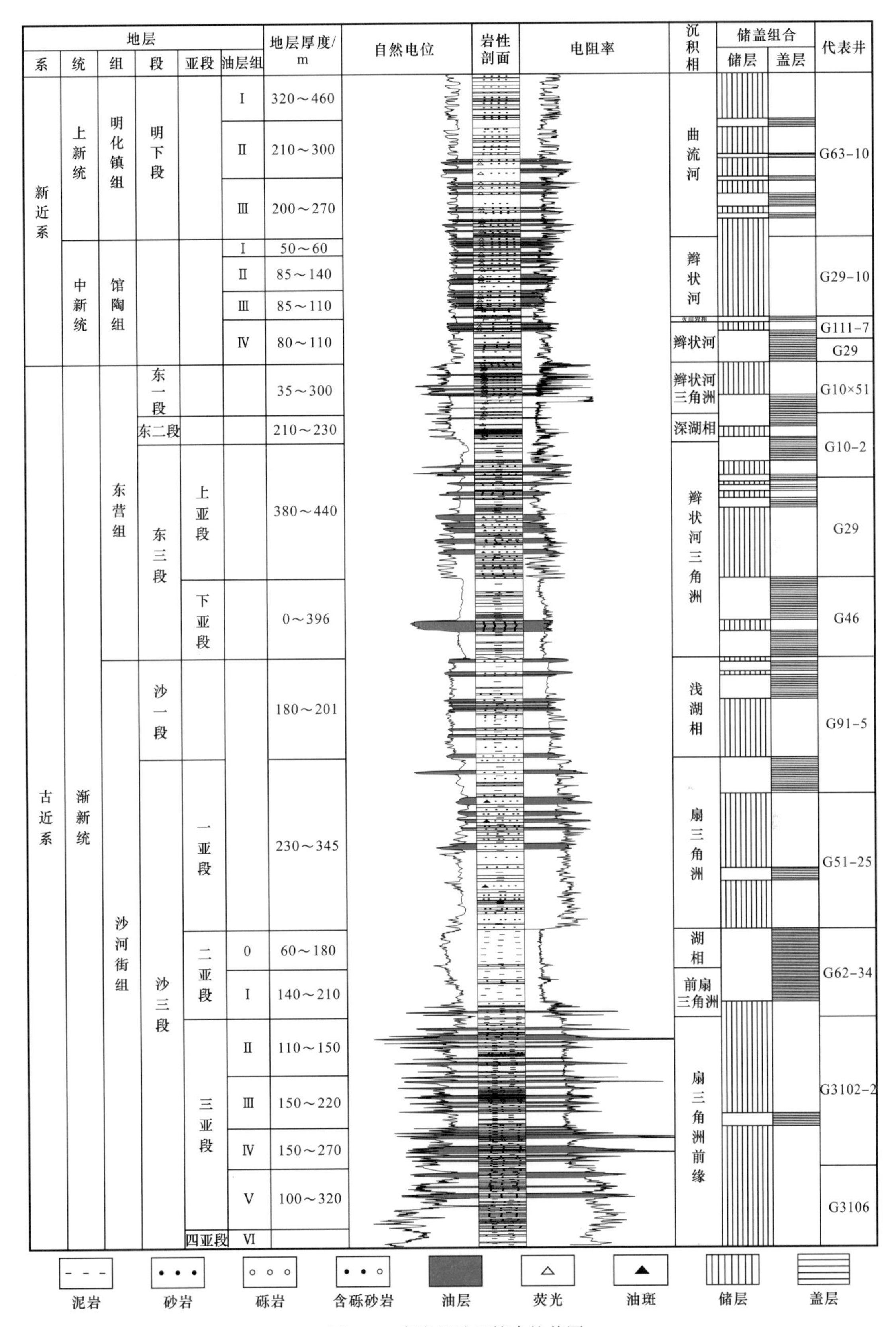

图 9-2 高尚堡油田综合柱状图

藏获得了工业油流，揭开了高尚堡油田勘探的序幕。1980 年，在高尚堡油田主体构造的西部、西北部、东北部和南部部署并完钻了 6 口探井，平均单井钻遇油层 8.9 层 33.8m，标志着高尚堡油田沙三段二 + 三亚段深层主体背斜整体含油。1980 年，高尚堡构造南翼中深层（东营组—沙三段一亚段）钻探高 9 井，日产原油 87t，日产天然气 $3.2\times10^4m^3$，标志着高尚堡油田中深层油藏的发现。1982 年，在高尚堡构造南翼钻探高 31 井，在明化镇组油藏试油获得成功，揭示了高尚堡油田深、中、浅多层位含油的复式油气藏特点。1983—1988 年，陆续完钻了高 29 井等 56 口预探井和评价井，油田面积逐渐扩大。1999—2000 年，高尚堡地区重新进行了 $84km^2$ 的高精度二次三维地震资料采集。2004—2005 年，在二次三维地震资料叠前时间偏移处理和构造精细解释的基础上，高浅南区明化镇组、馆陶组油藏新增探明石油地质储量 3691.58×10^4t，石油可采储量 964.79×10^4t。2006—2010 年，通过精细构造解释、精细油层对比，结合新完钻井及试油试采资料，重新对各储量计算单元的构造、储层、油藏等特征进行了综合评价。2011—2018 年，随着二次三维地震资料采集、连片处理及层序地层学研究的深入开展，新发现高 66 井区、高 5 井区岩性油藏，高深北岩性勘探成为勘探重点。

一、构造及圈闭

高尚堡油田位于南堡凹陷东北部，是南堡凹陷陆地 4 个含油构造带之一，北以柏各庄断层为界，东以鞍部与柳赞构造相连，西为唐海断鼻和老爷庙背斜，南为林雀次凹，是一个构造复杂、断层组合样式多样且长期继承性发育的油气复式聚集带。

高尚堡油田浅层构造总体表现为一个大型低幅度背斜，被北东向发育的高柳断层及其派生断层复杂化，形成多个断块。以高柳断层为界，分为高浅南区和高浅北区。高浅南区发育一系列断鼻和断背斜构造，高浅北区为宽缓断鼻，构造相对简单（图 9-3）。

高尚堡油田中深层构造整体为被断层复杂化的断背斜构造，高柳断层切割整个构造，开发上将高柳断层下降盘称为高中深南区，主要发育东营组油藏，将高柳断层上升盘称为高中深北区，主要发育沙三段一亚段油藏。高中深北区发育三组东西走向北倾正断层，形成向南倾没的被断层分割的断鼻构造（图 9-4）。高中深南区主要发育四组近东西走向南倾正断层，将构造切割，形成节节南掉的大小不一的断块（图 9-5）。

高尚堡油田深层构造是以基岩断块体为背景而形成的古近系披覆背斜构造，主体位于高柳断层上升盘一侧，呈北西向展布，被北西向、北东向和近东西向断层切割成若干个断块，断层是高尚堡油田深层构造活动的主要表现形式，所有圈闭的形成都与断层有直接或间接的关系，属于断层圈闭及构造—岩性复合圈闭（图 9-6）。开发上以高北断层为界，分为高深南区和高深北区。

二、储层

1. 油层组划分

高尚堡油田纵向上各个层位都含油，但各层位含油富集程度不同，主力含油层位为明化镇组、馆陶组、东一段、沙一段和沙三段二 + 三亚段。高尚堡油田共划分了 24 个油层组，231 个小层，其中 192 个含油小层，62 个主力含油小层（表 9-1）。

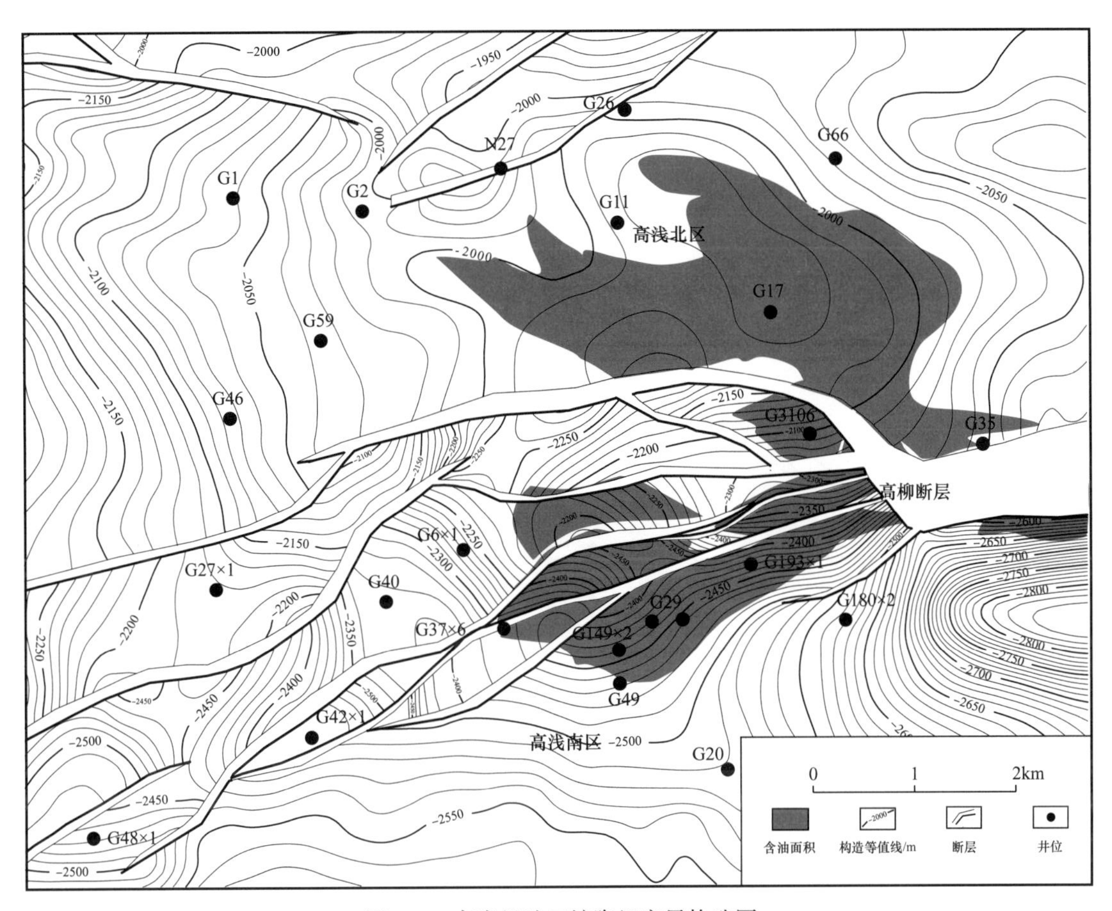

图 9-3 高尚堡油田馆陶组底界构造图

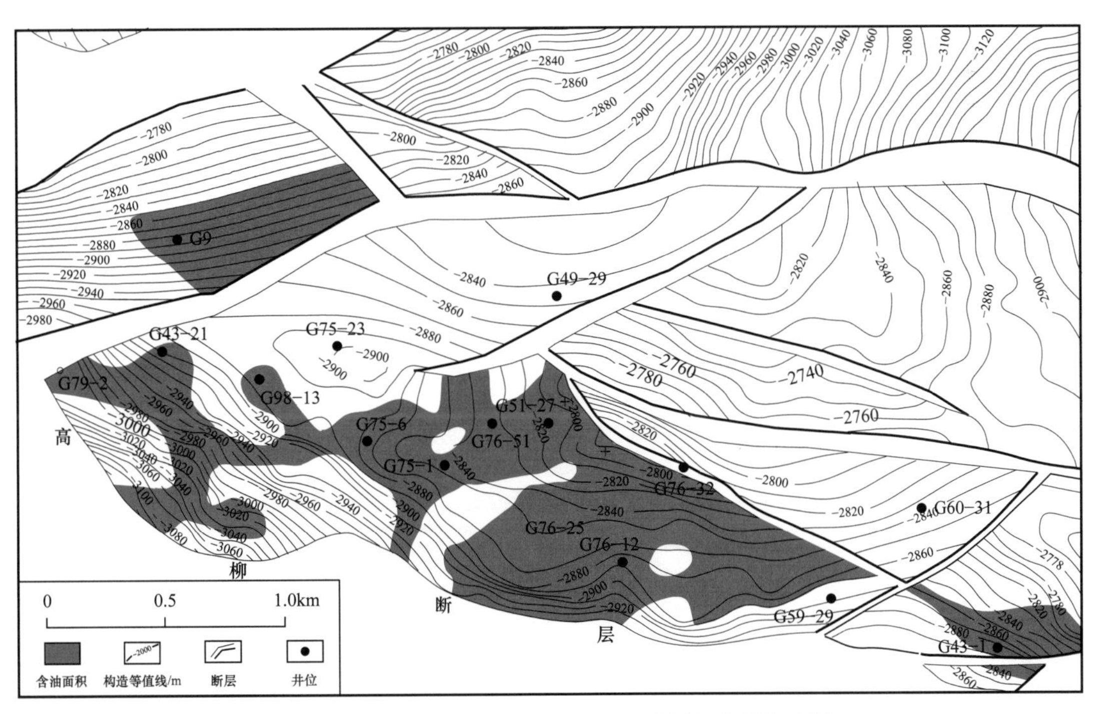

图 9-4 高中深北区沙三段一亚段Ⅰ油层组底界构造图

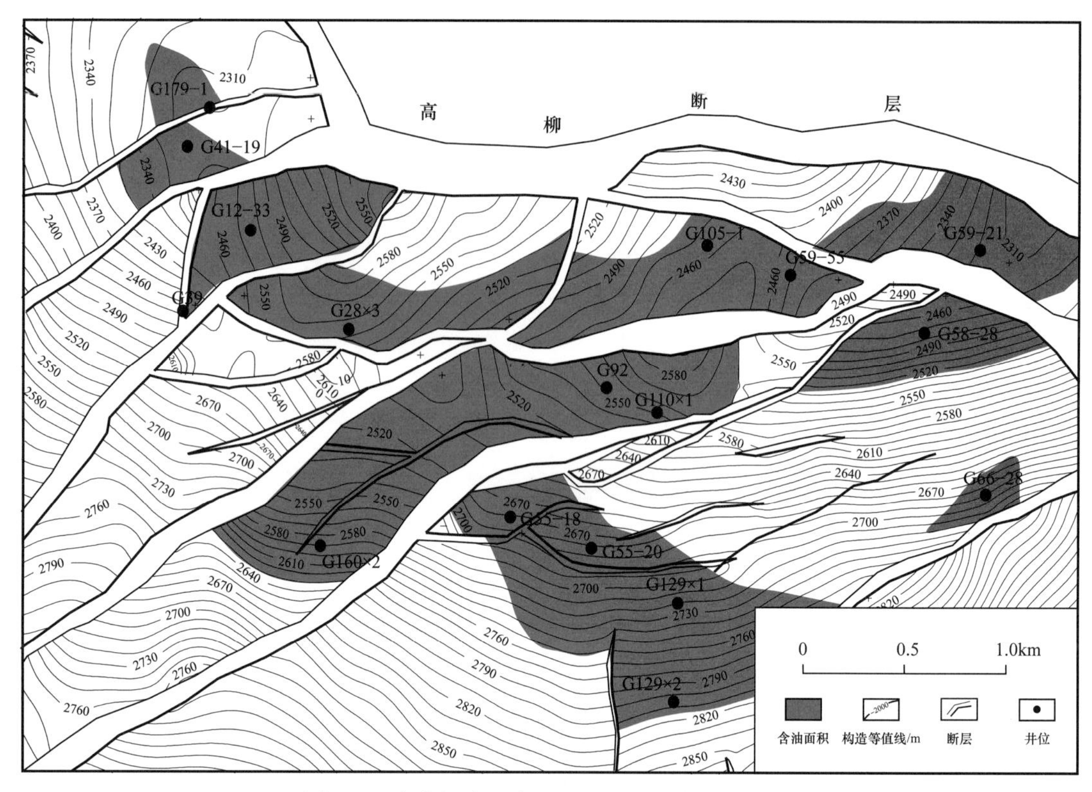

图 9-5 高中深南区东一段Ⅲ油层组底界构造图

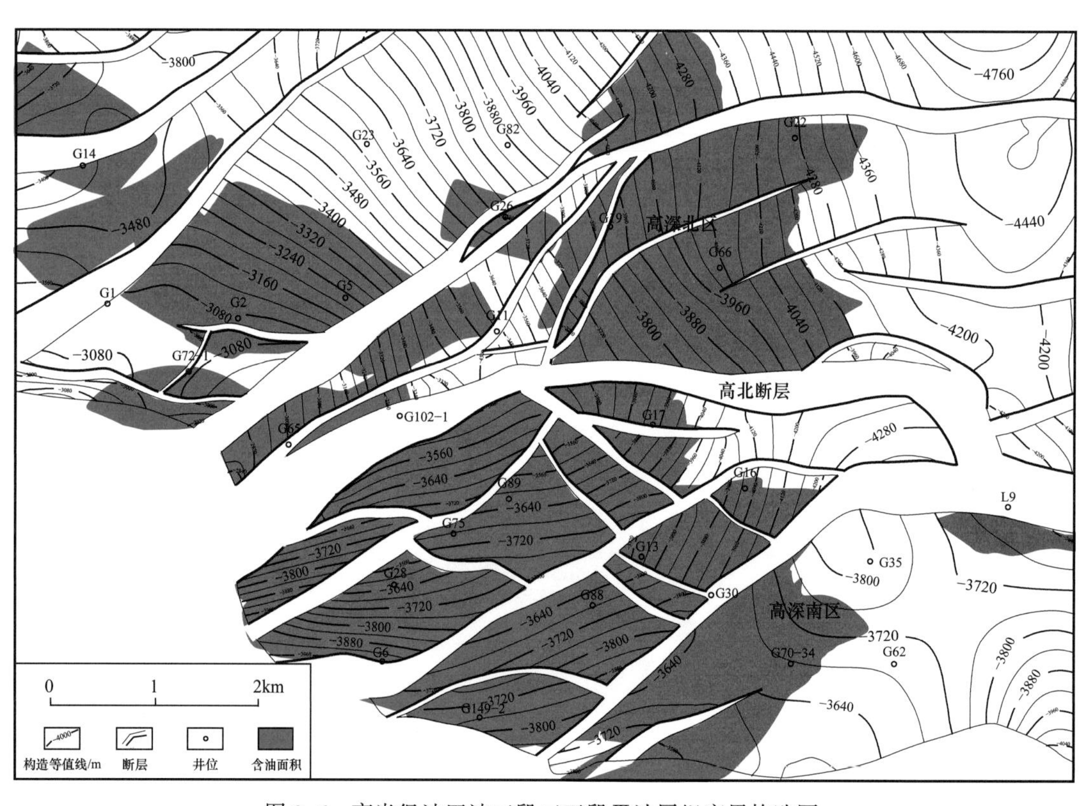

图 9-6 高尚堡油田沙三段三亚段Ⅲ油层组底界构造图

表 9-1　高尚堡油田油层组划分表

层位	油层组个数	小层个数	含油小层个数	主力含油小层个数
N_2m	3	18	18	11
N_1g	4	29	24	13
E_3d_1	3	22	19	5
E_3d_{2+3}	3	26	12	3
E_2s_1	2	19	9	2
$E_2s_3^1$	4	23	18	6
$E_2s_3^{2+3}$	5	94	92	22
合计	24	231	192	62

2. 油层分布

高浅南区油层分布主要受构造控制，平面上主要分布在油源断层附近的构造高部位；纵向上含油井段长（大于500m），油层层数多，单个油砂体规模小，油水间互分布（图 9-7）。高浅北区油层发育在馆陶组，相对集中。

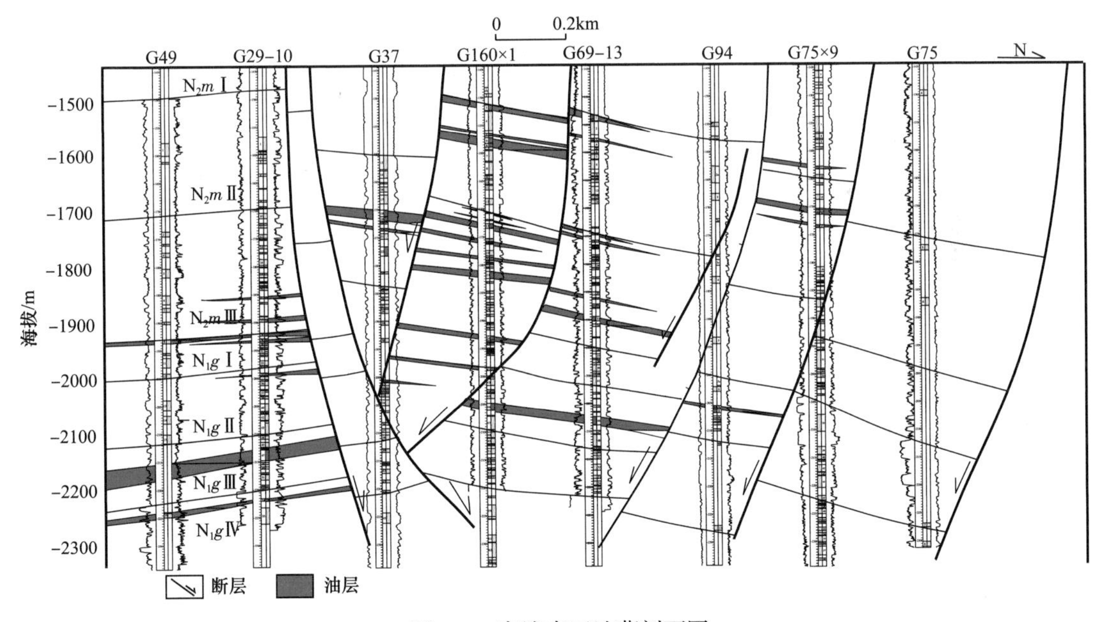

图 9-7　高浅南区油藏剖面图

高尚堡中深层纵向上共划分为东一段、东三段、沙一段和沙三段一亚段含油层系，含油井段相对集中，主要发育沙三段一亚段油层，受构造和岩性双重控制，油层在构造高部位比较集中（图 9-8）。

高尚堡深层含油井段长，平均为 640m；平面上，在高北断层以南地区，油层发育相对较厚，局部地区油层厚度在 100m 以上，其他地区油层厚度也基本在 50～100m 之间；高北断层以北地区油层厚度相对较薄，最厚处也仅有 50m 左右，大部分地区油层厚度都在 10～30m 之间（图 9-9）。

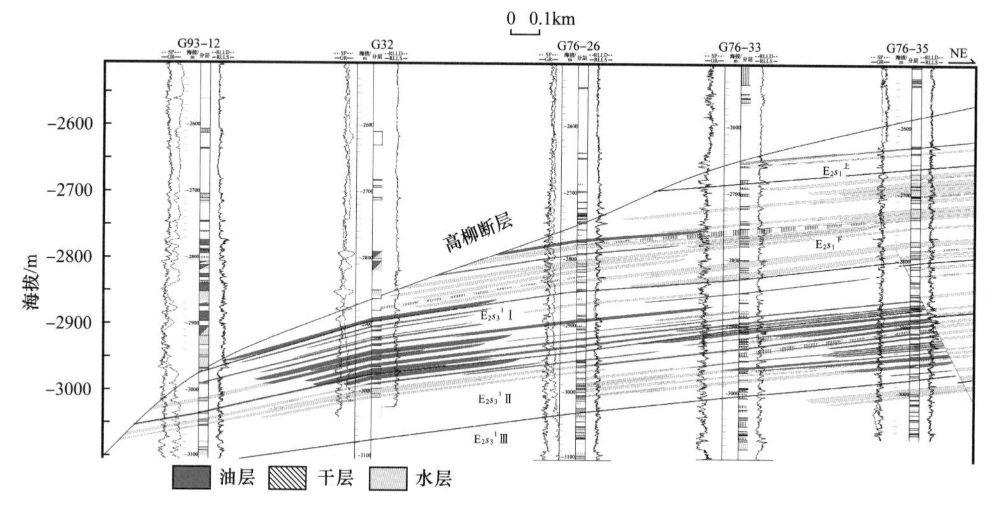

图 9-8 高中深北区油藏剖面图

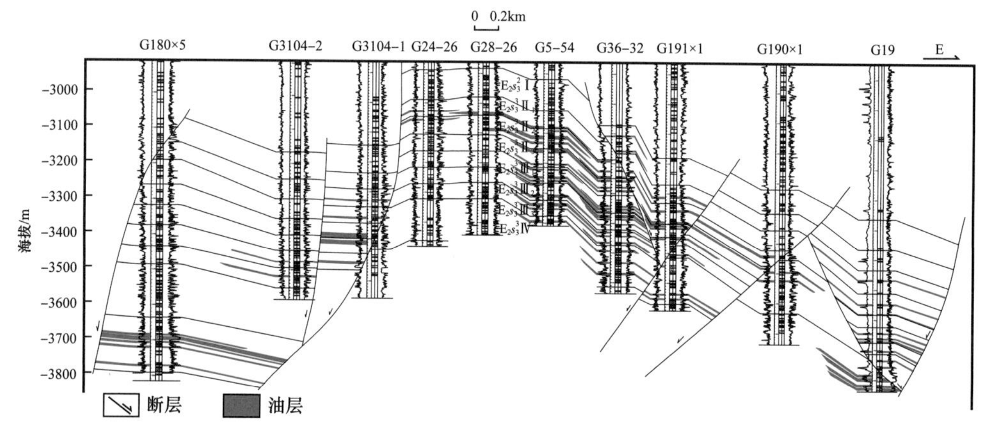

图 9-9 高深北区油藏剖面图

3. 储层岩性

高浅南区储层主要为细砂岩、不等粒砂岩，部分为含砾砂岩。岩石碎屑成分主要由石英、长石和岩屑组成。高浅北区储层由多种岩石类型组成，包括砂砾岩、含砾不等粒砂岩，粗、中、细砂岩及其过渡岩类，粉砂岩类。碎屑岩成分以石英为主，长石次之。

高中深南区以灰色砂砾岩、含砾砂岩、细砂岩为主，岩石类型以岩屑长石砂岩为主；高中深北区以砂质细—中粒岩屑长石砂岩为主。

高尚堡深层岩石类型以岩屑长石砂岩、长石岩屑砂岩为主，按粒度以中—粗砂岩和中—细砂岩为主。

4. 储层物性

高浅南区储层孔隙度 23%～34%，平均为 29%，渗透率 100～6000mD，平均为 2034mD，属于中—高孔、中—高渗透储层。高浅北区馆陶组为高孔高渗透储层，平均孔隙度 30% 以上，渗透率 634～1622mD，平均为 1530mD。

高中深南区东一段孔隙度 15.5%～31.3%，平均为 23.7%；渗透率 1～2200mD，平均为 326mD，属中孔中渗透储层。高中深北区孔隙度 13%～24%，平均为 19.4%；渗透率 1～2000mD，平均为 91mD，属于中—低孔、中渗透储层。

高尚堡深层南区孔隙度 12.0%～24%，平均为 16.3%，渗透率 1～995mD，平均为 64.4mD，属中孔、中—低渗透储层。高深北区孔隙度 12%～26%，平均为 19.6%，渗透率 1～300mD，平均为 93mD，属中孔、中—低渗透储层。

5. 储集空间

高尚堡油田主要储集空间类型为粒间溶孔、粒间孔、粒内溶孔等，孔隙分布不均匀，连通性差，孔喉类型多样，见表 9-2。

三、油藏类型及流体性质

1. 油藏类型

高尚堡油田以构造油藏、岩性—构造油藏、构造—岩性油藏为主，6 个开发单元油藏类型不尽相同。

高尚堡浅层油藏埋深 1500～2300m。高浅南区油藏类型为层状构造油藏，驱动类型以边底水驱动为主，各断块、各小层没有统一的油水界面。高浅北区为层状构造油藏，边底水驱动。

高尚堡中深层油藏埋深 2400～3000m，为岩性—构造油藏，弹性驱动为主，有弱边水。

高尚堡深层油藏埋深 3000～3936m，油藏类型为层状岩性—构造油藏（图 4-6）和近源低渗透岩性油藏，弹性驱动为主。

表 9-2　高尚堡油田储集空间参数表

区块	主要储集空间			喉道直径 / μm	主要孔喉类型	孔隙结构参数			
	类型	孔隙直径 / μm	面孔率 / %			排驱压力 / MPa	中值压力 / MPa	最大连通孔喉直径 / μm	中值孔喉直径 / μm
高浅南	粒间溶孔 粒内溶孔	179.0	24.20	18.3～32.5	大孔中喉	0.25	3.45	34.3	5.70
高浅北	粒间孔 粒间溶孔	32.6	12.70	5.9～15.5	中孔中—细喉	0.85	11.00	150.0	30.00
高中深南	原生孔隙 次生溶孔	40.0	7.14	6.5～10.0	中—小孔细喉	0.09	1.75	60.0	17.83
高中深北	次生孔隙 次生粒间孔	60.0	9.00	1.2～16.4	中孔细喉	0.06	1.14	20.0	21.78
高深南	粒间溶孔	70.0	8.00	3.0～15.0	中—细孔细喉	0.16	0.60	8.9	4.00
高深北	粒间溶孔	85.0	9.00	2.4～6.4	中—细孔细喉	0.23	2.32	14.7	1.20

2. 流体性质

高尚堡油田地面原油密度为0.8209～0.9570g/cm^3，地面原油黏度为5.89～447mPa·s，含蜡量2%～18.23%，胶质和沥青质含量6.57%～30%；地层条件下原油密度为0.6289～0.9106g/cm^3，地层条件下原油黏度为0.95～90.34mPa·s，以常规中质油为主，高浅北区为常规稠油。

高尚堡油田天然气主要为溶解气，以甲烷为主，甲烷含量平均为84.32%，相对密度平均为0.6505。

高尚堡油田地层水总矿化度为1557～4771mg/L，地层水为$NaHCO_3$型，各开发单元流体性质见表9-3。

表9-3 高尚堡油田流体性质统计表

区块	原油性质						地层水性质		天然气性质	
	地面				地下					
	密度/g/cm^3	黏度/mPa·s	含蜡量/%	胶质+沥青质/%	密度/g/cm^3	黏度/mPa·s	水型	矿化度/mg/L	相对密度	甲烷含量/%
高浅南区	0.9120	61.40	11.50	27.90	0.8013	4.02	$NaHCO_3$	1557	0.6000	90.65
高浅北区	0.9570	447.00	2.00～3.00	20.00～30.00	0.9106	90.34	$NaHCO_3$	1600		
高中深南区	0.8209	5.89	8.09	6.57	0.7375	1.20	$NaHCO_3$	4716	0.6584	70.85
高中深北区	0.8382	6.60	18.23	14.90	0.6819	1.20	$NaHCO_3$	4771	0.6389	89.19
高深南区	0.8590	14.70	17.54	17.51	0.6289	0.95	$NaHCO_3$	3260	0.6725	85.10
高深北区	0.8600	25.60	12.83	21.60	0.7700	3.40	$NaHCO_3$	3689	0.6826	85.80
平均	0.8745	93.50	13.64	27.90	0.7550	16.85	$NaHCO_3$	3265	0.6505	84.32

3. 温度与压力

高尚堡浅层、中深层为正常压力系统。高尚堡深层（沙三段二＋三亚段）油藏存在局部异常高压，高深北区原始地层压力系数1.01～1.36，高深南区原始地层压力系数1.0～1.2。高尚堡油藏各开发单元平均地温梯度在3.0℃/100m左右，属正常温度系统（表9-4）。

表9-4 高尚堡油田地层压力与温度统计表

序号	单元	原始地层压力/MPa	压力系数	地层温度/℃	温度梯度/（℃/100m）
1	高浅南区	15.1～24.6	0.8～1.1	53.0～89.1	3.0
2	高浅北区	14.6～17.9	0.9～1.0	37.1～68.5	3.0

续表

序号	单元	原始地层压力 /MPa	压力系数	地层温度 /℃	温度梯度 /（℃ /100m）
3	高中深南区	23.3～32.9	1.0	74.0～122.0	3.1
4	高中深北区	27.9～33.3	1.0～1.1	70.0～120.0	3.0
5	高深北区	31.5～44.7	1.0～1.4	110.0～125.0	3.0
6	高深南区	32.8～39.1	1.0～1.2	110.0～126.0	3.1

四、开发简况

高尚堡油田是冀东探区最早投入开发的主力油田之一。自 1983 年正式投入开发至 2018 年底，动用石油地质储量 10082.06×10^4t，占冀东油田总动用石油地质储量的 33.7%，年产油 29.2583×10^4t，占冀东油田年度总产量 130×10^4t 的 22.5%。开发 30 多年来，依靠科技进步，不断深化地质认识、陆续有新的含油断块被发现并投入滚动开发；水平井、大斜度井的推广应用、中深层和深层油藏精细调整对油田快速上产起到了重要作用；精细注水、深部调驱、CO_2 吞吐采油技术的应用有效减缓了产量递减。

高尚堡油田分为三套开发层系，第一套为浅层（明化镇组、馆陶组），埋深 1500～2300m，地质储量 4560.4×10^4t；第二套为中深层（东营组、沙一段、沙三段一亚段），埋深 2400～3000m，地质储量 1383.8×10^4t；第三套为深层（沙三段二 + 三亚段），埋深 3000～3936m，地质储量 3770.6×10^4t。

浅层油藏天然能量充足，利用天然能量开发；中深层油藏天然能量较充足，早期多采用天然能量开发，晚期采用人工注水开发；深层油藏属于天然能量不足—天然能量微弱的油藏，采用人工注水开发。

1. 开发历程

按开发方式及产量变化将高尚堡油田划分为 4 个开发阶段：试采与滚动开发阶段、基础井网注水开发阶段、快速上产阶段、递减阶段（图 9-10）。

1）试采与滚动开发阶段（1980—1989 年）

自 1979 年高尚堡油田发现以后，陆续有南 27 井、高 2 井、高 5 井、高 9 井、高 31 井、高 36 井、高 37 井等多口井试采，均获得高产工业油气流，发现了明化镇组、馆陶组、东营组、沙河街组多套含油层系。1983 年之后陆续滚动开发了高浅南区（高 36 断块、高 29 断块）、高中深北区（高 50 断块）、高深南区（高 30 断块、高 10 断块）、高深北区（高 5 断块）。截至 1989 年底，累计探明石油地质储量 7830×10^4t，动用石油地质储量 1016×10^4t。油井总数 112 口，开井 61 口，年产油由 1982 年的 1×10^4t 上升到 1989 年的 23×10^4t，阶段末累计产油 58.93×10^4t，油田综合含水率 40.8%。

由于断块破碎，砂体规模小，开发井网大都采用三角形面积井网，井距 250～350m。这一阶段浅层油藏边底水活跃，采取天然能量开发，深层沙三段二 + 三亚段油藏主要依靠弹性能量开发。

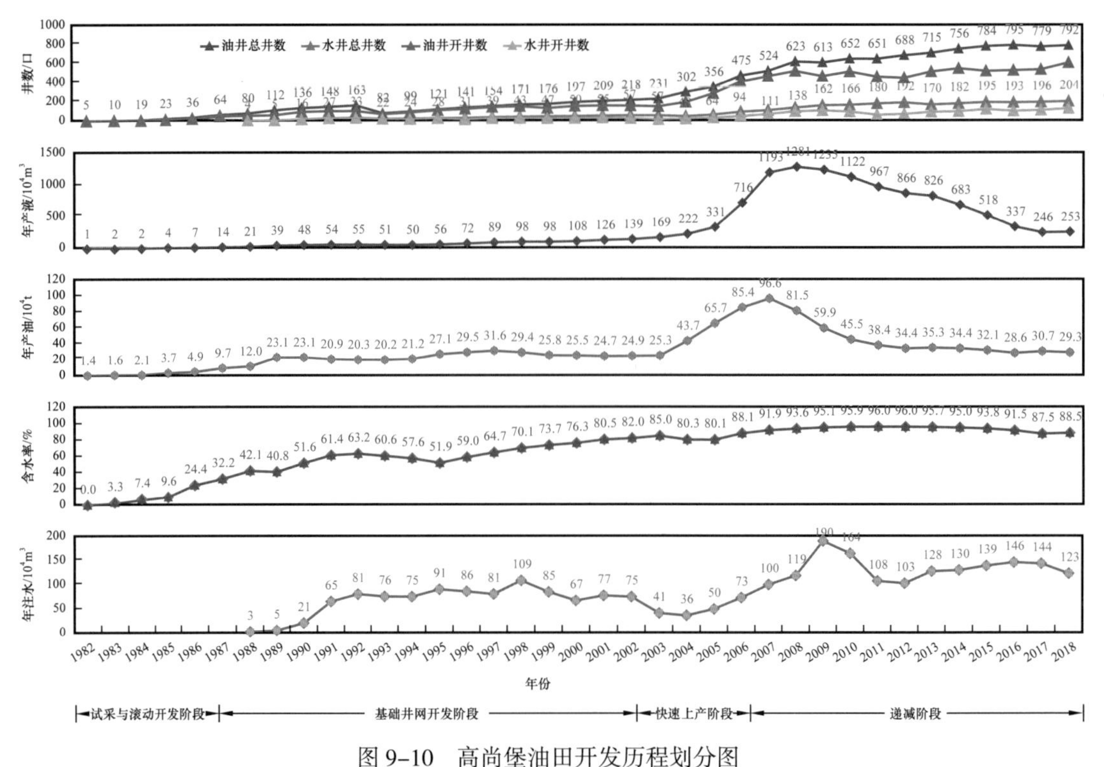

图 9-10　高尚堡油田开发历程划分图

2）基础井网注水开发阶段（1990—2003 年）

1990 年 6 月开始，中深层、深层油藏实施注水开发，采用反七点面积注水；1992—1999 年，高浅北区采用反九点 250m 井距开发井网，1992 年 7 月开始在区块西部进行试注，先后有 8 口井投注，至 1996 年 12 月，水井全面停注，油藏依靠天然能量开发，连续 7 年稳产在 10×10^4t/a 以上；1993—2000 年，高尚堡油田深层陆续开展了高 5、高 7、高 10 和高 30 四个主力区块的加密调整和局部开发井网的调整完善，开发井距由 320m 加密到 220m，提高了储量动用程度。通过不断的滚动开发、局部完善及配套的注水措施，高尚堡油田年产油量基本稳定在 20×10^4～30×10^4t。1995 年，根据在井网加密、完善过程中增加的新资料、新认识，开展了储量复算，夯实了开发物质基础。截至 2003 年底，累计探明石油地质储量 5363×10^4t，动用石油地质储量 2919.6×10^4t。油井总数 231 口，开井 152 口，年产油 24.58×10^4t，油田综合含水率 85.0%，阶段末累计产油 406.02×10^4t。注水井总数 57 口，开井数 13 口，年注水 $41\times10^4m^3$，累计注水 $998\times10^4m^3$。由于构造和储层极其复杂，这一阶段注水开发油藏水驱控制程度只有 32%，水驱动用程度 44%。

3）快速上产阶段（2004—2007 年）

该阶段浅层油藏规模应用水平井开发，中深层和深层油藏继续滚动开发，实现了油田储量和产量的快速增长。阶段末，动用石油地质储量 8723.47×10^4t。油井总数 491 口，开井 469 口，年产油 96.6×10^4t，油田综合含水率 91.9%，阶段末累计产油 697.3×10^4t。注水井总数 111 口，开井数 70 口，年注水 $100\times10^4m^3$，累计注水 $1294\times10^4m^3$。

这一阶段，水平井的应用取得巨大成果。水平井总井数 221 口，开井 157 口，年产油 45×10^4t，占高尚堡油田总产量的 46.6%。特别是高浅北区（稠油油藏），定向井开发时，由于油层出砂，油井无法正常生产，并且边底水活跃，含水率上升快。应用水平井开发，解决了出砂和含水问题并获得高产。水平段长度 150～300m，平均单井初期日产量在 20t 以上，是定向井的 2 倍。由于构造和储层极其复杂，注水开发油藏水驱控制程度仅为 45.4%，水驱储量动用程度仅为 42%。水平井大幅提高采油速度的同时，递减加大，2007 年油田自然递减率为 31.4%。

4）递减阶段（2008—2018 年）

2008 年以后，高尚堡油田新增动用储量少，累计增加 568×10^4t。受浅层水平井高速开采及中深层、深层层间矛盾影响，老区开发效果变差。虽然开展了部分老区二次开发、浅层 CO_2 吞吐采油，但未从根本上改善层间和平面矛盾，浅层层内矛盾依然严重。自 2008 年开始，油田产油量递减，由 2007 年的 96.6×10^4t，下降到 2018 年的 29.2583×10^4t。高尚堡深层因砂体范围小，长井段合注合采，储层非均质性强，注水受效方向单一，自然递减居高不下，大部分年份在 25% 以上，综合递减率为 10%～25%。

2. 开发现状

截至 2018 年底，高尚堡油田油井总井数 792 口，开井 612 口，注水井总井数 204 口，开井 129 口，平均日产液 7085t，平均日产油 781t，综合含水率 89.0%，累计产油 1150.0×10^4t，地质储量采出程度 11.41%，地质储量采油速度 0.29%，油田采收率 19.4%；日注水 3467m^3，累计注水 $2793.21\times10^4m^3$。

第二节　柳赞油田

柳赞油田位于河北省滦南县境内，北距滦南县城 35km，南临渤海。区内地势平缓，地面海拔 0.2～4.0m，分布有虾池和鱼塘。截至 2018 年底，柳赞油田已发现的含油层位有新近系明化镇组、馆陶组，古近系东营组（柳南局部）、沙河街组（图 9-11），探明含油面积 16.4km^2，探明石油地质储量 4321.06×10^4t。完钻各类井 390 口，其中取心井 85 口，进尺 2553.98m，岩心长度 2237.46m，收获率 89.01%，其中含油岩心 645.01m。根据含油层位及构造位置，将柳赞油田划分为柳赞北区（柳北）、柳赞中区（柳中）和柳赞南区（柳南）3 个开发单元，不同开发单元地质特征和开发状况不同。

柳赞油田于 1980 年 4 月完钻了第一口预探井柳 1 井，沙三段二 + 三亚段获高产油流，柳赞油田发现。1981—1987 年，在柳赞构造相继部署完钻了柳 2 井、柳 10 井等共 14 口探井，均见良好油气显示，获工业油流井 8 口，其中柳 10 井发现了柳赞油田沙三段五亚段油藏，柳 16 井在沙三段一亚段试油获得成功，拓展了勘探领域。1988 年，在柳赞地区首次完成了覆盖面积 23km^2 三维地震勘探。同年 12 月，在柳北完钻了柳 13 井，在沙三段二 + 三亚段试油获得工业油流，表明柳赞北区是一个有利的油气聚集构造。1991 年，柳 13×1 井在沙三段三亚段试油获得日产油 114m^3 的高产油气流，进一步

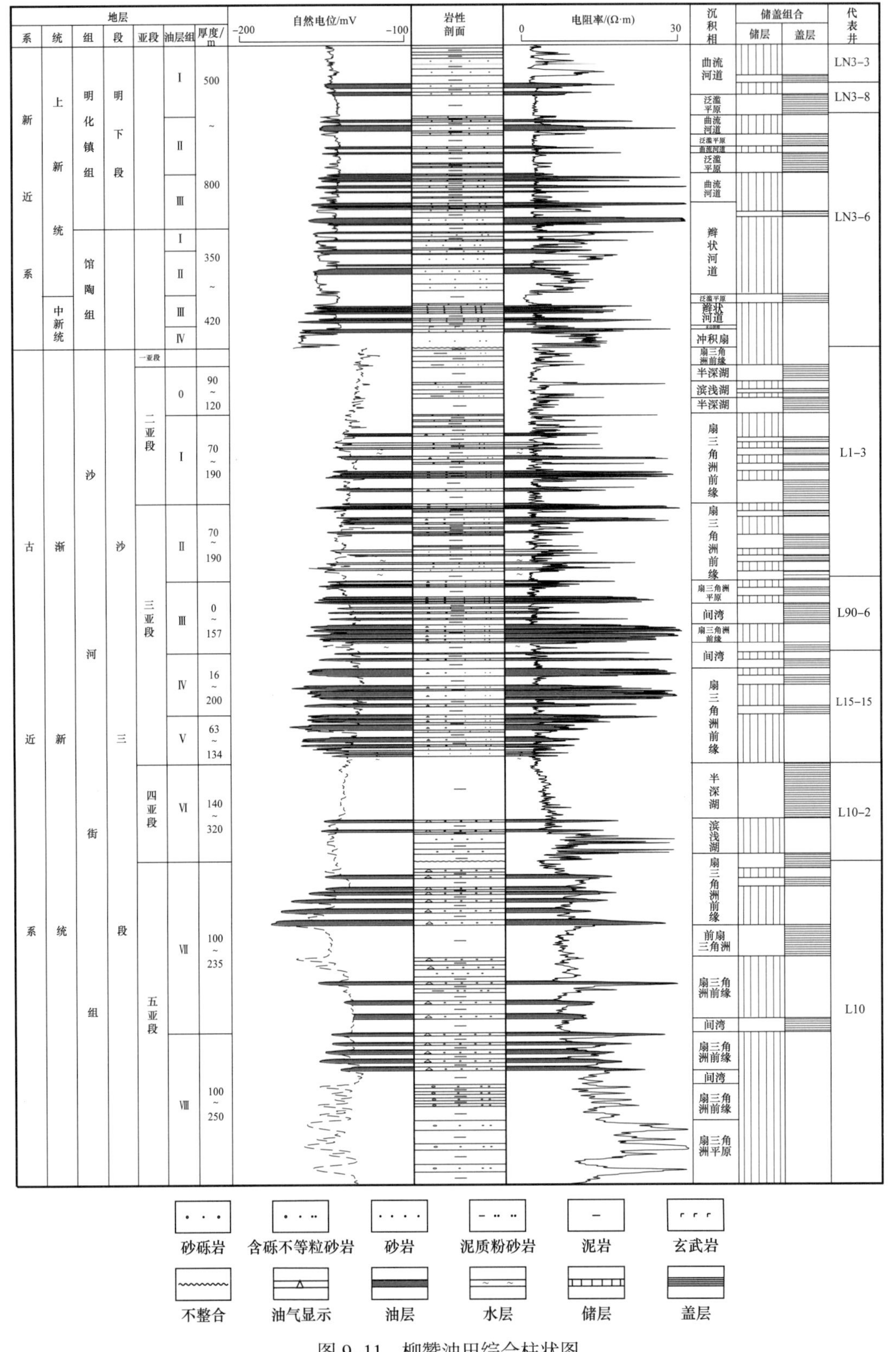

图 9-11　柳赞油田综合柱状图

证实了沙三段二 + 三亚段的含油气性，扩大了含油范围。1984—1989 年，通过二维地震资料的重新处理解释，发现了柳赞南区新近系逆牵引背斜构造。1990 年 5 月，在柳南钻探了第一口预探井柳 21×1 井，试油获高产油流，发现柳南新近系油藏，随即部署钻探了探井、开发准备井 8 口，柳南进入滚动开发阶段。1999—2002 年，柳赞地区进行了 90km^2 的高精度二次三维地震勘探，加强了层序地层学分析，地质、地震、测井、油藏等多专业协作开展综合地质研究，在柳北部署钻探柳 130×1 井获得成功，柳北断鼻成为储量规模 2000×10^{4}t 以上的整装油藏。柳中地区开展了精细油藏描述，油藏地质认识进一步深化，全面投入开发。2004—2005 年，南堡凹陷进行了叠前时间偏移连片处理和解释，为区域构造和储层等整体认识奠定了良好的基础，揭开了柳赞岩性油气藏勘探序幕。

一、构造及圈闭

柳赞油田位于南堡凹陷的东北部，西以鞍部与拾场次凹和高尚堡油田连接，东北和东界以柏各庄断层与马头营凸起相连，南部为柳南次凹（图 9–1）。柳赞油田断层发育，柏各庄断层为南堡凹陷边界控凹断层，高柳断层为油田内控带断层；油田断层组合以“Y”字、“花”状、“铲”式为主，形成多个断阶和断垒。柳赞油田深层古近系沙河街组构造主体是在中生界隆起基础上发育的背斜构造，北部、东部边缘表现为沿柏各庄断层下降盘发育的断鼻构造，整体划分为柳中构造带和柳北断鼻；浅层新近系是发育在高柳断层下降盘的逆牵引背斜构造。

柳中构造带是柳赞构造带中部的一个相对独立的开发单元，构造上进一步划分为柳东断鼻、中央断背斜和西部斜坡带。中央断背斜是被近东西走向断层和南北走向断层所切割的背斜构造，是柳中主要含油构造，自下而上继承性较好，背斜形态明显，轴向近南北。沙三段二 + 三亚段被断层分割为三种构造圈闭类型，平面上划分为 5 个断块：柳 90 北断背斜、柳 90 南断背斜、柳 1 断背斜、柳 28 断块及柳 18 断鼻。沙三段五亚段为相对完整的背斜构造。柳东断鼻处于柏各庄断层与高柳断层交汇处，整体表现为被断层复杂化的鼻状构造，从沙三段三亚段Ⅱ油层组底界—沙三段五亚段顶界构造图上看，构造高点位于柳 24 井—柳 3×2 井—柳 3×4 井附近（图 9–12 和图 9–13）。

柳北断鼻是发育在柏各庄断层下降盘的断鼻构造，构造完整简单且继承性好。沙三段三亚段各油层组构造的高点、轴向基本一致，构造轴部位于柳北 2–21–2 井—柳 13–15 井—柳北 3–7–10 井一线，地层近北西向延伸，北东向抬升，构造高点在柳北 2–21–2 井附近；沙三段五亚段构造高点位于蚕 3×1 井附近（图 9–13）。靠近断层地层产状较陡，高点附近（断层根部）地层倾角约 35°，远离断层地层产状变缓。

柳南逆牵引背斜构造走向平行高柳断层且被其派生断层切割形成多个断块，呈近北东—南西向展布，地层产状北陡南缓，北翼地层倾角在 15° 左右，南翼地层倾角在 4° 左右，发育两个局部构造。其中，西部柳 102 断背斜是柳南逆牵引背斜构造的主体，构造长轴近北东东向，地层产状北陡南缓，构造高点位于柳南 3–6 井附近；东部柳 25 断背斜规模较小，构造高点位于柳 25–11 井附近（图 9–14）。

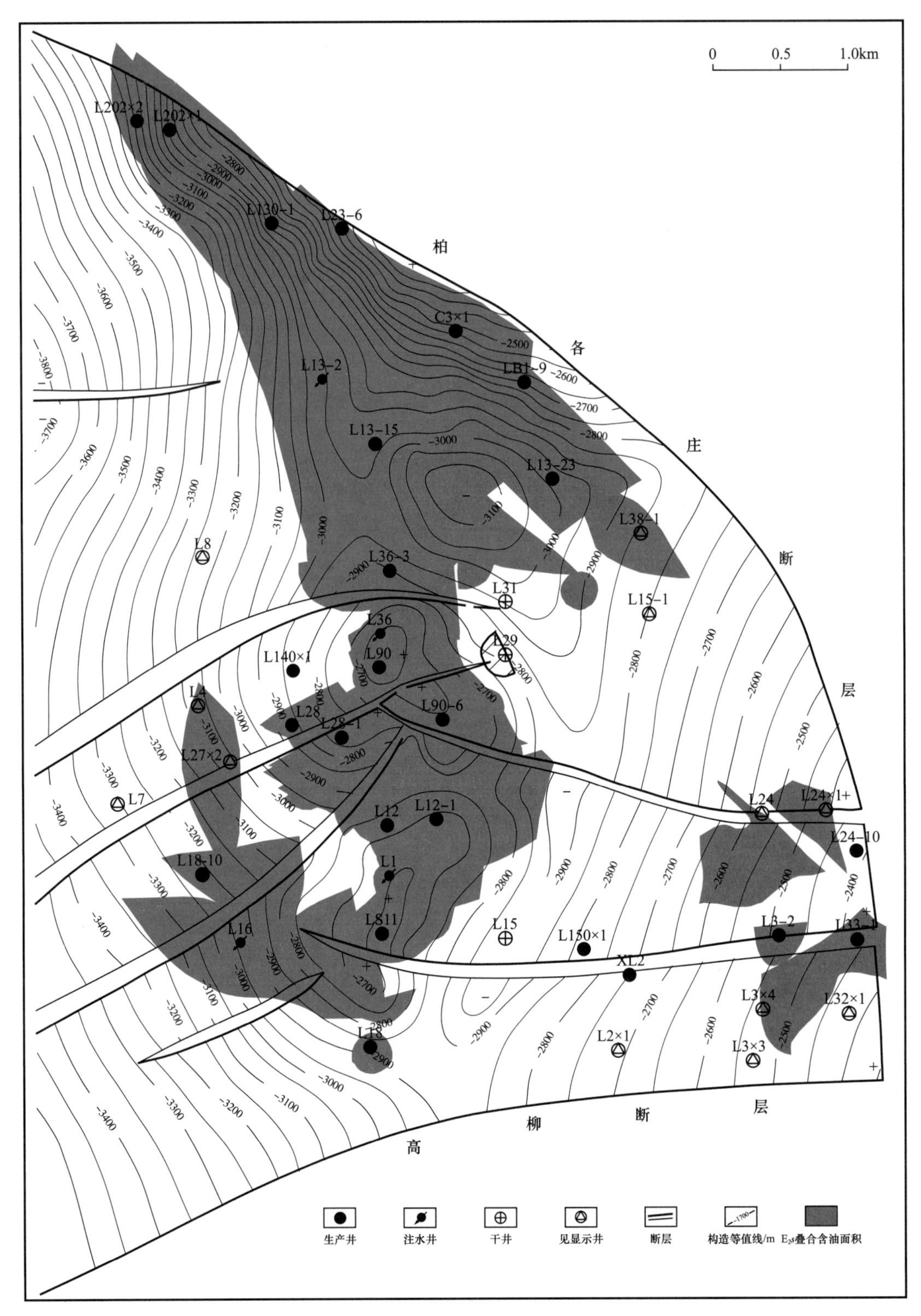

图 9-12　柳赞油田沙三段三亚段 I 油层组底界构造图

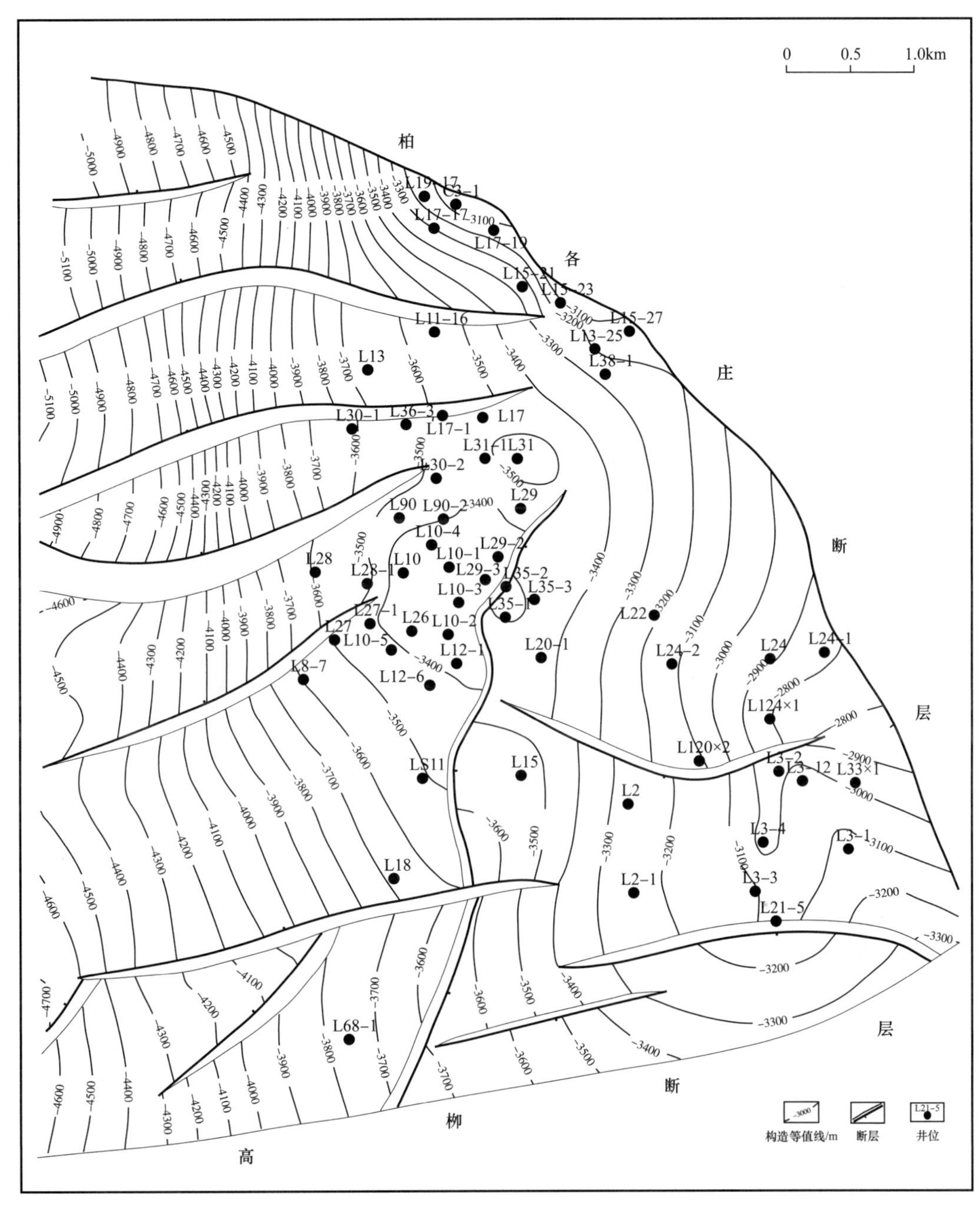

图 9-13 柳赞油田沙三段五亚段顶界构造图

二、储层

1. 油层组划分

依据沉积旋回、岩性组合、油水分布状况等，将柳赞油田明化镇组、馆陶组及沙河街组油层发育段划分为16个油层组，183个小层，其中含油小层146个，主力含油小层69个（表9-5）。

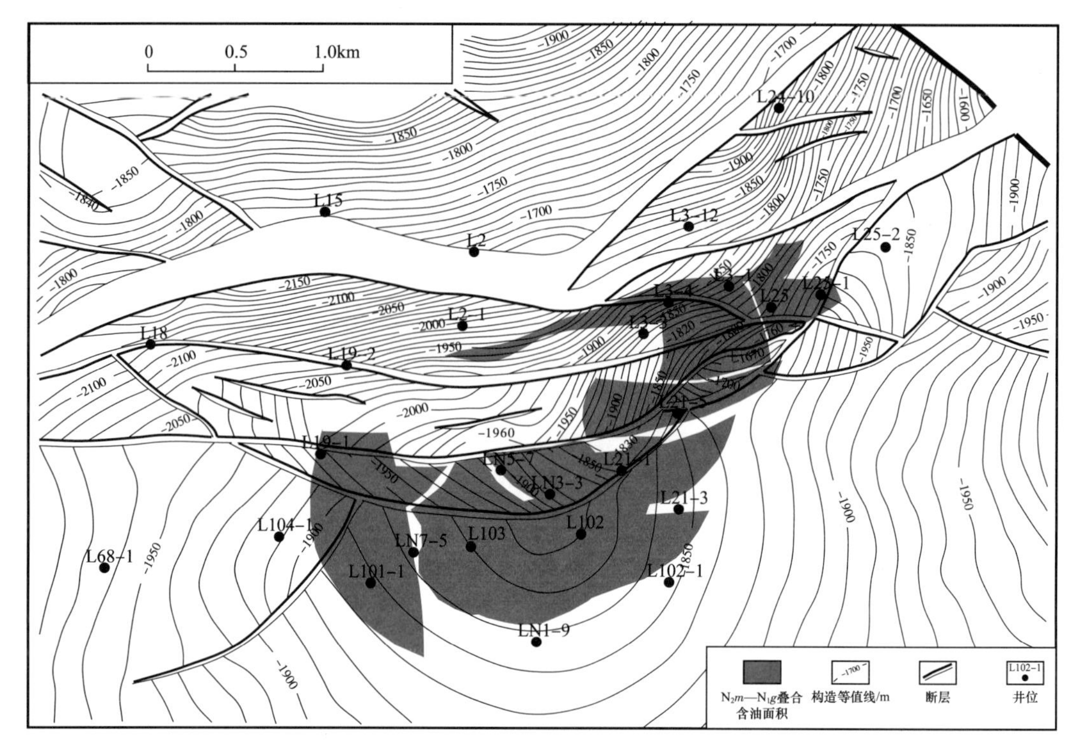

图 9-14　柳赞油田柳南 N_2m 底界构造图

表 9-5　柳赞油田油层组划分表

层位	油层组个数	小层个数	含油小层个数	主力含油小层个数
N_2m	3	35	19	11
N_1g	4	26	25	9
$E_2s_3^1$	1	12	10	5
$E_2s_3^2$	2	29	26	13
$E_2s_3^3$	4	50	37	19
$E_2s_3^5$	2	31	29	12
合计	16	183	146	69

2. 油层分布

柳中油层主要分布在沙三段二 + 三亚段和沙三段五亚段。其中，沙三段二 + 三亚段主力油层段分布相对集中，但各断块存在差异；沙三段五亚段油层主要分布在构造高部位，平均油层厚度 23.1m，最厚 51m（柳 10 井）。

柳北油层也主要分布在沙三段二 + 三亚段和沙三段五亚段。其中，沙三段二 + 三亚段油层厚约 230m，平均单井钻遇油层 8.7 层 45.2m；沙三段五亚段油藏规模小，油层主要发育于沙三段五亚段的上部构造高部位，最厚 46m（蚕 3×1 井）。

柳南油层分布受构造控制明显，构造高部位油层发育，单井钻遇油层 30～100m，平均 57m。其中，明化镇组油层分布在明下段Ⅱ油层组、Ⅲ油层组，馆陶组油层主要分布在Ⅱ油层组。

3. 储层岩性

明化镇组下段为中—细砂岩与泥岩不等厚互层，岩石类型为长石砂岩、岩屑长石砂岩及混合砂岩。馆陶组岩性为厚层块状砂砾岩，含砾砂岩、细砂岩与泥岩不等厚互层。沙三段储层岩性以砂砾岩、含砾砂岩、中—细砂岩和粉砂岩为主，岩石类型为长石岩屑砂岩、混杂砂岩。

4. 储层物性

明化镇组下段平均孔隙度30.7%，平均渗透率1754mD，储层物性好，属高孔高渗透储层。馆陶组平均孔隙度27.4%，平均渗透率1297mD。沙三段五亚段埋藏较深，成岩作用较强，其物性与沙三段二＋三亚段有明显区别。其中，沙三段二＋三亚段储层孔隙度16%～25%，平均为19.6%，渗透率10～500mD，平均为260mD，属中孔中渗透储层；沙三段五亚段储层平均孔隙度为12.4%、平均渗透率为45mD，属低孔低渗透储层。

5. 储集空间

馆陶组和明化镇组下段储层储集空间为粒间孔，以原生孔隙为主。沙三段储层主要发育粒间孔、粒内孔、次生孔隙等，粒间溶孔是其主要储集空间类型（表9-6）。

表9-6 柳赞油田储层微观特征统计表

区块	层位	主要储集空间			喉道直径/μm	孔喉类型	孔隙结构参数			
		类型	孔隙直径/μm	面孔率/%			排驱压力/MPa	中值压力/MPa	最大连通孔喉直径/μm	中值孔喉直径/μm
柳南	N_2m	粒间孔	218.6	23.5	12.5	大孔细喉	0.047	0.15	54.2	9.4
	N_1g	粒间孔	185.8	16.4	13.4	大孔细喉	0.018	0.20	36.0	2.5
柳中	$E_2s_3^1$	粒间溶孔	73.4	6.8	13.4	中孔细喉	0.065	0.82	15.6	3.2
	$E_2s_3^{2+3}$	粒间溶孔	72.0	4.8	11.2	中孔细喉	0.028	0.85	16.5	2.9
	$E_2s_3^5$	粒间溶孔	63.3	3.7	6.9	中孔细喉	0.097	1.06	11.3	2.1
柳北	$E_2s_3^{2+3}$	粒间溶孔	78.0	6.9	10.6	中孔细喉	0.023	0.38	29.2	3.1

三、油藏类型及流体性质

1. 油藏类型

明化镇组、馆陶组油藏为层状构造油藏，以边底水驱动为主，油气分布主要受构造控制，油藏埋深1450～2300m。沙三段存在两种油藏类型。其中，沙三段二＋三亚段油藏，柳中地区以构造油藏为主，柳北地区以岩性—构造油藏为主，弹性能量和弱边水共同驱动，油藏埋深2500～3300m；沙三段五亚段油藏为岩性—构造油藏，弹性能量驱动，油藏埋深3100～3800m（图9-15）。

2. 流体性质

地面原油密度为0.8260～0.8946g/cm^3，地面原油黏度为6.10～52.95mPa·s；地层

条件下原油密度为 0.7543～0.8014g/cm³，地层条件下原油黏度为 1.68～5.40mPa·s，以常规中轻质油为主。

天然气主要为溶解气，以甲烷为主，甲烷含量平均为 76.1%，相对密度平均为 0.7250。

地层水总矿化度 1870～2776mg/L，水型为 $NaHCO_3$ 型（表 9-7）。

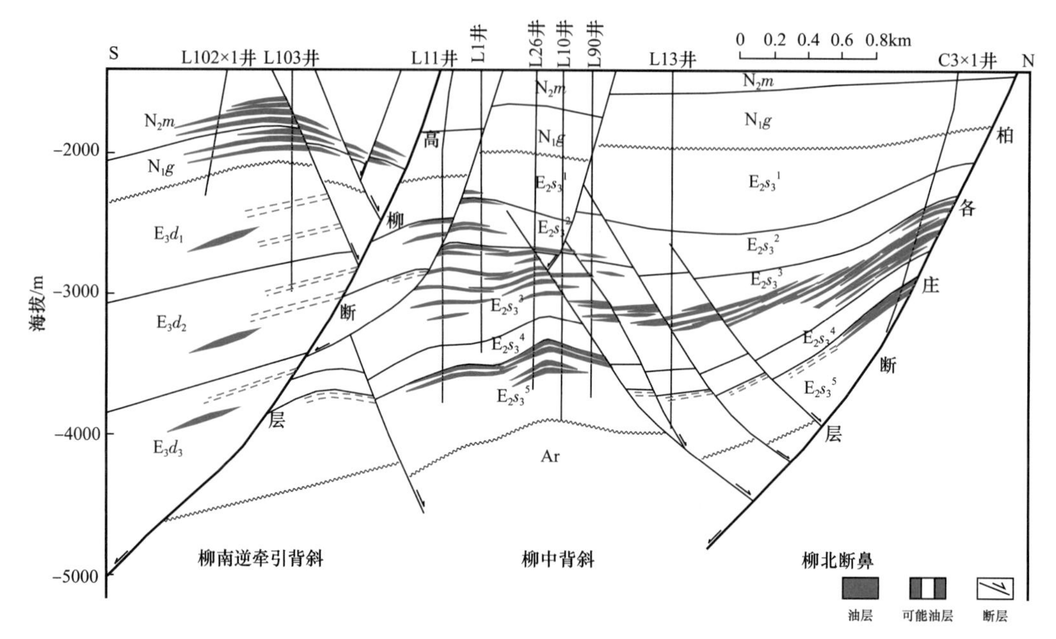

图 9-15 柳赞油田柳 102×1 井至蚕 3×1 井油藏剖面图

表 9-7 柳赞油田流体性质表

区块	层位	原油性质						地层水性质		天然气性质	
		地面				地下					
		密度 / g/cm³	黏度 / mPa·s	含蜡量 / %	胶质 + 沥青质 / %	密度 / g/cm³	黏度 / mPa·s	水型	矿化度 / mg/L	相对密度	甲烷含量 / %
柳南	N_2m、N_1g	0.8946	53.0	10.0	17.0	0.8014	5.40	$NaHCO_3$	2030.0	0.6850	86.05
柳中	$E_2s_3^{2+3}$	0.8439	27.7	15.5	8.6	0.7543	3.53	$NaHCO_3$	2129.0	0.7251	81.00
	$E_2s_3^5$	0.8260	6.1	24.7	10.0	0.7600	1.68	$NaHCO_3$	2776.0	0.6868	64.36
柳北	$E_2s_3^{2+3}$	0.8530	11.9	18.6	15.6	0.7760	1.73	$NaHCO_3$	1870.0	0.8029	72.97
平均		0.8544	24.7			0.7729	3.09	$NaHCO_3$	2176.5	0.7250	76.10

3. 温度与压力

根据试油、试采及实测压力资料，柳赞油田明化镇组—沙三段油藏压力系数为 0.91～1.04；地温梯度为 2.87～3.70℃ /100m，为常温、常压系统。

四、开发简况

柳赞油田于 1990 年正式投入开发，截至 2018 年底，动用地质储量 3720.76×10^4t，占冀东油田总动用地质储量的 12.4%，年产油 11.29×10^4t，占冀东油田年度总产量 130×10^4t 的 8.7%。柳赞油田的开发是一个依靠科技进步，不断追求精细开发的过程。通过注采完善，1993—2002 年实现连续 10 年稳产 20×10^4t/a 以上；通过缩小开发层段，细分开发层系，实现快速上产，2006 年最高年产油 53×10^4t；进入递减阶段以后，通过二次开发、深部调驱等措施有效地减缓了老区的递减速度。

柳赞油田分两套开发层系，柳南地区明化镇组、馆陶组为一套开发层系、逐层上返开发，依靠天然能量、局部注水开发的开采方式；柳中地区、柳北地区沙河街组采用一套开发层系，分段开发，采用人工注水开采方式。

1. 开发历程

按产量变化特点，柳赞油田开发历程分为 4 个阶段：试采与滚动开发阶段，稳产阶段，快速上产阶段和递减阶段（图 9-16）。

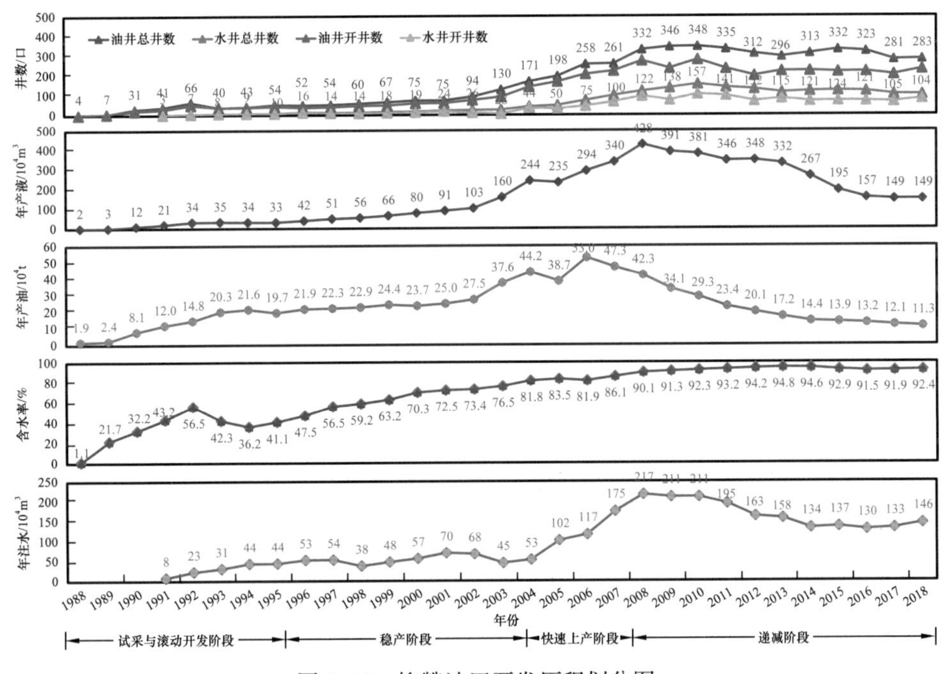

图 9-16　柳赞油田开发历程划分图

1）试采与滚动开发阶段（1988—1992 年）

柳赞油田从发现到 1989 年，一直处于单井试采阶段，试采井为柳中地区柳 10 断块的柳 1 井、柳 10 井等，试采层位沙三段五亚段，初期自喷生产且产量较高。从 1990 年起，对柳 10 区块沙三段五油藏以正方形井网、350m 开发井距初步建立了开发井网。1991—1992 年，以 250～300m 井距三角形井网相继开发了柳 16 区块、柳 25 区块和柳 13 区块，以 300～350m 开发井距、不规则井网开发柳南地区柳 102 区块，油田产量逐年增长。

截至 1992 年底，柳赞油田探明石油地质储量 2408×10^4t，动用石油地质储量 971×10^4t，采油井总数 66 口，开井数 52 口，年产原油 15×10^4t，已累计生产原油 44×10^4t，油田综合含水率 56.5%。

2）稳产阶段（1993—2002 年）

为补充地层能量，柳中地区柳 1 断块沙三段二 + 三亚段油藏、柳 10 断块沙三段五亚段油藏、柳16断块沙一段油藏，柳北地区沙三段二+三亚段油藏陆续注水开发，效果较好。同时，柳南地区、柳中地区和柳北地区进行开发井网的调整与完善，以三角形和正方形井网，250～350m井距，共钻探了89口开发井，建成年生产能力23×10^4t，有力地支撑了柳赞油田的稳产。

2002年底，柳赞油田共动用石油地质储量1725×10^4t，采油井总井数94口，开井77口，原油日产水平800t，年产原油27.0×10^4t，累计生产原油273×10^4t，油田综合含水率73.4%。注水井总数26口，开井12口，日注水量1500m^3，年注水量$67.7\times10^4m^3$，累计注水$538\times10^4m^3$。

3）快速上产阶段（2003—2006年）

以二次三维地震资料为基础，以层序地层学理论为指导，开展多专业协同地质研究，深化油藏地质认识。在此基础上，进行以层系细分和滚动扩边为主的大规模开发调整，带动油田储量和产量快速上升，这一阶段新增动用地质储量1683×10^4t。柳南地区进行细分层系和滚动扩边，以150～200m井距、不规则井网实施定向井、水平井49口，建成原油生产能力20×10^4t；柳中地区实施滚动扩边和局部完善，以180～200m井距、不规则面积井网实施定向井77口，建成原油年生产能力16.5×10^4t；柳北细分三套开发井网，以250m井距、三角形井网实施开发井65口，建成原油年生产能力12×10^4t。同时，加强注水开发工作，取得较好效果，促进了油田上产。水驱控制程度达到54%，动用程度49%。

截至2006年底，柳赞油田动用地质储量3408×10^4t，采油井总井数258口，开井208口，年产油53×10^4t，综合含水率81.9%，累计产油448.1×10^4t，地质储量采出程度14.03%，注水井75口，开井46口，日注水量3737m^3，年注水量$117.3\times10^4m^3$，累计注水$856.6\times10^4m^3$。

4）递减阶段（2007—2018年）

自2007年，柳赞油田开始进入递减阶段。主要原因是：柳南地区边底水推进，含水率快速上升；柳中地区、柳北地区层间矛盾加剧，地层能量补充不均衡，注水无效循环加剧。2008年开始，对柳北地区实施二次开发，通过重组开发层系、重建井网，深部调驱、CO_2驱等措施改善开发效果；对柳中地区实施深部调驱改善层间及层内矛盾，但实施结果不理想。柳赞油田通过加强注采调控等综合治理措施，自然递减得到一定控制，但仍然较大，自然递减率由2007的28.9%下降到2018年的20.31%。

2. 开发现状

截至2018年底，柳赞油田采油井总井数283口，开井232口，平均日产液4263t，平均日产油301t，综合含水率93.0%，油田累计产油726.85×10^4t，地质储量采出程度19.53%，地质储量采油速度0.30%，油田采收率18.4%；注水井总井数104口，开井82口，平均日注水量3958m^3，累计注水$2867.80\times10^4m^3$，累计注采比0.48。

第三节 老爷庙油田

老爷庙油田位于河北省唐山市曹妃甸区，构造位置位于南堡凹陷西北部，是一个受西南庄断层控制的正向二级构造。1985年钻探庙3井首获工业油流，发现了老爷庙油田。

截至 2017 年底，探明含油面积 12.71km^2，石油地质储量 3563.73×10^4t，主要含油层系有明化镇组、馆陶组和东营组（图 9–17）。完钻各类井 280 口，其中取心井 81 口，进尺 2054.61m，岩心长度 1810.45m，收获率 87.01%，含油岩心 459.29m。

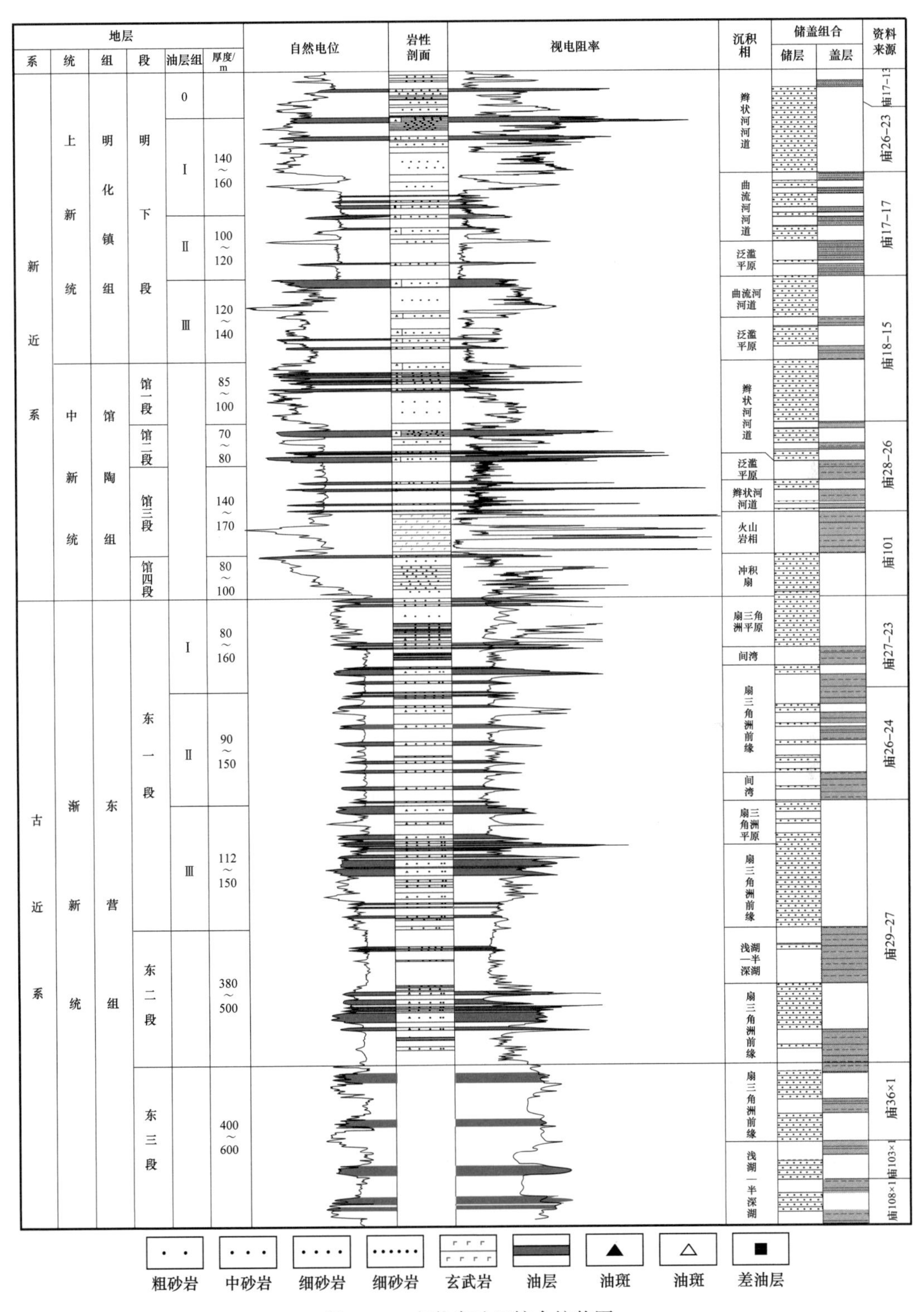

图 9–17 老爷庙油田综合柱状图

老爷庙油田于1975年开始钻探，第一口探井南4井初步确定老爷庙构造是一个含油构造。之后进行二维地震资料采集250km，认为庙北构造为发育在西南庄断层断面上的一个向东南倾没的鼻状构造，庙南构造为受一组北东向斜列断层复杂化的鼻状构造。1985年钻探的庙3井首获工业油流，突破老爷庙构造出油关。1986—1990年，补充采集二维地震324.8km，完成三维地震资料采集152.45km^2。这期间在老爷庙地区完钻探井28口，其中13口获工业油流，发现五套含油层系（明化镇组下段、馆陶组、东一段、东二段、东三段上亚段），探明含油面积5.3km^2，探明石油地质储量555×10^{4}t。1996年底至1997年初，在老爷庙构造主体重新采集三维地震64.14km^2，通过精细构造解释，进一步明确老爷庙构造主体是发育在西南庄断层下降盘的滚动背斜。这期间在老爷庙构造完钻探井9口，其中庙28×1井、庙28×2井、庙24×2井、庙11×8井分别在馆陶组、东一段、东二段、东三段获工业油气流，探明含油面积2.7km^2，探明石油地质储量1237×10^{4}t；而庙38×1井、庙6×1井的钻探成功，使庙南地区的勘探取得了突破性进展。2005—2008年，积极部署评价井，探明含油面积4.23km^2，探明石油地质储量1381.97×10^{4}t。2015年在老爷庙构造重新采集三维地震131.1km^2，从层系、构造、储层、油藏等4个方面深化勘探潜力认识，预探评价一体化整体部署6口井，重点勘探中深层领域。

一、构造及圈闭

老爷庙构造整体表现为西南庄边界断层下降盘发育的滚动背斜构造（图9–18），构造面积150km^2，分庙北和庙南两部分。庙北地区是一个被断层复杂化的背斜构造，庙南地区是被数条断层复杂化的断鼻构造。

庙北背斜从沙河街组到明化镇组继承性发育，背斜高点由深到浅沿断层向北迁移，背斜构造幅度由深到浅逐渐变小。庙北背斜可进一步细分为南断鼻、北断鼻和中部背斜主体，背斜翼部构造相对简单，中部的背斜主体由于断层分割，较为破碎。

庙南断鼻是被数条雁行式排列、北东东走向北掉断层复杂化的断鼻构造，北东东向展布，地层向东、西、南三面倾伏。新近系由6个断鼻组成，圈闭面积5.2km^2，闭合高度100m；古近系东营组由5个断鼻组成，圈闭面积10km^2，闭合高度240m。

二、储层

1. 油层组划分

老爷庙油田主力含油层位为明化镇组下段、馆陶组和东一段，共划分了10个油层组，98个小层，其中61个含油小层，15个主力含油小层（表9–8）。

表9–8 老爷庙油田油层组划分表

层位	油层组个数	小层个数	含油小层个数	主力含油小层个数
N_2m	3	29	17	4
N_1g	4	23	21	6
E_3d_1	3	46	23	5
合计	10	98	61	15

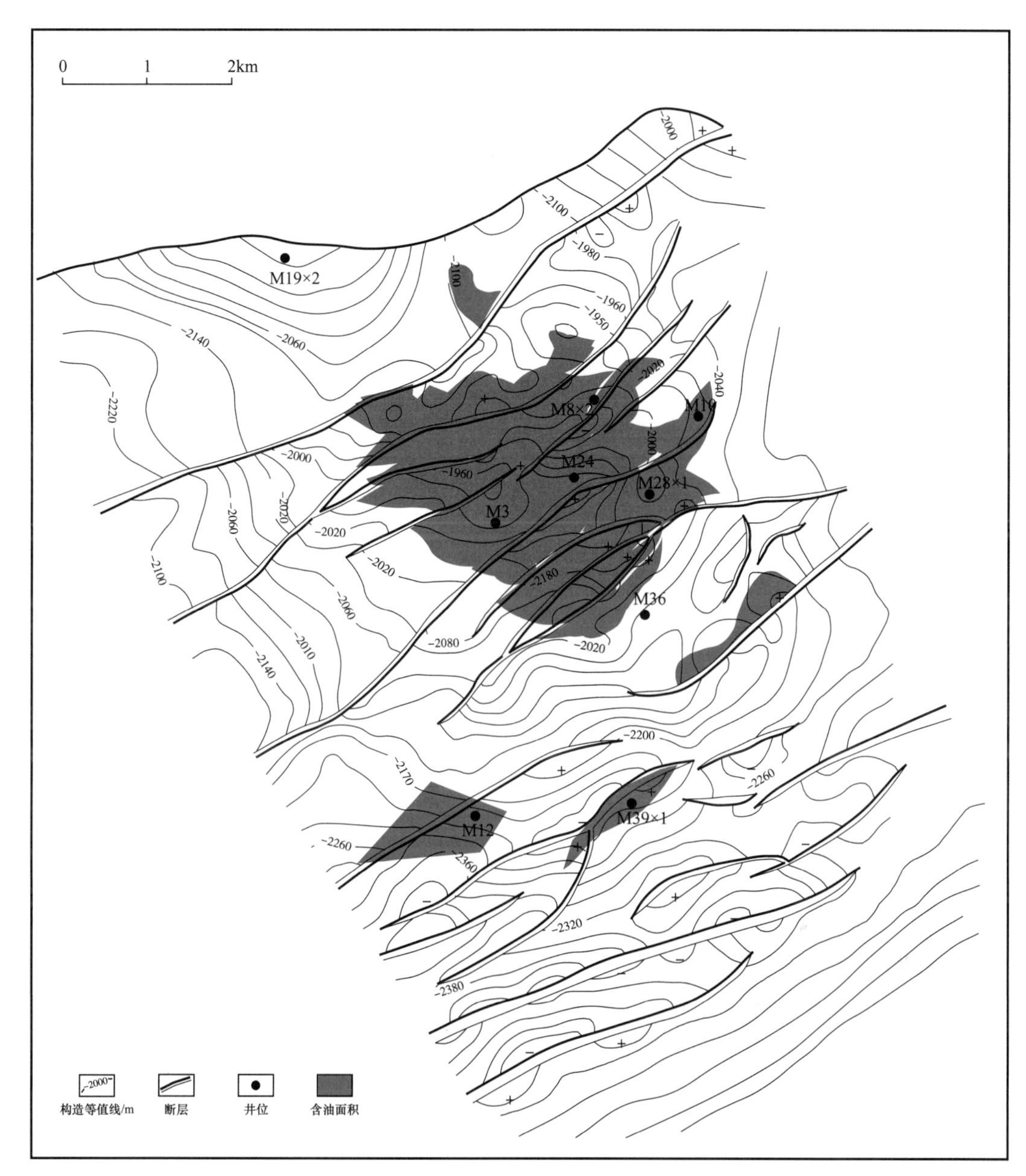

图 9–18　老爷庙油田馆二段底界构造图

2. 油层分布

庙北背斜构造主体有多个断块、断鼻含油（图 9–17），纵向上油气主要分布于明化镇组下段、馆陶组和东一段，东二段、东三段上亚段有少量分布。含油井段长（50～800m），油层层数多，油水层间互，没有统一的油水界面。单个油层厚度薄（1～5m），分布范围小，沿断棱高部位呈条带状分布（图 8–7）。

庙南地区油层分布于庙 39×1 断块（N_1gⅡ、N_1gⅢ）、庙 160×6 断块（N_1gⅢ、N_1gⅣ）和庙 6×1 断块（E_3d_1）。

3. 储层岩性

明化镇组、馆陶组为河流相沉积，岩性以长石细砂岩为主，长石含量 26%～51%，岩屑含量10%～39%。

东营组为扇三角洲沉积，东一段岩性为含砾不等粒砂岩及中—细砂岩。岩石类型主要是长石砂岩和岩屑长石砂岩，石英含量平均为39.7%，长石含量平均为34.5%。东二段以细砂岩为主，碎屑成分以石英、长石为主，石英含量平均为43.3%，长石含量平均为34.7%，岩屑占12%～34%。东三段为砾岩、不等粒砂岩和中—细砂岩，石英含量平均为41.9%，长石含量平均为37.2%。

4. 储层物性

明化镇组下段储层孔隙度21.6%～40.9%，平均为32.4%；渗透率5.1～4995mD，平均为858.1mD，为高孔高渗透储层。馆陶组储层孔隙度8.5%～36.8%，平均为26.2%；渗透率3.2～2701mD，平均为390.9mD，为中—高孔、中渗透储层。

东营组总体为中孔中渗透储层。东一段平均孔隙度24.1%，平均渗透率332.8mD。东二段平均孔隙度20.4%，平均渗透率102.5mD。东三段上亚段平均孔隙度为15.6%，平均渗透率13.3mD。

5. 储集空间

明化镇组下段、馆陶组及东营组储层以粒间孔为主（表9–9），东一段见少量粒间溶孔，东三段粒间孔连通性稍差。明化镇组下段、馆陶组孔喉类型为大孔细喉，东营组为中孔细喉。

三、油藏类型及流体性质

1. 油藏类型

浅层明化镇组和馆陶组油藏类型为层状构造油藏，边底水驱动，天然能量较充足，没有统一油水界面，大部分油藏为受断层遮挡的断鼻油藏。中深层油藏受构造和岩性双重控制，为构造—岩性油藏，没有统一油水界面，天然能量不足。

表9–9　老爷庙油田储层微观特征统计表

层位		主要储集空间			喉道直径/μm	孔喉类型	孔隙结构参数			
		类型	孔隙直径/μm	面孔率/%			排驱压力/MPa	中值压力/MPa	最大连通孔喉直径/μm	中值孔喉直径/μm
浅层	N_2m	粒间孔	179	17.2	16.3	大孔细喉	0.02	0.42	109.60	13.4
	N_1g	粒间孔	120	14.5	8.3	大孔细喉	0.08	0.80	34.36	7.2
中深层	E_3d_1	粒间孔	90	10.2	16.0	中孔细喉	0.10	0.64	44.60	8.0
	E_3d_2	粒间孔	60	9.2	8.0	中孔细喉	0.12	0.60	22.40	4.4
	E_3d_3	粒间孔	56	9.5	16.0	中孔细喉	0.15	1.20	44.20	6.2

2. 流体性质

老爷庙油田地面原油密度0.8454～0.8972g/cm^3、黏度（20℃）4.56～15.29mPa·s、含蜡量7.17%～15.23%、胶质＋沥青质12.28%～22.45%，属于常规中质原油（表9–10）。

老爷庙油田天然气均为溶解气，其中，馆陶组天然气相对密度平均为0.6092，甲烷含量平均为 91.95%；东营组天然气相对密度平均为 0.6757，甲烷含量平均为 83.66%；明化镇组未发现天然气产出。

老爷庙油田地层水为 $NaHCO_3$ 型，明化镇组地层水总矿化度为 1819mg/L，馆陶组地层水总矿化度为 2480mg/L，东营组地层水总矿化度为 6140mg/L。

表 9-10　老爷庙油田流体性质表

层位		原油性质						地层水性质		天然气性质	
		地面				地下					
		密度 / g/cm^3	黏度 / mPa·s	含蜡量 / %	胶质 + 沥青质 / %	密度 / g/cm^3	黏度 / mPa·s	水型	矿化度 / mg/L	相对密度	甲烷含量 / %
老爷庙油田浅层	N_2m	0.8972	15.29	7.17	22.45	0.8512	1.86	$NaHCO_3$	1819		
	N_1g	0.8702	7.74	9.67	15.46	0.7515	1.94	$NaHCO_3$	2480	0.6092	91.95
	平均	0.8815	11.52	8.34	18.45	0.8005	1.90	$NaHCO_3$	2150	0.6092	91.95
老爷庙油田中深层	E_3d_1	0.8454	4.96	11.47	12.28	0.8252	3.31	$NaHCO_3$	5073	0.6308	90.29
	E_3d_2	0.8463	4.56	13.67	13.06	0.8261	1.22	$NaHCO_3$	6535	0.6467	84.39
	E_3d_3	0.8454	6.72	15.23	14.75	0.8252	1.43	$NaHCO_3$	6812	0.7495	76.31
	平均	0.8457	5.41	13.74	13.25	0.8255	1.99	$NaHCO_3$	6140	0.6757	83.66

3. 温度与压力

老爷庙油田明化镇组、馆陶组地层压力系数为 0.98，地温梯度为 3.0℃ /100m；东营组地层压力系数为 0.97，地温梯度为 3.2℃ /100m，属于常温常压系统。

四、开发简况

老爷庙油田于 1987 年正式投入开发，截至 2018 年底，动用地质储量 2731.28×10^4t，占冀东油田的 9.1%，年产油 2.3219×10^4t，占冀东油田年度总产量 130×10^4t 的 1.8%。根据平面位置和开发层系，老爷庙油田分庙浅和庙中深两个开发单元，分两套井网，明化镇组和馆陶组为一套开发层系，依靠天然能量开发；东一段、东二段、东三段为一套开发层系，天然能量弱，早期采用注水开采，目前停注，处于低速开采局面。

1. 开发历程

根据产量变化将老爷庙油田分为 4 个开发阶段：试采阶段、滚动开发阶段、快速上产阶段、递减阶段（图 9-19）。

1）试采阶段（1987—1995 年）

1987—1988 年，在庙 101 断块浅层部署开发井 5 口，进行了全面试采。同时，对庙北浅层庙 11、庙 25×1、庙 8-2 等含油区（断）块一并进行了试采。

中深层油藏对庙 2×1 井、庙 7×1 井、庙 8×1 井、庙 16×1 井、庙 24×1 井、庙 25×1 井进行了试采。受地震资料品质的限制，中深层构造形态不落实，未能实现含油连片和滚动开发。

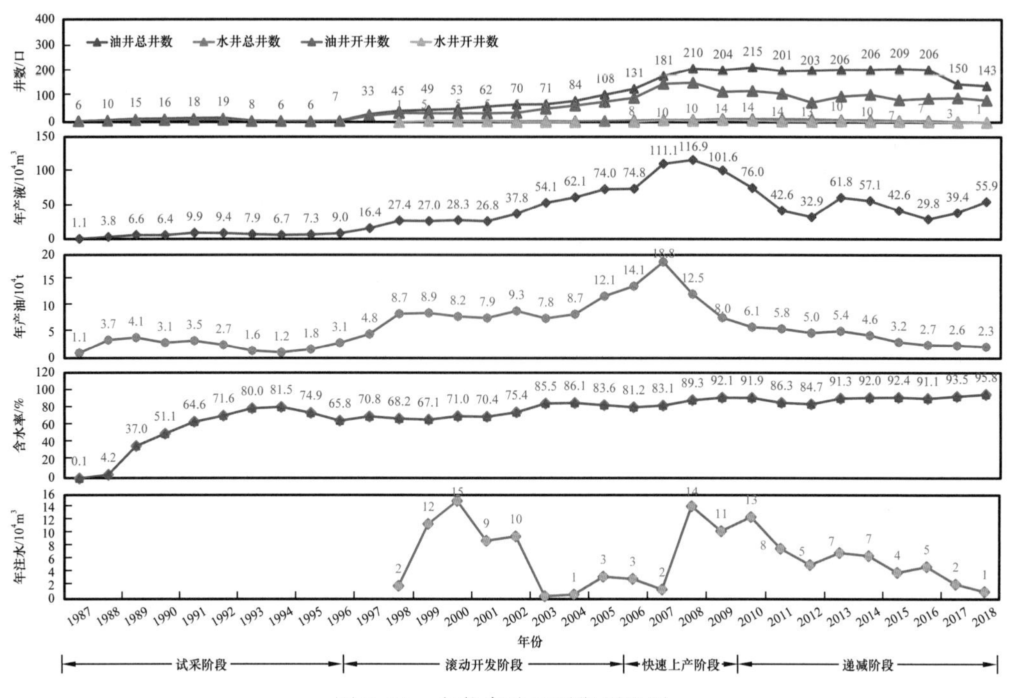

图 9-19　老爷庙油田开发历程图

该阶段末浅层油藏动用石油地质储量 68×10^4t。油井总数 6 口，年产油 1.78×10^4t，累计产油 23×10^4t。

2）滚动开发阶段（1996—2004 年）

1996 年，庙北构造主体发现了庙 28×1 含油气区块，其中明化镇组和馆陶组油藏探明含油面积 $2.7km^2$，石油地质储量 418×10^4t，东一段油藏探明含油面积 $3.0km^2$，石油地质储量 564×10^4t。1997 年，以 200～250m 井距、三角形面积井网实施滚动开发，动用地质储量 799×10^4t。1998—2004 年，相继发现了庙 36×1 断块、庙 25×1 断块和庙 101 北断块，并进行了滚动开发。该阶段末动用地质储量 984×10^4t，投产油井 84 口，开井 66 口，年产油 8.76×10^4t，累计产油 90.3×10^4t。

3）快速上产阶段（2005—2007 年）

2005 年开始，庙北浅层大规模推广应用水平井，共实施水平井 69 口，投产初期平均单井日产油 12.5t，最高单井日产油达到 100t 以上。水平井总数占浅层油井总井数的 42.8%，浅层油藏快速上产，2007 年浅层年产油 16.6×10^4t，占老爷庙油田产油量的 88.4%。

4）递减阶段（2008—2018 年）

大规模的水平井快速上产也带来含水率快速上升和石油产量快速下降的问题，2008 年油田自然递减率达到 52.2%，以后逐年下降，但仍维持在 30% 以上。2009 年，在庙北浅层 5 个断块开展转换开发方式试验，共转注水井 12 口，对应油井 26 口，未见到明显效果，2010 年终止试验。中深层油藏天然能量不足，投产后产量下降较快，虽经 1998 年和 2000 年两次开发调整，先后共部署油井 18 口、水井 5 口，但均未取得预期效果，区块日产量一直徘徊在 40～60t 之间。

2. 开发现状

截至2018年底，老爷庙油田油井总井数143口，开井87口；注水井总井数1口，开井0口；平均日产液1548t，平均日产油59t，综合含水率96.2%。油田累计产油193.84×10^4t，地质储量采出程度7.10%，地质储量采油速度0.09%，油藏采收率20.6%，累计注水134.77×10^4m^3。

第四节 唐海油田

唐海油田包括唐南油田和柏各庄油田。唐南油田位于河北省曹妃甸区，柏各庄油田位于河北省滦南县柏各庄农场，地面分布有稻田、虾池和芦苇塘，平均海拔2～3m。唐海油田主要含油层系为新近系明化镇组和馆陶组，中生界侏罗系，古生界寒武系（图9-20）。截至2018年底，唐海油田共探明石油地质储量496.46×10^4t，其中新近系探明石油地质储量360.33×10^4t。完钻各类井142口，其中取心井84口，进尺1264.05m，岩心长度962.69m，收获率76.1%，其中含油岩心188.69m。唐海油田划分为南36、南38、唐105×1、唐2×1、唐180×2、唐120×1共6个开发区块。其中，南36区块、南38区块和唐105×1区块主要开采层系为明化镇组、馆陶组；唐2×1区块、唐180×2区块、唐120×1区块开采层系为侏罗系和寒武系。

唐海油田勘探工作始于1962年，先后完成了不同比例尺的重力、航磁及地面磁力测量的普查工作，并完成二维地震采集，基本落实区域构造形态。1984年，为探索西南庄断层下降盘断鼻构造钻探了南21井，在明化镇组、寒武系分别获工业油流，此后钻探的南22井在明化镇组获得了工业油流，从而发现了南38断块油藏。1987年，在西南庄断层下降盘部署的南36井在明化镇组见到了工业油流，发现了南36断块油藏。1992年，为探索柏各庄凸起潜山圈闭含油气性，部署钻探的唐2×1井、唐2×2井先后在寒武系、侏罗系获工业油流，发现了唐2×1油藏。2004—2005年，重新采集和处理了唐海油田三维地震资料，在重新构造落实基础上发现了一批有利目标，其中部署于西南庄断层下降盘的唐105×1井钻遇油层13层90m，发现了唐105×1断块油藏。2010年，在南堡凹陷潜山勘探新认识推动下，为进一步探索周边凸起潜山含油气性，部署唐180×2井、唐20×2井，先后在寒武系获得高产油气流，发现了唐180×2、唐120×1寒武系潜山油藏。

一、构造及圈闭

唐海油田位于南堡凹陷中北部（图9-1），包括西南庄断层两侧一系列断鼻、断块及西南庄—柏各庄断层上升盘中—古生界断块潜山。南36区块、南38区块和唐105×1区块位于西南庄断层下降盘，为断鼻、断块构造（图9-21）。区内共有断层17条，断距5～650m，区内延伸长度0.2～7km，断层控制圈闭面积0.3～1.6km^2；唐2×1区块、唐180×2区块、唐120×1区块位于西南庄断层—柏各庄断层上升盘，主要为中生界、寒武系潜山（图9-22）。区内共有断层25条，断距20～800m，区内延伸长度0.5～7km，断层控制圈闭面积0.2～2km^2。

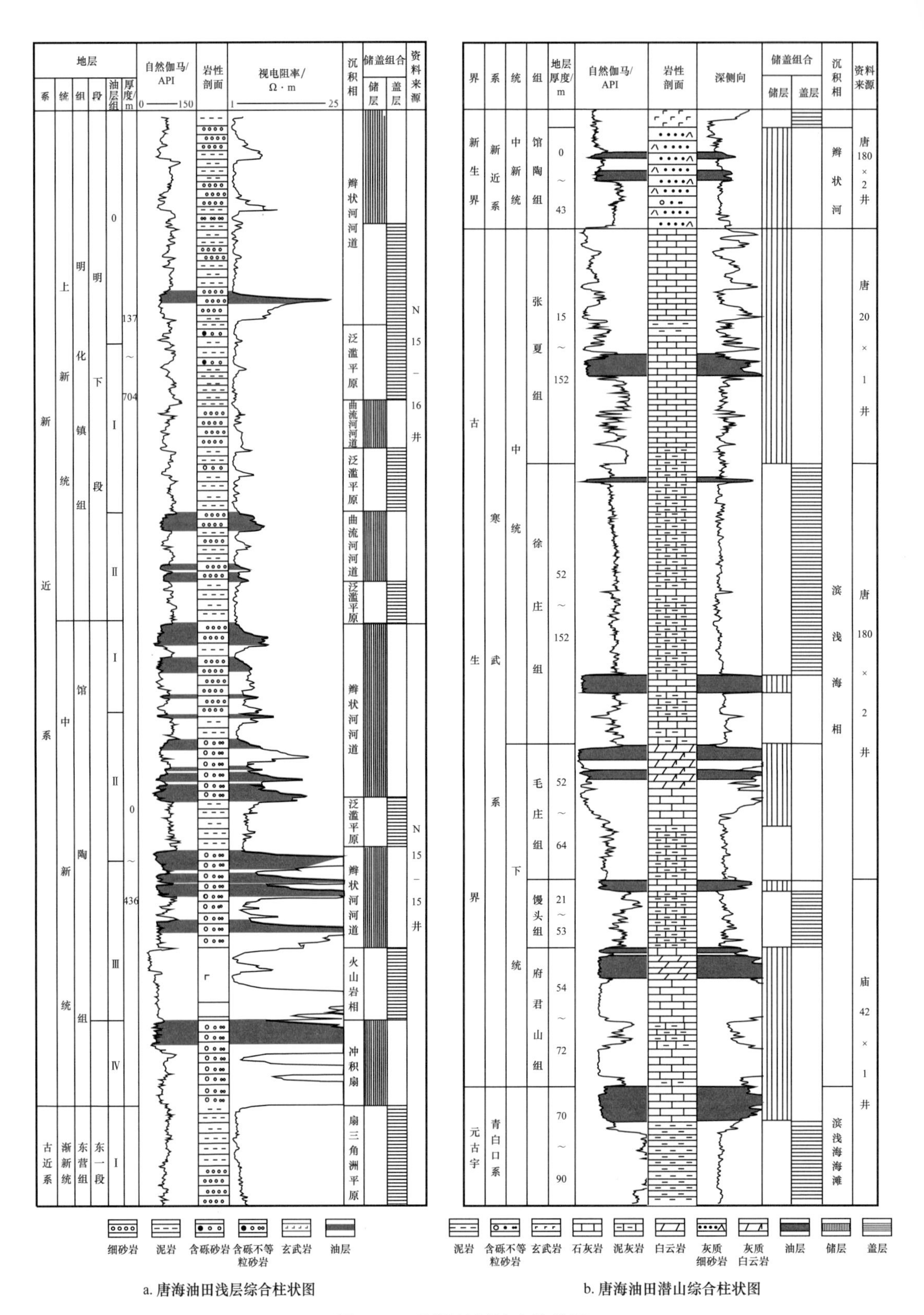

a. 唐海油田浅层综合柱状图

b. 唐海油田潜山综合柱状图

图 9-20 唐海油田综合柱状图

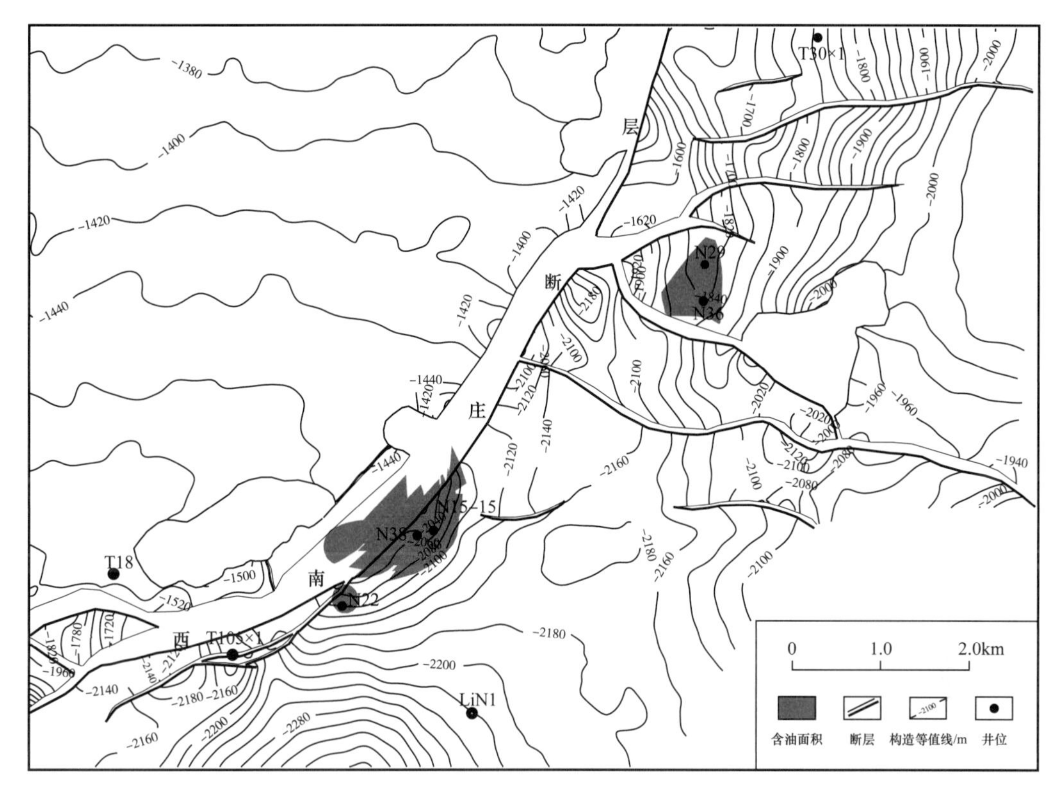

图 9-21　唐南油田 N_1gⅣ顶界构造图

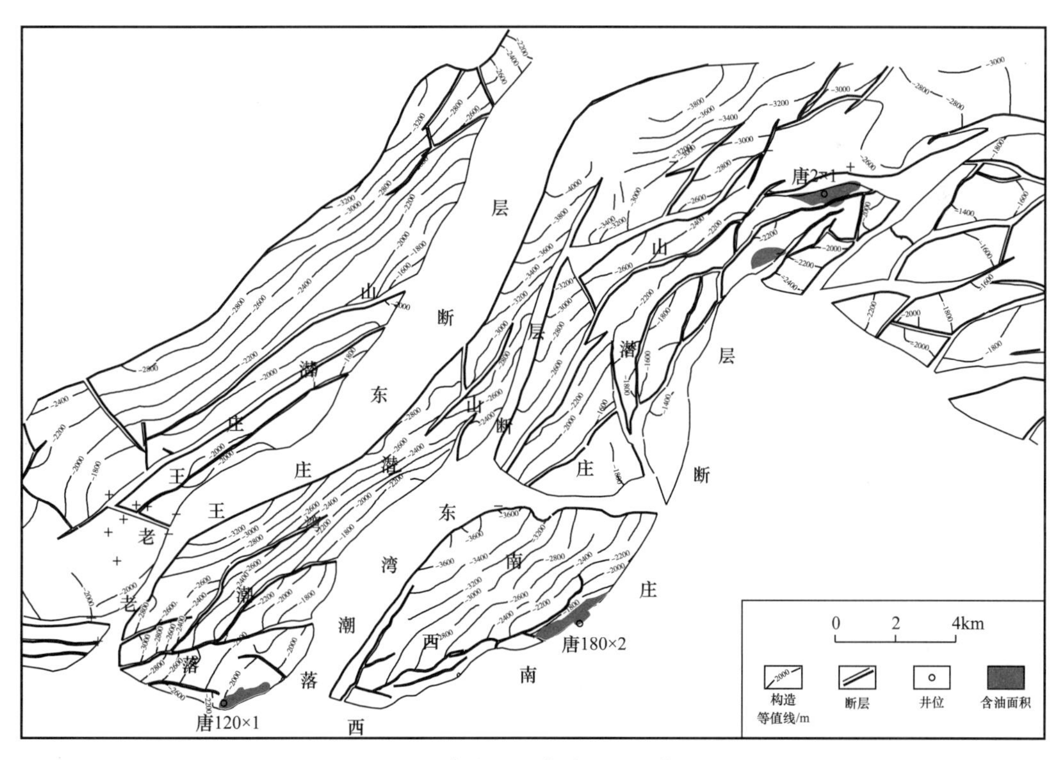

图 9-22　唐海油田寒武系顶界构造图

二、储层

1. 油层组划分

唐海油田主力含油层系为新近系明化镇组、馆陶组和侏罗系、寒武系，共划分为 13 个油层组，52 个小层，其中 25 个含油小层，10 个主力含油小层（表 9–11）。

表 9–11 唐海油田油层组划分表

层位	油层组个数	小层个数	含油小层个数	主力含油小层个数
N_2m	3	26	9	3
N_1g	4	24	14	5
J	5	1	1	1
€	1	1	1	1
合计	13	52	25	10

2. 油层分布

浅层明化镇组、馆陶组油藏主要分布在西南庄断层下降盘南 36 区块、南 38 区块和唐 105×1 区块（图 9–20）。油层分布受构造控制作用明显，纵向上含油井段长，油层层数多（表 9–11），油水层间互，没有统一的油水界面。整体而言，单个油层厚度薄，分布范围小，沿断棱高部位呈窄条带状分布。

潜山油藏分布在唐 2×1 区块、唐 180×2 区块、唐 120×1 区块（图 9–22），其中侏罗系油藏分布在唐 2×1 区块，寒武系油藏分布在唐 180×2 区块、唐 120×1 区块。

3. 储层岩性

新近系储层主要为细砂岩和含砾不等粒砂岩，其中明化镇组下段Ⅱ油层组、Ⅲ油层组及馆陶组Ⅰ油层组以细砂岩为主，馆陶组Ⅱ—Ⅳ油层组储层以含砾不等粒砂岩为主。

侏罗系下段下部储层主要为灰白色、灰色厚层块状砂砾岩和含砾不等粒砂岩，底部在局部地区发育有角砾岩；上部储层以浅灰色、绿灰色细砂岩、含砾砂岩为主。

寒武系潜山储层为海相碳酸盐岩。

4. 储层物性

新近系储层分两类，上部 $N_2m^{下}$—N_1g Ⅰ储层孔隙度 17.2%～28.9%，平均为 23.5%，渗透率 56～229mD，平均为 150mD，为中孔中渗透储层；下部 N_1gⅡ段到 N_1gⅣ段储层孔隙度 12.0%～30.3%，平均为 26.3%，渗透率 539～1977mD，平均为 654mD，属于中孔高渗透储层。

侏罗系储层孔隙度 2.62%～26.1%，平均为 11.69%，渗透率 0.02～146mD，平均为 11.34mD。

古生界寒武系储层为海相碳酸盐岩，裂缝发育，基质渗透率低。

5. 储集空间

新近系明化镇组、馆陶组储集空间主要为粒间孔，孔喉类型为大孔细喉（表 9–12）；

侏罗系储集空间主要为粒间溶蚀孔，孔喉类型为细喉型；寒武系碳酸盐岩储层以裂缝型为主。

表 9-12 唐海油田储层微观特征统计表

层位	主要储集空间			喉道直径 / μm	孔喉类型	孔隙结构参数			
	类型	孔隙直径 / μm	面孔率 / %			排驱压力 / MPa	中值压力 / MPa	最大连通孔喉直径 / μm	中值孔喉直径 / μm
N_2m	粒间孔	120	14.0	7.70	大孔细喉	0.03	6.20	14.60	5.40
N_1g	粒间孔	80	3.0	6.60	大孔细喉	0.06	6.40	21.40	4.00
J	粒间溶蚀孔	30	4.5	0.25	细喉型	1.34	10.22	1.58	0.25

三、油藏类型及流体性质

1. 油藏类型

唐海油田浅层油藏主要为层状构造油藏，受构造控制明显，高部位油层厚度大，低部位油层变薄，无统一油水界面。$N_2m^{下}$和 N_1g Ⅰ段油藏边底水弱，天然能量不充足；N_1g Ⅱ—N_1gⅣ油藏边底水能量充足。总体来看，浅层油藏为边底水驱层状构造油藏（图 9-23）。潜山油藏主要为侏罗系断块油藏及寒武系潜山内幕油气藏（图 9-24）。

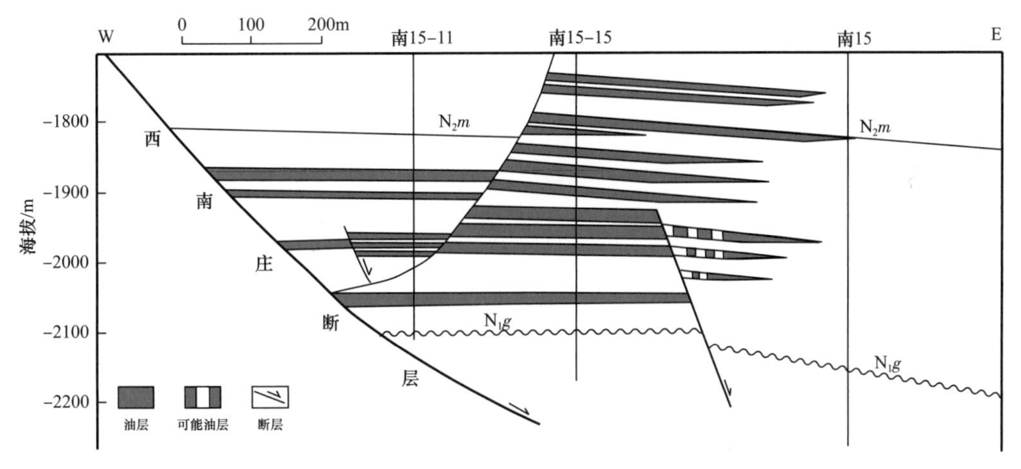

图 9-23 唐海油田南 38 区块油藏剖面图

2. 流体性质

唐海油田各区块原油均为中质油，地面原油密度 0.8609～0.9262g/cm^3，平均为 0.8987g/cm^3，地面黏度 8.57～100.88mPa·s，平均为 42.11mPa·s，含蜡量 2.39%～16.39%，平均为 8.05%，胶质 + 沥青质 15.06%～31.82%，平均为 22.33%（表 9-13）。地层水矿化度 2136～5043mg/L，平均为 3346mg/L，水型均为 $NaHCO_3$ 型，天然气相对密度 0.5747～0.6887，平均为 0.5957。

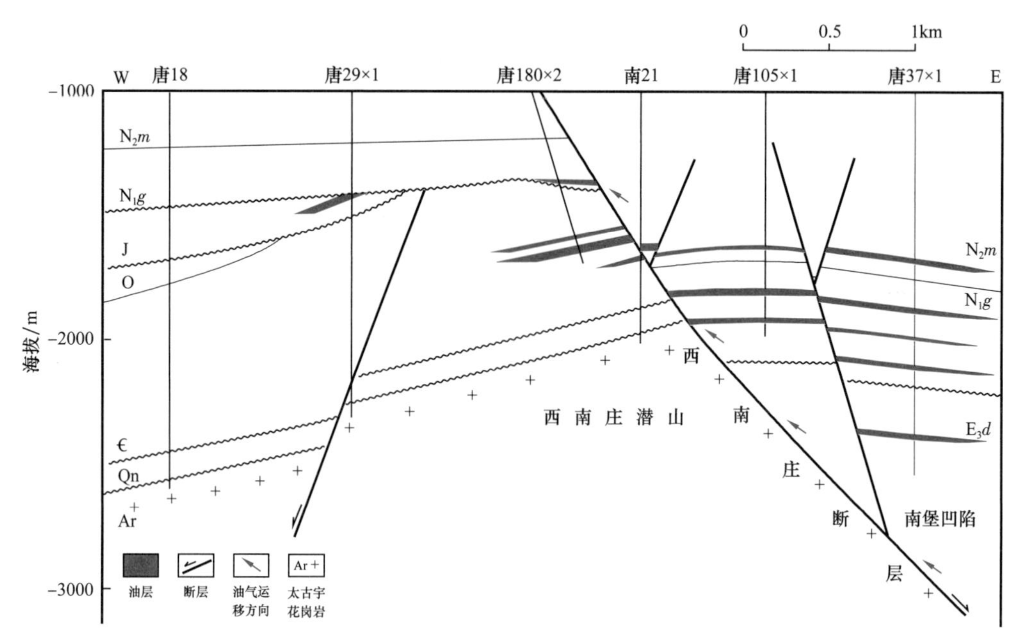

图 9–24 唐海油田垂直西南庄断层油藏剖面图

表 9–13 唐海油田流体性质表

区块	层位	原油性质						地层水性质		天然气性质	
		地面				地下					
		密度/g/cm^3	黏度/mPa·s	含蜡量/%	胶质+沥青质/%	密度/g/cm^3	黏度/mPa·s	水型	矿化度/mg/L	相对密度	甲烷含量/%
南38低阻油藏	N_2m N_1g	0.9177	100.88	4.50	31.82			$NaHCO_3$	2136		
南38高阻油藏	N_2m N_1g	0.9043	26.45	9.10	23.84			$NaHCO_3$	2488	0.6160	92.46
南36	N_1g	0.8833	20.48	16.39	24.74			$NaHCO_3$	3674	0.5931	95.05
唐105×1	N_1g	0.8737	20.61	6.43	15.06			$NaHCO_3$	3182		
唐2×1	J	0.8609	9.57	13.97	17.46	0.8177	7.4	$NaHCO_3$	2645	0.5747	96.45
唐180×2	€	0.9262	53.31	3.58	22.77	0.8469	<0.5	$NaHCO_3$	5043	0.6887	85.48
唐120×1	€	0.9248	63.47	2.39	20.68			$NaHCO_3$	4255		
平均		0.8987	42.11	8.05	22.33	0.8323		$NaHCO_3$	3346	0.5957	94.56

3. 温度与压力

唐海油田浅层油藏平均压力系数为0.94，属正常压力系统；地层温度57～78℃，平均为70.4℃，地温梯度2.9℃/100m。潜山油藏平均压力系数0.97，属正常压力系统；地层温度67.57～75.4℃，平均为72.3℃，地温梯度3.4℃/100m。

四、开发简况

唐海油田自 1987 年南 36 断块正式投入开发以来，截至 2018 年底，动用地质储量 501.86×10^4t，占冀东油田动用储量的 1.7%，年产油 1.0732×10^4t，占冀东油田年产量的 0.83%。已发现的含油断块较分散且规模小，各断块含油井段相对集中，主要采用一套层系开发，以天然能量开发为主，后期部分小层实施注水开发。

1. 开发历程

唐海油田的开发历程可分为 3 个阶段（图 9–25）。

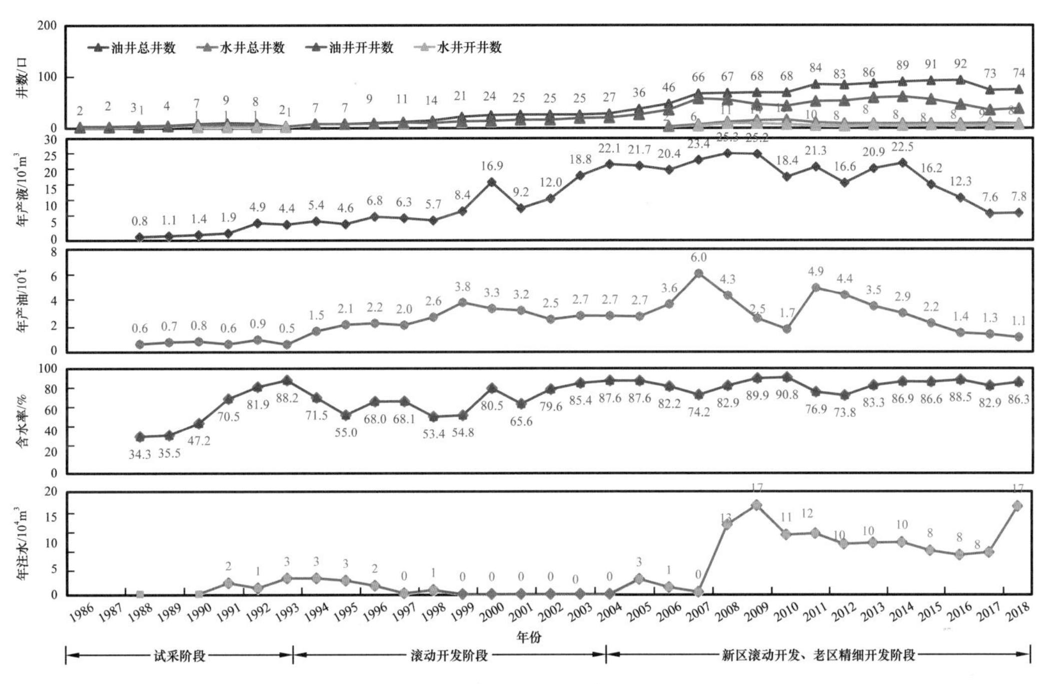

图 9–25　唐海油田开发历程图

1）试采阶段（1987—1993 年）

1987 年和 1990 年，分别对南 36 和南 38 两个区块进行试采，单井日产油量最高达到 46t。1993 年 5 月，对唐 2×1 区块进行试采，初期日产油 16.1t，不含水，后期日产量稳定在 10t 左右。

该阶段末上报探明石油地质储量 226×10^4t，试采井 2 口，年产油 0.5×10^4t，阶段累计产油 4.3×10^4t。

2）滚动开发阶段（1994—2004 年）

1994—1999 年，对南 38 区块实施滚动开发，部署 6 口井，区块总井数达到 11 口，最高日产油 90t，累计建成产能 2.5×10^4t。2000 年，对南 38 区块实施细分开采。$N_2m^{下}$—N_1g Ⅰ 为第一套开发层系，N_1g Ⅱ—N_1gⅣ 为第二套开发层系，并分别进行井网完善。由于储层变化大、构造破碎，本次调整未达到细分开采的目的，区块产量主要靠老井的层间接替措施，平均日产油在 30～60t 之间波动。1998—1999 年，对唐 2×1 区块实施滚动开发，动用地质储量 70×10^4t，先后完钻了开发井 6 口，油井初期均具有较高的生产能力，单井日产油在 10t 以上。

该阶段末，动用地质储量 430.37×10^4t，油井总数 27 口，开井 19 口，年产油 2.7×10^4t，阶段末累计产油 32.9×10^4t。

3）新区滚动开发、老区精细开发阶段（2005—2018 年）

2005 年，对唐 105×1 断块部署 10 口水平井和 4 口定向井，实施边部注水开发。

同时，随着侧钻水平井技术的不断提高，挖潜剩余油技术方法获得突破，南 36 区块部署侧钻水平井 4 口。对南 38 区块低阻油层进行水平井开发调整，部署调整井 10 口，并针对低阻油层能量不足的特点，部署 3 口注水井以补充地层能量，实施注水开发。

2010 年，唐 180×2 断块和唐 120×1 断块潜山油藏投入开发，开发初期油井具有较高的生产能力，如唐 180×2 断块初期平均单井日产油达到 18t，较好地完成了唐海油田的产能接替。由于新投入的开发区块采油速度快，地层能量未得到有效补充，产量递减快。

2. 开发现状

截至 2018 年底，采油井总数 74 口，开井 37 口，日产液 221t，日产油 34t，平均单井日产油 0.9t，综合含水率 84.4%，年产油 1.1×10^4t，累计产油 76.03×10^4t，采出程度 15.15%，采油速度 0.21%，油田采收率 17.6%。注水井 8 口，开井 6 口，日注水 619m^3，年注水 16.97×10^4m^3，累计注水 143.84×10^4m^3。

第五节 南堡油田

南堡油田位于河北省唐山市南部渤海 0～10m 的海域。构造位置位于南堡凹陷南部，包括南堡 1 号、南堡 2 号、南堡 3 号、南堡 4 号、南堡 5 号 5 个构造，发育明化镇组（N_2m）、馆陶组（N_1g）、东一段（E_3d_1）、东二段（E_3d_2）、东三段（E_3d_3）、沙一段（E_2s_1）、沙三段二 + 三亚段（$E_2s_3^{2+3}$）及奥陶系（O）等 8 套含油层系（图 9-26）。2007 年，南堡油田正式投入开发。截至 2018 年底，南堡油田探明含油面积 92.8km^2，探明石油地质储量 46695.23×10^4t，完钻各类井 1342 口，其中取心井 154 口，进尺 3345.50m，岩心长度 3025.75m，收获率 90.4%，其中含油岩心 1013.11m。

南堡滩海地区油气勘探始于 20 世纪 90 年代中期，至 2002 年为早期自营阶段，完成二维地震 1285.75km，完钻探井 2 口（老 2×1 井和冀海 1×1 井），获低产油流，发现老堡—蛤坨构造带是滩海地区有利构造带之一。1995—2001 年，由于地震资料品质问题，构造或圈闭不落实，先后完钻的几口探井没有大的油气发现。2004—2007 年为重大突破阶段，主要对构造油藏展开勘探，发现并落实了滩海地区 5 个有利构造带（南堡 1 号构造、南堡 2 号构造、南堡 3 号构造、南堡 4 号构造、南堡 5 号构造）。位于南堡 2 号构造上的老堡南 1 井、老堡 1 井，南堡 1 号构造上的南堡 1 井、南堡 1-2 井相继发现厚油层，老堡南 1 井在奥陶系马家沟组石灰岩中试油，获日产 700m^3 的高产油气流，在中浅层，南堡 1-2 井、老堡 1 井、老堡南 1 井东一段试油均获高产工业油流，初步形成亿吨级的勘探场面，发现了南堡油田。2008 年至今为深化勘探阶段，2008—2010 年借助于高品质的地震资料，开展精细勘探和岩性油气藏勘探，奥陶系潜山勘探取得重要进展，南堡 280 井、南堡 288 井、南堡 2-82 井等均获得了工业油气流；南堡 4 号构造中浅层部署的 6 口井试油，均获得工业油流；南堡油田中深层岩性勘探取得新成果，风险探井堡古1井，在目的层沙一段钻遇良好油气显示。2011年以来，重点突出中深层岩性油气藏和深层潜山油气藏勘探，进一步解放思想，堡古2井、南堡3-80井获得高产工业油气流。

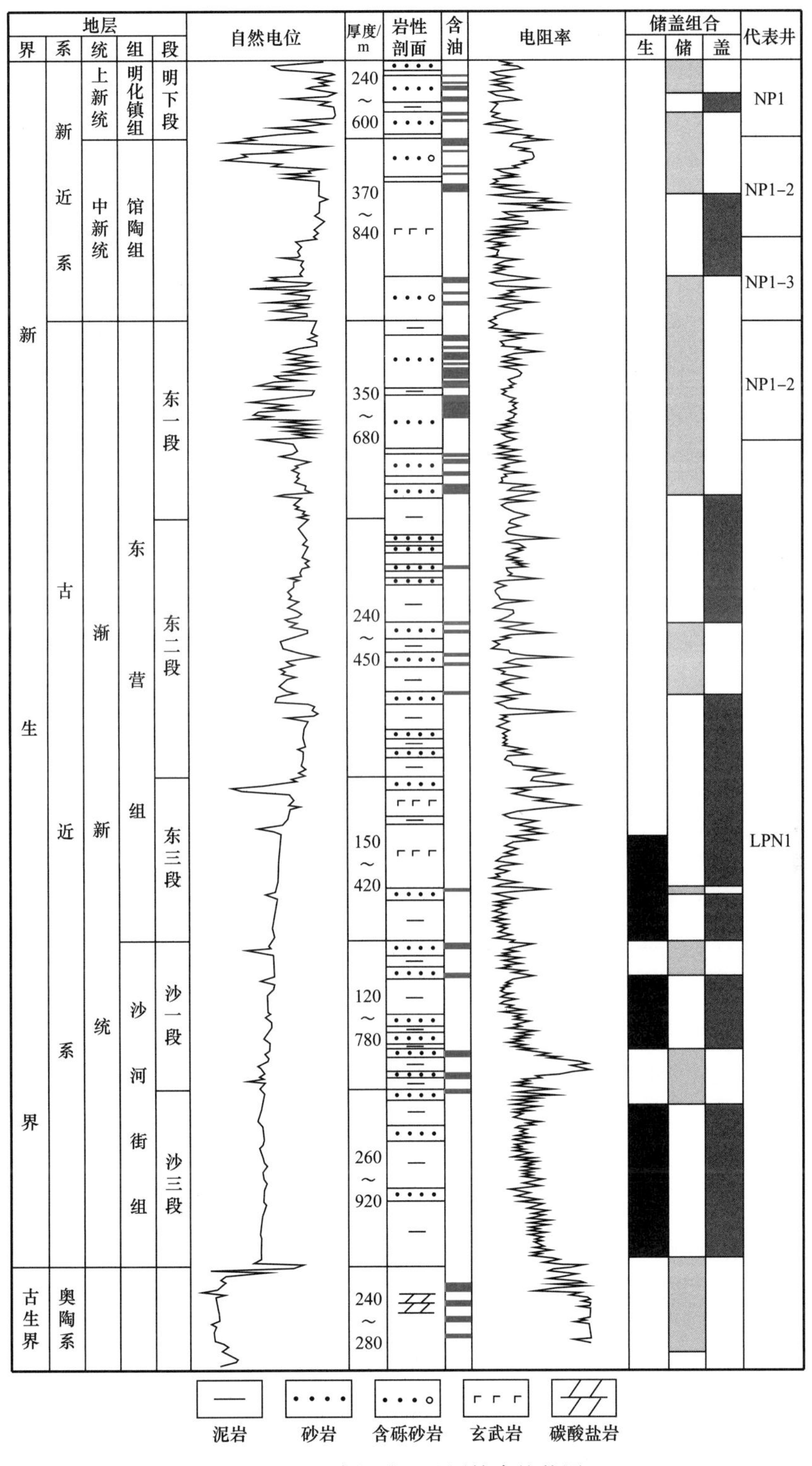

图9-26　南堡油田地层综合柱状图

一、构造及圈闭

南堡油田处于沙垒田凸起到林雀次凹及曹妃甸次凹的斜坡区，包括南堡1号构造、南堡2号构造、南堡3号构造、南堡4号构造、南堡5号构造，自西向东成排分布，走向呈北东或东西向（图9–1）。

1. 南堡1号构造

南堡1号构造位于南堡凹陷西南部，走向北东，为一个发育在古生界奥陶系基底之上的潜山披覆背斜构造，新生界分为3个区：南堡1–1区、南堡1–3区、南堡1–5区。南堡1–1区位于南堡1号断层上升盘，为断鼻构造，局部受火成岩侧向遮拦形成岩性圈闭。南堡1–3区位于南堡1号断层下降盘，发育多个断块，断裂复杂，中深层已落实断层21条，断块面积小。南堡1–5区位于南堡1–5井北断层以南，区内发育大小断层20条，东西走向为主，整体被断层复杂化。主要圈闭类型为断层遮挡的鼻状构造圈闭、半背斜圈闭、断块圈闭等（图4–8）。潜山为奥陶系和寒武系潜山，上倾方向逐渐减薄尖灭；构造形态主要受到北东向和北西向两组断层的控制，被北东向断层复杂化而分割成多个断块山。主要圈闭类型为断块圈闭、风化壳地层圈闭、潜山内幕圈闭（图9–27）。

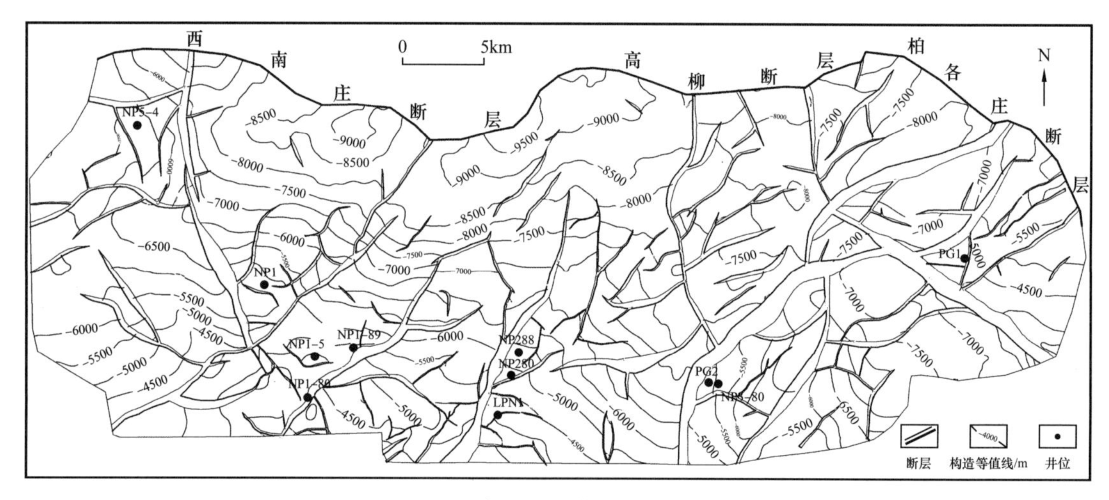

图9–27 南堡油田潜山顶面构造图

2. 南堡2号构造

南堡2号构造位于南堡凹陷南部的沙北斜坡，是在南堡2号潜山背景上发育的披覆背斜构造。新生界以南堡2号断层为界，分为两个区，上升盘为南堡2–1区，下降盘为南堡2–3区。南堡2–1区受断裂控制形成7个小断块。南堡2–3区整体呈断背斜构造形态，地层总体东倾，发育北东向断层（图4–8）。南堡2号潜山主要发育奥陶系和寒武系，向构造高部位和低部位分别减薄；总体构造背景为向北东倾没的斜坡，被近东西向断层分割成南北两个断块。主要圈闭类型为断块圈闭、风化壳地层圈闭、潜山内幕圈闭（图9–26）。

3. 南堡3号构造

南堡3号构造位于南堡凹陷东南部，是在南堡3号潜山基础上发育的披覆背斜构造带，走向北东，古近系为南堡潜山向东倾没的低断块山，高点埋深4600m。新生界为在前新生界潜山背景之上发育由一系列断鼻、断块组成断背斜构造。可划分为南堡3-2区与堡古2区南北两区，南堡3-2区断背斜位于南堡3号构造的南部，是一个受两条近东西向对倾断层控制的向南北两侧抬升的背斜构造（图9-28）。其潜山发育寒武系，为一受南堡3号断层和沙垒田1号断层共同控制形成的大型断块圈闭，受北东向断层作用，南堡3号潜山分为东西两个断块。圈闭类型主要为潜山内幕圈闭和风化壳地层圈闭。

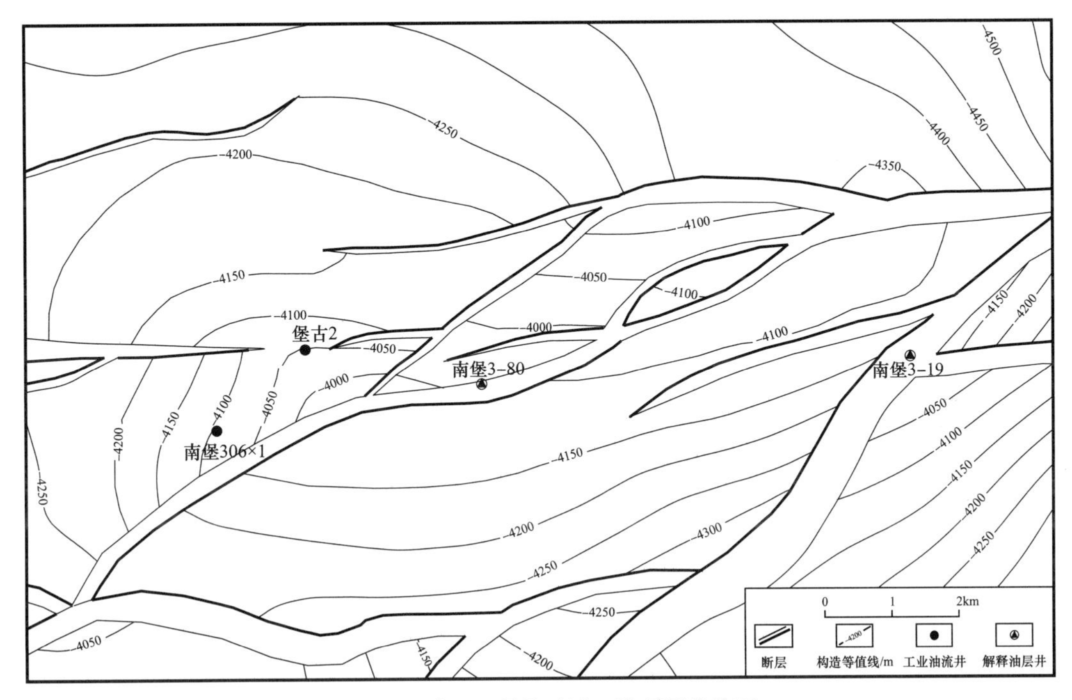

图9-28　南堡3号构造沙一段顶界构造图

4. 南堡4号构造

南堡4号构造位于南堡凹陷东南部柏各庄断层下降盘，是一个北西向展布的潜山披覆背斜构造，主断层与派生断层平面上呈帚状，新生界分为3个部分。东北侧南堡4-1区呈北西向展布，位于控源断层上升盘。西南侧南堡4-2区为断层下降盘复杂断块区，呈节节南掉的西倾断阶。北部南堡4-3区为一个受近东西向南掉断层控制的宽缓断鼻构造，平面上被分割成若干断鼻（图9-29）。潜山为太古宇花岗岩。西南侧受南堡4号断层控制，东北受柏各庄断裂影响，区内被北东向断层分割成南北两块。圈闭类型主要为断块圈闭。

5. 南堡5号构造

南堡5号构造位于南堡凹陷西部西南庄断层下降盘，是发育在基岩鼻状构造背景上的滚动背斜构造，构造形态完整，圈闭面积大，被北东向断层切割。构造整体向西抬升，以海岸线为界，分为两部分，西部海上呈北西向背斜，高点位于海上；东部陆地部分呈近南北向的穹隆状背斜，陆地部分仅是南堡5号构造的倾伏翼部（图9-30）。潜山地层为奥陶系和寒武系，受控于北侧西南庄断层形成断背斜构造，以断块圈闭为主。

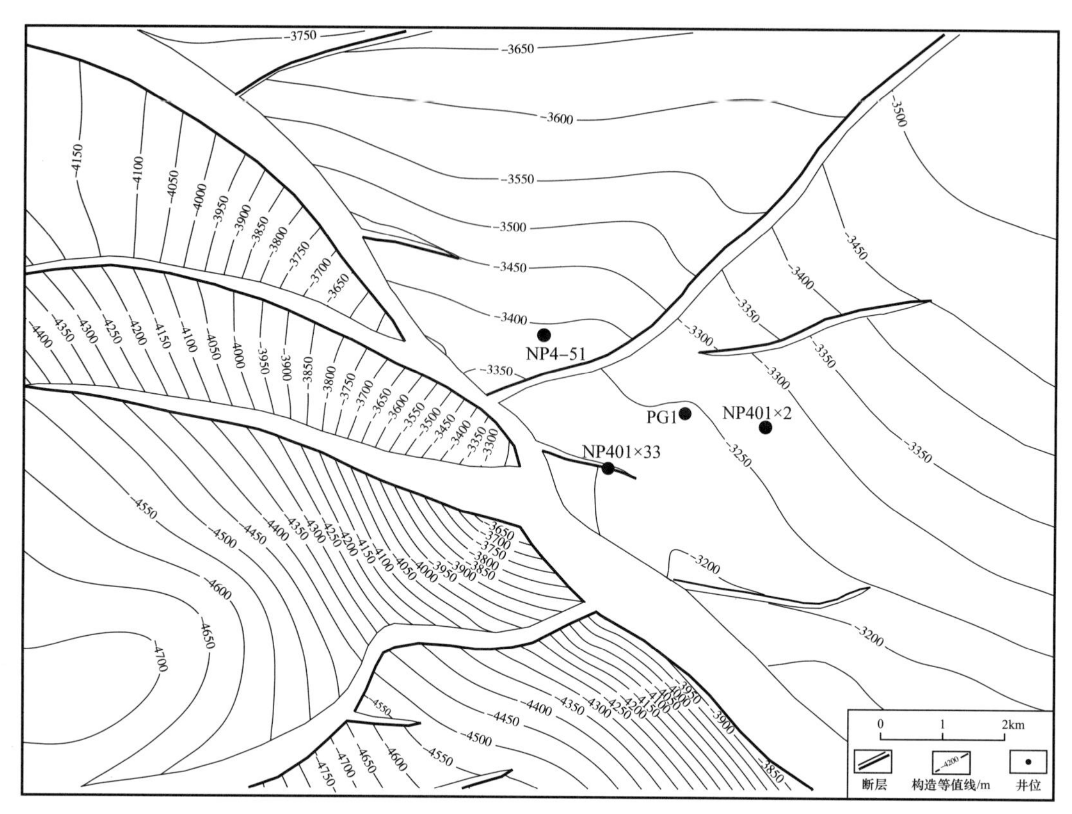

图 9-29　南堡 4 号构造沙一段顶界构造图

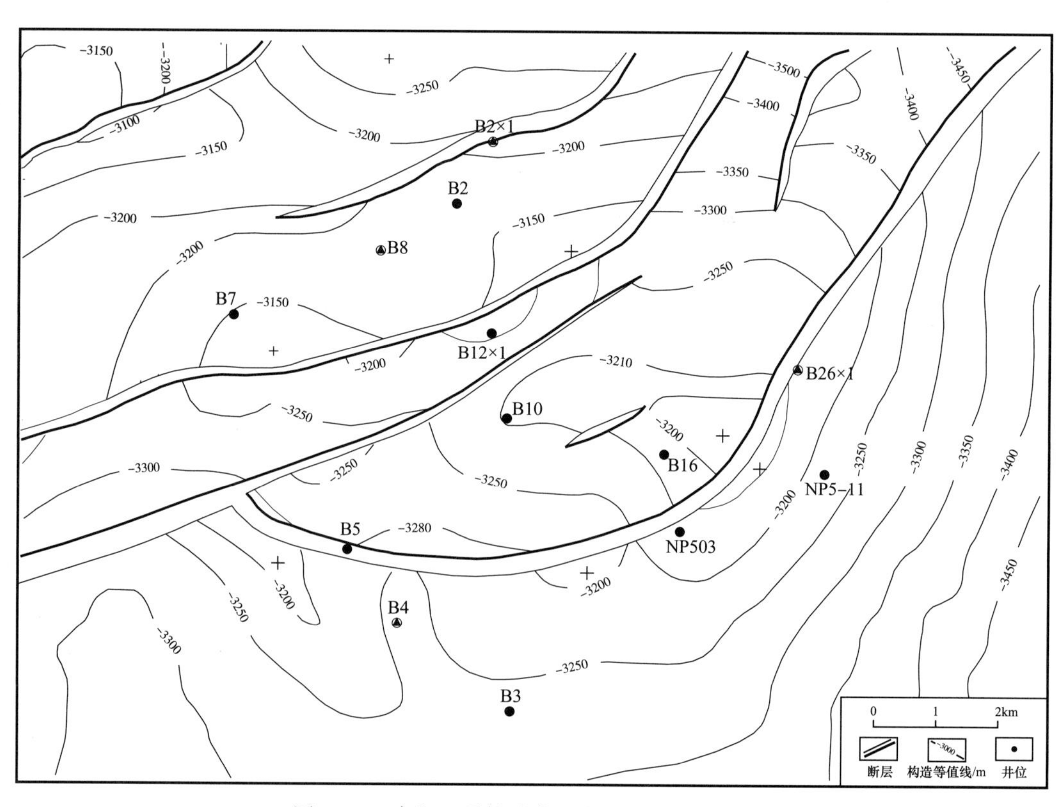

图 9-30　南堡 5 号构造东三段油层顶面构造图

二、储层

1. 油层组划分

南堡油田油层主要分布在明化镇组—馆陶组浅层、东营组、沙河街、下古生界四套主力含油层系，其中明化镇组下段分为 3 个油层组；馆陶组分为 4 个油层组；东营组分为东一段（E_3d_1）、东二段（E_3d_2）和东三段（E_3d_3）；沙河街组分为沙一段（E_2s_1）和沙三段（E_2s_3），下古生界为奥陶系（O）和寒武系（€）。

2. 油层分布

南堡油田含油井段长，油层层数多、厚度大，纵向上发育多套含油层系。不同构造单元油层分布特点有较大差异。

1）南堡 1 号构造油层分布

南堡 1 号构造油藏埋深 1500～4500m。平面上分为南堡 1–1 区块、南堡 1–3 区块与南堡 1–5 区块（图 9–31）。南堡 1–1 区块与南堡 1–3 区块馆四段油藏油层分布在大段玄武岩之下，分布相对集中，层数较少，一般 3～5 层，平均单层厚度在 10m 左右，平均单井钻遇油层 35.5m，具有基本统一的油水界面（–2310～–2300m）。南堡 1–5 区块东一段为主力含油层系，其中又以Ⅱ油层组油层最为发育。断层是油气分布的主控因素，油层沿断棱分布于构造高部位；油层分布也受砂体发育控制，表现为南部油层较北部油层发育。潜山油气层主要分布在奥陶系下马家沟组。油气层主要发育于构造高部位，油气层厚度在 1.9～7m 之间，平均单层厚度在 4.7m 左右。

2）南堡 2 号构造油层分布

主要分布在南堡 2 号构造西段构造主体部位，油藏埋深 1500～4000m。平面上分为南堡 2–1 区、南堡 2–3 区及南堡 2 号潜山（图 9–32）。南堡 2–1 区油层分布受构造和储层双重控制，纵向上油层层数多，但油水关系复杂。馆陶组泥岩较厚，油层厚度局部受岩性控制。东一段Ⅰ油层组、Ⅱ油层组、Ⅲ油层组均有油层分布，含油井段一般为 200～300m，其中以Ⅱ油层组为主，Ⅲ油层组次之，Ⅰ油层组零星分布。南堡 2–3 区含油层段主要是东一段，平面上油层相对集中，高部位和优势砂体发育区油层富集。纵向上含油井段长，油层发育不集中，单层油层厚度较薄且多发育于厚层砂层中间，油层厚度在 1～30m 之间，平均单层厚度在 5m 左右。南堡 2 号潜山油层发育在奥陶系下马家沟组（图 8–12），油层在潜山高部位风化壳中富集，油气层厚度在 1.3～35.5m 之间，平均单层厚度在 9.6m 左右。

3）南堡 3 号构造油层分布

南堡 3 号构造油层主要分布在浅层南堡 3–2 断块、中深层堡古 2 断块及南堡 3 号潜山，油藏埋深 1500～5000m。南堡 3–2 断块油层分布主要受构造和岩性控制，纵向上含油井段较长（约 400m），油层厚度大，具有多套油水系统，没有统一的油水界面。平面上含油面积较小，表现为油砂体个数多、规模小，油层分布以构造控制为主、岩性控制为辅。堡古 2 断块油层主要发育在沙一段，受构造和岩性控制，钻遇油层厚度大，单油层厚度可达 9m（图 9–33）。南堡 3 号潜山凝析气藏主要分布在寒武系毛庄组（图 7–12），受潜山内幕构造和有利储层分布、侧向供烃窗口等因素影响，油柱高度大，平面上油层受储层厚度变化影响，随储层厚度的减薄，油层厚度变小，油气层厚度在 17～19.4m 之

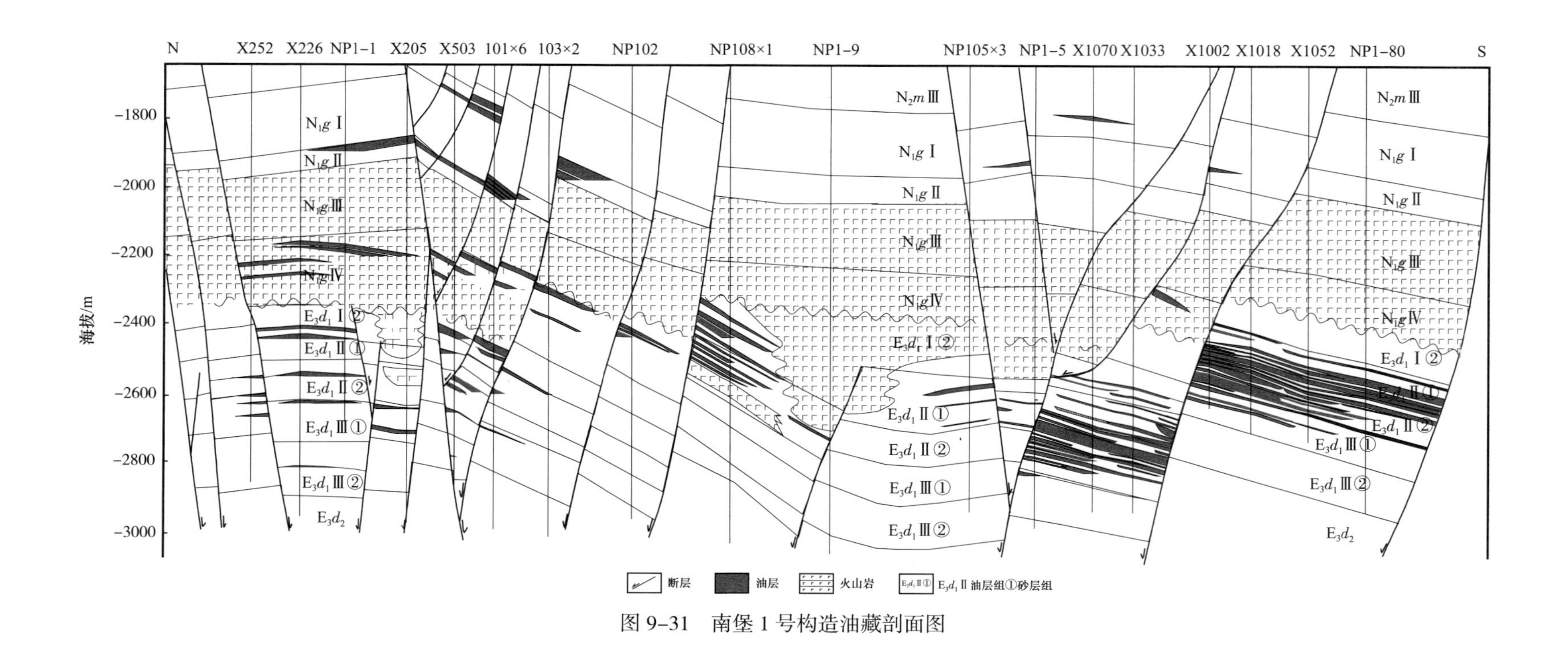

图 9-31　南堡 1 号构造油藏剖面图

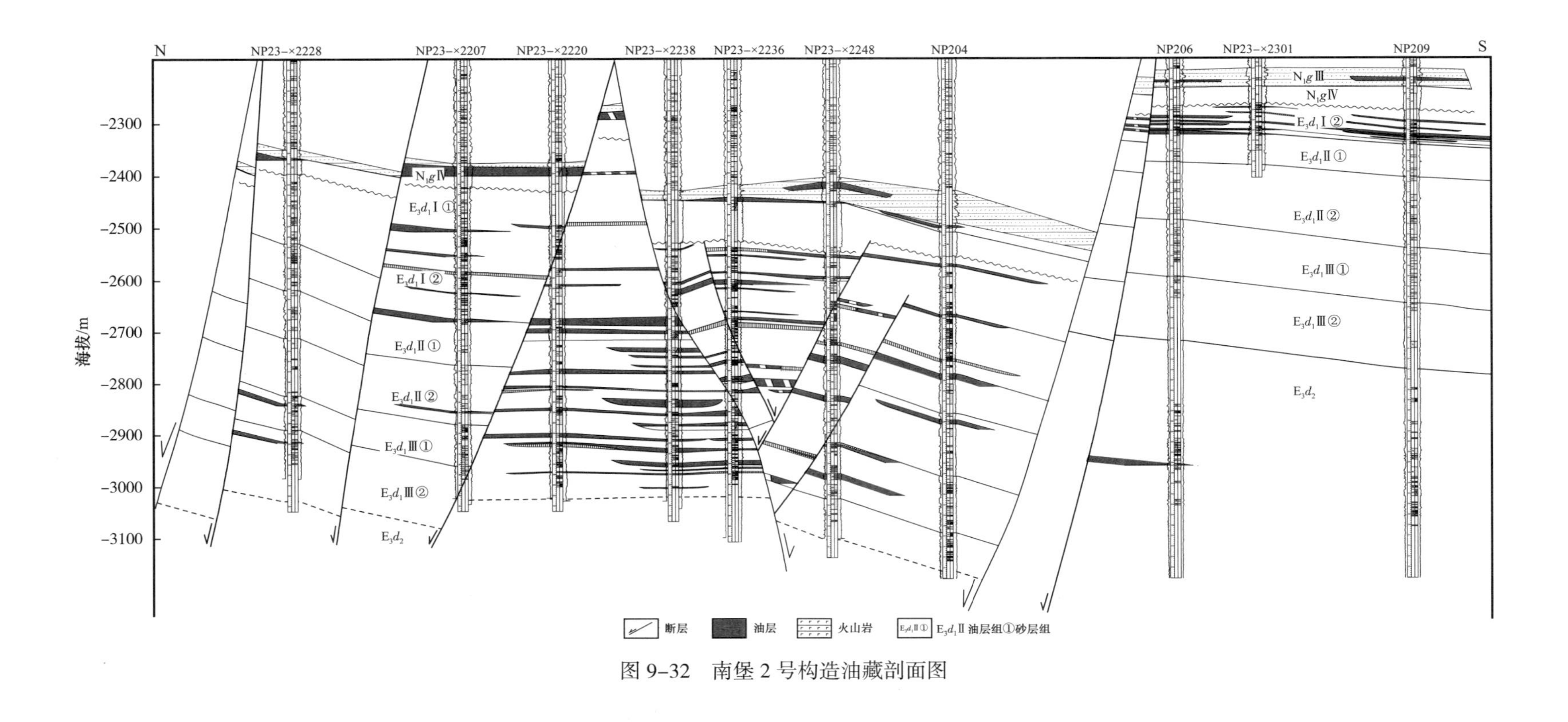

图 9-32 南堡 2 号构造油藏剖面图

间，平均单层厚度在 18m 左右。

4）南堡 4 号构造油层分布

浅层油层分布在南堡 4-2 区，中深层油层分布在南堡 4-1 区和南堡 4-3 区。南堡 4-2 区浅层油层零星分布，纵向分散、含油层位不一致，且多分布在薄砂层中。南堡 4-3 区东二段含油层段长 100m 左右，具多套油水系统，无统一油水界面；东三段油层单层厚度较薄，油砂体规模和厚度均较小，一般为 1～5m（图 9-34）。南堡 4-1 区油层主要分布在东三段底部及沙一段顶部，油气主要受构造控制，沙一段油藏为多套油水系统。

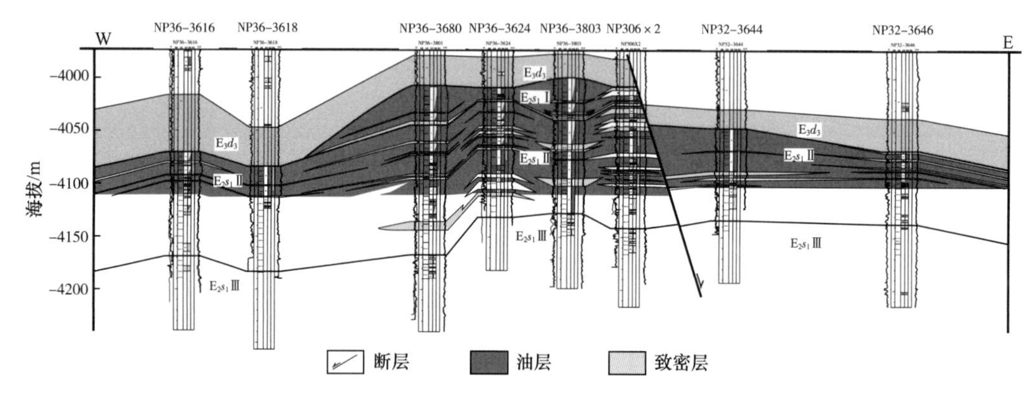

图 9-33 南堡 3 号构造堡古 2 断块油藏剖面图

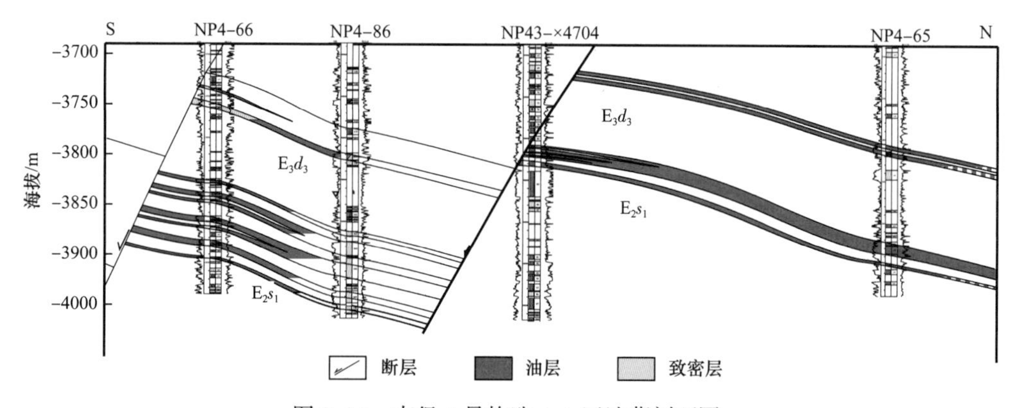

图 9-34 南堡 4 号构造 4-3 区油藏剖面图

5）南堡 5 号构造油层分布

南堡 5 号构造油层分布在馆陶组、东二段、东三段（图 9-35）。纵向上油层分布较为集中，主要发育于构造高部位，油层厚度在 0.4～14.3m 之间，平均单层厚度在 5.8m 左右，具有多套油水系统，无统一的油水界面。

3. 储层岩性

南堡油田新生界储层岩性主要为长石岩屑砂岩、岩屑长石砂岩，成分成熟度低，以细砂岩、不等粒砂岩为主，孔隙型胶结。下古生界潜山储层岩性为海相碳酸盐岩。

4. 储层物性

南堡 1 号构造储层孔隙度 15%～31%，平均为 20%，渗透率 13～1589mD，平均为 524mD，属于中孔、中—高渗透储层。南堡 2 号构造储层孔隙度 9%～30%，平均为

23%，渗透率 14～1247mD，平均为 255mD，属于中孔中渗透储层。南堡 3 号构造储层孔隙度 8%～30%，平均为 25%，渗透率 1～2100mD，平均为 157mD，属于中孔中渗透储层。南堡 4 号构造储层孔隙度 10%～35%，平均为 17%，渗透率 1～2441mD，平均为 6mD，属于中孔低渗透储层。南堡 5 号构造储层孔隙度 8%～40%，平均为 20%，渗透率 2～441mD，平均为 49mD，属于中孔低渗透储层。下古生界潜山储层孔隙度 0.9%～8.34%，平均为 2.7%，渗透率 0.07～66.4mD，平均为 17.8mD。

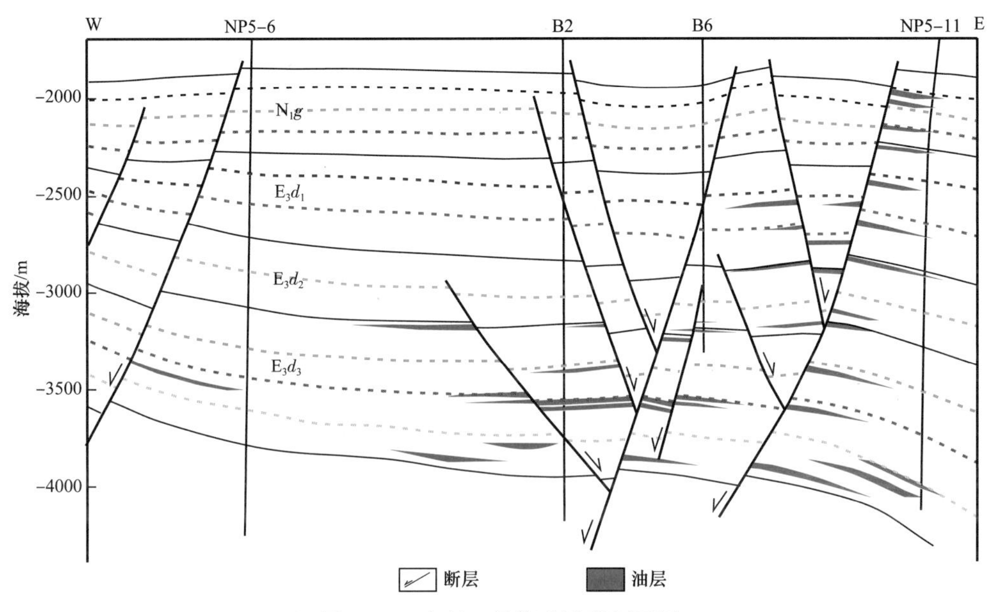

图 9-35　南堡 5 号构造油藏剖面图

5. 储集空间

南堡 1 号构造储集空间类型主要为粒间溶孔，粒内溶孔，孔喉类型为小孔较细—细喉型，孔喉分选性很差，均质程度低。南堡 2 号构造储集空间类型主要为粒间溶孔、粒内溶孔、少量晶间孔和微缝隙，孔喉类型为大—中孔细喉型，孔喉分选性很差，均质程度低。南堡 3 号构造储集空间类型主要为原生粒间孔隙和少量次生粒内溶蚀孔隙，孔喉类型为大孔细喉型，孔喉分选性很差，均质程度低。南堡 4 号构造储集空间类型以粒间孔为主，少量粒内溶孔，孔喉类型为大孔中—细喉型，均质程度低。下古生界潜山储层类型为裂缝—孔洞型，储集空间以溶蚀—孔洞为主。

三、油藏类型及流体性质

1. 油藏类型

南堡油田 N_2m—E_3d_1 油藏为复杂断块岩性构造油藏，具有多套油水系统，有一定天然能量；E_3d_2—E_2s_1 油藏为复杂断块岩性构造油藏，天然能量不足（图 9-30 至图 9-34）；O、€潜山（南堡 1 号潜山、南堡 2 号潜山、南堡 3 号潜山）为碳酸盐岩裂缝—孔洞型油气藏。

2. 流体性质

南堡油田以常规轻质油为主，地面原油密度为 0.62～0.88g/cm^3，地面原油黏度为

0.41～93.06mPa·s；地层条件下原油密度为 0.51～0.79g/cm^3，地层条件下原油黏度为 0.32～9.3mPa·s。

南堡油田天然气主要为溶解气，以甲烷为主，甲烷含量为 54.23%～87.13%，相对密度平均为 0.68～0.96。南堡 5 号构造有部分凝析气。

南堡油田 N_1g—€油藏地层水总矿化度为 1535～16456mg/L，水型全部为 $NaHCO_3$ 型，各单元流体性质见表 9-14。

表 9-14 南堡油田流体性质表

层位	区块	原油性质				地层水性质		天然气性质	
		地面		地下					
		密度 / g/cm^3	黏度 / mPa·s	密度 / g/cm^3	黏度 / mPa·s	水型	矿化度 / mg/L	相对密度	甲烷含量 / %
N_2m	南堡 1 号构造	0.83	93.06	0.73	2.55	$NaHCO_3$	3053		
N_1g	南堡 1 号构造	0.73	4.07	0.51	1.08	$NaHCO_3$	4457	0.68	87.13
	南堡 2 号构造	0.83	4.88	0.78	2.70	$NaHCO_3$	1603		
	南堡 3 号构造	0.88	18.54			$NaHCO_3$	1535		
	南堡 4 号构造	0.85	7.21	0.77	0.50	$NaHCO_3$	2209		
E_3d_1	南堡 1 号构造	0.79	3.70	0.58	2.11	$NaHCO_3$	7755	0.77	74.13
	南堡 2 号构造	0.84	5.64	0.63	1.50	$NaHCO_3$	5775	0.82	73.07
E_3d_1	南堡 3 号构造	0.84	5.58	0.75	2.20	$NaHCO_3$	5643	0.96	54.23
	南堡 4 号构造	0.84	7.17	0.72	3.78	$NaHCO_3$	3706		
E_3d_2	南堡 1 号构造	0.84	4.10						
	南堡 4 号构造	0.84	5.72	0.67	0.45	$NaHCO_3$	7537		
E_2s_1	南堡 3 号构造	0.80	2.08	0.72	0.47	$NaHCO_3$	6038		
	南堡 4 号构造	0.84	5.28	0.65	0.32	$NaHCO_3$	8743	0.74	77.49
O—€	南堡 1 号构造	0.62	0.41	0.79	9.30	$NaHCO_3$	12266		
	南堡 2 号构造	0.83	6.92	0.65	0.40	$NaHCO_3$	12412		
	南堡 3 号构造	0.79	1.63			$NaHCO_3$	16456	0.73	79.61

3. 温度与压力

明化镇组、馆陶组、东一段、东二段为正常压力、温度系统，地温梯度为 2.85～3.25℃ /100m，地层压力系数为 0.98～1.04；沙一段油藏具有异常高压特征，压力系数为 1.27～1.34，地温梯度也偏高，为 3.49～3.65℃ /100m；潜山油藏为正常压力系统，地层压力系数为 1 左右，地温梯度偏高，为 3.72℃ /100m 左右，各单元温压性质见表 9-15。

表 9-15 南堡油田地层压力与温度统计表

层位	单元	原始地层压力 / MPa	压力系数	地层温度 / ℃	温度梯度 / ℃ /100m
N_1g	南堡 1 号构造	22.5～22.9	1.02	85.7～94.6	3.25
E_3d_1	南堡 1 号构造	27.4～30.7	1.00	89.2～107.1	3.17
	南堡 2 号构造	20.5～22.6	0.98	82.0～90.9	3.16
	南堡 3 号构造	30.3～33.7	0.98	96.9～118.2	3.11
E_3d_2	南堡 5 号构造	31.7～31.9	1.04	102.0	2.85
E_3d_3	南堡 4 号构造	47.9	1.25	141.6	3.20
	南堡 5 号构造	33.1～40.0	1.05	109.0～141.0	3.09
E_2s_1	南堡 4 号构造	41.1	1.27	120.4～122.1	3.65
	南堡 5 号构造	59.7～60.0	1.34	151.2～162.0	3.49
€	南堡 3 号构造	48.3～50.1	1.00	202.5～205.4	3.72

四、开发简况

南堡油田于 2004 年发现，2008 年正式投入开发，目前已开发南堡 1 号、南堡 2 号、南堡 3 号、南堡 4 号、南堡 5 号等 5 个构造 16 个开发单元，动用石油地质储量 12894.17×10^4t、可采储量 2598.50×10^4t，标定采收率 20.2%。

针对滩海油田自然地理条件、油藏分布特点，采用人工岛大斜度丛式井、局部辅助导管架平台的海油陆采开发建设模式，提高生产时率，降低开发建设成本，并实现了产量的快速增长。目前有 5 个人工岛（南堡 1-1D、南堡 1-2D、南堡 1-3D、南堡 4-1D、南堡 4-2D）、2 个导管架平台（南堡 1-5P、南堡 1-29P），并依托曹妃甸工业园区修建 3 个陆域平台（南堡 2-3LP、南堡 3-2LP、南堡 403×1LP）。

南堡油田大部分开发单元采用一套层系一套井网开发。馆陶组、东一段油藏边底水不活跃、天然能量不足，需要人工注水补充能量。同时油藏地层饱和压差普遍较小，需立足同步注水补充能量开发，地层压力保持在饱和压力附近开发。

南堡 4-1 区沙一段、南堡 4-3 区东二段和东三段、南堡 5 号东营组储层为低渗透储层，孔隙度低、喉道小、流体渗透能力差，需要进行油藏压裂改造才能维持正常生产。

1. 开发历程

按产量变化，开发历程大致可分为 3 个阶段（图 9-36）。

1）试采阶段（2005—2007 年）

2004 年，老堡南 1 井获得工业油流，发现了南堡油田。之后，中国石油天然气股份有限公司及时决定加大勘探投入，以南堡油田中浅层为主要目的层迅速甩开勘探，并适时启动了南堡油田开发方案编制。2006 年 5 月 10 日，中国石油天然气股份有限公司专家组审查通过南堡 1 号构造、南堡 2 号构造开发概念设计方案，南堡油田进入试采阶段。该阶段末投产油井 53 口，开井 43 口，年产油 41.5×10^4t，综合含水率 17.6%，累计产油 59.4×10^4t。

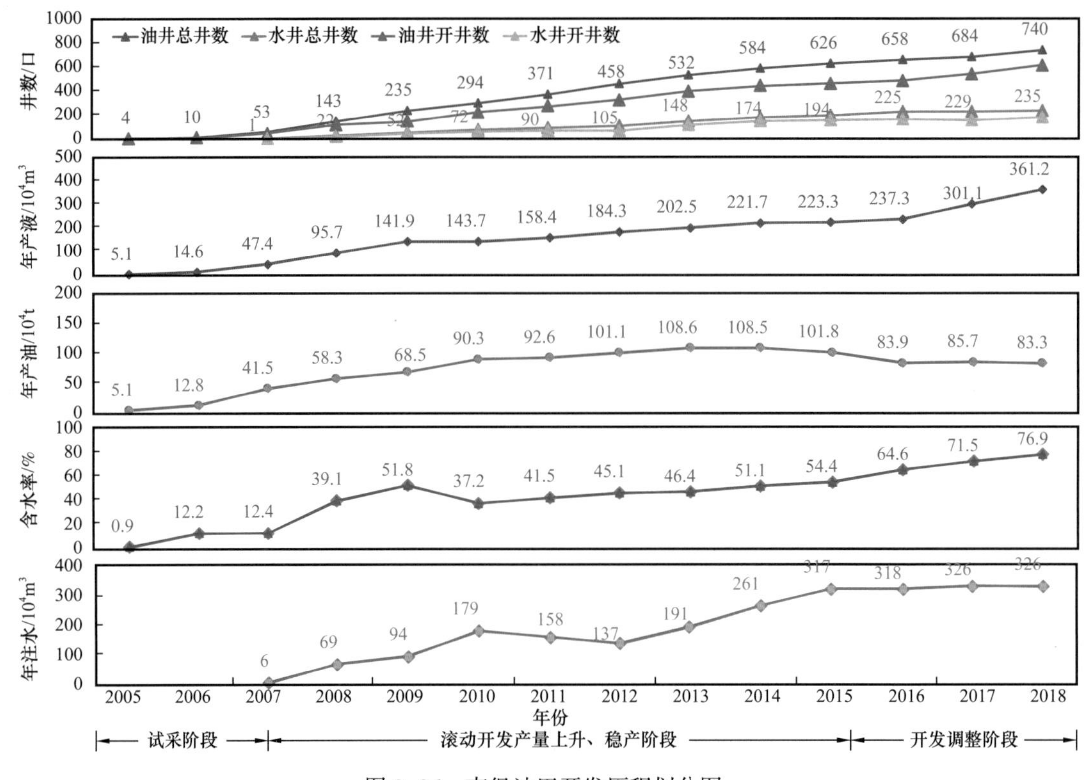

图 9-36　南堡油田开发历程划分图

2）滚动开发产量上升、稳产阶段（2008—2015 年）

2008 年 10 月 29 日，东营组重大开发试验方案通过中国石油天然气股份有限公司审查，并在 1-1 区、1-3 区开始现场实施。2009—2011 年，陆续在南堡 1 号构造的南堡 1-1 区、南堡 1-3 区、南堡 1-5 区，南堡 2 号构造的南堡 2-1 区和南堡 2-3 区，南堡 3 号构造南堡 3-2 区，南堡 4 号构造南堡 4-3 区进行产能建设。2012 年，投入开发南堡 4-2 区；2013 年，投入开发南堡 3 号构造堡古 2 断块，依靠 PG2 区块的产量接替，南堡油田产量稳定在 100×10^4t。截至 2015 年底，南堡油田动用地质储量 12261.91×10^4t，油井 626 口，开井 461 口，年产油 101.83×10^4t（不含液化气），综合含水率 58.7%，累计产油 806.1×10^4t。

3）开发调整阶段（2016—2018 年）

该阶段，对南堡 1 号构造、南堡 2 号构造老区剩余油富集区块进行井网调整与滚动开发工作，新的规模储量投入开发较少，产能建设主要依靠滚动扩边和老区调整，油气产量稳产难度大，2016 年产量跌破 100×10^4t，2018 年产油 83.3×10^4t（不含液化气），水驱储量控制程度 70.0%，水驱储量动用程度 56.7%。自然递减有所减缓，由 2008 年的 56.9% 下降到 24.31%。

2. 开发现状

截至 2018 年 12 月底，南堡油田采油井总数 740 口，开井 610 口，日产液 10468t，日产油 2271t，平均单井日产油 3.7t，综合含水率 78.3%，年产油 83.30×10^4t，累计产油 1059.1×10^4t，累计产气 45.8×10^8m^3，地质储量采油速度 0.65%，地质储量采出程度 8.21%，油田采收率 20.2%。注水井 235 口，开井 174 口，日注水 9791m^3，自然递减率 24.31%，综合递减率 10.88%。

第十章 典型油气勘探案例

冀东油田是渤海湾探区内最小的油田，有效勘探面积近 2000km^2。冀东油田赖以生存的生烃凹陷仅有南堡凹陷，南堡凹陷在冀东探矿权范围内面积 1570km^2，其中陆地面积 570km^2，海域面积 1000km^2。自 20 世纪 70 年代南堡凹陷获得工业油气发现后，陆地地区发现了柳赞、北堡、老爷庙和唐海 4 个含油构造，并相继投入开发。90 年代初，面对勘探范围十分局限、陆地地区勘探开发程度高、滩海地区勘探技术和投资要求高的严峻形势，勘探上还能否有所作为？本章记录了南堡陆地精细勘探、南堡滩海发现两段勘探历程。实践证明，立足富油气凹陷，只要拓展思路、解放思想、转变观念，采取进攻性措施精雕细刻做工作，小探区、老探区同样可以做出勘探上的大文章（周海民等，2004）。通过实施精细勘探，冀东油田优质储量快速增长，效益产量稳步上升，勘探开发成本持续降低。从“九五”初到“十五”末，在南堡凹陷陆地高柳及老爷庙地区累计实施各类探井 99 口，获工业油流井 67 口，上报探明石油地质储量 14986×10^4t。2004 年南堡陆地原油产量一举突破 100×10^4t，探明可采储量成本由 1999 年的 1.89 美元 /bbl 下降到 2004 年的 0.83 美元 /bbl。在实践的过程中总结形成的成熟探区精细勘探思路、关键技术与管理上的方法，为中国石油在老探区开展深化勘探积累了宝贵的经验。

第一节 南堡陆地精细勘探

20 世纪 90 年代初，南堡陆地地质条件的复杂性和勘探技术储备不足导致油气发现颗粒无收，勘探工作陷入举步维艰的境地。冀东油田通过调整勘探思路，推进科技进步，转变勘探管理模式，借助于开展二次三维地震攻关和深化油藏地质一体化评价等，形成了成熟探区精细勘探方法（周海民等，2007）。通过实施精细勘探，南堡陆地优质储量快速增长，效益产量得到稳步提升。

一、勘探背景

20 世纪 90 年代初油田勘探面临两个方面的问题。

一是 3 年承包期满未能如期实现年产 100×10^4t 的工作目标，突显了南堡凹陷地质条件的复杂。截至 1987 年底，南堡陆地在高尚堡构造带、柳赞构造带、北堡构造带、老爷庙构造带和唐海构造带累计钻井 140 口，累计探明石油地质储量 8411×10^4t。1988 年 4 月，冀东石油勘探开发公司成立之初由石油勘探开发科学研究院总承包，实行科研生产联合体管理模式。以石油勘探开发科学研究院牵头，科研生产联合攻关，在南堡陆地以高尚堡、柳赞、老爷庙和北堡构造为勘探重点，加强地质综合研究，评价与滚动勘探相结合，陆续发现了柳赞地区柳南、柳北和高尚堡地区高 104–5 三个相对整装富集区块。同时，在南堡陆地周边地区零星发现个别油气藏，1988—1992 年累计新增探明石油地质储量 3364×10^4t，为油田原油年产量从刚成立时的 18×10^4t 上升到 1992 年的 40×10^4t 奠定了资源基础。至 1992 年底油田探明储量达 11775×10^4t，但原油年产量却没能如预期达到 100×10^4t，充分证明了南堡凹陷地质条件的复杂性，也给油田勘探形成了巨大压力。

二是 1993—1995 年勘探新发现不足，油田勘探开发矛盾日益加剧。首先油田勘探范围十分局限。海域因为技术和投入要求高，由中国石油天然气总公司新区事业部负责勘探，由冀东油田自主实施勘探的管辖范围仅有陆地 570km^2。况且陆地地区的高尚堡、柳赞油田已投入开发，勘探可以做工作的地区仅局限于老爷庙地区、北堡地区和周边凸起地区，有限的勘探面积仅 300km^2 左右。地质评价认为老爷庙地区成藏条件比较优越，但地震资料品质差；周边凸起地区靠南堡凹陷的油源供烃成藏，成藏条件相对复杂。其次自 1992 年底开始，石油勘探开发科学研究院的技术力量陆续退出，油田自研能力尚未真正形成，导致地质基础研究工作削弱，圈闭准备严重不足，钻探成效差。此外，这期间油田勘探投入相对较少，每年新钻探井 4～6 口，1993—1995 年共钻探井 13 口，在已发现油田（藏）周边滚动扩边发现 7 个小断块，新增探明石油地质储量 273×10^4t。地盘小、技术力量薄弱、发现储量少成为压在冀东油田勘探工作者心头的“三座大山”。最后，储量大幅度核减，开发建产基础日渐薄弱，勘探开发矛盾加剧。一方面勘探上没有新发现，无法满足开发建产要求；另一方面在开发生产和建产过程中，频繁出现动静矛盾突出、因构造、油藏等认识发生变化导致开发井钻探效果差等新情况，进而引发了对探明储量认知的变化。1995 年，对高尚堡油田、柳赞油田进行了储量复算，探明地质储量从复算前的 11121×10^4t 减为 6325×10^4t，几乎核减了一半。这更加加剧了油田勘探开发矛盾。

面对山重水复疑无路的窘境，油田决策者和勘探工作者都进行了深入的思考。地震资料品质差、地质特征认识不清、测井油水层评价难度大等问题制约了油田勘探发展成为普遍共识。面对严峻形势，油田决策者做出了两个方面的决定：一是立足南堡凹陷，着手开展三维地震采集攻关，从源头上解决地震资料品质差的问题，进而进一步挖掘南堡凹陷的勘探潜力；二是积极拓展外围新探区，走出去拓展油田生存空间，此期间油田陆续开展过内蒙古自治区武川盆地、广东三水盆地、江苏洪泽凹陷等外围新区的早期普查勘探工作，在洪泽凹陷管镇次凹有所收获，但终因地质条件较差、地域偏离主战场等主客观因素，未能形成新的勘探接替，广东三水盆地、江苏洪泽凹陷及江苏大丰—兴化探区于 2005 年按照中国石油天然气股份有限公司要求转给浙江油气田公司。

二、主要做法

1. 精细实施二次三维地震，奠定了精细勘探资料基础

当时南堡凹陷陆地所有的构造带均被三维地震满覆盖，开展三维地震资料采集攻关就是要选择已有的构造开展二次三维地震资料采集。在三维地震覆盖区再开展一次地震资料采集，这个做法当年在国内尚未有过先例，一方面需要花费大量的勘探投资，另一方面采集后能否达到预期效果找到新的储量并不清楚，面对一次性投入高、攻关效果难以保证等难题，决策者们仍毅然决然地做出了在老爷庙地区进行二次三维地震资料采集

的决定。在做出二次三维地震资料采集决定时，决策者们尚不知道它会对冀东油田未来发展发挥如何重要的作用，也不知道它会对中国石油未来发展发挥如何重要的作用。做出这样的决策或许更多的是源于对找油事业的执着和坚持，源于对油田发展的职责和使命。

对于二次三维地震资料采集攻关不仅要有战胜困难的信心和决心，更要有周密的组织和科学的实施。在老爷庙构造二次三维攻关过程中总体注重了3个重要环节。

首先是对制约地震资料品质的原因分析。在老爷庙二次三维攻关中，针对地震资料品质问题最为突出的老爷庙构造，从1994年起，冀东油田组织了多次大型地震勘探方法攻关论证会，邀请国内知名专家来油田，对以往二维、三维地震资料从采集参数、资料处理方法、流程进行认真分析，同时也对本区主要探井的声波、密度等测井曲线、录井资料、石油地质资料进行仔细研究。通过分析对影响地震资料品质的根本原因有了统一的认识：

（1）大面积多层位的火成岩分布，影响了原始地震资料的品质；

（2）本区主要目的层（东营组）的物性组合差，横向变化较大，导致了本区的地震地质条件差；

（3）普遍存在的多次波，淹没了本来就十分微弱的有效反射；

（4）地下地质条件复杂，断层多、断块小，尤其构造主体更为破碎；

（5）复杂的地表条件影响了地震资料的采集质量。

其次开展了二维先导试验。在影响地震资料品质关键因素分析的基础上经充分论证，确定了二维野外采集方案：（1）使用大偏移距（1000～1400m）、大炮检距（3950～4350m），压制多次波；（2）使用高覆盖次数，提高信噪比；（3）使用小道距接收（25m），改善复杂断块成像能力。先导试验剖面经过处理，资料品质获得了明显改善：中深层见到了可靠的反射，发现了老爷庙构造的北倾产状。以二维试验线建立的老爷庙构造样式指导老的三维资料构造解释，对老爷庙构造的认识发生了质的变化，改变了原来“老爷庙鼻状构造”的认识，认为老爷庙构造为一个西南庄断层下降盘的滚动背斜构造。后期通过钻井证实了该构造样式，进而坚定了进行二次三维地震资料采集的信心。

最后开展了二次三维地震资料采集方案精细论证与方案设计。先导试验攻关见到效果后，冀东油田对老爷庙构造第二轮三维勘探正式立项。冀东油田分别委托物探局及江汉油田编制技术设计，然后再次召开了技术设计的专家讨论会。综合两家设计共同之处：高覆盖次数，小面元，全排列接收，低干扰背景，高信噪比的激发接收因素，严格施工及质量监控手段。通过现场试验后，形成了最终的施工方案，确定老爷庙地区实施$64km^2$二次三维地震资料采集。与一次三维地震资料采集相比，二次三维地震资料采集在仪器设备、观测系统、采集参数设计等很多方面进行了优化和改进，采用高覆盖、小面元、宽方位角的采集方法，提高地震资料的信噪比与分辨率。比如覆盖次数由一次采集的20次提高到60次，提高了3倍；采集面元由25m×50m缩小为25m×25m。另外，在炸药药量、井炮埋深和激发参数等方面也做了相应的改进和提升，采集方法和观测系统上的加强，使地震资料品质得到较大程度的改善（图10-1），对认识老爷庙构造特征和确定钻探目标，特别是为沿断棱打多目标定向井提供了支撑。1996—2002年，利用老爷庙构造二次三维地震勘探的构造研究成果，共部署23口探井，16口井成功，探井成功率70%，新增探明石油地质储量1360×10^4t。

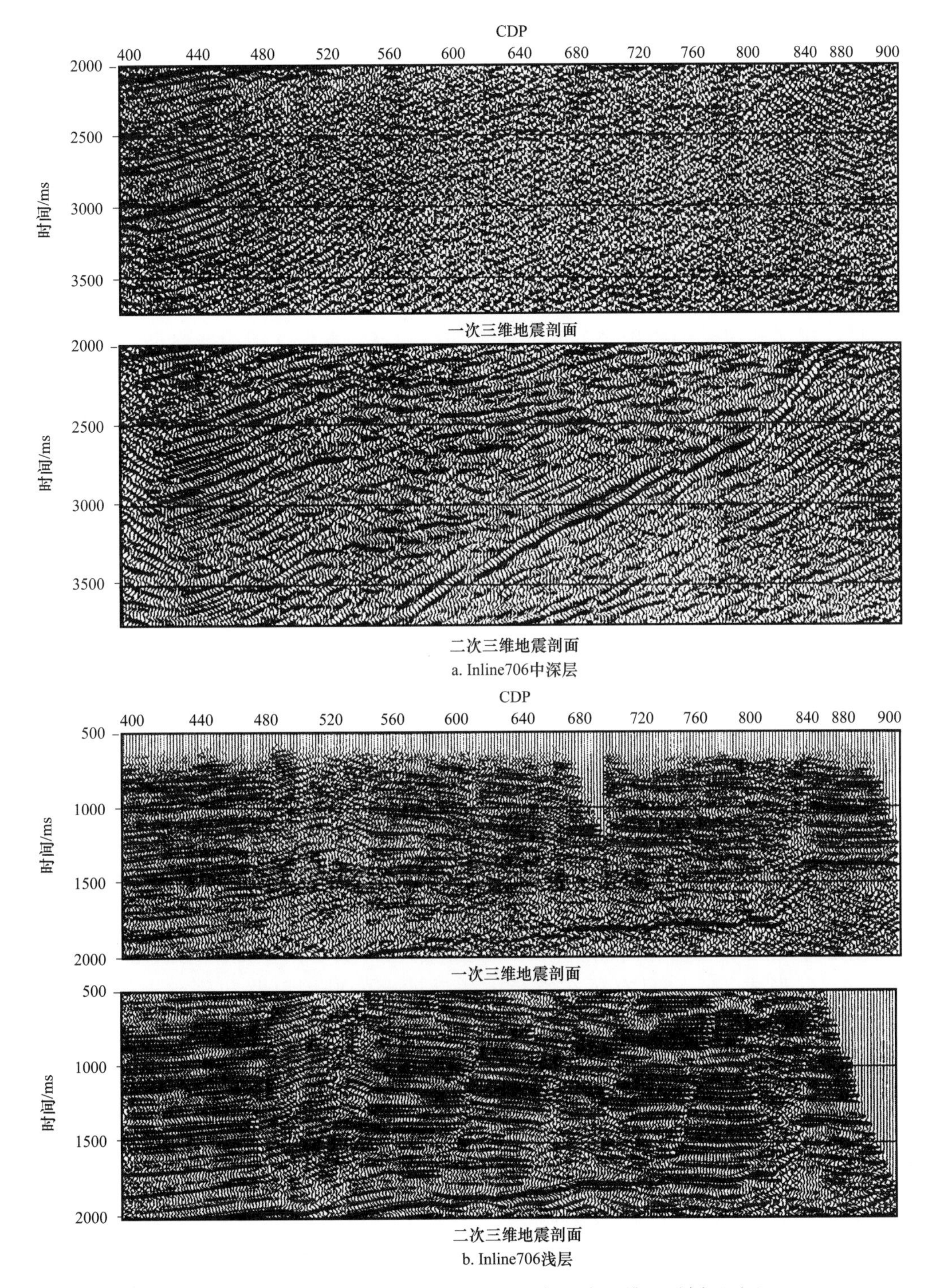

图 10-1 老爷庙地区一次三维地震剖面与二次三维地震剖面对比

后续在高尚堡地区、柳赞地区应用老爷庙构造二次三维地震攻关的做法和技术对策，相继实施了二次三维地震资料采集，根据地质条件的不同，采集参数也进行了相应的改进与完善，使得高柳地区二次三维地震资料品质得到了很大的提高，为后续高柳地区的精细勘探，即二次储量增长奠定了基础，同时也为后期的构造—岩性油藏勘探发挥着不可替代的作用（周海民等，2004）。

在成熟探区根据地质认识工作需要，针对性地开展二次三维地震资料采集，甚至是多次三维地震资料采集的工作思路和方法在东部的很多探区得以推广应用。

2. 精细开展区带整体地质研究，重新评价勘探开发潜力

二次三维地震后，应用新三维地震资料开展高柳地区的区域地质研究工作。成熟探区区域地质研究同新探区的区域地质研究有所不同，主要强调的是在现有地震资料基础上，采用一个全新的角度重新认识与评价成熟探区的勘探开发潜力。重点开展了如下三方面的工作。

一是在层序地层学理论指导下开展连片构造解释，重新认识构造格局。高柳地区二次三维地震资料经过连片处理后，在层序地层学理论指导下，在划分层序的基础上，开展全区连片构造解释，对研究区构造特征的认识发生了一系列重要变化：（1）构造主体位置发生偏移，高尚堡构造主体位置由原来的高17区块附近变为高65区块附近，向西“迁移”了近2km；（2）区内控制性断层—溯河断层不存在；（3）对构造带性质的认识更为清楚，柳赞构造是被部分断层复杂化的同沉积背斜构造，而不是潜山披覆构造；（4）断裂组合更加合理，断层明显减少（图10-1）。连片构造解释认为高柳构造具有统一的断裂系统，较原构造认识相比断层明显减少。

二是开展高精度层序地层学解释，深化高柳地区地质认识。高柳地区层序地层学研究以格架剖面网络精细解释、单井层序划分为基础，对高柳地区地层层序进行了精细划分，建立了体系域构成和层序格架，提出了低位域和湖扩展域体系砂体是油气富集的主要砂体类型。确立了坡折带、弯折带、缓坡带及其控制的层序类型，针对不同的层序类型寻找不同隐蔽目标：在断裂坡折型层序之下识别和预测低位楔和低位扇，在断裂坡折带之上寻找下切水道砂体；在缓坡型层序中主要发育低位域的辫状河道。以此为基础，总结和明确了高柳地区油气分布与体系域构成、砂体类型的关系，为寻找岩性油藏目标区提供了指导。

利用层序地层学理论和高品质的三维地震资料开展了南堡陆地地区隐蔽油气藏的勘探尝试，并形成了一套具有冀东特色的岩性油藏的勘探思路和研究工作流程。即：（1）单井层序划分解决垂向上层序构成；（2）格架地震剖面的层序地层学解释构筑平面层序地层格架；（3）确定层序地层学模式，指导沉积体系研究；（4）对体系域和砂体类型进行工业化制图，研究沉积体系的平面分布；（5）总结层序地层学成果与油气聚集的关系，分析沉积储层对油藏的控制作用；（6）预测有利岩性油藏分布区，指导岩性圈闭的识别；（7）单个岩性圈闭的识别，研究有利砂体平面分布；（8）岩性圈闭综合评价，进行钻探目标优选（周海民等，2004）。

三是开展含油层段精细构造解释和储层预测，优选勘探目标。在层序地层学研究基础上，开展了含油层段构造精细解释，并对各主要含油层段分油层组进行了储层预测研究。通过地震、地质的精细识别，找出了一批有利的岩性油藏勘探目标，扩大了高柳老区勘探领域。

通过上述3个方面的工作，高柳构造格局、细节均发生了较大变化。

一是高尚堡构造格局发生了较大变化，形态更加完整，找到了高尚堡潜山披覆背斜构造的主体。过去认为：高尚堡沙三段构造整体是位于高柳断层与高北断层之间的一个

大型背斜构造，主力开发区块高 7、高 10、高 30 等区块是高尚堡背斜构造的主体，高 5 区块为高北断层上升盘的一个断鼻构造。新的构造解释认为：高尚堡沙河街组整体构造由两部分组成，西北部为中生界潜山背景之上发育的潜山披覆背斜，背斜高点位于高 65 区块及高 5 区块一带；东南部为发育在潜山背景之上的沙三段多期叠置的扇三角洲沉积体。高 7、高 10、高 17 及高 30 等区块均位于该沉积体上。

二是控制油气藏分布的三级、四级断层得到了准确的识别，与原认识相比断层组合特征变化很大。过去认为：高柳地区主要发育北西、北东两组主要断层，整体表现为断层发育、构造破碎的特点。现在认为：高柳地区具有统一的断裂系统，发育一系列近东西走向、北东东走向的断层横贯高柳构造，一些北西向断层消失了，在这些近东西向断层的共同作用下，高柳构造变得相对完整。最为明显的变化是区内控制性断层——近南北向的溯河断层不存在了，柳赞构造认识发生了根本性的变化。

三是局部构造细节发生了较大变化。如高尚堡油田高 5 断块面积 $2.2km^2$，调整前原开发认识是由 16 条断层切割成 15 个断块，目前认为高 5 断块沙三段油藏是一个高北斜坡上岩性上倾尖灭形成的构造背景上的岩性油藏，存在 5 条断层（图 10–2）。在油藏特征认识清楚后，经过调整，开发效果明显改善。

构造认识变化的主要原因是地震资料品质的提高，无论构造带还是单个的油气藏，断层明显减少，沉积、储层变化对油气控制作用非常明显。就高柳地区整体而言，构造控制了油气的分布，沉积储层控制了油气的富集。柳北沙三段三亚段油藏位于柳赞油田北部，处于柏各庄断层下降盘，为一整装鼻状构造，含油面积 $4.0km^2$，三级地质储量近 3000×10^4t。该区块发现于 1992 年，随后投入滚动勘探开发，开发早期按照复杂断块油田的开发工作思路，以钻井为主进行构造研究，开始滚动开发。将很多储层的变化作为断层处理，历史上 $2.5km^2$ 的含油面积，曾经划出 37 条断层、39 个断块，隔断层注水受效，开发动静矛盾十分突出。二次三维地震以后，地震资料品质明显改善，应用层序地层学理论，开展油藏特征的再认识，发现原来单井的地层缺失，均是储层变化所致，地震剖面上的不连续不是断层的反映，而是不同时期沉积砂体之间的岩性界面的反射，复杂的断块因此变成了简单的断鼻，含油面积由 $2.5km^2$ 扩大到 $5km^2$，储量由 400×10^4t 增长到 3000×10^4t 以上，调整后年产量将由 7×10^4t 上升到 25×10^4～30×10^4t。

3. 精细开展油田地质研究，开展老区石油地质重建

高柳地区及老爷庙地区二次三维地震资料品质得到明显改善，为开发区块开展精细油田地质研究、重新认识油藏特征奠定了基础。下面分别以柳南地区柳 102 区块和柳北地区沙三段三亚段油藏为例介绍不同类型油藏的精细描述与油藏特征重新认识的基本做法（周海民等，2004）。

1）柳南地区柳 102 区块，以构造精细解释、油水层认识和细分层系论证为重点的浅层油藏精细研究

（1）勘探开发概况。柳南浅层构造为发育在高柳断层下降盘的滚动背斜构造，含油层系为明化镇组和馆陶组，1991 年上报含油面积 $2.3km^2$，探明石油地质储量 372×10^4t，为一高孔、高渗、高丰度、高产能的小型油藏。1993 年投入开发，先后完钻开发井 16 口，建成原油年生产能力 6×10^4t，并保持稳产至 1999 年。由于含油井段长、油层多，采用一套开发层系开采，油藏分层潜力认识不明，储量动用程度低。

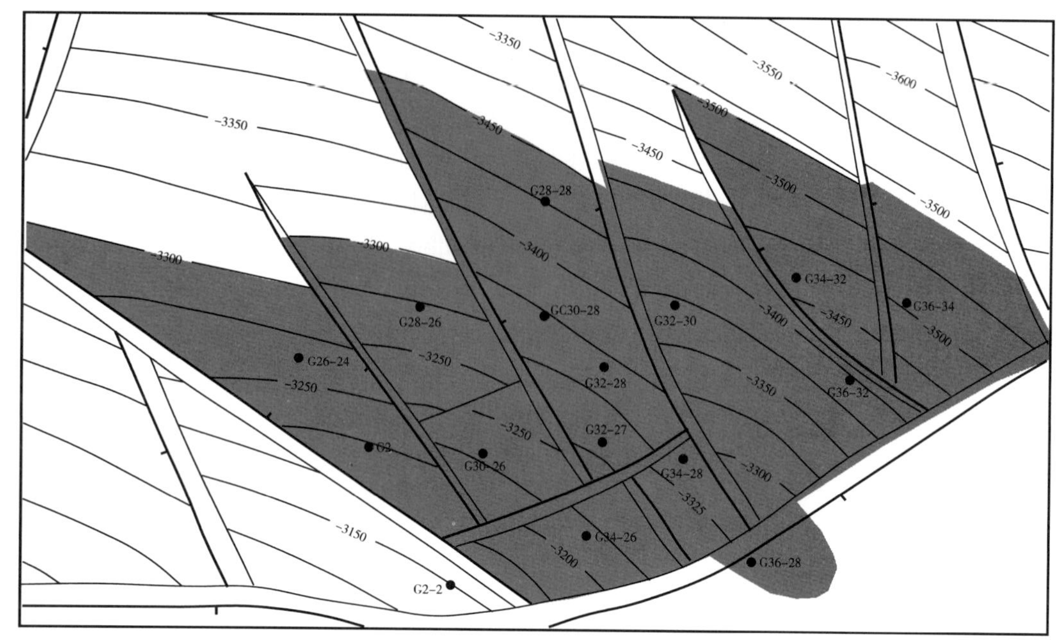

a. 原构造图（1997年）

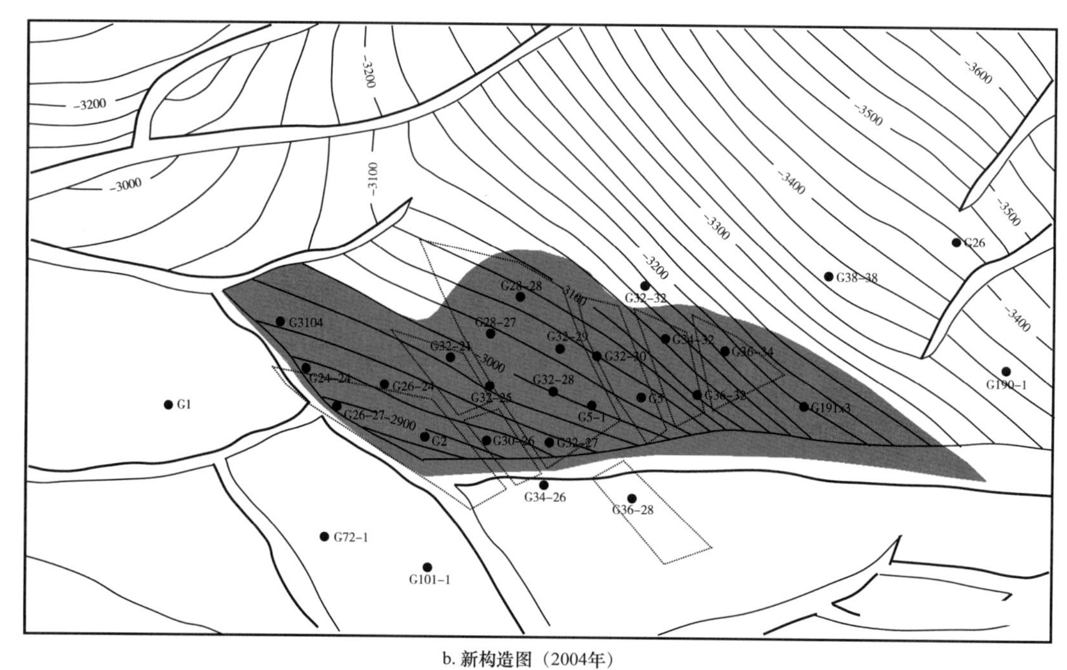

b. 新构造图（2004年）

断层线　-3250 构造等值线/m　原断块　井位　含油面积

图 10-2　高尚堡油田高 5 区块沙三段二 + 三亚段新、老构造图对比

（2）精细研究侧重点。这类油藏重新认识的侧重点如下：① 逐层精细油层顶面构造解释与反演，逐个落实油藏微构造高点和油层展布；② 以油藏地质综合分析为基础，测井、地质结合进行油水层再认识，综合判识低阻油层；③ 细分层系论证，编制科学合理的开发与调整方案。

（3）精细研究主要做法与效果。为了实现区块高速、高效、高水平开发，利用三维地震目标处理资料开展了油藏精细描述与油藏特征再认识研究工作，其特点可概括为精细研究，细分层系，储量有新增长，产量大幅度上升。主要做法如下。

第一，精雕细刻逐层进行目的层顶面微构造精细解释。

针对浅层油藏单元中主力油层多，各油层微构造差异大的特点，充分利用老区高精度二次三维地震采集和高分辨率处理的资料，地震、地质密切协作，缩小研究单元，重新对全部主力油层顶面构造进行三维精细解释，采用大比例尺（1∶5000）、小等值距（5～10m 或 2～5m）成图，逐层编制 N_2mⅡ^1—N_1gⅣ^2 各主力含油小层顶（或油层组底）界构造图，充分展示每个含油小层顶界面的微构造形态和高点位置。如柳 102 区块馆陶组 N_1gⅡ^4 油层顶面构造，由原来的反向屋脊断鼻变为圈闭面积增大一倍的微穹隆背斜构造，高点南移几百米。各油层微构造高点的准确确定，为寻找油藏潜力和确定调整井靶点最佳位置提供了可靠的依据，达到少井高效的目的。

本区构造精细解释主要体现在：① 地震地质层位的精细标定，将全部主力油层标定在地震剖面上。② 提高测网解释密度，达到 50m × 50m，局部为 15m × 15m。③ 构造精细成图，编制 5m（或 2m）等高距的大比例尺（1∶10000、1∶5000）的油层顶界构造图，解释出低幅度构造（5～10m）和小断层（断距 10～30m）。④ 充分利用计算机工作站的显示功能和处理手段，做好精细解释。a. 用放大剖面解释小断层及地层产状的微小变化；b. 用缩小剖面解释大断层及地层产状的总体变化；c. 用任意连井剖面准确标定层位；d. 用横切构造主体部位的任意剖面检查、了解圈闭的可信度；e. 用瞬时相位和瞬时振幅剖面，突出相位，解释断层、特别是小断层；f. 多窗口、多剖面解释对比，追踪乱反射，解释复杂断块；g. 在断层解释中充分利用水平切片解释主断层；用相干数据体分析断层分布规律；h. 地震、地质和测井资料的综合解释，勾绘微构造圈闭，使油水边界线也能精确地编绘出来。

第二，测井约束反演与沉积微相研究相结合，精细描述砂体平面分布。

开发地震技术与精细的油层对比相结合，利用测井地质资料丰富的高频信息和完整的低频成分，补充地震有限带宽的不足，并作为约束条件，推算出高分辨率的地层波阻抗资料，进行测井约束反演，在三维反演数据体上对主力油层逐层进行标定和追踪解释，编制出各主力油层砂体等厚图，仔细描述储层的平面展布和厚度变化规律，克服了地质研究中单井资料的不足，使井间地质研究可信度提高，为调整挖潜提供依据。此外，深入开展小层沉积微相研究，逐层编制主力油层沉积微相图，揭示各类砂体的平面非均质特征，进一步用沉积微相模式指导油藏特征和油藏潜力分析。

第三，开展油气成藏规律分析，地质、测井结合从油藏整体特征角度重新认识油水层，寻找新的含油层系。

综合分析认为，柳 102 区块浅层油藏属断块构造层状次生油藏，单井含油井段长，油层纵向分布长，形成多套独立的油水系统。馆陶组具有与明化镇组相同的成藏条件，也应该有油气富集，只是由于构造、沉积综合作用造成油层电性的差异。据此，地质、测井结合寻找油气显示特征，发现了 N_1gⅡ^4 低阻油层，进一步精细对比细分出 9 个低阻油藏单元，即 9 套油水系统，低阻油层新增优质探明石油地质储量 173×10^4t、可采储量 56.8×10^4t。

第四，精细地质建模，实现油藏地质属性模型的三维可视化。

第五，细分层系论证，编制科学合理的开发调整方案。

通过技术经济论证，柳 102 区块细分为五套开发层系，即 N_2mⅡ^1—N_2mⅢ^4 为第一套开发层系，N_2mⅢ^9—N_2mⅢ^{12} 为第二套开发层系，N_1gⅠ^1—N_1gⅡ^3 为第三套开发层系，N_1gⅡ^4 为第四套开发层系，N_1gⅢ^1—N_1gⅣ^2 为第五套开发层系，采用水平井和定向井结合的开采方式，先后部署新钻井 16 口，其中水平井 5 口（第四套层系 3 口，第三套、第二套层系各 1 口）。

通过实施，储量有增长，区块产量大幅度上升，油藏采收率大幅度提高。原油年产量由原来的 8.0×10^4t 上升到 20×10^4t，主力油藏采油速度达到 5% 以上，采收率由原来的 29% 提高到 40%，实现了高速、高效、高水平开发。

利用同样的思路、研究方法、技术流程，2003—2004 年，开展老爷庙浅层、高柳唐新近系浅层和柳南浅层油藏整体地质研究和目标地区精细描述，获得了重要进展，并促使对浅层低幅度构造油气富集高产的认识深化。

老爷庙浅层油藏，利用高分辨率地震资料，开展全区构造精细解释和局部微构造精细落实，搞清了构造发育特征，井震结合进行储层分布规律研究，编制主要油层厚度等值线图、沉积相图、微相图等。地质、测井协作，开展老井综合复查，进行低电阻率油层判识与追踪解释，进行油藏特征综合分析。通过研究，取得的重要成果与认识有：一是发现了大量低阻油层；二是局部低幅度构造圈闭控制油气分布，尤其是在构造主体断层转换部位的局部低幅度构造圈闭油气富集，如庙 17–5 断块、庙 18–25 断块、庙 101 断块；三是油气沿断棱富集，纵向油层多，平面分布呈窄条带状；四是油藏石油地质储量可增加 1000×10^4t 以上。

高尚堡浅层油藏，在二次三维地震资料基础上，首先开展全区地层划分、构造解释和全区的沉积与储层研究，进行目标区断块精细构造研究和精细储层描述；通过低阻油层综合识别、老井重新复查和多目标定向井的实施，搞清了油层发育分布特征，落实了油气富集区块。

2）柳北地区沙三段三亚段油藏，以层序地层、构造特征、油藏类型研究为重点的中深层油藏精细研究

（1）勘探开发概况。柳北地区沙三段三亚段油藏位于柳赞油田北部，柏各庄断层下降盘，累计上报探明含油面积 6.55km^2，探明石油地质储量 2529×10^4t。该油藏发现于 1991 年，在随后的滚动勘探开发过程中，对油藏的地质认识却经历了由简单到复杂、再由复杂重归简单的曲折过程。早期发现阶段由于地震资料品质差，预测简单的鼻状构造（图 10–3a），预探井钻探获得发现后，上报探明石油地质储量 177×10^4t。随后按照复杂断块油田的工作思路开始滚动开发，以钻井为主进行构造研究，受“复杂断块”认识的限制，两井之间地层断缺、储层变化作为断层处理，随着钻井资料的增加，断层越来越多，构造格局也越来越复杂（图 10–3b、c），隔断层注水受效，开发动静矛盾十分突出。2000 年后，利用高柳地区二次三维地震资料，开展柳北地区沙三段三亚段中深层油藏特征地质研究及油藏特征再认识，构造格局又发生了较大变化，由原先的复杂断块变成完整的鼻状构造（图 10–3d），通过勘探开发部署实施，含油面积由 2.1km^2 扩大到 6.3km^2，石油地质储量增长了 4.7 倍，成为储量规模达 2000×10^4t 以上的整装油藏，区块年产量由 7×10^4t 上升到 30×10^4t。

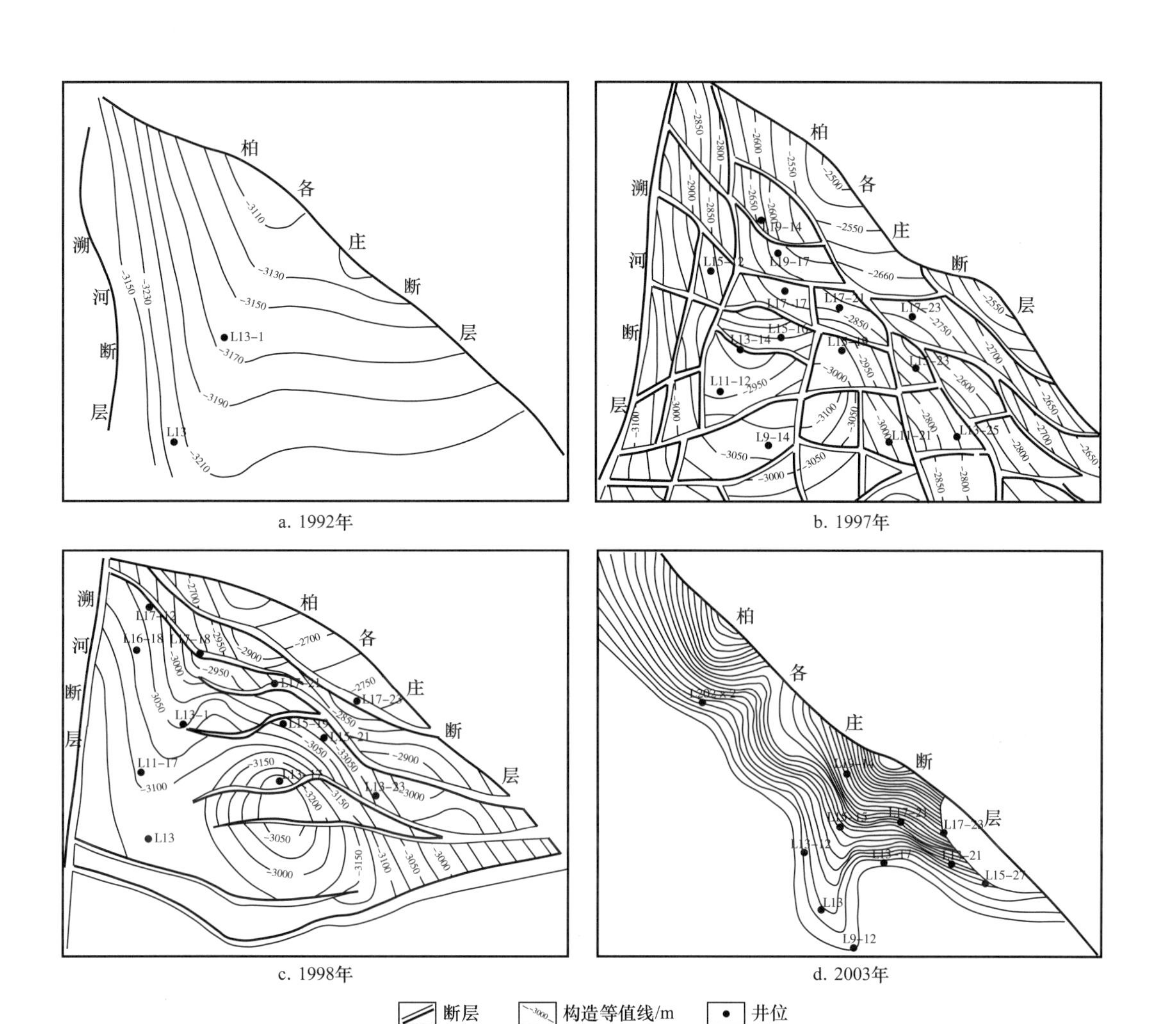

图 10–3　柳北地区沙三段三亚段油层顶面构造认识历程图

（2）精细研究主要做法与效果。概括地讲，柳北地区沙三段三亚段油藏重新认识的特点是转变思维观念，地层对比和构造认识的变化，带动了储量的大幅度增长和产能规模的快速扩大。其主要做法如下。

第一，地层层序划分对比，建立准确的地层、储层模型。

根据层序地层学理论的指导，在新的地震资料控制下，利用电阻率、自然伽马曲线，结合动态和油水分布资料，进行单井地层层序、准层序组的划分，使地层划分对比精度达到准层序的级别，大大提高了地层对比的等时性精度。在地层划分对比研究中，地质、地震及油藏工程充分结合，用地震剖面反射特征结合岩性特征建立地层格架模型，用动态资料控制储层细分对比模型的建立，达到地震剖面解释、钻井地层对比和生产动态资料分析三者的统一。通过研究，柳赞地区沙三段二 + 三亚段地层格架是陆相断陷湖盆陡岸边缘以进积式准层序组合沉积序列为主的扇三角洲沉积，常表现为同一准层序组的地层厚度，由湖盆边缘向湖中方向迅速变厚。改变地层缺失就开断点的思维模式，在柳赞地区沙三段二 + 三亚段内发现局部沉积间断和地层合并变薄的特征，原单井地层厚度的变化，并不是断层造成的，从而减少了大批断点。

第二，地震、地质结合进行三维地震构造综合解释，建立正确的油藏构造模型。

通过地震、地质相结合的三维地震构造综合解释，恢复了柳北地区沙三段二+三亚段构造的本来面目，构造格局发生了相应变化，成为相对简单、完整的断鼻构造形态，进而认识到本区油水分布不但受构造控制，还受岩性控制，储层的变化对油气分布起到了重要的控制作用。

第三，地质、测井结合，开展油藏特征再认识和油水层综合复查。

根据新的构造特征开展油藏整体认识，对处于构造高部位的老探井蚕3×1井重新试油，2003年1月19日射开沙三段三亚段2888～2910m井段，1层22m，抽汲5天，获日产油23.4t的工业油流，不含水；2003年1月31日射开沙三段三亚段2742～2770m井段，3层16m，获日产油16t的工业油流。从而发现了电阻率低于10Ω·m的低阻油层，蚕3×1井新增油层148m。以此为出发点，对全部老井进行测井综合复查，认识到柳北沙三段三亚段油藏主体部位基本上具有统一的油水界面，为一个整装的油藏，新增油层1263.2m，其中Ⅱ油层组、Ⅲ油层组609.4m，Ⅳ油层组、Ⅴ油层组653.8m，平均单井增加油层26.8m，平面上新增油层主要分布在柳19-14井区至蚕3×1井区、柳15-16井区及柳15-21井区。

第四，滚动评价，扩大含油面积，增加地质储量。

在新的油藏特征研究基础上，勘探开发统一部署实施预探井和评价井均获得成功。预探井柳202×1井沙三段三亚段钻遇油层9层90m、评价井柳130×1井沙三段三亚段钻遇油层9层89.8m，使柳北油藏含油面积扩大两倍，石油地质储量增加了4.7倍，成为千万吨级储量规模的整装油藏。

4. 加强低阻油层识别瓶颈技术攻关，为成熟探区挖潜提供了重要技术手段

低阻油层在冀东油田非常发育，能否有效识别低阻油层是提高勘探效益的关键。为此，自1997年开始从低阻油层的成因机理和成因类型分析入手，探索核磁共振、双频介电、过套管电阻率等测井新技术。通过大量的研究和实践，形成了一套适合冀东油田低矿化度特点的以测井分析为核心的低阻油层解释技术。在老区块的挖潜工作中，通过老井测井、地质综合复查工作，陆续发现了以低阻油层为主的新含油层系，如1999年、2000年发现了唐海油田南38区块、高尚堡油田高104-5区块及柳赞油田柳南地区的低阻油层，使老区块焕发了青春，扩展了勘探开发领域，增加了新的地质储量。在新区勘探和老区挖潜工作中，低阻油层识别技术发挥了关键作用。

从南堡陆地精细勘探的历程可见，对一个地质条件复杂的地区，地下地质条件评价和储量规模的认识不可能一次到位。在南堡陆地近30年的勘探历程中，不同的勘探阶段、不同的勘探技术对应了不同的地下条件的认识，探明地质储量也从11979×10^4t变到7750×10^4t，再到2018年的23298.85×10^4t，甚至以后还仍然会增加或减少，但总体储量的规模是伴随着对地下油藏螺旋式认识过程呈上升趋势。这正是复杂地质条件地区持续开展勘探工作的意义所在，也是渤海湾盆地老区勘探经久不衰，时至今日仍值得继续深化勘探的根本原因。

第二节　南堡油田发现

在南堡陆地精细勘探取得成功之后，冀东油田勘探工作者迅速将目光转向了南堡滩海这片久攻不破的勘探新区。在中国石油天然气股份有限公司的大力支持下，冀东油田

借鉴南堡陆地精细勘探的组织方式和研究思路，在南堡滩海通过整体快速高精度地震采集、地震资料大连片攻关处理、全凹陷整体研究迅速确定了靶区实施钻探，油气勘探获得突破，发现了南堡油田。

一、勘探背景

南堡滩海地理上位于河北省滦南县、曹妃甸区和乐亭县境内的0～5m水深线的浅水海域。区域构造位于南堡凹陷南部，北邻南堡陆地，南与中国海洋石油总公司天津分公司探矿权折线相邻，面积近1000km^2。

南堡滩海油气勘探工作最早可追溯到20世纪60年代，大港油田在重磁电法勘探及少量模拟二维地震资料基础上，钻探了南1井、南2井两口探井，在古近系发现暗色泥岩和油气显示。之后南堡滩海勘探投入一直很少，主要有3个方面的原因：一是油田成立之初产量规模小，年产油量仅有十几万吨，勘探投资规模小，无法满足滩海勘探高投入的需求；二是油田成立三年没有实现原油年产量100×10^4t的工作目标，南堡凹陷地质条件的复杂性影响了进一步勘探的信心；三是90年代初油田在南堡陆地地区勘探一直没有大的发现，认为南堡凹陷有油气勘探潜力，但资源前景到底有多大尚无定论。一定程度上讲悲观的思想起了主导作用。90年代初南堡滩海油气勘探工作由中国石油天然气总公司新区勘探事业部组织，仅做了一些二维地震和少量的三维地震，钻探了冀海1×1井，未获实质发现。其后南堡滩海地区与外国公司整体实施合作进行风险勘探，希望通过引进国外公司的资金和先进的勘探技术获得勘探发现，对外合作历时7年，仍未有大的油气发现。

1996年开始，南堡陆地老爷庙、高尚堡、柳赞等陆地油田在二次三维地震的基础上实施精细勘探，勘探新发现接连不断，储量实现了较大幅度增加。随着陆地勘探开发效果的逐步显现，油田勘探工作者坚定了对南堡凹陷进一步勘探的信心，认识到南堡滩海蕴藏着巨大的勘探潜力，对精细勘探的思路、技术和方法在南堡滩海应用可能带来的勘探效果充满期待。2002年8月，中国石油天然气股份有限公司主管领导出面协调，决定收回滩海探矿权，南堡滩海勘探工作由冀东油田公司自行实施。这一决定无疑对加快南堡滩海的勘探进程意义重大，也为后期南堡油田发现起到了决定性的作用（周海民，2007）。

二、勘探历程与主要做法

油气勘探是一个不断探索地下未知世界的过程，每一个油气田的发现都是一个成功的案例。勘探工作者的职责就是在不断探索中发现更多的油气田。勘探工作者追求的是：一个油气田的发现能否更省时一些、更经济一些、组织得更科学一些。回顾南堡滩海的勘探历程，从早期勘探的寥寥油气显示到南堡亿吨级油田的发现与落实，这里有勘探技术的不断进步，有科学决策与组织，有多方的支持和帮助，更凝结了几代石油勘探工作者持之以恒的坚韧、传承和集体的智慧。

1. 勘探历程

1）新区事业部勘探阶段（1988—1995年）

1994年8月，中国石油天然气总公司组建新区勘探事业部冀东滩海项目经理部，负责冀东油田滩海地区的勘探工作。这期间在老堡区块和蛤坨区块完成二维地震采集1285.7km，三维地震采集194.6km²。在三维地震覆盖区钻探了冀海1×1井，该井利用陆地钻机通过大位移斜井实施海油陆探。1995年10月30日冀海1×1井开钻，1996年6月5日完钻，用时近8个月。完钻井深3901.34m，完钻层位东三段上亚段。冀海1×1井录井共发现油气显示33层116.48m，完井测井解释油水同层1层5.5m，气水同层1层10.0m，可能油气层2层6.5m，2005年复查油层11层16.9m。完井试油东三段上亚段3744.6～3751.4m井段2层6.0m，测液面1895/1850/21h，日产油2L、日产气94m³，日产水0.153m³。东一段3110.0～3130.6m井段3层5.2m，抽汲，日产油0.63t，日产水24.9m³，累计产油4.22t，累计产水151m³，获低产油流。

2）与国外公司合作勘探阶段（1995—2001年）

1995—2001年，受中国石油天然气总公司新区事业部指导，冀东油田对外合作部先后与美国科麦奇公司、意大利埃尼集团阿吉普公司开展风险勘探合作，包括老堡、蛤坨、北堡西三个区块，总面积995km²，均位于南堡滩海的地区。合作期间共完成二维地震703.88km²，三维地震76km²，利用海上钻井平台实施探井3口（老海1井、坨海1井、北堡西1井）。

1995年7月，冀东油田与美国科麦奇公司签订老堡区块和蛤坨区块风险勘探合同，合同分勘探和开发两个阶段，同年10月生效。这期间实施探井2口。老海1井1997年4月26日开钻，7月17日完钻，完钻井深4450m，主要钻探目的层为前古近系、沙河街组、东营组、明化镇组下段和馆陶组，实际钻遇火成岩完井，当时认为完钻层位为沙河街组。该井完井测井解释油层2层3m，油水同层3层10.2m，评价认为不具商业价值，未下油层套管，弃井。坨海1井于2001年4月5日开钻，2001年4月21日完钻，完钻井深3000m，该井未见任何油气显示，弃井。

1997年11月，冀东油田与意大利埃尼集团阿吉普公司签订北堡西区块风险勘探合同。合作期间，意大利阿吉普公司在南堡南地区进行三维地震采集76km²，在北堡西区块钻探北堡西1井。北堡西1井于2000年9月12日开钻，2000年12月8日完钻，完钻井深3885m（垂深3720m），完钻层位沙河街组，测井解释油层1层6m、油气层1层4.2m，油水同层1层8.5m，东一段MDT测试见油，完井试油未获工业油气流，弃井。

由于没有大的油气发现，在完成了合同规定的勘探期最低义务工作量后，科麦奇公司和阿吉普公司先后于2001年6月30日和8月30日退出，合同全部终止。

这期间，为给对外合作勘探工作提供研究支撑，冀东油田组织专门的研究团队，利用已经取得的二维、三维地震资料开展研究，对南堡滩海地区构造格局有了整体认识，并结合南堡滩海地区石油地质条件综合评价提出了井位部署建议，提供给外方，最终未被采纳。但这期间的研究工作为后期收回探矿权后的南堡滩海勘探研究奠定了基础。

3）中浅层油田发现阶段（2002—2007年）

收回滩海探矿权后，借鉴南堡陆地地区精细勘探经验，冀东油田组织了专门的研究团队，开展南堡滩海早期勘探地质综合研究。在油田勘探开发研究院单独成立滩海勘探室，主要负责滩海地区地质综合研究、目标评价及勘探部署。从油田层面重点部署了3个方面的工作：

（1）2002—2004年，在南堡滩海地区整体部署分批实施高精度三维地震采集885km²；

（2）立足南堡凹陷，整体研究，开展了 2400km^2 大连片叠前时间偏移处理、层序地层三维体解释等多项基础地质研究工作；（3）在三维地震连片处理解释基础上，开展南堡滩海整体构造认识和勘探前期综合地质研究，进一步明确了南堡滩海的勘探潜力与方向。

在开展上述整体系统研究工作的同时，利用早期地质综合研究成果，结合对外合作期间新钻井资料综合分析，首先选择了老堡南地区作为勘探的突破口，这也是在对外合作期间曾经向外方推荐但未被采纳的重要勘探目标（周海民，2007）。

经过前期详细论证与准备，2004 年 5 月 23 日，在老堡南地区（老堡区块，后来称为南堡 2 号构造）部署实施老堡南 1 井。老堡南 1 井完钻井深 4215.1m（垂深 4183.22m），完钻层位奥陶系，主要钻探目的层为明化镇组、馆陶组和前古近系，兼探东营组和沙河街组。完井测井在新近系馆陶组和古近系东营组、沙河街组解释油层 30 层 144.4m，差油层 2 层 10m，在奥陶系潜山解释裂缝段 3 层 192.8m。9 月 15 日至 10 月 10 日，对老堡南 1 井奥陶系 4035.19～4215.10m 井段进行裸眼测试，使用 25.4mm 油嘴求产，折日产油 664.44m^3，日产气 16.2×10^4m^3，日产水 13.56m^3；10 月 27 日至 11 月 11 日，对馆陶组和东一段 2216.8～2508.2m 井段 5 层 20.4m 合试，采用常规射孔试油工艺，使用 19.05mm 油嘴自喷求产，日产油 260.91m^3，日产气 1.56×10^4～1.75×10^4m^3，无水。老堡南 1 井在奥陶系潜山和馆陶组—东一段均获得高产油气流，实现了南堡滩海地区勘探历史性突破，发现了南堡油田。同年，被中国石油誉为“渤海湾盆地勘探获得令人振奋的突破”，老堡南 1 井成为南堡油田的发现井。

老堡南 1 井获得高产油气流后，中国石油明确提出“加快南堡滩海勘探步伐，加快南堡陆地开发节奏”（即“两个加快”）的工作要求。为此油田针对勘探部署进行了研究与调整。老堡南 1 井获得高产的层位为奥陶系潜山，相对于浅层（N_2m、N_1g、E_3d_1）而言，潜山地层产量高，但埋深大、勘探成本高、钻井周期长，根据当时的勘探形势，将中浅层作为南堡油田展开勘探的首选目的层。随后以浅层为主要目的层在南堡油田相继部署了一批关键探井，均获得较好发现，揭开了南堡油田浅层构造油藏发现的序幕。

南堡 1-2 井位于南堡 1 号构造中部，2004 年 11 月 20 日开钻，12 月 21 日完钻，完钻井深 2940m（垂深 2699.49m），完钻层位东二段。完井在馆陶组和东一段测井解释油层 21 层 129.8m。12 月 25—29 日，对东一段 2472.4～2538.6m 井段 5 层 40.8m 试油，使用 12.77mm 油嘴自喷求产，日产油 161.4m^3，日产气 135996m^3，无水。12 月 29 日至 2005 年 1 月 1 日，对馆陶组 1984.4～2000.0m 井段 2 层 10.8m 试油，使用 9.53mm 油嘴自喷求产，日产油 57.8m^3，无水。2005 年 4 月 19 日，利用海上平台对该井进行试采，这也是南堡油田第一口试采井，使用 8mm 油嘴自喷生产，日产油 95.4m^3，日产气 27835m^3。截至 2011 年 1 月 31 日弃井，该井累计产油 15337.04t，累计产天然气 1632.83×10^4m^3。

南堡 1-5 井，位于南堡 1 号构造较低部位，2005 年 4 月 20 日开钻，7 月 18 日完钻，完钻井深 4110m，完钻层位奥陶系，主要目的层为明化镇组、馆陶组、东一段及奥陶系。完井在东一段测井解释油层 16 层 67.2m，8 月 20 日至 9 月 2 日，对东一段 2698.6～2784.6m 井段 6 层 42.4m 试油，使用 15.48mm 油嘴求产，日产油 469.65m^3，日产气 80127m^3，无水。南堡 1-2 井、南堡 1-5 井钻探成功标志着南堡 1 号构造浅层油藏的发现。

南堡2-3井位于南堡2号构造（老堡区块）主体，2005年6月25日开钻，7月19日完钻，完钻井深3048m，完钻层位东一段。完井测井在馆陶组和东一段解释油层44层207.2m。8月1—26日，对东一段2715～2817.4m井段，8层53.6m试油，酸化后使用15.2mm油嘴自喷，日产油99.61m^3，日产气17689m^3；2006年6月15日至2006年7月3日，对东一段2480.4～2649.4m井段，14层43m试油，使用10mm油嘴自喷求产，日产油143.4m^3，日产气8900m^3。标志着南堡2号构造浅层油气勘探获得重大突破。

南堡4-1井位于南堡4号构造中部（蛤坨区块），是南堡4号构造主体钻探的第一口探井。2006年2月23日开钻，4月24日完钻，完钻井深3226m，完钻层位东一段。完井测井解释油层14层62.8m。3月29日至4月5日，对馆陶组2347.6～2353.8m井段，3层15.4m中途测试，射流泵排液，日产油109.5m^3，南堡4-1井钻探成功标志着南堡4号构造浅层勘探获得突破。

两年多的时间，在南堡1号构造、南堡2号构造、南堡4号构造多口井相继在浅层钻遇较好的油气发现，按照中国石油的要求和统一工作部署，重点开展3个方面的工作：一是利用当时完钻的探井和评价井进行先期储量规模评估，提交探明储量；二是按照海上油田开发方式着手进行开发概念设计编研；三是为满足开发概念设计编制资料需求，实施开发先导试验区。经专家多次论证开发先导试验区选在南堡1号构造1-1井区，目的层为馆陶组馆四段。

南堡油田开发先导试验阶段针对馆四段油藏部署实施了三口水平井。南堡1-平1井，设计水平段长600m，实钻水平段510.09m，钻遇储层486.0m，油层403.8m。2006年11月18日，600m^{3}电泵投产，投产初期使用20mm油嘴求产，日产油510.6t，这是冀东油田历史上第一口日产油超500t的井。南堡1-平2井设计水平段长400m，实钻水平段698.2m，钻遇储层609.2m，油层601.2m。2007年2月27日，800m^{3}电泵投产，使用20mm油嘴求产，日产油682.1t，日产气242043m^3。南堡1-平4井设计水平段长800m，实钻水平段850.4m，钻遇储层798.2m，油层766.6m。4月21日，1000m^{3}电泵投产，使用25.4mm油嘴求产，日产油1058t，为冀东油田第一口千吨井。开发先导试验井钻探成功，一方面证实了南堡油田浅层油气藏的品质，同时为南堡油田开发概念设计编制提供了基础资料。

从2004年老堡南1井发现到2007年7月，在南堡滩海地区的南堡1号、南堡2号、南堡3号、南堡4号、南堡5号构造相继部署和实施了76口预探井和评价井，67口井测井解释有油层，完成试油32口，获工业油流井28口。2007年7月，国土资源部油气储量评审办公室组织对南堡油田南堡1号构造、南堡2号构造明化镇组、馆陶组和东一段申报的探明储量进行审查，最终审定：探明含油面积内完钻47口探评井，完成试油23口井，获得工业油气流井22口，探明含油面积71.15km^2，探明石油地质储量44510.17×10^4t，技术可采储量9490.68×10^4t，溶解气地质储量536.08×10^8m^3，溶解气可采储量111.72×10^8m^3。但当时受海上油田限制，试油、试采及井控程度较低。

4）中深层构造—岩性油藏勘探发现阶段（2008—2017年）

一个探区在构造油藏发现之后，随之而来的必然是构造—岩性油藏勘探领域。早在2006年开始，冀东油田就着手开展了构造—岩性油藏勘探的前期研究和探索工作。重点开展了三项工作。

（1）搭建区域层序地层格架。以单井层序地层划分、地震层序界面相互标定、相互印证，从三维空间对层序界面进行精确的识别与划分，建立区域层序地层格架。

（2）在区域层序地层格架基础上，进行沉积体系分析，精确刻画古地貌，明确构造对沉积的控制作用，建立具有预测功能的层序地层构成模式。

（3）在不同层序地层构成模式下，总结砂体分布规律、油气成藏规律，确定有利勘探目标。

2007—2009 年，为解决构造—岩性圈闭识别与刻画存在的问题，从提高地震资料品质入手，设立了三年地震攻关项目“南堡凹陷大型砂岩体攻关处理”，针对中深层岩性圈闭开展攻关处理，为岩性圈闭的识别、预测奠定了基础。在勘探生产层面，探索了地质模式指导下的构造—岩性圈闭地球物理识别技术，实现了构造—岩性油气藏研究成果向生产成果的有效转化（董月霞等，2012）。

2008 年，针对南堡 2 号构造东营组开展了构造精细落实和有利储层整体评价与预测，部署钻探的南堡 2-52 井在东二段 3422.2～3432.4m 油层段试油，使用 8mm 油嘴控制放喷，折日产油 54.8m^3，少量气，展示了南堡油田东营组岩性油藏的勘探潜力。

2009 年，风险探井堡古 1 井在南堡 4 号构造沙一段勘探获得突破。对沙一段 3332.2～3339.2m 试油，使用 5mm 油嘴放喷，日产油 75.88m^3，日产气 10345m^3，发现了沙一段新的勘探层系。

2011 年，风险探井堡古 2 井在南堡 3 号构造沙一段获得工业油流，完井对沙一段 4248.0～4257.4m 试油，使用 8mm 油嘴自喷求产，折日产油 110m^3，日产气 8.3×10^4m^3，掀起了南堡凹陷岩性油气藏勘探的高潮。

2010 年以来，以构造—岩性油藏为目标，在南堡凹陷实施探井 79 口，获得工业油流井 47 口，探井成功率 59.4%，并相继发现了高柳斜坡沙三段、南堡 4 号构造东二段—沙一段、南堡 3 号构造沙一段、东三段 3 个千万吨级规模增储区带，新增探明储量 4144×10^4t。使高北地区高 5 区块年产油量由 2010 年的 3.59×10^4t 上升到 2016 年的 8.95×10^4t。在南堡 3 号构造堡古 2 区块、南堡 4 号构造南堡 403×1 区块等新建产能 50.1×10^4t/a，已累计生产原油 136.08×10^4t。

2. 主要做法

1）三维地震勘探技术应用

地震技术对油气勘探的重要性不言而喻，特别是在复杂地质条件的地区。南堡油田的发现首先需要总结的是高精度三维地震的科学部署、精心实施和处理解释一体化。

南堡油田的发现从技术上讲与南堡陆地实施二次三维地震勘探并无太大关联，但也正是在南堡陆地实施二次三维地震勘探的基础上获得的高南亿吨级油气发现，真正确立了南堡富油气凹陷的地位，进而使油气勘探工作者树立了在南堡凹陷寻找油田的信心，也为决策者树立了信心，并用实践证实了高品质的三维地震资料是勘探发现的基础。从这一点上说，南堡陆地的二次三维地震勘探是南堡凹陷后续三维地震勘探工作的基础，与南堡油田的发现又有着十分密切的关系（周海民，2007）。

南堡滩海收回探矿权后，最急于开展的工作就是要整体研究评价南堡滩海地区的构造格局。当务之急就是要有一套完整的三维地震资料（周海民，2007）。2002 年冬天，在老堡南地区部署了 83km^2 的三维地震资料采集，并与 1994 年采集的南堡滩海 52.8km^2、2000 年外方采集的 76km^2 南堡南三维地震资料进行连片处理。在此基础上开展了精细构造解释和综合地质研究，论证部署了老堡南 1 井。同时经过论证，在滩海地区整体部署三维地震资料采集 885km^2，与以往三维地震一起形成对南堡滩海地区的三维地震全覆盖。此阶段采集的三维地震资料，根据不同的地面环境与地下地质条件的要求，有针对性地开展了观测系统与采集参数的优化，比如采用了高覆盖次数（覆盖次数 72 次以上，最高 120 次）、小采集面元（采集面元为 25m × 25m）的采集方法，提高了地震资料的信噪比与分辨率。使地震资料品质得到较大程度的改善，能够满足滩海地区复杂断块油藏快速勘探工作的需要。

随后为更好地利用地震资料开展全凹陷整体研究，油田开展“南堡凹陷 2400km^2 大连片叠前时间偏移处理”项目，这是当时中国石油范围内连片处理面积最大的一块处理项目。开展大连片处理的主要地质目的有 3 个：一是再搞一次南堡凹陷的整体认识，以带动陆地老区深化勘探，实现陆上勘探持续发展，带动滩海新区勘探，实现滩海勘探突破；二是整体评价南堡凹陷斜坡带和洼槽区岩性油藏勘探潜力，指导和展开岩性油藏勘探；三是再搞一次老区地质再认识，挖掘老区开发潜力，实现对已发现储量更有效、更科学的开发。

从实施效果来看，南堡凹陷大连片叠前时间偏移处理工程及其后续的构造解释及综合地质研究，发挥了 3 个方面的重要作用：一是对南堡滩海后续勘探和快速落实储量规模起到了关键作用；二是在南堡陆地后续精细勘探、水平井开发工作中发挥了重要作用；三是对现今南堡凹陷岩性油气藏勘探奠定了扎实的资料基础。

2）精心组织勘探前期研究工作

勘探要想有大的发现，前期工作起着决定性的作用。勘探前期工作主要包括选区、地震、综合地质研究、目标评价和部署。对冀东这样一个已经有油气发现的老探区来说，做好地震，搞好前期综合地质研究，特别是把各个研究项目有机地融为一个整体服务于勘探生产就显得尤为重要。

在 2002 年收回滩海探矿权之前，南堡陆地的勘探工作一直坚持注重前期研究，实现少井高效，积累了多方面前期研究工作的经验。收回滩海探矿权后，根据滩海地区地质认识程度低、研究工作参差不齐的状况，及时确定了油气勘探的前期研究工作必须以凹陷整体研究为主线的工作思路。这期间开展了三维地震资料采集的整体部署、大连片叠前时间偏移处理、全凹陷层序地层三维体解释、南堡凹陷成藏动力学和含油气系统研究、南堡凹陷资源评价等多项地质综合研究工作。并在此基础上，动用了冀东油田公司勘探开发研究院、中国石油集团东方地球物理勘探有限责任公司、中国地质大学（北京）及社会各方面力量，立足盆地的构造特征、构造演化、区带划分、沉积模式、成藏组合、富集规律、勘探目标优选等前期基础研究工作。每年勘探研究费用超过亿元，全面系统的前期研究取得的成果对油田的发现发挥了重要作用。

搞好前期研究工作光有资金投入并不一定能取得实实在在的效果，关键在于甲方作用如何发挥，关键在于科学合理地整体设计谋划部署研究工作，关键在于针对不同地质目的明确研究内容与技术路线。南堡油田发现过程中勘探组织者把前期研究工作作为勘探工作的重中之重，坚持亲自确定前期项目、研究思路、研究目标，直至对研究成果的具体要求，保证了前期工作紧紧围绕勘探生产，取得了明显的勘探成效。

总之，在一个地区开展研究工作，一要超前组织，二要立足于整体研究，三要给予足够的精力和时间投入。油气的发现都需要有一个过程，更重要的是需要一个完整的、周密的、科学的前期研究工作部署。

3）注重并强化测井油层评价技术的应用

测井是勘探的关键技术之一，油层综合解释与评价是早期发现油气藏和评价油藏的关键环节。

在新区勘探的早期阶段，探井的解释思路是以油气发现为根本，因此鼓励测井油层评价工作解放思想、创新思维，以不漏掉油气层为追求的目标，而不将测井行业通用的解释成功率作为考核指标，以此给技术人员在思想上松绑。同时积极为测井新技术的应用创造条件，鼓励、支持测井技术创新，为油层解释与评价水平的提高提供保证，为测井技术的成长壮大并发挥作用提供保障。

南堡油田的发现值得提出和总结的井筒工艺技术主要有两项：一是以 MDT 测试为主的快速油层评价技术；二是在淡水和盐水不同钻井液条件下的测井油层综合解释技术。

MDT 测试技术在南堡陆地的勘探开发工作中很少使用。针对南堡滩海勘探采用钻井船、常规试油占井周期较长、成本较高的实际情况，及时决策大量采用了能直观、快速识别油气层和评价油气藏的 MDT 测试技术，进行油层含油性和产液性能的评价，取代常规试油方法进行油层认识。在南堡油田发现期间，先后在 22 口井进行了 MDT 测试，缩短了油层评价周期，节约了时间，加快了勘探进程，同时大大节约了发现成本。事实证明 MDT 测试技术在南堡油田发现和快速评价方面发挥了重要作用。

滩海地区早期钻井大多采用盐水钻井液，盐水钻井液深侵入导致储层电阻率大幅度降低，并且储层岩性细、层间变化快，影响油气层准确识别。在油水层的识别过程中，侧重开展了 3 个方面的工作：一是从岩性、水性及盐水钻井液侵入对电阻率的影响入手，加强测井信息的精细研究，利用多参数交会图版技术实现了储层含油特征的显性化；二是引入地质录井、气测录井等资料，辅助油气水层综合解释；三是加大 MDT 测井新技术应用，采用 MDT 测试结果标定、修正测井解释图版。由此，大大提高了滩海复杂测井环境下低电阻率油层的识别与评价能力。

南堡油田的发现过程再次证明，勘探组织者一定要支持新技术的发展和进步，鼓励技术人员不断解放思想，开拓工作思路，特别是允许他们不断地去尝试采用新的技术，从资金上、组织上、客观环境上为他们营造好的工作氛围，这一点能够在油气发现中起到事半功倍甚至是决定性作用。

4）勘探实施过程中的及时跟踪研究和部署调整

好的勘探部署必须得到很好的执行，才能收到预想的勘探成果。南堡油田从发现到亿吨级储量的落实仅仅用了两年半的时间，在此期间，勘探生产还面临着诸多难题，如装备力量不足、钻井冬歇期导致施工周期短、装备适应性差等，因此南堡油田的发现与及时跟踪研究并进行部署调整有着十分密切的关系。

两年多的时间内，不论节假日，勘探核心团队坚持每天研究勘探生产中遇到的新问题，特别是新钻井在钻达目的层过程中的资料录取、分析、测试和后续井位部署的调整等方面。每隔一段时间还要进行集中研究、整体调整。2004 年，南堡油田的发现井老堡南 1 井获得高产工业油流的层位是奥陶系，但在馆陶组和东一段也有油气发现，在随后钻探的南堡 1 号构造较低部位的南堡 1–5 井东一段钻遇了厚油层并获得了高产工业油气流，预示着浅层有很大的勘探潜力。为快速落实浅层勘探潜力，及时调整勘探方向，决定将浅层作为南堡油田规模勘探的首要目的层，并集中部署了一批探井。南堡油田在发现阶段的两年多时间里，部署上共进行了 14 次大的调整，确保了在快速拿下油田的过程中少走弯路、少投入。

总之，南堡油田发现的历程给了很多的思考和体会，可以简单归纳为 10 个方面：一是要有强烈的找油意识与宽松的找油氛围；二是要注重对勘探对象进行整体研究、整体部署；三是要充分发挥各专业特长，真正实现多学科联合研究；四是要选准勘探突破口，并根据进展及时进行科学调整；五是注重先进适用勘探技术的集成创新；六是前期研究过程中油公司要发挥主导作用；七是敢于否定自我，不断更新地质认识；八是要坚持工程技术服从服务于地质需要；九是养成精细工作的良好作风；十是要充分整合技术资源，发挥“油公司”管理体制的优势。

第十一章　油气资源潜力与勘探方向

南堡凹陷为冀东探区主力生油凹陷，本章根据“中石油矿权区油气资源评价”之“冀东探区‘十三五’油气资源评及经济、环境评价”结果，在重点解剖分析南堡凹陷油气资源基础上，进一步明确南堡凹陷剩余油气资源潜力和分布特征，以及今后勘探方向。

第一节　油气资源预测

一、常规油气资源预测

1. 计算方法

按照中国石油矿权区油气资源评价统一组织、统一方法等要求，将南堡凹陷作为一个复合含油气系统，对各烃源岩的生烃历史、生烃量进行了模拟计算，定量再现了关键时刻的油气运聚格局；结合油气成藏的输导体系、运移条件分析，优选圈闭加和法、类比法和供油单元法三种方法，进行了南堡凹陷及各区带油气资源量计算；在此基础上，应用特尔菲法加权平均，得出南堡凹陷及各个区带的资源量。

2. 南堡凹陷生烃量

利用中国石油勘探开发研究院研制的盆地模拟软件，对南堡凹陷古近系三套烃源岩（E_3d_3、E_2s_1、E_2s_3）的生烃量计算如下。

（1）南堡凹陷总生油量为 115×10^8t，总生气量 $63211\times10^8m^3$。分东营组沉积末期（24.6Ma）和明化镇组沉积末期（2Ma）两个成藏关键时期，总生油量中有 47.4% 在东营组沉积末期（24.6Ma）前生成，另有 44.7% 是在明化镇组沉积末期（2Ma）前生成（图 11-1 和图 11-2）。

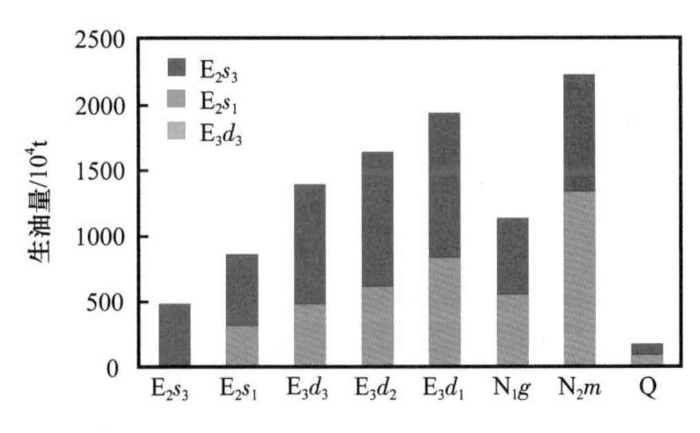

图 11-1　南堡凹陷各时期生油量直方图

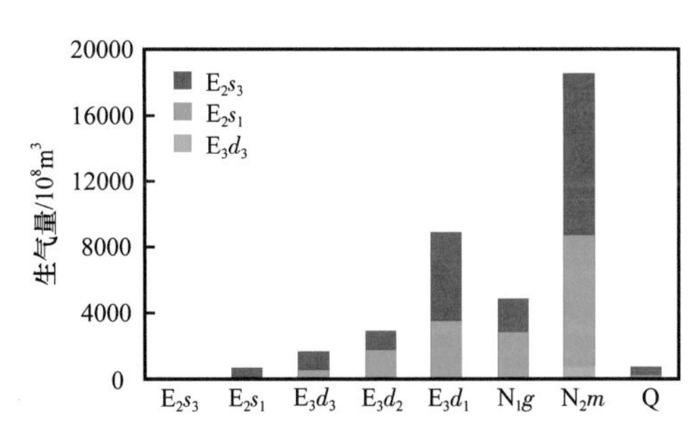

图 11-2　南堡凹陷各时期生气量直方图

（2）南堡凹陷三套烃源岩层系的成烃贡献不同，沙三段成烃贡献最大，总生油量 54×10^8t，总生气量 $29681.68\times10^8m^3$，占南堡凹陷总生烃量的 47%，沙三段和沙一段成烃贡献占全区总生烃量的91.3%，为南堡凹陷主力烃源岩层系；东三段由于烃源岩埋藏深度不足，热演化程度较低，生烃潜量有限，仅在林雀次凹及曹妃甸次凹深部有部分达到低熟阶段（表11–1）。

表11–1　南堡凹陷不同烃源岩层累计成烃贡献

烃源岩层	E_3d_3	E_2s_1	E_2s_3	合计
累计生油 /10^8t	10	51	54	115
累计生气 /10^8m^3	5496.62	28032.70	29681.68	63211.00
油气当量 /10^8t	10.87	64.05	89.22	164.14
贡献率 /%	8.7	44.3	47.0	100.0

3. 常规资源预测

依据南堡凹陷勘探历程、勘探程度及地质认识程度，利用类比法、圈闭加和法和供油单元法，分别计算了南堡凹陷各区带油气资源量。

地质类比法即由已知区推测未知区的方法，其基本假设条件是：某一评价盆地（预测区）和某一高勘探程度盆地（刻度区）具有相似的油气成藏地质条件，因此也具有大致相同的含油气丰度（面积丰度）。

根据南堡凹陷勘探现状，北部陡坡带选择高勘探开发程度的高柳构造带作为类比刻度区；南部缓坡带选择勘探程度较高、对南堡凹陷勘探意义较大的南堡1号构造东一段、南堡3号构造沙一段分别作为明化镇组—东一段、东二段—沙三段油气藏的类比刻度区；前古近系潜山借用了华北任丘潜山刻度区。在对刻度区解剖的基础上确定运聚系数、可采系数、资源丰度等关键参数；根据各个区带的成藏特征，通过类比确定相似系数，进而计算得出南堡凹陷石油资源量为12.14×10^8t，可采资源量为2.53×10^8t。

圈闭加和法的基本原理是将刻度区内所有的远景圈闭，根据圈闭体积法分别计算圈闭资源量，然后通过所有圈闭资源量的加和得到刻度区内的总资源量。通过圈闭加和法计算的南堡凹陷地质资源量为11.03×10^8t，可采资源量为2.22×10^8t。

供油单元法是在油气生烃量模拟的基础上，以高柳构造带为刻度区，根据供烃源岩、供烃方式、构造背景及储层发育特征等因素对比分析，确定运聚系数，计算地质资源量和可采资源量，由此所得的南堡凹陷石油地质资源量为12.82×10^8t，可采资源量为2.66×10^8t，天然气地质资源量为$2512 \times 10^8m^3$，可采资源量为$996 \times 10^8m^3$。

根据圈闭加和法、类比法和供油单元法的合理程度与可靠性，应用特尔菲法进行加权平均。其中类比法充分考虑到了各区带成藏条件的差异性，其可靠程度相对较高，取权值0.3；圈闭加和法侧重于油气聚集空间有效体积的分析，同时也考虑了凹陷内已发现油气藏的聚集丰度和聚集规律，是三种方法中最可靠的，取权值0.4；供油单元法为成因法，除了在生烃量的计算中比较可靠外，对聚集量计算中运聚系数的确定比较粗略，权重取权值0.3。计算南堡凹陷石油地质资源量为11.90×10^8t，可采资源量为2.44×10^8t；天然气地质资源量为$2511.56 \times 10^8m^3$，可采资源量为$996.00 \times 10^8m^3$（表11–2）。

表 11-2　南堡凹陷各区带资源量汇总表

计算方法	资源量	南堡1号	南堡2号	南堡3号	南堡4号	南堡5号	老爷庙	高柳	合计
资源丰度类比法（0.3）	地质 /10^8t	2.64	2.76	0.90	0.85	0.89	0.95	3.15	12.14
	可采 /10^8t	0.55	0.56	0.21	0.19	0.16	0.19	0.67	2.53
圈闭加和法（0.4）	地质 /10^8t	2.43	2.08	0.81	0.73	0.57	1.02	3.39	11.03
	可采 /10^8t	0.49	0.42	0.16	0.15	0.11	0.21	0.68	2.22
供油单元法（0.3）	地质 /10^8t	3.49	1.77	0.92	1.81	0.58	1.29	2.96	12.82
	可采 /10^8t	0.70	0.35	0.21	0.38	0.13	0.23	0.66	2.66
汇总	地质 /10^8t	2.81	2.19	0.87	1.09	0.67	1.08	3.19	11.90
	可采 /10^8t	0.57	0.44	0.19	0.23	0.13	0.21	0.67	2.44
供油单元法（天然气）	地质 /10^8m^3	608.78	625.66	264.24	216.27	347.17	308.98	140.46	2511.56
	可采 /10^8m^3	228.30	264.55	116.70	84.11	139.64	133.14	29.22	996.00

二、非常规油气资源预测

南堡凹陷非常规油气（致密油）研究处于起步阶段，非常规油气资源勘探程度相对较低，主要集中在高柳地区深层 $E_2s_3^3V$ 和 $E_2s_3^5$ 致密砂岩中。采用小面元容积法计算致密油资源量为 0.72×10^8t（表 11-3），可采资源量为 0.057×10^8t。

表 11-3　南堡凹陷致密油地质资源量汇总表

区块	类型	层位	面积 / km^2	厚度 / m	孔隙度 / %	饱和度 / %	地质资源量 / 10^8t	可采系数 / %	可采资源量 / 10^8t
高柳	致密油	$E_2s_3^3V$	68.9	20.7	8.9	60	0.40	8	0.032
		$E_2s_3^5$	84.8	15.5	7.7	60	0.32	8	0.025
小计							0.72		0.057

三、历次资源评价结果对比

从 1985 年第一次全国油气资源评价开始，南堡凹陷先后进行过五轮油气资源评价（表 11-4）。资料基础不断丰富，从早期的少量钻井资料、二维地震格架控制，到探井密度达 0.51 口 /km^2、全凹陷的大连片三维地震资料；评价方法从早期的成因法到统计法、类比法、成因法综合使用。总体上说，随着南堡凹陷勘探程度的提高，地质认识不断深化，地质资料不断丰富，以及资源评价方法的不断完善，对南堡凹陷资源潜力的认识也不断深入。

表 11-4　南堡凹陷历次油气资源评价结果

名称	完成时间	总生烃量 / 10^8t	资源总量 / 10^8t	资料基础	研究方法
第一次全国油气资源评价	1985 年	117.50	5.1013	以南堡陆地少量钻探资料为主；二维地震格架控制	成因法
第二次全国油气资源评价	1993 年	133.91	6.9840	以南堡陆地资料为主；滩海二维地震格架控制，滩海地区通过与邻区和本区勘探程度较高区带类比研究	
中国石油第三次油气资源评价	2002 年	46.58	4.2807（可探明资源量）	以南堡陆地资料为主，滩海少量三维地震，滩海地区刻度区、烃源岩类比渤海湾其他凹陷	盆模法 统计法 类比法
新一轮全国油气资源评价	2005 年	69.81	7.9151	以南堡陆地钻井资料为主，滩海大连片三维地震资料，滩海地区刻度区类比渤海湾其他凹陷；烃源岩主要利用地震资料预测	成因法 统计法
中国石油第四次油气资源评价	2015 年	114.00	12.1900	随着南堡陆地、滩海钻井的增加，本次评价是基于全凹陷大连片三维地震资料，其构造、储层、成藏等方面的研究认识不断深化，南堡陆地和滩海勘探也都有新发现	盆模法 统计法 类比法

从最近的两次新一轮全国油气资源评价与中国石油第四次油气资源评价结果对比可以看出（表 11-5），变化的原因主要有两个方面。一是对优质烃源岩范围、类型、生烃潜量的认识发生了变化，增加了模拟生烃量。2005 年新一轮全国油气资源评价时，探井密度为 0.18 口 /km^2，且主要分布在北部的南堡凹陷陆地地区，南部滩海地区仅有 1～2 口深井；到 2015 年中国石油第四次油气资源评价时，探井密度增加到 0.51 口 /km^2，且在南部滩海地区增加了 47 口深井，同时地球化学研究程度进一步加深，地质认识进一步提高，沙三段及沙一段有效烃源岩的面积、最大厚度、有机质丰度和类型均较新一轮全国油气资源评价有明显增加，模拟的生烃量增加（表 11-6）。二是通过储量的增加与深化地质研究，以统计法、类比法为主开展的资源量计算更为客观，从资源评价分区带计算结果表（表 11-7）可以看出：资源量增加的区带主要在南堡 1 号构造、南堡 2 号构造、南堡 3 号构造及高柳地区，占增加资源量的 94%，均为这几年工作量增加较大、研究更为深入的区带。

表 11-5　南堡凹陷新一轮全国油气资源评价与中国石油第四次资源评价评价结果对比表

轮次	生油量 / 10^8t	地质资源量 / 10^8t	可采资源量 / 10^8t	运聚系数 / %	可采系数 / %	地质资源丰度 / $10^4t/km^2$	可采资源丰度 / $10^4t/km^2$
新一轮全国油气资源评价	69.81	7.91	1.70	11.3	21.5	41.0	9.0
中国石油第四次油气资源评价	114.00	12.19	2.49	10.7	20.4	63.1	12.9
差别	44.19	4.28	0.79	−0.6	−0.9	22.1	3.9

表 11-6　南堡凹陷新一轮全国油气资源评价与中国石油第四次油气资源评价烃源岩对比表

轮次	层位	烃源岩厚度 / m	TOC＞2% 面积 / km^2	TOC/ %	有机质类型	成熟度 R_o/ %
新一轮全国油气资源评价	E_2s_3	40～760	367	0.80～2.80	II_2—II_1	0.8～1.8
中国石油第四次油气资源评价		50～500	560	0.78～8.27	I_1—II_1	0.6～1.6
新一轮全国油气资源评价	E_2s_1	20～300		0.80～1.40	II_2—I	0.8～1.3
中国石油第四次油气资源评价		340	568	0.52～2.69	II_1—II_2	0.6～1.2

表 11-7　南堡凹陷新一轮全国油气资源评价与中国石油第四次油气资源评价分区带资源量对比表

单位：10^8t

参数		南堡1号	南堡2号	南堡3号	南堡4号	蛤坨	南堡5号	老爷庙	高柳	合计
地质	中国石油第四次油气资源评价	2.77	2.19	0.87	1.04	0.13	0.62	1.18	3.39	12.19
	新一轮全国油气资源评价	2.54			1.23		0.87	0.63	2.65	7.91
	差值	3.29			−0.05		−0.25	0.55	0.74	4.28
可采	中国石油第四次油气资源评价	0.57	0.45	0.18	0.21	0.03	0.13	0.24	0.68	2.49
	新一轮全国油气资源评价	0.53			0.26		0.18	0.13	0.56	1.65
	差值	0.67			−0.02		−0.05	0.11	0.12	0.84

四、资源分布及特点

1. 常规石油资源分布

南堡凹陷常规石油资源总量为 11.8928×10^8t，剩余石油地质资源总量为 7.1088×10^8t，资源分布具有以下特点（表 11-8 和表 11-9）。

从石油资源量平面分布看，石油资源量最大的区带为高柳构造和南堡 1 号构造、南堡 2 号构造，占石油资源量的 69%。各构造带的油气勘探程度具有较大的不均衡性，其中高尚堡构造资源探明程度较高，其次为老爷庙构造和南堡 1 号构造，南堡 3 号构造、南堡 4 号构造和南堡 5 号构造资源探明率较低。剩余资源量较大的区带为南堡 2 号构造、南堡 1 号构造和高柳构造。

表 11-8　南堡凹陷石油资源分布表

单位：10^4t

层位	南堡 1 号	南堡 2 号	南堡 3 号	南堡 4 号	南堡 5 号	老爷庙	高柳	合计
明化镇组 + 馆陶组	5363	5404	1340	3559	595	2966	9211	28438
东一段	12375	4190	725	752	687	1404	2350	22483
东二段—东三段	4135	3877	1163	3223	2148	1673	921	17140
沙一段	2404	3113	3485	1864	1429	1549	5957	19801
沙二段—沙三段	3243	3789	1168	1132	1803	3180	13437	27752
前古近系	615	1516	810	373	0	0	0	3314
合计	28135	21889	8691	10903	6662	10772	31876	118928

表 11-9　南堡凹陷剩余石油资源分布表

单位：10^4t

层位	南堡 1 号	南堡 2 号	南堡 3 号	南堡 4 号	南堡 5 号	老爷庙	高柳	合计
明化镇组 + 馆陶组	147	3375	1129	3291	569	268	2465	11244
东一段	2342	1016	436	631	588	614	1200	6827
东二段—东三段	4135	3877	1098	2213	1802	1184	542	14851
沙一段	2404	3113	2919	1607	1367	1549	5494	18453
沙二段—沙三段	3243	3789	1168	1132	1803	3180	2717	17032
前古近系	590	933	785	373				2681
合计	12861	16103	7535	9247	6129	6795	12418	71088

从石油资源层系分布情况看，石油资源量最大的层系为古近系沙河街组沙二段—沙三段和新近系明化镇组 + 馆陶组，分别占常规石油资源总量的 23.3% 和 23.9%，其次为东一段和沙一段；勘探程度也具有不均衡性，古近系东营组东一段和新近系明化镇组 + 馆陶组探明程度高，剩余石油资源量主要分布在古近系沙河街组，约占剩余石油资源总量的 49.9%，其次为古近系的东营组东二段—东三段和新近系明化镇组—馆陶组。

根据成藏条件、剩余资源潜力、油藏类型及配套技术等因素综合分析，主要潜力目标区带有：南部斜坡带的东二段—沙一段、高柳斜坡沙三段、南堡 2 号构造、南堡 4 号构造明化镇组—馆陶组、南堡 5 号构造陆地东营组、老爷庙—高南构造带等。

2. 天然气资源分布

天然气资源总量为 $2511.56\times10^8\mathrm{m}^3$，剩余天然气资源总量为 $2025.76\times10^8\mathrm{m}^3$（表 11-10 和表 11-11）。

表 11-10　南堡凹陷天然气资源分布表　　单位：10^8m^3

层位	南堡 1 号	南堡 2 号	南堡 3 号	南堡 4 号	南堡 5 号	老爷庙	高柳	合计
明化镇组 + 馆陶组	47.73	20.54	5.90	26.69	1.75	19.58	34.08	156.27
东一段	167.06	113.97	5.29	4.66	18.27	17.41	18.57	345.23
东二段—东三段	35.15	30.63	13.26	38.68	35.66	21.75	6.35	181.48
沙一段	22.84	28.02	48.79	22.74	53.68	23.24	25.02	224.33
沙二段—沙三段	162.00	238.00	88.00	108.00	208.31	227.00	56.44	1087.75
前古近系	174.00	194.50	103.00	15.50	29.50	0	0	516.50
合计	608.78	625.66	264.24	216.27	347.17	308.98	140.46	2511.56

表 11-11　南堡凹陷剩余天然气资源分布表　　单位：10^8m^3

层位	南堡 1 号	南堡 2 号	南堡 3 号	南堡 4 号	南堡 5 号	老爷庙	高柳	合计
明化镇组 + 馆陶组	1.18	12.78	4.97	24.67	1.75	1.74	9.34	56.43
东一段	31.55	27.49	3.18	3.91	15.63	7.59	9.51	98.86
东二段—东三段	35.15	30.63	12.52	26.56	29.93	15.40	3.75	153.94
沙一段	22.84	28.02	14.10	19.61	50.25	23.24	23.03	181.09
沙二段—沙三段	162.00	238.00	88.00	108.00	208.31	227.00	45.79	1077.10
前古近系	164.21	176.17	72.96	15.50	29.50	0	0	458.34
合计	416.93	513.09	195.73	198.25	335.37	274.97	91.42	2025.76

从天然气资源层系分布看，剩余天然气资源量最大的层系为古近系沙河街组沙二段—沙三段和前古近系，分别占剩余天然气资源总量的 43.3% 和 20.6%，其次为东一段和沙一段；从天然气资源量平面分布看，天然气资源量最大的区带为南堡 1 号构造、南堡 2 号构造、南堡 5 号构造和老爷庙构造。

南堡凹陷古近系沙河街组沙一段以浅，以原油伴生气为主，气层气主要分布在古近系沙河街组沙二段—沙三段和前古近系。剩余气层气资源量较大的区带为南堡 5 号构造、南堡古生界潜山和老爷庙构造。

3. 致密油资源分布

南堡凹陷古近系致密油地质资源量为 0.72×10^8t，可采资源量为 0.057×10^8t，主要分布在高柳深层沙三段 $E_2s_3^3V$ 和 $E_2s_3^5$ 致密砂岩中。其中 $E_2s_3^3V$ 致密砂岩油资源量为 0.4×10^8t，$E_2s_3^5$ 致密砂岩油资源量为 0.32×10^8t。

第二节　油气勘探方向

以南堡凹陷为主要勘探目标区，加强中浅层（N_2m—E_3d_1）油藏的整体评价，寻找开发高效建产区块，积极拓展中深层和深层（E_3d_2—E_2s）构造—岩性油藏，实现规模增储，同时积极准备深层天然气和致密油等后备勘探领域，拓展外围新区，争取有所发现。

一、中浅层（N_2m—E_3d_1）油藏

南堡凹陷中浅层（N_2m—E_3d_1）构造油藏是以古近系东营组东三段以下烃源岩为油源，以明化镇组、馆陶组河流相高孔高渗透砂岩和东一段（扇）三角洲中—高孔、中—高渗透砂岩为储层的下生上储式成藏组合。在南堡凹陷的各个区带该成藏组合均有油气发现，油藏埋深1200～3200m，含油井段最长可达1030m，油藏类型以低幅度背斜构造油藏、断块（鼻）构造油藏为主，同时发育构造背景上的岩性油藏。

中浅层（N_2m—E_3d_1）油藏是南堡凹陷勘探程度最高的油藏，常规石油资源总量5.0×10^8t，探明率63.8%，剩余石油地质资源量1.81×10^8t。主要分布在南堡2号构造、南堡4号构造和高柳构造，约占剩余石油地质资源量的65.1%。

中浅层（N_2m—E_3d_1）油藏主要受充足的油气来源、优势断层输导、良好储盖组合、优越保存条件等因素控制。潜山背景之上，主力烃源岩覆盖区、早期控带断层控制的勘探程度相对较低的晚期构造带油气较为富集。

通过资源潜力（未钻圈闭条件与储量动用情况）、油源条件（距烃源岩距离、油气运移方向和通道）和储集条件（沉积相带、砂岩百分含量）三方面分析，综合评价下步的勘探方向为：南堡1号构造、南堡2号构造主体富油构造的滚动扩边及油藏再评价，南堡2号构造东部、南堡4号构造复杂断裂带储量规模拓展。

1. 南堡1号构造、南堡2号构造主体富油构造

南堡1号构造、南堡2号构造主体勘探面积400km^2，均为潜山背景上发育的背斜构造，南堡1号构造带可进一步划分为3个局部构造：南堡1-1区断鼻构造、南堡1-3区复杂断裂带，南堡1-5区断背斜构造。南堡2号构造主体为潜山背景之上发育的披覆背斜构造带，可细分为南堡2-1区断鼻构造和南堡2-3区断背斜构造。

南堡1号构造、南堡2号构造主体明化镇组、馆陶组、东一段油藏是冀东油田的主力开发区块，也是冀东油田探明未动用储量主要分布区，勘探开发存在两大难题，一是火山岩发育，油藏进一步复杂化，准确刻画其分布难度大；二是油藏受构造、储层等多因素控制，关键控藏要素研究及富集规律认识难度大。

通过油藏类型及其控藏要素的精细评价，低幅度构造与火山岩边界的精细刻画，老井重新评价和重新认识，可以进一步落实储量规模。主要的潜力目标包括构造主体未动用储量再评价、外围低幅度构造圈闭滚动评价、翼部岩性油气藏的规模评价。

2. 南堡2号构造东部、南堡4号构造

南堡2号构造东部、南堡4号构造的中浅层（N_2m—E_3d_1）油藏勘探程度较低，是寻找中浅层规模储量的重点地区。

南堡2号构造东部继承性活动的油源断层及晚期花状构造样式控制的断背斜构造带，有利勘探面积60km^2。南堡2号构造东部井控程度较低，老堡1井在东一段2879.2～2882.4m试油，获得日产油79.6m^{3}的高产工业油流，但其后在南堡2号构造东部相继钻探了8口探井，均未取得突破，油气富集规律需进一步深化研究。加强南堡2号构造东部成藏主控因素研究，落实低幅度构造，寻找富集区块是下步的重点工作。

南堡4号构造勘探面积约150km^2，为在潜山背景上发育起来的北西走向的断裂构造带，中浅层被多条斜列的断层复杂化，平面上呈帚状构造样式。构造被南堡4号断层分割为两部分，下降盘被多条北东向转北西向的帚状断层切割，发育阶梯状断鼻、断块构造，局部断块高点位于主断层附近；上升盘为宽缓的断背斜或断鼻构造，地层南抬北倾，产状平缓，呈斜坡状。

南堡4号构造中浅层具有多层系含油的复式油藏特征，油藏沿油源断裂两侧分布，不同的断块油气分布层段不同；低砂地比的组段主要发育低幅度构造油气藏，高砂地比的组段主要发育构造油气藏、构造—岩性油气藏；油层多分布在薄层细砂岩中，围绕油源断层的低幅度构造和有利储层发育区是重点勘探目标。

二、中深层和深层（E_3d_2—E_2s）油藏

中深层和深层（E_3d_2—E_2s）油藏主要是以古近系东营组东二段—沙河街组（扇）三角洲中—低孔、中—低渗透砂岩为储层形成的自生自储和下生上储式成藏组合。

中深层和深层（E_3d_2—E_2s）油藏是南堡凹陷剩余资源量最为丰富但又勘探程度相对较低的成藏组合，常规石油资源总量为6.47×10^8t，约占资源总量的54.4%，剩余石油地质资源量为5.03×10^8t，约占剩余资源总量的77.7%，高柳构造带勘探程度较高，其他构造带有油气发现，但整体勘探程度较低。

中深层和深层（E_3d_2—E_2s）油藏埋深3200～4500m，构造主体以构造和构造—岩性油藏为主，斜坡区以构造—岩性油藏和岩性地层油藏为主。油藏分布受到烃源岩、储层、封盖层、古隆起带、断裂带及超压等地质因素及相互配置关系的控制。

通过对已有勘探成果的分析及对油气成藏条件的认识，认为高柳斜坡带沙三段、南部斜坡构造带及北部陡坡高南—南堡4号构造带、老爷庙构造带为下一步有利的勘探区带。

1. 高柳构造沙三段油藏

高柳构造沙三段勘探主要集中在高柳断层上升盘，东、北以柏各庄断层为界，西以西南庄断层为界，有利勘探面积约170km^2，是冀东油田的主要产油区之一。沙三段为其主力含油层系之一，常规石油资源总量为1.428×10^8t，剩余石油地质资源量为0.356×10^8t。

高柳构造可以分为4个部分：高尚堡构造主体、柳赞构造主体、唐海断鼻和斜坡区。沙三段沉积体系主要受来自柏各庄断层的扇三角洲沉积控制，在柳北和柳东地区近岸水下扇发育，在唐海断鼻发育来自西南庄断层的扇三角洲，规模较小。

高柳构造沙三段油藏具备近油源、储集砂体发育、输导条件有利等成藏条件，具有储集砂体发育、油层富集程度高的特点，在构造主体发育构造油藏，斜坡区受构造、沉积演化控制，岩性地层圈闭发育，以构造—岩性和岩性油藏为主。构造主体勘探程度较高，且

已基本探明。近几年，针对埋深3800～4500m的中低斜坡区，通过构建油藏模式，明确储层特征，预测优势储层发育区，利用压裂提高单井产能，勘探深度和范围不断延伸。

勘探目标有两类：一是围绕优势储层发育区的低勘探程度区，实现勘探目标平面拓展。重点目标包括高北低斜坡沙三段三亚段岩性地层油藏、柳西斜坡带沙三段三亚段岩性地层油藏、柳东断鼻沙三段四＋五亚段岩性油气藏及唐海斜坡带沙河街组岩性油气藏。二是勘探层系的纵向拓展，主要是唐海—高北沙三段一亚段构造—岩性油藏、高尚堡构造主体沙三段三亚段Ⅳ油层组、Ⅴ油层组构造—岩性油藏。

2. 北部陡坡带东三段—沙一段油藏

北部陡坡带包括南堡5号构造、老爷庙构造、高南—南堡4号构造。常规石油资源总量为1.88×10^8t，剩余石油地质资源量为1.58×10^8t，主要含油层系为东二段、东三段、沙一段，油藏埋深3200～4200m。

北部物源沿大的沟谷向盆内注入，在边界断裂下降盘形成扇三角洲、水下扇，河道砂岩与有利构造叠置，发育构造—岩性油藏、岩性油藏、岩性地层油藏。主要勘探目标一是针对已有储量发现的优势储层发育区，如高南—南堡4号构造东部、老爷庙地区，围绕未钻探水下分流河道砂体开展预探评价，增加储量规模；二是针对低勘探程度区甩开预探力求新发现。

3. 南部斜坡区东三段—沙一段油藏

南部斜坡带包括南堡1号构造、南堡2号构造、南堡3号构造，均为潜山披覆背斜构造，南部斜坡带常规石油资源量为1.75×10^8t，在东二段、东三段、沙一段均有油层发现，在南堡3号构造堡古2区块沙一段探明储量822.43×10^4t，整体勘探程度较低，是现实规模增储的领域。

南部斜坡带具有沙三段、沙一段两套成熟烃源岩供烃、南部辫状河三角洲供储、两期断裂及不整合混合输导的成藏条件，构造主体部位发育构造油气藏和构造—岩性油藏，斜坡区发育岩性地层油气藏，优势储集砂体控制油气富集程度。油藏埋深3200～4500m，孔隙度13%～17%，渗透率15～230mD，堡古2井区在4000m之深千米井日产油10～15t，表明南部斜坡区单井产量高，是规模增储的现实区带，重点勘探目标为南堡3号断槽区及南堡1号断槽区、南堡2号断槽区优势储层发育区。

三、致密油

南堡凹陷致密油认识程度和勘探程度均较低，根据中国石油致密油评价及参考标准，从烃源岩、储层与资源规模方面对南堡凹陷致密油开展评价（表11-12）。Ⅰ类区烃源岩丰度高，资源规模大、埋深适中、储层分布广、物性相对好，可实现规模勘探开发，经济效益好；Ⅱ类区各项指标稍逊于Ⅰ类区，通过工程技术攻关，可实现经济效益勘探开发；Ⅲ类区可能个别指标存在短板，如储层面积小或储层厚度较小。评价结果显示南堡凹陷致密油由于资源规模小、储层埋深大，为Ⅲ类地区。

南堡凹陷致密油主要潜力目标区为高柳构造深层沙三段，在高尚堡构造深层高80-12井沙三段烃源岩中的泥岩中获得低产油流，上述发现证实南堡凹陷致密油气等非常规油气藏领域具有一定的勘探潜力，可以作为兼探领域，需要积极加强基础研究与技术储备，为后续勘探突破打好基础。

表 11-12　南堡凹陷致密油综合评价表

评价参数	Ⅰ类	Ⅱ类	Ⅲ类	南堡凹陷（Ⅲ类）	
				E_2s_1	E_2s_3
有机碳含量 /%	＞3.0	2.0～3.0	1.0～2.0	＜2.0	＞3.0
生烃潜量 /（mg/g）	≥10.00			2.28～10.30	2.30～57.20
镜质组反射率 /%	0.8～1.3	0.6～0.8	0.4～0.6	0.5～1.2	0.6～1.8
烃源岩分布面积 /km^2	≥50000	10000～50000	≤10000	750～900	900～1200
烃源岩厚度 /m	≥30	10～30	5～10	＞100	＞100
储层孔隙度 /%	≥7	4～7	≤4	7～10	7～10
储层脆性指数	≥40	25～40	≤25	30	50
储层分布范围 /km^2	≥10000	2000～10000	≤2000	340	120
储层厚度 /m	≥30	5～30	≤5	≥30	≥30
储层埋深 /m	≤3000	3000～4000	≥4000	3000～4000	≥3200
地质资源规模 /10^8t	≥25.00	10.00～25.00	≤10.00	1.33	0.86

第十二章　油气勘探技术进展

油气勘探的每一次发现都伴随着油气勘探技术的进步。20 世纪 90 年代，冀东油田在油气勘探举步维艰时率先实施了二次三维地震资料采集，不仅带来了油气勘探的突破，也推动了国内二次三维地震资料采集的全面实施。此后又率先开展了以凹陷为单元的大连片叠前时间偏移处理，不仅更新了凹陷整体认识，带来了南堡油田的发现，也推动了中国石油大连片处理技术的推广。冀东探区地质条件及地面环境均十分复杂，区内发育典型的复杂断块油田，具有断层发育、构造破碎、储层纵横向变化快、油气藏类型多、油气纵向分布井段长的特点，在勘探实践中集成创新了一批适合冀东地质、地面条件的井筒工程技术，如油气层测井精细解释技术、油气层保护钻井液体系、人工岛密集丛式井优快钻井技术、储层改造技术等。本章重点介绍这些地震、井筒技术的内容、重要参数及实施效果。

第一节　地震勘探技术

从 20 世纪 90 年代开始，冀东油田率先在南堡凹陷老爷庙地区和高柳地区实施了二次三维地震资料采集，带来了南堡陆地的勘探突破，为中国石油天然气股份有限公司全面开展二次三维地震资料采集起到了示范和引领作用，在南堡凹陷各构造分块三维地震资料完成采集的基础上，又率先开展了全凹陷 2400km^2 大连片叠前时间偏移处理，为全面解剖南堡凹陷、整体评价滩海新区、老区深化地质再认识奠定了基础。冀东油田地震勘探历经二维地震、一次三维和二次三维的发展阶段，形成了适合南堡凹陷滩浅海地区复杂断块地质特点的地震勘探配套技术，包括二次三维地震资料采集技术与大连片叠前时间偏移处理技术。

一、二次三维地震采集技术

冀东油田一次三维地震资料采集时间早，地震资料品质差，严重制约了勘探开发进程。如在老爷庙地区，截至 1995 年底，老爷庙地区共有探井 39 口，其中获得工业油气流井 15 口，探井成功率为 38.5%，资储转化率仅为 8.8%，老爷庙油田一直未获勘探大发现，始终面临着“有油无田”的尴尬局面。综合分析认为采集技术落后是制约地震资料品质的关键。从 1994 年开始，冀东油田公司先后邀请国内外知名专家召开地震勘探方法攻关论证会，制订符合冀东地表地下条件的地震勘探技术方案。坚持先导试验验证，并根据试验结果最终确定施工方案。1996 年，率先在老爷庙地区开展了二次三维地震采集，这是国内第一块二次三维地震资料采集区块。在运用当时先进的采集技术的基础上，针对冀东油田复杂地表情况带来的采集难点，形成了包括恢复炮点变观、炮点横向移动变观、块状特观设计与观测系统优化等几项关键技术（周海民等，2004）。

1. 恢复炮点变观技术

油田区内障碍物多，70% 的物理点不能按原设计位置摆放，影响地震信号接收。针对这一难题，创新发展了恢复炮点变观技术，其核心是将设计在障碍物区内的炮点，按照勘探目的层深度要求，对称地向测线两端移动。该技术适用于存在一般性障碍物情况。

2. 炮点横向移动变观技术

油田内分布部分比较典型的障碍物，如长宽都相对固定的养殖池、盐池等，针对该类障碍物内无法放炮的问题，创新发展了炮点横向移动变观技术。其核心为在障碍物附近通过小药量激发，确保障碍物内大部分面元的炮检距、覆盖次数、方位角分布均匀合理，如养殖池周围有一些形状相对固定的沟渠，尽管池中禁止放炮，但在沟渠中仍可进行小药量激发，保证了养殖池内的地震资料采集效果。

3. 块状特观设计技术

如果工区内有大量大型障碍物（如码头等），若采用恢复性变观和非纵变观，仍不能解决浅层资料缺失的问题，针对这种情况，创新发展了块状特观设计技术。其核心是通过块状特殊观测系统设计，解决常规棋盘式观测系统设计的不足，提高小炮检距的覆盖次数，使地震覆盖更加均匀，达到提高采集效果的目的。块状特观设计需注意以下几点：（1）在确认障碍物区内无法正常设置规则的激发线和接收线时，方可设计特殊观测系统；（2）实测障碍物的位置和范围；（3）特观和正常观测系统的 CMP 网格应能够拼接；（4）在保证安全施工前提下，尽可能进入障碍物区布设激发点和接收点；（5）分析各 CMP 点覆盖次数、炮检距分布，及时调整激发点的位置，以减少主要目的层覆盖次数丢失和炮检距不均匀的损失；（6）特观线束、激发点和接收点单独编号。

图 12-1 为高柳地区第五线束在养殖区附近设计的特观图，从浅层覆盖次数分布看，块状特观设计前尽管利用了一切可以放炮的位置，但由于障碍物太大，浅层覆盖次数仍然出现了空白（图中红线处），经过块状特观设计之后，浅层覆盖次数得到了弥补。

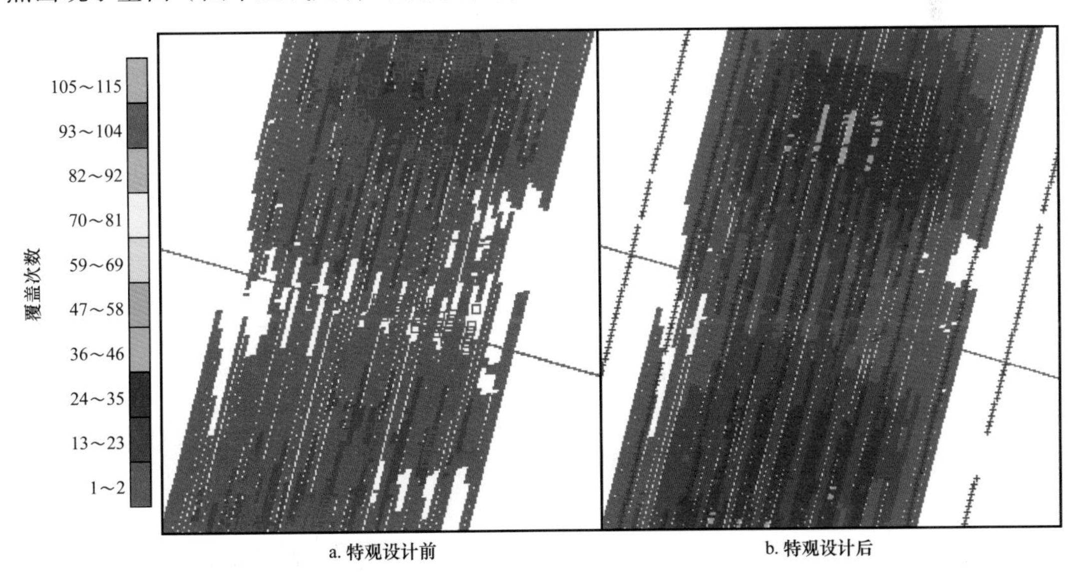

图 12-1　特观设计前后浅层覆盖次数分布对比图（炮检距<1200m）

4. 观测系统优化技术

针对原有三维地震资料采集观测系统采集效果差的问题，创新发展了观测系统优化技术，进一步强化采集参数设计，提高地震资料的信噪比与分辨率，采用高覆盖、小面元、宽方位角的采集方法，并采用变药量激发，在障碍物附近减小药量，最大限度缩小禁炮区，尽可能减小浅层资料缺口。同时，针对目的层埋藏深的特点，合理加大纵向炮检距、横向炮检距，提高深层覆盖次数。

通过表 12–1 可以看出，二次三维地震资料采集与原有三维地震资料采集相比，在激发、接收及观测系统的设计方面有较大提高。

表 12–1　三维地震新老采集参数对比

类型	项目	新老采集参数对比	
		1985 年	1999 年
仪器参数	前放 /dB	48	48
	记录长度 /s	6	6
	采样间隔 /ms	2	2
激发因素	震源	炸药	炸药
	药量 /kg	9	2～4
	井深 /m	12	9～13
接收因素	陆上	12 个线形	井下 1m
	水域	海底封单点	井下 1m
观测系统	施工方式	4 线 ×6 炮	8 线 ×20 炮
	接收道数	240	1120
	覆盖次数	6×2	14×4
	道间距 /m	50	30
	炮点距 /m	100	60
	炮线距 /m	200	150
	接收线距 /m	200	300
	最大炮检距 /m	3250	4695
	最大非纵距 /m	775	1650

二次三维地震采集资料与一次三维地震资料相比（图 10–1 和图 12–2），中浅层资料信噪比更高、波组特征及断面成像变好；中深层资料信噪比较高、波组特征及断面成像较好。地震资料品质的改善为后续老爷庙地区二次勘探取得良好效果提供了保障。

在老爷庙地区二次三维地震取得成功之后，油田又先后在高尚堡、柳赞等地区实施了二次三维地震采集，高柳地区地震资料品质提升（图 12-2 和图 12-3）的程度好于老爷庙地区，为高柳地区地质认识的深化和储量的大幅增加奠定了资料基础。

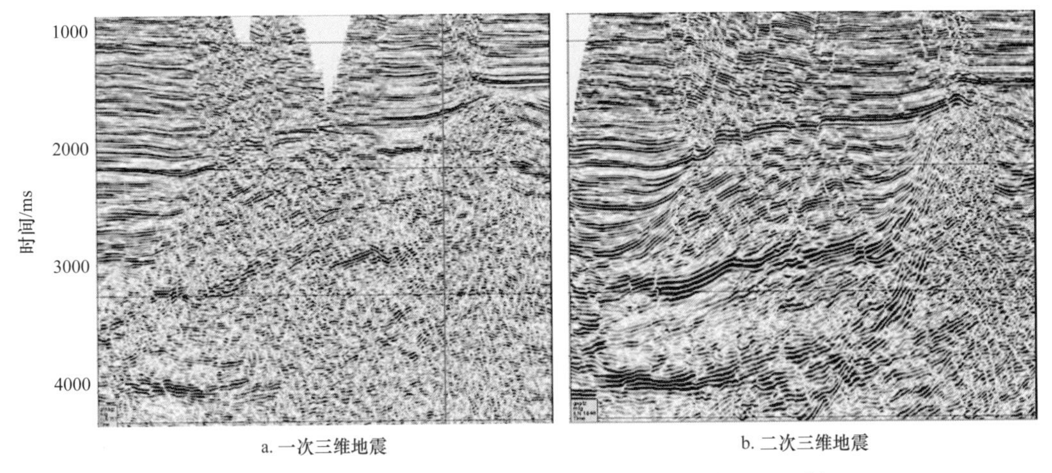

a. 一次三维地震　　b. 二次三维地震

图 12-2　柳赞地区一次三维地震与二次三维地震成果对比剖面

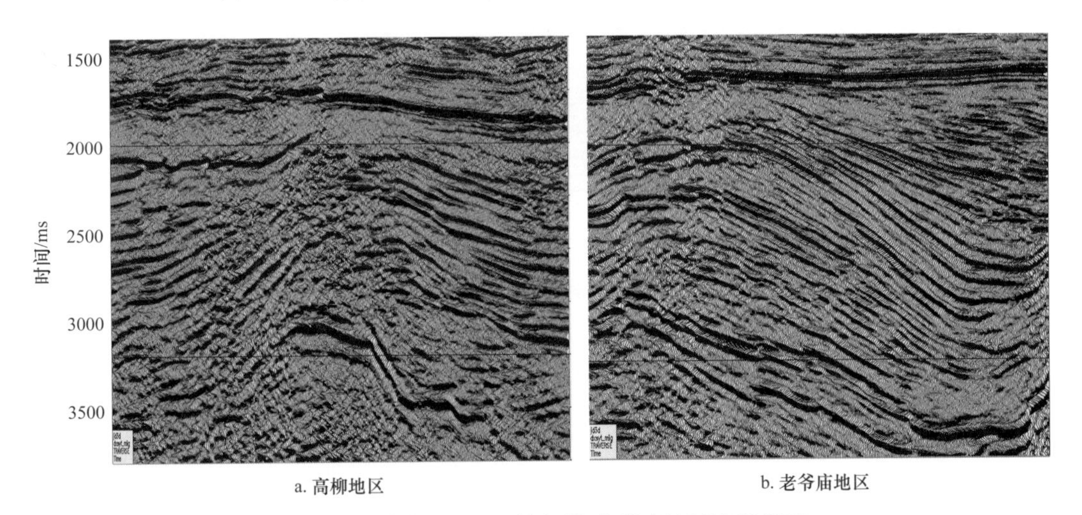

a. 高柳地区　　b. 老爷庙地区

图 12-3　高柳地区地震剖面与老爷庙地区地震剖面

二、大连片叠前时间偏移处理技术

自 1988 年成立至 2002 年，冀东油田勘探工作主要集中在南堡陆地高尚堡地区、柳赞地区、老爷庙地区及唐海地区，地质认识也主要局限于南堡陆地地区，对于凹陷的整体认识尚为浅显。2002 年，冀东油田公司收回南堡滩海探矿权后针对滩海地区进行了整体地震部署。在工作过程中逐渐强烈认识到有必要开展南堡凹陷整体重新认识，以带动陆地老区深化勘探，实现陆上勘探持续发展，带动滩海新区勘探，实现滩海勘探突破；同时全面再评价一次南堡凹陷斜坡带和凹陷区岩性油藏的勘探潜力，指导南堡凹陷岩性油藏勘探；此外，再搞一次老区地质再认识，挖掘老区新的开发潜力，可以实现对已发现储量的更有效更科学的开发。基于以上目的，2003 年，冀东油田针对 30 块不同时期、不同方法采集的 2400km^2 三维数据体开展了连片处理，形成了地表一致性处理技术、子波整形技术、面元均化技术及速度建模与成像技术等大连片叠前时间偏移处理技术系列

（周海民，2007）。

1. 地表一致性处理技术

针对地表接收激发因素不一致带来的地震子波空间变化问题，侧重攻关地表一致性处理技术，包括地表一致性异常振幅压制、地表一致性振幅补偿、地表一致性反褶积和地表一致性剩余静校正处理。地震资料地表一致性处理后，可以消除近地表横向变化对地震子波在振幅、频率、相位方面造成的影响，增强子波一致性，为后续处理奠定基础。

2. 子波整形技术

针对区块内及区块间激发接收因素不同导致地震子波频率和相位存在差异的问题，利用统一的地震子波对区块内地震资料进行整形，进而消除相位差异（图 12-4）。

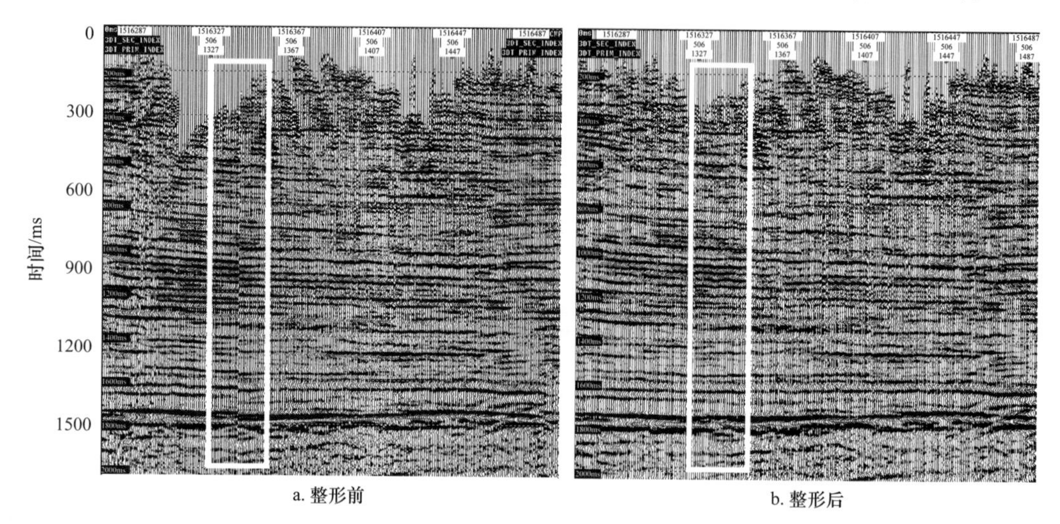

图 12-4　子波整形前后剖面

3. 面元均化技术

针对不同区块三维资料面元大小、方向、覆盖次数及炮检距分布不同的问题，创新发展了面元均化技术，其核心是在统一的地下面元网格中确保覆盖次数及炮检距分布均匀。如图 12-5 所示，未采用面元均化技术前，地震剖面上有的区域覆盖次数较高，有的区域覆盖次数较低或为零且存在空道现象。采用面元均化技术后，上述现象得到明显改善，地震剖面品质显著提高。

4. 速度建模与成像技术

针对连片处理涉及的不同构造单元、不同目的层埋深和新老地层速度差异问题，探索了地球物理响应与钻井信息相结合、处理解释一体化的处理速度建模与迭代修正技术。建立初始偏移速度场后，通过目标线偏移效果分析、剩余均方根速度分析、速度场反复迭代逐步提高其精度。在成像过程中采用克希霍夫叠前时间偏移，提高成像精度，最终形成叠前时间偏移数据体，为整体研究、整体评价提供了数据平台。从完成的大连片叠前时间偏移处理数据效果看（图 12-6），运用大连片叠前时间偏移处理技术解决了全凹陷各个三维区块间的资料拼接问题，改善了整体资料品质，连片处理资料的信噪比和分辨率得到提高，波组特征及断面成像较好。

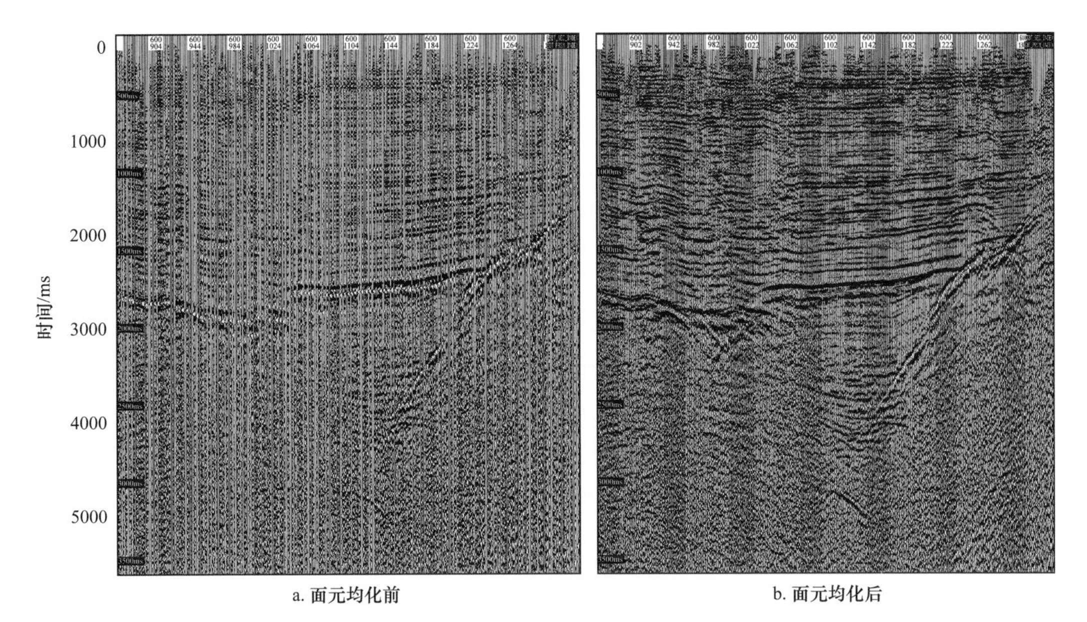

a. 面元均化前　　b. 面元均化后

图 12–5　面元均化前后叠加对比剖面

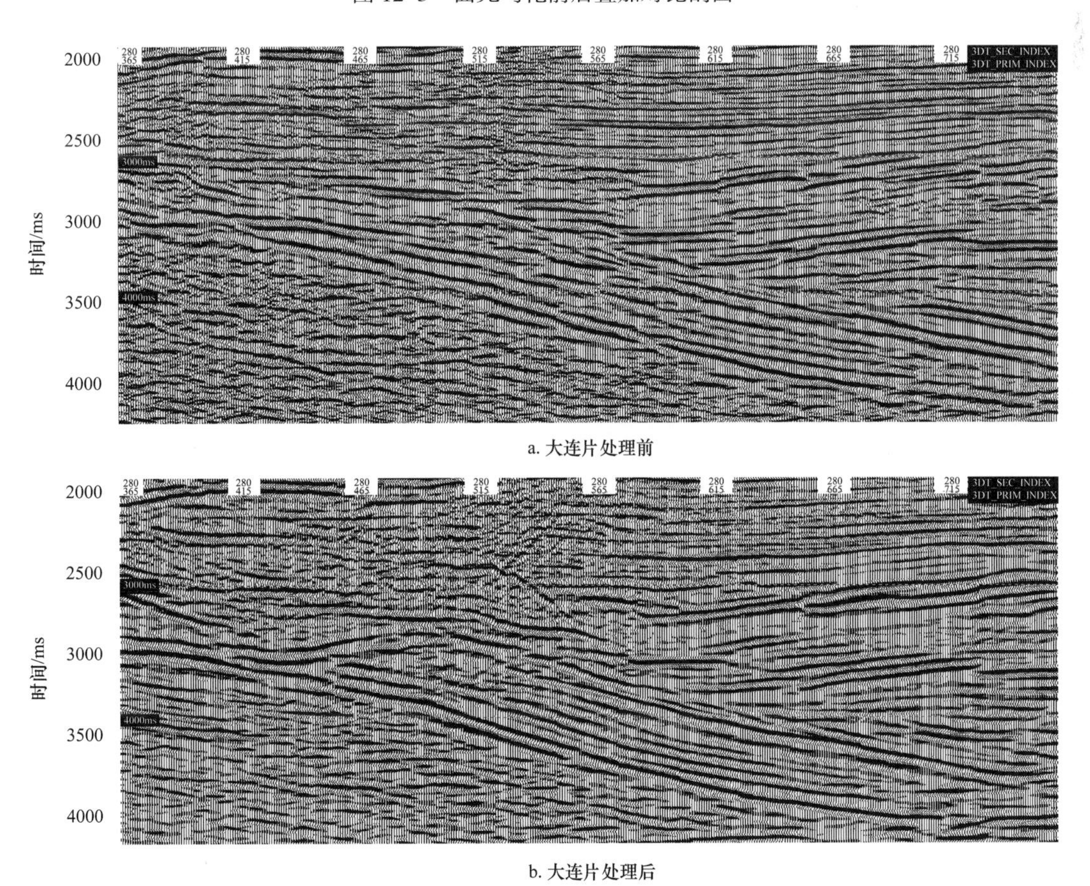

a. 大连片处理前

b. 大连片处理后

图 12–6　大连片处理前后资料对比

冀东油田 2400km^2 大连片叠前时间偏移处理是当时国内连片处理面积最大的一个项目，其消除了不同地区不同时段不同采集观测系统造成的差异，为南堡凹陷的整体研究提供了一套覆盖全凹陷完整的三维地震数据体，为后期整体认识评价南堡凹陷油气地质特征和勘探潜力提供了有力的支撑，随后国内相关探区陆续开展大连片处理，以提升对凹陷、探区资源勘探潜力的整体评价。

第二节　井筒工程技术

冀东探区地处渤海湾滩海地区，地质条件及地面环境均十分复杂。区内发育典型的复杂断块油田，具有断层发育、构造破碎、储层纵横向变化快、油气藏类型多、油气纵向分布井段长的特点。为适应油田勘探开发需要，通过多年探索实践，集成创新了一批适用的井筒工程新技术，如油气层测井精细解释技术、油气层保护钻井液体系、人工岛密集丛式井优快钻井技术、储层改造技术等，为拓展勘探领域及油气高效勘探开发提供了技术支撑。

一、油气层测井精细解释技术

通过"依托市场取资料、依靠自己搞评价"的测井管理模式，冀东油田建立了较完善的项目设计、资料采集、现场管理与质量控制、处理解释与评价体系。冀东探区岩性、物性、水性等地质条件非常复杂，储层测井解释评价难度大，但通过不懈攻关，逐步形成了低阻油气层、低孔渗油气层、潜山碳酸盐岩油气层、火山岩油气层等测井评价特色技术，尤其是低阻油气层、潜山碳酸盐岩油气层的评价思路、方法和技术具有开创性。

1. 低阻油气层测井综合识别技术

冀东油田复杂的沉积环境和断块组合导致储层岩性、物性变化大，非均质性严重，而且地层水矿化度低（一般为1000～15000mg/L），纵横向变化非常大。在这种地质背景下，油水层的一个重要特征是电阻率分布范围非常宽，其中与邻近水层电阻率差异小、电阻增大率小于2的油气层广义地定义为低阻油气层。冀东油田于1996年在国内率先提出了低阻油气层问题，并积极开展识别技术攻关。以岩石物理分析为基础，测井与地质、测井与油藏有机结合，形成了以成因及类型认识、测井采集环境设计、含油性多参数融合图版识别为核心的适合冀东探区低矿化度油藏特点的低阻油气层测井综合识别技术体系。

1）低阻油气层成因及类型

冀东探区低阻油气层按成因可分为五类，即高束缚水含量成因型、地层水矿化度差异成因型、碳酸盐岩含量差异成因型、砂泥岩间互成因型及高矿化度钻井液侵入成因型（高楚桥，2003）。

（1）高束缚水含量成因型。该类油气层本质特征是束缚水含量高、含油饱和度低，油、水层电阻率差异小，视电阻增大率小于2。束缚水含量高的原因主要有两方面，一是黏土含量高，颗粒吸附水能力强；二是孔隙结构复杂，毛细管力控制孔隙空间多。束缚水含量高降低油、水层电阻率差异。该类低阻油气层主要分布在东营组和沙河街组。

（2）地层水矿化度差异成因型。该类油气层的束缚水矿化度较邻近水层高，导致同井段内油、水层电阻率差异小，视电阻增大率小于2，甚至小于1。阳离子交换量高及深层油、气、水向浅层充注是导致油气层束缚水矿化度变高的主要原因。该类低阻油气层主要分布在明化镇组和馆陶组。

（3）碳酸盐岩含量差异成因型。该类油气层碳酸盐含量较邻近水层低，油、水层电阻率差异小，视电阻增大率小于2，甚至小于1。油气早期充注对碳酸盐矿物的溶解作用及后期对碳酸盐矿物形成的抑制作用是导致油气层碳酸盐含量较邻近水层低的直接原因。该类低阻油气层主要分布在东营组二段—沙河街组。

（4）砂泥岩间互成因型。该类油气层富含泥质，且以层状形式分布在砂层中，层状泥质大幅度降低油气层电阻率，导致油、水层电阻率差异小，视电阻增大率小于2，甚至小于1。该类低阻油气层主要分布在浅层明化镇组、馆陶组和东营组一段。

（5）高矿化度钻井液侵入成因型。该类油气层受高矿化度钻井液深侵入影响，近井地带形成低含油饱和度环带，导致油、水层电阻率差异小，视电阻增大率较低。钻井液矿化度越高、浸泡时间越长，视电阻增大率越低。

2）低阻油气层关键识别技术

（1）自然电位定性识别技术。针对以地层水矿化度差异影响因素为主的低阻油气层识别问题，冀东探区于1998年率先在明化镇组、馆陶组应用正异常自然电位辅助识别低阻油气层。以柳125×1井（图12-7）为例，低阻油层自然电位较水层呈小幅度正异常特征，36号油层与邻近水层相比视电阻增大率接近1，但自然电位正异常幅度远小于水层。大量实例证明，自然电位正异常幅度的大小能有效地定性指示地层水矿化度差异成因低阻油气层。

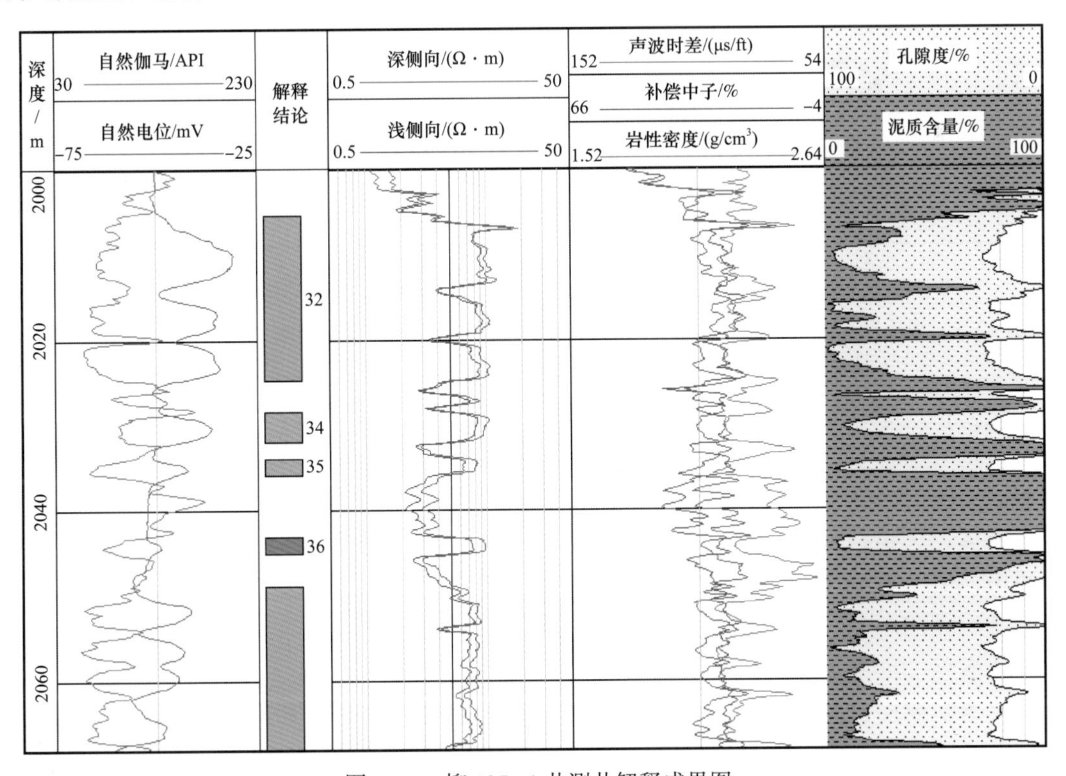

图12-7　柳125×1井测井解释成果图

通过合理控制钻井液电阻率，设计钻井液矿化度较地层水矿化度高 1.5～3 倍，确保目的层段自然电位呈正异常幅度，规避负异常自然电位在指示水性、含油性中的多解性。柳 125×1 井设计钻井液电阻率 0.4～1.0Ω·m/18℃，实测为 0.98Ω·m/18℃，能够保障正异常自然电位资料的录取。

目前，冀东油田在浅层探井累计实施钻井液矿化度设计 157 井次，自然电位定性识别技术应用有效率达 93.8%，开创性地解决了浅层地层水矿化度差异成因低阻油气层定性识别难题，是浅层低阻油气层有效、经济的识别技术。

（2）多参数融合图版识别技术。实践表明，冀东探区更多发育复合成因低阻油气层，针对地层水矿化度差异、高束缚水含量、高矿化度钻井液侵入及复合成因类型，以视地层水电阻率、视地层水电阻率比值等作为储层含油性指示，以自然伽马相对值、束缚水饱和度等作为储层岩相及孔隙结构相指示，研发了针对不同测井环境、不同储层类型的含油性多参数融合识别图版（欧阳健等，1994）。

图 12-8 为视地层水电阻率—自然伽马相对值融合识别图版，适用于淡水钻井液、岩性变化较大的低阻油气层识别；图 12-9 为视地层水电阻率比值—自然伽马相对值融合识别图版，适用于盐水钻井液及岩性、水性变化均较大的低阻油气层识别。两类图版符合率均大于 98%。

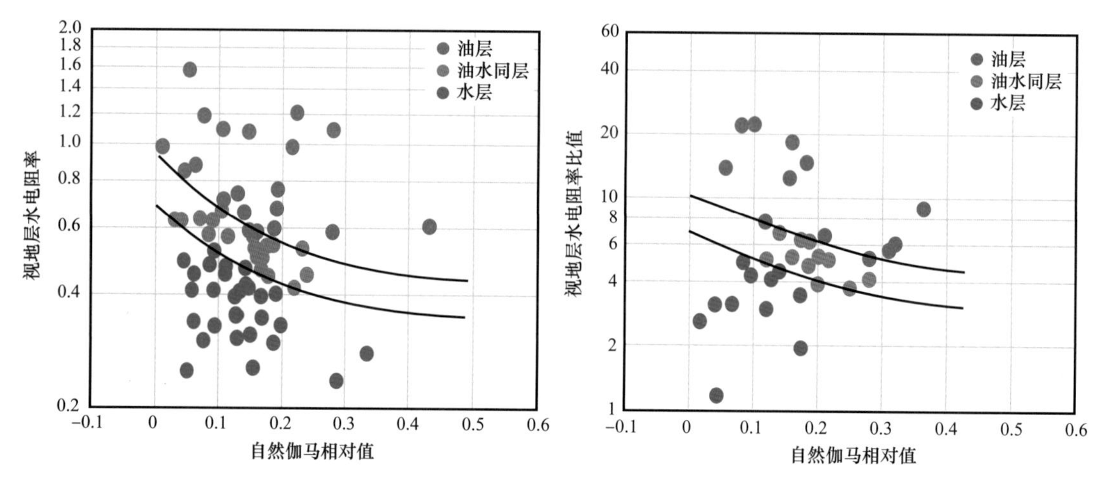

图 12-8 视地层水电阻率—自然伽马相对值融合识别图版

图 12-9 视地层水电阻率比值—自然伽马相对值融合识别图版

（3）MDT 快速识别技术。为拓宽低阻油气层快速识别手段，冀东油田率先在滩海引入 MDT 快速识别技术，利用光学流体分析（OFA 或 CFA）模块的光吸收谱测定区分油和水，同时结合测量流线中流体电阻率区分钻井液、地层中的油、气、水及其他非导电流体，还可以通过取样，进一步直接确认储层内的流体性质。图 12-10 为基于南堡油田测井、测试等资料的 MDT 测井 OFA 分析油气层、油层、油水同层、水层典型图谱。

以南堡 208 井（图 12-11）为例，37 号层电阻率为 4Ω·m，较 40 号层低 6Ω·m，为快速落实储层含油性，对 37 号、40 号层进行 MDT 光谱分析和取样，证实均为油层。后期对 35 号、36 号、37 号、40 号层合试，日产油 230.9m^3。MDT 快速识别技术为冀东探区低阻油气层认识提供了更直接、快捷、可靠的技术手段，提高了低阻油气层快速识别与评价可信度，同时也为完井方案研究、加快勘探评价进程提供了科学的决策依据。

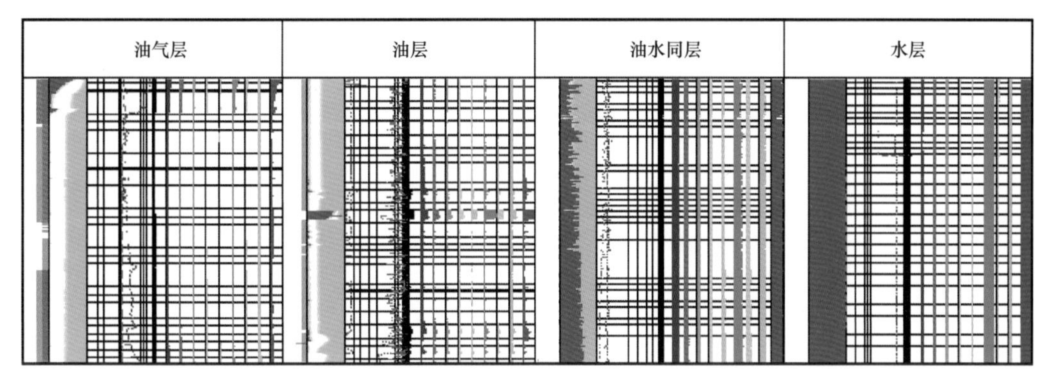

图 12-10　MDT 测井 OFA 分析油、气、水层典型图谱

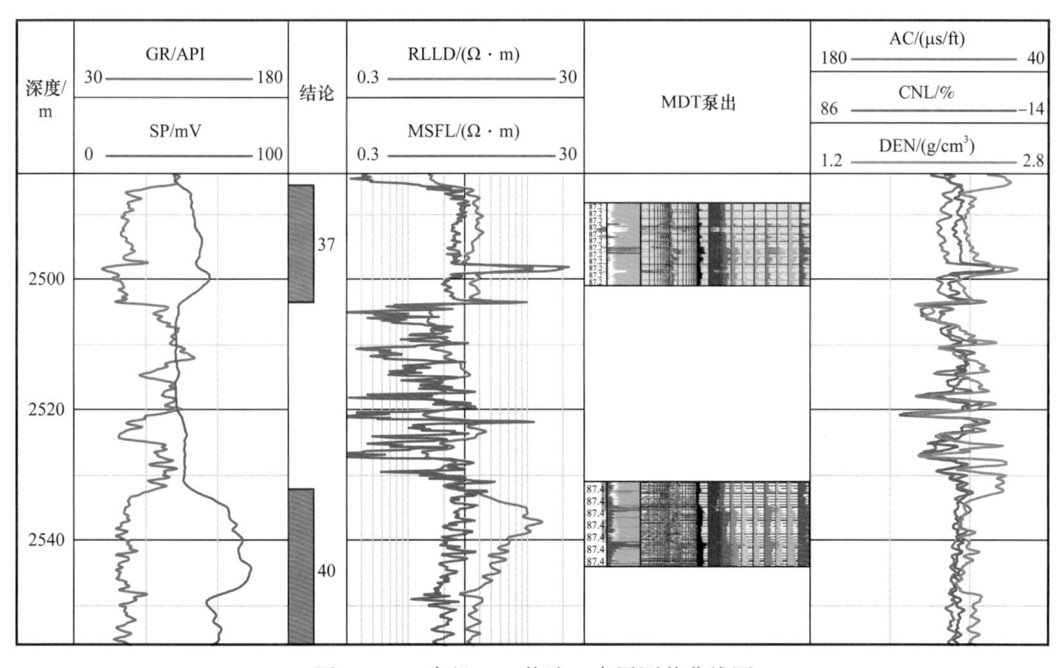

图 12-11　南堡 208 井油、水层测井曲线图

2. 潜山碳酸盐岩油气层测井综合识别技术

冀东探区潜山碳酸盐岩储层为典型的以裂缝及溶蚀孔隙为主的双重储集空间，冀东油田于 2006 年自主开展潜山碳酸盐岩油气层识别技术攻关，形成了以储集空间及有效储层识别与评价为核心的适合冀东探区潜山碳酸盐岩油气藏特点的测井综合识别技术体系。

1）储集空间类型及关键评价参数

冀东探区潜山碳酸盐岩储层发育孔隙、孔（洞）及裂缝三种储集空间类型，依据常规声成像、电成像测井资料，通过基质孔隙度、裂缝孔隙度、溶蚀孔隙度等关键参数对储集空间进行定量表征（司马立强等，2009），见表 12-2。

2）潜山碳酸盐岩油气层关键识别技术

（1）储集空间结构类型识别技术。冀东探区潜山碳酸盐岩储集空间结构分为裂缝型、裂缝—孔洞型、孔洞—裂缝型和孔洞型四种，研发了以裂缝孔隙度、总孔隙度为关键参数的裂缝孔隙度—总孔隙度融合储集空间结构类型识别图版（图 12–12）。

表 12–2　冀东探区潜山碳酸盐岩储集空间结构类型及定量评价参数

储集空间	类别	评价参数	资料基础
孔隙	粒间孔	基质孔隙度	声波、声成像资料
	粒内孔		
	晶间孔		
裂缝	构造缝	等效裂缝宽度 裂缝长度 裂缝密度 裂缝孔隙度 网状缝指示参数	电成像资料
	风化缝		
	溶蚀缝		
孔（洞）	溶蚀孔（洞）	总孔隙度、溶蚀孔隙度	中子、密度、电成像资料
	角砾粒间孔（洞）	基质孔隙度、总孔隙度	声波、中子、密度资料

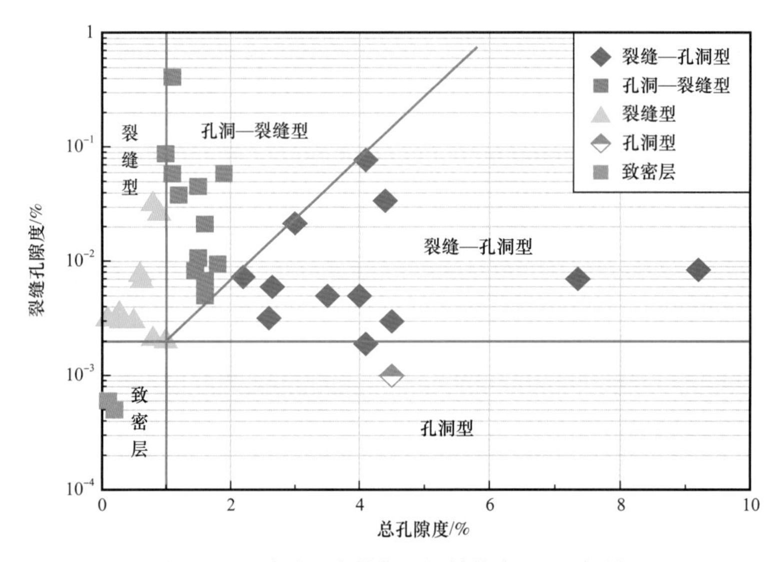

图 12–12　碳酸盐岩储集空间结构类型识别图版

（2）储层品质评价技术。基于标准化后的总孔隙度、裂缝孔隙度、溶蚀孔隙度、渗透性指数等构建储层品质指数，基于测试数据构建储层比产液指数，建立储层比产液指数—储层品质指数交会图版（图 12–13）及二者的函数关系，研发了基于产能刻度测井原则的储层品质评价图版。依据自然工业产能、措施后工业产能和措施后达不到工业产能井动态测试数据，提出了冀东探区潜山碳酸盐岩储层品质三级评价方案及标准（表 12–3）。

（3）流体性质综合判别方法。基于视地层水电阻率、声波时差、纵横波速度比、气测基峰比及烃气湿度指数等测井、非测井油气敏感信息，利用决策树和神经网络两种数学算法，建立数学算法模型，创新发展了多信息的流体性质综合判别技术（图 12–14）。

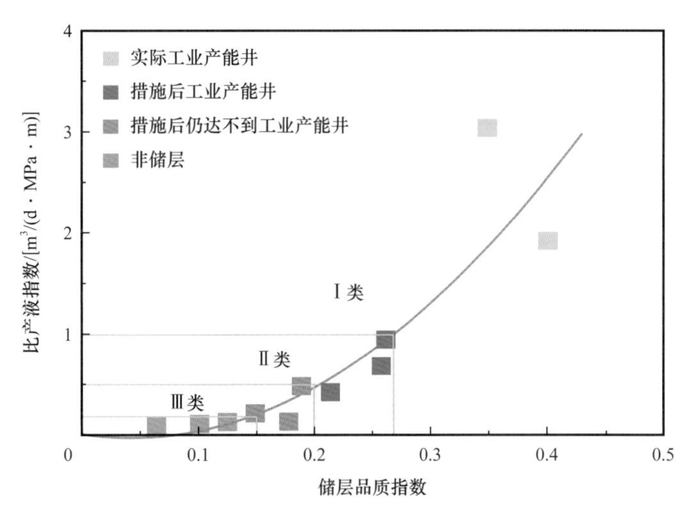

图 12-13　南堡潜山储层品质评价图版

表 12-3　冀东探区潜山碳酸盐岩储层品质评价标准

储层品质评价	储集空间结构类型	南堡凹陷		周边凸起	
		比产液指数 / m^3/（d·MPa·m）	储层品质指数	比产液指数 / m^3/（d·MPa·m）	储层品质指数
Ⅰ类	以裂缝—孔洞型为主	＞1.0	＞0.27	＞3.0	＞0.5
Ⅱ类	以孔洞—裂缝型为主	0.5～1.0	0.20～0.27	1.0～3.0	0.3～0.5
Ⅲ类	以裂缝型为主	0.2～0.5	0.15～0.20	0.3～1.0	0.2～0.3

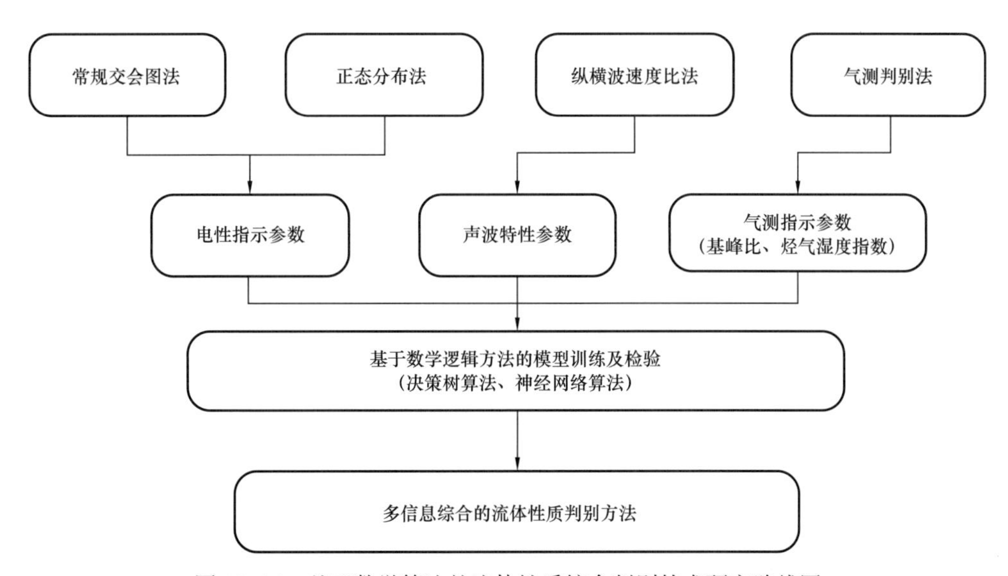

图 12-14　基于数学算法的流体性质综合判别技术研究路线图

以唐 23×1 井（图 12-15）为例，毛庄组 11 号层应用 4 种单项信息判别方法判别流体性质，其结果分别为油层、非含气层、水层，不同方法判别结果不一致（表 12-4），但利用决策树和神经网络模型进行综合判别，结果均为水层，与试油结果一致。基于数学算法的流体性质综合判别方法为减少单一信息判别流体性质的多解性提供了有效手段。

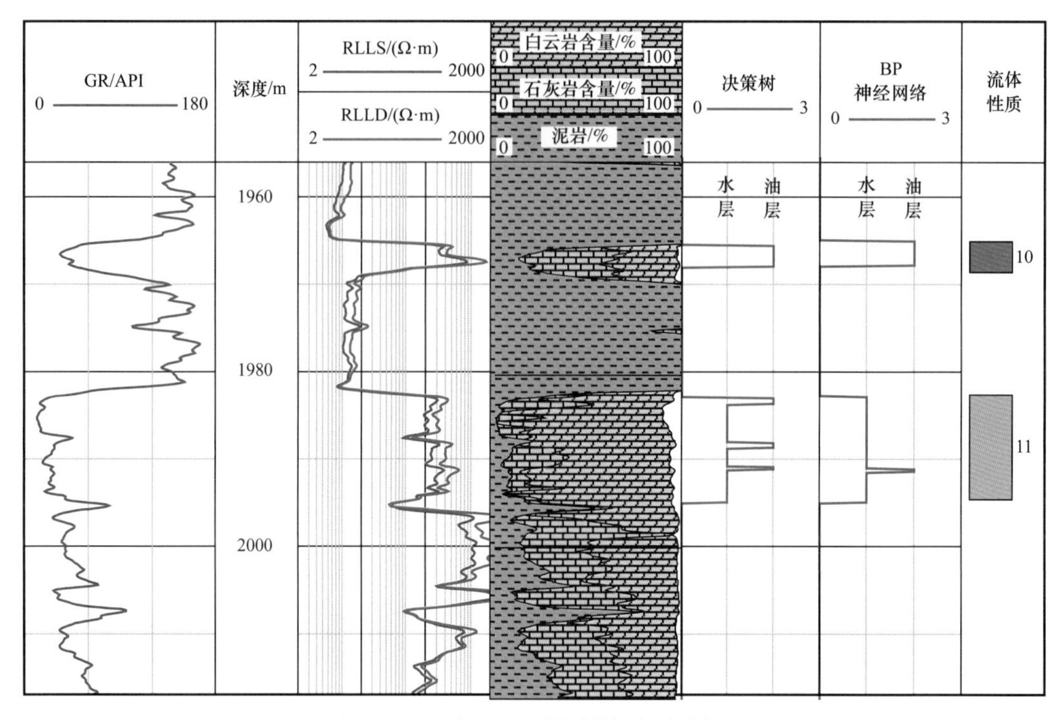

图 12-15　唐 23×1 井测井解释成果图

表 12-4　唐 23×1 井不同方法判别流体性质结果

层号	井段 /m	单项信息判别方法				综合判别方法	
		电阻率—声波时差交会图法	正态分布法	纵横波速度比含气指示法	气测参数判别法	决策树模型	神经网络模型
11	1982.6～1994.8	油层	油层	非含气层	水层	水层	水层

二、油气层保护钻井液体系

冀东探区各区块不同层系间因储层特性差异，其伤害机理和保护措施也有明显区别，针对性的油气层保护技术能够显著提高勘探开发效果。通过多年攻关与实践，形成了强敏感、高温储层油气层保护钻井液体系。

1. 强敏感储层钻井液体系

针对南堡滩海 1 号、2 号构造东一段泥质含量高、敏感性强、非均质性严重、产能与储层物性不匹配等问题，通过岩石伤害机理实验，明确了中等偏强—极强水敏、中等偏弱—强速敏、中等偏强—强碱敏和中等偏强—强盐敏为储层主要伤害因素（表 12-5），研发了以提高抑制性、增强封堵能力及降低滤失量为核心的氯化钾成膜封堵低侵入、低自由水两类强敏感性储层钻井液体系。

氯化钾成膜封堵低侵入钻井液体系：基于物化封堵成膜、高效抑制水化及活度平衡三元协同作用机理，在近井壁形成动滤失速率为0、厚度小于1cm的成膜封堵环带，阻止固相和液相进入地层，其基础配方为：两性离子聚合物（0.3%～0.5%）、抗高温降滤失剂（2%～3%）、防塌剂（2%～3%）、聚合醇（1.5%～2%）、超低渗处理剂（1.5%～2%）、液体润滑剂（2%～3%）、KCl（3%～5%）、纯碱、烧碱等。该体系针对不同构造明确聚合醇、超低渗处理剂等主剂加量后，其对泥页岩回收率高达93.8%，储层岩心渗透率恢复值大于90%，主要应用于井深小于4000m、水平位移小于2000m的低难度井钻井施工。

低自由水钻井液体系：基于络合机理，将钻井液中的自由水转变成络合水，进一步封堵微孔缝。其基础配方为：LV-PAC（0.3%）、自由水络合剂（0.6%～1%）、辅助络合剂（0.3%～0.5%）、降滤失剂（1.5%～2.0%）、防塌封堵剂（2%）、润湿转相剂（3%）、流型调节剂（0.2%）、KCl（3%）、纯碱、烧碱等。该体系针对不同构造明确降滤失剂、络合剂等主剂加量后，自由水含量较常规水基体系降低25%以上，岩心滚动回收率在91%以上，高温高压滤失量小于10mL，岩心渗透率恢复值大于90%，主要应用于水平位移大于2000m、井斜角大于45°的高难度井钻井施工。

表12-5　南堡1号构造、南堡2号构造敏感性评价统计表

储层敏感性等级	水敏		速敏		碱敏		盐敏	
	样品数/个	所占比例/%	样品数/个	所占比例/%	样品数/个	所占比例/%	样品数/个	所占比例/%
极强	11	18.64	—	—	1	1.8	2	3.7
强	20	33.90	2	3.4	10	17.5	32	59.3
中等偏强	18	30.51	3	5.2	28	49.1	12	22.2
中等	—	—	—	—	1	1.8	5	9.3
中等偏弱	9	15.25	17	29.3	6	10.5	3	5.6
弱	1	1.69	16	27.6	9	15.8	—	—
评价结论	中等偏强—极强水敏		中等偏弱—强速敏		中等偏强—强碱敏		中等偏强—强盐敏	

现场实践表明，南堡1号构造、南堡2号构造东一段储层测试表皮系数均小于2，所有井实现了无须酸化一次高效投产，同时有效地解决了馆陶组巨厚玄武岩井壁稳定问题，通过强化储层保护和井壁稳定，实现了强敏感储层油气层发现、开发和安全钻井的双重目的。

2. 抗高温钻井液体系

针对南堡滩海深部地层温度高、裸眼井段长、井壁稳定性差与油气层保护难度大等问题，基于高温对钻井液老化作用机理研究，研发了以强封堵、强抑制、低滤失、热稳定性强为核心的弱荧光抗高温钻井液体系。

抗高温钻井液体系主要采用热稳定剂乙醇胺防止聚合物发生高温交联反应，抗氧化剂脂肪醇聚氧乙烯醚保持黏土颗粒在高温条件下均匀分散，保证了钻井液在高温条件下性能稳定。其基础配方为：磺酸盐共聚物降滤失剂（0.8%～1.0%）、磺化褐煤树脂

（4%～8%）、磺化酚醛树脂（2%～4%）、磺化单宁（0.5%～1%）、聚胺（0.5%～1.0%）、抗温抗压防塌封堵剂（2%）、白油（3%～5%）、亚硫酸钠（0.8%）、脂肪醇聚氧乙烯醚（0.5%～1%）、防水锁剂（0.1%～0.2%）、KCl（5%～8%）、纯碱、烧碱等。该体系经200℃、72小时老化后性能保持稳定，高温高压滤失量小于16mL，对泥页岩回收率高达90%以上，岩心渗透率恢复值大于93%。

现场应用表明，在204.5℃最高温度条件下，抗高温钻井液性能仍稳定，滤失量低、抑制性强，井下复杂事故发生率显著降低，钻完井周期同开发初期相比降至一半，缩短了钻井液对储层的浸泡时间，均能无酸化投产，实现了对高温深层油气层的有效保护。

三、人工岛密集丛式井优快钻井技术

南堡油田大部分地处滩海地区，地面条件复杂，为了节约用地、提高效率，在南堡滩海研发了人工岛密集丛式井优快钻井技术，以南堡1-1人工岛、南堡1-3人工岛为例，单个人工岛已实现了上百口井的钻探任务，在布井数量和布井密度上均创造了国内最高指标，常规钻井技术条件下的密集丛式井优快钻井技术在人工岛实现了规模应用。人工岛密集丛式井优快钻井技术核心包括地面工程方案、密集丛式井井眼轨迹控制技术、高效破岩钻头设计及潜山优快钻井工艺。

1. 井丛排地面工程方案

井丛排技术核心为井丛排井口布置及钻机整拖作业模式。以南堡1-3人工岛为例，钻井可用地约100亩（约66667m^2），设计井丛排30列，井口间距4m，井口150个。实际作业表明，井丛排技术实现了降低成本、高效利用地面资源、利于密集井口防碰及地面标准化建设等综合目标。

2. 密集丛式井井眼轨迹控制技术

针对南堡1-1、南堡1-3等人工岛密集井口方案防碰撞的关键问题，研发了密集丛式井井眼轨迹控制技术，该技术包括井轨道设计和井眼轨迹控制方法两项主体内容。

井轨道设计。包括井口优选和轨道设计。按照扇区对应原则，将密集井口和地下地质目标进行分区布局，同一个区域内井口优先分配给该区域内的地质目标。当井口排列与井眼同向时，前排井口钻较远、较浅的地质目标，后排井口钻较近、较深的地质目标。具体轨道设计包括直井段预防碰设计、连接段设计、地质目标段设计。

井眼轨迹控制方法。以MWD+导向电机为主体进行井眼轨迹随钻随调、小调整、勤调整，配合电子多点、陀螺随钻监测、预测、磁预警、井眼轨迹修正、统一施工仪器与专业服务队伍进行轨迹精度控制等多元一体的控制，实现实钻轨迹与设计轨道一致。以南堡1-3人工岛为例，截至2017年底，已实现207口井的安全施工，解决了井数多、间距小、易碰撞的钻井难题。

3. 高效破岩钻头

1）玄武岩地层个性化PDC钻头

针对南堡滩海馆陶组玄武岩地层夹层多，厚度大，岩性复杂，软硬交错（可钻性级别2～7级）极不均质，地层研磨性强（研磨性指数高达7）的问题，研发了玄武岩地层个性化PDC钻头，该类钻头采用浅内锥、宽冠顶、加长外锥冠部形状，增强了钻进硬夹层能力；采用后排副切削齿或缓冲节，优化了钻头切削齿工作角度、布齿密度等，使其更好适应玄武岩软硬交错地层。通过现场试验，解决了玄成岩对 PDC 钻头严重损害问题，推广应用玄武岩高效 PDC 钻头上百井次，玄武岩平均机械钻速 7.89m/h，同比提高了 86.5%。

2）微心 PDC 钻头

针对深部地层埋藏深，岩石压实强度高、硬度大、泥岩塑性强的问题，研发了深部地层微心 PDC 钻头，该类钻头在 PDC 钻头中心区域设置可形成微岩心柱凹槽区，在凹槽内部设置一颗切削齿，将形成的微岩心柱折断，增加了其他切削齿有效比钻压，提高破岩效率，实现了提速。现场推广应用 50 余井次，钻进指标与常规 PDC 钻头类比，机械钻速提高 159%，进尺提高 42%。

3）PDC—牙轮复合钻头

针对深斜井定向段托压严重、工具面不易摆放、井眼轨迹控制难度大的问题，研发了深斜井定向 PDC—牙轮复合钻头，该类钻头将 PDC 钻头和牙轮钻头有机结合，即在同一只钻头上实现了 PDC 钻头剪切破岩和牙轮钻头冲击压碎破岩。在大位移井定向井段现场应用 6 井次，显著提高定向井段的钻探效率，其定向工具面稳定、未发生钻压释放蹩跳现象，造斜率、岩屑粒径与牙轮钻头等同，单只钻头进尺均达到了 300m 以上，平均机械钻速 10m/h，与 PDC、牙轮钻头相比，机械钻速及进尺均提高一倍以上。

4. 深层潜山优快钻井技术

针对南堡油田深层钻井过程中，同时存在漏和喷的不确定性难题，通过攻关与实践，研发形成了以高温欠平衡钻井压力控制技术、高温井轨迹控制技术、抗 150℃高温流体段塞技术为核心的优快钻井技术。

1）高温欠平衡钻井压力控制技术

针对潜山裂缝发育、气油比高、储层为常压系统导致的钻井漏喷同存、井控风险高的难题，基于储层安全窗口分析、欠平衡安全定量化分级等研究，研发提出 1～1.5MPa 合理欠压值、钻开储层后 0.5～1MPa 欠压值的欠平衡设计与控制方法。现场推广应用 30 余井次，形成了以随钻监测地面监测装备、压力控制模拟软件、储层评价综合系统为核心的高温欠平衡钻井压力控制技术，实现了储层压力系数、产量、渗透率等参数的实时评价，井筒循环压力预测与实测数据对比误差小于 8%，保障了潜山欠平衡钻井安全实施。

2）深层高温井轨迹控制技术

针对南堡深层充气欠平衡测斜信号传输差、无法监测轨迹的难题，基于钻井液脉冲 MWD 在气液两相流体内衰减规律研究，研发了满足气液两相欠平衡钻进井轨迹控制技术。核心技术包括钻杆内持气率小于 11% 的非均匀充气参数设计及非停泵条件连续信号传输动态轨迹监测。在南堡油田潜山推广应用 8 口井，实现了最大井深 5630m 的长距离、高持气率充气条件下 MWD 信号连续传输，突破了深层高温条件充气钻井信号传输的技术瓶颈。利用钻遇裂缝时综合录井参数变化、循环温度低于静止温度 50℃等规律，综合判断裂缝钻遇与发育情况并及时调整轨迹，实现了深层高温井眼轨迹的有效控制。

3）抗 150℃高温流体段塞技术

针对南堡深层潜山裂缝发育、气油比高导致的完井风险大的难题，研发了抗 150℃高温流体段塞技术。核心技术包括地面初次成胶后注入过程黏度随温度逐渐升高到

13000mPa·s 以上的二次成胶工艺及非注入破胶剂钻头切削破胶工艺。现场试验表明，承压能力达 15MPa/300m，在 150℃条件封隔油气达 13 天，有效地封隔井筒油气，解决了潜山钻完井过程中的恶性漏失、漏喷同存等复杂难题，无溢流和井漏复杂情况发生，有效地封隔井筒油气、保障了完井作业安全施工，在深层高温钻井区域具有广阔的推广应用前景。

四、储层改造技术

针对冀东探区特低渗透油藏、火山岩天然气藏埋藏深（3000～5100m）、温度高（120～180℃）、物性差且差异大、储层类型复杂等情况，创新发展了超高温碳酸盐岩裂缝性储层酸压技术、超高温火山岩天然气储层压裂技术及大斜度井压裂技术。

1. 超高温碳酸盐岩裂缝性储层酸压技术

南堡油田潜山以奥陶系、寒武系碳酸盐岩油气藏为主，油藏埋藏深（大于 4000m），地层温度高（大于 180℃）。油气储集空间以溶洞及高角度构造裂缝为主，裂缝大部分被方解石等酸溶矿物填充，连通性差。通过研发高温缓速、缓蚀酸体系，完善超高温酸压工艺沟通优势储集体，实现碳酸盐岩储层的有效改造。

高温缓速、缓蚀酸体系。高温会加快岩石和金属与酸的反应速度，常规酸液在近井筒附近与储层岩石反应大量消耗，会大幅度减小酸穿透距离，同时常规酸对管柱工具腐蚀严重，容易造成工程事故。研发了高温、高酸浓度凝胶酸体系，其基础配方为盐酸（20%）、稠化剂（0.5%～0.8%）、高温缓蚀剂（2%～4.5%）、高温铁离子稳定剂（1%）、防膨剂（0.5%）、缓蚀增效剂（0.5%～1%）、防乳破乳剂（1%），其中稠化剂抑制氢离子运动起到缓速作用，高温缓蚀剂和缓蚀增效剂起到延缓腐蚀金属的作用。凝胶酸能大幅提高酸液缓速和缓蚀性能，在高温下凝胶酸黏度满足酸压施工要求。

酸压工艺。首先，向地层注入高黏度低伤害的非反应性压裂液，形成动态人工裂缝；其次，注入隔离液段塞，避免后续注入的酸与前置液接触，导致前置液黏度降低滤失快，造成动态裂缝宽度窄；再次，根据储层特征，注入不同高温缓速、缓蚀酸体系（普通酸、凝胶酸、乳化酸等）组合，将酸液运移至裂缝远端，获得较长的酸蚀裂缝；最后，用 2% 氯化钾溶液顶替管柱内酸液，避免管柱内酸液残留。现场应用表明，该技术实现了 180℃超高温碳酸盐岩裂缝性储层深度酸压。

2. 高温火山岩天然气储层压裂技术

南堡 5 号构造火山岩天然气藏埋藏深（3900～4700m）、温度高（140～170℃）、岩石杨氏模量高（平均 52×10^3MPa）、破裂压力高，导致常规压裂造缝窄、施工难度大。天然裂缝较发育，但裂缝有效性差，缝内充填多为酸溶矿物。为改善裂缝性火山岩储层改造效果，采用多级酸压和压裂复合改造工艺技术。

首先，采用分簇射孔、前置酸、多段塞打磨等技术，降低地层破裂压力 8～12MPa，有效解决施工压力超限难题；其次，阶段注入酸段塞，溶蚀天然裂缝，疏通渗流通道；再次，通过大规模、大排量压裂，利用天然裂缝增大改造体积；最后，通过阶段注入暂堵剂，暂时封堵优势裂缝，增大缝内净压力，实现裂缝转向，进一步增大裂缝复杂程度。

通过对天然微裂缝“疏”“堵”相结合，形成网状裂缝，提高单井产能。南堡 5-29

井压后获得高产，采用 6.25mm 油嘴放喷，折日产气 $10.7\times10^4m^3$。

3. 大斜度井压裂技术

冀东探区以大斜度定向井为主，平均井斜超过 30°。大斜度井裂缝起裂延伸形态复杂，缝内摩阻大，施工压力高，加砂阶段容易出现异常。采用精细分段压裂、段内射孔优化、段塞打磨等技术，大幅提高大斜度井压裂成功率。

主体做法是，根据储隔层厚度、含油性、应力剖面等特征，划分压裂层段，利用封隔器实现逐级坐封压裂改造的目的；段内通过储层厚度优化射孔井段，通常选取油层中上部射孔 2～4m，射孔相位角 60°，减少压裂时产生的无效次级裂缝；压裂施工初期加入支撑剂段塞，打磨裂缝弯曲段，降低近井裂缝内摩阻，同时提高施工排量，增大液体对裂缝面冲刷，增加缝内净压力，增大裂缝宽度。现场施工表明，大斜度井压裂技术使斜井压裂加砂成功率由 53% 提高到 100%。在冀东探区成功实现了定向井最大井斜（53.1°）、最大井深（5500m）、最深储层（5070m）、最高温度（172℃）、最高单段砂量（$149m^3$）、最高单段液量（$1913m^3$）、最高砂比（50.3%）和最高排量（$11.8m^3/min$）压裂施工。

第十三章　秦皇岛地区及南堡凹陷外围地区

冀东油田外围探区指南堡凹陷及周边凸起之外的矿权区，包括秦皇岛地区、乐亭地区及涧河地区。

第一节　秦皇岛地区

秦皇岛地区位于河北省秦皇岛市南部辽东湾海域，行政区划属河北省、辽宁省。构造区划上属渤海湾盆地北部，辽东湾、渤中及黄骅坳陷交汇处，紧邻辽西、辽中和秦南3个生烃凹陷，包括姜各庄凸起、昌黎凹陷、秦南凹陷、留守营凸起、辽西南凸起、辽西凹陷南洼、辽西低凸起南段和辽中凹陷的部分区域（图13-1），面积2380km²。

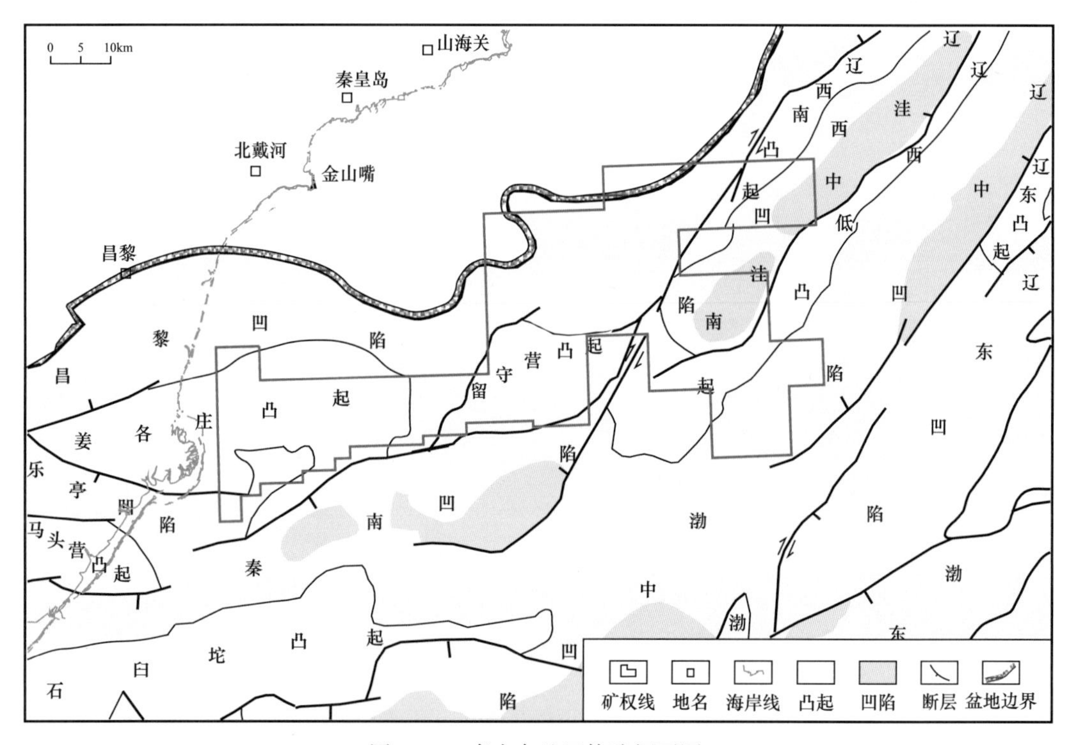

图13-1　秦皇岛地区构造纲要图

一、勘探概况

2013年，冀东油田公司开始本区勘探工作。截至2017年底，区内累计完成二维地震采集1312.575km、三维地震采集1375.431km²，共完钻探井3口，进尺0.9718×10^4m（图13-2）。其中东升4井东营组获高产油气流，东升1井见360m连续油气显示，东升

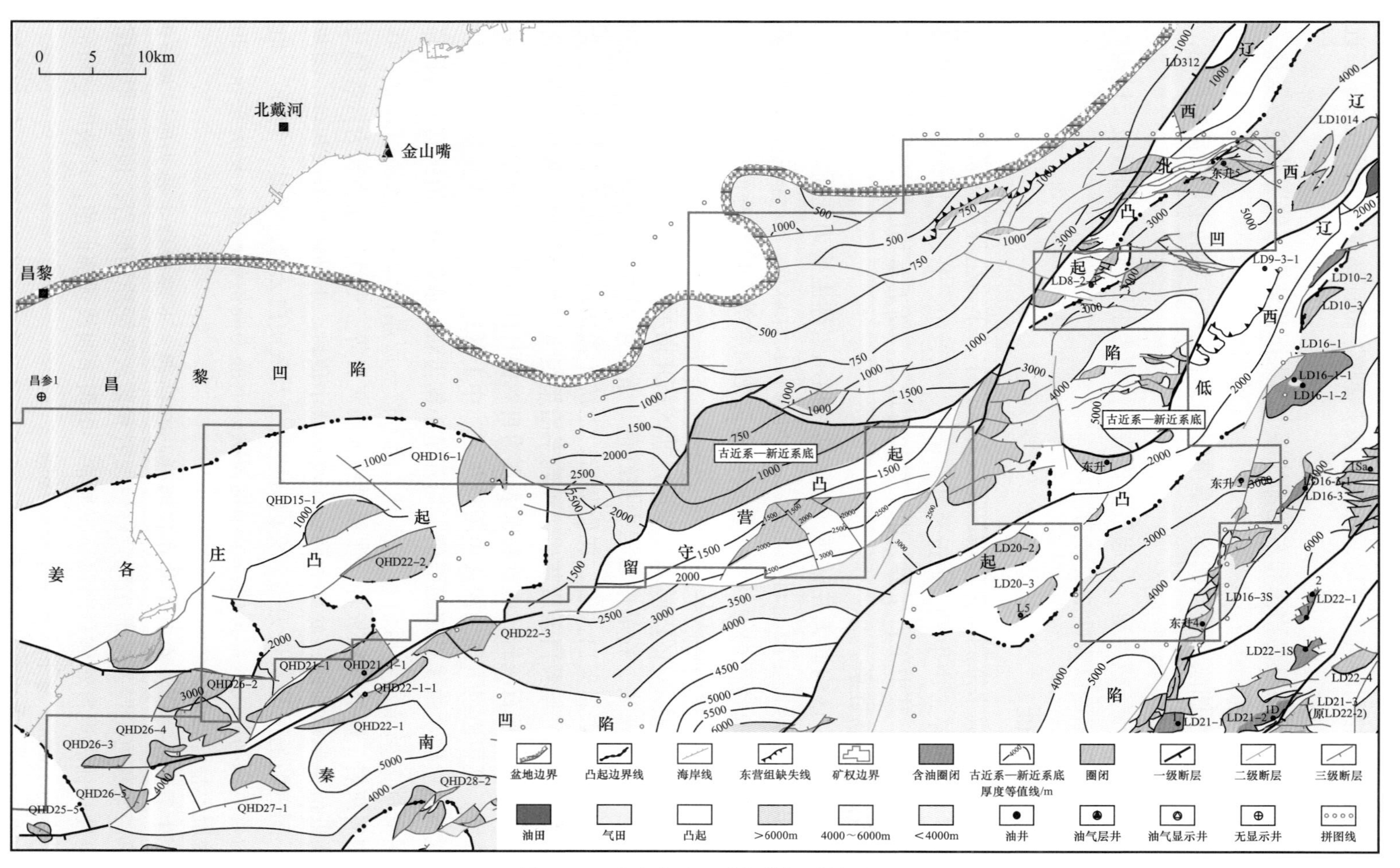

图 13-2 秦皇岛地区油气勘探形势图

5 井揭示辽西凹陷南洼存在沙三段、中生界两套烃源岩。

通过几年的勘探工作，对本区油气成藏条件与聚集规律主要有 4 个方面的认识：

（1）具有凹凸相间的构造格局，古近纪双“箕状”特征清楚，继承性好，新近纪北区抬升，整体呈单斜形态；

（2）发育北部的秦皇岛物源和东北部的绥中两大沉积体系，储层普遍较发育，东营组是油气勘探重点层系；

（3）可接受辽中凹陷、辽西凹陷、秦南凹陷 3 个已被证实的生烃凹陷的供烃，油气资源丰富，勘探潜力较大；

（4）发育多种油气藏类型，凸起区以构造油气藏为主，陡坡带和缓坡带以构造—岩性油气藏为主，凹陷区以岩性油气藏为主。

二、地层特征

根据邻区钻探成果推测秦皇岛地区地层有太古宇，下古生界寒武系和奥陶系，上古生界石炭系和二叠系，中生界，古近系沙河街组、东营组，新近系馆陶组、明化镇组及第四系（图 13-3）。其中下古生界、中生界和古近系、新近系均已有油气发现，储量主要集中在古近系和新近系。

太古宇（Ar）：区内尚无井钻遇，邻区钻井揭示岩性主要为变质较深的结晶基岩，花岗岩化作用较强烈，主要岩性有混合岩化角闪斜长片麻岩、混合花岗岩、碎裂混合岩、斜长花岗岩、混合花岗闪长岩、黑云母混合花岗岩等。电性特征表现为块状高阻、高自然伽马和平直自然电位（夏庆龙等，2012）。

下古生界（€—O）：区内尚无井钻遇，邻区钻井揭示寒武系下统（府君山组、馒头组、毛庄组）为石灰岩、粉晶白云岩夹棕红色、紫红色泥岩；中统（徐庄组、张夏组）为石灰岩、泥（页）岩夹白云岩、泥质灰岩；上统（崮山组、凤山组、长山组）为细晶白云岩夹泥晶灰岩、鲕粒白云质灰岩。奥陶系冶里组主要为黑灰色、灰色泥质条带石灰岩和竹叶状、藻团粒石灰岩。电性特征表现为自然伽马曲线上部为低值段，中下部具两组中值峰段。亮甲山组下部为深灰色团粒灰岩、中上部以白云岩为主夹灰质白云岩。电性牲表现为自然伽马曲线上部为低值，局部呈小锯齿状，底部为一组中高值丛状峰。下马家沟组底部为泥晶角砾屑白云岩，中上部为粉—泥晶白云岩、灰质白云岩、砂屑灰岩、生物屑灰岩、藻屑鲕粒灰岩、泥粉晶白云质灰岩等。电性特征表现为自然伽马曲线中上部为低值夹单峰值段，底部为两组连续丛状中值段。上马家沟组以灰色、深灰色含生物屑、团藻粒的泥晶灰岩为主，夹白云质灰岩及灰质白云岩，多具“豹斑”。电性特征表现为自然伽马曲线上部低值，呈小锯齿状，下部为高值尖峰段（夏庆龙等，2012）。与下伏地层不整合接触。

上古生界（C—P）：东升 1 井在辽西低凸起钻遇，下部岩性主要为厚层灰色泥岩，中部为厚层紫灰色泥岩，局部出现紫红色泥岩和紫灰色泥质粉砂岩，顶部见厚层棕红色泥岩。电性特征表现自然伽马曲线呈正异常，电阻率曲线顶部低值，声波时差和密度为低值。厚度约 180m。与下伏地层不整合接触。

中生界（Mz）：秦皇岛地区分布广泛，东升 1 井和东升 5 井均有揭示。下部为厚层浅灰色砂砾岩、细砂岩；中部为大段厚层紫红色泥岩，夹厚层紫灰色凝灰质泥岩、石灰岩、

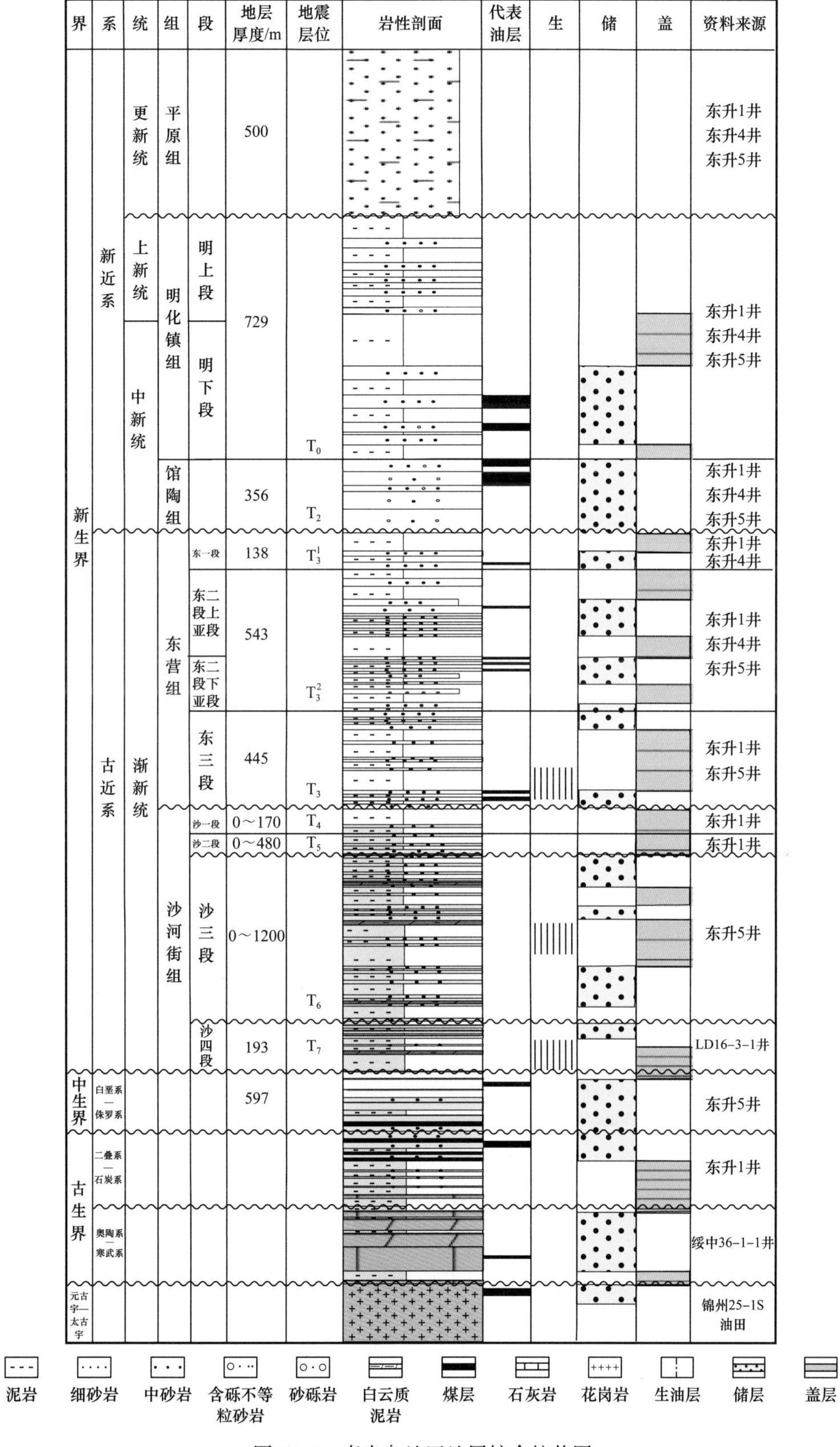

图 13-3 秦皇岛地区地层综合柱状图

玄武质泥岩、棕红色泥岩；顶部为绿灰色凝灰岩。东升5井发现有 *Cicatricosisporites*（无突肋纹孢属）、*Schizaeoisporites*（希指蕨孢属）等早白垩世化石。电性特征表现为自然伽马曲线多呈负异常。厚度约为600m。与下伏地层不整合接触。

古近系发育孔店组（E_1k）、沙河街组（E_2s）及东营组（E_3d）。

沙四段及孔店组：主要分布在辽西凹陷，区内没有细分。下部以灰色、深灰色泥岩为主，少量棕红色、绿灰色灰质泥岩，夹浅灰色灰质砂岩及薄层含灰粉砂岩；上部以棕红色泥岩为主，夹灰色泥质砂岩、含灰粉砂岩。电性特征表现为电阻率曲线呈中高稀疏锯齿状，声波时差小，自然电位曲线低平，自然伽马曲线为中高密集小锯齿状。与下伏地层角度不整合接触。

沙河街组根据岩电特征由下而上划分为沙三段（E_2s_3）、沙二段（E_2s_2）及沙一段（E_2s_1）。

沙三段：广泛分布于辽西凹陷和辽中凹陷，为区内主要烃源岩层。以深灰色、灰褐色及黑褐色厚层泥岩为主，夹薄层砂岩、灰质砂岩及白云岩。电性特征表现为自然伽马中—低值，呈锯齿状；深侧向测井曲线为山峰状、尖刀状，中高阻，自然电位曲线呈钟状、箱状负异常。厚度0～1200m。与下伏地层角度不整合接触。

沙二段、沙一段：区内广泛分布。下部为厚层状紫红色泥岩夹浅灰色细砂岩、粗砂岩；上部为厚层状绿灰色泥岩夹多套薄层浅红色粗砂岩。电性特征表现为自然伽马曲线多呈正负异常；电阻率、声波时差及密度为低值。厚度为0～650m。与下伏地层不整合接触。

东营组根据岩电特征由下而上划分为东三段（E_3d_3）、东二段（E_3d_2）和东一段（E_3d_1）。

东三段：全区广泛分布，是本区重要的含油层系之一。以深灰色、褐色泥岩为主，夹薄层灰色、浅灰色细砂岩、粉砂岩。电性特征表现为自然伽马曲线呈锯齿状，电阻率低，声波时差高。厚度约445m。与下伏地层不整合接触。

东二段：全区广泛分布，是本区最重要含油层系。下部为厚层深灰色泥岩与灰白色、浅灰色砂岩，粉砂岩的不等厚互层；上部为灰白色、浅灰色、灰黄色砂岩、粉砂岩、泥质粉砂岩与深灰色、灰色—灰绿色泥岩、粉砂质泥岩的不等厚互层。下部电性特征表现为自然伽马曲线总体偏低，呈锯齿状，电阻率高，声波时差低值；上部电性特征表现为自然伽马曲线呈锯齿状，低值，电阻率高，声波时差低。厚度约为543m。与下伏地层整合接触。

东一段：区内广泛分布，由南向北地层逐渐减薄。下部为灰色厚层粗砂岩夹少量泥岩，上部以泥岩为主，夹少量薄层砂岩。电性特征表现为下部自然伽马低值，上部自然伽马高值，呈锯齿状；电阻率、声波时差及密度中等。厚度约为138m。与下伏地层整合接触。

新近系发育馆陶组（N_1g）和明化镇组（N_2m）。

馆陶组：全区广泛分布，是本区重要含油层系之一。以浅灰色砂砾岩、含砾砂岩为主，夹薄层泥岩。厚度平均为356m。与下伏地层角度不整合接触。

明化镇组：全区广泛分布，分为明下段和明上段。明下段为棕红色、紫红色、灰绿色泥岩夹灰绿色、深灰色粉—细砂岩；明上段为灰绿色、深红色泥岩与灰白色、棕黄色中—细粒砂岩不等厚互层。厚度约729m。与下伏地层整合接触。

第四系：发育平原组（Qp），区内广泛分布。为厚层黏土、散砂及含砾散砂层，黏土以灰色为主，砂层及含砾砂层为灰白色。厚度约500m。与下伏地层不整合接触。

三、构造地质

1. 构造演化特征

1）区域演化特征

辽东湾古近纪构造演化可划分为 3 个阶段：古新世—始新世中期（E_1k—E_2s_3）的伸展裂陷阶段；始新世晚期—渐新世早期（E_2s_2—E_2s_1）的第一裂后热沉降阶段；渐新世东营组的走滑拉分再次裂陷阶段（周心怀等，2009）。

（1）古新世—始新世中期（E_1k—E_2s_3）的伸展裂陷阶段。

此阶段又分为古新世—始新世早期（E_1k—E_2s_4）的裂陷Ⅰ幕和始新世中期（E_2s_3）的裂陷Ⅱ幕。古新世—始新世早期，由于地幔拱升，地壳受拉张变薄并导致北东向张性断裂发育，形成了控制辽东湾半地堑格局的主断裂。在断裂下降盘为辽西凹陷、辽中凹陷的雏形，上升盘形成夹持于两凹之间的狭长高地，即辽西低凸起的雏形。始新世沙三段沉积时期，强烈拉张导致大规模的断裂运动，形成两凹（辽西凹陷、辽中凹陷）夹一凸（辽西低凸起）的构造格局。在全区形成广泛的半深湖—深湖相沉积，在两个凹陷内沉积了辽东湾地区的主要烃源岩系。

（2）始新世晚期—渐新世早期（E_2s_2—E_2s_1）的第一裂后热沉降阶段。

沙一段、沙二段沉积时期，由于受喜马拉雅运动Ⅰ幕的影响，始新世末期构造的抬升运动使水体变浅。此期各主要断层活动相对较弱，全区以稳定的盆地沉降为主。营潍走滑断裂带穿过辽中凹陷，断裂带内的差异升降和挤压作用形成了辽中低凸起的雏形。

（3）渐新世东营组沉积时期的走滑拉分再次裂陷阶段。

渐新世东营组沉积时期的右旋走滑拉分伴随幔隆和上、下地壳的非均匀不连续伸展，辽东湾再次发生较强烈的断陷活动，进入再次裂陷阶段，两凹一凸的构造格局演变为三凹两凸，东一段沉积末期湖盆整体抬升，结束了断陷沉积期。

新近纪辽东湾进入了整体坳陷下沉阶段。

2）秦皇岛地区演化特征

沙四段—孔店组沉积时期为初始断陷期，辽西Ⅰ号断层、辽西Ⅱ号断层强烈活动，东升 4 号走滑断层活动较弱，且不控制沉积。该时期辽西凹陷主要受辽西Ⅱ号走滑断层控制，凹陷主体发育与辽西Ⅱ号走滑断层同向的北东东向展布的右旋走滑正断层，控制辽西凹陷内次凹、次凸的形成。

沙三段—沙二段沉积时期为湖盆扩张期，辽西凹陷强烈断陷，辽西凹陷与秦南凹陷之间区域抬升，接受沙三段—沙二段沉积少。辽西凹陷内北东东向断层活动剧烈，与早期边界大断裂交切，造成原早期秦皇岛东区北部沉积体系分割，并在强烈伸展作用下形成堑垒断裂转换带，进而使辽西地区由张扭性质的调节转变为雁列式伸展断裂调节。

沙二段—沙一段沉积时期为湖盆萎缩期，伸展活动向内收缩，北部由辽西Ⅰ号断层强烈活动转变为南部控制秦南凹陷的秦南断层及控制辽中凹陷的断层强烈活动，控制辽西西北凹陷、辽西西南凹陷和姜各庄东凹陷箕状断陷的边界断层活动加强。

东营组沉积时期，辽西Ⅱ号断层、辽西Ⅰ号断层活动减弱。辽西凹陷北部由辽西Ⅱ号断层派生的北东东向走滑断层在早期较弱活动的基础上，开始强烈活动。辽西凹陷内由于走滑作用派生出更多小断层，这些断层往往伴随控制二级构造单元及三级构造带的规模较大的北东、北东东向右旋走滑断层而生，控制断鼻、断块圈闭发育。新近纪以后，秦皇岛地区进入坳陷期（图 13–4）。

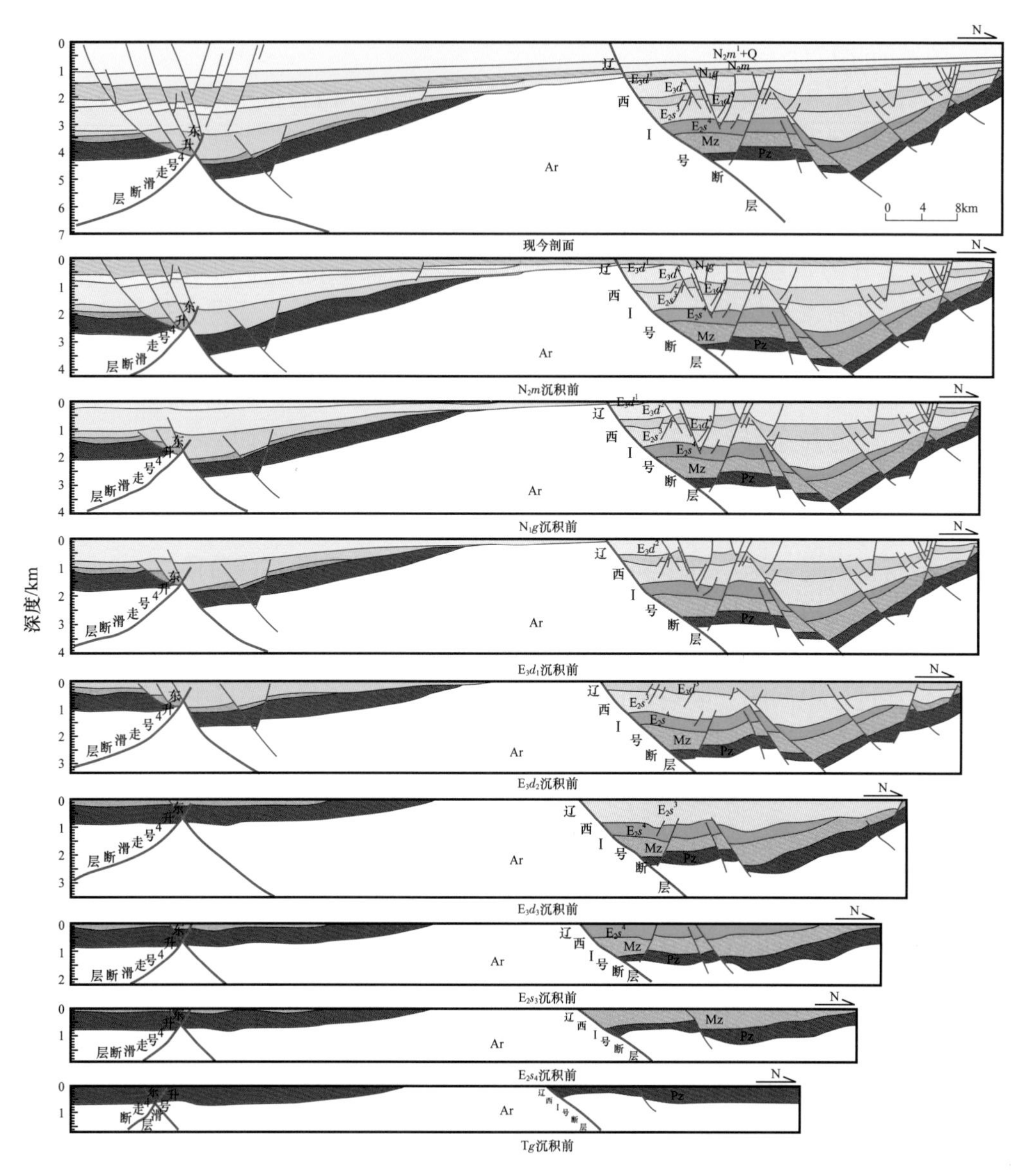

图 13–4 秦皇岛地区东部构造演化剖面

2. 断裂特征

受区域构造应力场性质和强度的控制，秦皇岛地区断层主要表现为北东向、北东东向、近东西向、北西向和近南北向 5 组断层，其中以北东—南西向发育的三组走滑断裂为主，并且走滑断裂带控制了该区大部分圈闭的形成。自西向东依次为辽西Ⅱ号走滑断裂带、辽西Ⅰ号走滑断裂带、东升 4 号走滑断裂带（图 13–5）。

辽西Ⅱ号走滑断裂带为辽西凹陷的边界断裂，位于凹陷的西侧，工区内长 50km，并分为三段。北段为铲式，由多支组成，西北倾；中南段主断裂倾向为北东东向；南掉断层控制发育大型宽缓断鼻，断鼻北部被次级北北东向断层及近东西向断层分割成两个主要花状背景断块群。

辽西Ⅰ号走滑断裂带位于辽西凹陷东侧，是辽西凹陷的主控断裂，工区内长32km，整体可以分为北东段和南段两大段。北东段走向为北偏东40°，南段变为近东西向，剖面上整体为铲式结构，倾向为北西西向，断裂由三组“花状”断裂组合拼接而成。

东升4号走滑断裂带位于秦皇岛地区东南部，整体呈北北东向延伸，工区内长32km，断面近乎直立，可以分为北段和南段，北段西倾，南段东倾，与次级断层组成负花状、多米诺式、“Y”字式、反“Y”字式等断层组合形式，控制了圈闭的形成与分布。

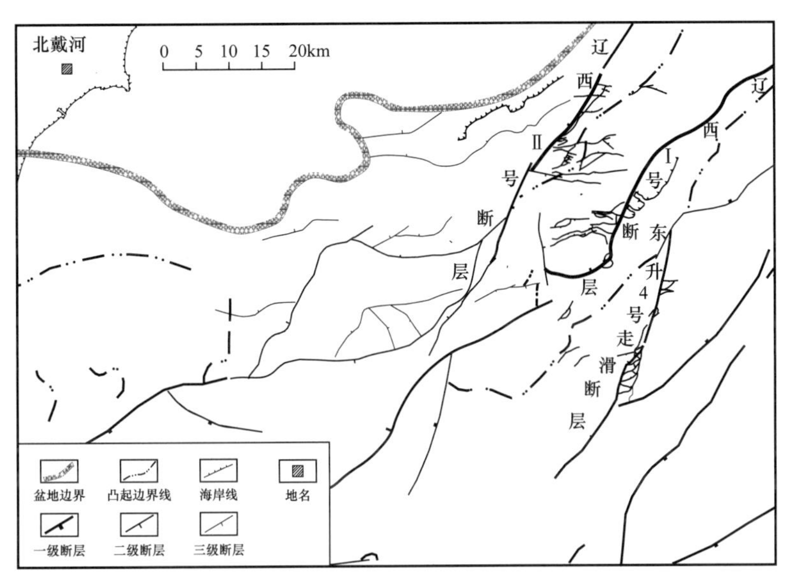

图13–5 秦皇岛地区断裂分布图

3. 构造单元

秦皇岛地区古近纪具有凹凸相间的构造格局，二级构造单元主要包括辽西低凸起、辽西南凸起、留守营凸起、姜各庄凸起、辽西凹陷、辽中凹陷、秦南凹陷。亚二级构造单元主要包括辽西北凸起、辽西凹陷北斜坡、辽西凹陷断阶带、辽西凹陷西斜坡、辽西低凸起、辽中凹陷北斜坡、辽中凹陷走滑断裂带及姜各庄凸起—留守营凸起（图13–6）。具体分布情况如下。

1）辽西南凸起

该凸起是受辽西Ⅱ号断层控制的单断式古潜山凸起。

2）辽西凹陷北斜坡

该斜坡整体受辽西Ⅰ号和辽西Ⅱ号走滑断层控制，平面形态为北东走向的雁列式断裂带，纵向上为受走滑断层控制的“负花状”和反向断阶构造。

3）辽西凹陷断阶带

该断阶带是由辽西Ⅰ号走滑带控制的断块和断鼻构造，新近系主要发育构造圈闭，古近系发育东西两个物源沉积体系，以来自辽西低凸起的近源扇三角洲沉积体系为主，主要发育构造—岩性圈闭。

4）辽西凹陷西斜坡

该斜坡是由受辽西Ⅱ号走滑断层控制作用形成的南部大型宽缓断鼻和北部两个“负

花状”构造组成。辽西凹陷西斜坡是具有潜山背景的古近系斜坡构造，发育构造及地层圈闭。

5）辽西低凸起

该凸起是受辽西Ⅰ号断层控制的单断式古潜山凸起，潜山上覆地层为古近系沙河街组、东营组和新近系馆陶组、明化镇组。

6）辽中凹陷北斜坡

该斜坡是具有潜山背景的古近系斜坡构造，北部与辽西低凸起相接，南部深入至辽中凹陷内部，油源来自辽中凹陷沙三段，以断层、不整合面和砂体复合方式运移，并在有利位置形成潜山地层油气藏和古近系东营组构造—岩性油气藏。

7）辽中凹陷走滑断裂带

该断裂带是受营维走滑断裂带分支走滑断层控制的一系列古近系断块构造，区带整体呈北东向展布，北高南低。

8）姜各庄凸起—留守营凸起

留守营凸起主要发育构造及地层圈闭；姜各庄凸起受滦河断层与姜东断层控制，上覆地层为馆陶组，南部上覆少量的古近系，构造相对简单。

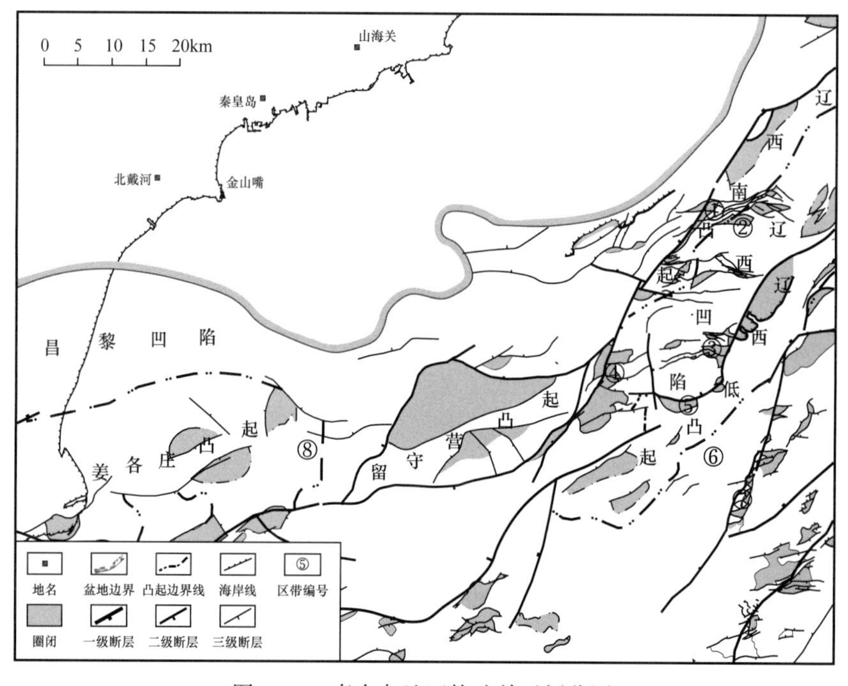

图 13-6　秦皇岛地区构造单元划分图

四、石油地质条件

1. 烃源岩

秦皇岛地区横跨三大生烃凹陷，即辽中凹陷、辽西凹陷和秦南凹陷。发育沙三段、沙一段、东三段三套烃源岩，其中沙三段是主力烃源岩，分布面积广、厚度大。

辽中凹陷沙三段烃源岩分布面积为3040km^2，厚度一般大于1000m，最厚达2000～3000m。沙三段有机质类型以Ⅱ$_1$型为主，有机碳含量平均值为1.19%～1.66%，总烃含量 853～1680mg/kg，生烃潜量 3.16～6.49mg/g。沙一段有机质类型以Ⅱ$_1$型为主，北洼发育Ⅰ型干酪根，有机碳含量 1.62%～2.25%，总烃含量 1187～1344mg/kg，生烃潜量 10.72～14.20mg/g。东三段烃源岩有机质类型以Ⅱ$_2$型为主，有机碳含量平均值为 1.36%～1.47%，总烃含量 342～607mg/kg，生烃潜量 4.38～5.04mg/g（表 13-1）。辽中凹陷镜质组反射率为 0.5%，地层温度为 90℃，生油门限深度为 2500m，预测资源量为 22.842×10^8t（周心怀等，2009）。

表 13-1　辽中凹陷、辽西凹陷烃源岩有机质丰度和类型统计表

凹陷		E_3d_3下					E_2s_1					E_2s_3				
		TOC/%	HC/10^{-6}	S_1+S_2/mg/g	有机质类型	R_o/%	TOC/%	HC/10^{-6}	S_1+S_2/mg/g	有机质类型	R_o/%	TOC/%	HC/10^{-6}	S_1+S_2/mg/g	有机质类型	R_o/%
辽中凹陷	北洼	1.47	607	5.04	Ⅱ$_1$	1.2	2.25	1344	14.09	Ⅱ$_1$ Ⅰ	1.3	1.66	1128	6.15	Ⅱ$_1$	2.0
	中洼	1.36	342	4.71	Ⅱ$_2$ Ⅲ	0.7	1.62	1187	10.72	Ⅱ$_1$	1.0	1.19	853	3.16	Ⅱ$_1$ Ⅱ$_2$	1.4
	南洼	1.41	436	4.38	Ⅱ$_2$	0.9	2.23	1298	14.20	Ⅱ$_1$	1.1	1.46	1680	6.49	Ⅱ$_1$	1.4
辽西凹陷	北洼	1.30	298	3.55	Ⅱ$_1$ Ⅱ$_2$	0.7	1.76	1004	6.65	Ⅱ$_1$	0.8	1.77	906	6.59	Ⅱ$_1$	1.4
	中洼	1.45	198	5.31	Ⅱ$_2$ Ⅱ$_1$	0.6	2.8	1001	14.98	Ⅱ$_1$	0.6	1.04	672	3.33	Ⅱ$_2$ Ⅲ	1.2

辽西凹陷沙三段烃源岩分布面积为 2176km^2，厚度为 500～1000m。沙三段有机质类型以Ⅱ$_1$型为主，有机碳含量平均值为 1.04%～1.77%，总烃含量 672～906mg/kg，生烃潜量 3.33～6.59mg/g。沙一段有机质类型以Ⅱ$_1$型为主，有机碳含量 1.76%～2.80%，总烃含量近 1000mg/kg，生烃潜量 6.65～14.98mg/g。东三段烃源岩有机质类型以Ⅱ$_2$型为主，有机碳含量平均值为 1.30%～1.45%，总烃含量 198～298mg/kg，生烃潜量 3.55～5.31mg/g（表 13-1）。辽西凹陷镜质组反射率为 0.5%，地层温度为 93℃，生油门限深度为 2650m，预测资源量为 10.267×10^8t（周心怀等，2009）。

辽中凹陷、辽西凹陷沙三段烃源岩成熟度适中，现今处于成熟、高成熟阶段。沙一段烃源岩虽然质量好，但是厚度薄，生烃量有限。东三段烃源岩除辽中凹陷北洼已达到成熟外，其余均处于未熟—低熟阶段。

秦南凹陷沙三段烃源岩分布面积大于 500km^2，最大厚度超过 1000m。沙三段有机质类型以Ⅱ$_1$型为主，有机碳含量平均为 1.53%～2.94%，总烃含量平均为 1322mg/kg，生烃潜量 5.73～13.84mg/g。沙一段有机质类型以Ⅱ$_{1-2}$型为主，有机碳含量 0.83%～2.54%，总烃含量近 3330mg/kg，生烃潜量 2.77～11.77mg/g。东三段烃源岩有机质类型以Ⅱ$_2$型为主，有机碳含量平均值为 0.81%～2.42%，总烃含量平均为 414mg/kg，生烃潜量 1.57～13.13mg/g（表 13-2）。秦南凹陷生烃门限为 2900m，资源量不会低于 9×10^8t（庄新兵等，2011；李颖等，2011）。

表 13-2　秦南凹陷烃源岩地理化学特征表

层位	烃源岩有机质类型	有机碳含量 /%	生烃潜量 /（mg/g）	R_o/%
$E_3d_3^{\text{下}}$	$Ⅱ_{1-2}$	0.81～2.42/1.42①	1.57～13.13/5.27	0.54～0.70
E_2s_{1+2}	$Ⅱ_{1-2}$	0.83～2.54/1.65	2.77～11.77/6.82	0.61～0.71
E_2s_3	$Ⅱ_1$	1.53～2.94/1.53	5.73～13.84/9.57	0.65～0.73

① 范围 / 平均值。

2. 沉积相及储层

辽东湾地区已发现的油气主要集中在东二段、沙河街组和潜山；北部、中部、南部地区由于地质条件的差异，油气分布层位差异较大，由北向南油气分布层位总体有变浅的趋势。秦皇岛地区位于辽东湾南部地区，以东二段三角洲和馆陶组、明化镇组河流相砂岩油藏为主，本区东升 4 井在东营组已获发现，邻区旅大 27-2 构造、旅大 16-1 构造明化镇组、馆陶组已获勘探发现。

秦皇岛地区发育北部的秦皇岛和东北部的绥中两大沉积体系（图 13-7）（王祥等，2011）。地震及钻测井资料分析认为辽西凹陷南洼辽西Ⅰ号断层陡坡带在东二段、东三段发育扇三角洲，西部斜坡区发育辫状河三角洲；辽中凹陷东二段有来自东北部的绥中物源，发育多期大型曲流河三角洲砂体，东三段发育北西部物源的辫状河三角洲沉积。上述沉积相带砂体发育，储层条件好。

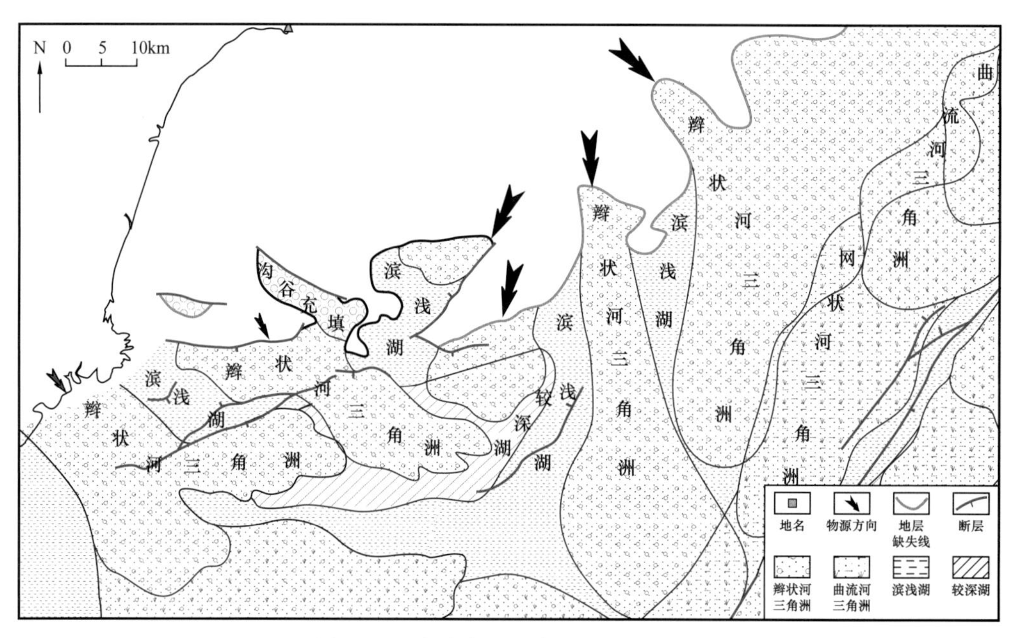

图 13-7　秦皇岛地区东二段沉积相图

秦皇岛地区发育多种类型的储层，其中以古近系东营组碎屑岩储层为主。岩石类型主要为长石砂岩和岩屑—长石砂岩，长石和岩屑含量较高，分选和磨圆度均为中—差，以点、线支撑为主，成分成熟度低，孔隙式胶结为主，以原生孔隙为主，次生孔隙较发育。东一段主要发育辫状河三角洲沉积体系，主要储层岩性为细砂岩，储集类型为孔隙型，平均孔隙度31.4%，平均渗透率599.6mD，属于特高孔高渗型储层。东二段主要发育来自秦皇岛水系的辫状河三角洲和绥中水系的曲流河沉积体系，以砂泥岩互层及厚层泥岩为主。东二段岩性组合可分为三段，其上、下部为砂泥岩互层，中部为滨浅湖沉积的厚层泥岩，砂岩储集类型为孔隙型，以浅灰色细砂岩为主，泥质胶结，疏松，平均孔隙度23.5%，平均渗透率130.3mD，属于中—高孔、中渗透型储层，为本区最主要的油气富集层段。东三段主要发育辫状河三角洲及湖底扇沉积，为厚层泥岩夹薄层砂岩，储层平均孔隙度19.3%，平均渗透率56.7mD，属于中孔、中—低渗透型储层。

3. 储盖组合

秦皇岛地区主要发育四套储盖组合（图13-3）。以沙三段暗色泥岩为生油岩，辫状河三角洲前缘砂体为储层，暗色泥岩为局部盖层的沙河街组自生自储型；以沙三段暗色泥岩为生油岩，奥陶系碳酸盐潜山为储层，沙三段暗色泥岩为盖层的前古近系潜山上生下储型；以沙三段—东三段暗色泥岩为生油岩，东三段、东二段、东一段砂体为储层，东营组泥岩为盖层的东营组下生上储型；以沙三段—东三段暗色泥岩为生油岩，馆陶组和明化镇组砂体为储层，明化镇组泥岩为盖层的明化镇组、馆陶组下生上储型。

4. 油气藏特征

秦皇岛地区油气分布受三组走滑断裂带控制，在辽西凹陷北斜坡、辽西凹陷断阶带、辽西低凸起、辽中凹陷北斜坡、辽中凹陷走滑断裂带和辽西凹陷西斜坡等有利勘探区带高部位聚集成藏，层位集中在东营组和馆陶组。油气藏类型以潜山披覆背斜、断背斜、断鼻等构造油气藏为主，同时发育岩性—构造油气藏、构造—岩性油气藏（图13-8）。

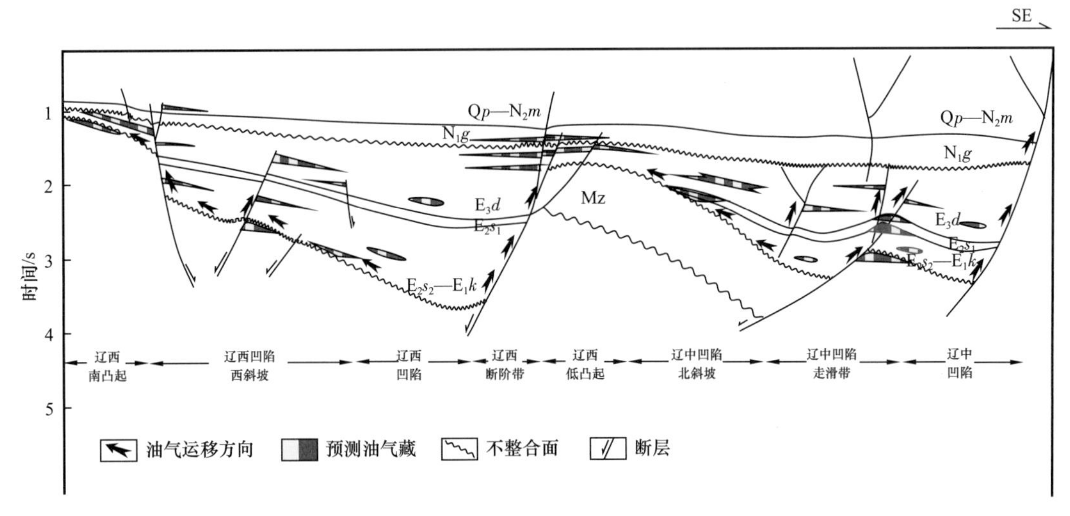

图13-8 秦皇岛地区油藏模式图

辽西低凸起夹持于辽中和辽西两个生烃凹陷之间，断背斜、断鼻等圈闭形成时间早，油气沿不整合面、油源断层和砂体可以长期持续地向辽西低凸起运移，使辽西低凸起成为富油气区带。

陡岸带受构造背景的控制，沉积具有近物源、多物源、沉积厚、相变快的特点，在不同部位分别形成扇三角洲、浊积扇、水下扇、冲积扇等沉积体。圈闭类型以构造圈闭和岩性圈闭为主，也存在地层不整合圈闭。陡岸带距离生烃中心近，从烃源岩排出的油气只需短距离运移就可到达，可形成大中型岩性油气藏。因此，辽西凹陷断阶带为重要勘探区带。

缓坡带地层超覆、退覆现象明显，可发育扇三角洲、三角洲、滨浅湖滩坝、砂体，是砂岩上倾尖灭圈闭、地层超覆圈闭、地层不整合遮挡圈闭、断层岩性圈闭的有利发育部位，也发育一些透镜状岩性圈闭。来自邻近生油凹陷中的油气沿砂体、断层或不整合面向斜坡上运移，遇到合适圈闭聚集成藏。因此，辽西凹陷西斜坡、辽中凹陷北斜坡也是重点勘探区带。

洼槽带一般是凹陷的油源中心，常常有浊积扇或大型三角洲前缘的各类扇体发育，易发育砂岩透镜体圈闭，其次是砂岩上倾尖灭圈闭。洼槽区岩性圈闭与烃源岩直接接触，油气直接进入烃源岩内砂岩体或邻近的砂岩体就可直接聚集成藏；同时，洼槽带是构造活动破坏最弱的部位，保存条件好。因此，辽西凹陷洼槽带也是重要的岩性油气藏发育带。

五、有利勘探方向

综合分析秦皇岛地区烃源岩、储盖组合、圈闭等成藏条件，优选出辽西低凸起、辽西凹陷断阶带、辽中凹陷走滑断裂带及辽西凹陷西斜坡 4 个重点勘探区带和辽中凹陷北斜坡、秦南凹陷北斜坡及留守营凸起、姜各庄凸起 3 个有利勘探区带（图 13–6）。

1. 辽西低凸起

辽西低凸起有利勘探面积 50km^2，是受辽西 I 号断层控制的古潜山凸起，上覆古近系沙河街组、东营组和新近系馆陶组、明化镇组。辽西低凸起北邻辽西凹陷南洼，东部和南部与辽中凹陷为斜坡接触，具有双向供烃的有利条件，构造背景好，以背斜、断背斜和断鼻为主，勘探层系多、埋藏较浅。目前中国海油在辽西低凸起已有多个大中型油气田，所发现的储量规模占辽东湾坳陷的 85% 以上，是辽东湾最富集含油气区带。辽西低凸起发育潜山断块油气藏，以及新近系和古近系的构造油气藏和岩性—构造油气藏。

2. 辽中凹陷走滑断裂带

辽中凹陷走滑断裂带处于营潍走滑断裂带中北部，是受走滑断层控制的一系列古近系断块构造，有利勘探面积 120km^2。周边已发现旅大 16–1、旅大 16–3、旅大 16–3 南、旅大 22–1 南和旅大 27–2 等多个含油气构造和油气田，具有较好的勘探前景。

辽中凹陷走滑断裂带南部为受伸展走滑双重作用控制的一系列继承性发育的古近系断块构造；北部为受走滑断层及其伴生断层控制的断块构造，有利勘探面积 120km^2，整体构造条件有利。东三段及东二段低位域发育来自西北部辽西低凸起近物源的扇三角洲沉积，东二段高位域发育来自北部曲流河三角洲河口坝砂体，储层物性好。走滑断层不仅控制本区的圈闭形成，而且沟通了辽中凹陷沙三段烃源岩和上部圈闭，是良好的油气运移通道，形成了下生上储油气藏。东升 4 井已在该走滑构造带上获高产工业油气流。

3. 辽中凹陷北斜坡带

辽中凹陷北斜坡是具有潜山背景的古近系斜坡构造，北部与辽西低凸起相接，南部深入至辽中凹陷内部，有利勘探面积 200km^2。辽中凹陷北斜坡前古近系主要发育中生界和上古生界潜山，局部区域出露下古生界碳酸盐岩潜山，可形成潜山地层圈闭；古近系东二段发育一套斜交前积结构地层，该套沉积是一套强制湖退沉积体（徐强等，2009），为来自绥中水系的曲流河三角洲沉积，储盖组合条件优越，储层物性好，可在斜坡带高部位形成有效岩性圈闭。油源来自辽中凹陷沙三段，以断层、不整合面和砂体复合方式运移，并在有利位置形成潜山地层油气藏和古近系东营组构造—岩性油气藏。

辽东湾坳陷东二段绥中水系曲流河三角洲沉积体系发育范围广泛，北起绥中，沿辽西低凸起东部斜坡带向南一直延伸至渤中凹陷内，辽东湾坳陷中部的旅大5-2、绥中36-1、旅大4-2、旅大10-1等油田，以及南部的旅大16-1和旅大16-3含油气构造的东二段主力油层段均属于此沉积体系，因此辽中凹陷北斜坡也是下步有利的勘探区带。

4. 辽西凹陷断阶带

辽西凹陷断阶带位于辽西Ⅰ号断层下降盘，有利勘探面积55km^2，是由辽西Ⅰ号断层主控的断块和断鼻构造组成，新近系明化镇组和馆陶组主要发育构造圈闭，有利圈闭面积达15.5km^2，古近系东营组和沙河街组发育来自东部辽西低凸起的近源扇三角洲沉积，整体以构造—岩性圈闭为主。邻近辽西南次凹，油源断层发育，沟通深部烃源岩与浅层构造圈闭，具有良好油气运移通道。

目前中国海油在辽西凹陷断阶带已发现旅大5-2、旅大5-2北和旅大4-2等油气田，主要的含油层系为古近系东营组、新近系明化镇组和馆陶组，油源来自辽西南洼的沙三段烃源岩，整体勘探、开发效果好。辽西凹陷断阶带具有与旅大5-2、旅大5-2N和旅大4-2等油气田相似的构造背景，是秦皇岛地区下步勘探的重要区带。

5. 辽西凹陷西斜坡

辽西凹陷西斜坡位于辽东湾坳陷与渤中坳陷转换带，北东向与辽西凹陷北斜坡相连，东部为辽西低凸起和辽西凹陷南次凹，为潜山背景上受晚期走滑作用控制形成的走滑断裂带，有利勘探面积130km^2。辽西凹陷西斜坡属于秦皇岛地区三组北东—南西向走滑断裂构造带之一，由受北东向断层控制的南部大型宽缓断鼻和北部两个“负花状”构造组成。其南部断鼻发育地层超覆圈闭和潜山地层圈闭，北部“负花状”构造主要发育古近系构造圈闭，东二段有利圈闭面积达46.6km^2，具有较好的油气成藏背景。

辽西凹陷西斜坡古近系发育来自西部凸起区的辫状河三角洲沉积，具有较好的储盖组合条件，东部紧邻辽西凹陷南次凹，多条油源断层伸入凹陷内部，西部存在控制圈闭的走滑挤压区，阻止油气向西部凸起区运移，因此辽西凹陷西斜坡具有优越的油气成藏条件，是秦皇岛地区下步勘探的重点区带。

6. 秦南凹陷北斜坡、留守营凸起及姜各庄凸起

中国海油在秦南凹陷东洼南部钻探发现了秦皇岛29-2及秦皇岛29-2东等中—大型优质商业油气藏，实现了秦南凹陷的勘探突破（魏刚等，2012）。秦南凹陷北斜坡、留守营凸起，位于秦南凹陷东洼北部，是油气长期运移指向区，有利勘探面积约350km^2。主要发育构造及地层圈闭，圈闭面积较大，目的层埋深较浅，可作为秦皇岛地区下步勘探目标。姜各庄凸起位于秦南凹陷中洼北部，有利勘探面积740km^2。中国海油在秦南凹陷西北部斜坡钻探的秦皇岛21-1-1井在潜山见到D级荧光显示，秦皇岛22-1-1井在沙一段见到油斑级别的油气显示，说明秦南凹陷中洼已经具备供烃能力，并且能够运移到凹陷斜坡区，推测高部位可能存在油气聚集带。

第二节　乐 亭 地 区

乐亭地区位于唐山市所辖的滦南县、乐亭县及其所属的部分滩海海域和秦皇岛市所辖的昌黎县及其所属的部分滩海海域，总面积近 3000km^2；区域构造位置位于黄骅坳陷南堡凹陷东北部，包括乐亭凹陷、马头营凸起，以及石臼坨凹陷、昌黎凹陷、姜各庄凸起的部分区域，呈现凹凸相间的构造格局（图 13–9）。乐亭凹陷为受北东向滦南断层和北西西向滦河断层控制的箕状凹陷，是一个以前中生代为基底、中新生代沉积为主的凹陷，呈北西—南东向展布，东西长约 48km，南北宽 11～18km，古近系分布面积约 899km^2，中生界分布面积约 1030km^2。

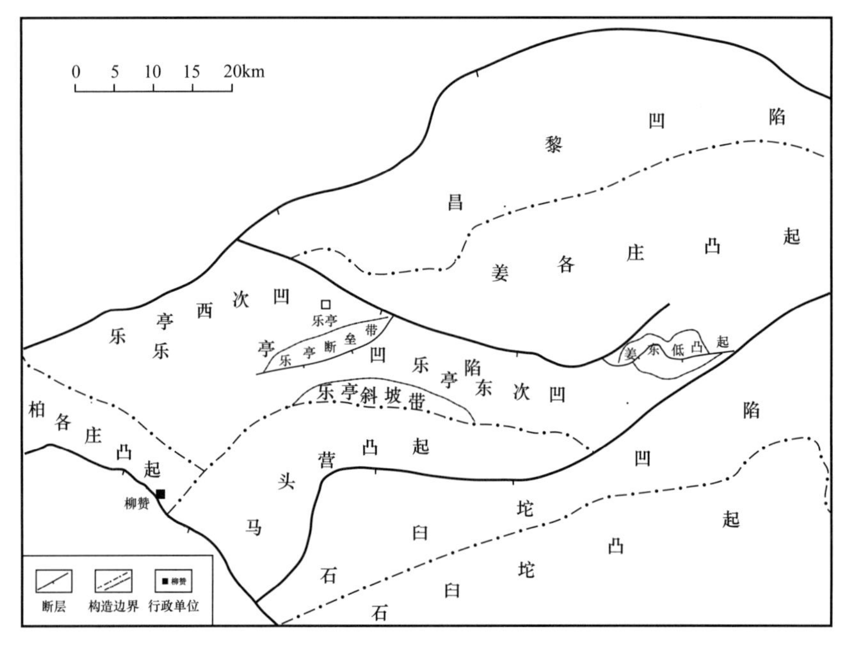

图 13–9　乐亭地区构造单元图

一、勘探概况

乐亭凹陷地质勘探工作始于 1964 年，相继开展了 1∶20 万的重力、磁力和电法测量勘探工作。1964—1983 年，进行地震普查，完成二维地震测线 1639.1km，其中单次覆盖 653.5km，6 次覆盖 449.85km，12 次覆盖 894.4km。地震测线密度 2km×2km，部分地区 6.6km×6.6km，平均 3km×3km。1986 年，完成 1065km 二维数字地震，测网密度一般 2km×2km，个别 1km×2km。共完钻探井 4 口（乐参 1 井、乐 2 井、乐 3 井和乐 6 井），进尺 1.1331×10^4m。

石臼坨凹陷为受马头营凸起南缘红房子断层控制的北断南超的单断式箕状凹陷，与乐亭凹陷相似，为中生界的残留凹陷。1966—1972 年，对该凹陷开展了 1∶20 万重力详查和航空磁测。1978—1979 年，在凹陷的陆地和滩海部分进行二维地震普查，完成单次测线 42km，12 次覆盖地震测线 209km。截至 2017 年底，二维地震覆盖全区，测网密度从 1km×1km 到 4km×16km 不等。完钻井有 3 口（乐 4 井、乐 5 井、乐 7×1 井），进尺 0.9582×10^4m。1996 年 12 月完钻的乐 7×1 井在沙三段钻遇油气显示。

昌黎凹陷为受昌黎断层控制的北断南超的单断式箕状凹陷，凹陷面积 $640km^2$，其中陆地 $420km^2$，海域 $220km^2$。1964 年，开展 1∶20 万的重、磁力勘探。1980 年，使用磁带地震仪完成地震测线 196.75km，测线密度 4km×4km。1985 年，完钻探井 1 口（昌参 1 井），进尺 2468.43m，钻井揭示昌黎凹陷古近系大部分为棕红色泥岩与杂色砂砾岩互层，仅底部发育浅灰色泥岩夹浅灰色含砾砂岩，昌黎凹陷生油条件较差。

马头营凸起西侧与南堡凹陷相邻，勘探面积 $216.7km^2$。截至 2017 年底，马头营凸起共完成二维地震 1164.65km，三维地震 $167.13km^2$。马头营凸起东部二维工区部分属于外围探区；二维工区内累计钻探井 4 口（乐 1 井、乐 8×1 井、王滩 1 井、马 2 井），进尺 8995m。

姜各庄凸起夹持于乐亭凹陷、秦南凹陷及昌黎凹陷之间，部分地区被乐亭凹陷二维地震资料覆盖，完钻井有 1 口（坨 1 井），进尺 2837.1m。

通过早期勘探与研究，取得如下认识。

（1）明确了区内地层与岩性变化特征。

（2）明确了区域地质结构。区内前中生界基底由 3 个东西向断块带组成，中生代沉积过程中，断块翘倾升降活动，形成本区凹隆相间的构造格局。古近纪，控凹断层强烈活动，沉降中心位于控凹断层附近。新近纪，为盆地整体沉降阶段，沉积了馆陶组、明化镇组。

（3）初步分析存在两套生油层系。古近系沙河街组烃源岩，分布于乐亭凹陷，坨 1 井评价沙河街组为差—较好烃源岩；中生界白垩系烃源岩，乐 5 井、乐 6 井、乐 7×1 井评价为低成熟—成熟、好烃源岩。

二、地层特征

乐亭凹陷地层发育较齐全，自下而上主要发育下古生界寒武系、奥陶系，中生界侏罗系、白垩系，新生界古近系、新近系和第四系（图 13-10）。但由于受多次区域构造运动和控边断裂持续性活动影响，使各界、系在空间分布上继承性较差，接触关系复杂。

古生界寒武系、奥陶系主要分布在凸起区。寒武纪末期，该区曾遭受较为严重剥蚀，寒武系分布范围有限。顶部为凤山组。寒武系残留地层厚度一般为 100～500m，最厚 700m，1989 年，在马头营凸起钻探王滩 1 井，揭露寒武系厚度 569m。与下伏地层不整合接触。

加里东运动时期，本区抬升，奥陶系广遭剥蚀，地层组段发育不全，至晚古生代早期，未接受沉积。2004 年，在马头营凸起钻探马 2 井，钻遇奥陶系石灰岩地层，奥陶系残留地层厚度一般为 100～400m。与下伏地层不整合接触。

中生界主要分布在乐亭凹陷、石臼坨凹陷和昌黎凹陷内，地层厚度变化受边界断裂控制。中生界厚度一般为 200～1200m，最大厚度 2100m。中—下侏罗统发育河流相的棕红色砾状砂岩与棕红色、紫色砂质泥岩互层；侏罗系上统为火山岩与泥岩、凝灰质泥岩互层。与下伏地层不整合接触。

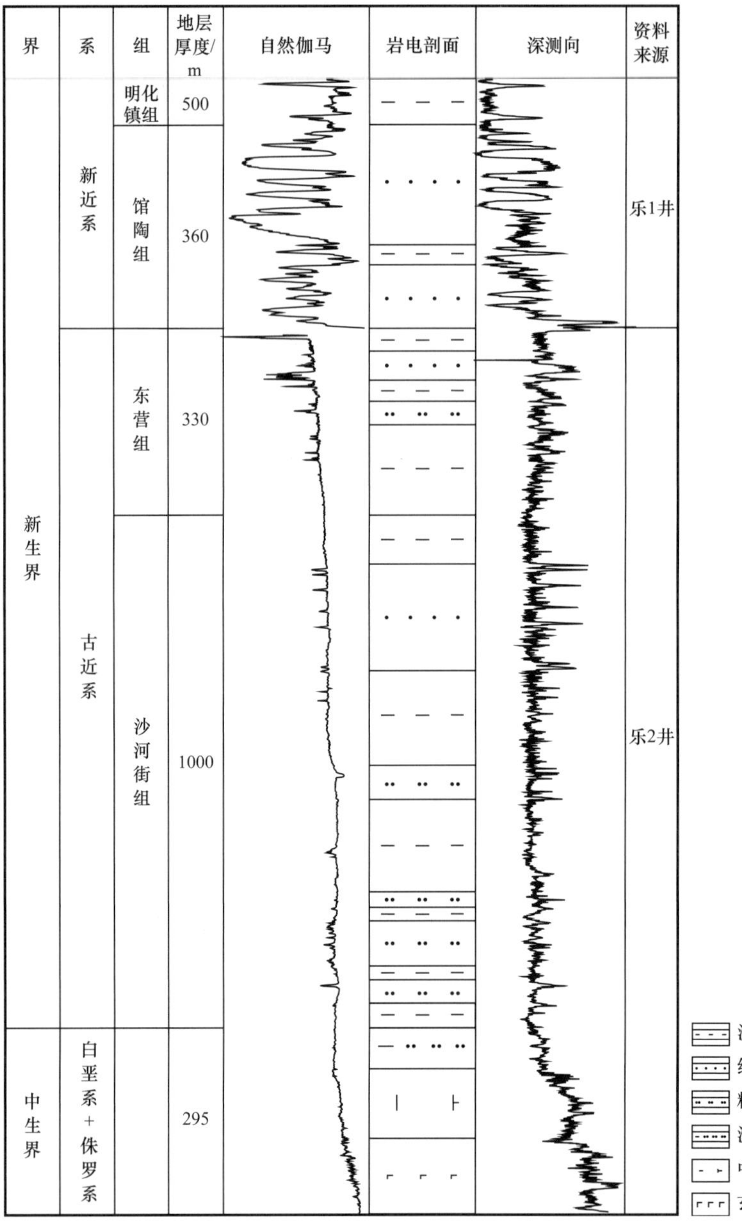

图 13-10　乐亭凹陷综合柱状图

白垩系下部为火山岩与暗色泥岩互层，上部为大套泥岩、暗色泥岩。白垩系层内化石丰富，主要有裸子类化石、蕨类化石和介形类化石。裸子类化石：苏铁粉属 *Cycadopites*、单束松粉属 *Abietineaepollenites*、双束松粉属 *Pinuspollenites*、云杉粉属 *Piceaepollenites*、雪松粉属 *Cedripites*、原始松柏粉属 *Protoconiferus*、拟云杉粉属 *Piceites*、假云杉粉属 *Pseudopicea*、假松粉属 *Pseudopinus*、二连粉属 *Erlianpollis*、周壁粉属 *Perinopollenites*、克拉梭粉属 *Classopollis*、无口器粉属 *Inaperturopollenites* 等。蕨类化石：光面三缝孢属 *Leiostriletes*、紫萁孢属 *Osmundacidites* 等。介形类化石：蜂窝状女星介 *Cypridea spongvosa*、单肋状女星介 *Cypridea unicostata*、女星介 *Cypridea* sp、小狼星介 *Lycoptercypris infantilis*、窄达尔文介 *Darwinuls contracta*、优越蒙古介

Mongolianella palmosa。与下伏地层整合接触。

新生界古近系主要分布在乐亭凹陷、石臼坨凹陷和昌黎凹陷内。沙河街组为大套杂色砂砾岩夹薄层紫红色含砾泥岩、泥岩、含砾泥岩与杂色砂砾岩互层及紫红色泥岩夹薄层灰色、绿色泥岩，靠近断层，岩性较粗。在乐亭凹陷西洼沙河街组主要为灰色、紫色泥岩与细砾岩、砂岩、粉砂岩互层，岩性普遍较细。化石丰富，孢粉类以小亨氏栎粉 *Quercoidites microhenrici*、榆粉属 *Ulmipollenites* 为主，栎粉属含量大于榆粉属；其次为裸子，包括单束松粉属 *Abietineaepollenites*、双束松粉属 *Pinuspollenites* 等；蕨类第三，以水龙骨单缝孢属 *Polypodiaceaespollenites* 为主，其次是三角孢属 *Deltoidospora*。地层厚度一般 500～2500m。与下伏地层不整合接触。

东营组分布范围较沙河街组明显变小，岩性为棕色、棕黄色砂质泥岩，绿色、灰色、灰紫色泥岩与砂岩、含砾砂岩互层，灰色、棕红色泥岩夹薄层灰色砂岩、含砾不等粒砂岩。介形类化石丰富，主要有广饶小豆介 *Phacocypris guangraoensis*、长脊东营介 *Dongyingia longicostata*、任丘似玻璃介 *Candonopsis renqiuensis*、具角华花介 *Chinocythere cornuta*、辛镇华花介 *Chinocythere xinzhenensis* 等。与下伏地层整合接触。

新生界新近系分布面积广，在全区均有分布，沉积地层为河流相砂砾岩和河流间湾相泥岩，地层连续性好。馆陶组主要为砂砾岩、细砾岩等粗碎屑岩及棕红色、棕黄色、灰绿色、褐灰色为主的泥岩，与下伏地层不整合接触。明化镇组地层沉积厚度大，以砂岩、砂砾岩与泥岩互层为主，与下伏地层不整合接触。

三、构造地质

乐亭地区位于黄骅坳陷北端，北靠燕山褶皱带，东邻渤中坳陷，西为沧县隆起。前中生代基底的构造演化经历了太古宙—古元古代华北地台结晶基底形成期、中—新元古代台缘裂陷期、古生代地台发育期，形成了以早古生界碳酸盐岩和太古宇花岗片麻岩为主的中生界盆地基底。中生代的构造演化经历燕山裂陷发育阶段，缺失三叠系，地层主要由侏罗系—白垩系碎屑岩组成。以中生代块断构造活动为基础，古近纪喜马拉雅期块断差异升降活动形成了乐亭地区凹隆相间的构造格局。新生代古近纪经历了裂陷充填阶段，凹陷部位沉积了沙河街组、东营组；新近纪，整个渤海湾地区整体沉降，形成统一的渤海湾盆地。

1. 构造演化特征

乐亭凹陷为一单断箕状凹陷，燕山早期，受滦南—乐亭断层活动的控制，发育范围较大的河湖—湖沼相砂泥碎屑夹含煤建造；燕山晚期，凹陷抬升剥蚀，并伴有火山活动；喜马拉雅期，滦南—乐亭断层强烈活动，接受了古近系沉积。中—新生代时期沉降中心位于下降盘根部，地层沉积厚度大，地层整体由北向南抬升，在南西方向古近系超覆在马头营凸起上。

石臼坨凹陷在燕山期，受区域拉张应力的作用，早白垩世早期，地壳拉张变薄而断陷，在沉积过程中伴有岩浆活动，为一套湖相—湖沼相黑色泥岩夹玄武岩沉积，中生界在该凹陷广泛分布。晚渐新世东营组沉积时期，受周边断裂活动影响，地壳再次下陷，接受了一套杂色砂泥岩沉积，渐新世末期，地壳又一次抬升剥蚀，至中上新世裂陷作用结束，由于重力调整作用，石臼坨凹陷及其邻区整体沉降，发育河流泛滥平原相砂泥岩碎屑沉积。

马头营凸起整体形态呈北西高东南低的构造形态，西部新近系直接披覆于花岗质结晶基底之上。由于基底凸凹不平及断裂作用，使得上新近系主要发育披覆背斜和断块、断鼻圈闭，形成马头营低幅度披覆构造带。

2. 断裂特征

乐亭地区中—新生界主要发育伸展断层，依据断层活动时间、发育规模及对盆地地层沉积和构造格局的控制作用，将断层划分为三个级别：滦河断层、红房子断层、昌黎断层等边界断层为一级断层，乐亭断层和姜东断层为控制二级构造带的二级断层，另外发育控制局部断块的三级断层（图 13-8）。

滦河断层是乐亭凹陷与姜各庄凸起的分界断层，形成于燕山早期，至燕山晚期持续活动，断层在燕山晚期活动逐渐减弱，断距下大上小，古近系底界最大断距在 3800m 左右，新近系底界断距多为 200m 左右。断层平面延伸距离较长，达 68km，走向自西向东为北西、南东、北东向，倾向由西南变为东南。

红房子断层是石臼坨凹陷与马头营凸起的分界断层，该断层形成于燕山早期，至喜马拉雅期逐渐减弱。该断层古近系底界最大断距约 2500m，新近系断距约 100m，平面上断层在西段呈北北东向，东段呈北西向展布，冀东油田探区内延伸长度 44km，体现控凹生长断层特点。

姜东断层位于乐亭东次凹东部，为二级断层，延伸方向近东西向，延伸长度约 24km，西北端与滦河断层东段相交，构成了姜东低凸起二级构造单元。

乐亭断层位于乐亭凹陷西次凹内，为近东西向延伸的断层，延伸长度约 25.7km。乐亭凹陷可以划分出乐亭西次凹、东次凹及乐亭斜坡带 3 个二级构造单元，中生界除了这 3 个二级单元外，在两个洼槽之间又可以划分出乐亭断垒带。

各级断层剖面上呈地垒和地堑、“Y”字形、帚状和台阶状等组合样式。地垒和地堑式组合主要发育于中生界，早期主干断层与晚期发育的调节断层形成“Y”字形断层组合，而帚状断层和台阶状组合主要表现为滦河断层及其派生断层的组合。断层平面组合样式以梳状组合为主，是滦河断层及其派生断层在平面上的组合表现。

3. 构造单元

乐亭地区整体呈现三凹两凸的构造格局，受边界断层控制划分为乐亭凹陷、石臼坨凹陷、昌黎凹陷、马头营凸起及姜各庄凸起 5 个二级构造单元。乐亭凹陷自中生代以来为北断南超的箕状凹陷，凹陷内部姜东断层、乐亭断层两条东西向延伸断层将乐亭凹陷进一步划分出乐亭西次凹、乐亭东次凹、乐亭断垒带、乐亭斜坡带及姜东低凸起 5 个亚二级构造单元（图 13-8）。其余凹陷、凸起由于构造相对简单，未进一步细分。

乐亭断垒带将乐亭凹陷隔为东、西两个次凹，其中乐亭东次凹和乐亭西次凹为两个沉降中心，北面依靠滦河断层，南部与乐亭斜坡带相连。姜东低凸起由滦河大断层与姜东断层控制而成，姜东断层是乐亭东次凹和乐亭斜坡带的分界。

四、石油地质条件

1. 烃源岩

乐亭地区烃源岩分布在乐亭凹陷、石臼坨凹陷，其中乐亭凹陷深凹部位发育古近系与中生界滨浅湖相、扇三角洲前缘相沉积两套泥岩类型烃源岩，石臼坨凹陷只发育中生界有效烃源岩。

乐亭凹陷古近系沙三段暗色泥岩厚度最大达500m左右，TOC为0.01%～2.281%，平均为0.163%；S_1+S_2为0.0239～0.38mg/g，平均为0.198mg/g；氯仿沥青“A”含量为0.0036%～0.0234%，平均为0.0116%，氢指数为10.04～119.75mg/g，平均为64.978mg/g，T_{max}为431℃。干酪根类型以Ⅱ$_2$型为主，有机质成熟度低（成永生等，2007；杨玉山等，2010），综合评价为未成熟—低成熟、差—较好烃源岩。

乐亭凹陷白垩系暗色泥岩最大厚度在500m以上，TOC为0.36%～3.35%，平均为1.767%；S_1+S_2为0.71～37.21mg/g，平均为19.847mg/g；氯仿沥青“A”含量为0.0279%（1个样品）；干酪根类型以Ⅱ$_1$型为主，有机质成熟度中等，综合评价为低成熟的好烃源岩。

石臼坨凹陷沙三段暗色泥岩厚度为100～200m，TOC为0.07%～0.281%，平均为0.193%；S_1+S_2为0.02～0.61mg/g，平均为0.0732mg/g；氯仿沥青“A”含量为0.0069%～0.1349%，平均为0.0304%；R_o为0.51%；综合评价为非烃源岩。

石臼坨凹陷白垩系暗色泥岩厚度为100～300m，TOC为0.019%～4.81%，平均为0.9192%；S_1+S_2为0.0001～29.7mg/g，平均为3.184mg/g；氯仿沥青“A”含量为0.0057%～0.332%，平均为0.0484%；R_o为0.5%～0.89%，平均0.733%；干酪根类型以Ⅱ$_1$型为主，有机质成熟度中等，综合评价为低成熟—成熟、好烃源岩。

目前钻井揭示烃源岩均位于凹陷边缘，推测在乐亭凹陷、石臼坨凹陷中心部位，长期处于稳定沉降、水体偏深的还原环境，有利于有机质的大量保存，烃源岩将更为发育。通过残余有机碳方法计算，乐亭凹陷石油地质资源量为609×10^4t，石臼坨凹陷石油地质资源量为815.3×10^4t。

2. 储层特征

乐亭地区储层十分发育，钻井揭示有下古生界寒武系、奥陶系碳酸盐岩储层和中生界—新生界碎屑岩储层。

古生界寒武系、奥陶系储层主要为碳酸盐岩，本区寒武系、奥陶系碳酸盐岩长期暴露，遭受淋滤、侵蚀等风化剥蚀作用，形成厚层风化壳，并经过多期构造运动改造，使奥陶系碳酸盐岩裂缝、孔洞十分发育，成为良好的储层。

中生界侏罗系储层由砾岩、砂砾岩、含砾砂岩及砂岩系列组成，且以细砂岩为主，胶结物仅有少量的方解石、白云石和菱铁矿，颗粒间为线接触，孔隙式胶结。以中孔特低渗透型储层为主，孔隙度平均为20.04%，渗透率平均为1.98mD。储集类型为中孔道、微细喉型。平均孔隙半径5～7.13μm，压汞资料表明，孔喉半径0.293～0.364μm。

沙河街组储层较发育，为扇三角洲前缘河口坝和水下分流河道砂，岩性主要为岩屑长石中—细砂岩，分选中等—好，单砂层厚度一般为4～8m。

馆陶组作为渤海湾盆地广泛分布的储层，岩性以厚层砂砾岩、细砂岩、含砾细砂岩为主，储层物性表现为高孔特高渗透特点，储集空间以原生粒间孔为主，部分发育有粒间溶孔。孔隙结构以特大孔中喉型为主，连通性好。

3. 储盖组合特征

乐亭地区存在四套储盖组合。

（1）馆陶组中部泥岩和下部砂岩的储盖组合。乐亭地区馆陶组中部泥岩厚度在30～150m之间，与馆陶组下部的砂砾岩储层形成良好的储盖组合。

（2）凸起区馆陶组中部泥岩和古生界碳酸盐岩的储盖组合。乐亭地区馆陶组中部泥岩广泛分布，与其下的奥陶系碳酸盐岩储层、寒武系碳酸盐岩储层形成良好的储盖组合。

（3）东营组、沙河街组泥岩与下伏白垩系储层的储盖组合。乐亭地区凹陷内东营组盖层累计厚度60～120m，单层最大厚度24m，沙河街组盖层以滨浅湖相灰色、深灰色泥岩为主，厚度大，与下伏白垩系储层形成良好的储盖组合。

（4）中生界泥岩与中生界砂岩的储盖组合。白垩系和侏罗系泥岩厚度大、分布广，与其下砂岩储层形成良好的储盖组合。

五、勘探潜力及目标

1. 勘探潜力

乐亭地区存在乐亭和石臼坨两个生油凹陷，乐亭凹陷存在沙三段和中生界两套有效烃源岩，石臼坨凹陷存在中生界一套有效烃源岩，两个凹陷具有一定生烃能力。目前，乐1井在馆陶组顶部见到9颗油斑砂岩，侏罗系底部见较好气测异常，试油见油花，证明乐亭凹陷有过油气生成与运移。石臼坨凹陷在矿区内面积较小，乐7×1井在中生界白垩系钻遇油气显示，分析认为其油源来自石臼坨凹陷。综合分析认为乐亭地区特别是乐亭凹陷具有一定勘探潜力。

2. 有利勘探目标

乐亭凹陷姜东低凸起位于乐亭凹陷与姜各庄凸起、石臼坨凹陷（秦南凹陷）的结合部（图13-8），为发育在潜山基底上的断背斜构造，有利勘探面积120km^2，重点目的层馆陶组底界有利圈闭面积47.5km^2，具有圈闭面积大、构造圈闭继承性发育、埋藏浅的特点。此外，姜东低凸起位于乐亭凹陷与秦南凹陷的结合部，是油气运移的指向区，具备双向供油的可能，具有较大勘探潜力。

第三节　涧 河 地 区

涧河地区指南堡凹陷北侧的涧河凹陷、西河凸起及开平向斜的部分区域，是煤层（成）气勘探潜力区。该区位于唐山市丰南区南端，与曹妃甸工业区、天津滨海新区紧密连接，面积约430km^2；区域构造处于燕山南麓，南邻黄骅坳陷，东与卑子院背斜相连，整体上是一个被后期构造复杂化了的向斜构造，轴向北东，向西南倾伏。北部开平地区构造简单，保持了原有的向斜面貌，前人称之为“开平向斜”；南部涧河地区受后期构造运动破坏严重，断层发育，古近系—新近系发育，前人称为“涧河凹陷”（图13-11）。

一、勘探概况

涧河地区勘探程度相对较低，截至2017年底，共钻有井4口，分别是西河凸起的西2井，涧河凹陷的涧1井、埕参1井及丰1井，总进尺10009.9m。共有二维地震1279.9km，测网密度多数地区为1km×1km，部分地区达到0.5km×0.5km。

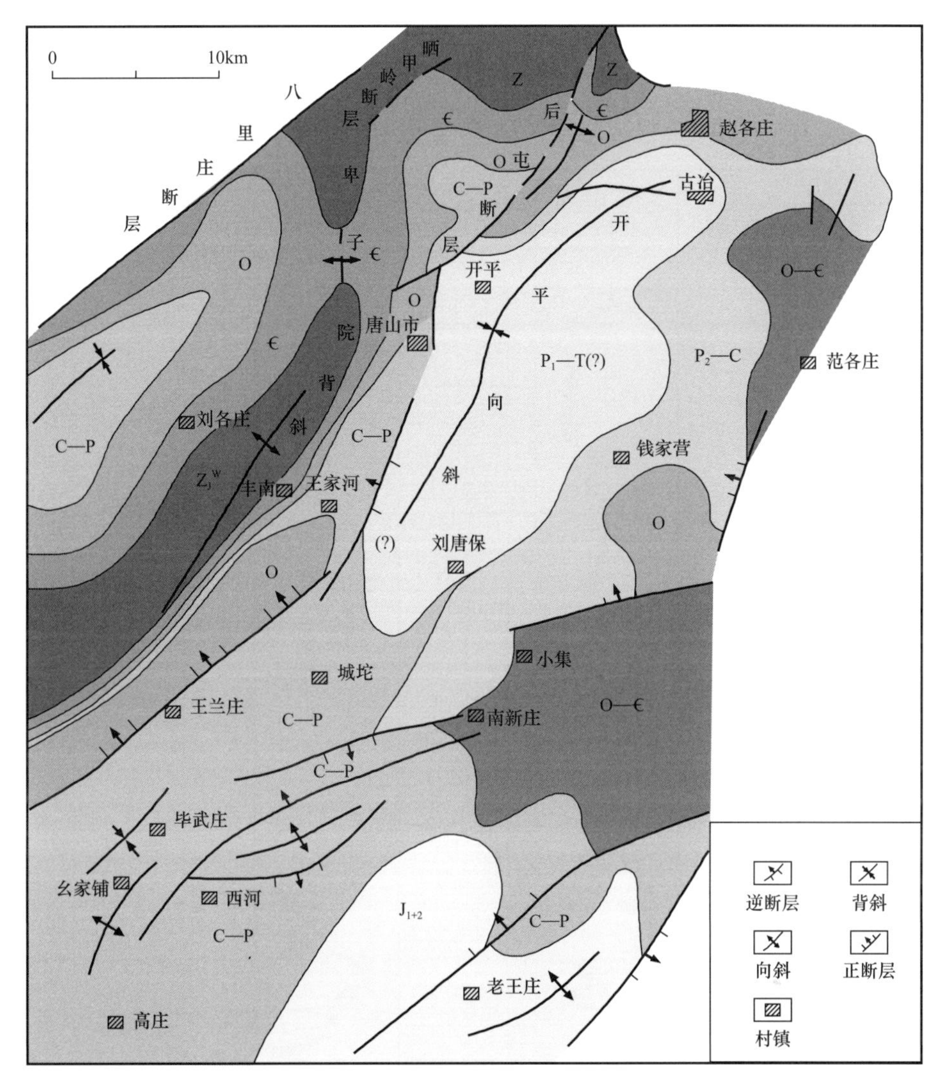

图 13-11　开平—涧河地区构造纲要图

二、地层特征

涧河地区发育下古生界寒武系、奥陶系，上古生界石炭系、二叠系，中生界侏罗系，新生界古近系东营组、新近系馆陶组和明化镇组及第四系（图 13-12）。

寒武系：区内仅丰 1 井钻遇，岩性特征为棕色—紫红色泥岩，间夹浅灰色鲕粒灰岩、灰色白云岩。电性特征表现为自然电位高幅齿状负异常与高幅齿状视电阻率组合。与下伏地层不整合接触。

奥陶系：岩性特征为单一的石灰岩，上部为灰白色白云质灰岩，其下为肉红色、蛋青色石灰岩；下部为大套灰色—灰褐色石灰岩。底部裂缝发育，被方解石充填。电性特征表现为自然电位高幅基线与高幅抖动状视电阻率组合。厚度 88～372m。与下伏地层不整合接触。

石炭系—二叠系：石炭系为黑色泥岩、黑色碳质泥岩，与灰白色—灰色砂岩互层。石炭系—二叠系最显著的特点为含不同程度黑色煤层，厚度 3～6m。电性特征表现为自然电位中幅尖峰状负异常与高幅尖峰状视电阻率组合。二叠系为深灰色泥岩、棕黄色—紫红色泥岩与灰色、灰白色—杂色不等粒砂岩、灰色白云质砂岩互层。石炭系—二叠系厚度分布差异较大，在 258.5～532m 之间。与下伏地层不整合接触。

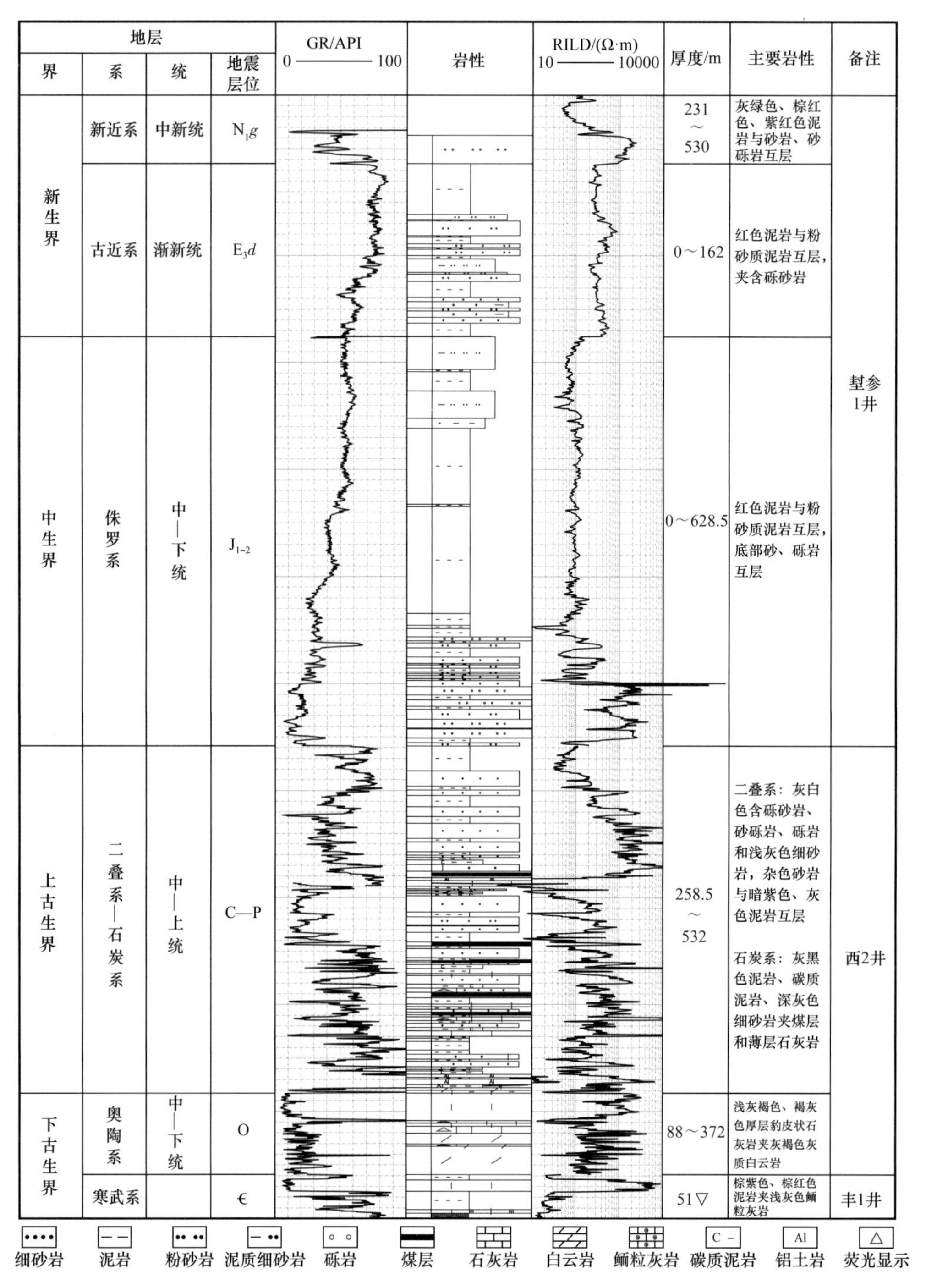

图 13-12　涧河地区地层综合柱状图

侏罗系：可分为上、下两段。上段岩性特征为绿色、紫红色—棕红色泥岩，间夹棕红色细粒岩、棕红色泥质粉砂岩，上段岩性整体偏细；电性特征表现为自然电位低幅基线与低幅视电阻率组合。下段岩性特征为灰色—棕黄色泥岩与杂色细粒岩、灰白色细粒岩互层；电性特征表现为自然电位高幅异常与尖峰状高幅视电阻率组合，下段岩性整体较粗。侏罗系受印支构造运动影响，地层剥蚀比较严重，西河凸起、老王庄凸起钻井缺失侏罗系，残留地层仅在涧河凹陷内，残留厚度 0～628.5m。与下伏地层不整合接触。

东营组：岩性特征为棕红色泥岩、棕红色粉砂岩—灰色泥岩、灰色不等粒砂岩互层；电性特征表现为自然电位高幅基线与中幅齿状或尖峰状视电阻率组合。地层厚度 0～162m，涧河凹陷内地层厚度大。

馆陶组—明化镇组：岩性特征为杂色细粒岩、灰色细粒岩—灰色粉砂岩与灰色泥岩、灰绿色泥岩交互层；电性特征为低幅齿状视电阻率与高幅自然电位负异常组合。厚度分布比较稳定，由西向东稍稍变厚，在 231～530m 之间。与下伏地层不整合接触。

三、构造特征

涧河地区石炭系—二叠系是华北晚古生代聚煤盆地的组成部分，是华北地区早古生代克拉通盆地的继承和发展，经历了印支期、燕山期及喜马拉雅期多次构造活动，形成了北部开平向斜构造简单、南部涧河凹陷构造复杂的格局。从现今所处的构造单元来看，北部的开平向斜位于燕山褶皱带的南端，而南部的涧河凹陷则位于黄骅坳陷的北段。

涧河地区在古生代至早—中三叠世，接受地台沉积，在印支—早燕山期，受北西—南东向挤压的作用，发生冲断—褶皱作用。晚三叠世末期的印支运动，在本区表现明显，以褶皱—冲断作用为主，地层抬升、剥蚀强烈。早—中侏罗世仍以剥蚀作用为主，仅在局部地区接受“坳陷式”充填。早—中侏罗世末的燕山运动Ⅱ幕，又发生褶皱—冲断作用，地层再一次遭受强烈剥蚀。晚中生代开始的伸展作用，在古近纪表现为强烈，早期的冲断层发生构造反转，后期正断层沿先存断层面发生下滑，形成现今以铲形正断层为主的构造面貌。

四、煤层（成）气藏形成条件

1. 煤层分布特征

涧河地区钻井 4 口，均钻遇石炭系—二叠系单层 1～6m 厚度不等的煤层。借鉴前人对开平地区煤层的特征分析认为：涧河地区的煤层为 9#、12# 煤层（图 13-13）。

9# 煤层主要分布在西河斜坡及宁河向斜区域，厚度 4～6m，最大厚度在西河断层北段及以北地区。在涧河凹陷区内部分布不太稳定，埕参 1 井至丰 1 井区为 4m 左右，其北部、南部逐步缺失该煤层。

12# 煤层在纵向上由 4～8 个薄层煤层组成，煤层厚度多数为 1～2m，个别层可达 6.5m，总体煤层分布不稳定。主要分布在涧河地区中部及北部的大部分地区，总厚度 12～14m。在涧河凹陷区域内，12# 煤层分布比较厚，在 14～16m 之间，向东部、西部，煤层逐渐减薄。

2. 烃源岩特征

涧河地区煤层煤阶相对较低，主要为长焰煤—肥煤，属于热演化的第二阶段初，以伴生气为主，形成的煤成气以烃类为主，除甲烷外，还有一定量重烃成分。

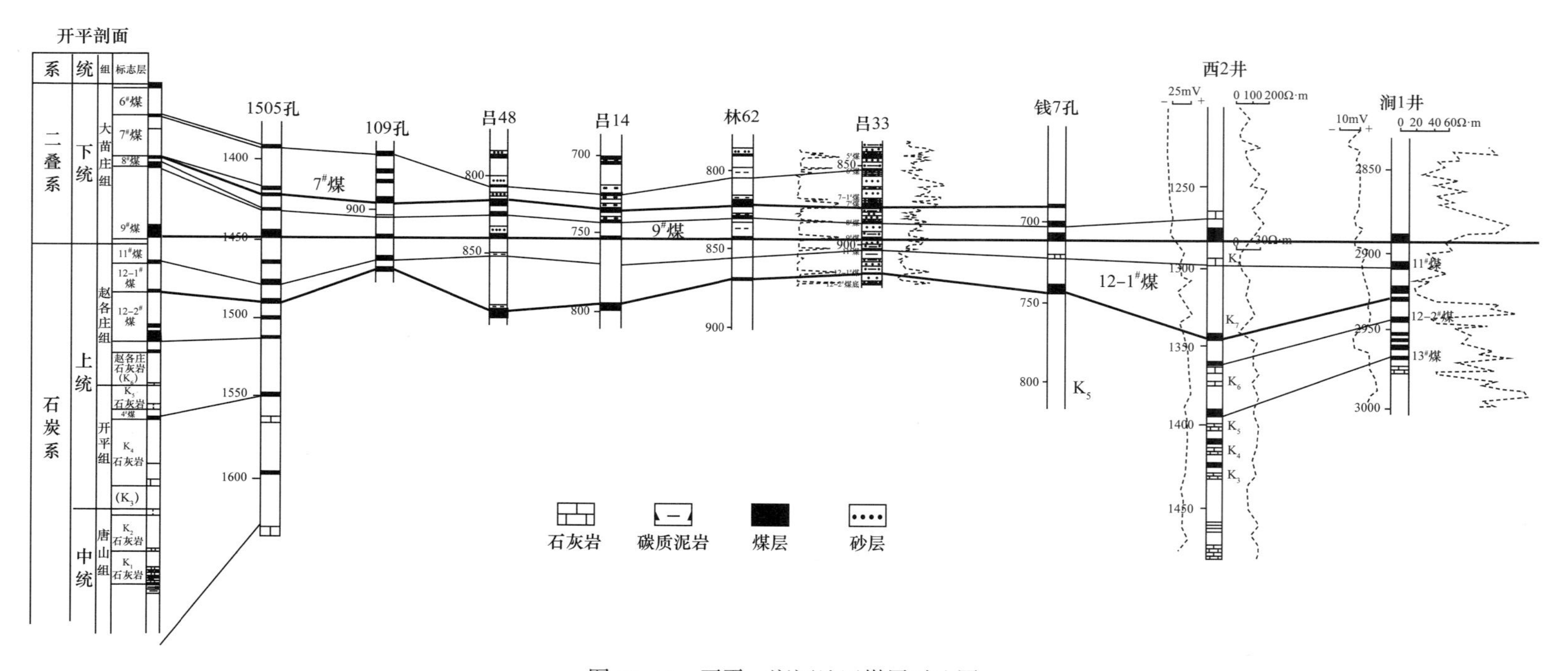

图 13-13　开平—涧河地区煤层对比图

洞河地区自含煤地层沉积后至中三叠世为缓慢沉降阶段，此期间发育煤系地层，聚煤期与掩埋期交替出现，最大埋深3500m左右煤成气大量生成。三叠纪后期受构造运动影响，天然气藏遭受破坏，且后期不具备二次生气条件。

石炭系暗色泥岩有机质丰度较高，但生烃潜量较低，反映凹陷生油母质较差，有机质类型主要是Ⅲ型干酪根。Ⅲ型干酪根初始N(H)/N(C)低（0.46～0.93）、N(O)/N(C)高（0.05～0.30），源自植物碎屑或氧化环境下沉积的水生有机质，主要产气。

3. 储盖组合特征

洞河凹陷纵向上存在四套储盖组合。

（1）奥陶系储盖组合。洞河凹陷奥陶系石灰岩缝洞发育段与致密石灰岩段可组成理想的储盖组合，另外，奥陶系石灰岩也可与上覆的石炭系—二叠系的碳质泥岩段形成储盖组合。

（2）石炭系—二叠系储盖组合。石炭系—二叠系煤层作为煤成气的载体，具有储层特点，可吸附大量的煤成气。物性较好的砂岩作为顶板时，给煤成气运移聚集提供了空间，与其上的碳质泥岩形成很好的储盖组合，为煤成气气藏的形成及保存提供了保障。

（3）东营组储盖组合。该区洞1井钻遇东营组较厚（284m），揭示东营组具有正旋回沉积特征。下部岩性较粗，为砂砾岩—中砂岩，上部岩性较细，为泥质粉砂岩—泥岩。西2井、堑参1井、丰1井的东营组钻遇岩性偏细，发育20～50m稳定的泥岩段，与下伏砂岩可形成良好的储盖组合。

（4）馆陶组储盖组合。馆陶组底砾岩或粗砂岩是一套区域储层，物性非常好，钻井显示底砾岩之上泥岩隔层较厚，可形成很好的储盖组合。

五、勘探潜力及目标

1. 勘探潜力

洞河凹陷勘探面积约412km^2，天然气地质资源量为25.81×10^{8}m^3。洞河凹陷构造条件相对简单，煤成气的保存条件较好。Ⅰ类区块面积为45.1km^2，埋藏深度小于1500m（图13-14）。并且邻区王家河已在石炭系—二叠系发现煤成气，且达到了工业气流，已控制叠合最大含气面积0.24km^2，累计可采储量200×10^4～320×10^{4}m^3。初期日产量较高，其中岳56井初期日产气量达到9.6×10^{4}m^3，岳55井初期日产气8.6×10^{4}m^3，日稳产在5000m^{3}左右，具有较好的开采效果。

2. 有利勘探目标

通过洞河地区煤成气成藏条件分析，该区主要存在3个天然气勘探目标，其中煤成气目标1个、石灰岩目标1个、东营组砂岩目标1个。

1）石炭系—二叠系煤成气目标

洞河地区煤成气资源量较大，构造条件相对简单，保存条件较好。洞河地区煤层缺少分析，但邻区开平向斜煤层割理及裂隙发育，有利于天然气的富集成藏，因此煤层也可作为洞河地区重要的储层。综合地质研究认为，洞河地区煤成气有利勘探深度为750～1500m，煤层埋藏深度小于1500m的区域主要集中在西河凸起附近。洞河凹陷北部煤层演化程度相对较高，煤层裂缝及割理发育，煤成气作为烃源岩生成的天然气以吸附态存在于煤层之中，因此可以作为洞河地区天然气的有利勘探目标。

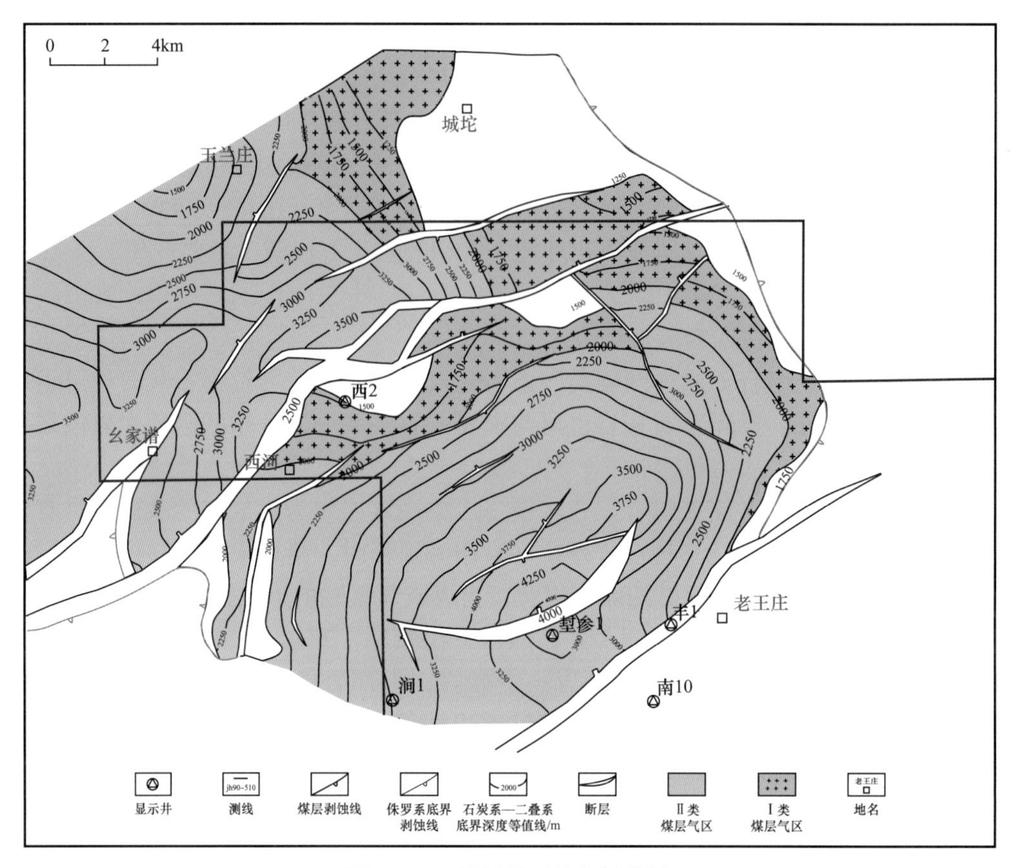

图 13-14 涧河地区综合评价图

2）奥陶系石灰岩目标

涧河地区已有 3 口井钻遇奥陶系石灰岩，其中堼参 1 井及西 2 井在奥陶系潜山见到油气显示。西 2 北圈闭位于西河凸起，是受西河断层及北西向逆断层控制的断块圈闭，整体圈闭面积为 6.1km^2。该圈闭侧向与石炭系—二叠系烃源岩对接，油气沿断层运移至石灰岩储层中；上覆石炭系—二叠系，整体生、储、盖组合条件有利。

3）东营组砂岩岩性目标

涧河地区东营组砂岩岩性目标位于黑沿子断层下降盘，整体面积 36.2km^2，属于石炭系—二叠系烃源岩与东营组砂体不整合对接，天然气沿断层运移至砂体高部位聚集成藏，具有较好的天然气成藏条件，可作为下一步有利勘探目标。

参考文献

陈湘飞，李素梅，王政军，等，2014. 南堡凹陷2号构造带天然气成因分析［J］. 现代地质，28（6）：1297–1306.

成永生，陈松岭，王海，等，2007. 渤海湾盆地乐亭凹陷下古近系含油气系统［J］. 天然气地球科学，18（6）：854–859.

戴金星，1992. 各类烷烃气的鉴别［J］. 中国科学（B辑 化学 生命科学 地学），22（2）：187–193.

戴金星，宋岩，张厚福，等，1997. 中国天然气的聚集区带［M］. 北京：科学出版社.

董月霞，边军，马乾，等，2012. 不断探索无止境 锲而不舍征新程——南堡凹陷岩性油气藏勘探实践与启示［M］// 赵政璋，杜金虎. 从勘探实践看地质家的责任. 北京：石油工业出版社：177–184.

董月霞，杨赏，陈蕾，等，2014. 渤海湾盆地辫状河三角洲沉积与深部储集层特征——以南堡凹陷南部古近系沙一段为例［J］. 石油勘探与开发，41（4）：385–392.

董月霞，周海民，夏文臣，2000. 南堡凹陷火山活动与裂陷旋回［J］. 石油与天然气地质，21（4）：304–307.

董月霞，周海民，夏文臣，2003. 南堡凹陷第三系层序地层与油气成藏的关系［J］. 石油与天然气地质，24（1）：39–41.

范柏江，刘成林，庞雄奇，等，2011. 渤海湾盆地南堡凹陷断裂系统对油气成藏的控制作用［J］. 石油与天然气地质，32（2）：192–198.

高斌，穆立华，付兴深，等，2016. 南堡1号构造火成岩与断裂发育模式研究［J］. 中国矿业大学学报，45（5）：1003–1009.

高楚桥，2003. 复杂储层测井评价方法［M］. 北京：石油工业出版社.

韩晋阳，肖军，郭齐军，等，2003. 渤海湾盆地南堡凹陷沉降过程、岩浆活动、温压场演化与油气成藏的耦合分析［J］. 石油实验地质，25（3）：257–263.

胡国艺，李剑，李谨，等，2007. 判识天然气成因的轻烃指标探讨. 中国科学 D辑：地球科学，37（增刊Ⅱ）：111–117.

胡国艺，李谨，李志生，等，2010. 煤成气轻烃组分和碳同位素分布特征与天然气勘探［J］. 石油学报，31（1）：42–48.

姜华，王华，林正良，等，2009. 南堡凹陷古近纪幕式裂陷作用及其对沉积充填的控制［J］. 沉积学报，27（5）：976–982.

姜华，王建波，张磊，等，2010. 南堡凹陷西南庄断层分段活动性及其对沉积的控制作用［J］. 沉积学报，28（6）：1047–1053.

姜在兴，2003. 沉积学［M］. 北京：石油工业出版社.

蒋有录，1999. 渤海湾盆地天然气聚集带特征及形成条件［J］. 石油大学学报（自然科学版），23（5）：9–13.

金强，朱光有，王娟，2008. 咸化湖盆优质烃源岩的形成与分布［J］. 中国石油大学学报（自然科学版），32（4）：19–23.

李宏义，姜振学，董月霞，等，2010. 渤海湾盆地南堡凹陷断层对油气运聚的控制作用［J］. 现代地质，24（4）：755–761.

李三忠，索艳慧，戴黎明，等，2010. 渤海湾盆地形成与华北克拉通破坏［J］. 地学前缘，17（4）：

64–89.
李素梅，董月霞，王政军，等，2014. 南堡凹陷潜山原油特征与成因探讨［J］. 沉积学报，32（2）：376–384.
李颖，李会弟，洪世琦，2011. 渤海海域秦南凹陷区油气勘探之我见［J］. 中外企业家，（3）：57–60.
刘金华，葛政俊，2015. 闵桥地区火山岩油气储层特征及油气成藏规律分析［J］. 石油地质与工程，29（6）：44–47.
刘文汇，张殿伟，王晓锋，等，2004. 天然气气—源对比的地球化学研究［J］. 沉积学报，22（增刊）：27–32.
刘兴材，李丕龙，2002. 复式油气田论文集［M］. 北京：石油工业出版社.
刘延莉，邱春光，邓宏文，等，2008. 冀东南堡凹陷古近系东营组构造对扇三角洲的控制作用［J］. 石油与天然气地质，29（1）：95–101.
梅玲，张枝焕，王旭东，等，2008. 渤海湾盆地南堡凹陷原油地球化学特征及油源对比［J］. 中国石油大学学报（自然科学版），32（6）：40–47.
欧阳健，等，1994. 塔里木盆地油气勘探丛书 石油测井解释与储层描述［M］. 北京：石油工业出版社.
庞雄奇，陈章明，陈发景，1997. 排油气门限的基本概念、研究意义与应用［J］. 现代地质，11（4）：510–521.
庞雄奇，霍志鹏，范柏江，等，2014. 渤海湾盆地南堡凹陷源控油气作用及成藏体系评价［J］. 天然气工业，34（1）：28–36.
庞雄奇，李素梅，金之钧，等，2004. 排烃门限存在的地质地球化学证据及其应用［J］. 地球科学，29（4）：384–390.
乔海波，赵晓东，刘晓，等，2016. 南堡 4 号构造中深层异常高孔带类型及成因［J］. 断块油气田，23（6）：726–730.
司马立强，疏壮志，2009. 碳酸盐岩储层测井评价方法及应用［M］. 北京：石油工业出版社.
孙永河，赵博，董月霞，等，2013. 南堡凹陷断裂对油气运聚成藏的控制作用［J］. 石油与天然气地质，34（4）：540–548.
汤建荣，王华，孟令箭，等，2016. 渤海湾盆地南堡凹陷地层压力演化及其成藏意义［J］. 地球科学，41（5）：809–820.
唐山市统计局，国家统计局唐山调查处，2020. 唐山统计年鉴 2019［M］. 北京：中国统计出版社.
童亨茂，聂金英，孟令箭，等，2009. 基底先存构造对裂陷盆地断层形成和演化的控制作用规律［J］. 地学前缘，（4）：97–104.
童亨茂，赵宝银，曹哲，等，2013. 渤海湾盆地南堡凹陷断裂系统成因的构造解析［J］. 地质学报，87（11）：1647–1661.
王华，姜华，林正良，等，2011. 南堡凹陷东营组同沉积构造活动性与沉积格局的配置关系研究［J］. 地球科学与环境学报，3（1）：70–77.
王思琦，鲜本忠，万锦峰，等，2015. 南堡凹陷滩海地区东营组和沙河街组一段储层特征及其成因机制［J］. 东北石油大学学报，39（4）：54–62.
王祥，王应斌，吕修祥，等，2011. 渤海海域辽东湾坳陷油气成藏条件与分布规律［J］. 石油与天然气地质，32（3）：342–351.
王政军，马乾，赵忠新，等，2012. 南堡凹陷深层火山岩天然气成因与成藏模式［J］. 石油学报，33

（5）：36–42.
王政军，周贺，张红臣，等，2013. 南堡凹陷寒武系潜山天然气成因与成藏模式［J］. 高校地质学报，19（S1）：555–556.
魏刚，薛永安，柴永波，等，2012. 秦南凹陷油气勘探思路创新与突破［J］. 中国海上油气地质，24（3）：7–11.
夏庆龙，田立新，周心怀，等，2012. 渤海海域构造形成演化与变形机制［M］. 北京：石油工业出版社.
肖军，Kamaye Tourba，王华，等，2004. 渤海湾盆地南堡凹陷火山岩特征及其有利成藏条件分析［J］. 地质科技情报，23（1）：52–56.
肖尚斌，高喜龙，姜在兴，等，2000. 渤海湾盆地新生代的走滑活动及其石油地质意义［J］. 大地构造与成矿学，24（4）：321–328.
徐安娜，董月霞，邹才能，等，2008. 南堡凹陷岩岩性—地层油气藏区带划分与评价［J］. 石油勘探与开发，35（3）：272–280.
徐强，陈桂华，宋来明，2009. 辽东湾南部东营组二段强制湖退沉积体的发现及其地质意义［J］. 中国海上油气，21（2）：75–80.
徐永昌，等，1994. 天然气成因理论及应用［M］. 北京：科学出版社.
杨起，韩德馨，1980. 中国煤田地质学：上册［M］. 北京：煤炭工业出版社.
杨玉山，陈刚，刘宝智，等，2010. 乐亭凹陷勘探潜力分析［J］. 复杂油气田，19（1）：5–8.
于水，段吉利，杜晓峰，2002. 渤海湾盆地天然气成藏规律及勘探方向探讨［C］. 21 世纪中国油气勘探国际研讨会.
袁选俊，薛叔浩，王克玉，1994. 南堡凹陷第三系沉积特征及层序地层学研究［J］. 石油勘探与开发，21（4）：87–94.
翟光明，高维亮，宋建国，等，1991. 中国石油地质志·卷四　大港油田［M］. 北京：石油工业出版社.
张文才，李贺，李会军，等，2008. 南堡凹陷高柳地区深层次生孔隙成因及分布特征［J］. 石油勘探与开发，35（3）：308–312.
张延东，2012. 辽东湾海域辽中富烃凹陷古近系油气资源潜力评价［D］. 成都：成都理工大学.
赵文智，王兆云，王红军，等，2011. 再论有机质“接力成气”的内涵与意义［J］. 石油勘探与开发，38（2）：129–135.
赵贤正，金凤鸣，米敬奎，等，2014. 牛东油气田原油中金刚烷和轻烃特征及其对油气成因的指示意义［J］. 天然气地球科学，25（9）：1395–1402.
赵晓东，刘晓，张博明，等，2015. 南堡 3 号构造中深层中低渗储层微观孔喉特征［J］. 特种油气藏，22（5）：28–32.
郑红菊，董月霞，王旭东，等，2007. 渤海湾盆地南堡富油气凹陷烃源岩的形成及其特征［J］. 天然气地球科学，18（1）：78–83.
周海民，丛良滋，董月霞，等，2005. 断陷盆地油气成藏动力学与含油气系统表征［M］. 北京：石油工业出版社.
周海民，丛良滋，1999. 浅析断陷盆地多幕拉张与油气的关系——以南堡凹陷的多幕裂陷作用为例［J］. 地球科学，24（6）：625–629.
周海民，董月霞，谢占安，等，2004. 断陷盆地精细勘探——渤海湾盆地南堡凹陷精细勘探实践与认识

［M］. 北京：石油工业出版社.

周海民，汪泽成，郭英海，2000a. 南堡凹陷第三纪构造作用对层序地层的控制［J］. 中国矿业大学学报，29（3）：326–330.

周海民，魏忠文，曹中宏，等，2000b. 南堡凹陷的形成演化与油气的关系［J］. 石油与天然气地质，21（4）：345–350.

周海民，谢占安，2007. 断陷盆地精细地震勘探实践［M］. 北京：石油工业出版社.

周海民，2007. 南堡油田勘探技术文集［M］. 北京：石油工业出版社.

周天伟，周建勋，董月霞，等，2009. 渤海湾盆地南堡凹陷新生代断裂系统形成机制［J］. 中国石油大学学报（自然科学版），33（1）：12–17.

周心怀，刘震，李潍莲，等，2009. 辽东湾断陷油气成藏机理［M］. 北京：石油工业出版社.

朱光，王薇，顾承串，等，2016. 郯庐断裂带晚中生代演化历史及其对华北克拉通破坏过程的指示［J］. 岩石学报，32（4）：935–946.

朱文慧，曲希玉，查明，等，2015. 南堡凹陷下古生界流体包裹体特征及成藏期研究［J］. 世界地质，34（1）：148–156.

庄新兵，邹华耀，李楠，等，2011. 秦南地区天然气成因与油气勘探潜力分析［J］. 吉林大学学报（地球科学版），41（3）：680–688.

Chen X F，Li S M，Dong Y X，et al，2016. Characteristics and Genetic Mechanisms of Offshore Natural Gas in the Nanpu Sag，Bohai Bay Basin，Eastern China［J］. Organic Geochemistry，94：68–82.

Faber E，Gerling P，Dumke I，1988. Gaseous Hydrocarbons of Unknown Origin Found while Drilling［J］. Organic Geochemistry，13（10）：875–879.

Stahl W J，Carey B D，1975. Source–rock Identification by Isotope Analyses of Natural Gases from Fields in the Val Verde and Delaware Basins，West Texas［J］. Chemical Geology，16（4）：257–267.

Wang Z J，Zhou H，Zhang Y C，et al，2013.Origin and Accumulation Model of Natural Gas in Ordovician Buried Hill Reservoirs in the Nanpu Sag，Bohai Bay Basin［J］. Acta Geologica Sinica，87（suppl.）：597–599.

Zhu G Y，Wang Z J，2013a. Geochemical Characteristics of High–quality Hydrocarbon Source Rocks in the Nanpu Sag in the Bohai Bay Basin，China［J］. Oil Shale，30（2）：117–135.

Zhu G Y，Wang Z J，Cao Z H，2014a. Origin and Source of the Cenozoic Gas in the Beach Area of the Nanpu Sag，Bohai Bay Basin，China［J］. Energy Exploration & Exploitation，32（1）：93–111.

Zhu G Y，Wang Z J，Dai J X，et al，2014b. Natural Gas Constituent and Carbon Isotopic Composition in Petroliferous Basins，China［J］. Journal of Asian Earth Sciences，80（5）：1–17.

Zhu G Y，Wang Z J，Wang Y J，et al，2013b. Origin and Source of Deep Natural Gas in Nanpu Depression in Bohai Bay Basin，China［J］. Acta Geologica Sinica，87（4）：1081–1096.

附录　大事记

1955—1960 年

是年　石油工业部六四一厂在南堡凹陷完成 1：100 万重力测量、1：100 万航空磁测、1：20 万航空磁测。

1964 年

2 月　南堡凹陷第一口探井南 1 井开钻，6 月完钻，完钻井深 3332.85m，完钻层位沙河街组二段，井壁取心及录井均见到油斑砂岩及油气显示，在古近系发现暗色泥岩，证实南堡凹陷具备生油能力。

1962—1965 年

是年　利用五一型仪器开展少量地震勘探工作，在区域普查基础上，勾画了南堡凹陷的构造轮廓，发现高尚堡、柳赞、老爷庙、北堡等构造。

1966—1970 年

是年　北大港地区有重要发现，会战队伍转移，本区勘探工作暂停。

1971 年

是年　开展二维模拟地震详查，截至 1978 年，累计完成单次覆盖 2062.5km，六次覆盖 1493.5km，测网密度达到 1km×2km，进一步落实南堡凹陷是主要生油凹陷。

1973 年

是年　受任丘古潜山勘探发现影响，冀东探区勘探重心由南堡凹陷转移到周边凸起潜山，截至 1978 年，在南堡凹陷周边先后钻探南 3、乐 1、乐 2、乐 3、乐 4、南 13、南 8、南 9 等井，未获油气发现。

1976 年

12 月　老爷庙构造南 4 井东三段试油，累计产油 0.352t，累计产水 52.5m^3。

1977 年

8 月　西南庄凸起东断块南 8 井侏罗系砂岩、寒武系石灰岩见含油显示，侏罗系试油，日产油 2.51t。

1979 年

2 月　高尚堡构造南 27 井沙三段试油，日产油 28.5m^3，日产气 586m^3，日产水 118m^3，发现高尚堡油田，该井是冀东油田发现井。

12 月　高尚堡构造高 2 井沙三段试油，日产油 77.1m^3，高 5 井日产油 38.8m^3。

是年　勘探重心重新由周边凸起转移至南堡凹陷，开展二维数字地震采集工作。

1980 年

6 月　柳赞构造柳中地区柳 1 井在沙三段试油，日产油 24.2t，发现柳赞油田。

1981 年

10 月　北堡构造北 2 井东营组压裂后，日产油 $20.4m^3$，日产气 $27953m^3$，发现北堡油田。

1982 年

1 月　石油工业部批文，将南堡凹陷列入全国重点勘探地区之一。高尚堡中深层第一口探井高 9 井沙三段一亚段试油，日产油 87t，日产气 $3.2\times10^4m^3$，发现高尚堡油田中深层油藏。

4 月　大港油田组建北部试采处（后改称北部公司），对高尚堡油田、柳赞油田、老爷庙油田进行试采。

1983 年

5 月　高尚堡构造高南地区高 31 井明化镇组试油，日产油 4.8t，揭示高尚堡油田深中浅多层位含油的复式油气藏特点，进一步拓展了勘探领域。

7 月　大港石油管理局北部试采处撤销，成立大港石油管理局北部石油勘探开发公司。

1984 年

5 月　涧河凹陷老坒潜山坒参 1 井奥陶系 3156.84m 放空、井漏，诱喷成功，自喷热水 $907.2m^3$，出口温度 95℃，共放喷热水 $4359.1m^3$，氯离子含量 160mg/L，总矿化度 1607～1957mg/L，属硫酸钠型，展示冀东探区古潜山具有丰富的地热资源。

12 月　西南庄凸起南 21 井寒武系试油，日产油 9.7t，日产水 $7.52m^3$，发现唐海油田。

1985 年

5 月　老爷庙构造庙 3 井东一段试油，日产油 25.4t，日产气 $651m^3$；10 月，馆陶组试油，日产油 20.8t、日产气 $1752m^3$，发现老爷庙油田。

11 月　柳赞构造柳中地区柳 10 井沙三段试油，日产油 113t，日产气 $13243m^3$，标志着柳赞油田沙三段 5 砂层组油藏的发现。截至 2008 年 7 月，该井累计产油 22.5254×10^4t，累计产气 $2151.81\times10^4m^3$，是冀东油田第一口王牌井。

是年　首次在南堡凹陷高尚堡地区完成三维地震资料采集 $64km^2$。

1987 年

2 月　高 5 区块高 34-28 井进行试注，建成高一注、高二注活动式注水泵站，开始油田早期注水。

12 月　柳赞构造柳中地区柳 16 井沙一段试油，折日产油 183t，日产气 $3236m^3$，发现柳赞油田沙一段下亚段油藏。

是年　北部探区产原油 12.8×10^4t，南堡凹陷陆地在高尚堡构造带、柳赞构造带、北堡构造带、老爷庙构造带和唐海构造带累计钻井 140 口，累计探明石油地质储量 8411×10^4t。

1988 年

4 月　石油工业部将大港石油管理局北部石油勘探开发公司划出，成立冀东石油勘探开发公司（冀东油田），为石油部直属局级单位，负责南堡凹陷石油勘探开发工作，由石油勘探开发科学研究院总承包，组成科研生产联合体。翟光明兼任冀东石油勘探开发公司经理，张邦杰兼任副经理。

5 月　高尚堡油田深层沙三段二 + 三亚段油藏正式投入开发。在相对富集断块（高 13 井、高 30 井）获单井日产能力 30t，年产能力 11.7×10^4t。

是年　冀东油田产原油 18.12×10^4t，原油销售 16.6×10^4t，新增原油生产能力 14×10^4t。

1989 年

1 月　由地质矿产部五普 6002 钻井队施工的第一口参数井高参 1 井开钻，12 月完钻，完钻井深 5159.82m，完钻层位太古宇。

是年　冀东油田产原油 29.49×10^4t、天然气 $3268\times10^4m^3$，新增探明地质储量 1034×10^4t（1988 年、1989 年合计），新增原油生产能力 20×10^4t。

1990 年

4 月　柳赞构造柳北鼻状的柳 13 井沙三段二 + 三亚段试油，日产油 $51.1m^3$，发现柳北油气聚集构造。

7 月　柳赞构造柳南地区柳 21×1 井明化镇组试油，日产油 $18m^3$，发现柳南油气聚集构造。

11 月　高尚堡构造高 104-1 井馆陶组发现 5 层 25m 荧光砂岩，井壁取心两颗油斑砂岩、一颗荧光砂岩，表明高浅北区馆陶组含油，为后期部署高 104-5 井提供了依据。

12 月　冀东油田第一口压裂井柳 90 井作业成功，在沙三段 3501.8～3514.3m 常规试油不产液，压裂后日产油 $4.08m^3$。

是年　冀东油田产原油 35.02×10^4t、天然气 $2912\times10^4m^3$，新增石油探明地质储量 728×10^4t，新增原油生产能力 1.6×10^4t。

1991 年

1 月　石油勘探开发科学研究院承包冀东油田三年期满，中国石油天然气总公司决定冀东石油勘探开发公司改组成具有独立法人资格、直属中国石油天然气总公司领导的地区公司。

7 月　高尚堡构造高浅北区高 104-5 井馆陶组试油日产油 30t，证明高浅北区馆陶组具有产油能力，拉开了高 104-5 区块滚动勘探开发的序幕，该区块后期累计探明石油地质储量 1506.32×10^4t。

9 月　北堡构造北 12×1 井沙一段测试，日产油 $242m^3$，日产气 $127292m^3$，发现北堡沙一段油气藏。这是冀东油田首次在火山岩碎屑岩储层试油获高产工业油气流。该井累计产油 $10894m^3$，累计产气 $951.1\times10^4m^3$。柳赞构造柳北地区柳 13×1 井沙三段三亚段获高产油流，日产油 $114m^3$，发现柳北沙三段油藏，该区块后期累计探明石油地质储量 2159.2×10^4t。

是年　冀东油田产原油 37×10^4t、天然气 $3048\times10^4m^3$，新增石油探明地质储量 791×10^4t，新增原油生产能力 39×10^4t。

1992 年

4 月　南堡滩海地区第一口海油陆探井老 2×1 井试油获得低产油流，日产油 2t。

6 月　柳赞构造柳南地区柳 101×1 井，明化镇组下段试油，日产油 $70m^3$，发现柳南浅层断背斜油藏。

7 月　在中国石油天然气总公司召开的第二次非地震物化探工作会议上，冀东油田报告“提高重力异常分辨能力的方法及其在冀东滨海地区的应用”获一等奖。

9 月　柏各庄凸起唐 2×1 井在寒武系首次获工业油流，发现了柏各庄油田，1999 年南 16 井重新试油在侏罗系获工业油流。

是年　冀东油田产原油 38.56×10^4t、天然气 $4151\times10^4m^3$，新增石油探明地质储量 811×10^4t，新增原油生产能力 10×10^4t。

1993 年

1 月　冀东油田实现常规测井资料的自主处理解释。

3 月　召开“南堡凹陷第三系地层划分与对比”评审会，统一地层划分，建立地质划分对比标准，对提高地震解释符合率和探井成功率具有重要作用。

10 月　第二次全国油气资源评价确定南堡凹陷总资源量为 6.984×10^8t。

11 月　冀东油田第一口注水井分层测试在高 30 区块的高 62–32 井组织实施并获得成功，结束油田无分层测试资料的历史。

是年　冀东油田产原油 42.69×10^4t，为计划的 106.4%，新增探明地质储量 204×10^4t，新增探明可采储量 32×10^4t，新建原油生产能力 6×10^4t。

1994 年

4 月　中国石油天然气总公司新区事业部组织冀东南堡滩海三维地震资料采集项目招标工作。

是年　冀东油田产原油 46.01×10^4t、天然气 $1876\times10^4m^3$，新增探明石油地质储量 617×10^4t，新增原油生产能力 7.5×10^4t。

1995 年

6 月　马头营凸起南 70×1 井馆陶组试油，日产油 15t，发现馆陶组油藏。

7 月　冀东油田与美国科麦奇公司签订老堡区块、蛤坨区块风险勘探合同，展开油气勘探对外合作。冀东油田召开地热研究及应用会议，成立冀东油田地热工作领导小组，并在勘探开发地质研究所成立地热研究组，对冀东油田田庄基地和京唐港的地热资源进行评价。

9 月　冀东油田召开老爷庙地震方法攻关评审会，部署采集 5 条二维地震测线，进行以小道距、高覆盖次数、大炮检距、精心设计、精细施工为特点的二维地震资料采集方法攻关试验。

是年　冀东油田产原油 51.02×10^4t、天然气 $2309\times10^4m^3$，新增探明石油地质储量 254×10^4t，新增原油生产能力 6×10^4t。

1996 年

5 月　冀东油田启动低阻油气层测井评价技术攻关研究，成功识别高 29–8 井砂泥岩间互成因低阻油层，日产油 26m^3，累计产油 15577m^3。

6 月　老爷庙构造庙北地区庙 28×1 井馆陶组测试，日产油 180t，发现老爷庙构造庙 28×1 区块，结束老爷庙“有油无田”状况。

7 月　冀东油田召开老爷庙地区三维地震勘探方法攻关方案论证会。

11 月　地球物理勘探局承担的南堡凹陷 550km^2 全三维地震资料解释，历时一年半时间结束，发现和落实圈闭 348 个，面积 284.46km^2，优选评价提出建议井位 28 口。

12 月　冀东油田与地球物理勘探局举行“老爷庙新一轮三维地震采集承包合同”签字仪式，标志老爷庙三维地震方法攻关全面启动。

是年　冀东油田产原油 57.01×10^4t、天然气 $96\times10^4m^3$，新增探明石油地质储量 354×10^4t，新增探明可采储量 62.6×10^4t，新增原油生产能力 7×10^4t。

1997 年

3 月　1996 年 6 月至 1997 年 3 月利用 6 条二维试验线和老三维地震资料，通过重新解释，对老爷庙地区构造特征的认识发生了较大变化，部署庙 11×8 井、庙 28×1 井、庙 24×2 井、庙 28×2 井共 4 口探井，庙 11×8 井东三段试油，日产油 8.64m^3；庙 28×1 井馆陶组试油，日产油 166m^3；庙 24×2 井东二段试油，日产油 112m^3；庙 28×2 井东一段试油，日产油 39.9m^3、日产气 48469m^3，发现了馆陶组、东一段、东二段、东三段含油层系，坚定了老爷庙开展二次三维地震采集的信心。

8 月　冀东油田第一口密闭取心井高 58–33 井的密闭取心工作圆满完成，为国内首次成功进行定向井密闭取心。

11 月　中国石油天然气总公司与意大利埃尼集团阿吉普公司签订渤海湾北堡西区块合作勘探开发合同。

12 月　柏各庄凸起唐 2–14 井发现青白口系油层，拓展了该区含油层系。

是年　实施了老爷庙二次三维地震资料采集，面积 64.14km^2，地震资料品质得到明显改善，开创了中国石油二次三维地震勘探之先河，对老爷庙地区构造及其成藏规律的认识进一步提升，1996—2000 年在老爷庙地区相继钻探了 20 口探井，成功 15 口，钻探成功率 75%，新增探明石油地质储量 1360×10^4t，结束了老爷庙地区“有油无田”的历史。冀东油田产原油 61.09×10^4t、天然气 $3281\times10^4m^3$，新增探明石油地质储量 567×10^4t、可采储量 116.5×10^4t，新增原油生产能力 7×10^4t。

1998 年

2 月　老爷庙构造庙北地区庙 36×1 井明化镇组试油，日产油 176.4m^3；馆陶组日产油 360m^3；东三段上亚段日产油 22.31m^3，扩大了庙北地区的含油范围。

6 月　冀东油田首次在庙 106×1 井完成核磁共振测井，实现孔隙结构的定量评价。

7 月　冀东油田首次在庙 23–6 井进行钻井液电阻率设计，突出自然电位对地层水性及含油性的指示作用，解决浅层低阻油层识别问题，获得成功。老爷庙构造庙南地区庙 38×1 井东一段试油，日产凝析油 163m^3，日产气 $7.1\times10^4m^3$，沉寂多年的庙南地区重新焕发生机。

是年　冀东油田产原油 63.8×10^4t、天然气 $0.46 \times 10^4 m^3$；探明加落实储量 723×10^4t，其中新增探明石油地质储量 582×10^4t；新增原油生产能力 8×10^4t。

1999 年

2 月　老爷庙构造庙南地区庙 6×1 井再获高产油流，东一段试油，使用 5mm 油嘴放喷求产，折日产油 $238m^3$，日产气 $3.9 \times 10^4 m^3$。

5 月　冀东油田首次在唐 2-18 井完成电成像测井，实现寒武系裂缝发育直观、定量评价。

12 月　老爷庙地区二次三维地震勘探后（1998—1999 年）新增探明储量 705×10^4t，"老爷庙地区二次三维地震勘探""老爷庙多次波地震方法攻关"获中国石油天然气集团公司科技进步奖三等奖。

是年　冀东油田产原油 63.22×10^4t、天然气 $5143 \times 10^4 m^3$，新增原油生产能力 6×10^4t。

2000 年

2 月　高尚堡二次三维地震资料采集完成，面积 $83.55km^2$，奠定了高尚堡地区精细勘探的基础。

4 月　冀东油田首次在高尚堡浅层高 104-5 区块发现阳离子交换量与地层水矿化度差异复合成因低阻油层，高 308-4 井低阻油层投产日产油 $21.3m^3$。

5 月　冀东油田首次在柳赞油田浅层柳 102 区块发现阳离子交换量与地层水矿化度差异复合成因低阻油层，柳南 2-6 井低阻油气层投产，日产油 $30m^3$，日产气 $544m^3$，累计产油 $24195m^3$，累计产气 $49 \times 10^4 m^3$。

7 月　北堡北地区北 35 井测井解释油层 33m，试油获低产，揭示北堡北地区具有较大勘探潜力。

9 月　冀东油田 MDT 测井在北 26×6 井应用成功。

是年　冀东油田产原油 62.1×10^4t、天然气 $5605 \times 10^4 m^3$，新增探明石油可采储量 117.6×10^4t，新增原油生产能力 6×10^4t。

2001 年

3 月　柳赞二次三维地震资料采集完成，面积 $90km^2$，奠定了柳赞地区精细勘探的基础。

6 月　与美国科麦奇公司签订的老堡区块、蛤坨区块风险勘探合同到期，合同终止。

8 月　与意大利阿吉普公司签订北堡西风险勘探合同到期，合同终止。

是年　高柳地区二次三维地震资料采集之后，应用新三维地震资料开展了新一轮的区域地质研究。开展高柳地区连片构造解释，重新认识构造格局，并开展层序地层研究，深化高柳地区沙三段地质认识。通过地震、地质精细刻画，优选了一批有利勘探目标，通过钻探取得良好效果，开启了南堡陆地储量规模增长的序幕。冀东油田产原油 62.5×10^4t、天然气 $4335 \times 10^4 m^3$，新增探明石油可采储量 114.9×10^4t，新增原油生产能力 7×10^4t。

2002 年

9 月　在天津杨村召开的中国石油天然气股份有限公司勘探与生产年度计划会上，

确定收回南堡滩海探矿权。冀东油田第一口水平井柳102–平1井开钻，10月19日完钻，完钻层位为明化镇组，水平段长度344m，油层钻遇率96.8%；11月25日投产，初期日产油135t。

是年　冀东油田产原油65.3×10^4t、天然气$4118\times10^4m^3$，新增探明石油可采储量184.5×10^4t，新增原油生产能力7×10^4t。

2003年

1月　柳北老区再认识，柳赞构造蚕3×1井沙三段试油，日产油$24.6m^3$，累计产油$105.22m^3$。

9月　通过高南浅层精细研究，发现高南地区亿吨级储量，高尚堡、柳赞老区地质重建，发现高柳地区古近系岩性油藏新含油层系，总结南堡凹陷精细勘探理论与认识。在中国石油天然气股份有限公司勘探与生产分公司召开的中国石油“隐蔽油气藏精细勘探”研讨会上，冀东油田作题为《冀东复杂断块油田精细勘探实践与认识》的报告，推广冀东油田精细勘探的6个主要做法：精细实施二次三维地震勘探，精细开展区域地质研究，精细开展油田地质研究，精细组织定向井与水平井，精细开展测井解释技术攻关，精细开展勘探组织与管理。

10月　南堡凹陷及周边凸起基本被三维地震所覆盖（老堡南区块2002年三维地震资料采集$83km^2$，蛤坨区块2003年三维地震资料采集$202km^2$，南堡区块2003年二次三维地震资料采集$160km^2$），启动被誉为冀东油田“基因工程”的“南堡凹陷$2400km^2$大连片三维叠前时间偏移处理”项目，开展南堡凹陷三级层序地层解释和岩性地层圈闭识别工作，为南堡陆地精细勘探和南堡油田发现奠定了基础。中国石油勘探与生产分公司在北京召开2003年度储量审查会，冀东油田申报高柳地区三级石油地质储量11873×10^4t顺利通过审查，其中柳北断鼻沙三段三亚段1711×10^4t探明石油地质储量，高南地区明化镇组、馆陶组3464×10^4t控制石油地质储量，高南地区明化镇组、馆陶组、东营组6698×10^4t预测石油地质储量，发现高柳亿吨级油田。

是年　冀东油田产原油74.8×10^4t、天然气$4370\times10^4m^3$，新增探明地质储量1711×10^4t，新建原油生产能力14×10^4t。

2004年

1月　高南地区高91–10井，馆陶组试油，日产油$25.16m^3$，进一步落实和扩大了高南浅层馆四段2油层的含油面积及储量规模，为高南浅层预测储量区储量升级和后续整体开发奠定了基础。

9月　南堡2号构造老堡南1井在奥陶系裸眼测试，使用25.4mm油嘴放喷，折合日产油$700m^3$，日产气$16\times10^4m^3$，馆陶组、东一段试油，使用19.05mm油嘴放喷，日产油$260.91m^3$，日产气$15600\sim17500m^3$，带动了南堡滩海中浅层的勘探，陆续发现南堡1号、2号中浅层含油构造，发现南堡油田。截至2012年7月（老堡南1井导管架弃置），老堡南1井累计产油20.21×10^4t。

12月　南堡1号构造南堡1–2井东一段试油获工业油气流，日产油$225m^3$，拉开了南堡1号构造中浅层勘探发现的序幕；2005年7月南堡1–3井馆陶组试油，日产油$119.88m^3$，发现南堡1–3区馆四段油藏；2005年8月南堡1–5井东一段试油，日产油

469.65m^3、日产气 80127m^3，发现南堡 1–5 区东一段油藏；2006 年 2 月南堡 1–15 井馆陶组试油，日产油 72.48m^3，发现南堡 1–1 北区馆陶组油藏；2007 年 2 月南堡 1–5 区南堡 105×1 井东一段试采，日产油 232.42m^3；2007 年 6 月南堡 1–10 井馆陶组试油，日产油 345.6m^3，发现南堡 1–1 南区馆陶组油藏；2007 年 6 月南堡 1–32 井东一段试油，日产油 197m^3，发现南堡 1–1 区东一段油藏。南堡 1 号构造中浅层勘探获得突破，快速落实浅层勘探潜力，及时调整勘探方向，有效支撑了南堡油田的发现。

是年　冀东油田产原油 100.32×10^{4}t、天然气 5544×10^{4}m^3，新增探明石油地质储量 1588×10^{4}t，新建原油生产能力 40×10^{4}t。冀东油田原油年产量突破百万吨的目标得以实现。

2005 年

1 月 6 日　举行年产原油 100×10^{4}t 庆祝大会。

3 月　冀东油田第一口分支水平井高 29– 支平 1 井顺利投产，喜获高产油流。

8 月　南堡 2 号构造南堡 2–3 井东一段试油获工业油气流，日产油 99.61m^3，标志南堡 2 号构造中浅层勘探获重大突破。

10 月　“冀东油田南堡凹陷演化的热动力学和成藏动力学综合研究”获河北省科技进步奖一等奖；“冀东油田低阻油气层测井评价技术应用研究”“冀东油田陆相碎屑岩储层流动单元研究”获河北省科技进步奖三等奖。

12 月　在中国石油 2005 年度油气勘探年会上，“南堡凹陷精细勘探技术研究与应用”获得中国石油天然气股份有限公司技术创新特等奖。在国土资源部组织的 2005 年度新增探明储量成果审查会上，冀东油田 2005 年度新增探明石油地质储量通过验收。高尚堡油田新增探明石油地质储量 3084×10^{4}t，新增溶解气地质储量 16.63×10^{8}m^3。

是年　冀东油田产原油 125.02×10^{4}t、天然气 7688×10^{4}m^3，新增探明石油地质储量 3084×10^{4}t，新建原油生产能力 44×10^{4}t。

2006 年

4 月　南堡 4 号构造南堡 4–1 井馆陶组试油获工业油气流，日产油 109.5m^3，标志南堡 4 号构造勘探取得突破。南堡 1 号构造、南堡 2 号构造、南堡 4 号构造多口井相继在浅层取得较好的油气发现，初步明确了南堡油田的资源规模。

8 月　南堡 1–4 平台南堡 1–1–TH101 井（后更名为南堡 1– 平 1 井）开钻，揭开冀东油田 60×10^{4}t 先导开发试验井组项目序幕。

11 月　南堡 l– 平 1 井用 600m^3 电泵投产，使用 20mm 油嘴生产，日产油 505t，日产气 7.6×10^{4}m^3，是冀东油田第一口日产原油超过 500t 的油井。在中国石油 2006 年度油气勘探年会上，“冀东油田滩海南堡 4 号油气勘探重大发现”获中国石油天然气股份有限公司勘探发现一等奖。

12 月　“低阻油气藏测井识别与评价方法研究及其应用”获中国石油天然气股份有限公司技术创新一等奖。

是年　冀东油田产原油 170.71×10^{4}t、天然气 9603×10^{4}m^3，新增探明地质储量 6256×10^{4}t，新增探明可采储量 1430×10^{4}t，新建原油生产能力 40×10^{4}t。

2007 年

2 月　冀东油田第一口水平井段超过 1000m 的高 104–5 平 69 井顺利完井。高 104–5 平 69 井完钻井深 3256m，最大井斜 92.86°，水平位移 1619.3m，创造中国陆上水平井水平段最长纪录（原纪录由胜利油田孤平 1 井创造，水平段长度 1054.15m）。

4 月　“南堡凹陷陆地浅层复杂断块油藏增产增效技术研究与实践”获河北省科技进步奖三等奖。冀东油田第一口千吨油井南堡 1– 平 4 井顺利投产，用 $1000m^3$ 电泵投产，使用 25.4mm 油嘴生产，日产油 1058t，日产气 $18.8\times10^4m^3$。

7 月　国土资源部油气储量评审办公室在北京组织召开南堡油田（南堡 1 号构造、南堡 2 号构造）N_2m—E_3d_1 油藏新增石油探明储量报告评审会，通过冀东油田所提交的石油储量报告。从 2004 年老堡南 1 井发现到 2007 年 7 月，在南堡滩海地区的南堡 1 号构造、南堡 2 号构造、南堡 3 号构造、南堡 4 号构造、南堡 5 号构造相继部署和实施了 76 口预探井和评价井，67 口井测井解释有油层，完成试油 32 口，获工业油流井 28 口。南堡油田新增石油探明储量 4.45×10^8t，溶解气地质储量 $536.08\times10^8m^3$。

8 月　冀东油田第一口井口槽开发井南堡 1–4B15– 平 5 井顺利开井投产，初期日产油 260t。

10 月　南堡 3 号构造发现井南堡 3–2 井，东一段试油，日产油 124t。

11 月　南堡 5 号构造南堡 5–10 井，沙河街组酸化后使用 5.56mm 油嘴放喷，日产气 $14.1894\times10^4m^3$，天然气勘探获得新发现。

12 月　“南堡大油田发现的勘探理论与技术”获中国石油天然气集团公司技术创新特等奖，“南堡凹陷浅层大型油气田形成条件及勘探方向”获河北省科技进步奖二等奖。

是年　冀东油田产原油 213×10^4t、天然气 $1.5\times10^8m^3$，新建原油生产能力 73×10^4t。冀东油田产量首次突破 200×10^4t，其中陆地产量 171×10^4t，达到最高峰。

2008 年

3 月　冀东油田海上第一口大斜度水平井南堡 12– 平 61 井顺利开钻，全井水平段长 370m。

8 月　南堡 4 号构造南堡 2–52 井东二段试油，折日产油 $54.72m^3$，累计产油 $115.8m^3$。该井是南堡油田东二段未经措施改造获得高产油流的第一口预探井，展示了南堡 4 号构造东营组岩性油藏的勘探潜力。南堡 4 号构造南堡 4–2 井东一段试油，日产油 $33.01m^3$，南堡 4 号构造首次在东一段获工业油流。

是年　冀东油田产原油 200.30×10^4t、天然气 $3.06\times10^8m^3$，新建原油生产能力 47.5×10^4t。

2009 年

4 月　南堡 11–B45–X503 井玄武岩储层试油，酸化后氮气排液，日产油 $3.5m^3$，冀东油田首次在馆陶组基性火山岩储层试油获突破。

6 月　南堡 5 号构造 6 口井全部完钻，发现玄武岩类、流纹岩类、火山碎屑岩类、砂岩类四类含气储层，南堡 5–82 井等 3 口井试气工作全面启动。

是年　冀东油田产原油 173.02×10^4t、天然气 $4.57\times10^8m^3$，新建原油生产能力 80×10^4t。

2010 年

7 月　冀东油田第一口风险探井堡古 1 井沙一段试油，日产油 75.88m^3，日产气 10345m^3，发现南堡滩海沙一段新的含油层系。同年在南堡 4 号构造的堡古 1 井区、南堡 2-52 井区上交控制储量 1574×10^4t。

9 月　南堡 2 号构造潜山油藏第一口水平井南堡 23- 平 2001 井顺利投产，使用 12mm 油嘴自喷生产，日产油 306t，日产气 $10.1\times10^4m^3$，南堡潜山油藏开发取得进展。

是年　冀东油田产原油 173×10^4t、天然气 $4.3\times10^8m^3$，新建原油生产能力 50×10^4t。

2011 年

5 月　冀东油田第一口成功施工的超深层致密油压裂井南堡 280 井深层页岩大型压裂施工顺利完成。

6 月　高北斜坡东部高 66 断块构造高 66×1 井沙三段三亚段试油，日产油 51m^3，累计产油 188.1m^3。老区深层勘探未经措施获高产工业油流，发现了具备工业自然产能的区块，进一步坚定了在老区深层深化勘探的信心。

11 月　南堡 3 号潜山风险探井堡古 2 井寒武系毛庄组中途测试，日产油 27.8m^3，日产气 $18\times10^4m^3$；沙一段试油，折日产油 110m^3，日产气 $8.3\times10^4m^3$，取得南堡 3 号构造寒武系潜山和古近系深层油气勘探突破，证实南堡油田垂深超过 4000m 存在良好储层，开启南堡油田深层构造—岩性油藏领域勘探。堡古 2 井的发现获 2011 年度中国石油天然气股份有限公司油气勘探重大发现成果二等奖。

12 月　“南堡凹陷及邻区寒武—奥陶系古潜山储层控制因素与分布模式研究”获集团公司科技进步奖三等奖，“潜山精细成像与缝洞地震预测技术在西南庄、柏各庄潜山带应用研究”获河北省科技进步奖三等奖。

是年　冀东油田产原油 165.1×10^4t、天然气 $4.4\times10^8m^3$，新建原油生产能力 51×10^4t。

2012 年

5 月　南堡 2 号构造堡古 2 断块重要评价井南堡 306×1 井沙一段试油，折日产油 48m^3，日产气 $1.4\times10^4m^3$，扩大了南堡 3 号构造沙一段含油面积。

9 月　南堡 1 号构造南堡 101×20 井东一段试油，日产油 31m^3，开启了南堡 1 号构造富油区带再评价。

12 月　“滩海复杂断块油藏低井控油藏描述与开发部署优化技术”“复杂断陷盆地不同类型优势储层描述技术研究与应用”获河北省科技进步奖三等奖。

是年　冀东油田产原油 165.07×10^4t、天然气 $4.87\times10^8m^3$，新建原油生产能力 50×10^4t。

2013 年

4 月　“河北省渤海湾盆地唐山地区油气勘查”探矿权项目变更申请正式获得国土资源部批准。该探矿权项目具体内容包括核减低效探矿权 926km^2，东扩优质探矿权 2380km^2，净增 1454km^2，冀东油田矿权面积由 5797km^2 扩大为 7251km^2。扩大的矿权区域位于渤海湾盆地辽河坳陷辽西凹陷西南部。

5 月　冀东油田成立外围勘探评价项目经理部，负责新区勘探评价工作。

7 月　冀东油田举行秦皇岛地震勘探项目启动会。秦皇岛海域 2013—2014 年共完成二维地震资料采集 1312.575km，三维地震资料采集 1375.431km^2。

12 月　“南堡 4 号构造古近系岩性油气藏成藏规律研究与勘探发现”获中国石油天然气集团公司科技进步奖三等奖，“南堡油田寒武—奥陶系古潜山勘探目标评价技术攻关与应用”获河北省科技进步奖三等奖。

是年　冀东油田产原油 170×10^4t、天然气 5.91×10^8m^3，新建原油生产能力 50×10^4t。

2014 年

5 月　马头营凸起唐 71×2 井馆陶组试油，日产油 8.12m^3，扩大含油范围，之后部署的油藏评价井唐 171×1 井馆陶组钻探发现厚油层，馆陶组试油获工业油流，日产油 17.4m^3。

8 月　秦皇岛探区东升 4 井东二段试油获高产油气流，折日产油 190.8m^3，日产气 70302m^3，证实秦皇岛探区具有继续勘探评价的潜力。

11 月　在中国石油 2014 年度油气勘探年会上，“冀东油田秦皇岛区块石油勘探重要发现”获中国石油天然气股份有限公司勘探发现三等奖。

12 月　“南堡凹陷 3 号构造深层沙一段砂岩油气藏勘探目标精细评价研究”获中国石油天然气集团公司科技进步奖三等奖，“核磁共振测井技术新方法及工业化应用”获河北省科技进步奖三等奖。

是年　冀东油田产原油 170×10^4t、天然气 6.85×10^8m^3，新建原油生产能力 30×10^4t。

2015 年

3 月　老爷庙地区目标三维地震资料采集顺利完成，为冀东油田第一块具有宽方位、高密度特点的地震资料采集区块。

4 月　南堡 1 号构造三维地震资料采集顺利完成，完成三维地震满覆盖面积 100km^2。

10 月　南堡 4 号构造南堡 4–86 井东三段上亚段试采，日产油 7.37m^3，日产气 1053m^3。

12 月　高尚堡构造高北地区沙三段滚动评价高 123×9 井试油，日产油 19.3m^3，高 166×3 井试油，日产油 23.45m^3，新增控制储量 1620×10^4t。“火成岩发育区储层地震识别新技术与应用”获河北省科技进步三等奖。

是年　冀东油田产原油 160×10^4t、天然气 6.65×10^8m^3，新建原油生产能力 32×10^4t。

2016 年

3 月　高尚堡构造高北地区高 23×6 井沙三段获得工业油流，日产油 17.15m^3。

6 月　南堡 2 号构造风险探井堡探 3 井东三段下亚段试油，日产油 96m^3，日产气 13419m^3，发现南堡 1 号、南堡 2 号断槽区构造—岩性油藏，南堡凹陷南部物源风险勘探再现新成果，“冀东油田沙垒田东斜坡油气勘探重要发现”获中国石油天然气股份有限公司勘探发现二等奖。

8 月　南堡 2 号构造完成野外三维地震资料采集任务，完成满覆盖面积 131km^2。

10 月　南堡 2 号构造富油区带再评价，南堡 203×16 井东一段试油，日产油 13.9m^3，南堡 203×18 井中浅层解释百米厚油层，在东一段试油，日产油 32.24m^3。

12 月　南堡 5 号构造南堡 5–29 井沙三段玄武岩井段压裂试气获高产气流，折日产

气 $10.7\times10^4m^3$，南堡 5 号构造火山岩勘探取得新突破。“断陷盆地岩性圈闭识别技术与应用”获河北省科技进步奖三等奖。

是年 冀东油田产原油 135×10^4t、天然气 $4.62\times10^8m^3$，新建原油生产能力 27×10^4t。

2017 年

2 月 南堡 2-3 区北断块南堡 23-2152 井，钻遇油层 21 层共 86.6m，油水同层 5 层共 27.2m，滚动开发潜力得到进一步落实，首次在南堡 2-3 区北断块明化镇组、馆陶组钻遇厚油层。

6 月 按照“三古控砂”预测方法，部署钻探的南堡 1-68 预探井东三段下亚段获高产油流，南堡 1 号、南堡 2 号断槽区（东二段、东三段、沙一段）发现产建区块。

12 月 “南堡凹陷中深层构造—岩性油气藏成藏理论与勘探实践”获中国石油天然气集团公司科技进步奖三等奖，“低渗油藏测井评价新技术及在南堡凹陷规模应用”获河北省科技进步奖二等奖。

是年 冀东油田产原油 136×10^4t、天然气 $3.64\times10^8m^3$，新建原油生产能力 18×10^4t。

2018 年

6 月 南堡 4 号构造南堡 402×2 井东一段试油，日产油 $86.5m^3$，落实了南堡 4-53 井区明三段、馆一段、东一段Ⅱ油层组构造—岩性圈闭含油气性。

9 月 高南中深层油藏评价井高 179×2 井东三段试油，日产油 $33.14m^3$。

是年 冀东油田产原油 130×10^4t、天然气 $2.75\times10^8m^3$。

《中国石油地质志》

（第二版）

编辑出版组

总 策 划： 周家尧

组　　长： 章卫兵

副 组 长： 庞奇伟　马新福　李　中

责任编辑： 孙　宇　林庆咸　冉毅凤　孙　娟　方代煊
王金凤　金平阳　何　莉　崔淑红　刘俊妍
别涵宇　邹杨格　潘玉全　张　贺　张　倩
王　瑞　王长会　沈瞳瞳　常泽军　何丽萍
申公昱　李熹蓉　吴英敏　张旭东　白云雪
陈益卉　张新冉　王　凯　邢　蕊　陈　莹

特邀编辑： 马　纪　谭忠心　马金华　郭建强　鲜德清
王焕弟　李　欣